"十三五"国家重点出版物出版规划项目

量子科学出版工程(第一辑)

Quantum Machine Learning

孙 翼
王安民 等 编著
张鹏飞

量子机器学习

中国科学技术大学出版社

内 容 简 介

量子机器学习是物理学与计算机科学交叉的研究领域,它利用量子计算具有的天然并行计算优点来改进机器学习昂贵的经典算法.本书较全面地讨论了经典机器学习与量子机器学习的理论与框架以及最近的研究动态,尽可能涵盖经典机器学习基础知识的各个方面,也包括最前沿的一些重要研究方向和成果介绍,并涉及最前沿的机器学习在物理学领域的应用.

图书在版编目(CIP)数据

量子机器学习/孙翼,王安民,张鹏飞等编著. —合肥:中国科学技术大学出版社,2022.1
(量子科学出版工程.第一辑)
国家出版基金项目
"十三五"国家重点出版物出版规划项目
ISBN 978-7-312-04908-8

Ⅰ.量… Ⅱ.①孙… ②王… ③张… Ⅲ.量子计算机—机器学习 Ⅳ.TP385

中国版本图书馆 CIP 数据核字(2020)第 041489 号

量子机器学习
LIANGZI JIQI XUEXI

出版	中国科学技术大学出版社 安徽省合肥市金寨路 96 号,230026 http://press.ustc.edu.cn https://zgkxjsdxcbs.tmall.com
印刷	合肥华苑印刷包装有限公司
发行	中国科学技术大学出版社
经销	全国新华书店
开本	787 mm×1092 mm 1/16
印张	24.25
字数	501 千
版次	2022 年 1 月第 1 版
印次	2022 年 1 月第 1 次印刷
定价	96.00 元

前言

在计算机功能和算法进步的推动下,机器学习已成为大数据挖掘的强大工具,正在深刻地改变着人们生产与生活的方方面面.与此同时,人类的活动每天仍然生成着阿伏伽德罗常数量级的数据,并且这些数据还在无休止地增长.这使得机器学习的算法和计算能力总是面临不断的挑战,而且经典计算的物理极限正在被逐步逼近.人们不得不期待,事实上也面临着一场"机器学习的革命",期望能够突破经典物理的限制.于是,许多研究者遵循着著名物理学家 Feynman 所指明的道路,孜孜以求地探索量子计算机的理论与技术,在过去的 30 多年的征程路上已经取得了令人瞩目的辉煌成就.事实上,量子计算利用量子系统的叠加性而具备了天然的并行计算能力和指数型的存储能力,再加上量子力学概念与原理本身可以产生的经典系统所无法具备的独特算法,以及量子纠缠、量子测量、量子不可克隆等量子系统特有效应的作用,自然而然地被认为并已经成为机器学习革命的推动者与成就者.因此作为横跨量子物理学和计算机科学的一个新兴研究领域,亦作为量子计算与机器学习的交叉与结合的一个充满生命力的产物,量子机器学习应运而生了.

四年前,在这样的大背景下,我们几位老师与研究生一起,开始策划编写一本介绍量子机器学习的图书.按照当初的想法,主要是期望将量子机器学习的最新文献和研究成果及时介绍给大家,以帮助有兴趣学习和研究量子机器学习的同学与工作者.未想时光荏苒,工作繁多,直到现在才能够成书出版,并有幸成为《量子科学出版工程》第一辑中的一本.

考虑到本书的读者可能来自非计算机专业,或者来自非物理专业,故而本书从经典的量子机器学习介绍开始,继而讲述量子理论的基础与主要量子算法知识,量子机器学习的内容被安排在其后.全书共分9章,第1章绪论由王安民撰写,第2章经典机器学习内容由孙翼编写,第3章与第4章关于量子理论的基础与主要量子算法由张鹏飞编写,第5章量子线性模型和算法、第8章无监督的量子机器学习与第9章量子强化学习主要由王国栋编写,第6章量子绝热计算与第7章量子神经网络主要由刘永磊编写.全书最后的统稿由王安民完成.

量子机器学习包含丰富的内容,限于篇幅,本书很难全面地进行介绍.让我们深感遗憾的是,本书的内容未能包括量子机器学习在量子多体理论中的应用,并且由于各种原因导致本书中的有些内容尚不够全面深入,还留下不少需要改进与加强之处.特别需要说明的是,由于作者的水平有限,加上时间仓促,难免会出现不足甚至错误之处,恳请读者不吝指正,多多赐教.

本书是在国家科技部重点研发计划项目(2018YFB1601402-2)资助下完成的.特别感谢中国科学技术大学出版社给予的支持与厚爱.

作者

2020 年 11 月

目录

前言 —— i

第 1 章
绪论 —— 001
1.1 经典机器学习 —— 002
1.2 量子力学 —— 012
1.3 量子计算 —— 019
1.4 量子机器学习 —— 035
1.5 本书内容介绍 —— 043
参考文献 —— 044

第 2 章
经典机器学习 —— 047
2.1 线性模型 —— 048
2.2 支持向量机算法 —— 064
2.3 集成学习 —— 089

2.4　无监督学习 —— 125

2.5　深度学习 —— 156

参考文献 —— 186

第3章
量子力学基础 —— 190

3.1　量子力学假设和概要 —— 191

3.2　量子力学的表示和表象 —— 198

3.3　量子双态体系 —— 202

3.4　EPR佯谬、贝尔不等式及其推广 —— 209

3.5　量子纠缠、混态与量子系综 —— 213

参考文献 —— 216

第4章
量子信息与量子计算引论 —— 219

4.1　量子信息概述 —— 220

4.2　量子计算的线路模型 —— 223

4.3　量子门 —— 225

4.4　量子算法 —— 231

参考文献 —— 244

第5章
线性模型和算法 —— 247

5.1　几个重要的量子机器学习步骤 —— 248

5.2　线性方程组算法 —— 254

5.3　量子线性回归算法 —— 262

5.4　量子判别式分析 —— 268

5.5　量子支持向量机分类 —— 272

参考文献 —— 275

第 6 章
量子绝热计算 —— 277

6.1 量子绝热计算和绝热近似 —— 279

6.2 量子退火与绝热算法 —— 284

6.3 物理实现与 D-Wave —— 294

参考文献 —— 311

第 7 章
量子神经网络 —— 314

7.1 量子神经网络基础 —— 315

7.2 量子感知器模型 —— 323

7.3 前向量子神经网络的训练方法 —— 332

参考文献 —— 342

第 8 章
无监督的量子机器学习 —— 344

8.1 量子聚类 —— 345

8.2 主成分分析 —— 349

8.3 量子奇异值分解 —— 353

8.4 量子谱聚类 —— 358

参考文献 —— 363

第 9 章
量子强化学习 —— 364

9.1 量子强化学习算法 —— 365

9.2 强化学习在量子电路中的实现 —— 372

9.3 隐量子马尔可夫模型主动学习算法 —— 375

参考文献 —— 378

第 1 章

绪论

本书的主题是**量子机器学习** (quantum machine learning, QML). 一般地说, 量子机器学习是量子力学与**经典机器学习** (classical machine learning, CML) 相互交叉、融合与再发展的学科领域. 机器学习 (ML) 通过量子的方式得以增强, 量子计算能融入或者应用到学习算法之中, 利用量子的概念、规律与原理则扩展了学习的模式. 同时, 机器学习本身也能帮助人们进一步研究量子物理.

经典机器学习已经是一门多领域交叉学科, 涉及概率论、统计学、逼近论、凸分析、算法复杂度理论等多门 (或分支) 学科, 而量子力学又有着抽象复杂的数学形式和一些反直观的概念假定. 因此, 回答"什么是量子机器学习"这一问题并不容易. 现在, 量子机器学习正在迅速发展, 更使得全面地回答这一问题变得愈发困难. 为了能够相对清晰地描绘出本书的主题——量子机器学习的"概念图像", 我们有必要在本章中先从介绍上述提及的经典机器学习与量子力学 (更为具体地说是量子计算) 这两个方面的概要内容开始, 然后简要介绍量子机器学习的相关概念.

1.1 经典机器学习

1.1.1 什么是经典机器学习

首先必须指出的是,本节之所以在**机器学习**的名称前加上"经典"两个字,是为了与本书所要介绍的"量子机器学习"的概念区分开来.在本书中,除非特别强调外,经典机器学习这一术语所指的是狭义上(通常意义下)的机器学习,反之亦然.

机器学习的定义广泛地见于数目众多的相关教科书与综述文章中.由于不同作者身处的机器学习发展阶段和所关注的重点并不一致,因此给出的机器学习的定义有所不同,但大同小异.在我们看来,机器学习研究的是通过计算机(机器),选择算法以模拟与实现人类的各种学习行为,从数据中或从互动(+ 数据)中不断获取新的知识或技能,并重新组织机器已有的知识结构,达到不断改进机器自身的性能、扩展机器自身的功能、提高机器自身的智能的目的.

机器学习通常可被分为三大类,即**监督学习、无监督学习和强化学习**.简单地说,监督学习是指有指导答案或答案可查询的对照学习过程;无监督学习是不知道答案或尚没有答案的自我学习过程;而强化学习则是以"试错"的方式,通过与环境进行交互,为获得最大奖赏的反馈学习过程.前两者是从数据中学习,而第三者则是从互动(+ 数据)中学习.

可以认为,经典机器学习作为人工智能发展的必然产物,起初是作为人工智能的一个研究分支而出现的,后经不断发展成为人工智能领域中最有活力的研究方向与核心.在 20 世纪八九十年代前后,经典机器学习逐步形成了一个相对独立的学科领域.其代表性的标志始于 1980 年夏在美国卡耐基梅隆大学举行的第一届机器学习研讨会;1983 年 Michalski 等人的《机器学习:一种人工智能途径》与 E. A. Feigenbaum 等人的《人工智能手册》系列相继出版,成为机器学习早期最重要的一些经典文献,先前的一些学习技术被归纳、深化与发展,比如决策树(decision tree)算法等,而代表方法有感知机和神经网络;1986 年,D. E. Rumelhart 等人重新发明了著名的误差逆传播(error back propagation, BP)算法,对后来机器学习的发展产生了深远影响.而在 1990 年出版的 J. G. Carbonell 主编的《机器学习:范型与方法》一书作为一个重要的里程碑开启了机器学习的复兴期,统计学习方法开始占据主流舞台,代表方法是支持向量机(support vector machine, SVM)算法以及新兴的集成学习方法.进入 21 世纪,机器学习则迎来了蓬勃发展时期,深度神经网络被提出后,随着数据量的大规模增长和计算能力的不断提升,以深度学习为基础的诸多人工智能应用逐渐成熟.

机器学习学科是计算机科学、数理统计、数值计算、数据科学等众多学科的交叉. 除了有其自身的学科体系外, 机器学习还有两个重要的辐射功能: 一是为应用学科提供解决问题的方法与途径; 二是为一些传统学科, 比如统计、理论计算机科学、运筹优化等找到新的研究问题以及提供相关计算解决方案等.

1.1.2 机器学习、人工智能、大数据

自从计算机问世以来, 人们就很想知道它们能不能自动学习, 还想进一步了解它们能不能具备和人类一样强大的学习能力. 生于 1912 年的计算机科学家 Alan Turing(艾伦·图灵) 早在 1936 年就提出了著名的 "图灵机" (Turing machine) 设想. 而在美国军方 1946 年定制出世界上第一台电子计算机之后, 他就敏锐地在 1950 年的《计算机器与智能》一文中提问道: "机器能思考吗?" 并建立了 "图灵测试" 的思想模型, 蕴含了机器学习的可能, 奠定了**人工智能** (artificial intelligence, AI) 的基石.

那么, 什么是人工智能? 它与机器学习又有什么关系呢? 就让我们先从人工智能的发展简史谈起吧.

1955 年, 即 Turing 去世后的次年, John McCarthy 首先采用了 "人工智能" 这个术语. 1956 年的夏天 "达特茅斯研讨会" 召开, 对之后人工智能的研究产生了十分重要的影响, 因此, 人们将 1952 ~ 1956 年称作人工智能研究的诞生期. 而后至今 60 多年以来, 人工智能经历了黄金年代 (1956 ~ 1974)、快速发展期 (1980 ~ 1987) 和里程碑式的建设期 (1993 ~ 2011), 其间也经历了两次 "冬季" (1974 ~ 1980, 1987 ~ 1993) 的冷落和打击.

在人工智能的发展历程中, 算法繁多, 学派林立. 通常可以划分为三大流派: ① 符号主义 (symbolism), 代表人物有 Frank Rosenblatt; ② 连接主义 (connectionism), 以研究神经元为主, 代表人物有 Marvin Minsky 和 Geoffrey Hinton; ③ 行为主义 (actionism), 则以谷歌为代表.

1959 年, 约翰·麦卡锡的论文阐述了完整的人工智能系统, 人工智能的发展开始了 "推理时期". 通过赋予机器逻辑推理能力使机器获得智能, 当时的人工智能程序能够证明一些著名的数学定理, 但由于机器缺乏知识, 远不能实现真正的智能. 到了 20 世纪 70 年代, 人工智能的发展进入 "知识时期", 即将人类的知识总结出来教给机器, 使机器获得智能. 这一时期, 大量的专家系统问世, 在很多领域取得了大量成果, 但由于人类知识量巨大, 出现了 "知识工程瓶颈". 无论是 "推理时期" 还是 "知识时期", 机器都是按照人类设定的规则和总结的知识进行运作的, 永远无法超越其创造者, 而且人力成

本太高. 于是, 一些学者就想到, 如果机器能够自我学习, 问题不就迎刃而解了吗? 机器学习方法由此应运而生, 人工智能进入"机器学习阶段". 进入 21 世纪以来, 随着数据量爆发性的增长和计算机计算能力的迅猛增加, 使得**深度学习**表现出优异的性能, 从而人工智能到达了"深度学习阶段". 图 1.1 给出了人工智能、机器学习以及深度学习发展阶段大致的时间线索.

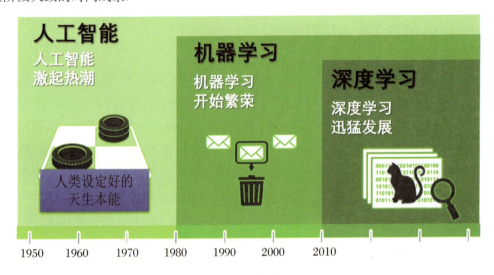

图1.1 人工智能、机器学习和深度学习关系和发展时间轴

因此, 经典机器学习的目的在于使得机器具备自动学习的能力, 通过数据来提升机器的理解力, 发现模式, 并变更行为. 也就是通过算法使得机器能从大量历史数据中自动分析学习获得规律, 并利用所获得规律对未知数据进行判断, 做出决策. 在上述意义上人工智能是追求目标, 机器学习是实现手段, 深度学习是包含在机器学习中的一种行之有效的方法.

正如大家已经知道的那样, 人类已经进入了"**大数据**"时代, 收集、存储、传输与处理数据的能力取得了飞跃提升, 而**大数据挖掘与处理**正是机器学习重要的用武之地. 大数据挖掘被认为是从大量数据中提取有用信息的过程. 它用于发现数据中的新的、准确的和有用的模式, 为需要它的组织或个人寻找相关信息. 机器学习是发现算法的过程, 该算法改善了从数据中获得的经验, 获得了能够预测的模型. 简言之, 数据挖掘侧重于发现数据中 (以前) 的未知属性 (这是在数据库中的知识发现的分析步骤), 而机器学习则侧重于预测, 基于从训练数据中学到的已知属性. 简言之, 数据挖掘与机器学习常常使用相同的方法, 但其关注点是不同的. 数据挖掘可以被认为由两个部分组成, 即数据库与机器学习. 前者提供数据管理技术, 而后者提供数据分析技术. 因此, 尽管数据挖掘需要机器学习, 但机器学习并不一定需要数据挖掘. 数据挖掘遵循预设规则并且是静态的, 而机器学习会在适当的情况下根据自身情况调整算法. 数据挖掘仅与输入参数的用户一样聪明, 而机器学习意味着这些计算机会变得越来越智能. 但是数据挖掘关注数据处理等更为广泛的内容, 因而在这方面比机器学习应用范围更加广泛. 更接近于实践. 此外, 数据挖掘通常会涉及如何将提取的信息呈现给用户, 因此可视化与人机交互显得非常重要.

在机器学习领域, **数理统计、概率论和优化理论**等知识是必不可少的. 但机器学习和统计学的主要目标并不相同: 机器学习的一个目的是发现可概括的预测模式, 而统计学旨在从样本中得出总体推断. 由于许多机器学习问题能被表述为在一组训练样本上最小化某些损失函数 (通常表示所训练模型的预测与实际问题答案之间的不同) 或者最大化回报奖赏与似然估计等, 这些机器学习问题有时被简单地称为优化问题. 在某种程度上, 这样的理解显然过于简单, 而且会存在例外, 甚至会产生一定的混淆, 因而了解它们的差异并解决该差异很重要. 一般来说, 机器学习与优化方法两者最为重要的区别是: 在优化方法中, 只关心现有数据, 找到最优 (最大或最小) 值将是解决问题的最佳方法; 而在机器学习中, 针对还没有的数据, 主要关心泛化能力 (有时也称为可推广性), 即能够依据新鲜样本预测结果, 给出问题足够准确的输出. 这意味着即使人们找到了所拥有的数据 (训练集) 的最优值, 仍可能在尚没有的或未来的数据上得到较差的结果. 但毫无疑问的是, 统计学与机器学习之间联系密切, 优化方法是机器学习的核心.

1.1.3 经典机器学习的构成要素与预设模型

在我们看来, 机器学习的构成要素可以被归纳为三个, 即**数据特征、学得模型和学习任务**. 联系着它们的机器学习过程是从数据或从互动中通过学习与训练找到或至少逼近"真相", 这个过程可以描述为使用特征, 学得模型, 完成任务 (也可以说给出足够精确的预言).

首先, 机器学习需要数据, 每个数据用**特征**, 亦称**属性**来描述, 并且它的特征或属性可以不止一种, 不妨设为 d 种. 注意, 特征应当是现象的可量化的且具有启发性的属性. 较好的特征需要具有较好的区分不同实例的区分度, 这样才能有助于学习算法识别模式. 而且, 使用较好的特征才能够学得较好的模型.

从几何角度上看, 特征可以被映射为一个具有 d 个分量的矢量, 称作特征矢量 (或向量), 记为 $\boldsymbol{x} = (x_1, x_2, \cdots, x_d)^{\mathrm{T}}$. 注意此记号中上标 "T" 指 "转置", 在本书以下的内容中它的含义相同. 显然, 对于只有一个特征的最简单情形, 特征向量退化为一个标量. 当有 n 个数据实例时, 其第 k 个特征矢量可以看成是实矢量空间标准基的线性组合. 当把它写成一个列向量 $\bm{x}^{(k)} = (x_1^{(k)}, x_2^{(k)}, \cdots, x_d^{(k)})^{\mathrm{T}}$ 后, n 个数据实例的所有权重 $x_i^{(k)}$ 构成了 $d \times n$ 的矩阵. 对于监督学习, 对应每个特征矢量 $\bm{x}^{(k)}$, 还需要一个相关的标签 (即 "答案"), 通常是一个标量, 记为 $y^{(k)}$. 那么, 已知的 n 个数据实例的全体形成一个数据集, 记为 $D = \{\bm{x}^{(k)}, y^{(k)}\}_{k=1}^n$. 对于无监督学习, 其中的 $y^{(k)}$ 并不存在. 对于从概率论角度讨论特征, 可参见统计学习方面的参考书.

显然, 特征的数值是否准确极大地影响机器学习的效果, 这可以归结为所谓的噪声问题. 因此, 产生了**数据异常检测**任务. 如果数据特征过于复杂, 即其特征矢量的维数过高, 将导致机器学习的效率太低, 甚至超出计算机的运算能力. 因此产生了**特征降维**的任务. 上述两个任务也就是所谓的特征的选择与特征的提取问题, 需要用学习算法来具体实现. 至于其具体的做法, 如特征如何映射、如何构造、如何筛选、如何提取、如何检验、如何进行变换以适合选定的模型等问题, 在本书的第 2 章中将有所介绍, 更多的内容请读者阅读相关参考文献.

其次, 机器学习通常从假设开始, 先构建出一个含有待定参数的需要学习的对象, 可称为预设模型或参数化模型. 这里所说的预设模型, 指的是需要进行学习与训练的一种假设的标准形式, 也就是模型在未进行学习与训练前的包含未确定参数的形式. 预设模型通常是一个参数和属性的函数, 其中的参数正是需要通过学习算法进行确定的. 我们使用 "预设" 两个字冠在模型之前是为了强调其作为假设和尚未确定的性质, 以使得待学的含参数的预设模型与通常机器学习中学得的能预测的模型这样两种模型的概念明显区分开来. 从不同的角度考虑, 预设模型有着不同的分类, 在本书中, 我们将遵循杉山将在《图解机器学习》一书中的分类方法, 依据确定性模型的描述, 把机器学习的预设模型分为**线性预设模型、核预设模型和层级预设模型**三类, 但从我们自己的看法出发, 把中译本中的 "模型" 改为 "预设模型".

1. 线性预设模型

在此, 线性预设模型指的是关于参数的线性预设模型, 即意味着它是相对于 b 维参数矢量 $\bm{\theta}$ 分量 $\theta_j (j = 1, 2, \cdots, b)$ 的线性组合, 其组合系数的全体可称为 b 维基函数矢量. 在此意义上, 也可以反过来说, 线性预设模型是对于所谓的基函数矢量 (或者向量) 的各个分量的线性组合而言的, 其组合系数的全体构成了 b 维参数矢量. 作为机器学习最为基础的预设模型, 让我们较为详细地说明此线性预设模型, 而其他两个预设模型则仅做简单介绍.

为不失一般性, 基函数矢量的各个分量被设定为关于特征矢量或特征矢量分量的函数. 为简单计, 先考虑特征就是标量, 即基函数矢量的各个分量为标量特征的一元函数.

那么基函数矢量能够用符号 $\phi(x)$ 表示，并可被形式化地写成如下一个列矢量：

$$\phi(x) = (\phi_1(x), \phi_2(x), \cdots, \phi_b(x))^{\mathrm{T}} \tag{1.1}$$

以基函数矢量的各个分量作为线性组合系数能够得到关于参数矢量的线性函数 $f(\boldsymbol{\theta}; x)$

$$f(\boldsymbol{\theta}; x) = \sum_{j=1}^{b} \theta_j \phi_j(x) = \boldsymbol{\theta}^{\mathrm{T}} \phi(x) \tag{1.2}$$

其中，参数 θ_j 的全体和基函数分量 ϕ_j 分别遵循 j 的大小排成两个列矢量 $\boldsymbol{\theta}$ 和 $\boldsymbol{\phi}$.

在实际应用中，通常采用两种基函数矢量形式. 第一种是多项式形式

$$\phi(x) = (1, x, x^2, \cdots, x^{b-1})^{\mathrm{T}} \tag{1.3}$$

当代入上述线性预设模型 (1.2)，则给出类似于幂级数展开的形式的前 b 项

$$f(\boldsymbol{\theta}; x) = \theta_1 + \theta_2 x + \theta_2 x^2 + \cdots + \theta_b x^{b-1} \tag{1.4}$$

如果期望形式上一致一些，参数 θ_j 的下标可以将起始值改为 0，求和从 0 到 $b-1$ 即可；第二种是三角函数形式

$$\phi(x) = (1, \sin x, \cos x, \sin 2x, \cos 2x, \cdots, \sin mx, \cos mx)^{\mathrm{T}} \tag{1.5}$$

其中，我们已经将上述的 b 取为 $2m+1$. 当代入上述线性预设模型 (1.2)，则给出类似于实数型傅里叶级数展开式的前 $2m+1$ 项

$$f(\boldsymbol{\theta}; x) = \theta_1 + \sum_{j=1}^{m} (\theta_{2j} \sin jx + \theta_{2j+1} \cos jx) \tag{1.6}$$

从上面的这些表达式中我们可以看出，原先相对于基函数矢量各个分量的线性预设模型，实际上是关于特征的复杂非线性预设模型.

当特征被扩展为一个一般的 d 维矢量时，形式上我们可以将式 (1.2) 中的标量 x 直接改写成矢量 $\boldsymbol{x}$，但问题并非如此之简单，我们还需要考虑基函数究竟该以何种方式选取或说怎样选取. 如果我们继续保持基函数形式上的简单性，即仍然将基函数分量设成某个特征分量的一元函数，那么全部基函数分量将成为一个张量. 至少我们有两种方式得到该基函数张量的可能分量. 第一种是加法方式，此时对于每个特征，基函数的分量形式并不变，即其代表形式为 $\phi_j(x_i)$（j 的取值从 1 到 b；k 的取值从 1 到 d）. 上述线性预设模型 (1.2) 则被改写为

$$f(\boldsymbol{\theta}; \boldsymbol{x}) = \sum_{i=1}^{d} \sum_{j=1}^{b} \theta_{ij} \phi_j(x_i) \tag{1.7}$$

显然，在一般情况下，独立参数 θ_{ij} 的个数是 $b \times d$ 个. 但当我们取基函数分量具有式 (1.3) 和式 (1.5) 那样的形式时，独立参数的个数将减少为 $(b-1) \times d + 1$ 个，则可将上式重写为

$$f(\boldsymbol{\theta};\boldsymbol{x}) = \sum_{i=1}^{d} \sum_{j=2}^{b} \theta_{ij} \phi_j(x_i) + \gamma \tag{1.8}$$

其中，与具体特征无关的基函数分量相乘的参数之和被标记为 $\gamma = \sum_{i=1}^{d} \theta_{i1}$. 特别地，对于每个特征，其基函数仅取最为简单的前两项，相当于已经取 $b = 2$，那么多项式形式的基函数就成为 $\boldsymbol{\phi}(x_i) = (1, x_i)^\mathrm{T}$. 于是式 (1.3) 简化为

$$f(\boldsymbol{\theta};\boldsymbol{x}) = \sum_{i=1}^{d} \theta_{i2} x_i + \Theta \tag{1.9}$$

若把 θ_{i2} 的全体排成一个列矢量 $\boldsymbol{w}$，则有

$$f(\boldsymbol{w}, \gamma; \boldsymbol{x}) = \boldsymbol{w}^\mathrm{T} \boldsymbol{x} + \gamma \tag{1.10}$$

在本书中，我们称该形式为线性预设模型的基本形式，因为它不仅对于参数矢量而言是一个线性函数，对于特征矢量分量本身而言也是一个线性函数. 我们可以把这样的表达式重新写为

$$f(\hat{\boldsymbol{w}}, \hat{\boldsymbol{x}}) = \hat{\boldsymbol{w}}^\mathrm{T} \hat{\boldsymbol{x}} = \sum_{i=0}^{d} \hat{w}_i \hat{x}_i \tag{1.11}$$

其中，扩展的 $\hat{\boldsymbol{w}} = (\gamma, \boldsymbol{w})^\mathrm{T}, \hat{\boldsymbol{x}} = (1, \boldsymbol{x})^\mathrm{T}$，即 $\hat{w}_0 = \gamma, \hat{x}_0 = 1$. 当不至于导致混淆或错误理解的时候，我们有时会省略"^".

第二种称为乘法方式，对于每个特征，也能允许它的基函数分量形式改变，即其代表形式为 $\phi_{j_i}(x_i)$（j_i 的取值从 1 到 b；i 的取值从 1 到 d）. 乘法方式的引入，使得参数矢量各个分量的组合系数不再只有一个基函数矢量的分量，而成为一组基函数分量的乘积，即

$$\phi_{j_1 j_2 \cdots j_d}(x_1, x_2, \cdots, x_d) = \prod_{i=1}^{d} \phi_{j_i}(x_i)$$

于是，上述线性预设模型则成为下列形式：

$$f(\boldsymbol{\theta};\boldsymbol{x}) = \sum_{j_1=1}^{b} \sum_{j_2=1}^{b} \cdots \sum_{j_d=1}^{b} \theta_{j_1 j_2 \cdots j_d} \phi_{j_1 j_2 \cdots j_d}(x_1, x_2, \cdots, x_d) \tag{1.12}$$

需要指出的是，乘法方式构成基函数组合将导致所有参数的总数达到 b^d. 这意味着总参数的个数随特征属性的数目呈指数增长，因此可能会导致超越计算机的运算能力而无法完成相应的学习任务，这样的情况可被称为"维数灾难". 但很显然，问题的另一面是，乘法方式构建的线性预设模型比加法方式构建的线性预设模型具有更强的表现力. 机器学习研究的一个重要且热门的课题就是在保持强表现力与避免维数灾难两者之间找到恰当的平衡方案.

2. 核预设模型

在上述线性预设模型中，基函数及其分量形式的选择或设定与已知的数据集中具体的数据无关. 为了能够既恰当保持超出线性模型的表现力，又不会导致参数过多影响学习效率，人们发现可以选择特征矢量本身作为一个变量，而它在数据集中的取值作为已知参数形成的一组函数：$K(\boldsymbol{x},\boldsymbol{x}^{(k)})$ $(k=1,2,\cdots,n)$，其中 n 是用于学习样本的数目. 这样的 $K(\boldsymbol{x},\boldsymbol{x}^{(k)})$ 被称为核函数. 而相对于核函数的线性组合给出的就是核预设模型，即

$$f(\boldsymbol{\theta};\boldsymbol{x}) = \sum_{k=1}^{n} \theta_k K(\boldsymbol{x},\boldsymbol{x}^{(k)}) \tag{1.13}$$

显然，上述核预设模型也可以看成是关于参数的线性函数，这种性质与线性预设模型是一样的. 只不过该核预设模型中需要学习的参数 θ_j 的数目不同于线性模式，此数目所依赖的是用于学习样本的数目，而与特征矢量的维数 d 无关. 因此一般不会产生维数灾难问题，能够将学习所需的计算机运算能力控制在一定的范围内. 为了能够更好地减轻计算负荷，我们还可以在已知数据集中多次随机选取部分样本分别形成 m 个子集，并在每个子集上做特征矢量的均值，记为 $\{\boldsymbol{c}^{(j)}\}_{j=1}^{m}$，并用它们替换核函数中的特征矢量取值，于是核均值预设模型可写为

$$f(\boldsymbol{\theta};\boldsymbol{x}) = \sum_{j=1}^{m} \theta_j K(\boldsymbol{x},\boldsymbol{c}^{(j)}) \tag{1.14}$$

核预设模型的关键问题是如何选择核函数的形式，使用最为广泛的一种核函数是高斯核函数：

$$K(\boldsymbol{x},\boldsymbol{c}^{(j)}) = \exp\left(-\frac{\|\boldsymbol{x}-\boldsymbol{c}^{(j)}\|}{2h^2}\right) \tag{1.15}$$

在此 $\|\cdot\|$ 表示取矢量的模 (也称 l_2 范数)，而 h 可看作高斯核函数的带宽. 更多关于核预设模型的讨论与应用参见本书第 2 章，也可以阅读相关参考文献.

3. 层级预设模型

由于层级预设模型的基本思想来自于神经网络，因此也经常被称为神经网络预设模型. 但在此，我们还是从基函数设定的角度去介绍它. 事实上，为了比核预设模型更加灵活有效地学得能够预测的模型，或者为了使得比核预设模型有更强的表现力，人们需要打破所用预设模型只能是关于参数的线性预设模型的禁锢，换言之，基函数也可以选择某些参数矢量的分量作为自变量. 而由神经网络启发，基函数的自变量可以选取上一层级的参数矢量的分量 β_j 作为自变量. 故基函数矢量的分量的形式可设定为 $\phi(\boldsymbol{x};\beta_j)$ $(j=1,2,\cdots,b)$，它的全体组成一个 b 维矢量. 如前述方法一样，我们能够写出如下形式

的层级预设模型：

$$f(\boldsymbol{\alpha},\boldsymbol{\beta};\boldsymbol{x}) = \sum_{j=1}^{b} \alpha_j \phi(\boldsymbol{x};\beta_j) \tag{1.16}$$

因为 $\boldsymbol{\alpha},\boldsymbol{\beta}$ 都作为参数，这一层级预设模型是关于参数的非线性模型. 它也可以被推广到更多的层级. 更多关于层级预设模型的内容请读者阅读相关参考文献.

在选定了待学习的预设模型之后，就进入机器学习的主体过程了. 以监督学习为例，训练数据 $D = \{\boldsymbol{x}^{(k)}, y^{(k)}\}_{k=1}^{n}$ 中每个元素分为两个部分：一部分是作为输入的特征矢量 $\boldsymbol{x}^{(k)}$；另外一部分是与之对应的 (真实) 输出 $y^{(k)}$. 把 $\boldsymbol{x}^{(k)}$ 作为输入，代入预设模型函数 $f(\boldsymbol{\theta};\boldsymbol{x})$ 中，则会给出一个称为预设模型输出的函数值. 为了使得该值逼近甚至等于对应数据的标签 (或答案) $y^{(k)}$，可引入所用全部数据预设模型输出与真实输出的平方误差函数

$$J(\boldsymbol{\theta}) = \frac{1}{2}\sum_{k=1}^{n}\left[f(\boldsymbol{\theta};\boldsymbol{x}^{(k)}) - y^{(k)}\right]^2 \tag{1.17}$$

显然，使其具有最小值的参数选择是我们期望的结果. 这就是机器学习中最为基础的和极为重要的学习方法——最小二乘学习法，它是对式 (1.18) 取最小时的参数矢量 $\boldsymbol{\theta}$ 进行学习，以得到

$$\boldsymbol{\theta}^* = \underset{\boldsymbol{\theta}}{\mathrm{argmin}}\, J(\boldsymbol{\theta}) \tag{1.18}$$

注意，这里的上标"*"是沿用机器学习中的记号，没有复数共轭的含义.

在此学习过程中，需要利用一些学习算法. 于是，当计算机能够运行完学习算法时，我们就可以学得模型：

$$\tilde{y}(\boldsymbol{x}) = f(\boldsymbol{\theta}^*;\boldsymbol{x}) \tag{1.19}$$

输入新鲜数据 $\tilde{\boldsymbol{x}}$，将给出期望的输出 $\tilde{y}(\tilde{\boldsymbol{x}})$.

必须指出的是，上述的最小二乘学习法学得模型的过程是一个经由数据训练的优化过程，它并不一定能够满足机器学习的全部要求. 实际上，单纯的最小二乘学习法具有经常发生"过拟合"现象的弱点，解决它的典型方案是所谓的"正规化"（"过拟合"与"正规化"的含义参见其他关于机器学习的书籍）. 本书第 2 章对于上述问题有所介绍. 此外，为了提高学习效率，降低运算时间，人们发展出在给定的前提条件下把一些甚至大量的参数取为零的"稀疏学习"方法. 为了保证优良的学习效果，人们也需要进行鲁棒学习，也就是说要处理好数据中的异常值.

更为重要的是，我们需要所学的模型具有足够准确预测的泛化能力，能够帮助完成决策过程. 显而易见的是，算法的模型复杂度与泛化能力是相关的. 但它们如何相关会涉及学习理论方面的知识. 因为篇幅与时间的关系，本书没有安排机器学习的理论部分相关内容，这包括概率近似正确学习 (probably approximately learning, PAC)、

VC(Vapnik-Chervonenkis dimension) 维、各种复杂度分析和学习模型集成理论等. 只是在介绍集成学习算法时, 对于最后一点有所介绍.

最后, 学得模型之后, 我们才能完成既定的学习任务. 机器学习的任务指的是通过机器学习解决问题, 其基本任务是**回归、分类与聚类**, 其衍生和发展的任务有拟合、排序、推荐、语音与图像识别等. 为了学得好、学得快, 机器学习的其他任务也包括如上提到的异常检测与降维等.

回归, 是指依据数据样本和标签近似地求得有监督的函数关系的问题. 换句话说, 是试图确定一个因变量 (通常由 y 表示, 联系着标签) 与一系列其他变量 (称为自变量, 对应于特征向量) 之间的函数关系. 数学上可以表述为, 已知 n 个 $\{\hat{\boldsymbol{x}}, \hat{f}(\hat{\boldsymbol{x}})\}$ 的观测值 $D = \{\boldsymbol{x}^{(k)}, f(\boldsymbol{x}^{(k)})\}_{k=1}^{n}$, (近似地) 求出其中的称为期望回归函数的 $\hat{f}(\hat{\boldsymbol{x}})$ 的可能形式. 在机器学习中, 要求学得的 $\hat{f}(\hat{\boldsymbol{x}})$ 具备足够高的泛化能力.

分类, 是指对于指定的模式进行识别的有监督的模式识别问题. 简单地说, 即找一个函数判断输入数据所属的类别, 可以是二类别问题 (判断是 / 不是), 也可以是多类别问题 (在多个类别中判断输入数据具体属于哪一个类别). 数学上可以表示为, 给出这样一个映射 $\hat{C}$, 将输入数据空间 $\mathcal{X}$ 映射到类别标签空间有限集 $\mathcal{C} = \{\mathcal{C}_1, \mathcal{C}_2, \cdots, \mathcal{C}_k\}$. 在机器学习中, 要求这样的映射函数不仅对已知数据而且对新鲜输入实例都有很好的逼近效果.

聚类, 是指基于输入数据之间的相似性进行识别归类的无监督的模式识别问题. 也就是说, 寻找与分析输入实例之间的相似性联系, 确定不同类别实例之间的差异性, 进而判断各个实例分别属于哪一类. 作为一类广泛性的探索性的数据分析任务, 聚类的目标是将对象进行分组, 使相似的对象归为同一类, 不相似的对象归为不同类. 聚类任务本身通常是复杂的, 并无严格的定义.

以上三类基本任务如图 1.2 所示.

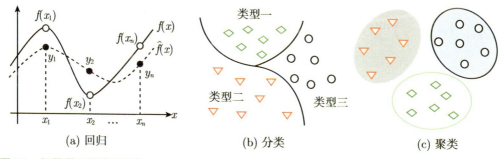

图1.2 机器学习的基本任务

其他的学习任务,例如异常检测、降维等不在此一一介绍.

要完成机器学习的一项任务,首先要建立对象的准确的特征描述;其次是依据特征的特点和任务的要求,预设模型形式;再者就是依据学习算法,从训练数据中学得模型;最后,当然就是实现预测与评估检验泛化能力了,整个过程如图 1.3 所示. 显然,该学习过程的中心任务就是研究如何从训练数据中得到泛化能力强的模型.

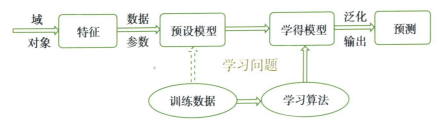

图 1.3　运用机器学习解决给定学习问题示意图

近十几年时间里,信息风暴正在变革我们的生活、工作和思维,经典机器学习开启了一次重大的时代转型. 尽管你自己可能并没有意识到,但你可能接受了机器学习技术的帮助,甚至成为机器学习技术的一名用户了. 例如,你使用的垃圾邮件分类软件与互联网搜索查询工具都是来自于机器学习技术的成果. 作为一门具有鲜明的应用色彩的学科,机器学习通过智能的方式执行数据优化、函数拟合、特征抽取和模式识别等任务,机器学习在大数据处理、视觉与语音识别、生物特征识别、搜索引擎和机器人等领域具有广泛的应用.

1.2　量子力学

量子力学是**量子计算**的基础,而量子计算则是量子力学的应用. 本书的主题——量子机器学习最初就是作为量子计算的应用发展起来的. 因此,学习量子机器学习也需要具备一定的量子力学与量子计算的知识.

1.2.1 何谓量子力学?

对于没有学习过量子力学的读者而言, 一般都会觉得量子力学难以理解和非常神秘. 针对这部分读者, 有必要先在此介绍一些量子力学与量子计算入门的概念, 而后在本书的第 2 章和第 3 章再介绍它们的必要的知识.

什么是量子力学呢? 翻开大多数量子力学的教科书或利用网络搜索引擎, 似乎能够很快得到答案: 量子力学是研究物质世界中分子、原子以及亚原子粒子 (包括原子核、质子、中子、电子、光子和其他基本粒子等) 的结构、性质、运动规律以及相互关系的基础物理分支学科. 量子力学是迄今为止最为成功的物理学理论, 不仅是物理学的十分重要的基础理论, 而且有着十分广泛的应用. 但是, 量子力学的基本原理与诠释来自于众多科学大师的贡献, 对于它们的内容与意义, 至今并没有普遍一致的看法. 量子力学形式上更像是一个数学框架或一套构造物理学理论的规则. 使用上面关于量子力学的定义, 或许能够回答量子力学是什么样的研究领域或科学学科的问题, 但并没有真正说清楚什么是量子力学. 玻尔 (Bohr) 曾说过: "如果你没有被量子力学搞迷惑, 则你根本就没有理解量子力学." 费曼 (Feynman) 也曾评述过: "我想我可以有把握地说, 没有人明白量子力学." 必须指出的是, 这两位量子力学主要的开创者与发展者所表达的观点与评论并没完全过时, 在量子力学已经广泛应用并取得了辉煌成就的今天, 上述的观点与评论仍然不能够被遗忘.

基于量子力学本身的特点, 学习它最先要知道利用量子力学能够做些什么, 然后再思考量子力学是什么. 在某种意义上, 量子力学被人们当成了工具学科. 深入地探讨其基本概念和含义, 只能是在理解了其主要理论与计算之后才需要去做的事情, 甚至直接被认为那属于研究者的事情. "无知是福 (ignorrance is bliss)", "别说只做 (shut up and calculate)", "不要杞人忧天 (let's not worry about the big problem)" 这三句短语一定程度上概括了如何学习量子力学的经验, 但是真的可以如此吗? 答案请大家自己思考! 或者说其答案是开放的 (这是涉及科学价值观与科学方法论的问题).

自量子力学建立之后, 物理世界被看成了两个部分: **微观世界**和**宏观世界**, 两者是相对而言的. 分子、原子以及亚原子粒子等对象组成微观世界, 而与之相对划分出来的其他宏观物体 (可认为由大量分子、原子所构成的物体) 组成宏观世界. 量子力学所描述的是微观世界的物理现象与规律, 而经典力学所描述的是宏观世界的物理现象与规律. 如果仅从尺度上看, 在通常意义下, 100 纳米或更短为微观的尺度 (当作为一个孤立系统研究时量子力学效应变得显著的尺度), 上述量子力学研究对象被称为微观体系. 但随着介观物理 (宏观与微观物理之间) 研究的深入以及宏观量子现象的发现, 宏观与微观的尺度划分变得难以严格给定, 更何况直至今天, 微观世界与宏观世界的边界与相互关系问题仍然处在研究之中,因此上述微观尺度只能作为一个参考.

量子力学的诞生起源于能量**量子化**,这一革命性的观念来自于马克斯·普朗克 (Max Planck, 1900) 的贡献:每一份能量子的能量 E 等于**普朗克常数h** 乘以辐射电磁波的频率 ν, 即 $E = h\nu$. 显然, 当普朗克常数取为零时, 每份的能量将成为零. 这蕴含着能量的量子化概念不再存在. 因此, 普朗克常数是否为零被认为是量子与经典区分的根本性标志 (之一). 虽然我们在对比量子力学与经典力学结果的时候, 可以认为取普朗克常数为零将等同于经典力学的结果, 也可以使用普朗克常数趋于零的程度来逼近经典力学的结果, 或者忽略高阶普朗克常数项得到保留量子修正效应等. 但是, 由于普朗克常数本身已经内在地嵌入量子力学的概念与规律之中, 并不能简单地说当普朗克常数趋于零时它们将总是回归到经典力学的概念与规律. 事实上, 量子力学理论与经典力学理论之间的关系至今没有被彻底研究与认识清楚.

量子力学得以建立的另一个重要的依据来自于阿尔伯特·爱因斯坦 (Albert Einstein, 1905), 在他关于光电效应的解释中, 光被认为具有量子化的能量. 因此, 这些光量子被认为是所谓的"光子". 随着研究的进一步深入, 物理学家开始意识到光子具有波动和粒子的双重性质. 1924 年, 路易·德布罗意 (Louis de Broglie) 提出"物质波"假说, 他主张"一切物质"都具有**波粒二象性**, 即具有波动和粒子的双重性质. 也就是说, 物质的粒子性由能量 E 和动量 p 刻画, 波的特征则由频率 ν 和波长 λ 表征, 这两组物理量由普朗克常数联系在一起:

$$\nu = \frac{E}{h}, \quad \lambda = \frac{h}{p} \tag{1.20}$$

这两个表达式就是著名的**德布罗意关系式**. 从上式中可以看到, 宏观世界的宏观物体的波动性因为它们的质量过大而不会被观察到, 经典力学仍然适用. 而微观世界的微观粒子因质量小会出现明显波动性, 需要量子力学来描述.

在经典力学里, 研究对象总是被明确区分为"纯"粒子和"纯"波动. 前者组成了我们常说的"物质", 后者的典型例子则是光波 (经典意义上的). 正如大家知道的那样, 在经典的世界里, 空间中的纯波动是弥散的, 空间中的纯粒子则是局域的, 这两个在观察上矛盾的对象被统一在量子力学所要研究的微观粒子对象之中. 这或许是量子力学本身常常体现出来反直观且不同于日常经验的现象和结论的主要内在原因.

经典力学将宏观物体抽象为质点 (质点组) 或刚体, 它们的状态用可以直接观察的位置 x 和动量 p 来描述, 这蕴含着经典系统中所具有的这样一种确定性的方式, 任何可观察到的对象 O 都可以被表示为 $O(x, p)$, 任何观察不到的对象都是无关紧要的. 而量子力学把微观粒子抽象为具有波粒二象性的粒子, 但这样的粒子的状态并不能用实验直接观察的量来描述, 例如, 在电子衍射实验中, 我们不可能同时精确地知道电子在沿着轨迹每一点的位置和动量, 从而使得量子力学的先驱们采用**波函数**或**态矢量**这样的数学对象来描述微观粒子的状态, 并且利用希尔伯特空间 (Hilbert 空间) 的理论阐述它的一些重要性质. 波函数 (可以看成希尔伯特空间**矢量**的一种表示) 的概念在量子力学里非常基础与重要, 诸多像谜一样的结果, 都源自于波函数, 众多深奥的诠释也归结于波函数. 直至今天, 这些论题尚未获得令人完全满意的解答.

随着对量子力学研究的深入, 为了能够表示多粒子体系和复合量子系统中子系统的可能状态, 也考虑到量子系统状态在环境的影响与作用下发生变化的需要, 人们引入了**密度算符** (或**密度矩阵**) 来描述量子系统的状态. 密度矩阵的具体形式取决于希尔伯特空间的基矢, 但从统计学的意义上看, 它所能代表的统计系综没有唯一性, 这蕴含着它分解为 (非相干) 的纯态 (指可以用态矢量描述的量子系统状态) 叠加形式具有不确定性. 一般认为, 密度算符 (或密度矩阵) 对于复杂量子系统所做出的描述, 相比于态矢量 (波函数) 的描述更具优势.

综上所述, 经典力学描述宏观物体状态的方法因直接可观察而显得具体、清晰, 因此通常认为经典力学是属于本体论的. 量子力学描述微观粒子状态的方法并不能直接观察而采用了数学实体 (mathematical entity), 即希尔伯特空间中的态矢量或密度算符来描述. 那么, 量子力学究竟是本体论的, 还是认识论的, 或者是两者的混合呢? 目前存在争议, 尚无定论. 传统上, 物理学研究者大都接受它是接近认识论的, 但现代理论研究者则认为两者混合为比较容易接受的观点. 必须强调的是, 存在争论不是没有意义的, 因为这与量子力学究竟在多大程度上和以怎样的方式与世界本质一致的重大理论问题相关. 既往, 我们更多的是利用量子力学解释微观世界, 发现新的物理现象与规律; 现在, 我们期望利用量子力学发展可应用的量子技术, 从而使得这一问题变得越来越重要起来.

物理学本质上是需要实验验证的, 量子力学的研究与应用尤其如此. 在目前量子理论发展的阶段, 没有量子理论所得出的具有实际应用意义的结论可以不需要经过实验的检验就被认为是绝对正确的. 同时, 必须强调的是, 实验的实际技术水平与实施条件一般是存在改进余地的, 相关的实验结论也需要反复论证与不断完善才值得在一定程度上确信. 作为量子力学应用的量子技术必定是人类发展史上的大事, 其中存在一些没有解决的问题, 遇到一些尚未克服的困难是客观的, 甚至是必然的. 承认问题与困难的存在并努力解决它们才是科学研究者与工作者应有的态度.

1.2.2 希尔伯特空间与狄拉克符号法

为了介绍量子力学, 我们首先必须引入**希尔伯特空间**与**狄拉克** (Dirac) **符号法**的概念, 更多对于它们的讨论见本书的第 3 章.

在量子力学中, 希尔伯特空间是定义**在复数域上的线性空间、内积空间、赋范空间和紧致与完全空间**. 让我们从最简单 (非平庸) 的二维平面空间开始介绍, 如同大家已经熟知的那样, 二维平面空间仅在实数域上定义, 其元素是一个二维实矢量 $\boldsymbol{v}$, 它可以在平面直角坐标系和极坐标系中分别表示为 $\boldsymbol{v} = v_x \boldsymbol{e}_x + v_y \boldsymbol{e}_y = v_\theta \boldsymbol{e}_\theta + v_r \boldsymbol{e}_r$, 其中, $\boldsymbol{e}_x, \boldsymbol{e}_y$ 和 $\boldsymbol{e}_\theta, \boldsymbol{e}_r$ 作为坐标轴的方向矢量, 分别形成直角坐标系和极坐标系中的基矢组 (由彼此正交的所有单位矢量构成). 推广到复数域时, 一个二维希尔伯特空间的可视化表示就是我们将在第 3 章介绍的布洛赫 (Bloch) 球表示, 而更高维的希尔伯特空间则是一个抽象的空间.

狄拉克符号法是由狄拉克提出的表述量子力学的一套语言符号规则, 在现代量子力学及其应用中被广泛地使用. 希尔伯特空间的元素 (或称矢量) 在狄拉克符号法中记为狄拉克**右矢** $|\psi\rangle$, 即记号为左边一根竖线 $|$, 右边一个右向尖括号 $\rangle$, 中间夹着代表的符号 ψ 的形式, 或者表示为狄拉克**左矢** $\langle\psi|$, 即记号为左边一个左向尖括号 $\langle$, 右边一根竖线 $|$, 中间夹着代表的符号 ψ 的形式. 元素为右矢的空间与元素为左矢的空间是互为对偶的线性矢量空间, 并且两者之间存在着对应规则: $(|\psi\rangle)^\dagger = \langle\psi|$. 在此, "$\dagger$"指厄米共轭.

进一步, 在量子力学中, 一个 N 维希尔伯特空间可以用一组**正交归一完备的基矢组** $\{|n\rangle, n = 1, 2, \cdots, N\}$ 张成, 其中基矢 $|n\rangle$ 扮演的是如同二维平面空间的方向矢量一样的角色, 而其全体形成一个所谓的**表象**. 简单地说, 这里表象的概念可以类比坐标系的概念来理解. 如同我们在第 3 章 3.2 节中将要介绍的那样, 量子力学常常采用力学量的最小完备集合的共同 (归一化) 本征矢的全体构成基矢组, 形成对应的表象. 希尔伯特空间的正交归一完备的基矢组不止一个, 所形成的表象当然也不是一个, 并且不同的表象之间可以相互变换. 必须指出的是, 希尔伯特空间的维数 N 可以趋向于无穷.

在希尔伯特空间中, 定义了四种基本的运算. 它们是**数乘、相加、内积与外积**. 其中数乘与相加遵循的是线性矢量空间的规则. 由于量子力学中希尔伯特空间的完备性, 对于任意的属于该空间的右矢 $|\Psi\rangle$, 总可以找到并使用一组正交归一完备的基矢组 $\{|n\rangle\}_{n=1}^N$ 将其展开, 即写成如下的数学表达式:

$$|\Psi\rangle = \sum_n \psi_n |n\rangle \tag{1.21}$$

而上式中展开系数 (通常为复数) 的全体可排成一列矢量 $(\psi_1, \psi_2, \cdots)^\mathrm{T}$, 称为右矢 $|\Psi\rangle$ 在该表象下的**表示**. 而其对应的对偶矢量——左矢则可以写为

$$\langle\Psi| = \sum_n \psi_n^* \langle n| \qquad (1.22)$$

它的展开系数 (通常为复数) 的全体排成一行矢量 $(\psi_1^*, \psi_2^*, \cdots)$，作为左矢 $\langle\Psi|$ 在该表象下的表示.

两个狄拉克右矢 $|\Phi\rangle, |\Psi\rangle$ 内积的符号记为 $\langle\Phi|\Psi\rangle$，它是一个到复数的映射, 计算规则为

$$\langle\Phi|\Psi\rangle = \sum_n \phi_n^* \psi_n = (\phi_1^*, \phi_2^*, \cdots) \cdot (\psi_1, \psi_2, \cdots)^{\mathrm{T}} \qquad (1.23)$$

即两个狄拉克右矢的内积等于第一个右矢对偶矢量表示的行矢量乘上第二个右矢表示的列矢量. 必须指出的是, 可以证明这样的内积运算规则与表象无关.

两个狄拉克矢量 $|\Phi\rangle, |\Psi\rangle$ 外积的符号记为 $|\Phi\rangle\langle\Psi|$，它在一个给定表象下的表示等于右矢表示的列矢量与左矢表示的行矢量的直积,

$$|\Phi\rangle\langle\Psi| \mapsto (\phi_1, \phi_2, \cdots)^{\mathrm{T}} \otimes (\psi_1^*, \psi_2^*, \cdots) \qquad (1.24)$$

因此它的表示是一个矩阵. 在不引起混淆的情况下, 在利用表示进行计算时, 映射符号 "$\mapsto$" 可以用等于符号 "$=$" 替代.

在狄拉克符号法中, 给定表示为一个矩阵 $\boldsymbol{A}$ 的对象称为**算符**, 记为 $\hat{A}$. 通常, 算符对右矢的作用是将其映射成一个新的右矢. 特别值得强调的是, 量子系统中的**可观测力学量**需要由厄米算符表征.

当一个量子系统的状态能够用希尔伯特空间的态矢量 $|\Psi\rangle$ (通常采用右矢, 并需要归一化) 描述时称为纯态. 更一般地, 对于混态的量子系统的状态则用密度算符 (其表示为密度矩阵) 描述, 其基本形式为

$$\hat{\rho} = \sum_i p_k |\Psi_k\rangle\langle\Psi_k| \quad \left(p_k \geqslant 0, \sum_k p_k = 1\right) \qquad (1.25)$$

求和下的每一项都出现了外积 $|\Psi_k\rangle\langle\Psi_k|$, 其系数 p_k 具有概率的含义. 对于纯态而言, 密度矩阵简化为如下形式:

$$\hat{\rho} = |\Psi\rangle\langle\Psi| = \sum_{m,n}^{N} \psi_m \psi_n^* |m\rangle\langle n| \qquad (1.26)$$

其中, 后一个等于已经使用了式(1.21)和式(1.22). 在上述意义上, 纯态可以看作混态的一个特例. 如此, 式(1.25)就可以认为是量子状态的一般表达式.

1.2.3 量子系统状态的演化、调控、操作与测量

量子系统的状态矢量或密度算符一般随时间发生演化, 当该量子系统封闭时, 其演化规律遵循的是**薛定谔** (Schrödinger) **方程** (或**刘维尔** (Liouville) **方程**); 当该量子系统开放时, 其演化遵循的是开放系统量子动力学. 必须指出的是, 开放量子系统演化的情况较为复杂, 所要研究的量子系统与其环境之间的相互作用的存在通常使得人们无法单独使用单一算符来准确描述该系统的动力学, 需要通过求解有效的运动方程 (也称为主方程) 以获得该系统的演化. 更为一般地, 人们可以通过假设所要研究的量子系统与其环境的组合为一个整体封闭的量子系统, 按照封闭系统量子动力学的方法研究其演化, 再进一步将结果约化到所要研究的量子系统自身的希尔伯特空间中. 显然, 开放量子系统的演化会受到环境的影响. 稍后, 我们提到的量子状态的**退相干**现象, 就是属于一类环境影响量子状态演化的例子.

除了由量子动力学决定的量子系统演化之外, 人们也可以在一定程度上调控量子系统状态的演化, 或更一般地说, 调控量子系统状态的改变. 注意, **量子调控**的目标是使得量子系统状态改变为我们所期望的形式. 现阶段所能采用的方法主要是通过改变系统的物理参数以及利用环境 (简单来说就是外场) 的影响得以实现的. 理论上我们可以简单地将导致量子状态改变的结果抽象地描述为一个**量子操作** (quantum operation, 亦称**量子运算**) 作用在量子态上的结果, 或者反过来说, 通过量子调控实现该量子操作.

为了观察量子状态的变化程度, 比较两个量子状态相接近程度, 也为了识别量子态是否为某种状态, 量子力学引入了保真度 (fidelity) 的概念. 对于给定的两个密度矩阵 (或密度算符)ρ 和 σ, 其定义为

$$F(\rho,\sigma) = \left[\mathrm{Tr}\sqrt{\sqrt{\rho}\sigma\sqrt{\rho}}\right]^2 \tag{1.27}$$

显然, 在 ρ 和 σ 为纯态 (密度矩阵) 时, 即当 $\rho = |\psi_\rho\rangle\langle\psi_\rho|$ 和 $\sigma = |\psi_\sigma\rangle\langle\psi_\sigma|$ 时, 该定义将简化为两个量子态之间的重叠度 (overlap) 的平方: $F(\rho,\sigma) = |\langle\psi_\rho|\psi_\sigma\rangle|^2$.

通常量子操作指的是量子系统可以进行的一类变换的数学形式, 不仅包括孤立系统的时间演化算符、对称性变换, 而且也可以包括其他更为一般的变换. 在量子信息的语境中, 还存在一种所谓的**量子通道** (quantum channel)[①], 它作用在密度算符之上, 既可以传输量子信息, 又可以传输经典信息. 注意量子操作与量子通道的概念之间是有区别的.

量子状态会产生变化的另外一种特别重要的方式是**量子测量**. 量子测量是量子力学

---

① 这里, 量子通道在形式上被认为是算符空间之间的完全正定保迹映射. 换言之, 量子通道作为一种量子操作, 也旨在携带量子信息.

中很难解释清楚的一个反直觉的概念. 从科普的角度看, 最为简单的单个量子位的状态可类比为一个不同于凡人的神仙, 这位神仙可以同时左转与右转 (左转态与右转态组合在一起的叠加态). 而量子测量则可比喻成给这样状态的神仙照相. 每次你试图用相机拍下这位神仙的同时左转和右转的状态, 所得到的照片都将始终显示这位神仙或向左转或向右转, 而不会出现原先描述的兼具两者的情形. 实际上, 经典的直观图像中并没有两个不相容的转向状态 (精确地) 同时出现的可能. 简单地说, 尽管神仙可以 (私自地) 处于同时右转和左转的状态, 但 (处于经典环境中的) 摄影师无法在不将其分解为右转或左转的情况下拍摄展示出此双向叠加状态. 因此, 在认为量子叠加态是可能的状态的前提之下, 量子测量一般可能会导致 (叠加) 状态的改变, 也相当于存在量子信息的可能丢失. 在量子力学中, 描述这种现象的术语是**"测量突变"**或**"状态坍缩"**.

量子测量的复杂性并不仅仅在于神奇的"突变"现象的存在, 量子测量的方式也会对系统产生不可忽略的影响. 这不同于经典力学, 尽管测量的影响可能存在, 但精巧的设计可以使得在需要的精度范围内忽略不计. 对于量子测量, 不同的测量方式可能导致不同的测量结果; 多个相同拷贝量子态的一般测量会出现随机的结果; 重复对于同一量子态的相同测量, 第二次及之后的测量结果与第一次测量的结果是相同的. 因此, 量子测量本身深深嵌入量子理论之中, 这也是量子力学与经典力学最为重要的两个区别之一, 另外一个就是随机性 (概率诠释). 而对于测量与不确定关系的介绍请参见第 3 章的内容.

1.3 量子计算

1.3.1 何谓量子计算

量子力学自身不仅有着自洽和优美的理论体系, 而且在许多方面有着十分广泛的应用, 其所给出的一些重要预言, 已经被许多实验证明是正确的. 近 40 年来, 受到广泛关注并蓬勃发展的几个量子力学的应用是**量子信息、量子通信与量子计算**. 进入 21 世纪之后, **量子精密测量 (量子度量)、量子机器学习与量子人工智能**也逐渐开始成为研究热点. 上述所有这些量子力学的重要应用可以统称为**量子技术**. 鉴于量子技术作为交叉学科, 且仍在迅速发展的事实, 想要对它做出全面的了解并不容易. 如果需要掌握其重要的方法, 应用其主要成果, 那么读者必须具备量子力学、计算机以及相关的数学、物理方面足够的背景知识才行.

尽管我们每天都在体验经典计算的好处,但仍然存在着当今经典计算无法解决的难题. 对于超过一定规模和复杂度的问题,我们所在的地球上并没有足够的计算能力来解决它们. 因此,任何可能具备超强能力的新类型计算必然会引起人们广泛的兴趣.

作为量子物理与信息科学融合与发展的量子信息与量子计算,最早可以追溯到 20 世纪 70 年代对于单量子系统可控性及其本质的研究,期望探索自然界的未知和发现新的物理现象,理解扩展到复杂系统将会导致怎样的物理学,由此发展起来的实验室技术不仅成为研究量子信息与量子计算的重要工具,也推动了这一研究领域的兴起. 早在 1980 年,贝尼奥夫 (Benioff) 提出了图灵机的一个量子力学模型的概念. 到了 1982 年,费曼 (Feynman) 指出在经典计算机上模拟量子系统存在着本质上的困难,并建议在量子力学原理的基础上建造计算机以克服这些困难. 因此,人们开始认为量子计算机可能具有模拟经典计算机无法实现功能的潜力,逐步吸引了越来越多的物理学研究者的注意. 1985 年,Deutsch 提出了量子计算机的数学模型——量子图灵机,随后引入了量子信息的基本单元**量子位**、**量子通用逻辑门**和**量子计算线路模型**的概念 (下一小节先做简单介绍,更多相关知识详见第 3 章). 尽管 Deutsch 的通用量子计算机是否能够完全有效地模拟任意的物理系统仍是一个十分难以回答的问题,但却使得人们认识到量子计算是一次飞跃,具有深远的意义. 事实上,现今的研究已经表明,量子计算不仅仅是一种新型的计算,而且是对于计算本质的重大发现.

量子计算从 20 世纪 90 年代才开始逐渐近入迅速研究发展期. 1994 年,Shor 发现了比经典算法指数加速的量子质因数分解算法;1995 年,Grover 提出了比经典算法平方加速的量子搜索算法. 同时,有几个研究小组具体证明了用量子计算机可以有效模拟经典计算机难以模拟的量子系统. 从而,量子计算机能够比经典计算机具有更强大和更快的计算优势成为被普遍接受的结论. 在国内,以 1998 年 6 月第 98 次香山会议为标志,开始迎来大规模量子通信与量子计算的研究热潮.

量子计算机主要分为通用量子计算机与模拟量子计算机两类,它们共同的特征是都包括量子位系统. **通用量子计算机**中主要的一类使用**量子逻辑门**进行计算,故而有时也被称为量子门方式量子计算机. 量子计算机的门模型具有通用性的原因是,它可以执行任何单元运算并将其分解为一系列基本门乘积 (Solovay-Kitaev 定理). 另外的一类是**绝热量子计算机**,它们依靠绝热定理进行计算. 有研究表明,绝热量子计算 (在多项式上) 等效于基于门的计算 (如果使用所谓的非随机哈密顿量),也可以实现通用量子计算,但更适合于优化与抽样问题. 当然,基于门的量子计算可以模拟具有有限数量的量子门的任何哈密顿量,亦能执行绝热量子计算,但在优化与抽样问题上工作量会大于绝热量子计算机. 而**模拟量子计算机**则依据其运行原理分为**量子模拟机**、**量子退火机**等.

量子逻辑门是量子计算或通用量子计算机实现的基础，简单地说，它作用在**量子位** (或称**量子比特**，它是量子信息存储与处理的基本单元，稍后介绍) 之上，在给定的时间内实现其逻辑变换. 与多数传统的逻辑门不相同的是，量子逻辑门可逆. 在量子力学的表示中，它可以写为幺正矩阵. 常见的量子逻辑门有单量子位门，主要是非门、相位 (偏移) 门、Hadamard 门；也有双量子位门，包括互换门和受控门；还有三个量子位的 Toffoli 门. 量子逻辑门的实现途径主要包括量子点、超导约瑟夫森结、核磁共振、离子阱、腔量子电动力学系统，等等. 当然，量子计算中也能包括更为一般的量子操作. 通过对单个或多个量子位的操作进行定义，我们能够构建出**量子线路**. 量子逻辑门也是量子线路的基础元件，这如同传统逻辑门与一般数字线路之间的关系一样. 虽然不存在数量有限的、能产生任何其他量子电路的量子门，但人们已经证明了存在一组数量有限的门，它们可以用来近似所有可能的量子电路. 这个话题涉及的知识过多，不再在本书中阐述.

目前，在构建实际有效可用的规模化量子计算机方面已经取得令人可喜的进展，但依然存在或未能完全解决的一些重大困难. 例如，量子位易于出现**量子退相干**，从而导致量子计算机比传统计算机更容易出错，而量子纠错会产生巨大的资源耗费甚至难以实现. 解决该问题的一个重要途径是研究拓扑量子计算机. 目前，微软正在开发基于拓扑量子位的量子计算机. 由于拓扑量子比特受环境变化的影响较小，因此降低了所需的外部纠错的程度，具有了较高的稳定性，这意味着它们能保持更长的可靠运算时间，但其规模化等问题尚在研究之中.

1996 年，IBM 研究员 David DiVincenzo 概述了建造量子门方式的量子计算机的五个基本要求：① 定义明确的可扩展量子位组合方式 (阵列)；② 将量子位的状态初始化为简单基准状态的能力；③ 具备一组"通用"量子门；④ 相干时间足够长，远大于门操作 (运算) 时间；⑤ 可实现单量子位测量. 这成为通用量子计算机建造的标准. 经过科学家们不断努力，先后在实验室中完成了相关的原理论证. 直到最近几年，量子计算机研制进展才出现了明显的加速. 2016 年 8 月，美国马里兰大学发明了世界上第一台由 5 量子比特组成的可编程通用量子计算机. 2017 年 3 月，IBM 推出了 17 个量子位的量子计算机以及一种更好的基准测试方法. 2017 年 5 月，中国科学院宣布世界首台超越早期经典计算机的光量子计算机诞生. 2018 年 1 月，Intel 证实开发出了一种名为 "Tangle Lake" 的 49 量子位超导测试芯片. 2019 年 1 月，IBM 在消费电子展 (CES) 上展示了已开发的世界首款商业化的具有 53 个量子位的量子计算机 IBM Q System One，同年 10 月上线. 2019 年 9 月，谷歌的量子计算机研究团队声称已经打造出一台能够实现量子优势的量子计算机. 同时，量子计算机的编程语言也得到了长足的进步，2017 年微软推出用 Visual Studio 集成的量子编程语言 Q Sharp. 该程序可以在本地 32

个量子位模拟器上执行，也可以在 Azure 上的 40 个量子模拟器上执行. 同年年底，IBM 宣布扩展开源量子软件包 QISKit，为量子计算提供世界上目前先进的生态系统. 而今年，苏黎世联邦理工学院设计出了量子计算机领域内第一种高级编程语言 Silq，据称它能够像传统计算机语言一样简单、安全又可靠. 国内也出现了十分可喜的进展与成果，详见相关的报道.

在如今的量子计算机的研究与发展中，也出现了可用于商业化的采用量子退火方式的量子计算机，其最主要的优点之一就是它工作的稳定性. 这就是 D-Wave 系统公司开发的 D-Wave 量子计算机. 它被证明能利用量子效应加速依赖采样的计算，也被期望能够有助于解决著名的组合优化问题，进而在未来的人工智能领域发挥作用. 不同于通用或者普适的量子计算机，D-Wave 量子计算机只能用于特定的用途. 实际上，D-Wave 量子计算机的核心部件是量子位的超导电路，再加上保证超导电路正常运行的冷却系统. 2007 年，D-Wave 系统公司研发成功具有 16 个量子位的系统，在 2011 年、2013 年和 2015 年分别被扩展到 128 个量子位、512 个量子位和 1000 个量子位以上的系统，到了 2017 年，D-Wave 公司的 2000Q 量子计算机面世，其拥有 2000 个量子位. 而 2019 年，D-Wave 系统公司宣布，它的新一代 5000 个量子位的量子退火计算机将首次出售给洛斯阿拉莫斯国家实验室 (the Los Alamos national laboratory, LANL). 该计算机官方命名的名称为"优势"(advantage).

必须指出，量子比特的数目多少并不能完全代表量子计算机的性能，还需要量子线路的可达深度、错误率的大小等才能较为全面、综合地评估量子计算机的性能. 据此，IBM 提出了"量子体积"(quantum volume, 设备在给定时间和空间内完成量子计算的有用量) 作为评估指标. 目前，量子体积指标已经成为一个较为全面、被广泛接受的标准，但也存在不足之处. 未来当量子计算机的运算能力发展到足以运行实际应用程序时，可以相信某些量子应用和算法能够成为量子计算机更好的综合性能指标.

的确，在量子计算中，量子算法扮演着十分重要的角色. 量子算法的基本设计方法始于 Deutsch 的工作，而 Shor 和 Grover 所发明的量子相位估计与振幅放大方法成为非常重要的两个实现方法. 在 2009 年，Harrow、Hassidim 和 Lloyd 提出了求解线性方程组的 HHL 算法使得量子算法的应用范围得到显著扩大. 现今，已经出现了各种各样的量子算法，可以通过参看文献了解它们[①].

通常认为量子计算机并不能 (完全) 取代经典计算机，而只能用于一些特定的目的，适应特殊的应用需要. 自量子计算机的概念被提出直至今天，量子计算机研究取得了令人瞩目的进展，这一断言始终是正确的，不应当被忘记. 事实上，量子计算机如果作为一个实用系统的话，就与经典计算机分不开. 它的三大主要组成部分核心是容纳量子位的

---

① 量子算法资料：http://math.nist.gov/quatum/zoo/.

区域, 而将信息传输到量子位的方法以及运行程序和发送指令这两部分的构成与实现都需要利用经典计算机. 特别值得一提的是最近被广泛关注的一种新的量子算法的发展: 变分电路 (variational circuits). 变分电路是专为当前和近期的量子计算机而设计的, 作为一种经典 – 量子混合算法, 它在 QPU 和 CPU 之间创建了一个迭代循环. 我们使用变分电路的工作是在量子处理单元 (QPU) 上进行一系列简短的计算, 然后将结果提取到 CPU 中. 这导致要对量子电路进行参数化, 使我们可以返回并调整量子处理器的参数, 并进行另一个简短的计算. 从而成为 QPU 和 CPU 之间的迭代循环, 随着时间的推移而不断改善. 因此, 研究量子计算机并非是为了取代经典计算机, 并且目前的研究结果与预期的研究结果也不支持实现这种取代的可能.

1.3.2 量子位、量子门和量子线路

本小节我们将简单地介绍量子计算的三个基本概念: **量子位** (或称**量子比特**)、**量子通用逻辑门**和**量子计算线路模型**.

如同经典位作为经典信息 (或数据) 存储与处理的基本单元一样, 量子位是量子信息的一个信息存储与处理的基本单元. 也就是说, 它实际上就是经典位 (bit) 的一个量子版本, 如果利用量子力学中的狄拉克符号法 (详见第 3 章), 这个量子位的状态被记为狄拉克右矢 $|\psi\rangle$. 作为一个具备特定属性的数学对象, 它形式上可以写成量子力学中二维希尔伯特空间的一组正交归一完备基矢组基矢的线性叠加.

$$|\psi\rangle = a|0\rangle + b|1\rangle \tag{1.28}$$

其中, 为不失一般性, 我们已经把基矢组的两个成员用 $|0\rangle$ 和 $|1\rangle$ 表示 (通常称为 "计算基矢"). 在基矢编码的意义上, 它们分别对应经典二进制中的 0 和 1. 上式中的叠加系数 a 和 b 一般是复数, 除非我们采用振幅编码的方案; 并且两个叠加系数 a 和 b 满足概率诠释所需要的归一化条件 $|a|^2 + |b|^2 = 1$. 显然, 在一般情况下, 量子位的状态将以 $|0\rangle$ 表示的状态和 $|1\rangle$ 表示的状态组合起来, 使得这两个状态是相干的. 这蕴含着量子相干性源于量子叠加性.

通常, 在 $|0\rangle$ 和 $|1\rangle$ 这两个基矢组成的表象中, 其自身的表示为二维的列矩阵

$$|0\rangle = \begin{pmatrix} 1 \\ 0 \end{pmatrix}, \quad |1\rangle = \begin{pmatrix} 0 \\ 1 \end{pmatrix} \tag{1.29}$$

因此，一个量子位可以被直接写成如下的一个二维列矢量：

$$|\psi\rangle = a \begin{pmatrix} 1 \\ 0 \end{pmatrix} + b \begin{pmatrix} 0 \\ 1 \end{pmatrix} = \begin{pmatrix} a \\ b \end{pmatrix} \tag{1.30}$$

注意式(1.28)中两个基矢原本是抽象的矢量，但在此式中已经被写成了具体的表示，在不致导致混淆的情况下，这样的表述是一种习惯的做法. 写成表示之后，有限维希尔伯特空间中的量子力学的运算就能利用大家较为熟悉的线性代数来完成. 大多数情况下，对有限维空间中的量子计算问题，这样的处理很方便.

值得指出的是，量子位本身如同经典位一样需要物理系统实现，通常需要的物理系统是双态的量子系统. 例如：电子的自旋和光子的偏振等. 其中的双态通常分别用 $|0\rangle$ 和 $|1\rangle$ 表示.

对 n 个量子位情形，通常使用各个量子位基矢 $|0\rangle,|1\rangle$ 的直积作为计算基矢，即 $|a_1\rangle \otimes |a_2\rangle \otimes \cdots \otimes |a_n\rangle = |a_1 a_2 \cdots a_n\rangle$，其中每个 a_i 取值为 0 或 1. 这样的位链是二进制的位链，可以换算为十进制的 $|i\rangle (i = 0, 1, \cdots, 2^n - 1)$. 例如对于三个量子位，8 个二进制的计算基矢 $|000\rangle,|001\rangle,|010\rangle,|011\rangle,|100\rangle,|101\rangle,|110\rangle,|111\rangle$，分别对应十进制下的 $|0\rangle_D,|1\rangle_D,\cdots,|7\rangle_D$(有时，可将记号平移 1，记为 $|1\rangle_D,|2\rangle_D,\cdots,|8\rangle_D$). 因此，对 n 个量子位情形，转换到十进制的计算基矢，是从 $|0\rangle_D$ 到 $|2^n - 1\rangle_D$(或从 $|1\rangle_D$ 到 $|2^n\rangle_D$). 不至于混淆时，其下标 D 可以略去.

利用多量子位计算基矢十进制下的形式 $|i\rangle$，我们能够容易地写出它的明显表示为一个列矢量. 对应第一种 $|0\rangle$ 到 $|2^n - 1\rangle$ 约定，其第 $i+1$ 个分量为 1，其他的均为零. 对应第二种 $|1\rangle$ 到 $|2^n\rangle$ 约定，其第 i 个分量为 1，其他的均为零. 例如两个量子位的计算基矢的表示为

$$|00\rangle = |0\rangle_D = \begin{pmatrix} 1 \\ 0 \\ 0 \\ 0 \end{pmatrix}, \quad |01\rangle = |1\rangle_D = \begin{pmatrix} 0 \\ 1 \\ 0 \\ 0 \end{pmatrix}$$
$$|10\rangle = |2\rangle_D = \begin{pmatrix} 0 \\ 0 \\ 1 \\ 0 \end{pmatrix}, \quad |11\rangle = |3\rangle_D = \begin{pmatrix} 0 \\ 0 \\ 0 \\ 1 \end{pmatrix} \tag{1.31}$$

在量子计算中，$|i\rangle_D (i = 1, 2, \cdots, 2^n)$(同理，可以使用 $|i\rangle_D (i = 0, 2, \cdots, 2^n - 1)$) 的全

体组成 n 个量子位体系的 2^n 维表象. 那么一个对应纯态的右矢在该表象下的展开式为

$$|\psi\rangle = \sum_{i=1}^{2^n} \alpha_i |i\rangle \quad (\alpha_i \in \mathbb{C}) \tag{1.32}$$

对应混态的密度矩阵可以写为

$$\rho = \sum_{i,j=1}^{2^n} \beta_{ij} |i\rangle\langle j| \quad (\beta_{ij} \in \mathbb{C}) \tag{1.33}$$

由于它是厄米的, 正定迹为 1, 故总存在着纯态分解形式

$$\rho = \sum_a p_a ||\psi_a\rangle\langle\psi_a|| \quad (\sum_a p_a = 1, p_a \geqslant 0) \tag{1.34}$$

密度矩阵退化为纯态时成为形式

$$\rho = \sum_{i,j=1}^{2^n} \alpha_i \alpha_j^* |i\rangle\langle j| = |\psi\rangle\langle\psi| \tag{1.35}$$

一个有趣的问题是: 如上的量子位能够包含多少信息呢? 表面上仅与所采用的编码方案有关, 事实上还与提取量子信息的方法有关, 后者受制于量子测量坍缩的限制. 在量子计算和量子机器学习中主要的编码方案是基矢编码与振幅编码两种. 如上所述, 我们已经看到基矢编码其实就是将二进制信息编码到基矢之上. 与经典情形不同的是, 量子态矢可以处于叠加态(1.28)中, 这代表了一种组合所有可能状态的能力, 因此在基矢编码方案中一个量子位可以同时表示 0 和 1. 在量子力学的概率诠释中, 处于叠加态中的 $|0\rangle$ 与 $|1\rangle$ 是相干的, 振幅 a 和 b 的模方代表分别处在 $|0\rangle$ 和 $|1\rangle$ 的概率. 当用振幅编码时, 需要采用计算基矢展开状态矢量, 其相应振幅 (即展开系数 α_i) 的全体就可以代表一个矢量, 每个振幅对应该矢量的不同分量.

量子力学两个核心问题: 一个是量子系统的演化和量子状态的变换, 另一个是量子测量. 而量子计算中, 第一类就是相关于量子状态的操作问题, 所研究的是利用一系列所谓的**量子门**实现 (或近似地实现) 量子系统的演化和 / 或量子状态的变换. 加上一些第二类的关于在计算基矢上的量子测量, 人们可以把一个量子计算任务的输入、运算和输出整个过程用所谓的"**量子线路**"的图形表示出来.

显然, 量子门与量子线路是经典门与经典电路的一种推广, 可作为量子计算中另外一种数学语言的表示方式. 它们把基本的量子计算和一般的量子计算用简单的数学表达式表示, 或者转换成直观的线路图形.

必须强调指出的是, 量子门运算的实现 (数学上称为表示) 是幺正矩阵. 特别地, 单量子位的门可以用 2×2 幺正矩阵来表示. 由于一个二维矩阵总可用一个单位矩阵和三

个泡利 (Pauli) 矩阵展开. 因此, 三个泡利矩阵本身就可以看成基本的单量子位门, 分别称为 X, Y, Z 门 (尽管它们的表示形式是矩阵, 但习惯上仍然使用白斜体大写字母). 以 X 门为例, 它作用在单量子位的计算基矢上相当于 NOT 运算, 即[①]

$$X|0\rangle = \begin{pmatrix} 0 & 1 \\ 1 & 0 \end{pmatrix} \begin{pmatrix} 1 \\ 0 \end{pmatrix} = \begin{pmatrix} 0 \\ 1 \end{pmatrix} = |1\rangle$$

$$X|1\rangle = \begin{pmatrix} 0 & 1 \\ 1 & 0 \end{pmatrix} \begin{pmatrix} 0 \\ 1 \end{pmatrix} = \begin{pmatrix} 1 \\ 0 \end{pmatrix} = |0\rangle$$

(1.36)

因此, X 门就是翻转运算, 或者称为 NOT 运算. 显然, 上述的 X 门的运算可以统一地写成

$$X|i\rangle = |i \oplus 1\rangle \quad (i = 0, 1)$$

(1.37)

在此, $\oplus$ 运算是模 2 加法.

经常使用的单量子门还有 Hadamard 门 H(不要因为与哈密顿 (Hamilton) 量的符号相同而混淆), 其重要性在于它能够将计算基矢变换成它们等概率的叠加态, 即

$$H|0\rangle = \frac{1}{\sqrt{2}} \begin{pmatrix} 1 & 1 \\ 1 & -1 \end{pmatrix} \begin{pmatrix} 1 \\ 0 \end{pmatrix} = \frac{1}{\sqrt{2}} \begin{pmatrix} 1 \\ 1 \end{pmatrix} = \frac{1}{\sqrt{2}}(|0\rangle + |1\rangle)$$

$$H|1\rangle = \frac{1}{\sqrt{2}} \begin{pmatrix} 1 & 1 \\ 1 & -1 \end{pmatrix} \begin{pmatrix} 0 \\ 1 \end{pmatrix} = \frac{1}{\sqrt{2}} \begin{pmatrix} 1 \\ -1 \end{pmatrix} = \frac{1}{\sqrt{2}}(|0\rangle - |1\rangle)$$

(1.38)

因此, Hadamard 门在量子计算中经常被使用. 注意, Hadamard 门是厄米的和自逆的, 即

$$H^\dagger = H, \quad H^2 = I$$

(1.39)

在此 I 是单位矩阵, 对应于所谓的单位门. 利用 Hadamard 门, 我们可以得到如下一组变换关系:

$$HXH = Z, \quad HZH = X, \quad HYH = -Y$$

(1.40)

还有一个依赖于相位角取值的重要的单量子位相位门 R_φ 或 $R(\varphi)$

$$R_\varphi = |0\rangle\langle 0| + e^{i\varphi}|1\rangle\langle 1| = \begin{pmatrix} 1 & 0 \\ 0 & e^{i\varphi} \end{pmatrix}$$

(1.41)

---

① 注意, 下式中没有区分抽象矢量形式与表示形式.

特别地, 当 $\varphi=\pi$ 时, 它就是 Z 门 (或 Z 相位门); 当 $\varphi=\pi/2$ 时, 它就是 S_p 相位门, 相当于其矩阵右下角取 -1 的平方根 i; 当 $\varphi=\pi/4$ 时, 它就是 T_p 相位门, 相当于其矩阵右下角取 i 的平方根 $e^{i\pi/4}$. 因此 $T_p^2=S_p$, $S_p^2=Z$.

上述的量子门都是幺正的运算. 因为幺正矩阵是可逆的, 所以量子门运算是可逆的. 我们可以将上述的几个单量子位门的各种表示总结在表1.1中.

表 1.1 几个重要的单量子位门及其表示

门名称	线路图标表示	矩阵表示	狄拉克符号表示
X	—[X]—	$\begin{pmatrix} 0 & 1 \\ 1 & 0 \end{pmatrix}$	$\|1\rangle\langle 0\| + \|0\rangle\langle 1\|$
Y	—[Y]—	$\begin{pmatrix} 0 & -i \\ i & 0 \end{pmatrix}$	$i\|1\rangle\langle 0\| - i\|0\rangle\langle 1\|$
Z	—[Z]—	$\begin{pmatrix} 1 & 0 \\ 0 & -1 \end{pmatrix}$	$\|1\rangle\langle 0\| - \|0\rangle\langle 1\|$
H	—[H]—	$\frac{1}{\sqrt{2}}\begin{pmatrix} 1 & 1 \\ 1 & -1 \end{pmatrix}$	$\frac{1}{\sqrt{2}}(\|0\rangle+\|1\rangle)\langle 0\| + \frac{1}{\sqrt{2}}(\|0\rangle+\|1\rangle)\langle 1\|$
R_φ	—[R_φ]—	$\begin{pmatrix} 1 & 0 \\ 0 & e^{i\varphi} \end{pmatrix}$	$\|0\rangle\langle 0\| + e^{i\varphi}\|1\rangle\langle 1\|$

对于两个量子位的门, 我们可以从所谓的控制类型的量子门谈起. 这样的门作用在一个控制量子位、一个目标量子位所组成的二量子位系统中. 以控制非 (Cnotrolled-NOT, 符号习惯上记为 CNOT) 为例, 其作用可以描述为: 若控制位为 0, 目标量子位不变; 若控制位为 1, 目标量子位翻转. 也就是

$$|00\rangle \mapsto |00\rangle, \quad |01\rangle \mapsto |01\rangle, \quad |10\rangle \mapsto |11\rangle, \quad |11\rangle \mapsto |10\rangle \tag{1.42}$$

因此, CNOT 门的作用可以统一描述为

$$\text{CNOT}|a,b\rangle = |a, b\oplus a\rangle \tag{1.43}$$

CNOT 门既可以用前一个量子位作为控制位, 也可以用后一个量子位作为控制位. 为了区别它们, 我们使用有序数对 cd 作为下标, 其第一个为控制位, 第二个为目标位.

容易写出 CNOT 门在狄拉克符号下的形式

$$\begin{aligned} \text{CNOT}_{12} &= |0\rangle\langle 0| \otimes I + |1\rangle\langle 1| \otimes X \\ \text{CNOT}_{21} &= I \otimes |0\rangle\langle 0| + X \otimes |1\rangle\langle 1| \end{aligned} \tag{1.44}$$

对应的矩阵表示为

$$\mathrm{CNOT}_{12} = \begin{pmatrix} 1 & 0 & 0 & 0 \\ 0 & 1 & 0 & 0 \\ 0 & 0 & 0 & 1 \\ 0 & 0 & 1 & 0 \end{pmatrix}, \quad \mathrm{CNOT}_{21} = \begin{pmatrix} 1 & 0 & 0 & 0 \\ 0 & 0 & 0 & 1 \\ 0 & 0 & 1 & 0 \\ 0 & 1 & 0 & 0 \end{pmatrix} \tag{1.45}$$

在量子线路中的图表示如下:

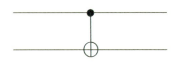

类似于 CNOT 门, 我们还可推广到其他的控制 U 门 "CU", 它们的狄拉克符号下的表示 (约定第一个量子位为控制位) 都可以写为

$$\mathrm{CU} = |0\rangle\langle 0| \otimes I + |0\rangle\langle 0| \otimes U \tag{1.46}$$

其中, U 取上述五种单量子门中的一个, 或者更为一般的单量子 U 运算.

另外一个重要的双量子位门是交换门 (swap gate, 记为 SWAP, 有时直接记为 S), 其作用表达式为

$$\mathrm{SWAP}|ab\rangle = |ba\rangle \tag{1.47}$$

因此其矩阵表示为

$$\mathrm{SWAP} = \begin{pmatrix} 1 & 0 & 0 & 0 \\ 0 & 0 & 1 & 0 \\ 0 & 1 & 0 & 0 \\ 0 & 0 & 0 & 1 \end{pmatrix} \tag{1.48}$$

而对应量子线路中的图表示如下:

容易验证

$$\mathrm{SWAP} = \mathrm{CNOT}_{12}\mathrm{CNOT}_{21}\mathrm{CNOT}_{12} \tag{1.49}$$

常用的两个三量子位门分别是 Toffoli 门和 Fredkin 门.

Toffoli 门也称 CCNOT 门, 其中两个量子位为控制位, 一个量子位为目标位. 选前两个量子位为控制位的话, 其狄拉克符号法下的表示形式为

$$\begin{aligned} T &= (|00\rangle\langle 00| + |01\rangle\langle 01| + |10\rangle\langle 10|) \otimes I + |11\rangle\langle 11| \otimes X \\ &= I \otimes I \otimes I + |11\rangle\langle 11| \otimes (X - I) \end{aligned} \tag{1.50}$$

它对于计算基矢的作用可以统一写为

$$T|a,b,c\rangle = |a,b,(c\oplus ab)\rangle \tag{1.51}$$

因此, 只有当前两个控制量子位处在 $|11\rangle$, 才是目标量子位翻转. 当前两个控制量子位不处在 $|11\rangle$ 态时, 目标量子位不发生改变. Toffoli 门的矩阵表示为

$$T = \begin{pmatrix} 1 & 0 & 0 & 0 & 0 & 0 & 0 & 0 \\ 0 & 1 & 0 & 0 & 0 & 0 & 0 & 0 \\ 0 & 0 & 1 & 0 & 0 & 0 & 0 & 0 \\ 0 & 0 & 0 & 0 & 0 & 0 & 0 & 0 \\ 0 & 0 & 0 & 0 & 1 & 0 & 0 & 0 \\ 0 & 0 & 0 & 0 & 0 & 1 & 0 & 0 \\ 0 & 0 & 0 & 0 & 0 & 0 & 0 & 1 \\ 0 & 0 & 0 & 0 & 0 & 0 & 1 & 0 \end{pmatrix} \tag{1.52}$$

而图形表示为

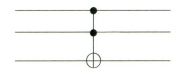

Toffoli 门是自逆的, 对应的经典运算是普遍的. 任何经典线路都可以用有限的 Toffoli 门来模拟. 因此, 每一个经典线路都具有可逆的对等线路. 正由于 Toffoli 门可以模拟经典电路, 这蕴含着量子计算机能够进行经典计算机可以进行的所有运算.

Fredkin 门也称为控制交换门 CSWAP. 通常选第一个量子位为控制位, 那么其狄拉克符号法下的表示可写成

$$F = |0\rangle\langle 0| \otimes I \otimes I + |1\rangle\langle 1| \otimes S \tag{1.53}$$

其中, S 为交换门. Fredkin 门对应的矩阵表示是

$$F = \begin{pmatrix} 1 & 0 & 0 & 0 & 0 & 0 & 0 & 0 \\ 0 & 1 & 0 & 0 & 0 & 0 & 0 & 0 \\ 0 & 0 & 1 & 0 & 0 & 0 & 0 & 0 \\ 0 & 0 & 0 & 0 & 0 & 0 & 0 & 0 \\ 0 & 0 & 0 & 0 & 1 & 0 & 0 & 0 \\ 0 & 0 & 0 & 0 & 0 & 0 & 1 & 0 \\ 0 & 0 & 0 & 0 & 0 & 1 & 0 & 0 \\ 0 & 0 & 0 & 0 & 0 & 0 & 0 & 1 \end{pmatrix} \tag{1.54}$$

而图形表示为 Fredkin 门也是自逆的和可逆的：

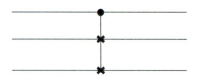

有了上述各种门的图形表示之后，再引入如下的承载量子位的线和经典位的线以及量子测量的图形表示：

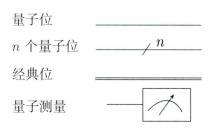

我们就可以绘出对应给定量子算法的量子线路图. 必须特别强调的是，量子线路图的时间轴通常是从左向右的，且每个重要的步骤或者子程序可以用虚线框起来.

1.3.3 量子优势与量子特性

量子技术之所以被人们寄予厚望和前景远大，是因为相对于经典技术而言，一些量子技术具备不可替代，甚至无可比拟的优势. 这些优势本质上源自于量子系统的基本特征与规律，因此我们可以称它们为"**量子优势**". 量子优势这一词语原本脱胎于"量子至上"的说法，指的是量子计算机的计算速度比经典计算机快数千或数万倍，甚至能够指数加速，而一旦量子计算机功能强大到足以完成经典超级计算机无法执行的计算，即认为实现了量子至上. 但是，这样的提法遭到了部分人的质疑. 著名的科学杂志《Nature》曾专门发表了一篇信函提出"使用量子优势代替量子至上"的意见. 在本书中，我们采用了这样的观点，但将量子优势的提法扩展到整个量子技术领域. 我们认为，谈论量子优势的概念显然还存在所谓的"广度"与"高度"的问题. 例如，克服退相干与难控制的成本、输入输出的计算资源耗费、投入产出的效益计算、基准测试的标准是否需考虑，以及量子测量的可能影响，等等. 这些问题泛泛地讨论在当下还没有实际的、针对性的意义. 但是，注意其中可比性的条件仍然是重要的，现实存在的情况也提示我们需要如此.

那么，量子系统怎样的特性与规律会导致量子技术内禀地具有量子优势呢？

首先，在量子力学中，多粒子体系的希尔伯特空间是由各个粒子希尔伯特空间的直积所构成的，从而使得整个体系的希尔伯特空间的维数随着粒子数目的增加指数地增长. 例如 N 个量子位系统的希尔伯特空间的维数为 2^N，这意味着它共有 2^N 基矢，且所有这些基矢的线性叠加也是该体系的状态. 因此，N 个量子位系统可以同时表示 2^N 个不同的位链. 最简单的两个量子位系统的状态就可以同时表示 $00,01,10,11$，而两个经典比特在给定时刻只能表示其中之一.

其次，多量子位系统的惊人的表示信息的能力和具有约定的直积结构使得量子操作可以一次性和有针对性地完成，故而量子计算被认为具有天然的并行能力，亦即所谓的**量子并行**. 从而导致了量子计算较经典计算会产生显著的加速. 但我们必须强调的是，量子计算机所能提供的并行计算并不是万能的，经典计算中的某些计算极限仍然存在，这将从关于量子计算的复杂性分析中获知. 关于量子并行的具体介绍因涉及过多的知识而只能放在相关章节，或请读者自行参考相关文献.

最后，我们需要简要介绍一个比较难以理解的量子纠缠的概念. 所谓的量子纠缠，简单地说，指的是一组 (最为典型的是两个) 粒子 (或更一般的子系统) 彼此之间的状态被相互关联着，其中任何粒子状态不独立于其他粒子之间的状态的物理现象. 通常，量子纠缠有其产生的历史缘由，只是我们常常并不关心罢了. 尽管量子纠缠的本质特性是经典世界中所没有的，但经典世界也存在着一类经典关联，或可称为经典 (意义上的) 纠缠.

作为一个科普的例子①，我们不妨从一个经典关联的故事开始. 考虑一个粗心的老师傅，上班时只带走了一副 (可分左右) 手套中的一只. 本来这副手套以左右两只形成一副的关系和放在一起的方式关联着的 (经典意义上的). 到工厂开始工作需要戴手套时，老师傅才发现只带了其中的一只左 (或右) 手套，忘了带另一只. 那他必定知道留在家里的是只右 (或左) 手套，他这样的判断来自与一副手套原本存在经典关联的事实. 现在，我们用量子的语言重新描述这个故事，如果用 $|L\rangle$ 和 $|R\rangle$ 分别表示左手与右手的手套，那么老师傅没有带走手套之前一副手套被表示为 $|L\rangle|R\rangle$ 时，他上班带走了 $|L\rangle$ 和 $|R\rangle$ 中的一个，另一个就必定留在家里. 注意到此仍然是没有量子纠缠的情况，因此与经典时并没有明显的不同 (除了查看手套是左还是右有所不同外). 必须注意到是量子系统的一般状态是一个叠加态，假定所这副手套被放到了"量子魔盒"之后，其一般状态将成为

$$|\psi\rangle = a|LL\rangle + b|LR\rangle + c|RL\rangle + d|RR\rangle \tag{1.55}$$

---

① 这里科普的例子只是为了解释对象的部分主要特征，与所解释的对象特征并不完全一致.

作为一副"量子手套",它会退化到对应两个不同"成套基"的等概率叠加上,成为

$$|\psi\rangle = \frac{1}{\sqrt{2}}(|LR\rangle + |RL\rangle) \tag{1.56}$$

这样的手套如果仍然能够被分开 (空间分离) 的话 (注意这是量子力学本身并没有特别指出的问题),老师傅所带走的一那只手套既非左手套也非右手套,但他戴在左手上就成为左手套,同时家里的就成为右手套;戴在右手上就成为右手套,同时家里的就成为左手套. 注意,"戴"在这里的含义相当于量子测量,并且该测量导致了叠加本身,进而是纠缠的破坏. 坍缩到确定的左手套或右手套,如何坍缩取决于这个老师傅戴在左手还是戴在右手上 (对应于不同的测量方式).

值得强调的是,老师傅所带走的那只手套不仅既非左手套也非右手套,而且其状态在他未带走之前与家里留下的那只手套的状态是纠缠着的. 如果家里人在他戴手套之前将留下的手套戴在左手上,那老师傅带走的那只手套就是右手的;如果家里人在他查看之前将留下的手套戴在右手上,那老师傅带走的那只手套就是左手的. 在极端的情况下,想象戴了一只手套的老师傅被外星人劫持到遥远的其他星球上,并假定量子纠缠没有因其他因素被破坏的话,上述结论依然成立.

从已经发表的关于量子计算的研究工作中,我们可以看到,通过使用量子纠缠,不仅可以优于经典计算机的结果,而且可以需要更少的资源. 限于篇幅,我们在此不再介绍.

除了量子系统的相干性、纠缠性和操作的并行性之外,在量子计算中使得量子系统具备超越经典系统性能的主要因素还有**量子隧穿效应**和**量子绝热演化**.

量子隧穿效应指的是即使势垒的高度大于粒子的总能量,微观粒子也仍然能穿入或穿越该势垒的量子行为. 这在经典情形中是不可能发生的,因为常识告诉我们:当一个圆球试图滚动过一座小山,如果圆球的速度 (动能) 不够时,是无法翻越这座小山的. 换言之,经典力学的结论是,若粒子所具有的能量低于势垒的位势,则该粒子绝对无法越过这个势垒. 与之不同,量子力学则预测,该粒子可以概率性地越过这个势垒. 利用粒子的波动性可以直观地解释 (类比) 隧穿效应的结果. 在此不做更为细致的介绍.

在量子力学中,发生隧穿效应的一个可能的理论解释是能量与时间的不确定关系所导致的. 让我们假设粒子的原本能量为 E,势垒的位势为 V,且隧穿问题中具有条件 $E < V$. 这就导致了经典力学中隧穿不可能发生,因为经典力学中能量是不可能改变的. 再记能量与时间的不确定性分别为 ΔE、Δt,我们有

$$\Delta E \Delta t \approx \hbar/2 \tag{1.57}$$

这里,$\hbar$ 是约化普朗克常数. 因此,粒子有可能暂时获得能量 ΔE,使得 $E + \Delta E > V$,从而粒子得以实现隧穿. 但是粒子必须在时间 $\Delta t \approx \hbar/(2\Delta E)$ 内完成隧穿的整个过程,否则会导致违背能量与时间的不确定关系.

绝热定理最初是由 Born 和 Fock 提出的 (1928). 简单地说, 如果一个体系, 一开始处在能量最低的状态 (基态), 那么当这个体系所处的环境足够缓慢地发生变化 (这里是绝热的含义) 的时候, 这个体系就会慢慢适应外部环境的变化, 每时每刻都几乎保持在那个时刻能量最低的状态 (基态) 上, 而不会向其他状态跃迁. 关于对绝热定理的更多介绍参见第 7 章.

此外, 量子不可克隆性对于量子信息安全至关重要, 对于它的介绍我们放在了第 4 章.

综上所述, 量子计算之所以存在量子优势的主要原因是量子系统具备指数扩展的表示能力, 天然并行的运算能力, 非局域关联的纠缠能力, 以及量子系统所能具备的量子隧穿效应和量子绝热演化特性等.

当然, 能够实现量子优势还需要好的量子算法设计. 也就是说, 对于量子计算而言, 量子优势体现在**量子加速**之上. 量子加速这一术语主要含义是需要证明不可能有经典算法的性能如同或好于所用的量子算法, 或者至少对比已知最优经典算法所用量子算法仍然存在显著高性能直至计算指数加快. 显然, 论证量子计算机原则上能否更快地解决计算问题需要研究**量子计算复杂性理论**.

在此, 计算复杂度 (也称为算法复杂度) 指的是对应用程序或算法运行以完成其预期任务所花费的时间的度量. 它还衡量存储之类的资源量需求的多少, 但是最终时间是主要的考虑因素. 对于量子计算而言, 复杂度的概念或许需要进行必要的扩展, 因为经典数据与量子数据的相互转换的输入问题、数据之间的依赖关系对于量子算法的影响问题、量子数据本身在过程中的读写与存储问题、量子计算中的退相干与纠错问题、提取结果信息的输出问题等, 都是需要耗费时间与资源的. 因此, 量子计算资源耗费的分析计算是一个重要的问题. 单纯比较计算能力上的时间耗费而声称具有惊人的量子加速还不能让人真正信服, 尤其注意不要因此局限性而产生曲解或误解.

1.3.4 量子退相干与量子纠错和量子容错

量子退相干简单的含义就是量子系统中量子相干性 (随时间) 的损失或丢失的效应, 它是因量子系统与外在环境发生量子纠缠或相互作用所导致. 一般而言, 当量子系统不完全孤立 (或封闭) 时, 或说量子系统是开放系统时, 将会导致有些系统信息丢失在环境中, 从而产生量子状态或量子行为的改变. 已经完成的一些重要量子实验证实量子退相干真实地存在, 因为一个量子系统不可能绝对地封闭.

为了度量态的改变或者比较两个量子态的不同, 我们需要引入**量子态的保真度**. 这个保真度是两个量子态"接近程度"的量度. 它表示一种状态通过测试以识别为另一种状态的可能性. 利用保真度, 我们可以定量地描述量子退相干.

退相干可能来自环境的许多方面: 诸如不断变化的磁场和电场、附近温暖物体的辐射或量子位之间的相互串扰以及目前尚无法直接获知的其他环境因素等. 对于量子计算机而言, 作为一个量子系统, 它不可能完全与环境隔离. 因此, 退相干对量子计算机的物理实现提出了挑战, 这是因为量子计算机极大地依赖于对量子相干状态不受干扰的演化与操作, 即需要在合理的时间内保持量子态的相干性以便实际执行量子计算. 如果量子计算执行期间一旦出现了无法忽略的量子退相干, 会导致量子计算机出错, 甚至使得量子加速计算无法实现. 这正是量子计算机系统本身显得十分脆弱的物理原因.

在量子信息和量子计算中, 退相干问题可被更一般地归于量子噪声问题. 噪声是任何信息处理系统的一大祸害, 只要有可能, 我们总是期望完全避免噪声; 如果无可能, 我们会试图抵消噪声的影响. 除了退相干的问题之外, 量子门实现与操作的近似以及量子存储可能存在的错误等都会导致失误. 为了能够可靠地进行量子计算, 必须进行**量子纠错** (quantum error correction, QEC, 亦称量子误差纠正) 和发展**量子容错算法**. 已有的研究表明, 只要量子硬件设备的保真度超过一定的阈值, 那么容错量子计算就有可能被实现.

量子纠错的思想来源于经典纠错码的量子类比, 因此需要更多的计算资源. 但是, 量子力学的规则使得不可能通过复制和测量量子位来观察错误 (量子不可克隆定理、量子叠加态坍缩的限制). 那么, 这意味着量子纠错必须引入辅助量子比特. 相对于经典比特, 量子比特还可能存在相位上的错误, 这也为量子纠错带来了更大的复杂性. 依据已知的研究结论, 通常需要成百上千个物理量子比特来实现一个高保真的逻辑量子比特. 那么, 如此多的量子位系统不仅本身代价高昂、实现困难, 而且存在着显著的不稳定性, 即导致系统存在着大量的噪声. 这被认为是量子计算机目前所面临的最大挑战, 一般认为量子计算机的未来将严重地依赖于量子纠错和量子容错.

毋庸置疑的是, 量子计算专家们正在寻找更加精巧有效的抑制退相干的方法, 并且每年都在取得可喜的进步. 我们相信: 通过不断的努力, 量子计算机将会填补计算领域的某些空白, 解决传统上一些难以解决的某些类型的问题. 但是, 忽视上述存在的一些问题的过于乐观的说法并不恰当.

1.4 量子机器学习

1.4.1 量子机器学习的含义与分类

尽管计算机的性能与机器学习的算法仍然在进步,以及新的机器学习的算法同样在不断发现和发展之中,但随着深度学习的持续进展和大数据时代的到来,数据增多,网络加深,使得受制于经典物理限制的经典计算机和机器学习算法进入了瓶颈.因此,人们将目光与期望投向了量子计算与机器学习的交叉与结合,亦即所谓的**量子机器学习**(quantum machine learning,QML).简单地说,它主要是将量子计算应用到机器学习之中,也就是量子计算利用亚原子水平上的量子特性来增强或辅助学习过程.机器学习与量子计算的相互结合是它们各自深化研究发展的必然,也是为了更好地解决大数据问题与促进人工智能发展的必然.

一方面,量子机器学习就是利用量子效应与量子规律更好地进行机器学习,另一方面是把机器学习作为工具用于研究量子物理学.更为一般地说,量子机器学习作为探索量子物理、量子计算、机器学习和相关领域之间的关系的一个研究领域,包括量子增强机器学习(quantum-enhanced machine learning, QeML)和量子应用机器学习(quantum-applied machine learning, QaML)这两个主要部分,而不限于上述的简单定义.量子增强机器学习则是把机器学习用于量子信息处理,而量子应用机器学习是通过机器学习的方法把量子信息处理应用到量子物理之上.从研究途径看,量子机器学习中量子拓广(quantum-generalized)机器学习和量子启发(quantum-inspired)机器学习代表了两条有潜力的研究路线.在此,量子拓广机器学习指的是如何推广机器学习概念到它的量子版本.量子拓广机器学习所要研究的问题是:当数据或环境是真正的量子对象时,机器学习将是怎样的?而量子启发的机器学习则指从量子处理中汲取了灵感,从而提出新颖的经典学习模型以及训练和评估它们的新方法.上述分类与说明的更多内容参见荷兰莱顿大学 Vedran Dunjko 的文章与报告.

具体地说,在量子机器学习中,研究人员研究量子理论中的数学技术如何有助于开发机器学习的新方法,或者如何使用机器学习来分析量子实验的测量数据.量子机器学习主要着眼于当前量子计算机的发展在智能数据挖掘的背景下所带来的机遇.比如研究如下一系列问题:量子信息是否为机器识别数据模式增加了新的东西?量子计算机能帮助更快地解决问题吗？它们能从更少的数据样本中学习吗？或者它们能处理更强和更高级的噪音吗？我们如何从量子计算的语言中开发出新的机器学习技术呢？量子机器学习算法的组成部分是什么？它们的瓶颈与困难又在哪里？等等.

遵循 Aimeur、Brassard 和 Gambs, 人们可以考虑如图 1.4 中量子计算与机器学习结合的四种方法, 它们依据数据是量子 (Q) 还是经典 (C) 系统生成的 (由第一个字母表示), 以及信息处理设备是量子 (Q) 还是经典 (C)(以第二个字母表示) 的组合在一起进行分类, 如图 1.4 所示.

图1.4　量子计算与机器学习结合的四种方法示意图

第一种情形 CC, 是指以经典方式处理的经典数据. 当然, 这看上去就是机器学习的传统方法, 但在此处, 依据所讨论的问题, 这种情形与基于从量子信息研究中借鉴方法的机器学习有关, 即所谓的量子启发机器学习. 例如, 隐藏量子马尔可夫模型可以看作是这样的模型, 它也可以在经典计算机上运行. 若仅应用量子力学的原理与技术为经典计算机设计算法, 可称为类量子机器学习 (quantum-like machine learning). 若引入量子概念和方法来研究神经网络和计算智能, 可称之为量子启发计算智能技术 (quantum-inspired computational intelligence techniques, QCI). 它们并不直接依赖于实用规模的量子计算机是否实现, 因此一些计算机科学家投身于这些有可行现实意义的研究之中.

第二种情形 QC, 是指利用机器学习帮助量子计算和研究量子物理, 它属于量子应用机器学习. 例如可以使用机器学习来分析测量数据, 以能够从较少的测量中了解量子计算机内部的量子态, 也能利用机器学习, 学习多体量子系统中的相变等. 再如, 利用经典的机器学习算法控制和展示量子现象的基准系统, 比如玻色-爱因斯坦凝聚 (Bose Einstein condensate, BEC). 还有, 在量子设备的设计中, 很多构建模块是在机器学习算法帮助下完成的.

第三种情形 CQ, 是指使用量子计算处理经典数据集. 显然, 这是量子机器学习十分重要的方式, 被称为量子增强机器学习. 但是经典数据被输入量子计算机进行分析之前, 需要一个量子-经典界面或者接口, 目前这仍然是一个重要挑战, CQ 的中心任务是为数据挖掘设计量子算法, 或者更一般地说, 为了完成经典机器学习任务研究量子算法, 从而改进和加速经典机器学习, 并通过测量量子系统读出量子计算的结果. 至今, 量子机器学习的研究者们已经提出了许多策略, 取得了一些成功. 它们的范围从把经典机器学习模型翻译成量子算法的语言, 到从量子计算机的工作原理 (量子力学) 发展出的真正的新模型等. 许多关于量子机器学习算法的建议仍然纯粹是理论上的, 并且一般需要一台足够大规模的通用量子计算机才能进行验证.

第四种情形 QQ, 是指直接用量子计算机计算与处理"量子数据". 这就是上面说所的量子拓广机器学习的主要部分了. 有时它可以被认为是全量子机器学习 (fully QML), 适用的一类问题是 "学习" 未知的量子状态、过程或测量, 或者在某种意义上在另一个量子系统上重现它们. 此情形首先需要获得量子数据, 然后将这些数据输入到单独的量子处理设备中. 当量子计算机用来模拟量子系统的动力学时, 人们将量子系统状态输入到量子机器学习算法被执行的同一设备上. 这种方法的优点之一是, 当测量量子态所有信息可能需要系统大小的指数规模时, 量子计算机能立即访问所有这些信息并能产生结果, 例如对于是／否 (Yes/No) 的决策, 能直接地得到指数加速. 但必须指出的是, 获得量子数据并非容易. 而且存在着一些有趣的开放问题, 例如从量子数据学习是否会产生与经典数据不同的结果? 能设计出的量子算法完成给定的学习任务吗? 等等.

此外, 量子机器学习还扩展到探索某些物理系统和学习系统 (尤其是神经网络) 之间的方法和结构相似性. 例如, 一些来自量子物理学的数学和数值技术可应用于经典深度学习, 反之亦然.

"量子机器学习" 一词大约是在 2013 年正式开始使用的. Lloyd Mohseni 和 Rebentrost 在他们 2013 年的手稿中提到了这个表达, 而在 2014 年, Peter Wittek 出版了专著《量子机器学习——量子计算对数据挖掘的意义》, 其中总结了早期的一些论文. 从 2013 年开始, 人们对这一课题的兴趣显著增加, 出版了大量的综述文献. 并且全球的研究者和机构组织了各种逐年增加的国际研讨会. 许多团体, 其中大多数仍然植根于量子信息科学, 开始了研究项目和相互合作. 研讨会和社交网络活动越来越多, 进一步证明了人们对这一主题的浓厚兴趣. 世界上几乎所有的 IT 行业的著名大企业都先后加入进来, 因为动态预测的巨大市场与具有盈利能力的量子计算技术相结合, 引发了对解决长期以来困扰工业生产与交通运输中的组合优化问题的期望. 这股热浪也冲击了大国政府的科学战略决策, 以国家安全名义的巨额科研投入不断出现. 而掌握着巨额资本的风险投资家过高的热情,与一些极为乐观的研究者一拍即合,使得量子计算与量子机器学习的研究光环过于耀眼. 批评者们已经认识到, 资本市场手段过度介入科学研究其实未必总是好事, 科学家的自律精神与实事求是的科学态度也需要予以充分地强调.

1.4.2 量子机器学习主要内容与简史

量子机器学习先前作为量子计算的一个应用领域, 其发展历程的前期与量子计算的发展历程是基本重合的. 我们可以将 20 世纪 90 年代开始的量子神经网络研究当作量子机器学习研究的发端, 但其后只有些零星的研究出现.

2003 年, 将量子计算用于模式识别的尝试吸引了人们的注意. 但自 2008 年 Giovannetti 等人提出了量子随机存取存储器 (quantum random access memory, qRAM)(V.Giovannetti, S. Lloyd 和 L. Maccone, Phys. Rev. Lett. 100, 160501, 2008) 之后, 量子机器学习的一些算法研究陆续取得了可喜的进展. 这是因为很多算法是以 qRAM 物理实现为前提的, qRAM 是较大型量子计算机的必要组件, 可以理解为量子数据库. 利用 qRAM 可实现所需量子态的制备, 继而进行后续量子态计算, 即执行量子机器学习算法.

最为突出的是对于线性系统的量子机器学习方法的发现、发展与完善. 在 2009 年, Harrow、Hassidim 和 Lloyd 率先提出用量子算法解决线性方程组问题的 HHL 算法, 2015 年, Childs 等人也对该问题进行了相关研究, 进一步拓展了量子算法对线性系统问题的解决能力. 很多传统机器学习问题最终与最优化问题的求解相关, 而最优化问题常涉及线性方程组的求解, 所以通过该技术可有助于经典机器学习中最优化步骤的提速. 例如, Rebentrost 等人在 2014 年提出的量子支持向量机就用到了量子线性方程求解算法. 后来人们研究的量子主成分分析, 以及量子线性判别分析都是以 HHL 算法为子程序的, 因而都具备指数加速的性能.

在量子机器学习研究中, 解决优化问题成为一个重要的追求目标, 其中量子退火的方法显得十分突出, 特别是新的 D-Wave 系统被建立和取得新的进展之后, D-Wave 量子退火计算机被认为能够从概率分布中抽样, 而最优化对经典计算机难以计算处理的函数. 一般而言, 量子绝热计算对噪声的抵抗力较强. 2008 年, Google 的 Neven 及 D-Wave 公司的 Rose 等人在其研发的超导绝热量子处理器上使用量子绝热算法解决图像识别问题, 此后他们又做了一系列将量子绝热算法应用到人工智能领域的研究. 这一系列量子绝热算法没有通过量子门电路进行量子计算, 而是运行在 D-Wave 研发的特定量子芯片上, 并且其运行的环境条件也相对苛刻. 2011 年, Pudenz、Lidar 和 Member

明确提出了量子绝热机器学习的概念. 以距离为基础的非监督集群算法 (unsupervised clustering) 也可以通过绝热量子计算 (adiabatic quantum computing) 来实现.

量子机器学习的一个非常重要的方面是研究基于量子力学原理的计算神经网络模型, 这样一类模型称为量子神经网络 (QNNs). 也就是说, 量子神经网络是一种结合了量子计算和人工神经网络概念的机器学习模型或算法. 1995 年, Kak 最先提出量子神经计算的概念, 其初衷是期望从量子理论中找到大脑如何工作的解释, 探讨量子效应在认知功能中起怎样的作用 (这是一个有趣的探索, 但由于缺乏证据, 至今仍有争议). 此后, 若干建议提出了"量子神经网络"这个术语, 出现了各种类型的量子神经网络模型, 多项研究工作提出了量子神经网络作为感知器的量子模拟的构想. 其中, 在 2004 年, Ricks 和 Ventura 最早提出 QNN 使用量子电路门的模型, 其权值通过使用量子搜索和分段权值学习获得. 这些研究工作中有几篇论文是通过对数据的可逆的幺正变换来构造量子神经网络的, 然后通过一种类似于反向传播算法的方法学习它们. 注意, 量子神经网络主要的研究目标不是用于解释我们大脑的功能, 而是期望发展成为非常强大的计算设备. 量子神经网络研究可以进一步被看作科学家和 IT 公司开发高效的量子机器学习算法日益增长的兴趣中的一部分. 伴随着量子计算研究领域的蓬勃发展, 也出现了量子方法应用到神经网络上的争论. 但不同的观点与方案使得量子神经网络研究显得奇特多彩. 因为神经计算的非线性耗散的动力学本质上不同于量子计算的线性幺正动力学, 所以找到整合两个领域成为"神经网络的量子演化"的有意义的量子神经网络是非常重要的任务. 2016 年, 微软的 Wiebe 等人提出了量子深度学习的概念, 表明量子计算可以为深度学习提供一个更全面的框架, 比经典计算更能帮助优化底层目标函数. 在量子深度学习领域包括了经典深度学习网络的量子模拟和量子启发经典深度学习算法. 也具有不同的方案来建模量子神经网络.

值得研究的作为经典机器学习算法的量子版本还有量子推荐系统 (quantum recommendation systems)、贝叶斯网络上的量子推断、量子增强学习 (quantum reinforcement learning), 等等. 已经研究的主要量子机器学习算法在综述文献中已有总结. 随后人们进一步用玻尔兹曼机 (Boltzmann machine) 来研究多体相变、拓扑手性态、量子控制、量子纠错码 (quantum error correction)、全息 (holography) 等问题. 近年来人们更加重视的是量子数据的抗噪声能力, 因为它们关乎量子机器学习算法的量子效率问题.

在尚尔的算法之后不久, Bshouty 和 Jackson 介绍了一个从量子例子中学习的版本, 它是量子叠加而非随机样本. 他们证明了在均匀分布下从量子例子中可以有效地学习析取范式 (DNF); 从一致的经典算例 (不含隶属度查询) 中有效地学习 DNF 是经典学习理论中一个重要的开放问题. 从 2004 年开始, Servedio 和其他人研究了用于学习的量子隶属度查询或量子示例数量的上下界,并且最近研究者得到了当前调查的最优上界量子样本复杂性,对传统机器学习算法的可学习性与量子算法的可学习性进行了分析与比较. 随后, 2006 年, Ameur 等人提出了在量子环境下完成机器学习任务的猜想. Yoo 等人从二分类问题上对量子机器学习与传统机器学习进行了比较, 指出量子的叠加性原理使得量子机器学习算法的运算效率明显优于传统算法, 并从学习的接受域上进行了比较, 发现量子机器学习的接受域较大, 从而决定了学习效率优于传统算法. 随着大数据时代的到来, 传统算法对于海量数据的处理能力, 也日益捉襟见肘. 这就进一步促使研究人员考虑量子机器学习对大数据问题的解决能力和可行性.

在量子机器学习的研究中, 国内的清华大学、中国科学技术大学以及其他的研究团队做出了一些重要的贡献, 在量子机器学习几个算法的物理实验验证方面表现较为突出.

1.4.3 量子机器学习的主要算法

量子算法用于学习问题的时候就需要量子机器学习的算法了, 事实上, 量子算法的设计直接依赖于对这些定律的利用并以量子力学的特点来实现加速. 更准确地说, 是在量子中计算, 首先制备一个量子态, 对它应用量子运算, 最后进行测量, 从而产生经典数据. 它自然地继承了量子计算所具有的量子优势. 例如, 经典的人工神经元只可以处理 N 维的输入, 而量子感知器可以处理 2^N 维的输入, 并且可以极大地提高训练算法和分类算法的运行时间 (Tacchino et al. 2019).

量子机器学习算法的主要基础组件包括振幅放大 (amplitude amplification, AA)、量子傅里叶变换 (quantum fourier transform, QFT)、量子相位估计 (quantum phase estimation, QPE)、矩阵乘积和求逆算法以及组合后面几个在内的解线性方程组的 HHL 算法. 此外, 量子绝热算法成为另外一类量子机器学习算法中的一个重要的基础算法. 在一些量子学习算法中, 需要量子数据的读取与写入 (输入与输出), 量子随机存取存储器 (quantum random access memory, qRAM) 就成为其中一个重要的部分. 依据上述基础组件与量子机器学习算法的关系, 可以通过表 1.2 总结出量子增强的机器学习子程序中用于实现各种加速的几种主要技术.

表 1.2 中的加速相对于它们的经典对应而言. 表中符号 $O(\sqrt{N})$ 表示二次加速, $O(\log N)$ 表示指数加速, * 表示具有方法适用性的警示.

表 1.2　量子机器学习实现各种加速的几种主要技术

方法	加速	振幅放大	HHL	绝热	qRAM
贝叶斯推断	$O(\sqrt{N})$	Yes	Yes	No	No
在线感知器	$O(\sqrt{N})$	Yes	No	No	可选
最小二乘拟合	$O(\log N)*$	Yes	Yes	No	Yes
经典玻尔兹曼机	$O(\sqrt{N})$	Yes/No	可选 /No	No/Yes	可选
量子玻尔兹曼机	$O(\log N)*$	可选 /No	No	No/Yes	No
量子主分量分析	$O(\sqrt{N})$	No	Yes	No	可选
量子支持向量机	$O(\log N)*$	No	Yes	No	Yes
量子强化学习	$O(\sqrt{N})$	Yes	No	No	No

正如大家已经知道的那样，已知的量子算法，被认为大多相较于对应的经典算法有着明显的提速效果．最近实现的用于机器学习的量子算法导致了一系列越来越有意义的结果，再加上量子计算机本身所具备的天然的并行计算能力和指数型的存储能力，使得不少研究者们相信可将其与机器学习结合起来，解决目前处理大数据，尤其是工业与军事上优化的问题之中．但此目标要等到可以实现大规模量子信息存储，量子经典和经典量子之间的界面或接口成熟，以及足够规模、实用的量子计算机建造出来才行．

1.4.4　量子机器学习的编码方式

量子增强的机器学习算法需要将经典的数据输入到量子系统中．之前，我们已经提到过基矢编码方式，即把经典数据的长度为 N 的二进制序列对应到到 N 个量子位的系统中的计算基矢上，它可以表示出长度为 N 的二进制序列的任何取值形式．当然，我们首先必须把实数写成二进制的位链 (包括选择第一位表示符号，其他位的长度表示需要的精度)．通常，对于经典数据矢量或矢量集合编码情形，我们采用的方式有三种：基矢编码、振幅编码和量子样本编码，如表1.3所示．

对于经典数据为矩阵的情形，我们主要采用两种编码方式：其一是振幅编码，其二是动力学编码．在振幅编码中，一个一般的矩阵被表示为一个量子叠加态，其所有的展开系数就对应着所有矩阵元，而当该矩阵具有正定、厄米且迹为 1 的性质时，可以把它编码为密度算符．动力学编码则意味着将矩阵编码为时间演化算符，常用于矩阵运算中，代表着一种量子操作．在量子力学中，对于不显含时间的哈密根量，它的时间演化算符可以写成如下形式：

$$\boldsymbol{U}(t,0) = \mathrm{e}^{-\mathrm{i}\boldsymbol{H}t/\hbar} \tag{1.58}$$

表 1.3　经典数据矢量或矢量集合编码为量子数据的方式

经典数据	性质与编码	量子数据
基矢编码方式		
$\boldsymbol{x}^{(k)} = (x_1^{(k)}, x_2^{(k)}, \cdots, x_d^{(k)})^{\mathrm{T}}$ $\{\boldsymbol{x}^{(k)}\}_{k=1}^N \in D$	$x_i^{(k)} \in \{0,1\}$ 编码为二进制 记为 $b_i^{(k)} \in \mathbb{R}^L$	$\left\|x^{(k)}\right\rangle = \left\|b_1^{(k)}, b_2^{(k)}, \cdots, b_d^{(k)}\right\rangle$ $\left\|\Psi_D\right\rangle = \dfrac{1}{\sqrt{N}} \sum\limits_{k=1}^N \left\|x^{(k)}\right\rangle$
振幅编码方式		
$\boldsymbol{x}^{(k)} \in \mathbb{R}^{2^n} \quad (2^n \geqslant d > 2^{n-1})$ $\{\boldsymbol{x}^{(k)}\}_{k=1}^N \in D$	$\sum\limits_{i=1}^{2^n} \left[x_i^{(k)}\right]^2 = 1$	$\left\|x^{(k)}\right\rangle = \sum\limits_{i=1}^{2^n} x_i^{(k)} \left\|i\right\rangle$ $\left\|\Psi_D\right\rangle = \dfrac{1}{\sqrt{N}} \sum\limits_{k=1}^N \left\|x^{(k)}\right\rangle \left\|k\right\rangle$
量子样本编码方式		
$p(b), b \in \{0,1\}^{\otimes n}$	$\sum\limits_b p(b) = 1$	$\left\|\Psi_b\right\rangle = \sum\limits_b \sqrt{p(b)} \left\|b\right\rangle$

让我们也用一张表格 (表 1.4) 简要介绍对于经典数据为矩阵的编码方法.

表 1.4　经典数据矩阵编码为量子数据的方式

经典数据	性质与编码	量子数据
振幅编码方式		
$\boldsymbol{A} \in \mathbb{R}^{2^n \times 2^m}$	$\sum\limits_{i=1}^{2^n} \sum\limits_{j=1}^{2^m} |a_{ij}|^2 = 1$	$\left\|\Psi_A\right\rangle = \sum\limits_{i=1}^{2^n} \sum\limits_{j=1}^{2^m} a_{ij} \left\|i\right\rangle \left\|j\right\rangle$
$\boldsymbol{A} \in \mathbb{R}^{2^n \times 2^n}$	$\boldsymbol{A}$(半) 正定、厄米迹为 1	$\rho_A = \sum\limits_{i=1}^{2^n} \sum\limits_{j=1}^{2^n} a_{ij} \left\|i\right\rangle \left\langle j\right\|$
动力学编码方式		
$\boldsymbol{A} \in \mathbb{R}^{2^n \times 2^m}$	$\boldsymbol{A}$ 幺正, 直接映射为演化算符 U_A	$\boldsymbol{U}_A = \boldsymbol{A}$
$\boldsymbol{A} \in \mathbb{R}^{2^n \times 2^m}$	$\boldsymbol{A}$ 是厄米的, 映射为哈密顿量	$\boldsymbol{H}_A = \boldsymbol{A}$
$\boldsymbol{A} \in \mathbb{R}^{2^n \times 2^m}$	扩充 $\boldsymbol{A}$ 成为厄米的	$\boldsymbol{H}_A = \begin{pmatrix} 0 & \boldsymbol{A} \\ \boldsymbol{A}^\dagger & 0 \end{pmatrix}$

1.4.5 量子机器学习的主要问题

对于量子机器学习而言,仍然存在着一些著名的难题.除了其利用的量子系统本身所具有的难以操控和易退相干问题之外,主要是数据输入与读取的成本耗费、输出占用的计算资源、量子计算投入效益分析、基准测试的标准设定等.同时,量子计算机的建造以及量子算法的提出都涉及诸多领域要素,既包括理论上的,也包括技术上的以及工程上的.

量子计算和信息科学发展的主要挑战除了上述提到的量子退相干之外,还存在其他一些重要的挑战.对于量子门方式的通用计算机的挑战还包括将量子门调谐到所需的量子误差校正严格要求之内,如何控制这样一个量子系统也是同样重要和复杂的挑战.对于退火方式的 D-Wave 量子退火计算机,仍然存在一些硬件的限制的挑战,有着所谓的"Chimera 图瓶颈".因为这个问题,D-Wave 量子计算机中只能实现部分量子位之间的连接,结果导致计算能力的损失而不能解决相对复杂的量子组合优化问题.D-Wave 量子计算机还存在制造工序上的问题,例如 D-Wave 2X 虽然在设计上有 2000 多个量子位,但实际运行的只有 1000 个多一点.这些问题的最终解决取决于谷歌公司正致力研发的能够突破该瓶颈制约的下一代新架构量子计算机能否如预期那样被建造出来.

毋庸讳言,量子机器学习理论现在依旧处于起步阶段,至今没有形成如经典机器学习那样较为完整的理论体系,大多研究还处于探索与研究阶段.但人们相信随着量子信息与量子计算研究的不断深入和相关理论与技术的不断完善,实用规模量子计算机实现的脚步日益接近,量子机器学习以及其实验实现方案正在成为越来越多人感兴趣,意义越来越重要的研究课题,更多巧妙结合物理原理和机器学习理论的新型算法将被提出.量子机器学习将极大地促进现有机器学习的发展,产生出更加高效、强大的学习算法,其应用潜能也定将会逐步成为真实的应用.

1.5 本书内容介绍

本书的第 1 章绪论简述了经典机器学习和量子机器学习的历史发展与主要内容,并简单地介绍了一些本书后继内容中的一些简单概念;第 2 章主要为非计算机专业的学生提供了学习量子机器学习所需要了解的经典机器学习的知识;第 3 章则面向非物理学专业的学生较为通俗扼要地讲解量子理论的基础;第 4 章简要地介绍量子机器学习需要的几个主要的量子算法以及量子模拟的基础；第 5 章介绍了几个量子机器学习的重要问题和非监督量子机器学习，也讲述了量子主成分分析的技术，并讨论了该算法在数据分析、量子态层析以及量子态区分中许多前瞻性的重要的应用；第 6 章重点介绍相对成熟的关于线性模型的量子机器学习方法，阐述了 Harrow、Hassidim 和 Lloyd 提出的 HHL 算法，同时介绍量子线性拟合、量子判别式分析以及量子支持矢量机；第 7 章主要内容是量子绝热计算和量子退火算法，介绍了量子绝热格罗林算法和 D-Wave 物理系统及其相关工作；第 8 章综述了量子神经网络，在 Hopfield 网络和关联存储的基础上，并采纳 Schuld 等人提出的对于这类 QNN 模型所需的要求与规范，介绍了几种实现前向神经网络所要求的感知器模型以及训练神经网络的梯度下降方法的一种量子实现；第 9 章是关于强化量子机器学习的内容，通过介绍通用的量子强化学习算法，讲述了两个具体的量子强化学习模型.

参考文献

[1] Wittek P. Quantum Machine Learning: What Quantum Computing Means to Data Mining[M]. Salt Lake City: Academic Press, 2014.

[2] Schuld M, Petruccione F. Supervised Learning with Quantum Computers. Quantum Science and Technology[M]. Switzerland: Springer Nature, 2018.

[3] Jacob B, Peter W, Nicola P, et al. Quantum machine learning[J]. Nature, 2017, 549 (7671): 195-202.

[4] Masahide S, Alberto C. Quantum learning and universal quantum matching machine[J]. Physical Review A, 2002, 66 (2): 022303.

[5] Turing A M. Computer Machinery and Intelligence, Mind, A Quart[J]. Rev Psych. Phil., 1950, LIX:236.

[6] Russell S, Norvig P. Artificial Intelligence: A Modern Approach, fourth edition[M]. New York: Pearson Education Inc, 2020.

[7] 周志华. 机器学习 [M]. 北京: 清华大学出版社, 2016.

[8] Flach P. 机器学习 [M]. 段菲, 译. 北京：人民邮电出版社, 2016.

[9] 杉山将. 图解机器学习 [M]. 徐永伟, 译. 北京: 人民邮电出版社, 2015.

[10] 杉山将. 统计机器学习导论 [M]. 谢宁, 等译. 北京: 机械工业出版社, 2018.

[11] Dirac P A M. The Principles of Quantum Mechanics[M]. Oxford: The Clarendon Press, 1930.

[12] 大卫·J·格里菲斯. 量子力学概论 [M]. 2 版. 胡行, 译. 机械工业出版社, 2009.

[13] Nielsen M A, Chuang I L. Quantum Computation and Quantum Information[M]. 10th Anniversary Edition. Cambridge: Cambridge University Press, 2010.

[14] Feynman R P. Simulating physics with computers[J]. International Journal of Theoretical Physics, 1982, 21(6):467-488.

[15] Shor P W. Algorithms for quantum computation: Diserete logarithms and factoring[C]//Proceedings of the 35th Annual Symposium on Foundations of Computer Science. Santa Fe,USA, 1994: 124-134.

[16] Grover L K. A fast quantum mechanical algorithm for database search[C]//Proceedings of the 28th Annual ACM Symposium on Theory of Computing. Philadelphia, USA,1996: 212-219.

[17] Bshouty N H, Jackson J C. Learning DNF over the uniform distribution using aquantum example oracle[J]. SIAM Journal on Computing, 1999, 28(3):1136-1153.

[18] Giovannetti V, Lloyd S, Maccone L. Quantum random access memory[J]. Physical Review Letters, 2008, 100(16):160501.

[19] Giovannetti V, Lloyd S, Macone L. Architectures for a quantum random access memory[J]. Physical Review A, 2008, 78(5): 052310.

[20] Harrow A W, Hassidim A, Lloyd S. Quantum algorithm for linear systems of equations[J]. Physical Review Letters, 2009,103(15): 150502.

[21] Rebentrost P, Mohseni M, Lloyd S. Quantum support vector machine for big data classification[J]. Physical Review Letters, 2014, 113(13): 130503.

[22] Pudenz K L, Lidar D A. Quantum adiabatic machine learning[J]. Quantum Information Processing, 2013, 12(5): 2027-2070.

[23] Kak S. On quantum neural computing[J]. Information Sciences, 1995, 83(3-4): 143-160.

[24] Wiebe N, Kapoor A, Svore K M. Quantum deep learning[J]. arXiv, 14123489, 2014.

[25] 焦李成. 量子计算、优化与学习 [M]. 北京：科学出版社, 2017.

第 2 章

经典机器学习

为了奠定学习量子机器学习的相关知识基础,本章将主要介绍经典机器学习的常用算法.[①] 机器学习可以看成一个庞大的知识体系,涉及众多算法、任务和学习理论.

(1) 按照任务类型,机器学习模型可以分为回归模型、分类模型和结构化学习模型. 回归模型又叫预测模型,输出的是一个不能枚举的数值; 分类模型又分为二分类模型和多分类模型, 例如, 垃圾邮件过滤属于典型的二分类问题, 而多类别文档自动归类属于多分类问题; 结构化学习模型的输出不再是一个固定长度的值, 如在图片语义分析任务中, 输出是对图片的一段文字进行描述.

(2) 按照所用方法, 机器学习模型可以分为线性模型和非线性模型. "线性" 指变量之间成比例的关系, 在数学上理解为一阶导数为常数的函数. 线性模型的决策边界即为一条直线, 尽管形式简单, 但它是许多非线性模型的基础. 非线性模型又可以分为传统机器学习模型 (如 SVM、KNN、决策树等) 和深度学习模型.

(3) 按照学习理论, 机器学习模型可以分为有监督学习、半监督学习、无监督学习、迁移学习和强化学习. 当训练样本带有标签时是有监督学习; 训练样本部分有标签、部

---

① 在本书中, 称经典机器学习为机器学习, 与经典机器学习相对应的我们称之为量子机器学习.

分无标签时是半监督学习；训练样本全部无标签时是无监督学习；迁移学习就是把已经训练好的模型参数迁移到新的模型上以帮助新模型训练；强化学习是一个学习的最优策略 (policy)，可以让本体 (agent) 在特定环境 (environment) 中，根据当前状态 (state) 做出行动 (action)，从而获得最大回报 (reward). 强化学习和有监督学习最大的不同是，每次的决定没有对与错，而是希望获得最多的累计奖励. 关于迁移学习和强化学习，由于篇幅有限，本章不做介绍. 有兴趣的读者可以参阅相关文献.

概要地说，机器学习是从大量历史数据中挖掘出其中隐含的规律，并用于预测、分类或者聚类等. 具体地说，机器学习的过程可以看作寻找一个从输入到输出的映射函数，其输入是样本数据，输出是期望的结果；只是对于一般情况这个函数可能过于复杂，以至于不太方便进行形式化表达. 需要注意的是，机器学习的目标是使学到的函数很好地适用于"新样本"，而不仅仅是在训练样本上表现很好. 学到的函数适用于新样本的能力，称为泛化 (generalization) 能力.

2.1 线性模型

线性模型 (linear model) 指的是通过样本的一些特征或属性的线性组合函数来预测样本的另一些相关特征，它是一种典型的有监督学习方法. 其形式简单，易于建模，但蕴含着机器学习中的一些重要的基本思想. 由于线性模型在数学机理上十分清楚，计算上快速高效，很多情况下可以得到模型参数的解析解，因此具有很好的可解释性，这对于实际应用具有明确的指导意义. 另外，光滑的非线性模型在局部总是可以由线性模型进行近似，导致了许多非线性模型在数学原理上和线性模型能够相通，所以线性模型是机器学习中应用最广泛的模型.

本小节主要介绍线性模型及其在回归和分类问题中的典型应用.

2.1.1 线性模型的基本形式表示

线性模型的假设空间为一个参数化的线性函数族，数据样本可被描述为 d 维空间的列向量 $\boldsymbol{x} = (x_1, x_2, \cdots, x_d)^{\mathrm{T}}$，其中 x_i 是 $\boldsymbol{x}$ 的第 i 个属性的取值，其线性组合函数为

$$f(\boldsymbol{x}, \boldsymbol{w}) = w_1 x_1 + w_2 x_2 + \cdots + w_d x_d + b \tag{2.1}$$

该式用向量形式表达为 $f(\boldsymbol{x}) = \boldsymbol{w}^\mathrm{T}\boldsymbol{x} + b$,其中 $\boldsymbol{w}$ 称为**权重向量**,b 称为**偏置参数**,$(\boldsymbol{w}, b)$ 也称为模型参数. 机器学习所要学习的就是该模型中的参数. 在参数学得之后, 这个模型就得以确定了.

通常, 我们定义基本线性模型的预测输出为:$\hat{y} = f(\boldsymbol{x})$, 并依根据 $\hat{y}$ 是否连续分为**线性回归**和**线性分类**. 在回归问题中, $\hat{y}$ 通常是连续型变量值 (实数或连续整数); 而在分类问题中, $\hat{y}$ 则是一些离散的标签或符号, 用于判断所属的类别.

2.1.2 线性回归

线性回归是机器学习和统计学中最基础和广泛应用的模型, 是一种对自变量和因变量之间关系进行建模的回归分析方法. 自变量数量为 1 时称为单变量回归, 否则称为多变量回归. 图 2.1 给出了单变量和两个变量的线性回归问题的示例.

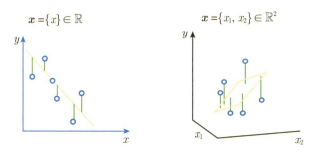

图2.1 单变量和两个变量的线性回归示意图

给定 n 个**样本集** $D = \left\{ \left(\boldsymbol{x}^{(i)}, y^{(i)} \right) \right\}_{i=1}^{n}$,其中 $\boldsymbol{x}^{(i)} = (x_1^{(i)}, x_2^{(i)}, \cdots, x_d^{(i)})^\mathrm{T} \in \mathbb{R}^d, y^{(i)} \in \mathbb{R}$. 在由公式 (2.1) 定义的 "线性回归" 中, 可通过确定相关参数 $\boldsymbol{w}$ 和 b, 使得该模型的输入 / 输出能够模拟出已知的特征和观测样本对之间的线性关系.

1. 最小二乘估计与极大似然估计

为简洁起见, 我们将公式 (2.1) 中的线性函数写为如下矩阵形式:

$$\hat{\boldsymbol{y}} = \boldsymbol{X}\hat{\boldsymbol{w}} \tag{2.2}$$

其中, $\boldsymbol{X}^\mathrm{T} = [\hat{\boldsymbol{x}}^{(1)}, \hat{\boldsymbol{x}}^{(2)}, \cdots, \hat{\boldsymbol{x}}^{(n)}]$ 为 $(d+1) \times n$ 维 (扩充) 样本数据矩阵的转置, 且这里 $(d+1)$ 维向量 $\hat{\boldsymbol{x}}^{(i)} = \{x_1^{(i)}, x_2^{(i)}, \cdots, x_n^{(i)}, 1\}^\mathrm{T}$. 显然, 在 $\boldsymbol{X}^\mathrm{T}$ 中, 第 i 列代表由数据样本 $\boldsymbol{x}^{(i)}$ 加上一个扩展分量 1 构成的 $\hat{\boldsymbol{x}}^{(i)}$, 前 d 行中的每一行表示样本的某一特征的排列,

最后一行简单是扩充的 1 的排列, 而 $\hat{w}$ 称为权重向量, 为所求参数向量 w 加上偏置参数 b 扩展而得, 即 $\hat{w} = \{w, b\}^T$ 是一个 $d+1$ 列向量. 注意, 有时我们把 $\hat{x}^{(i)}$ 和 $\hat{w}$ 中的扩展分量 1 放在最前面, 但也只是形式上的约定, 不影响结果. 在以后的章节中, 在不引起歧义的情况下, 我们直接用 x, w 分别代指 $\hat{x}, \hat{w}$. 在上式的左边, $\hat{y} = (\hat{y}_1, \hat{y}_2, \cdots, \hat{y}_n)^T$ 是 n 维列向量.

(1) 最小二乘估计

首先我们讨论线性回归模型直观的几何意义. 如图 2.2 所示, y 是 N 维空间的一个向量, 表示实际样本数据观测值 (真实值); 阴影区域表示输入矩阵 X 乘以不同权值向量 w 所构成的线性子空间, 根据所有 w 的取值, 预测输出都被限定在阴影区域中, 即在样本数据矩阵 X 的列向量张成的子空间 $R(X)$ 中. 线性回归的目的即在阴影空间中找到一个 $\hat{y}$, 使它最接近真实的 y. 那么, 实际上只要将 y 在阴影空间内作垂直投影即可, 投影得到的 $\hat{y}$ 即为在阴影空间内最接近 y 的向量.

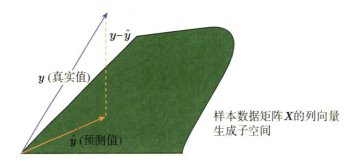

图2.2 最小二乘法的几何解释

由此, 假设 $\hat{y}$ 是 y 的投影, 矩阵 P 表示向样本数据矩阵 X 列向量空间 $R(X)$ 的正交投影算子, 即 $P = X(X^TX)^{-1}X^T$, 则有 $\hat{y} = Py$①, 图 2.3 中的虚线向量就等于向量 y 与 $\hat{y}$ 相减, 且 $y - \hat{y}$ 垂直于阴影区域, 也就是说 $y - \hat{y} \in \mathcal{N}(X^T)$, 其中 $\mathcal{N}(X^T)$ 表示矩阵 X^T 的零空间, 显然 $I - P$ 表示的是投影到样本数据矩阵所形成的零空间 $\mathcal{N}(X^T)$ 的投影算子. 根据零空间的定义和 $\hat{y} = Xw$ (这里用于标记 w 扩展的 ^ 被略去), 直接有 $X^T(y - \hat{y}) = 0$, $X^TXw = X^Ty$, 所以权重 w 的最优解 w^* 可以解析表示为

$$w^* = (X^TX)^{-1}X^Ty \tag{2.3}$$

其中, $(X^TX)^{-1}X^T$ 又称为 Moore-Penrose 伪逆 (pseudoinverse) 矩阵, 记为 $X^\dagger$, 其维度是 $(d+1) \times n$.

---

① 我们假设 $n \gg d$, 即样本的个数远大于数据特征的个数, 这时样本数据矩阵 X 列满秩, $(X^TX)^{-1}$ 存在, 否则回归模型的解有无穷多个. 需要引入适当的约束来保证解的唯一性, 如 l_1, l_2 正则约束等.

(2) 极大似然估计 (MLE)

上一小节给出了线性回归最小二乘法的几何解释, 这一小节我们从概率统计的观点讨论线性回归与最小二乘法的联系. 考虑某个数据样本 $\boldsymbol{x}^{(i)}$, 其对应的观察值为 $y^{(i)}$, 考虑到实际值和预测值之间普遍存在误差, 设误差为 ϵ_i, 则线性回归模型为

$$y^{(i)} = f(\hat{\boldsymbol{w}}) + \epsilon_i = \hat{\boldsymbol{w}}^{\mathrm{T}} \hat{\boldsymbol{x}}^{(i)} + \epsilon_i \tag{2.4}$$

上式中的扩展记号 ^ 以下略去.

根据中心极限定理, 在实际应用中一般认为误差 $\epsilon_i (1 \leqslant i \leqslant N)$ 是独立同分布的, 服从均值为 0、方差为某定值 σ^2 的高斯分布, 即 $\epsilon_i \sim N(0, \sigma^2)$, 故有

$$p(\epsilon_i) = \frac{1}{\sqrt{2\pi}\sigma} \exp\left\{-\frac{\epsilon_i^2}{2\sigma^2}\right\} \tag{2.5}$$

将式 (2.4) 代入式 (2.5) 可得, 在给定样本 $\boldsymbol{x}^{(i)}$ 和权重 $\boldsymbol{w}$ 的条件下, 观测值 $y^{(i)}$ 服从均值为 $\boldsymbol{w}^{\mathrm{T}}\boldsymbol{x}^{(i)}$、方差也为 σ^2 的高斯分布, 即 $y^{(i)} \sim N(\boldsymbol{w}^{\mathrm{T}}\boldsymbol{x}^{(i)}, \sigma^2)$, 故有

$$p(y^{(i)} \mid \boldsymbol{x}^{(i)}; \boldsymbol{w}) = \frac{1}{\sqrt{2\pi}\sigma} \exp\left\{-\frac{(y^{(i)} - \boldsymbol{w}^{\mathrm{T}}\boldsymbol{x}^{(i)})^2}{2\sigma^2}\right\} \tag{2.6}$$

对于 n 个样本, 记联合概率分布密度函数为 $p(\boldsymbol{y} \mid \boldsymbol{X}; \boldsymbol{w})$, 假定每个样本满足独立同分布, 通过**极大似然估计**可以确定参数 $\boldsymbol{w}$, 定义似然函数 $L(\boldsymbol{w})$ 为

$$L(\boldsymbol{w}) = p(\boldsymbol{y} \mid \boldsymbol{X}; \boldsymbol{w}) = \prod_{i=1}^{n} p(y^{(i)} \mid \boldsymbol{x}^{(i)}; \boldsymbol{w}) = \prod_{i=1}^{n} \frac{1}{\sqrt{2\pi}\sigma} \exp\left\{-\frac{(y^{(i)} - \boldsymbol{w}^{\mathrm{T}}\boldsymbol{x}^{(i)})^2}{2\sigma^2}\right\} \tag{2.7}$$

取似然函数的对数, 化简得

$$\ln L(\boldsymbol{w}) = -\frac{1}{2\sigma^2} \sum_{i=1}^{n} (y^{(i)} - \boldsymbol{w}^{\mathrm{T}}\boldsymbol{x}^{(i)})^2 + n \ln \frac{1}{\sqrt{2\pi}\sigma} \tag{2.8}$$

要使 $\ln L(\boldsymbol{w})$ 最大, 只需 $\sum_{i=1}^{n} (y^{(i)} - \boldsymbol{w}^{\mathrm{T}}\boldsymbol{x}^{(i)})^2$ 最小, 故最终确定的**损失函数** $J(\boldsymbol{w})$ 为

$$J(\boldsymbol{w}) = \frac{1}{2} \sum_{i=1}^{n} (y^{(i)} - \boldsymbol{w}^{\mathrm{T}}\boldsymbol{x}^{(i)})^2 \tag{2.9}$$

这是在回归模型中常用的性能指标——平方损失函数. 可将式 (2.9) 写成方便的向量矩阵形式

$$J(\boldsymbol{w}) = \frac{1}{2}(\boldsymbol{y} - \boldsymbol{X}\boldsymbol{w})^{\mathrm{T}}(\boldsymbol{y} - \boldsymbol{X}\boldsymbol{w}) \tag{2.10}$$

由于损失函数 $J(\boldsymbol{w})$ 是关于 $\boldsymbol{w}$ 的凸函数, 其对 $\boldsymbol{w}$ 求偏导数并求其驻点, 即

$$\frac{\partial J(\boldsymbol{w})}{\partial \boldsymbol{w}} = \boldsymbol{X}^{\mathrm{T}}\boldsymbol{y} - \boldsymbol{X}^{\mathrm{T}}\boldsymbol{X}\boldsymbol{w} \tag{2.11}$$

令式 (2.11) 等于 $\mathbf{0}$, 得到权重向量 $\boldsymbol{w}$ 的解析式

$$\boldsymbol{w}_{\mathrm{mlp}} = (\boldsymbol{X}^\mathrm{T}\boldsymbol{X})^{-1}\boldsymbol{X}^\mathrm{T}\boldsymbol{y} \tag{2.12}$$

这种求解线性回归参数的方法与最小二乘法估计方程式 (2.3) 得到的结果一致.

最后需要说明的是, 线性回归模型通常存在较强的假设:

- 输入特征通常是互不相干的.
- 随机误差具有零均值、同方差, 且误差服从正态分布 $N(0, \sigma^2)$.
- 输入特征与随机误差不相关.

2. 岭回归模型

由于线性回归的标签 y 和模型输出 $\hat{y}$ 都为连续的实数值, 因此"均方误差"损失函数非常适合来衡量标签 y 和预测标签 $\hat{y}$ 之间的差异. 公式 (2.9) 对应于在给定训练集 D 时的经验风险, 即最小二乘法是根据**经验风险最小化准则**[①]来实现参数估计的, 但其基本假设是各个特征之间相互独立, 以保证 $\boldsymbol{X}^\mathrm{T}\boldsymbol{X}$ 可逆. 一般情况下, 只要满足样本数量 n 远大于样本特征维度 $d+1$, 就能保证 $\boldsymbol{X}^\mathrm{T}\boldsymbol{X}$ 的逆矩阵是存在的, 但实际应用中可能会出现样本采样不足或特征维数较高的情况, 即 $\boldsymbol{X}^\mathrm{T}\boldsymbol{X}$ 可能是奇异的. 即使 $\boldsymbol{X}^\mathrm{T}\boldsymbol{X}$ 非奇异, 但当其条件数 (condition number) 很大时, 数据集 $\boldsymbol{X}$ 上一些小的扰动就会导致 $(\boldsymbol{X}^\mathrm{T}\boldsymbol{X})^{-1}$ 的较大变化, 进而使得最小二乘法估计的计算变得很不稳定.

为了解决这个问题, 岭回归 (ridge regression) 模型通过增加二次的正则项 (ℓ_2 正则) 来实现对参数的约束和调整, 以避免发生过拟合和不稳定[②], 其最终的损失函数为

$$J(\boldsymbol{w}) = \frac{1}{2}\sum_{i=1}^{n}(y^{(i)} - \boldsymbol{w}^\mathrm{T}\boldsymbol{x}^{(i)})^2 + \lambda\sum_{j=1}^{d}w_j^2 = \frac{1}{2}\|\boldsymbol{y} - \boldsymbol{X}\boldsymbol{w}\|_2^2 + \frac{1}{2}\lambda\|\boldsymbol{w}\|_2^2 \tag{2.13}$$

其中, $\lambda > 0$ 为预先设置的超参数, 岭回归的最优解 $\boldsymbol{w}^*$ 可以看作**正则化准则**下的最小二乘法估计, 也被称为"权值衰减"(weight decay).

实际上, 上述 ℓ_2 正则项等价于给 $\boldsymbol{X}^\mathrm{T}\boldsymbol{X}$ 的对角线元素都加上一个常数 $\lambda\boldsymbol{I}$ 从而保证 $\boldsymbol{X}^\mathrm{T}\boldsymbol{X} + \lambda\boldsymbol{I}$ 为正定矩阵, 使得 $\boldsymbol{w}^*$ 稳定. 因此最优的参数 $\boldsymbol{w}^*$ 为

$$\boldsymbol{w}^* = (\boldsymbol{X}^\mathrm{T}\boldsymbol{X} + \lambda\boldsymbol{I})^{-1}\boldsymbol{X}^\mathrm{T}\boldsymbol{y} \tag{2.14}$$

其中 $\boldsymbol{I}$ 为单位矩阵.

[①] 经验风险又称经验损失, 它是指模型在数据训练集上的平均损失, 关于经验风险最小化准则详细的讨论见 2.2.5 小节.

[②] 除了引入正则化外也可以通过增加样本量以及数据特征空间降维的方法防止过拟合. 更详细的关于正则化的讨论见 2.1.4 小节.

3. 最大后验估计和贝叶斯回归模型

在前面的讨论中,我们了解到最小二乘模型等价于极大似然估计模型,那么岭回归模型对应的就是贝叶斯回归模型.

极大似然估计模型是概率统计中所谓的频率派模型,在2.1.2小节中介绍的极大似然估计有两个非常重要的性质:渐近无偏性和渐近一致性. 假设 $\boldsymbol{w}^*$ 是 $L(\boldsymbol{w})$ 中未知参数 $\boldsymbol{w}$ 的最优值,它是一个确定的参数,渐近无偏性指 $\boldsymbol{w}$ 本身是一个随机变量 (因为不同的样本集合 $\boldsymbol{X}$ 会得到不同的 $\boldsymbol{w}$),那么其期望值就是 $\boldsymbol{w}^*$,表示为

$$\lim_{N \to \infty} E[\boldsymbol{w}] = \boldsymbol{w}^* \tag{2.15}$$

渐近一致性指 $\boldsymbol{w}$ 有着较小的方差,不会在 $\boldsymbol{w}^*$ 周围振荡,表示为

$$\lim_{N \to \infty} E\|\boldsymbol{w} - \boldsymbol{w}^*\|^2 = 0 \tag{2.16}$$

以上两个性质都是在渐近的前提下,即只有当 $N \to \infty$ 时,才能成立. 频率学派将 $\boldsymbol{w}$ 视为固定的未知参数,从而基于这两条性质通过极大似然估计简单而实用地进行参数估计,所以极大似然估计模型会产生过拟合问题. 根据 2.1.2 小节中关于极大似然估计的论述,如果要将极大似然估计应用到线性回归模型中,当数据样本量不足或模型参数维度过高时,则很容易出现过拟合学习现象. 贝叶斯线性回归不但可以解决极大似然估计中存在的过拟合问题,而且它对数据样本的利用率为 100%,仅仅使用训练样本就可以有效而准确地确定模型的复杂度.

众所周知,贝叶斯学派将 $\boldsymbol{w}$ 视为一个随机变量,认为对其的估计属于一种统计推断问题,在已知样本集 $\boldsymbol{X}$ 的情况下采用**最大后验估计** (maximum a posteriori estimation, MAP) 方法进行参数估计. 最大后验估计是 MLE 和先验分布的平均,它最大的优点就是由先验分布假设给出正则项,从而可避免过拟合问题,但仍然不能推断 $\boldsymbol{w}$ 的不确定性. **贝叶斯线性回归** (Bayesian linear regression) 可以通过损失函数的优化给出我们所需要的关于参数 $\boldsymbol{w}$ 的后验概率分布,其考虑了参数的整个分布情况,而不是仅由最大后验概率的点估计方法所确定的某一个最优值参数 $\boldsymbol{w}_{\text{map}}$.

(1) 最大后验估计 (MAP)

根据条件概率和贝叶斯公式,有

$$p(\boldsymbol{w}|\boldsymbol{X};\boldsymbol{y}) = \frac{p(\boldsymbol{w};\boldsymbol{y}|\boldsymbol{X})}{p(\boldsymbol{y}|\boldsymbol{X})} = \frac{p(\boldsymbol{y}|\boldsymbol{w},\boldsymbol{X})p(\boldsymbol{w})}{\int p(\boldsymbol{y}|\boldsymbol{w},\boldsymbol{X})p(\boldsymbol{w})d\boldsymbol{w}} \propto p(\boldsymbol{y}|\boldsymbol{w},\boldsymbol{X})p(\boldsymbol{w}) \tag{2.17}$$

最大后验估计就是最大化参数 $\boldsymbol{w}$ 关于已有数据集 $(\boldsymbol{X},\boldsymbol{y})$ 的后验概率 $p(\boldsymbol{w}|\boldsymbol{X};\boldsymbol{y})$,同极大似然估计方法类似,因为分母中的 $\int p(\boldsymbol{y}|\boldsymbol{w},\boldsymbol{X})p(\boldsymbol{w})d\boldsymbol{w}$ 与 $\boldsymbol{w}$ 无关,可以直接忽略,则有

$$\boldsymbol{w}_{\text{map}} = \arg\max_{\boldsymbol{w}}[p(\boldsymbol{w}|\boldsymbol{X};\boldsymbol{y})] \propto \arg\max_{\boldsymbol{w}}[p(\boldsymbol{y}|\boldsymbol{w};\boldsymbol{X})p(\boldsymbol{w})] \tag{2.18}$$

这里假定 $p(\boldsymbol{y}|\boldsymbol{w},\boldsymbol{X}) \sim N(\boldsymbol{Xw},\beta^{-1}\boldsymbol{I})$ 服从**多元高斯分布** (multivariate normal distribution), 称**似然函数** (likelihood function), $p(\boldsymbol{w}) \sim N(0,\alpha^{-1}\boldsymbol{I})$ 也服从多元高斯分布①(其中 $\boldsymbol{I}$ 是单位矩阵, 表示数据样本是独立同分布的, $\alpha,\beta > 0$), 作为**先验分布** (prior distribution), $\alpha^{-1}\boldsymbol{I}$ 和 $\beta^{-1}\boldsymbol{I}$ 称为分布的精度 (precision) 矩阵的逆, 分别对应样本集 $\boldsymbol{X}$ 和模型参数 $\boldsymbol{w}$ 分布的方差矩阵, 最大后验概率就是求对如下目标函数的最优化问题:

$$p(\boldsymbol{y}|\boldsymbol{w};\boldsymbol{X})p(\boldsymbol{w}) = \left(\frac{\beta}{2\pi}\right)^{\frac{N}{2}} e^{-\frac{\beta}{2}(\boldsymbol{y}-\boldsymbol{Xw})^{\mathrm{T}}(\boldsymbol{y}-\boldsymbol{Xw})} \times \left(\frac{\alpha}{2\pi}\right)^{\frac{N}{2}} e^{-\frac{1}{2}\boldsymbol{w}^{\mathrm{T}}\boldsymbol{w}} \quad (2.19)$$

显然最大后验概率的参数估计可以对上式函数取对数

$$\log\left[p(\boldsymbol{y}|\boldsymbol{w};\boldsymbol{X})p(\boldsymbol{w})\right] = -\frac{\beta}{2}(\boldsymbol{y}-\boldsymbol{Xw})^{\mathrm{T}}(\boldsymbol{y}-\boldsymbol{Xw}) + \frac{\alpha}{2}\boldsymbol{w}^{\mathrm{T}}\boldsymbol{w} + C \quad (2.20)$$

其中, C 是与优化变量 $\boldsymbol{w}$ 无关的常数. 与岭回归一样, 对 (2.20) 式求梯度并令其等于 0, 可得

$$\boldsymbol{w}_{\text{map}} = \left(\boldsymbol{X}^{\mathrm{T}}\boldsymbol{X} + \lambda\boldsymbol{I}\right)^{-1}\boldsymbol{X}^{\mathrm{T}}\boldsymbol{y} \quad (2.21)$$

这里, $\lambda = \alpha/\beta$, 它是岭回归的特殊情形, 称为**贝叶斯岭回归** (Bayesian ridge regression).② 极大似然和最大后验估计得到的最优参数都是确定值, 在统计上也称为点估计.

(2) 贝叶斯线性回归

贝叶斯方法分为估计 (estimate) 和推断 (infereace), 参数估计部分就是要估计模型参数的后验概率分布. 实际上, 对于连续变量, 估计模型参数分布是很困难的.③ 但在假定似然函数和先验分布分别服从多元高斯分布 $p(\boldsymbol{y}|\boldsymbol{X};\boldsymbol{w}) \sim N(\boldsymbol{Xw},\alpha^{-1}\boldsymbol{I})$, $p(\boldsymbol{w}) \sim N(0,\beta^{-1}\boldsymbol{I})$ 的情况下, 由贝叶斯公式可得到后验概率 $p(\boldsymbol{w}|\boldsymbol{x};\boldsymbol{y}) \propto p(\boldsymbol{y}|\boldsymbol{x})p(\boldsymbol{w})$. 由于高斯分布的自共轭性, $p(\boldsymbol{w}|\boldsymbol{x};\boldsymbol{y})$ 也为高斯分布, 记为 $N(\boldsymbol{\mu_w},\boldsymbol{\Sigma_w})$. 由式 (2.21) 可以得到

$$\boldsymbol{\mu_w} = \boldsymbol{w}_{\text{map}} = \left(\boldsymbol{X}^{\mathrm{T}}\boldsymbol{X} + \frac{\alpha}{\beta}\boldsymbol{I}\right)^{-1}\boldsymbol{X}^{\mathrm{T}}\boldsymbol{y}$$

$$\boldsymbol{\Sigma_w} = \left(\boldsymbol{X}^{\mathrm{T}}\boldsymbol{X} + \frac{\alpha}{\beta}\boldsymbol{I}\right)^{-1}$$

有了满足后验概率的分布后, 我们就可以做贝叶斯预测, 对于一个新来的样本 $\hat{\boldsymbol{x}}$, 求它的预测值 $\hat{y}$. 由线性模型的定义知

---

① 高斯最早写出的正态分布用的是 $N(\boldsymbol{Xw},\alpha^{-1}\boldsymbol{I})$, 其中 $\alpha^{-1}\boldsymbol{I}$ 为精度矩阵, 现代教科书中则普遍用方差矩阵表示.
② 如果先验分布不取高斯分布, 而取拉普拉斯分布, 则对应于 ℓ_1 正则化下的 LASSO 回归.
③ 通常利用蒙特卡洛方法从分布中抽取样本来近似后验概率分布.

$$\hat{y} = f(\hat{x}) + \epsilon = \boldsymbol{w}^{\mathrm{T}}\hat{\boldsymbol{x}} + \epsilon$$

其中, $\epsilon \sim N(0, \beta^{-1}\boldsymbol{I})$ 为零均值的高斯噪声, $\boldsymbol{w} \sim N(\boldsymbol{\mu_w}, \boldsymbol{\Sigma_w})$, 所以没有噪声的线性回归模型 $\hat{\boldsymbol{x}}^{\mathrm{T}}\boldsymbol{w} \sim N(\hat{\boldsymbol{x}}^{\mathrm{T}}\boldsymbol{\mu_w}, \hat{\boldsymbol{x}}^{\mathrm{T}}\boldsymbol{\Sigma_w}\hat{\boldsymbol{x}})$. 最后, 根据统计分布理论, 加上噪声后的线性回归模型 $\hat{y} \sim N(\hat{\boldsymbol{x}}^{\mathrm{T}}\boldsymbol{\mu_w}, \hat{\boldsymbol{x}}^{\mathrm{T}}\boldsymbol{\Sigma_w}\hat{\boldsymbol{x}} + \beta^{-1})$ 分布, 所以 $\hat{y}$ 的贝叶斯线性回归模型为

$$p(\hat{y}|\boldsymbol{X}; \boldsymbol{y}; \hat{\boldsymbol{x}}) \sim N(\hat{\boldsymbol{x}}^{\mathrm{T}}\mu_{\boldsymbol{w}}, \hat{\boldsymbol{x}}^{\mathrm{T}}\boldsymbol{\Sigma_w}\hat{\boldsymbol{x}} + \beta^{-1}) \tag{2.22}$$

贝叶斯回归模型的优点有:
- 贝叶斯回归对数据有自适应能力, 可以重复利用实验数据, 并有效防止过拟合.
- 贝叶斯回归可以在估计过程中引入正则项.
- 对于先验分布, 如果具备领域知识或者对于模型参数的猜测, 那么可以将其引到模型中, 而不是像最大似然估计方法那样假设所有关于参数的所需信息都来自于数据.

贝叶斯回归模型的缺点有:
- 贝叶斯回归的学习过程开销太大.
- 由于正则化导致偏置-方差困境, 贝叶斯回归估计的参数可能与真实的判别参数存在一定的偏差.

2.1.3 线性分类

区别于回归问题中的**连续预测**, 分类的目标是将输入变量 $\boldsymbol{x}$ 分到 K 个**离散**的类别 C_k $(k=1,\cdots,K)$ 中的某一类. 大多数常见情况下认为类别之间是互斥的, 每个输入被分到唯一的一个类别中, 因此输入空间被划分为不同的决策区域 (decision region), 其边界称为决策边界 (decision boundary) 或者决策面 (decision surface). 线性分类模型是指决策面是输入向量 $\boldsymbol{x}$ 的线性函数, 因此被定义为 d 维输入空间中的 $d-1$ 维超平面. 如果数据集可以被线性决策面精确地分类, 那么这个数据集是线性可分的 (linearly separable). 本节中我们也只考虑数据集线性可分的情形.

在分类问题中, 由于输出目标 y 是一些离散的标签, 而 $f(\boldsymbol{x})$ 的值域为实数, 因此无法直接用 $f(x)$ 的输出来进行预测, 需要引入一个非线性的决策函数 (decision function) $g(x)$ 来预测输出目标 $y = g(f(\boldsymbol{x}))$, 其中 $g(\boldsymbol{x})$ 有时也称为判别函数 (discriminant function). 在此小节中我们仅仅考虑二类分类的 logistic 回归情况.

logistic 回归 (logistic regression, LR) 是一种常用的处理二类分类问题的线性模型. 它可以对分类可能性进行直接建模, 不需要事先假设数据分布, 避免假设分布不准确

所带来的问题. 它不仅仅可以预测出类别, 而且可以给出预测的不确定性[①], 我们采用 $y \in \{0,1\}$ 以符合 logistic 回归在二类分类时的描述习惯. 引入非线性函数 $g: \mathbb{R}^d \to (0,1)$ 来直接预测类别标签的后验概率 $p(\boldsymbol{y}=1|\boldsymbol{x})$,

$$p(\boldsymbol{y}=1|\boldsymbol{x}) = g(f(\boldsymbol{x}, \boldsymbol{w})) \tag{2.23}$$

其中, $g(\cdot)$ 在机器学习中通常称为激活函数, 其作用是把线性函数的值域从实数区间规约到 $(0,1)$ 之间, 用来表示概率值. 在 logistic 回归中, 我们使用 logistic 函数 (又称 sigmoid 函数) 作为激活函数, 模型采用如下条件概率分布:

$$p(y=1|\boldsymbol{x}) = \sigma(\boldsymbol{w}^{\mathrm{T}}\boldsymbol{x}) \triangleq \frac{1}{1+\exp(-\boldsymbol{w}^{\mathrm{T}}\boldsymbol{x})}$$
$$p(y=0|\boldsymbol{x}) = 1 - p(y=1|\boldsymbol{x}) = \frac{\exp(-\boldsymbol{w}^{\mathrm{T}}\boldsymbol{x})}{1+\exp(-\boldsymbol{w}^{\mathrm{T}}\boldsymbol{x})} \tag{2.24}$$

其中, $\sigma(x) = \dfrac{1}{1+\exp(-x)}$ 为标准的 logistic 函数.

对公式 (2.24) 进行变换后得到

$$\boldsymbol{w}^{\mathrm{T}}\boldsymbol{x} = \log\frac{p(\boldsymbol{y}=1|\boldsymbol{x})}{1-p(\boldsymbol{y}=1|\boldsymbol{x})} = \log\frac{p(\boldsymbol{y}=1|\boldsymbol{x})}{p(\boldsymbol{y}=0|\boldsymbol{x})} \tag{2.25}$$

其中, 正负样本的后验概率的比值 $p(\boldsymbol{y}=1|\boldsymbol{x})/p(\boldsymbol{y}=0|\boldsymbol{x})$ 称为赔率 (odds), 赔率的对数称为对数赔率 (log odds 或 logit). 由于公式左侧 $\boldsymbol{w}^{\mathrm{T}}\boldsymbol{x}$ 是线性函数, logistic 回归可以看作预测值为 "标签的对数赔率" 的线性回归模型. 因此, logistic 回归也称为对数赔率回归 (logit regression).

给定 n 个训练样本 $\{(\boldsymbol{x}^{(i)}, y^{(i)})\}_{i=1}^{n}$, 很明显, 如果数据样本 $y^{(i)} = 1$, 则目标类别变量 $\boldsymbol{x}^{(i)} \in C_1$, 反之如果数据样本 $y^{(i)} = 0$, 则 $\boldsymbol{x}^{(i)} \in C_0$, 那么生成观察到的数据样本的概率密度函数可表示为

$$p(\boldsymbol{x}^{(i)}) = p\left(\boldsymbol{x}^{(i)} \in C_1 | \boldsymbol{x}^{(i)}\right)^{y^{(i)}} \times p\left(\boldsymbol{x}^{(i)} \in C_0 | \boldsymbol{x}^{(i)}\right)^{1-y^{(i)}} \tag{2.26}$$

根据假设, 样本数据是独立同分布的, 所以观察到的样本数据的 logitstic 回归模型的似然函数为

$$L(\boldsymbol{w}) = \prod_{i=1}^{n} p\left(\boldsymbol{x}^{(i)} \in C_1 | \boldsymbol{x}^{(i)}\right)^{y^{(i)}} p\left(\boldsymbol{x}^{(i)} \in C_0 | \boldsymbol{x}^{(i)}\right)^{1-y^{(i)}} \tag{2.27}$$

我们可以用最大化对数似然 $l(\boldsymbol{w}) = \log L(\boldsymbol{w})$ 估计来确定模型的参数 $\boldsymbol{w}^*$,

$$\boldsymbol{w}^* = \arg\max_{\boldsymbol{w}} \{l(\boldsymbol{w})\} = \arg\min_{\boldsymbol{w}} \{-l(\boldsymbol{w})\}$$

[①] 高斯判别分析在等协方差的情况下与 logistic 回归一致.

将式 (2.27) 取对数后可得

$$-l(\boldsymbol{w}) = -\sum_{i=1}^{n}\left[y^{(i)}\log p\left(\boldsymbol{x}^{(i)}\in C_1|\boldsymbol{x}^{(i)}\right) + (1-y^{(i)})\log p\left(\boldsymbol{x}^{(i)}\in C_0|\boldsymbol{x}^{(i)}\right)\right]$$

logistic 回归的损失函数 $J(\boldsymbol{w}) = -l(\boldsymbol{w})$ 是两个伯努利分布 $\hat{y}$ 和 $p(\boldsymbol{x})$ 的**交叉熵** (cross entropy),[①] 定义条件概率函数

$$\begin{aligned}\boldsymbol{p}\left(x^{(i)}\in C_1|\boldsymbol{x}^{(i)}\right) &= \hat{y}^{(i)} \\ \boldsymbol{p}\left(x^{(i)}\in C_0|\boldsymbol{x}^{(i)}\right) &= 1-\hat{y}^{(i)}\end{aligned} \tag{2.28}$$

由此得到的交叉熵损失函数为

$$\begin{aligned}J(\boldsymbol{w}) &= -\frac{1}{n}\sum_{i=1}^{n}\left(y^{(i)}\log p\left(\boldsymbol{x}^{(i)}\in C_1|\boldsymbol{x}^{(i)}\right) + (1-y^{(i)}) + \log p(\boldsymbol{x}^{(i)}\in C_0|\boldsymbol{x}^{(i)})\right) \\ &= -\frac{1}{n}\sum_{i=1}^{n}\left(y^{(i)}\log\hat{y}^{(i)} + \left(1-y^{(i)}\right)\log\left(1-\hat{y}^{(i)}\right)\right)\end{aligned} \tag{2.29}$$

与最小二乘不同，虽然 logistic 回归模型的损失函数 $J(\boldsymbol{w})$ 是连续可导的凸函数，但变量 $\boldsymbol{w}$ 是一个非线性函数，一般很难得到解析的解，采用梯度下降法，损失函数的梯度 $\nabla J(\boldsymbol{w})$ 可以通过对参数 $\boldsymbol{w}$ 求偏导数得到：

$$\begin{aligned}\frac{\partial J(\boldsymbol{w})}{\partial \boldsymbol{w}} &= -\sum_{i=1}^{n}\left(y^{(i)}\frac{\hat{y}^{(i)}\left(1-\hat{y}^{(i)}\right)}{\hat{y}^{(i)}}\boldsymbol{x}^{(i)} - (1-y^{(i)})\frac{\hat{y}^{(i)}\left(1-\hat{y}^{(i)}\right)}{1-\hat{y}^{(i)}}\boldsymbol{x}^{(i)}\right) \\ &= -\sum_{i=1}^{n}\left(y^{(i)}\left(1-\hat{y}^{(i)}\right)\boldsymbol{x}^{(i)} - \left(1-y^{(i)}\right)\hat{y}^{(i)}\boldsymbol{x}^{(i)}\right) \\ &= -\sum_{i=1}^{n}\boldsymbol{x}^{(i)}\left(y^{(i)} - \hat{y}^{(i)}\right)\end{aligned} \tag{2.30}$$

logistic 回归的训练过程为：初始化 $\boldsymbol{w}_0 \leftarrow 0$，然后通过下式来迭代更新参数：

$$\boldsymbol{w}_{t+1} \leftarrow \boldsymbol{w}_t + \alpha\sum_{i=1}^{n}\boldsymbol{x}^{(i)}\left(y^{(i)} - \hat{y}^{(i)}\right) \tag{2.31}$$

其中，α 为学习率，$y^{(i)} - \hat{y}^{(i)}$ 是当前模型算出的预测值与理想目标的差距，离目标越远，则参数 $\boldsymbol{w}_t$ 更新越大. 由于公式 (2.29) 中损失函数 $J(\boldsymbol{w})$ 是关于参数 $\boldsymbol{w}$ 的连续可导的凸函数，因此 logistic 回归还可以用高阶的优化方法 (如牛顿法) 等来进行优化.

[①] 两个概率分布 p, q 的交叉熵 $H(p,q) = -\sum_{\boldsymbol{x}}p(\boldsymbol{x})\ln q(\boldsymbol{x})$.

2.1.4 正则化模型与分析

众所周知,复杂的模型具有更多的参数,从而能够更好地拟合重现训练数据,但同时也会带来过拟合的风险,导致模型的泛化能力变差. 通过正则化技术约束模型复杂度,以便同时兼顾模型的预测能力和模型的复杂度.

正则化通过惩罚某些极端权重值以防止模型过度拟合训练数据示例. 一般模型的正则化形式可以写成如下优化问题:

$$\boldsymbol{w}^* = \arg\min_{\boldsymbol{w}} \frac{1}{n}\sum_{i=1}^{n} J\left(y^{(i)}, f\left(\boldsymbol{x}^{(i)}, \boldsymbol{w}\right)\right) + \lambda \ell_p(\boldsymbol{w}) \tag{2.32}$$

其中,$J(\cdot)$ 为损失函数,n 为训练样本数量,$f(\cdot)$ 为待学习的模型,$\boldsymbol{w}$ 为其参数,λ 为正则化系数,ℓ_p 为范数函数,当 p 取值为 1,2 时就分别对应 ℓ_1 正则和 ℓ_2 正则. 图 2.3 给出了不同范数约束条件下的最优化问题示例.

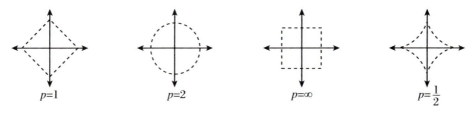

图2.3 常见的范数在二维情况下的分布

从优化理论的观点来看,带正则化的优化问题等价于如下带约束条件的优化问题:

$$\begin{cases} \boldsymbol{w}^* = \arg\min_{\boldsymbol{w}} \frac{1}{n}\sum_{i=1}^{n} J\left(y^{(i)}, f\left(\boldsymbol{x}^{(i)}, \boldsymbol{w}\right)\right) \\ \text{s.t.} \quad \ell_p(\boldsymbol{w}) \leqslant 1 \end{cases} \tag{2.33}$$

本节从直观分析和理论推导两个角度来讨论在机器学习中两个最重要的正则化方法——ℓ_1 正则和 ℓ_2 正则,对于机器学习中的最小二乘法回归,ℓ_1 和 ℓ_2 正则化分别给出与之对应的 LASSO 和岭回归模型.

1. ℓ_2 正则化与岭回归模型

前面2.1.2小节已经讨论了线性回归的 ℓ_2 正则化,即岭回归,这里我们主要讨论 ℓ_2 正则化的几何意义及其与 ℓ_1 正则化的不同之处. 岭回归的损失函数的形式为

$$J(\boldsymbol{w}) = \frac{1}{n}\sum_{i=1}^{n}(y^{(i)} - \boldsymbol{w}^{\mathrm{T}}\boldsymbol{x}^{(i)})^2 + \lambda\sum_{j=1}^{d} w_j^2 = \frac{1}{n}\|\boldsymbol{X}\boldsymbol{w} - \boldsymbol{y}\|_2^2 + \lambda\|\boldsymbol{w}\|_2^2 = J_0(\boldsymbol{w}) + \lambda\boldsymbol{w}^{\mathrm{T}}\boldsymbol{w} \tag{2.34}$$

其中, J_0 是原始的损失函数. 由于正则化项是可微凸函数, 其解析解由式 (2.14) 给出, ℓ_2 正则化也称为权重衰减惩罚, 该问题的求解的几何示意图如图 2.4 所示.

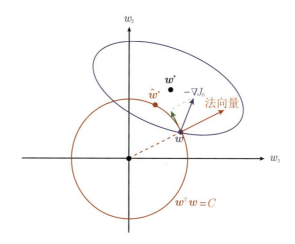

图2.4 求解带ℓ_2正则化项的损失函数的几何示意图

图 2.4 中椭圆为原目标函数 $J_0(\boldsymbol{w})$ 的一条等高线, $\boldsymbol{w}^*$ 是 $J_0(\boldsymbol{w})$ 的最优解, 圆为半径 $C^{\frac{1}{2}}$ 的 ℓ_2 范数球. 由于约束条件的限制, $\hat{\boldsymbol{w}}$ 必须位于 ℓ_2 范数球内 (即由式 (2.33) 的约束条件所确定). 考虑边界上的一点 $\hat{\boldsymbol{w}}$, 图中蓝色箭头为 $J_0(\boldsymbol{w})$ 在该处的负梯度方向 $-\nabla J_0(\boldsymbol{w})$, 红色箭头为 ℓ_2 范数球在该处的法线方向. 由于 $\boldsymbol{w}$ 不能离开边界 (否则违反约束条件), 因而在使用梯度下降法更新 $\boldsymbol{w}$ 时, 只能朝 $\nabla J_0(\boldsymbol{w})$ 在范数球上 $\hat{\boldsymbol{w}}$ 处的切线方向更新, 即图中绿色箭头的方向. 如此 $\boldsymbol{w}$ 将沿着边界移动, 当 $\nabla J_0(\boldsymbol{w})$ 与范数球上 $\hat{\boldsymbol{w}}$ 处的法线平行时, $\nabla J_0(\boldsymbol{w})$ 在切线方向的分量为 0, $\boldsymbol{w}$ 将无法继续移动, 从而达到最优解 $\hat{\boldsymbol{w}}^*$ (图中红色点所示).

正则化系数 λ 可以控制图中实心圆的大小. λ 越小, 实心圆的半径就越大, 就越容易达到损失函数的最小值 (中心点), 从而发生过拟合现象; λ 越大, 实心圆的半径就越小, 即对模型参数惩罚过重, 模型的拟合能力也就越弱, 从而发生欠拟合现象. 对于一个一维线性回归模型的例子, $y = wx$, 若参数 w 很大, 那么只要数据 x 偏移一点点 (Δx 很小), 就会对结果造成很大的影响 (Δy 会很大); 但如果参数 w 比较小, 数据 x 偏移得多一点也不会对结果造成什么影响, 这就是常说的抗扰动能力强.

2. ℓ_1 正则化与 LASSO 线性回归模型

LASSO(the least absolute shrinkage and selection operator) 是另一种缩减方法, 将回归系数收缩在一定的区域内. LASSO 的主要思想是构造一个一阶惩罚函

数以获得一个精练的模型. 通过约束使得某些变量的系数为 0 进行特征筛选. LASSO 的惩罚项为

$$J(\boldsymbol{w}) = \frac{1}{n}\sum_{i=1}^{n}(y^{(i)} - \boldsymbol{w}^{\mathrm{T}}\boldsymbol{x}^{(i)})^2 + \lambda\sum_{j=1}^{d}|w_j|$$

$$= \frac{1}{n}\|\boldsymbol{X}\boldsymbol{w} - \boldsymbol{y}\|_2^2 + \lambda\sum_{j=1}^{d}\|w_j\|_1 = J_0(\boldsymbol{w}) + \lambda\sum_{j=1}^{d}\|w_j\|_1 \quad (2.35)$$

带 ℓ_1 正则化问题的求解的几何示意图如图 2.5 所示. 其主要差别在于 ℓ_1, ℓ_2 范数球的形状差异. 由于此时每条边界上的点 $\hat{\boldsymbol{w}}$ 的切线和法线方向保持不变, 为了满足约束 $\boldsymbol{w}$ 只能一直朝着 $\nabla J_0(\boldsymbol{w})$ 在切线方向的分量沿着边界向左上移动. 当 $\boldsymbol{w}$ 跨过顶点到达 $\hat{\boldsymbol{w}}'$ 时, $\nabla J_0(\boldsymbol{w})$ 在切线方向的分量变为向右上方, 因而 $\boldsymbol{w}$ 将朝右上方移动. 最终, $\boldsymbol{w}$ 将稳定在顶点处, 达到最优解 $\hat{\boldsymbol{w}}^*$. 此时, 可以看到 $\boldsymbol{w}$ 的第一维坐标分量 $w_1 = 0$, 这也就是采用 ℓ_1 范数会使最优参数向量 $\hat{\boldsymbol{w}}^*$ 产生稀疏性的原因.

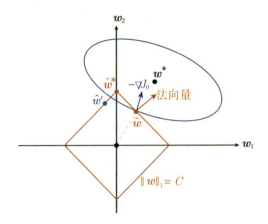

图2.5　求解带ℓ_1正则化项的损失函数的几何示意图

以上分析虽是基于二维的情况, 但不难将其推广到多维的情况, 其主要目的是直观地说明 ℓ_1, ℓ_2 正则化最优解的差异, 以及 ℓ_1 范数为什么会导致稀疏性.

3. ℓ_1, ℓ_2 正则化的理论分析

假设原目标函数 $J_0(\boldsymbol{w})$ 的最优解为 $\boldsymbol{w}^*$, 并假设其为二阶可导的, 将 $J_0(\boldsymbol{w})$ 在 $\boldsymbol{w}^*$ 处进行二阶泰勒展开, 有

$$\hat{J}_0(\boldsymbol{w}) = J_0(\boldsymbol{w}^*) + \nabla_{\boldsymbol{w}} J_0(\boldsymbol{w}^*)(\boldsymbol{w} - \boldsymbol{w}^*) + \frac{1}{2}(\boldsymbol{w} - \boldsymbol{w}^*)^{\mathrm{T}} \boldsymbol{H}(\boldsymbol{w} - \boldsymbol{w}^*) \quad (2.36)$$

其中，$\boldsymbol{H} = \nabla_{\boldsymbol{w}}^2 J_0(\boldsymbol{w})$ 为 $J_0(\boldsymbol{w})$ 在 $\boldsymbol{w}^*$ 处的 Hessian 矩阵[①]，注意 $\boldsymbol{w}^*$ 为 $J_0(\boldsymbol{w})$ 的最优解，其一阶导数为 0，即 $\nabla_{\boldsymbol{w}} J_0(\boldsymbol{w})|_{\boldsymbol{w}=\boldsymbol{w}^*} = 0$，因而式中无一阶导数项. 所以，在损失函数取得最小值时，对上式 $\hat{J}_0(\boldsymbol{w})$ 求梯度并令其等于 0，可得

$$\nabla_{\boldsymbol{w}} \hat{J}_0(\boldsymbol{w}) = \boldsymbol{H}(\boldsymbol{w} - \boldsymbol{w}^*) = 0 \tag{2.37}$$

对于带 ℓ_2 正则化的目标函数，其相当于在 $J_0(\boldsymbol{w})$ 中添加 $\frac{1}{2}\lambda \boldsymbol{w}^{\mathrm{T}} \boldsymbol{w}$，因而有

$$\nabla_{\boldsymbol{w}} \hat{J}(\boldsymbol{w}) = \nabla_{\boldsymbol{w}} \hat{J}_0(\boldsymbol{w}) + \nabla_{\boldsymbol{w}} \left(\frac{1}{2}\lambda \boldsymbol{w}^{\mathrm{T}} \boldsymbol{w} \right) = \boldsymbol{H}(\boldsymbol{w} - \boldsymbol{w}^*) + \lambda \boldsymbol{w} \tag{2.38}$$

设带 l_2 正则化项目标函数的最优解为 $\hat{\boldsymbol{w}}^*$，则有

$$\boldsymbol{H}(\hat{\boldsymbol{w}}^* - \boldsymbol{w}^*) + \lambda \hat{\boldsymbol{w}}^* = 0$$
$$\hat{\boldsymbol{w}}^* = (\boldsymbol{H} + \lambda \boldsymbol{I})^{-1} \boldsymbol{H} \boldsymbol{w}^* \tag{2.39}$$

由于 $\boldsymbol{H}$ 是对称矩阵，可对其做特征值分解，即 $\boldsymbol{H} = \boldsymbol{Q}\boldsymbol{\Lambda}\boldsymbol{Q}^{\mathrm{T}}$，其中 $\boldsymbol{Q}^{\mathrm{T}}\boldsymbol{Q} = \boldsymbol{I}$ 为正交矩阵，且 $\boldsymbol{Q}$ 的每一列为 $\boldsymbol{H}$ 的特征向量，$\boldsymbol{\Lambda}$ 为对角矩阵，且对角线元素为 $\boldsymbol{H}$ 的特征值 λ_j. 代入上式有

$$\hat{\boldsymbol{w}}^* = \boldsymbol{Q}(\boldsymbol{\Lambda} + \lambda \boldsymbol{I})^{-1} \boldsymbol{\Lambda} \boldsymbol{Q}^{\mathrm{T}} \boldsymbol{w}^* \tag{2.40}$$

此外，可对 $\boldsymbol{w}^*$ 以 $\boldsymbol{H}$ 的特征向量 $\boldsymbol{Q}$ 为正交基做线性展开，由上式可知，$\hat{\boldsymbol{w}}$ 是由 $\boldsymbol{w}^*$ 在 $\boldsymbol{H}$ 的每个特征向量上的分量以 $\dfrac{\lambda_j}{\lambda_j + \lambda}$ 比例放缩得到的. 若 $\lambda_j \gg \lambda$，则 $\boldsymbol{w}^*$ 受正则化的影响较小；若 $\lambda_j \ll \lambda$，则 $\boldsymbol{w}^*$ 受正则化的影响较大，将收缩到接近于 0 的值. 同时，若 $\boldsymbol{w}^* \neq 0$，则 $\hat{\boldsymbol{w}} \neq 0$，即 ℓ_2 正则化不会产生稀疏性的效果.

对于带 ℓ_1 正则化的目标函数，只需将 $\frac{1}{2}\lambda \boldsymbol{w}^{\mathrm{T}} \boldsymbol{w}$ 替换为 $\boldsymbol{w}$ 的 ℓ_1 范数 $\|\boldsymbol{w}\|_1$. 将原损失函数的泰勒展开式 (2.36) 加入 ℓ_1 正则项的损失函数，由此可以形成如下形式：

$$\hat{J}(\boldsymbol{w}) = J_0(\boldsymbol{w}^*) + \nabla_{\boldsymbol{w}} J_0(\boldsymbol{w}^*)(\boldsymbol{w} - \boldsymbol{w}^*) + \frac{1}{2}(\boldsymbol{w} - \boldsymbol{w}^*)^{\mathrm{T}} \boldsymbol{H}(\boldsymbol{w} - \boldsymbol{w}^*) + \lambda \|\boldsymbol{w}\|_1 \tag{2.41}$$

与 ℓ_2 正则化类似，对上式求梯度得到

$$\nabla_{\boldsymbol{w}} \hat{J}(\boldsymbol{w}) = \nabla_{\boldsymbol{w}} \hat{J}_0(\boldsymbol{w}) + \nabla_{\boldsymbol{w}} (\lambda \|\boldsymbol{w}\|_1) = \boldsymbol{H}(\boldsymbol{w} - \boldsymbol{w}^*) + \lambda \mathrm{sign}(\boldsymbol{w}) \tag{2.42}$$

其最优解满足

$$\boldsymbol{H}(\hat{\boldsymbol{w}}^* - \boldsymbol{w}^*) + \lambda \mathrm{sign}(\hat{\boldsymbol{w}}^*) = 0 \tag{2.43}$$

[①] Hessian 矩阵为对称矩阵.

为了简化讨论,我们假设 $\boldsymbol{H} = \mathrm{diag}[H_{11}, H_{22}, \cdots, H_{jj}] = \lceil H_{11}, H_{22}, \cdots, H_{jj} \rfloor$ 为对角阵.[①] 此时,$\hat{\boldsymbol{w}}$ 的不同分量之间相互独立,所以,损失函数和最优解向量 $\hat{\boldsymbol{w}}^*$ 分别退化成的分量形式,且分别满足如下方程:

$$\hat{J}(w_j) = J_0(w^*) + \frac{1}{2}H_{jj}(w_j - w_j^*)^2 + \lambda|w_j| \tag{2.44}$$

$$\hat{w}_j^* - w_j^* + \frac{\lambda}{H_{jj}}\mathrm{sign}(\hat{w}_j^*) = 0 \tag{2.45}$$

最小化损失函数式 (2.44) 的 $\hat{w}_j^*$ 必须满足以下两个条件:

(1) $\hat{w}_j^*$ 必须满足 $|\hat{w}_j^*| \leqslant |w_j^*|$.

证明:因为式 (2.44) 中的第一项 $J_0(w^*)$ 与优化无关,而平方项 $\frac{1}{2}H_{jj}(w_j - w_j^*)^2$ 是关于变量 w_j 的对称函数,假定 $|\hat{w}_j^*| > |w_j^*|$ 是最优解,那么我们可以对变量做镜像翻转变换,即 $(w_j - w_j^*) \to -(w_j - w_j^*)$. 在这个变换下损失函数的平方项保持不变,而 w_j 具有比 $\hat{w}_j^*$ 更小的绝对值,即 $|w_j| < |\hat{w}_j^*|$,这时式 (2.44) 具有更小的一次项 $\lambda|w_j|$ 的值,从而具有更小的损失函数值,与假设矛盾.

(2) 最优解 $\hat{w}_j^*$ 与 w_j^* 具有相同的符号,即 $\mathrm{sign}(\hat{w}_j^*) = \mathrm{sign}(w_j^*)$ 或者 $\hat{w}_j^* = w_j^* = 0$.

证明:由于 $|w_j - w_j^*| \geqslant |w_j| - |w_j^*|$,所以对于固定的 $|w_j|$,只有 $\hat{w}_j^*$ 与 w_j^* 具有相同的符号时或者 $w_j = 0$ 时不等式的等号成立,这时才能使得损失函数式 (2.44) 取到更小的值.

由最优解方程式 (2.45),我们有

$$\hat{w}_j^* = w_j^* - \frac{\lambda}{H_{jj}}\mathrm{sign}(\hat{w}_j^*) = w_j^* - \frac{\lambda}{H_{jj}}\mathrm{sign}(w_j^*) = \mathrm{sign}(w_j^*)\left(|w_j^*| - \frac{\lambda}{H_{jj}}\right) \tag{2.46}$$

在式 (2.46) 中的第二个等式利用了 $\mathrm{sign}(\hat{w}_j^*) = \mathrm{sign}(w_j^*)$;显然,第三个等式只有当 $|w_j^*| \geqslant \frac{\lambda}{H_{jj}}$ 时成立,否则,$\hat{w}_j^*$ 和 w_j^* 符号相反 (与条件 (2) 矛盾). 最终,我们得到在加入 ℓ_1 正则化项的损失函数的最优解 $\hat{w}_j^*$,其满足如下方程:

$$\hat{w}_j^* = \mathrm{sign}(w_j^*)\max\left\{|w_j^*| - \frac{\lambda}{H_{jj}}, 0\right\} \tag{2.47}$$

显然,当 $|w_j^*| \leqslant \frac{\lambda}{H_{jj}}$ 时,式 (2.46) 给出的最优解为 $\hat{w}_j^* = 0$,因而 ℓ_1 正则化会使最优解的某些元素为 0,从而产生解的稀疏性;当 $|w_j^*| > \frac{\lambda}{H_{jj}}$ 时,$\hat{w}_j^*$ 会在原有最优解 w_j^* 上减少一个常数值 $\frac{\lambda}{H_{jj}}$. 综上,ℓ_2 正则化的效果是对原最优解的每个元素进行不同比例的

[①] $\boldsymbol{H}$ 为正定的对称矩阵,可以幺正对角化,其特征值都为大于零的实数.

放缩; ℓ_1 正则化则会使原最优解的元素产生不同量的偏移, 并使某些元素为 0, 从而导致解的稀疏性.

综上, l_2 正则化的效果是对原最优解的每个元素进行不同比例的放缩; l_1 正则化则会使原最优解的元素产生不同量的偏移, 并使某些元素为 0, 从而导致解的稀疏性.

4. 弹性网络模型

弹性网络模型 (elastic net models) 是一种使用 ℓ_1 和 ℓ_2 范数作为先验正则项训练的线性回归模型. 这种组合可以学习到一个只有很少的权重非零的稀疏模型 (如 LASSO), 但仍能保持一些像"岭"的正则化性质 (例如可以使得模型的解更加稳定), 因此, 可同时实现 ℓ_2 正则惩罚和 ℓ_1 变量选择的效果. 我们可以使用不同的权重控制产生不同的 ℓ_1 和 ℓ_2 凸组合, 弹性网络的损失函数的形式为

$$J(\boldsymbol{w}) = \frac{1}{N}\|\boldsymbol{X}\boldsymbol{w}-\boldsymbol{y}\|_2^2 + \lambda_1\|\boldsymbol{w}\|_1 + \lambda_2\|\boldsymbol{w}\|_2^2 \tag{2.48}$$

$$= J_0(\boldsymbol{w}) + \alpha\rho\sum_{j=1}^{d}|w_j| + (1-\alpha)\rho\sum_{j=1}^{d}w_j^2$$

其中, $\alpha = \lambda_1/(\lambda_1+\lambda_2), \rho$ 是模型参数. ℓ_1 正则项惩罚产生稀疏性模型, 而二次正则项部分的惩罚消除了 ℓ_1 正则中对被选择变量的个数的限制, 能产生分组效应 (grouping effect), 即能在一组相关性较强的变量中随机选择一个来实现稀疏性, 同时在特征维度高于训练样本数, 或者在特征是强相关的情况下产生更为稳定的 ℓ_1 正则化路径, 效果更明显.

从几何解释上讲, 弹性网络的正则项处于 ℓ_1 和 ℓ_2 之间, 当 α 接近于 1 时, 弹性网络表现接近于 LASSO 回归模型, 当 α 接近于 0 时, 弹性网络表现接近于岭回归模型, 当 α 从 1 变化到 0 时, 目标函数的稀疏解从 0 增加到 LASSO 的稀疏解. 另外, 弹性网络总能够产生有效解, 其不会出现交叉的解路径, 效果优于 LASSO 回归模型, 同时收敛速度也很快.

弹性网络可以应用于稀疏 PCA 模型 (sparse PCA)、新的核支持向量机模型 (SVM)、度量学习 (metric learning) 及组合优化 (portfolio optimization) 等问题中.

2.2 支持向量机算法

支持向量机 (support vector machine, SVM) 是 20 世纪 90 年代中期发展起来的一种基于统计学习理论的机器学习方法, 支持向量机是一种有监督学习中的分类器, 最大间隔分类超平面和核函数技术的成功结合巧妙地将非线性分类问题转化为凸优化问题来求解, 是一个非常优雅的机器学习算法, 具有完善的数学理论. 本节将详细介绍支持向量机的相关知识, 包括**最大间隔分类** (maximal margin classifier)、**拉格朗日对偶方法** (Lagrange dual)、**凸优化理论** (convex optimization theory) 等相关知识内容, 以及支持向量机分类器向鲁棒学习进行扩展的方法.

2.2.1 支持向量机的背景知识

首先考虑简单的二分类问题, 给定正负例训练样本集 $D = \{(\boldsymbol{x}^{(i)}, y^{(i)})\}_{i=1}^{n}$, 其中 $\boldsymbol{x}^{(i)} = (x_1^{(i)}, x_2^{(i)}, \cdots, x_d^{(i)}) \in \mathbb{R}^d$, $y^{(i)} \in \{+1, -1\}$, 正例样本点 $y^{(i)}$ 值取 $+1$, 负例样本点 $y^{(i)}$ 值取 -1. 分类问题的基本思路是基于训练集 D 在样本空间中找到一个超平面, 从而能够将不同类别的样本分开. 很明显, 如果训练集 D 的样本是线性可分的, 则存在着无穷多个超平面能够将训练样本区分开, 如图 2.6 所示, 我们应该如何判断哪一个是最

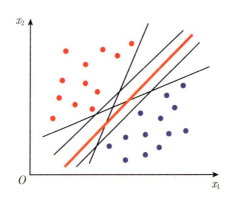

图2.6 存在多个划分超平面将两类训练样本分开

佳的分类超平面呢？[①]

几何上的直观感觉是图中红色的线是最优的，这条线使得正负例样本分散在分割线的两边，并且这个分割线离每个样本点相对距离较远，这对样本数据噪声具有较高的容忍度，从而可以避免其他分类算法存在的过拟合问题[②]. 我们的目标就是在样本空间中寻找一个最健壮的超平面 (直线), 数据样本集合 D 中最近的点离这个平面最远.

1. 间隔最大化分类

首先从线性的二分类问题进行说明，任意超平面都可以用下面这个线性方程来描述:

$$\boldsymbol{w}^\mathrm{T}\boldsymbol{x} + b = 0 \tag{2.49}$$

上式中的 $\boldsymbol{w} \in \mathbb{R}^d$ 是把正负样本隔离开的超平面的法向量，b 为超平面的截距项 (偏置项), 它决定原点到超平面的距离，由于 $\boldsymbol{w}$ 和偏置项 b 唯一确定分类超平面，故以下我们将超平面简记为 $(\boldsymbol{w}, b)$. 假设超平面能够将训练样本正确分类，即对于样本空间中的任一点 $(\boldsymbol{x}^{(i)}, y^{(i)})$, 如果 $y^{(i)} = +1$, 则有 $\boldsymbol{w}^\mathrm{T}\boldsymbol{x}^{(i)} + b > 0$; 如果 $y^{(i)} = -1$, 则有 $\boldsymbol{w}^\mathrm{T}\boldsymbol{x}^{(i)} + b < 0$. 从而得到下式:

$$\begin{cases} \boldsymbol{w}^\mathrm{T}\boldsymbol{x}^{(i)} + b > 0, & y^{(i)} = +1 \\ \boldsymbol{w}^\mathrm{T}\boldsymbol{x}^{(i)} + b < 0, & y^{(i)} = -1 \end{cases} \tag{2.50}$$

根据式 (2.50), 很明显，样本能正确分类意味着任一点 $(\boldsymbol{x}^{(i)}, y^{(i)})$ 分类的正确性及可信度，可用所谓的**函数间隔** $y_i(\boldsymbol{w}^\mathrm{T}\boldsymbol{x}^{(i)} + b) > 0$ 来表示，$y^{(i)}(\boldsymbol{w}^\mathrm{T}\boldsymbol{x}^{(i)} + b)$ 越大，则表示样本点 $(\boldsymbol{x}^{(i)}, y^{(i)})$ 离分类超平面越远，分类超平面的几何表示如图 2.7 所示. 尽管分类预测的正确性及可信度可以用函数间隔表示，但是在选择分类超平面时，仅仅有函数间隔还不够. 因为分类超平面方程存在着尺度 (scaling) 变换的规范不变性，如果 $(\boldsymbol{w}, b) \mapsto (\kappa\boldsymbol{w}, \kappa b)$, 则方程 (2.50) 仍然不变，但此时函数间隔却变为原来的 κ 倍. 去掉这个尺度变换自由度可以利用规范化超平面的法向量，即令 $\|\boldsymbol{w}\| = 1$[③], 使函数间隔是确定的值，这个值称为**几何间隔** (geometric margin), 它为点样本到超平面的几何距离[④], 由点到平面的距离公式，容易得到任一样本 $(\boldsymbol{x}^{(i)}, y^{(i)})(i = 1, 2, \cdots, n)$ 到超平面的几何间隔 d_i,

---

[①] logistic, perceptron 分类算法通过损失函数的梯度下降或 packet 算法自动停在图 2.6 中可能的任意一个超平面, 它与初始值的选择有关.
[②] 很多教材中把样本点离分割线的距离称为类可信度，距离越大，可信度越高.
[③] 在这一小节中我们用 $\|\cdot\|$ 表示向量的 ℓ_2 范数.
[④] 函数间隔 = 几何间隔/$\|\boldsymbol{w}\|$.

$$d_i = \frac{|\boldsymbol{w}^{\mathrm{T}}\boldsymbol{x}^{(i)} + b|}{\|\boldsymbol{w}\|}$$

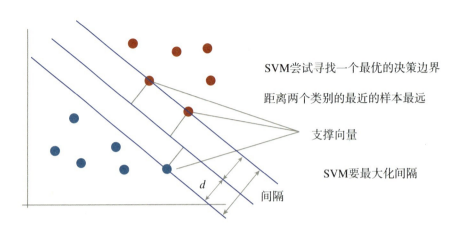

图2.7 线性可分情况下最大间隔分类

其中，$\|\boldsymbol{w}\|^2 = \sqrt{w_1^2 + w_1^2 + \cdots + w_d^2}$ 为向量 $\boldsymbol{w}$ 的 ℓ_2 范数. 数据样本中离超平面最近的一些点，称为**支持向量** (support vectors). 支持向量到超平面的距离为 d，其他点到超平面的距离大于 d. 为了使这个超平面更具鲁棒性，我们的目标就是在样本的特征空间寻找这样一个超平面 $(\boldsymbol{w}, b)$: 它可以把两类样本分开，并使得所有样本点离这个超平面的最小距离 d 是所有的超平面中最大的.① 这个超平面称为**最大间隔超平面** (max margin hyper plane). 很明显，定义间隔函数

$$\mathrm{margin}(\boldsymbol{w}, d) = \min_{\boldsymbol{w}, b, \boldsymbol{x}^{(i)}} \frac{|\boldsymbol{w}^{\mathrm{T}}\boldsymbol{x}^{(i)} + b|}{\|\boldsymbol{w}\|} = \min_{\boldsymbol{w}, b, \boldsymbol{x}^{(i)}} \frac{y_i(\boldsymbol{w}^{\mathrm{T}}\boldsymbol{x}^{(i)} + b)}{\|\boldsymbol{w}\|}, \quad i = 1, 2, \cdots, n \quad (2.51)$$

为了便于数学上的处理，利用超平面方程存在着尺度变换的规范不变性，取函数间隔规范 $\min\limits_{\boldsymbol{x}^{(i)}} y^{(i)}(\boldsymbol{w}^{\mathrm{T}}\boldsymbol{x}^{(i)} + b) = 1 (i = 1, \cdots, n)$，这样最大间隔分类平面可以写为如下满足约束条件的优化问题：

---

① 线性分类模型离超平面很远的点已经被正确地分类，我们让它们离超平面更远并没有意义. 最值得关注的是靠近超平面的点，这些点由于数据噪声影响很容易被错误分类，如果能让那些超平面较近的点尽可能地远离超平面，那么线性分类模型对噪声会更具有鲁棒性，从而获得更好的分类效果. 因此支持向量机就是求解能够划分训练数据集并且间隔最大的分类超平面，可以证明这种超平面存在且是唯一的.

$$\begin{cases} \max\limits_{(\boldsymbol{w},b)} \min\limits_{\boldsymbol{x}^{(i)}} \dfrac{y^{(i)}(\boldsymbol{w}^{\mathrm{T}}\boldsymbol{x}^{(i)}+b)}{\|\boldsymbol{w}\|} = \max\limits_{(\boldsymbol{w},b)} \dfrac{1}{\|\boldsymbol{w}\|} \min\limits_{\boldsymbol{x}^{(i)}} y^{(i)}(\boldsymbol{w}^{\mathrm{T}}\boldsymbol{x}^{(i)}+b) = \max\limits_{(\boldsymbol{w},b)} \dfrac{1}{\|\boldsymbol{w}\|}, \ i=1,2,\cdots,n \\ \text{s.t.} \min\limits_{\boldsymbol{x}^{(i)}, i=1,2,\cdots,n} y^{(i)}(\boldsymbol{w}^{\mathrm{T}}\boldsymbol{x}^{(i)}+b) = 1 \end{cases}$$
(2.52)

因为约束条件也是个优化问题,所以放松等式约束到不等式约束[①],即从等式约束

$$\min\limits_{\boldsymbol{x}^{(i)}, i=1,2,\cdots,n} y^{(i)}(\boldsymbol{w}^{\mathrm{T}}\boldsymbol{x}^{(i)}+b) = 1$$

到不等式约束

$$\min\limits_{\boldsymbol{x}^{(i)}, i=1,2,\cdots,n} y^{(i)}(\boldsymbol{w}^{\mathrm{T}}\boldsymbol{x}^{(i)}+b) \geqslant 1$$

我们有如下等价的约束优化问题:

$$\begin{cases} \max\limits_{(\boldsymbol{w},b)} \dfrac{1}{\|\boldsymbol{w}\|}, \\ \text{s.t.} \quad y^{(i)}(\boldsymbol{w}^{\mathrm{T}}\boldsymbol{x}^{(i)}+b) \geqslant 1, \quad i=1,2,\cdots,n \end{cases}$$
(2.53)

支持向量到超平面的距离的几何表示见图 2.7. 另由最大化 $\dfrac{1}{\|\boldsymbol{w}\|}$ 等价于最小化 $\dfrac{1}{2}\|\boldsymbol{w}\|^2$,最终我们得到线性可分支持向量机学习的最优化问题:

$$\begin{cases} \min\limits_{\boldsymbol{w},b} \dfrac{1}{2}\|\boldsymbol{w}\|^2 \\ \text{s.t.} \quad y^{(i)}(\boldsymbol{w}\cdot\boldsymbol{x}^{(i)}+b)-1 \geqslant 0, \quad i=1,2,\cdots,n \end{cases}$$
(2.54)

这是一个凸二次规划问题. 标准的凸优化问题定义如下:

$$\begin{cases} \min\limits_{\boldsymbol{w}} f(\boldsymbol{w}) \\ \text{s.t.} \quad g_i(\boldsymbol{w}) \leqslant 0, \quad i=1,2,\cdots,n \\ h_i(\boldsymbol{w}) = 0, \quad i=1,2,\cdots,m \end{cases}$$
(2.55)

其中,目标函数 $f(\boldsymbol{w})$ 和约束函数 $g_i(\boldsymbol{w})$ 都是 $\mathbb{R}^n$ 上连续可微的凸函数,约束函数 $h_i(\boldsymbol{w})$ 是 $\mathbb{R}^n$ 上的仿射函数. 当目标函数 $f(\boldsymbol{w})$ 是二次函数且约束函数 $g_i(\boldsymbol{w})$ 是仿射函数时,上述凸最优化问题便称为凸二次规划问题.

如果求出了约束最优化问题的解 $\boldsymbol{w}^*$ 和 b^*,那么就得到了最大间隔分类超平面 $\boldsymbol{w}^{*\mathrm{T}}\boldsymbol{x} + b^* = 0$ 及分类决策函数 $f(x) = \text{sign}(\boldsymbol{w}^{*\mathrm{T}}\boldsymbol{x} + b^*)$,即线性可分支持向量机模型.

---

① 这个放松是必要但不是充分的,必要的意思是放松约束后的新的优化问题的解是不变的,因为假定放松约束后的新的优化问题的最优解 (w,b) 都使得 $\min\limits_{\boldsymbol{x}_i, i=1,2,\cdots,n} y^{(i)}(\boldsymbol{w}^{\mathrm{T}}\boldsymbol{x}^{(i)}+b) > c(c>1)$,那么记新的解为 $\boldsymbol{w}' = \dfrac{\boldsymbol{w}}{c}, b' = \dfrac{b}{c}$,就有 $\max \dfrac{1}{\|\boldsymbol{w}'\|} > \max \dfrac{1}{\|\boldsymbol{w}\|}$,所以 $(\boldsymbol{w},b)$ 不是最优解,这隐含着放松约束条件后的解与原问题具有相同的解.

2. 拉格朗日乘子法、KKT 条件和对偶问题

在求解支持向量机的优化问题式 (2.54) 之前，作为背景知识，先介绍一下支持向量机所需要的优化问题的求解方法. 对于含有等式约束的优化问题，可直接使用**拉格朗日乘子法** (Lagrange multiplier) 求得最优值；对于含有不等式约束的优化问题，可以转化为满足 KKT(Karush-Kuhn-Tucker) 约束条件的问题，再应用拉格朗日乘子法求解. 需要注意的是，用拉格朗日乘子法求解，只有在凸优化的情况下，才能保证得到的结果是全局最优解. 非凸情况下拉格朗日乘子法得到的结果称为可行解，实际上就是局部极值点，本节我们只考虑凸优化问题，虽然有些结论对非凸函数也是成立的.

(1) 拉格朗日乘子法

在含有约束的物理系统的最优化问题中，拉格朗日乘子法 (以数学家约瑟夫·拉格朗日命名) 有着非常重要的作用，它是一种寻找多元函数在其变量受到一个或多个条件约束时的极值的方法. 这种方法将一个有 n 个变量与 k 个约束条件的最优化问题转换为一个有 $n+k$ 个变量的无约束最优化问题. 这种方法中引入了一个或一组新的未知数[①]，即拉格朗日乘数，又称拉格朗日乘子，它们是在转换后的方程，即约束方程中是作为约束函数梯度 (gradient) 向量的线性组合的系数.

(2) 等式约束的优化问题

对凸函数 $f(\boldsymbol{x})$ 加上等式约束条件，其中 $\boldsymbol{x} \in \mathbb{R}^d$，则有如下优化问题：

$$\begin{cases} \min\limits_{x} f(\boldsymbol{x}) \\ \text{s.t.} \quad h(\boldsymbol{x}) = 0 \end{cases} \tag{2.56}$$

例如，考虑二维情况下的目标函数 $f(x,y)$，如图 2.8 所示，我们可以在同一空间中画出 $f(x,y)$ 的**等高线** (level set 或 contour line)(图中虚线所示) 和其约束等式 $h(x,y)=0$ (图中实线所示，它为其约束函数 $h(x,y)$ 等于 0 的等高线). 目标函数 $f(x,y)$ 与约束 $h(x,y)=0$ 只有三种关系：相交、相切或者没有交集. 没有交集则表明不存在**可行解** (feasible solution)，只有相交或者相切时才可能有解，但相交意味着肯定还存在其他等高线在该条等高线的内部或者外部，使得新的等高线与交点的值更大或者更小，故相交得到的不是最优值. 因此只有目标函数的等高线与约束曲线相切的时候，才可能得到目标函数可行的最优解 (feasible optimal solution)，由此取得极值的必要条件是目标函数 $f(\boldsymbol{x})$ 与约束函数 $h(\boldsymbol{x})$ 在极值点的切向量平行，如果切向量平行，则两者相应的法向量 (在极值点对应的**梯度**方向) 也是平行的，这一结论可以推广到任意有限维度的线性空间. 如果法向量方向相同，则目标函数和约束方程在极值点的梯度最多相差一个标量常

[①] 它的好处是无需解出约束方程 (一般情况下由于约束方程变量之间的相互耦合，很难解出变量之间的依存函数的显示表达式)，直接利用隐函数的微分，能简化约束优化问题的求解.

数 α，即

$$\nabla_x f(\boldsymbol{x}) - \alpha \nabla_x h(\boldsymbol{x}) = 0 \tag{2.57}$$

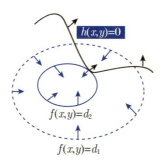

图2.8 二维情况下的目标函数
黑线是约束 $h(x,y)=c$ 的点的轨迹，蓝线是 $f(x,y)$ 的等高线，箭头表示梯度方向.

常数 α 称为拉格朗日乘子，定义拉格朗日函数

$$\mathcal{L}(\boldsymbol{x},\alpha) = f(\boldsymbol{x}) + \alpha h(\boldsymbol{x}) \tag{2.58}$$

它将式 (2.56) 中含约束的优化问题变成对拉格朗日函数求极值的无约束问题，因为对拉格朗日函数 (2.58) 求导可直接得到公式 (2.57). 由 $\nabla_x \mathcal{L}(\boldsymbol{x},\alpha) = 0$ 得到

$$\begin{aligned} \nabla_x \mathcal{L}(\boldsymbol{x},\alpha) = 0 &\implies \nabla_x f(\boldsymbol{x}) + \alpha \nabla_x h(\boldsymbol{x}) = 0 \\ \nabla_\alpha \mathcal{L}(\boldsymbol{x},\alpha) = 0 &\implies h(\boldsymbol{x}) = 0 \end{aligned} \tag{2.59}$$

所以拉格朗日函数 $\mathcal{L}(\boldsymbol{x},\alpha)$ 的极值解与原优化问题是等价的[①]. 而原问题中的约束条件会将解的范围限定在一个可行域内，此时不一定能找到使得 $\nabla_x f(\boldsymbol{x}) = 0$ 的点，只需找到在可行域内使得 $f(\boldsymbol{x})$ 最小的值即可. 由公式 (2.59) 给出的 $n+1$ 个等式方程解得 $\boldsymbol{x}$ 和 α，再代回原函数 $f(\boldsymbol{x})$，即可得到等式约束下的最优解.

(3) 不等式约束的优化问题

不等式约束的优化问题在实际问题中也有着广泛的应用，例如计算成本时，通常说不能超过多少资金、不能超过多少时间等，这类优化问题通常通过加入 KKT 条件转化为利用拉格朗日乘子求解不等式约束的优化问题. 不等式约束的优化问题的形式定义如下：

---

① 因为 $h(x) = 0$，所以公式 (2.58) 中拉格朗日乘子 α 为满足约束条件的任意实数.

$$\begin{cases} \min_{x} f(\boldsymbol{x}) \\ \text{s.t.} \quad g(\boldsymbol{x}) \leqslant 0 \end{cases} \tag{2.60}$$

其中,不等式约束统一为 $g(\boldsymbol{x}) \leqslant 0$ 的形式,对于大于 0 的约束可以通过乘以负号来改变不等式的方向. 图 2.9 给出了拉格朗日乘子法在不等式约束的优化问题中的几何意义. 此时式 (2.60) 中无约束条件的最优解记为 $\boldsymbol{x}^*$,加上了约束条件后,可行性解要么在 $g(\boldsymbol{x}) < 0$ 的区域里取得,要么在 $g(\boldsymbol{x}) = 0$ 的边界上取得,如图 2.9 所示.

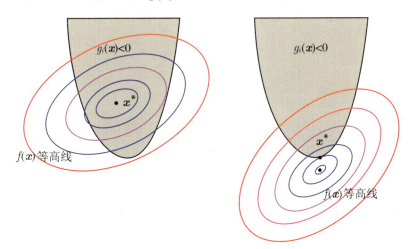

图2.9 拉格朗日乘子法在不等式约束的优化问题中的几何意义

- 如果 $\boldsymbol{x}^*$ 在 $g(\boldsymbol{x}) < 0$ 内,则约束函数不起作用,就是没有限制条件下的最优解,如图 2.9 左侧所示. 这种情况等价于无约束条件的优化问题,直接最小化目标函数即可,

$$\nabla_{\boldsymbol{x}^*} f(\boldsymbol{x}^*) = 0, \quad \alpha = 0, \quad g(\boldsymbol{x}^*) < 0 \tag{2.61}$$

- 对于在 $g(\boldsymbol{x}) = 0$ 上的情况,这时 $\boldsymbol{x}^*$ 在可信区域之外,所以 $\boldsymbol{x}^*$ 不满足约束条件的可行解,需要非零的拉格朗日乘子强行将最优解拉回到 $g(\boldsymbol{x}) = 0$ 的约束超曲面上. 这时问题变成等式条件约束的情况,类似于上面我们对等式约束的分析. 这里需要注意的是,在 $g(\boldsymbol{x}) = 0$ 的约束超曲面上的最优解发生在梯度 $\nabla_{\boldsymbol{x}^*} f(\boldsymbol{x}^*)$ 的方向与梯度 $\nabla_{\boldsymbol{x}^*} g(\boldsymbol{x}^*)$ 的方向相反,即 $\nabla_{\boldsymbol{x}^*} f(\boldsymbol{x}^*) = -\alpha \nabla_{\boldsymbol{x}^*} g(\boldsymbol{x}^*)(\alpha > 0)$,如图 2.9 右侧所示,所以最优解满足:

$$\nabla_{\boldsymbol{x}^*} f(\boldsymbol{x}^*) + \alpha \nabla_{\boldsymbol{x}^*} g(\boldsymbol{x}^*) = 0, \quad \alpha > 0, \quad g(\boldsymbol{x}^*) = 0 \tag{2.62}$$

综合以上两种情况并仿照等式约束的拉格朗日乘子法,不等式约束 (2.60) 问题可以转化

为在满足约束条件下拉格朗日函数的极值问题：

$$\mathcal{L}(\boldsymbol{x},\alpha) = f(\boldsymbol{x}) + \alpha g(\boldsymbol{x}) \tag{2.63}$$

其中，当 $\alpha = 0$ 时，$g(\boldsymbol{x}) < 0$，当 $\alpha > 0$ 时，$g(\boldsymbol{x}) = 0$，即满足 $\alpha g(\boldsymbol{x}) = 0$ $(\alpha \geqslant 0)$，它称为 KKT 条件。

(4) 多个约束条件的优化问题

讨论了等式约束优化问题和不等式约束优化问题后，我们可以将其推广到多个约束的情况。考虑具有 m 个等式的约束和 n 个不等式的约束，且满足约束的可行域为 $\boldsymbol{x} \in \mathbb{R}^d$ 中的非空集合的优化问题：

$$\begin{cases} \min_{x} f(\boldsymbol{x}) \\ \text{s.t.} \quad h_i(\boldsymbol{x}) = 0, \quad i = 1,2,\cdots,m \\ \quad\quad g_j(\boldsymbol{x}) \leqslant 0, \quad j = 1,2,\cdots,n \end{cases} \tag{2.64}$$

其中，h 是等式约束，g 是不等式约束，上面的优化问题可以转换为以下**广义的拉格朗日函数**极值问题：

$$\mathcal{L}(\boldsymbol{x},\boldsymbol{\alpha},\boldsymbol{\lambda}) = f(x) + \sum_{i=1}^{m} \alpha_i h_i(\boldsymbol{x}) + \sum_{j=1}^{n} \lambda_j g_j(\boldsymbol{x}) \tag{2.65}$$

这里 $\boldsymbol{\alpha} = (\alpha_1, \alpha_2, \cdots, \alpha_m)^{\mathrm{T}}$，$\boldsymbol{\lambda} = (\lambda_1, \lambda_2, \cdots, \lambda_n)^{\mathrm{T}}$ 为拉格朗日乘子向量，显然最优解 ($\boldsymbol{x}^*$) 满足拉格朗日函数取极值

$$\nabla_{\boldsymbol{x}} \mathcal{L}(\boldsymbol{x}^*,\boldsymbol{\alpha}^*,\boldsymbol{\lambda}^*)|_{\boldsymbol{x}=\boldsymbol{x}^*} = 0 \tag{2.66}$$

并满足如下 KKT 条件[①]：

$$\lambda_j^* g_j(\boldsymbol{x}^*) = 0, \quad j = 1,2,\cdots,n \tag{2.67}$$

$$h_i(\boldsymbol{x}^*) = 0, \quad i = 1,2,\cdots,m \tag{2.68}$$

$$g_j(\boldsymbol{x}^*) \leqslant 0, \quad j = 1,2,\cdots,n \tag{2.69}$$

$$\lambda_j^* \geqslant 0, \quad j = 1,2,\cdots,n \tag{2.70}$$

这里 $\boldsymbol{x}^*, \lambda_j^*$ 代表原问题和对偶问题的最优解，式 (2.66) 是拉格朗日函数取得可行解的必要条件，式 (2.67) 是松弛互补条件，式 (2.68)、(2.69) 是原优化问题的约束条件，式 (2.70) 是不等式约束的拉格朗日乘子需满足的条件。

---

① KTT 条件成立，需要拉格朗日强对偶条件成立，更严格的解释见下文。

(5) 拉格朗日对偶问题

一个优化问题可以从两个角度来考虑,即**原问题** (primal problem) 和**对偶问题** (dual problem). 在约束最优化问题中,常常利用拉格朗日对偶性将原问题 (主问题) 转换成对偶问题, 通过解对偶问题来得到原问题的解. 这样做是因为在很多情况下求解对偶问题的复杂度往往低于求解原问题的复杂度①. 拉格朗日对偶问题可以从不同的观点给出证明和解释, 为了便于阅读, 我们从优化的角度给出鞍点 (saddle-point, max-min) 表征的弱对偶和强对偶, 并给出弱对偶和强对偶的几何解释, 最后给出强对偶成立情况下的 KKT 约束条件.

对于多个约束条件的原优化问题, 式 (2.64) 可转换为以下广义的拉格朗日函数式 (2.65) 的极值问题. 我们假设定义域 $D = \left\{ (\text{dom}f) \bigcap \left(\bigcap_{i=1}^{m} \text{dom} g_i \right) \bigcap \left(\bigcap_{i=1}^{n} \text{dom} h_i \right) \right\}$ ② 是非空集合. 注意到广义的拉格朗日函数是变量 $\boldsymbol{x}, \boldsymbol{\alpha}, \boldsymbol{\lambda}$ 的函数, 考虑如下拉格朗日函数的最小最大问题:

$$\begin{cases} \min_{\boldsymbol{x}} \max_{\boldsymbol{\alpha},\boldsymbol{\lambda}} \mathcal{L}(\boldsymbol{x},\boldsymbol{\alpha},\boldsymbol{\lambda}) = \min_{\boldsymbol{x}} \max_{\boldsymbol{\alpha},\boldsymbol{\lambda}} \left\{ f(\boldsymbol{x}) + \sum_{i=1}^{m} \alpha_i h_i(\boldsymbol{x}) + \sum_{j=1}^{n} \lambda_j g_j(\boldsymbol{x}) \right\} \\ \text{s.t.} \quad \lambda_j \geqslant 0, \quad j=1,2,\cdots,n \end{cases} \quad (2.71)$$

如果 $\boldsymbol{x}$ 违反了约束条件, 即 $g_j(\boldsymbol{x}) > 0$, 这时 $\max_{\boldsymbol{\alpha},\boldsymbol{\lambda}} \mathcal{L}(\boldsymbol{x},\boldsymbol{\alpha},\boldsymbol{\lambda}) \to \infty (\boldsymbol{\lambda}, \to \infty)$, 如果 $\boldsymbol{x}$ 满足约束, 即 $g_j(\boldsymbol{x}) \leqslant 0$, 由于拉格朗日乘子 $\lambda_j \geqslant 0, \lambda_j g_j(\boldsymbol{x}) \leqslant 0$, 这时 $\max_{\boldsymbol{\alpha},\boldsymbol{\lambda}} \mathcal{L}(\boldsymbol{x},\boldsymbol{\alpha},\boldsymbol{\lambda}) = C$ (C 有限), 再对变量 $\boldsymbol{x}$ 求最小值就自动过滤掉 (filtering) 不满足约束条件的 $(\boldsymbol{w}, b)$ (对应于无穷大的情况), 如下式所示:

$$\min_{\boldsymbol{x}} \max_{\boldsymbol{\alpha},\boldsymbol{\lambda}} \mathcal{L}(\boldsymbol{x},\boldsymbol{\alpha},\boldsymbol{\lambda}) = \min_{\boldsymbol{x}} \left\{ \max_{\boldsymbol{\alpha},\boldsymbol{\lambda}} \mathcal{L}, \infty \right\} = \min_{\boldsymbol{x}} f(\boldsymbol{x}), \quad g_j(\boldsymbol{x}) \leqslant 0, \quad j=1,2,\cdots,n \quad (2.72)$$

所以, 如果原问题存在可行解, 则上式定义的最小最大化问题与 (2.64) 式定义的优化问题是等价的, 即

$$p^* = \min_{\boldsymbol{x}} f(\boldsymbol{x}) = \min_{\boldsymbol{x}} \max_{\boldsymbol{\alpha},\boldsymbol{\lambda};\lambda_i \geqslant 0} \mathcal{L}(\boldsymbol{x},\boldsymbol{\alpha},\boldsymbol{\lambda}) \quad (2.73)$$

式 (2.71) 称为原问题的拉格朗日函数的鞍点表现形式, 这里将原问题的最优解记作 p^*. 为了讨论对偶问题, 定义**对偶函数** (dual function):

$$f_D(\boldsymbol{\alpha},\boldsymbol{\lambda}) = \min_{\boldsymbol{x}} \mathcal{L}(\boldsymbol{x},\boldsymbol{\alpha},\boldsymbol{\lambda})$$

它是变量 $(\boldsymbol{\alpha},\boldsymbol{\lambda})$ 的函数, 定义交换式 (2.71) 中的 min 和 max 算子为其对偶表达式:

---

① 对偶问题在很多领域都有着广泛的应用, 例如博弈论 (mixed strategies for matrix games)、解图问题 (max flow min-cut) 以及线性规划等 (Nemirovski, A. Introduction to Linear Optimization. Lecture notes ISYE 6661, Georgia Tech, 2012. http://www2.isye.gatech.edu/ nemirovs/OPTI_LectureNotes2016.pdf).

② 考虑映射 $f: X \to Y, \text{dom}(f) = X$, 称为 f 的原像集合, $\text{Ran}(f) = Y$ 称为 f 的像集合.

$$\begin{cases} \max\limits_{\boldsymbol{\alpha},\boldsymbol{\lambda}} \min\limits_{\boldsymbol{x}} \mathcal{L}(\boldsymbol{x},\boldsymbol{\alpha},\boldsymbol{\lambda}) = \max\limits_{\boldsymbol{\alpha},\boldsymbol{\lambda}} \min\limits_{\boldsymbol{x}} \left\{ f(\boldsymbol{x}) + \sum_{i=1}^{m} \alpha_i h_i(\boldsymbol{x}) + \sum_{j=1}^{n} \lambda_j g_j(\boldsymbol{x}) \right\} \\ \text{s.t.} \quad \lambda_j \geqslant 0, \quad j=1,2,\cdots,n \end{cases} \quad (2.74)$$

与式 (2.73) 类似，我们将对偶问题的最优解记作 d^*：

$$d^* = \max_{\boldsymbol{\alpha},\boldsymbol{\lambda};\lambda_i \geqslant 0} f_D(\boldsymbol{\alpha},\boldsymbol{\lambda}) = \max_{\boldsymbol{\alpha},\boldsymbol{\lambda};\lambda_i \geqslant 0} \min_{\boldsymbol{x}} \mathcal{L}(\boldsymbol{x},\boldsymbol{\alpha},\boldsymbol{\lambda}) \quad (2.75)$$

对偶问题和原问题的最优解一般来说并不相等，而是满足如下关系：

$$d^* \leqslant p^* \quad (2.76)$$

满足全部约束的情况下，即对偶问题为原问题引入一个下界，可以直观地理解为最小中最大的那个要比最大中最小的那个大. 具体的证明过程如下：

$$f_D(\boldsymbol{\alpha},\boldsymbol{\lambda}) = \min_{\boldsymbol{x}} \mathcal{L}(\boldsymbol{x},\boldsymbol{\alpha},\boldsymbol{\lambda}) \leqslant \mathcal{L}(\boldsymbol{x},\boldsymbol{\alpha},\boldsymbol{\lambda}) \leqslant \max_{\boldsymbol{\alpha},\boldsymbol{\lambda},\lambda_i \geqslant 0} \mathcal{L}(\boldsymbol{x},\boldsymbol{\alpha},\boldsymbol{\lambda}) = f(\boldsymbol{x})$$

即 $f_D(\boldsymbol{\alpha},\boldsymbol{\lambda}) \leqslant f(\boldsymbol{x})$，所以自然有

$$d^* = \max_{\boldsymbol{\alpha},\boldsymbol{\lambda};\lambda_i \geqslant 0} f_D(\boldsymbol{\alpha},\boldsymbol{\lambda}) \leqslant \min_{\boldsymbol{x}} f(\boldsymbol{x}) = p^*$$

这个性质就叫作**弱对偶性** (weak duality). 它对于所有优化问题都成立，与原问题是否为凸函数无关，其中 $f(\boldsymbol{x}) - f_D(\boldsymbol{\alpha},\boldsymbol{\lambda})$ 叫作**对偶间隔** (duality gap)，$p^* - d^*$ 叫作**最优对偶间隔** (optimal duality gap). 当式 (2.76) 的等号成立时，称之为**强对偶性** (strong duality)，满足：

$$d^* = p^* \quad (2.77)$$

虽然所有的对偶问题都满足弱对偶条件，但若要强对偶性成立，则需要满足所谓的 Slater 条件，下一小节我们将给出 Slater 条件和 KKT 条件的定义和证明.

(6) 弱对偶与强对偶的几何解释

由前面的讨论可知，优化问题的拉格朗日函数、原问题和对偶问题的最优解分别为

$$\begin{cases} \mathcal{L}(\boldsymbol{x},\lambda) = f(\boldsymbol{x}) + \lambda g(\boldsymbol{x}) \\ p^* = \min\limits_{x} f(\boldsymbol{x}) \\ d^* = \max\limits_{\lambda} f_D(\lambda) \end{cases} \quad (2.78)$$

我们可以给出弱对偶与强对偶的简单几何解释，定义如下集合：

$$G = \{g_1(\boldsymbol{x}),\cdots,g_n(\boldsymbol{x}),f(\boldsymbol{x})) \in \mathbb{R}^n \times \mathbb{R} | \boldsymbol{x} \in D\}$$

原函数、约束函数将定义域 $\boldsymbol{x}$ 映射到 $\mathbb{R}^{n+1}$ 子空间里，为了简化讨论，考虑集合 $G \subseteq \mathbb{R}^2$，即假设没有等式约束，不等式约束也只有一个，记为 $g(\boldsymbol{x}) \leqslant 0$ [1]，这时 (g, f) 将定义域 $\boldsymbol{x} \in \mathbb{R}^2$ 映射到集合 $G \subset \mathbb{R}^2$ 中，即

$$G = \{(u,t) | u = g(\boldsymbol{x}); t = f(\boldsymbol{x}), \boldsymbol{x} \in \mathbb{R}^2\}$$

显然，式 (2.78) 中的最优解可以用集合的语言表示成 [2]

$$p^* = \inf\{t | (u,t) \in G, u \leqslant 0\}$$

原问题的最优解 p^* 很容易从图 2.10 中得到，它是集合 G 限制在 $u \leqslant 0$ 区域沿着 u 轴正向投影到 t 轴上线段集合的下确界.

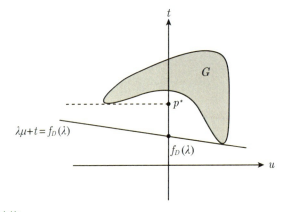

图2.10　几何结构
给定λ，在$G=\{(u,t)|u=g(x);t=f(x)\}$条件下最小化 $\lambda u+t$ 产生一个支撑直线（对于高维的是超平面），其斜率为$-\lambda$，该平面与$u=0$相交于 $f_D(\lambda)=t$.

同样用集合可以将对偶函数 f_D 表示成 $f_D(\lambda) = \inf\{t + \lambda u | (u,t) \in G, \lambda \geqslant 0\}$，$t + \lambda u$ 是 (u,t) 平面上的一条斜率为 $-\lambda(-\lambda < 0)$ 的直线，它是集合 G 的支撑平面（这里是直线），与 t 轴相交于 $t = f_D(\lambda)$ 处，对偶问题的解 $d^* = \sup_\lambda f_D$ 就是在所有 λ 中找到 λ^* 使得 $t = f_D(\lambda^*)$ 最大，几何解释见图 2.11，从图上也可看出 $f_D(\lambda) \leqslant d^* \leqslant p^*$.

---

① 以下讨论的结果可以很容易扩展到包含有等式约束和不等式约束的情况.
② 对于集合，数学上用记号 sup 或 inf 表示，在这里可以简单地理解为 max 或 min. sup 是 supremum 的简写，意思是上确界、最小上界. inf 是 infimum 的简写，意思是下确界、最大下界. sup(X) 指取上限函数，inf(X) 指取下限函数.

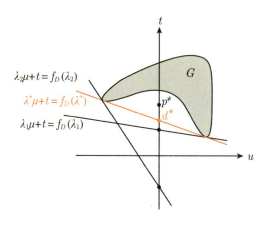

图2.11　几何结构

对应三个对偶可行值的直线(高维情况是超平面),当$\lambda=\lambda^*$时取到最大值d^*,这时对偶间隙p^*-d^*为正.

前面的图中我们画出的函数是非凸函数. 如果是凸函数, 在满足 Slater 条件的情况下, 强对偶条件成立, 即 $p^* = d^*$, 几何结构如图 2.12 所示. 若原问题为凸优化问题, 且存在严格满足约束条件的点 x, 这里的 "严格" 是指约束 $g_i(\boldsymbol{x}) \leqslant 0$ 中的 " $\leqslant$ " 严格取到 " $<$ ", 即存在 x 满足 $g_i(x) < 0 (i=1,2,\cdots,n)$ (Slater 条件的几何意义是在图 2.12 中, $u < 0$ 的区域至少存在一个点 $(\tilde{u}, \tilde{t})$, 这样 $f_D(\lambda)$ 与集合 G 的切线不会与 u 轴垂直), 则存在 $\boldsymbol{x}^*, \lambda^*$, 使得 $\boldsymbol{x}^*$ 是原始问题的解, λ^* 是对偶问题的解, 且满足:

$$p^* = d^* = \mathcal{L}(\boldsymbol{x}^*, \lambda^*) \tag{2.79}$$

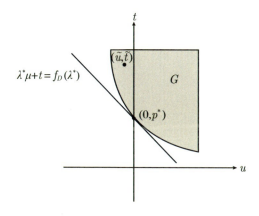

图2.12　几何结构

一个满足Slater约束条件的凸优化问题的强对偶性证明,G的集合显示为阴影.Slater约束条件确保任何分离超平面都是非垂直的且必须经过$(\tilde{u},\tilde{t})$左侧.

如果原问题是凸优化问题并且满足 Slater 条件,那么强对偶性成立[①]. SVM 中的原问题是一个凸优化问题, Slater 条件在 SVM 中指的是存在一个超平面可将数据分隔开,即数据是线性可分的. 当数据不可分时, 强对偶是不成立的, 将其推广到多个约束情况, 假设 $\boldsymbol{x}^*, \boldsymbol{\alpha}^*, \boldsymbol{\lambda}^*$ 分别是原问题 (并不一定是凸的) 和对偶问题的最优解, 且满足强对偶性, 则相应的极值的关系满足:

$$\begin{aligned}
d^* &= \max_{\boldsymbol{\alpha},\boldsymbol{\lambda};\lambda_i\geqslant 0} f_D(\boldsymbol{\alpha},\boldsymbol{\lambda}) = f_D(\boldsymbol{\alpha}^*,\boldsymbol{\lambda}^*) \\
&= \min_{\boldsymbol{x}} \left\{ f(\boldsymbol{x}) + \sum_{i=1}^m \alpha_i^* h_i(\boldsymbol{x}) + \sum_{j=1}^n \lambda_j^* g_j(\boldsymbol{x}) \right\} \\
&\leqslant f(\boldsymbol{x}^*) + \sum_{i=1}^m \alpha_i^* h_i(\boldsymbol{x}^*) + \sum_{j=1}^n \lambda_j^* g_j(\boldsymbol{x}^*) \\
&\leqslant f(\boldsymbol{x}^*) = p^*
\end{aligned} \qquad (2.80)$$

这里第一个不等式成立是因为 $\forall \boldsymbol{x}^* \in D, \min_{\boldsymbol{x}} \mathcal{L}(\boldsymbol{x},\boldsymbol{\alpha}^*,\boldsymbol{\lambda}^*) \leqslant \mathcal{L}(\boldsymbol{x}^*,\boldsymbol{\alpha}^*,\boldsymbol{\lambda}^*)$, 最后一个不等式成立是因为 $h_i(\boldsymbol{x}^*) = 0$, 且 $g_j(\boldsymbol{x}^*) \leqslant 0, \lambda_j \geqslant 0$. 由于强对偶条件满足, 即 $d^* = p^*$, 因此上式中的一系列式子里的不等号全部都要换成等号. 根据方程 (2.80), 我们还可以得到如下两个结论:

• 式 (2.80) 第一个不等式取等号, 说明函数 $\mathcal{L}(\boldsymbol{x},\boldsymbol{\alpha}^*,\boldsymbol{\lambda}^*)$ 在 $\boldsymbol{x} = \boldsymbol{x}^*$ 取得极小值, 由此这个函数在 $\boldsymbol{x}^*$ 处的梯度必须为零

$$\nabla_{\boldsymbol{x}} \mathcal{L}(\boldsymbol{x},\boldsymbol{\alpha}^*,\boldsymbol{\lambda}^*)|_{\boldsymbol{x}=\boldsymbol{x}^*} = 0$$

• 式 (2.80) 第二个不等式取等号, 又因为 $\boldsymbol{\lambda}^* g_j(\boldsymbol{x}^*) \leqslant 0$ 都是非正的, 所以有

$$\sum_{j=1}^n \lambda_j^* g_j(\boldsymbol{x}^*) = 0 \quad \Rightarrow \quad \lambda_j^* g_j(\boldsymbol{x}^*) = 0, \quad i=1,2,\cdots,m$$

这就是所谓的互补松弛条件, 它告诉我们, 如果 $\lambda_j^* > 0$, 那么必定有 $g_j(\boldsymbol{x}^*) = 0$; 反过来, 如果 $g_j(\boldsymbol{x}^*) < 0$, 那么可以得到 $\lambda_j^* > 0$, 这就是式 (2.65)~(2.70) 中所表述的 KKT 条件.

2.2.2 硬间隔最大化的支持向量机

在第 2.2.1 小节中, 我们讨论了训练数据线性可分情况下的间隔最大化, 它的直观解释是: 对于训练数据集 D, 找到几何间隔最大的超平面即意味着以充分大的可信度对

[①] 这是充分条件, 但不是必要条件, 如果原始问题是凸优化问题并且满足 Slater 条件, 那么强对偶性成立, 对于大多数凸优化问题, Slater 条件都成立. 另外, 对于凸二次规划问题有放松 Slater 条件, 即如果约束函数都是仿射函数, 那么强对偶 Slater 条件一定满足; 对于 SVM 的情况, 强对偶条件是成立的.

训练数据进行分类, 从而增强模型分类的泛化能力, 这也正是支持向量机的思想来源. 因此, 我们首先考虑训练数据是线性可分情况下的最优分类超平面, 之后将其推广到训练数据非线性可分的情况.

硬间隔最大化的支持向量机就是要在数据是线性可分的情况下寻找间隔最大化的分类超平面, 它满足如下二次规划的优化问题:

$$\begin{cases} \min\limits_{\boldsymbol{w},b} \dfrac{1}{2}\|\boldsymbol{w}\|^2 = \dfrac{1}{2}\boldsymbol{w}^{\mathrm{T}}\boldsymbol{w} \\ \text{s.t.} \quad 1-y^{(i)}\left(\boldsymbol{w}^{\mathrm{T}}\boldsymbol{x}^{(i)}+b\right) \leqslant 0, \quad i=1,2,\cdots,n \end{cases} \tag{2.81}$$

其中, $\boldsymbol{x}^{(i)}=(x_1^{(i)},x_2^{(i)},\cdots,x_d^{(i)})\in\mathbb{R}^d, y^{(i)}\in\{+1,-1\}$, 正例样本点 $y^{(i)}$ 的值取 $+1$, 负例样本点 $y^{(i)}$ 的值取 -1, 对于特征空间维度不是很大, 样本点个数 n 不是很多的情况可以用标准的二次规划求解器 (Quadratic Programming Solver, QPS) 直接求解, 然而, 当 SVM 需要做特征转换时 (见下文中的特征转换与核函数), 特征空间的维度很大, 甚至可到 ∞ 维空间, 直接求解原问题, 变得非常困难, 甚至不可能, 这时求解它的对偶问题. 由式 (2.72) 可知原问题等价于

$$\min_{\boldsymbol{w},b}\max_{\boldsymbol{\alpha}}\mathcal{L}(\boldsymbol{w},b,\boldsymbol{\alpha})=\min_{\boldsymbol{w},b}\max_{\boldsymbol{\alpha}}\left\{\dfrac{1}{2}\boldsymbol{w}^{\mathrm{T}}\boldsymbol{w}+\sum_{i=1}^{n}\alpha_i\left[1-y^{(i)}\left(\boldsymbol{w}^{\mathrm{T}}\boldsymbol{x}^{(i)}+b\right)\right]\right\} \tag{2.82}$$

其中, $\alpha_i\geqslant 0$ 为拉格朗日乘子. 由于凸函数在线性约束时满足强对偶关系, 则原问题可以转化为求解对偶问题的最优解:

$$\min_{\boldsymbol{w},b}\max_{\boldsymbol{\alpha}}\mathcal{L}(\boldsymbol{w},b,\boldsymbol{\alpha})=\max_{\boldsymbol{\alpha}}\min_{\boldsymbol{w},b}\mathcal{L}(\boldsymbol{w},b,\boldsymbol{\alpha}) \tag{2.83}$$

这样我们可以固定 $\boldsymbol{\alpha}$, 先求关于 $(\boldsymbol{w},b)$ 无约束的最小化问题, 它由下面拉格朗日函数的鞍点给出:

$$\begin{aligned} \dfrac{\partial\mathcal{L}(\boldsymbol{w},b,\boldsymbol{\alpha})}{\partial b} &= 0 \quad\Rightarrow\quad \sum_{i=1}^{n}\alpha_i y^{(i)}=0 \\ \dfrac{\partial\mathcal{L}(\boldsymbol{w},b,\boldsymbol{\alpha})}{\partial \boldsymbol{w}} &= 0 \quad\Rightarrow\quad \boldsymbol{w}=\sum_{i=1}^{n}\alpha_i y^{(i)}\boldsymbol{x}^{(i)} \end{aligned} \tag{2.84}$$

将式 (2.84) 代入式 (2.82) 拉格朗日函数 $\mathcal{L}$ 的具体表达式中, 得到最小化的解后, 目标函数 $\mathcal{L}$ 的对偶问题转化为

$$\begin{cases} \max\limits_{\boldsymbol{\alpha}}\sum\limits_{i=1}^{n}\alpha_i - \dfrac{1}{2}\sum\limits_{i,j=1}^{n}\alpha_i\alpha_j y^{(i)}y^{(j)}\boldsymbol{x}^{(i)\mathrm{T}}\boldsymbol{x}^{(j)} \\ \text{s.t.} \quad \alpha_i\geqslant 0, \quad \sum\limits_{i=1}^{n}\alpha_i y^{(i)}=0, \quad \boldsymbol{w}=\sum\limits_{i=1}^{n}\alpha_i y^{(i)}\boldsymbol{x}^{(i)} \end{cases} \tag{2.85}$$

这是一个不等式约束下二次函数的极值问题,利用 QPS,我们可以求解上式对偶变量 $\boldsymbol{\alpha}$ 的最优解,它是存在的①,由 KKT 条件是强对偶关系的充要条件,KKT 条件除了满足式 (2.85) 中的三个约束条件外,优化问题的解还必须满足原问题的可行性条件和所谓的互补松弛 (complimentary slackness) 条件,即

$$\begin{cases} 1 - \alpha_i \left[y^{(i)} \left(\boldsymbol{w}^{\mathrm{T}} \boldsymbol{x}^{(i)} + b \right) \right] \leqslant 0, & i = 1, 2, \cdots, n \\ \alpha_i \left[1 - y^{(i)} \left(\boldsymbol{w}^{\mathrm{T}} \boldsymbol{x}^{(i)} + b \right) \right] = 0, & i = 1, 2, \cdots, n \\ \sum_{i=1}^{n} \alpha_i y^{(i)} = 0, \quad \boldsymbol{w} = \sum_{i=1}^{n} \alpha_i y^{(i)} \boldsymbol{x}^{(i)}, & i = 1, 2, \cdots, n \\ \alpha_i \geqslant 0, \quad i = 1, 2, \cdots, n \end{cases} \tag{2.86}$$

KKT 条件给出了对偶变量 $\boldsymbol{\alpha}$ 和最佳分类超平面 $(\boldsymbol{w}^*, b^*)$ 的关系. 由上式的互补松弛条件 $\alpha_i [1 - y^{(i)}(\boldsymbol{w}^{\mathrm{T}} \boldsymbol{x}^{(i)} + b)] = 0$,当 $\alpha_i > 0$ 时,$1 - y^{(i)}(\boldsymbol{w}^{*\mathrm{T}} \boldsymbol{x}^{(i)} + b) = 0$,即样本点处在最大间隔的边界上,这些样本称为**支持向量** (support vector, SV). 于是最佳分类超平面 $(\boldsymbol{w}^*, b^*)$ 由下面的支持向量唯一确定:

$$\begin{cases} \boldsymbol{w}^* = \sum_{i=1}^{n} \alpha_i y^{(i)} \boldsymbol{x}^{(i)} = \sum_{\alpha_i \in \mathrm{SV}}^{N} \alpha_i y_i \boldsymbol{x}^{(i)} \\ b^* = y^{(i)} - \boldsymbol{w}^{\mathrm{T}} \boldsymbol{x}^{(i)}, \quad (\boldsymbol{x}^{(i)}, y^{(i)}) \in \mathrm{SV} \end{cases} \tag{2.87}$$

确定了最优分类超平面 $(\boldsymbol{w}^*, b^*)$ 后,可以利用下面的分类函数决定新样本 $\boldsymbol{x}$ 的分类:

$$f(\boldsymbol{x}) = \mathrm{sign}\left(\boldsymbol{w}^{*\mathrm{T}} \boldsymbol{x} + b^* \right) \tag{2.88}$$

对偶支持向量机的核心思想就是首先算出支持向量 $\alpha_i > 0$ 的样本点,然后用支持向量的线性组合表示最优分类超平面 $(\boldsymbol{w}^*, b^*)$;对于 $\alpha_i = 0$ 的样本点,则与最优分类超平面无关.

2.2.3 软间隔最大化的支持向量机

硬间隔最大化最优分类超平面是在数据线性可分的前提下讨论的. 然而,实际的数据往往是含有噪声的,甚至是线性不可分的,如图 2.13 所示. 缓解该问题的一个方法是允许支持向量机在一些样本上出错,即在间隔最大化和错误之间做相应的权衡,为此引入"软间隔"的概念.

---

① 上式最后一个约束条件是 $\boldsymbol{w}$ 与对偶变量 $\boldsymbol{\alpha}$ 的优化无关. 另外,如果有 N 个训练样本,特征空间维度为 d,原始问题是求 $d+1$ 个变量和 N 个约束的二次规划问题,而对偶问题是求 N 个变量和 $N+1$ 个约束的二次规划问题,由核函数方法可知对偶问题的计算复杂度与特征空间维度无关.

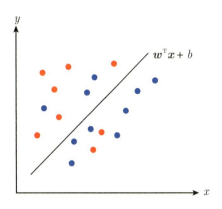

图2.13 线性不可分情况下的最优分类线

与硬间隔不同,软间隔则是允许某些样本不满足 $y^{(i)}(\boldsymbol{w}^\mathrm{T}\boldsymbol{x}^{(i)}+b) \geqslant 1$ 约束条件并对不满足约束的训练样本进行适当的惩罚,即加入所谓的损失项,理想情况是损失函数就是不满足约束样本点的个数. 在最大化间隔的同时,不满足约束的样本的个数应尽可能少,于是优化目标可以写为

$$\min_{\boldsymbol{w},b} \frac{1}{2}\boldsymbol{w}^\mathrm{T}\boldsymbol{w} + C\sum_{i=1}^{n} \boldsymbol{I}\left[y^{(i)}\left(\boldsymbol{w}^\mathrm{T}\boldsymbol{x}^{(i)}+b\right) < 1\right] \tag{2.89}$$

其中,C 是一个常数,惩罚函数 I 是通常的指示函数,即所谓的"0/1 损失函数",由于这样的惩罚函数不是 $(\boldsymbol{w},b)$ 的连续函数并且非凸,因此数学上的求解很困难. 为了使问题求解更简单,SVM 通常采用铰链损失函数 $\max\{0, 1-y^{(i)}(\boldsymbol{w}^\mathrm{T}\boldsymbol{x}^{(i)}+b)\}$,它使用犯错的"距离"代替"个数". 这个函数是凸的且连续,关于软间隔的目标函数定义如下:

$$\begin{cases} \min\limits_{\boldsymbol{w},b} \dfrac{1}{2}\boldsymbol{w}^\mathrm{T}\boldsymbol{w} + C\sum\limits_{i=1}^{n} \max\{0, 1-y^{(i)}(\boldsymbol{w}^\mathrm{T}\boldsymbol{x}^{(i)}+b)\} \\ \text{s.t.} \quad y^{(i)}(\boldsymbol{w}^\mathrm{T}\boldsymbol{x}^{(i)}+b) \geqslant 1, \quad i=1,2,\cdots,n \end{cases} \tag{2.90}$$

如图 2.14 所示,引入松弛变量(支持平面的距离)$\xi_i = 1-y^{(i)}(\boldsymbol{w}^\mathrm{T}\boldsymbol{x}^{(i)}+b), \xi_i \geqslant 0, i=1,2,\cdots,n$,从而模型转变为求软间隔的最大化:

$$\begin{cases} \min\limits_{\boldsymbol{w},b,\boldsymbol{\xi}} \dfrac{1}{2}\boldsymbol{w}^\mathrm{T}\boldsymbol{w} + C\sum\limits_{i=1}^{n} \xi_i \\ \text{s.t.} \quad y^{(i)}(\boldsymbol{w}^\mathrm{T}\boldsymbol{x}^{(i)}+b) \geqslant 1-\xi_i, \quad \xi_i \geqslant 0, \quad i=1,2,\cdots,n \end{cases} \tag{2.91}$$

C 为某个指定的常数,指定一个较大的 C 可以减小错分样本的个数,它实际上起控制错分样本惩罚程度的作用.

仿照前面的讨论, 式 (2.90) 的优化问题可以对应拉格朗日函数的极值问题:

$$\mathcal{L}(\boldsymbol{w},b,\boldsymbol{\alpha},\boldsymbol{\xi},\boldsymbol{\mu}) = \frac{1}{2}\boldsymbol{w}^\mathrm{T}\boldsymbol{w} + C\sum_{i=1}^{n}\xi_i + \sum_{i=1}^{n}\alpha_i\left(1-\xi_i-y^{(i)}(\boldsymbol{w}^\mathrm{T}\boldsymbol{x}^{(i)}+b)\right) + \sum_{i=1}^{n}\mu_i(-\xi_i) \tag{2.92}$$

我们可以将原问题 $\min\max\mathcal{L}$ 转换成其对偶问题 $\max\min\mathcal{L}$, 则对偶问题可以表示成如下形式:

$$\max_{\alpha_i\geqslant 0,\mu_i\geqslant 0}\left(\min_{\boldsymbol{w},b,\boldsymbol{\xi}}\frac{1}{2}\boldsymbol{w}^\mathrm{T}\boldsymbol{w} + C\sum_{i=1}^{n}\xi_i + \sum_{i=1}^{n}\alpha_i\left[1-\xi_i-y^{(i)}(\boldsymbol{w}^\mathrm{T}\boldsymbol{x}^{(i)}+b)\right] + \sum_{i=1}^{n}\mu_i(-\xi_i)\right) \tag{2.93}$$

上式中括号里是关于 $\boldsymbol{w},b,\boldsymbol{\xi}$ 的无约束优化问题, 直接求导可得

$$\frac{\partial \mathcal{L}}{\partial \boldsymbol{w}} = 0 \quad \Rightarrow \quad \boldsymbol{w} = \sum_{i=1}^{n}\alpha_i y^{(i)}\boldsymbol{x}^{(i)} \tag{2.94}$$

$$\frac{\partial \mathcal{L}}{\partial b} = 0 \quad \Rightarrow \quad 0 = \sum_{i=1}^{n}\alpha_i y^{(i)} \tag{2.95}$$

$$\frac{\partial \mathcal{L}}{\partial \xi_i} = 0 \quad \Rightarrow \quad C - \alpha_i - \mu_i = 0 \quad \Rightarrow \quad \mu_i = C - \alpha_i \tag{2.96}$$

由 $\alpha_i \geqslant 0, \mu_i \geqslant 0$, 则有 $0 \leqslant \alpha_i \leqslant C$, 将式 (2.96) 代入式 (2.93), 消去 μ_i 和 ξ_i, 得

$$\max_{0\leqslant\alpha_i\leqslant C,\mu_i=C-\alpha_i}\left\{\min_{\boldsymbol{w},b}\frac{1}{2}\boldsymbol{w}^\mathrm{T}\boldsymbol{w} + \sum_{i=1}^{n}\alpha_i\left[1-y^{(i)}(\boldsymbol{w}^\mathrm{T}\boldsymbol{x}^{(i)}+b)\right]\right\} \tag{2.97}$$

括号里面的优化问题与硬间隔支持向量机的优化函数完全一样, 和前面的计算一样, 将式 (2.2.3)、式 (2.95) 代入式 (2.101), 消去变量 $\boldsymbol{w},b$, 我们得到软间隔支持向量的优化对偶形式:

$$\begin{cases} \max\limits_{\boldsymbol{\alpha}}\sum\limits_{i=1}^{n}\alpha_i - \frac{1}{2}\sum\limits_{i,j=1}^{n}\alpha_i\alpha_j y^{(i)}y^{(j)}\boldsymbol{x}^{(i)\mathrm{T}}\boldsymbol{x}^{(j)} \\ \text{s.t.} \quad \sum\limits_{i=0}^{n}\alpha_i y^{(i)} = 0, \quad 0\leqslant \alpha_i \leqslant C, \quad i=1,2,\cdots,n \end{cases} \tag{2.98}$$

因为软间隔最大化支持向量机也是一个凸二次优化问题, 所以其满足强对偶关系, 我们有如下 KKT 互补松弛条件:

$$\alpha_i\left[y^{(i)}(\boldsymbol{w}^\mathrm{T}\boldsymbol{x}^{(i)}+b)-1+\xi_i\right] = 0, \quad i=1,2,\cdots,n \tag{2.99}$$

$$\mu_i\xi_i = 0 \quad \Rightarrow \quad (C-\alpha_i)\xi_i = 0, \quad i=1,2,\cdots,n \tag{2.100}$$

式 (2.98) 给出软间隔最大化时, 可以用标准的 QPS 来求出最优的 $\boldsymbol{\alpha}^*$. 有了 $\boldsymbol{\alpha}^*$, 则最优的 $\boldsymbol{w}^* = \sum \alpha_i^* y^{(i)}\boldsymbol{x}^{(i)}$ 支持向量的线性组合也给出, 最优的 b^* 的导出则因为松弛变

量 ξ_i 的存在比硬间隔最大化的情况稍微复杂一些，图 2.14 给出了对偶变量 α_i 在不同情况下对应松弛变量 ξ_i 的值。

- 如果 $\alpha_i = 0$，那么由互补松弛条件式 (2.100) 可以得到 $\xi_i = 0$，所以 $y^{(i)}(\boldsymbol{w}^{\mathrm{T}}\boldsymbol{x}^{(i)} + b) - 1 \geqslant -\xi_i = 0$，即样本在间隔边界上或者已经被正确分类，如图 2.14 中所有远离间隔边界的点。

- 如果 $0 < \alpha_i < C$，那么由互补松弛条件式 (2.100) 知，也可以得到 $\xi_i = 0$，又由互补松弛条件式 (2.99) 知，$\alpha_i \neq 0$，所以 $y^{(i)}(\boldsymbol{w}^{\mathrm{T}}\boldsymbol{x}^{(i)} + b) - 1 = 0$，即点在间隔边界上[①]。这时，与硬间隔最大化的情况一样，最佳 $b^* = y^{(i)} - \boldsymbol{w}^{\mathrm{T}}\boldsymbol{x}^{(i)}, \forall (\boldsymbol{x}^{(i)}, y^{(i)}) \in \mathrm{SV}$。

- 对于 $\alpha_i = C$，如图 2.14 所示，当 $0 < \xi_i < 1$ 时，样本点 $(\boldsymbol{x}^{(i)}, y^{(i)})$ 被正确分类，它介于分类超平面和自己类别的间隔边界之间；当 $\xi_i = 1$ 时，样本点在分类超平面上，无法被正确分类；当 $\xi_i > 1$ 时，样本点在超平面的另一侧，这个点被错误分类。

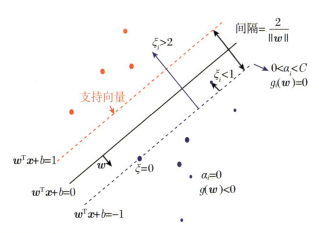

图2.14　软间隔最大化的支持向量机

确定了最优分割超平面 $(\boldsymbol{w}^*, b^*)$，和硬间隔支持向量机一样，可以利用下面分类函数决定新样本 $\boldsymbol{x}$ 的分类：

$$f(\boldsymbol{x}) = \mathrm{sign}\left(\boldsymbol{w}^{*\mathrm{T}}\boldsymbol{x} + b^*\right) \tag{2.101}$$

[①] $\alpha_i < C$ 的情况称为自由支持向量，在大部分情况下自由支持向量是存在的，在极少情况下不存在自由支持向量，最佳的一些 b^* 会由很多满足 KKT 条件的不等式约束给出，这里不做讨论。

2.2.4 核函数与核方法

支持向量机模型的一个特有的内禀特性是可以通过核方法来处理线性不可分的数据. 这个内禀性质是将支持向量机的原问题转换成对偶问题所带来的一个优点, **从模型的角度来看**, **非线性带来高维空间的特征转换**, 如果数据在低维的特征空间线性不可分, 在数学上可以证明 (Cover's 定理), 把特征空间映射到高维, 则数据通常可以线性可分. 一个简单的例子就是二维空间的 k 次多项式可以表示成 k 维的一个线性超平面. 如图 2.15 所示, 左图为原空间, 右图为映射后的空间, 从图中也可以看出, 左图要用一个椭圆才能将两个类别分割开来, 而右图用一个超平面就可以分割开来. **从优化理论的角度来看**, 对偶表示带来所谓的内积表示, 把原问题转化为对偶问题后, 我们希望计算的复杂度不取决于非线性变换后空间的维数. 这样设想的一个优点就是转换后的高维特征空间问题的求解与低维特征空间的求解具有差不多的时间复杂度, 即不论是在高维特征空间寻找最优化模型参数函数, 还是最优分类函数, 都只涉及训练样本之间的内积运算 $\langle \boldsymbol{x}^{(i)} | \boldsymbol{x}^{(j)} \rangle$, 并且在高维特征空间中的内积计算可以用原空间中内积的简单函数来实现, 我们甚至可以不需要知道特征空间之间映射的具体形式, 这就是所谓的**核函数的技巧**.

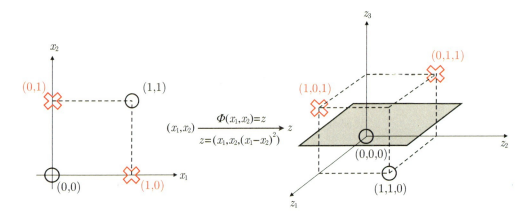

图2.15 使用核方法将数据从低维映射到高维

引入核函数后, 支持向量机在处理非线性问题时, 采用适当的内积函数 $K(\boldsymbol{x}^{(i)}, \boldsymbol{x}^{(j)})$ 就可以将非线性问题转换成线性问题. 首先, SVM 软间隔的模型式 (2.85):

$$\begin{cases} \max_{\boldsymbol{\alpha}} \sum_{i=1}^{n} \alpha_i - \frac{1}{2} \sum_{i,j=1}^{n} \alpha_i \alpha_j y^{(i)} y^{(j)} \boldsymbol{x}^{(i)\mathrm{T}} \boldsymbol{x}^{(j)} \\ \mathrm{s.t.} \quad \sum_{i=0}^{n} \alpha_i y^{(i)} = 0, \quad 0 \leqslant \alpha_i \leqslant C, \quad i = 1, 2, \cdots, n \end{cases}$$

为了处理低维空间特征线性不可分的数据, 我们需要将其映射到高维空间上做线性分类, 利用非线性转换函数 $\Phi(\boldsymbol{x})$ 将所有特征映射到一个更高的维度, 于是上式可以写成

$$\begin{cases} \max_{\boldsymbol{\alpha}} \sum_{i=1}^{n} \alpha_i - \frac{1}{2} \sum_{i,j=1}^{n} \alpha_i \alpha_j y^{(i)} y^{(j)} \Phi^{\mathrm{T}}(\boldsymbol{x}^{(i)}) \Phi(\boldsymbol{x}^{(j)}) \\ \text{s.t.} \quad \sum_{i=0}^{n} \alpha_i y^{(i)} = 0, \quad 0 \leqslant \alpha_i \leqslant C, \quad i = 1, 2, \cdots, n \end{cases} \tag{2.102}$$

看起来上式只是需要解具有 n 个对偶变量 $\alpha_i, i = 1, 2, \cdots, n$ 且满足 $n+1$ 个约束条件的二次规划问题. 假设转换后空间的维度为 $\tilde{d} \gg d$, 我们还必须在 $\mathbb{R}^{\tilde{d}}$ 空间上计算内积 $\Phi^{\mathrm{T}}(\boldsymbol{x}^{(i)})\Phi(\boldsymbol{x}^{(j)})$, 它的时间复杂度是 $O(\tilde{d})$. 所以对偶问题还是要在 $\mathbb{R}^{\tilde{d}}$ 上做内积, 特别是当 $\tilde{d} \to \infty$ 时, 优化问题变得不可计算. 注意到上式只是将通常 SVM 的优化目标函数中的低维特征空间的内积 $\boldsymbol{x}^{(i)\mathrm{T}}\boldsymbol{x}^{(j)}$ 替换为高维特征空间的内积 $\Phi^{\mathrm{T}}(\boldsymbol{x}^{(i)})\Phi(\boldsymbol{x}^{(j)})$. 在非线性支持向量机分类器中, 核映射方法是经常使用的方法, 其核心想法是只要能计算出内积 $\langle \Phi(\boldsymbol{x}^{(i)}) | \Phi(\boldsymbol{x}^{(j)}) \rangle$[①], 就可以对非线性支持向量机分类器进行学习了.[②] 定义核映射方法的核函数 $K(\boldsymbol{x}^{(i)}, \boldsymbol{x}^{(j)}) = \langle \Phi(\boldsymbol{x}^{(i)}) | \Phi(\boldsymbol{x}^{(j)}) \rangle$, 核映射方法对应的对偶优化问题可以写成如下形式:

$$\begin{cases} \max_{\boldsymbol{\alpha}} \sum_{i=1}^{n} \alpha_i - \frac{1}{2} \sum_{i,j=1}^{n} \alpha_i \alpha_j y^{(i)} y^{(j)} K(\boldsymbol{x}^{(i)}, \boldsymbol{x}^{(j)}) \\ \text{s.t.} \quad \sum_{i=0}^{n} \alpha_i y^{(i)} = 0, \quad 0 \leqslant \alpha_i \leqslant C, \quad i = 1, 2, \cdots, n \end{cases} \tag{2.103}$$

核函数的价值在于它虽然也是将特征进行从低维到高维的转换, 但它只是低维特征空间上数据样本内积的简单函数, 与映射后高维特征空间的内积无关, 下面给出了一些常见的核函数的具体定义.

1. 核函数

事实上, 核函数的研究出现得非常早, 比 SVM 的出现早得多, 将它引入 SVM 中是最近二十多年的事情. 核函数的定义如下[③]: 设 $\mathcal{H}$ 为特征空间, 如果存在一个从原特征空间 $\mathcal{X}$ 到 $\mathcal{H} \in \mathbb{R}^{\tilde{d}}$ 的映射函数 Φ,

$$\Phi(\boldsymbol{x}): \quad \mathcal{X} \mapsto \mathcal{H} \tag{2.104}$$

使得 $\forall \boldsymbol{x}, \boldsymbol{z} \in \mathcal{X}$, 函数 $K(\boldsymbol{x}, \boldsymbol{z}): \mathcal{X} \times \mathcal{X} \mapsto \mathbb{R}$ 满足条件

---

① 量子力学中希尔伯特空间内积的标准定义.
② 图 2.15 中给出了通过函数映射 $\Phi(x_1, x_2) = (x_1, x_2, (x_1 - x_2)^2)$ 将原始样本数据的二维特征转换到三维空间中, 这样就可以用二维的超平面将样本线性分开.
③ 定义来自于李航的《统计学习方法》.

$$K(\boldsymbol{x}, \boldsymbol{z}) = \Phi^{\mathrm{T}}(\boldsymbol{x})\Phi(\boldsymbol{z}) = \langle \Phi(\boldsymbol{x}) | \Phi(\boldsymbol{z}) \rangle \tag{2.105}$$

则称 $K(\boldsymbol{x}, \boldsymbol{z})$ 为**正定核函数**[①], Φ 为映射函数, $\langle \Phi^{\mathrm{T}}(\boldsymbol{x}) | \Phi(\boldsymbol{z}) \rangle$ 为希尔伯特空间中向量 $\Phi(\boldsymbol{x})$ 与 $\Phi(\boldsymbol{z})$ 的内积. 需要注意的是, 核函数的计算不需要知道映射函数的具体表示. 核函数只是用来计算映射到高维空间向量内积的一种简便方法, **核函数蕴含了一个非线性的特征转换以及转换后希尔伯特空间的内积**.

在核函数给定的条件下, 支持向量机可以利用解线性分类问题的方法求解非线性分类问题. 学习是隐式地在特征空间进行的, 不需要显式地定义特征空间和映射函数, 它巧妙地利用线性分类学习方法与核函数来解决非线性问题. 一般寻找一个满足 Mercer 条件的核函数并非易事, 在支持向量机的应用中常用的核函数有线性核函数、多项式核函数、高斯核函数等. 下面我们来看看这些常见的核函数的具体形式.

- 线性核函数 (linear kernel)

$$K(\boldsymbol{x}, \boldsymbol{x}^{(i)}) = \langle \boldsymbol{x} | \boldsymbol{x}^{(i)} \rangle \tag{2.106}$$

它就是 SVM 原始的对偶问题, 特征空间的映射是恒等映射. 它的优点是简单, 模型可解释性强, 有特别的 QPS 直接快速地解 SVM 的原始问题, 并能给出 $\boldsymbol{w}, b$ 和支持向量 $\boldsymbol{\alpha}$. 它的缺点是不能处理线性不可分的数据样本.

- 多项式核函数 (polynomial kernel)

$$K_q(\boldsymbol{x}, \boldsymbol{x}^{(i)}) = \left(\zeta + \gamma \langle \boldsymbol{x} | \boldsymbol{x}^{(i)} \rangle \right)^q \tag{2.107}$$

这里 ζ, γ 是参数, 它对应 $q \geqslant 1$ 阶多项式分类器, 是数据线性不可分情况时常用的核函数之一. 它的优点是可以处理线性不可分数据. 缺点是有三个参数 ζ, γ, q, 带来参数选择上的困难, 另外, 当 q 很大时, 若 $(\zeta + \gamma \langle \boldsymbol{x} | \boldsymbol{x}^{(i)} \rangle) < 1$, 则 K 趋于 0; 若 $(\zeta + \gamma \langle \boldsymbol{x} | \boldsymbol{x}^{(2)} \rangle) > 1$, 则 K 趋于很大, 会引起数值上的不稳定, 所以多项式核函数通常只用在 q 较小的情况.

- 高斯核函数 (Gaussian kernel)

$$K(\boldsymbol{x}, \boldsymbol{x}^{(i)}) = \exp\{-\gamma ||\boldsymbol{x} - \boldsymbol{x}^{(i)}||^2\} \tag{2.108}$$

也称径向基函数 (radial basis function, RBF). 它的优点是能够把原始特征映射到无穷维希尔伯特空间, 可以做出任意边界的分类器. 因为只有一个参数, 所以没有参数选择的困难; 又因为指数函数的范围在 (0, 1) 之间, 所以避免了解决多项式核函数数值求解

[①] 另一个正定核等价定义是 $K(\boldsymbol{x}, \boldsymbol{z}) : \mathcal{X} \times \mathcal{X} \mapsto \mathbb{R}$ 满足条件: a. 对称性, 即 $K(\boldsymbol{x}, \boldsymbol{z}) = K(\boldsymbol{z}, \boldsymbol{x})$; b. 正定性, 即 $\forall i, j \in 1, 2, \cdots, n$, Gram 矩阵 $K = [K(x^{(i)}, z_j)]$ 是半正定的. 条件 a 和 b 称为 Mercer 条件, 它是正定核函数的充分必要条件.

的困难. 它的缺点是无法给出 $(\boldsymbol{w},b)$ 的明显形式, 因为参数空间是无穷维的, 所以可解释性较差, 同时模型会很容易产生所谓的过拟合问题使得分类模型泛化能力表现很差. 此外常用的核函数还有拉普拉斯核函数和 Sigmoid 核函数等①.

在选用核函数的时候, 如果我们对样本数据有一定的先验知识, 就可以利用先验来选择符合数据分布的核函数; 如果不知道的话, 通常采用交叉验证的方法, 对样本数据试用不同的核函数, 误差最小的即为效果最好的核函数, 或者也可以将多个核函数结合起来, 形成混合核函数. 以下是选择核函数的一般方法:

(1) 如果特征的数量和样本数量差不多, 则选用 logistic 回归或者线性核的 SVM;

(2) 如果特征的数量较小, 样本的数量正常, 则选用 SVM 加高斯核函数;

(3) 如果特征的数量较小, 而样本的数量很大, 则需要手动添加一些特征, 从而转变成第一种情况.

这种升维的思想应用范围颇为广泛, 如果一个问题只涉及点积的运算, 那么就可以尝试引入核函数将问题映射到高维空间去解决, 这种思想也称为核函数方法. 许多传统的方法都有核函数方法的版本, 如 kernel-PCA、kernel-fisher、kernel-subspace 聚类算法等. 当然, 由于核函数的重要性, 如何构造核函数也成为人们关注的研究问题.

2. 核函数对偶支持向量机算法

在 SVM 中除了式 (2.103) 关于对偶变量 α 的求解中数据向量总是以内积的形式出现外, 对原问题变量 $(\boldsymbol{w},b)$ 的最优解 $(\boldsymbol{w}^*,b^*)$ 也是以内积的形式出现的, 为了使之完整, 我们给出基于软分类与核函数的支持向量机对偶分类算法:

- 输入数据样本对 $\{(\boldsymbol{x}^{(i)},y^{(i)})\}$, $\boldsymbol{x}_i \in \mathbb{R}^d$, $y^{(i)} \in \{\pm 1\}$, $i=1,2,\cdots,n$. 输出是分割超平面的参数 $(\boldsymbol{w}^*,b^*)$ 的分类决策函数.

- 选择适当的核函数 $K(\boldsymbol{x}^{(i)},\boldsymbol{x}^{(j)})$ 和一个惩罚因子 $C>0$, 求解式 (2.103) 关于对偶变量 $\boldsymbol{\alpha}$ 的凸二次规划问题.

- 设对式 (2.103) 关于对偶变量的最优解为 $\boldsymbol{\alpha}^* = (\alpha_1^*, \alpha_2^*, \cdots, \alpha_n^*)^\mathrm{T}$, 找出所有的 S 个支持向量, 即 $0 < \alpha_s^* < C$(自由支持向量), 那么根据 KKT 条件式 (2.99) 和式 (2.100), $b^* = y_s - \sum_{j=1}^n \alpha_j y^{(j)} K(\boldsymbol{x}^{(j)},\boldsymbol{x}^{(s)})$, 所有的 b_s^* 在支持向量集合 (SV) 上对应的平均值即为最终的最优偏置 $b^* = \dfrac{1}{|SV|} \sum_{s \in \mathrm{SV}} b_s^*$.

---

① 可以证明核函数的线性组合, 两个核函数的直积仍然满足核函数的定义.

- 最终的分类超平面为 $\sum_{i=1}^{n} \alpha_i^* y^{(i)} K(\boldsymbol{x}, \boldsymbol{x}^{(i)}) + b^* = 0$, 最终的分类决策函数为

$$f(\boldsymbol{x}) = \text{sign}\left(\sum_{i}^{n} \alpha_i^* y^{(i)} K(\boldsymbol{x}, \boldsymbol{x}^{(i)}) + b^*\right)$$

支持向量机的分类函数形式上类似于一个单隐层的神经网络,对于输入数据 x,输出是隐层节点的线性组合,每个隐层节点的输出由支持向量 $x^{(i)}$ 和网络输入 $\boldsymbol{x}$ 所确定的核函数 $K(\boldsymbol{x}, \boldsymbol{x}^{(i)})$ 给出. 经过前面的讨论,概括地说,支持向量机在处理非线性问题时,直接使用定义的内积函数将输入空间的特征非线性变换到高维特征空间中,在这个高维特征空间中使用核映射方法来求解最优分类面.

2.2.5 支持向量机的损失函数

1. 损失函数概述

损失函数 (loss function) 又称为 **代价函数** (cost function),是将随机事件或其有关随机变量的取值映射为非负实数以表示该随机事件的"风险"或"损失"的函数. 损失函数是模型输出和观测结果间概率分布差异的量化,是衡量模型学习好坏的**性能度量** (performance measure); 在机器学习模型中它描述了真实值和预测值的关系,真实值与预测值越接近,或者说真实的分布与预测分布越接近,性能越好. 通常用 $J(y, \hat{y}) = J(y, f(\boldsymbol{x}, \boldsymbol{w}))$ 来表示,其中 $\hat{y} = f(\boldsymbol{x}, \boldsymbol{w})$ 表示模型的预测值,$\boldsymbol{w}$ 为模型参数[①]. 对于分类问题,理想的分类损失函数形式为 $J_{0,1} = \sum_{i=1}^{n} \boldsymbol{I}(f(\boldsymbol{x}^{(i)}, \boldsymbol{w}) \neq y^{(i)})$,这里 $\boldsymbol{I}$ 是标准的指示函数,这就是所谓的 0–1 **损失函数**模型. 由于这个函数关于参数是不连续的,优化问题变得非常困难,是 NP-Hard 问题. 为了便于优化,在机器学习的模型中的损失函数一般为连续的凸函数.

2. 经验风险最小化与结构风险最小化

机器学习的目标是通过收集小批量样本,使得模型学习后可以正确地处理大批量数据. 在监督学习中有两种策略,分别为**经验风险**最小化和**结构风险**最小化. 经验风险为学习模型在已知样本上的误差,即在已知样本训练集上损失函数的总误差. 经验风险最小化策略是寻找模型的参数 $\boldsymbol{w}$,使得在已知的训练样本上模型的误差越小,模型越好.

---

① 损失函数一般定义为真实的分布 $p(y|\boldsymbol{x})$ 与预测分布 $f(\boldsymbol{x}, \boldsymbol{w})$ 之间的距离,$J = J(p(y|\boldsymbol{x}), f(\boldsymbol{x}, \boldsymbol{w})), \boldsymbol{x} \in D$.

换句话说，最优模型就是经验风险最小的模型．根据大数定律，当样本容量足够大时，经验风险最小化策略的效果较好，模型的预测结果会越来越接近于真实数据．当样本量较小时，由于样本数据的统计涨落，模型容易产生过拟合现象．而结构风险最小化希望考虑数据本身的不确定性，通过加入所谓的**置信风险**项来考虑未知样本误差从而增强模型的泛化能力，结构风险策略认为，模型的总误差为已知样本误差（经验风险）+ 未知样本误差（置信风险），通常结构风险的最小化策略可以写成如下形式：

$$\boldsymbol{w}^* = \arg \min_{\boldsymbol{w}} \frac{1}{n} \sum_{i=1}^n J(y^{(i)}, f(\boldsymbol{x}^{(i)}\boldsymbol{w})) + \lambda \Omega(\boldsymbol{w}) \tag{2.109}$$

公式 (2.109) 被分为两项：第一项为经验风险函数，第二项 $\lambda\Omega(\boldsymbol{w})$ 称之为正则化项或惩罚项，其中，$\Omega(\boldsymbol{w})$ 为模型的复杂度项，λ 为模型复杂度的惩罚参数．根据奥卡姆剃刀原理，即"简单有效原理"，模型越简单，参数越稀疏，模型的泛化能力越强．对模型的复杂度进行惩罚，可以有效地防止过拟合现象从而增强模型的泛化能力．考虑置信风险 $\Omega(\boldsymbol{w}) = \|\boldsymbol{w}\|^2$ 为惩罚项的情形．在第 2.1.1 节中我们讨论了带 ℓ_2 正则项的线性回归 (linear regression) 和逻辑回归 (logistic regression) 模型，于是线性回归的结构风险最小化的目标函数可以写成如下形式：

$$\begin{aligned}\min_{\boldsymbol{w},b} &\left\{\sum_{i=1}^n (y^{(i)} - (\boldsymbol{w}^{\mathrm{T}}\boldsymbol{x}^{(i)} + b))^2 + \lambda \boldsymbol{w}^{\mathrm{T}}\boldsymbol{w}\right\} \\ &= \min_{\boldsymbol{w},b} \left\{\sum_{i=1}^n J_{\mathrm{sq}}(\boldsymbol{w}, b, \boldsymbol{x}^{(i)}, y^{(i)}) + \lambda \Omega(\boldsymbol{w})\right\}\end{aligned} \tag{2.110}$$

其中，最小二乘的损失函数 $J_{\mathrm{sq}} = \sum_{i=1}^n (y^{(i)} - (\boldsymbol{w}^{\mathrm{T}}\boldsymbol{x}^{(i)} + b))^2$ 被称为**平方损失** (square loss) 函数，它是距离型的连续凸损失函数．对于线性分类，其结构风险最小化的目标函数可以写成如下形式：

$$\begin{aligned}\min_{\boldsymbol{w},b} &\left\{\sum_{i=1}^n \ln(1 + \exp[-y^{(i)}((\boldsymbol{w}^{\mathrm{T}}\boldsymbol{x}^{(i)}) + b)]) + \lambda \boldsymbol{w}^{\mathrm{T}}\boldsymbol{w}\right\} \\ &= \min_{\boldsymbol{w},b} \left\{\sum_{i=1}^n J_{\mathrm{lg}}(\boldsymbol{w}, b, \boldsymbol{x}^{(i)}) + \lambda \Omega(\boldsymbol{w})\right\}\end{aligned} \tag{2.111}$$

其中，逻辑回归的损失函数 $J_{\mathrm{lg}} = \sum_{i=1}^n \ln(1 + \exp[-y^{(i)}((\boldsymbol{w}^{\mathrm{T}}\boldsymbol{x}^{(i)}) + b)])$ 也被称为**对数损失** (logarithmic loss) 函数．值得注意的是，以上的模型的 ℓ_2 正则项都被认为是先验地加入到模型之中的，而 SVM 利用几何间隔最大化的思想理论自动地加入了 ℓ_2 正则项，我们

将 SVM 的优化目标函数从式 (2.90) 可以写成如下损失函数 + 正则化项的形式:

$$\min_{\boldsymbol{w},b}\left\{\sum_{i=1}^{n}\max\left\{0,1-y^{(i)}(\boldsymbol{w}^{\mathrm{T}}\boldsymbol{x}^{(i)}+b)\right\}+\lambda\boldsymbol{w}^{\mathrm{T}}\boldsymbol{w}\right\}$$
$$=\min_{\boldsymbol{w},b}\left\{\sum_{i=1}^{n}J_{\mathrm{svm}}\left(y^{(i)},f(\boldsymbol{x}^{(i)};\boldsymbol{w})\right)+\lambda\Omega(\boldsymbol{w})\right\} \quad (2.112)$$

其中, $J_{\mathrm{svm}}=\sum_{i=1}^{n}\max\{0,1-y^{(i)}(\boldsymbol{w}^{\mathrm{T}}\boldsymbol{x}^{(i)}+b)\}$ 被称为**铰链损失** (hinge loss) 函数, 铰链损失函数是关于间隔的连续凸函数, 它是 0-1 损失函数的**上界** (upper-bound) 函数, 这里 $\lambda=(2C)^{-1}$. 对数损失函数、铰链损失函数、0-1 损失函数和平方误差损失函数如图 2.16 所示. 相比于线性回归和逻辑回归, 由于支持向量机对于铰链损失函数仅仅由支持向量决定, 而与远离分类超平面的样本点无关, 从而具有较强的鲁棒性.

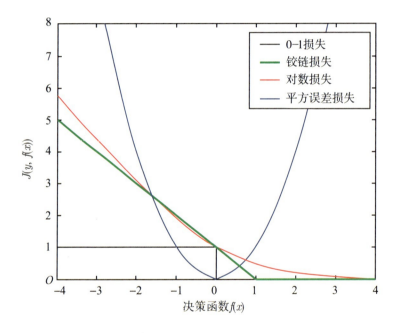

图2.16　不同模型的损失函数示意图

综上, SVM 的优势在于可以通过核函数方法学习样本数据的非线性特性, 通过最大化间隔获得很好的泛化能力, 避免了模型的过拟合, 分类决策超平面仅仅依赖非常少的支持向量样本, 这样可以剔除大量冗余样本. 更加重要的是, SVM 的数学理论简单清晰, 具有很强的可解释性. 然而, 由于 SVM 是通过二次规划来求解支持向量的, 当样本个数很大时, SVM 的训练效率很低, 需要大量训练时间; 另外, SVM 仅仅考虑二类分类情况,一层 SVM 无法解决多类分类问题, 当使用多层 SVM 组合的方式处理多类问题时, 上一层 SVM 的误差会累积到下一层, 从而扩大了误差对整体结果的影响; 最后, SVM 的核函数选择后无法替换, 并且怎样正确选择核函数及其参数, 也是非常困难的问题.

2.3 集成学习

集成学习本身不是一个单独的机器学习的算法. 集成学习是指把性能较低的多种弱学习算法通过适当的组合形成高性能的强学习算法的方法. 用中国民间的一个谚语 "三个臭皮匠, 顶个诸葛亮" 来形容集成模型再恰当不过了. 这个民间谚语告诉我们, "博采众长" 是进行决策的重要途径, 个体总有自身的不足, 考虑问题需通过不同的视角综合在一起才能给出更加正确的决策.[①]

正是基于这一简单思想, 集成学习通过结合多个相互独立的**弱分类器** (weak learner) 来获得一个更强大的分类器[②]. 如果集成中只包含同种类型的学习器, 这样的集成称为 "同质" (homogeneous) 的, 同质集成中的个体学习模型也称为**基模型** (base learner). 有同质就有异质 (heterogeneous), 若集成学习中包含不同类型的个体学习模型, 则称这种集成学习为**组件学习器** (component learner).

将学习器组合成集成模型的方法和策略也有很多种, 常用的经典集成学习方法包括 Bagging, Boosting 和 Stacking 等算法. Bagging(bootstrap aggregation) 算法通过将方差较大的基模型并行组合起来以减小集成模型的方差 (具体讨论见第 2.3.2 小节), 而 Boosting 方法是将同质的弱分类器用串行的方式组合起来, 通过改变每次取样的样本的权重来降低集成模型的偏差从而提升模型的预测误差 (具体讨论见第 2.3.3 小节). 与 Bagging 和 Boosting 算法不同, Stacking 算法是通过不同的基模型并将这些模型的预测结果当作输入的特征重新组合成一个高层的综合模型. 由于篇幅有限, 本节只讨论同质基模型的集成方法, 对 Stacking 算法有兴趣的读者可以参考 D. H. Wolpert 的《Stacking generalization》(Neural network, 1992, 5: 241-259).

[①] 其实生活中也普遍存在集成学习的方法, 例如, 一个病人在病情诊断时最好能进行多专家会诊, 考虑各方面的意见再进行最终的综合决策, 这样得到的结果可能会更加全面和准确.

[②] 比随机预测略好的分类器可以称为弱分类器, 反之, 则称为强分类器.

2.3.1 集成学习的背景知识

在介绍集成方法之前,我们将讨论一些简单的机器学习和统计学的基本术语以及决策树算法.

1. 欠拟合和过拟合

机器学习的目标是学得一个泛化能力比较好的模型. 所谓泛化能力, 是指根据训练数据集训练出来的模型在新的数据集上的性能. 这就涉及机器学习中两个非常重要的概念: 欠拟合和过拟合. 如果一个模型在训练数据集上表现得非常好, 但是在新数据集上性能却很差, 就是过拟合; 反之, 如果在训练数据集和新数据集上表现都很差, 就是欠拟合, 如图 2.17 所示, 其中黄色的点表示训练数据, 蓝色的线表示学到的模型. 很显然, 左边学到的模型不能很好地描述训练数据, 这是因为模型过于简单的缘故, 在机器学习中将这种现象称为**欠拟合** (under-fitting). 中间的模型可以较好地描述训练数据集. 而右边的模型过度地拟合了训练数据集, 过度是指训练数据集包含了一定的噪声, 如果完全拟合训练数据, 会把这些随机噪声也拟合进去, 导致模型过于复杂, 从而在新数据集上缺乏泛化能力, 在机器学习中将这种现象称为**过拟合** (over-fitting).

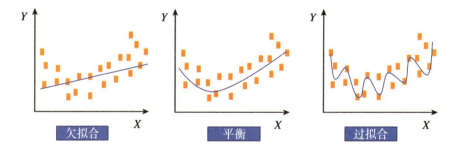

图2.17 欠拟合和过拟合

2. 偏差、方差

在本小节中, 我们将讨论统计学中的参数估计, 它们被广泛地应用到机器学习环境中来评估模型性能. 给定了一个数据集 $D = \{(\boldsymbol{x}^{(1)}, y^{(1)}), (\boldsymbol{x}^{(2)}, y^{(2)}), \cdots, (\boldsymbol{x}^{(n)}, y^{(n)})\}$, 假设这个数据集是从某个分布 $p(\boldsymbol{x}, y)$ 中独立同分布采样得出的. 在统计中, 我们经常想估计分布 $p(\boldsymbol{x}, y)$ 的一些特征 C, 例如平均值、方差、中位数等, 这些被称为分布 $p(\boldsymbol{x}, y)$ 的参数 $C = C(p)$, 它是分布 $p(\boldsymbol{x}, y)$ 的函数. 从统计上看这些参数对于给定的分布是固定的, 它们不是随机变量. 而一个统计量 $S = S(D)$ 是样本数据的一个任意函数, 通常的统计量有数据的平均值 (mean)、中位数 (median)、样本方差 (sample variance) 等, 与分布参数不同, 它们是随机变量①. 与统计分布一样, 最常见的**采样分布** (sample distribution) 的参数估计是偏差和方差, 对于分布的参数 $C: p \mapsto \mathbb{R}$, 对应它的统计量 $\hat{C}: D \mapsto \mathbb{R}$, 显然 $C = C(p)$ 是分布 $p(\boldsymbol{x}, y)$ 的函数, 而 $\hat{C} = \hat{C}(D) = \frac{1}{n}\sum_{i=1}^{n}\boldsymbol{x}^{(i)}$, $\boldsymbol{x}^{(i)} \in D$ 是样本数据的函数, 统计量 $\hat{C}$ 的偏差和方差定义如下:

$$\text{Bias}(\hat{C}) = E_D[\hat{C}] - C = \frac{1}{N}\sum_{i=1}^{N}\hat{C}(D^i) - C$$

$$\text{Var}(\hat{C}) = E_D[\hat{C}^2] - \left[E_D[\hat{C}]\right]^2 = \frac{1}{N}\sum_{i=1}^{N}\left[\hat{C}(D^i)\right]^2 - \left[\frac{1}{N}\sum_{i=1}^{N}\hat{C}(D^i)\right]^2$$

(2.113)

这里数学期望 E_D 是通过从样本数据分布函数 $p(\boldsymbol{x}, y)$ 进行 N 次独立采样, 每次采样 n 个样本点得到的数据集 $D = \{D^1, D^2, \cdots, D^N\}$, 如果偏差的期望值 $E_D[\hat{C}] - C = 0$, 则称对统计量 $\hat{C}$ 的估计是无偏的.

前面给出了一个特定的训练数据集 $D = \{(\boldsymbol{x}^{(1)}, y^{(1)}), (\boldsymbol{x}^{(2)}, y^{(2)}), \cdots, (\boldsymbol{x}^{(n)}, y^{(n)})\}$ 的偏差和方差. 然而, 对于机器学习, 最重要的是给定一个模型怎样分析它的**泛化误差** (generalize error), 这里我们将注意力放在模型的泛化误差上, 即偏差与方差权衡. 给定一个机器学习算法, 它的泛化误差可以被分解成三个非负项之和, 即噪音、偏差和方差项的和. 我们假定对于给定任意训练样本特征向量 $\boldsymbol{x} \in \mathbb{R}^d$, 它可能的标签 $y \in \mathbb{R}$ 满足某个分布的条件概率 $p(y|\boldsymbol{x}) = p(\boldsymbol{x}, y)/p(\boldsymbol{x})$.② 为了以后讨论的方便, 我们定义了以下四种基于期望的概念:

(1) 期望标签, 给定任意训练样本特征向量 $\boldsymbol{x} \in \mathbb{R}^d$, 期望标签 y

$$\bar{y}(\boldsymbol{x}) = E_{y|\boldsymbol{x}}[y] = \int_y y\, p(y|\boldsymbol{x}) \mathrm{d}y$$

(2.114)

假设对于这个预测问题, 我们通常在该训练数据集 D 上调用一些机器学习算法 $\mathcal{A}$(例如线性回归算法) 训练得到预测模型 $h_D = \mathcal{A}(D)$.③ 假设 $(\boldsymbol{x}, y)$ 为某一个特定样本, 对于给定的预测模型 h_D, 定义如下的期望测试误差.

(2) 期望测试误差, 给定预测模型 h_D

$$E_{(\boldsymbol{x}, y) \sim p}\left[(h_D(\boldsymbol{x}) - y)^2\right] = \int_{\boldsymbol{x}}\int_y (h_D(\boldsymbol{x}) - y)^2 p(\boldsymbol{x}, y) \mathrm{d}y\mathrm{d}\boldsymbol{x}$$

(2.115)

---

① 统计量 $S = S(D)$ 是样本数据的函数, 都是随机变量, 这些随机变量满足的分布称为采样分布.
② 相同的特征向量 $\boldsymbol{x}$, 可以对应不同的标签 y, 例如, 具有相同面积、相同的房间个数, 售价可以不一样.
③ 算法 $\mathcal{A}$ 作用到训练数据集上, 而预测模型 h_D 则是作用到预测样本上.

这里我们使用了平方损失,当然也可以使用其他损失函数,原因是平方损失具有良好的数学特性,并且它也是最常见的损失函数. 因为训练数据集 D 本身是从分布 p 通过 n 次采样出来的统计量 $D \sim p^n$,因此它也是随机变量. 此外, h_D 是样本 D 的函数,因此也是随机变量,不同的 D 给出不同的 h_D. 我们当然可以计算出它的期望.

(3) 期望分类器,对于给定算法 $\mathcal{A} = h_D$[①]

$$\bar{h} = E_{D \sim p^n}[h_D] = \int_D h_D p(D) \mathrm{d}D \tag{2.116}$$

其中, $p(D)$ 是从 p^n 抽样出 D 的概率. 这里, $\bar{h}(\boldsymbol{x},y)$ 是函数的加权平均值. 我们还可以使用这样一个事实: 因为 h_D 是一个随机变量,对于给定的算法 $\mathcal{A}$ 对数据集 D 求期望,积分掉所有可能的训练样本,我们得到给定算法 $\mathcal{A}$ 的期望测试误差.

(4) 给定算法 $\mathcal{A}$ 的泛化误差

$$E_{\substack{(\boldsymbol{x},y) \sim p \\ D \sim p^n}}\left[(h_D(\boldsymbol{x}) - y)^2\right] = \int_D \int_{\boldsymbol{x}} \int_y (h_D(\boldsymbol{x}) - y)^2 p(\boldsymbol{x},y) p(D) \mathrm{d}\boldsymbol{x} \mathrm{d}y \mathrm{d}D \tag{2.117}$$

需要明确的是, D 是我们的训练数据集,而 $(\boldsymbol{x},y)$ 是我们的测试点. 这个表达式的意义在于它评估了机器学习算法 $\mathcal{A}$ 相对于数据分布 $p(\boldsymbol{x},y)$ 的好坏,也就是对应于机器学习算法 $\mathcal{A}$ 的泛化误差,小的期望值对应于泛化能力强的机器学习算法. 为了看清楚泛化误差的意义,我们对式 (2.117) 的机器学习算法 $\mathcal{A}$ 的泛化误差做如下分解:

$$\begin{aligned} E_{\boldsymbol{x},y,D}\left[(h_D(\boldsymbol{x}) - y)^2\right] &= E_{\boldsymbol{x},y,D}\left[\left[(h_D(\boldsymbol{x}) - \bar{h}(\boldsymbol{x})) + (\bar{h}(\boldsymbol{x}) - y)\right]^2\right] \\ &= E_{\boldsymbol{x},D}\left[(h_D(\boldsymbol{x}) - \bar{h}(\boldsymbol{x}))^2\right] + 2 E_{\boldsymbol{x},y,D}\left[(h_D(\boldsymbol{x}) - \bar{h}(\boldsymbol{x}))(\bar{h}(\boldsymbol{x}) - y)\right] \\ &\quad + E_{\boldsymbol{x},y}\left[(\bar{h}(\boldsymbol{x}) - y)^2\right] \end{aligned} \tag{2.118}$$

式 (2.118) 的第二项为零,因为

$$\begin{aligned} E_{\boldsymbol{x},y,D}\left[(h_D(\boldsymbol{x}) - \bar{h}(\boldsymbol{x}))(\bar{h}(\boldsymbol{x}) - y)\right] &= E_{\boldsymbol{x},y}\left[E_D\left[h_D(\boldsymbol{x}) - \bar{h}(\boldsymbol{x})\right](\bar{h}(\boldsymbol{x}) - y)\right] \\ &= E_{\boldsymbol{x},y}\left[(E_D[h_D(\boldsymbol{x})] - \bar{h}(\boldsymbol{x}))(\bar{h}(\boldsymbol{x}) - y)\right] \\ &= E_{\boldsymbol{x},y}\left[(\bar{h}(\boldsymbol{x}) - \bar{h}(\boldsymbol{x}))(\bar{h}(\boldsymbol{x}) - y)\right] \\ &= E_{\boldsymbol{x},y}[0] = 0 \end{aligned}$$

回到式 (2.118),我们留下了预测方差和另外一项,

$$E_{\boldsymbol{x},y,D}\left[(h_D(\boldsymbol{x}) - y)^2\right] = \underbrace{E_{\boldsymbol{x},D}\left[(h_D(\boldsymbol{x}) - \bar{h}(\boldsymbol{x}))^2\right]}_{\text{方差}} + E_{\boldsymbol{x},y}\left[(\bar{h}(\boldsymbol{x}) - y)^2\right] \tag{2.119}$$

---

① 原理上,我们希望讨论选定的算法在各种可能的数据集上训练出的预测模型 h_D 的期望值,即对不同的数据集给出平均预测.

我们可以对式 (2.119) 的第二项做如下进一步的分解, 得到

$$E_{\boldsymbol{x},y}\left[\left(\bar{h}(\boldsymbol{x})-y\right)^2\right] = E_{\boldsymbol{x},y}\left[\left(\bar{h}(\boldsymbol{x})-\bar{y}(\boldsymbol{x})\right)+\left(\bar{y}(\boldsymbol{x})-y\right)\right]^2$$
$$= \underbrace{E_{\boldsymbol{x},y}\left[\left(\bar{y}(\boldsymbol{x})-y\right)^2\right]}_{\text{噪声}} + \underbrace{E_{\boldsymbol{x}}\left[\left(\bar{h}(\boldsymbol{x})-\bar{y}(\boldsymbol{x})\right)^2\right]}_{\text{偏差}^2} \quad (2.120)$$
$$+ 2E_{\boldsymbol{x},y}\left[\left(\bar{h}(\boldsymbol{x})-\bar{y}(\boldsymbol{x})\right)\left(\bar{y}(\boldsymbol{x})-y\right)\right]$$

式 (2.120) 的第三项为零, 因为

$$E_{\boldsymbol{x},y}\left[\left(\bar{h}(\boldsymbol{x})-\bar{y}(\boldsymbol{x})\right)\left(\bar{y}(\boldsymbol{x})-y\right)\right] = E_{\boldsymbol{x}}\left[E_{y|\boldsymbol{x}}\left[\bar{y}(\boldsymbol{x})-y\right]\left(\bar{h}(\boldsymbol{x})-\bar{y}(\boldsymbol{x})\right)\right]$$
$$= E_{\boldsymbol{x}}\left[\left(\bar{y}(\boldsymbol{x})-E_{y|\boldsymbol{x}}[y]\right)\left(\bar{h}(\boldsymbol{x})-\bar{y}(\boldsymbol{x})\right)\right]$$
$$= E_{\boldsymbol{x}}\left[\left(\bar{y}(\boldsymbol{x})-\bar{y}(\boldsymbol{x})\right)\left(\bar{h}(\boldsymbol{x})-\bar{y}(\boldsymbol{x})\right)\right]$$
$$= E_{\boldsymbol{x}}[0] = 0$$

最终, 我们有学习算法 $\mathcal{A}$ 的泛化误差的分解表达式

$$\underbrace{E_{\boldsymbol{x},yD}[(h_D(x)-y)^2]}_{\text{误差}} = \underbrace{E_{\boldsymbol{x},D}[(h_D(x)-\bar{h}(x))^2]}_{\text{方差}} + \underbrace{E_{\boldsymbol{x},y}[(\bar{h}(x)-\bar{y}(x))^2]}_{\text{偏差}^2} + \underbrace{E_{\boldsymbol{x}}[(\bar{y}(x)-y(x))^2]}_{\text{噪声}}$$
(2.121)

该式把式 (2.117) 的学习算法 $\mathcal{A}$ 的泛化误差分解成方差、偏差和噪声三项之和, 它们的物理意义如下:

方差: 这一项给出了学习算法 $\mathcal{A}$ 在不同的训练数据集上训练产生的变化. 对于特定的训练数据集给定的学习算法是不是"太特殊了"(过拟合)? 如果模型在特殊的训练数据上表现很好, 那么它与平均分类器的距离有多远? 方差度量了同样大小的训练集的变动所导致的学习性能的变化, 它刻画了数据扰动所造成的影响.

偏差[①]: 即使使用无限多的训练数据, 分类器中获得的内禀误差还是存在的. 这与数据的噪声无关, 而与分类器"偏向"特定类型的解决方案 (例如线性分类器) 而样本数据本身并非满足该类型 (线性分布) 有关. 换句话说, 偏差是模型本身的内禀特质. 它度量了学习算法的期望预测与真实结果的偏离程度, 反映了学习算法本身的拟合能力.

噪声: 数据固有噪声有多大? 由于特征表示对样本数据分布差异带来的不确定性误差, 它不是由模型的选择决定的, 而是由数据的内禀特性决定的. 噪声表达了在当前任务上任何学习算法所能达到的期望泛化误差的下界, 即刻画了学习问题本身的难度.

---

① 偏差与方差和噪声不同, 是存在正负的, 所以式 (2.121) 给出的是偏差的平方项的期望值.

为了更清楚地理解方差与偏差,图 2.18 给出了它们的直观的几何解释:假设红色的靶心区域是学习算法完美的正确预测值,蓝色点为每个数据集所训练出的模型对样本的预测值,当我们从靶心逐渐向外移动时,预测效果逐渐变差.

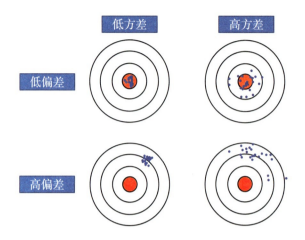

图2.18 方差与偏差的直观描述
来源:http://scott.fortmann-roe.com/docs/BiasVariance.html.

很容易看出有两幅图中蓝色点比较集中,另外两幅图则比较分散,它们描述的是方差的两种情况.比较集中的属于方差小的情况,比较分散的属于方差大的情况.

再从蓝色点与红色靶心区域的位置关系看,靠近红色靶心的属于偏差较小的情况,远离靶心的属于偏差较大的情况.

给定一个学习任务,当模型过于简单或训练数据不足时,模型无法捕捉数据的内在关系,数据集的扰动也无法使学习器产生显著变化,也就是欠拟合的情况.此时对应偏差较大而方差小的情况.

当模型过于复杂时,模型可以捕捉数据的内在关系,训练数据的轻微扰动都会导致学习器发生显著变化,也就是过拟合现象,此时对应于方差较大的情况.

当然,我们希望偏差与方差越小越好,但实际并非如此.一般来说,偏差与方差是有冲突的,称为偏差方差窘境 (bias-variance dilemma).从图 2.19 可以看出,开始时,模型简单且训练不足,彼时模型的拟合能力较弱 (欠拟合),随着更多参数和数据加入到模型中,偏差逐步下降.而方差开始上升,最优模型复杂度是泛化能力最好的模型.

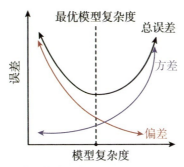

图2.19 方差和偏差随模型的复杂度的变化示意图
模型过度复杂对应过拟合情形, 而模型太简单则对应欠拟合的情形.

3. 决策树

在日常生活中有很多场景需要通过对一系列问题的诊断来进行决策, 例如, 医生会通过对患者的问诊 (是否头疼、嗓子疼、发热等) 来获得患者的基本症状情况, 然后根据自己的经验规则来诊断患者是流感还是普通感冒; 教师则可通过学生的考试分数、出勤率、回答问题次数、作业提交率等来判断其是否为好学生. 对于数据科学, 在做以上分类时, 患者或学生的数据样本大多数有一些固有的结构, 类似的输入数据样本具有相似的邻居. 这意味着不同类别的数据样本点不是随机地散布在整个空间中, 而是或多或少出现在同类的类别分配集群中. 对于分类 (或回归) 问题, 我们只关心集群的类别 (或局部邻居), 这使得我们用简单而有效的方法对数据的特征空间进行划分即可. 决策树就是使用训练数据样本来构建**树结构的**. 它是以数据样本为基础的归纳学习方法, 不需要存储训练数据①, 通过递归将空间划分为具有相似标签的区域. 图 2.20 给出了树的一般结构.

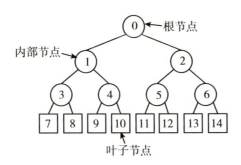

图2.20 树的一般结构

---

① 这与 K 邻近的 KD 树不一样, KD 树的边界是由距离决定的, 而决策树分裂 (splits) 则是由特征的阈值决定的, 与距离无关, 只需在乎标签, 所以不需要做像 KD 树那样的回溯 (back-track).

树的根节点表示整个数据集,决策树每个内部节点表示在特征空间的某个维度(属性)上的测试,每个分支代表一个测试的输出,而每个叶子节点代表一种类别或回归值.决策树本身是一个非常简单的算法,但结合偏差、方差等理论可以给出非常强的算法[1]. 决策树的生成一般是从根节点开始的,采用递归的方式通过贪婪策略来生成整个决策树[2]. 分类树对应的映射函数是特征空间的分段线性划分,即用平行于各个坐标轴的超平面对空间进行切分,虽然回归树的映射函数是分段常值函数. 决策树是分段线性函数但不是线性函数,它具有非线性建模的能力. 只要划分得足够细,分段常数函数就可以逼近闭区间上任意函数到任意指定精度. 因此决策树在理论上可以对任意复杂度的数据进行分类或者回归. 作为一个简单例子,图 2.21 展示了二维特征空间 $\{\mathcal{X}=(x_1,x_2)\in\mathbb{R}^2\}$ 由**二叉树** (binary tree)[3]对于特征空间的划分以及作为回归的映射分段函数之间的对应关系.

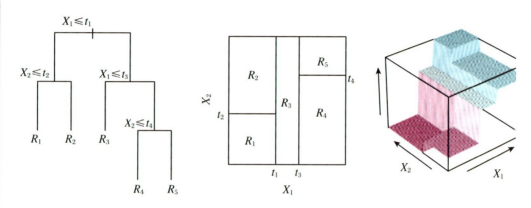

图2.21　左图为决策树,中图为决策树对二维特征空间的划分,右图为对应划分区域的分段线性函数

很明显,给定一个决策树,它就对应输入特征空间 $\mathcal{X}$ 的一个划分,树的 M 个叶子节点就唯一对应于特征空间的一个区域,记为 $\{R_1,R_2,\cdots,R_M\}$,则

$$\begin{aligned}\mathcal{X}&=R_1\cup R_2\cup\cdots\cup R_M\\R_i\cap R_j&=\varnothing,\quad i\neq j\end{aligned} \tag{2.122}$$

---

① 例如随机森林算法 =Bagging+ 决策树,GBDT=Boosting + 决策树等.

② 当且仅当两个输入向量没有相同的特征且标签不同时就总可以找到一棵一致的树,它的尺寸最小,且只有纯净的叶子. 因为通过特征维度分裂只可构建一棵树,但实际上找到最小尺寸的树是 NP-Hard 问题,所以在实际应用时人们通常使用**贪婪算法**来构建决策树.

③ 在对每个节点做决策时只涉及一个特征 (即输入坐标),对于特征变量是连续情况的回归决策树,实际分割总是二分形式,即考虑某一个特征坐标是否大于或小于一个阈值 t. 如果 $x_i\leq t$,则这个样本点被分支到树的下一层左节点中,反之,则分支到树的下一层右节点中. 对于特征变量是离散变量的分类决策树,我们就按一定的规则将其分成两组,后面将给出这些分支规则.

其中, ∅ 表示空集合, 如图 2.21 中的右图所示. 对于特征空间中的任意一个区域 $R_i(i=1,2,\cdots,M)$, 回归决策树赋予每个叶子节点一个固定的值. 所以, 给定一个数据样本特征向量 $\boldsymbol{x}$, 回归决策树的预测函数可以表示成如下线性组合形式:

$$h(\boldsymbol{x}) = \sum_{m=1}^{M} C_m \boldsymbol{I} \quad (\boldsymbol{x} \in R_m) \tag{2.123}$$

这里, $\boldsymbol{I}$ 是指示函数, C_m 是区域 R_m 的固定返回值. 显然, 对于训练样本 $\{\{\boldsymbol{x}^{(i)}, y^{(i)}\}\}_{i=1}^{n} \in D$ 回归决策树的损失函数可以写成

$$J(D) = \frac{1}{n} \sum_{i=1}^{n} (y^{(i)} - h(\boldsymbol{x}^{(i)}))^2 \tag{2.124}$$

最小化上式中的损失函数 J, 预测函数 (2.123) 中的最优系数由下式给出:

$$\hat{C}_m = \frac{1}{n_m} \sum_{i=1}^{n_m} y^{(i)} \boldsymbol{I} \quad (\boldsymbol{x}^{(i)} \in R_m, \; m=1,2,\cdots,M) \tag{2.125}$$

即叶子节点的固定回归值为落在区域 R_m 所有样本标签 $y^{(i)} \in \mathbb{R}$ 的平均值, 其中, n_m 表示数据样本落在区域 R_m 中的样本个数. 通常回归决策树算法的两个核心问题: ① 怎样计算叶子节点的值; ② 怎样决定特征空间的分割. 对于回归决策树, 式 (2.125) 给出了问题①的计算方式, 而围绕解决问题②, 人们提出了各种不同的算法, 下面我们首先讨论著名的 CART(classification and regression tree) 算法, 它是由 L. Breiman 和 C. Stone 等人于 1984 年提出的, CART 算法不仅可以用于回归问题, 也可以用于分类问题. 对于回归问题, CART 算法采用方差下降值作为节点分裂的评价标准, 下面介绍 CART 算法的具体步骤及流程.

(1) CART 算法 (回归)

设根节点对于所有的训练样本的集合 $\{\boldsymbol{x}^{(i)}, y^{(i)})\}_{i=1}^{n} \in D, \boldsymbol{x}^{(i)} \in \mathbb{R}^d, y^{(i)} \in \mathbb{R}$, 引入**分割变量** (splitting variable) $j \in \{1,\cdots,d\}$ 和**分割点变量** (split point) $s \in \mathbb{R}$, 考虑对特征空间二叉树分割, 通过一次分割操作, 根节点数据样本的特征空间被划分为两个相互不相交的子空间 R_1, R_2, 满足方程 (2.122), 由下式给出:

$$R_1(j,s) = \{\boldsymbol{x} | x_j \leqslant s\}$$
$$R_2(j,s) = \{\boldsymbol{x} | x_j > s\}$$

显然, 上式分割是 j 和 s 的函数. 对于给定分割变量 j, 分割点 s, 由式 (2.125) 得到子

空间 R_1, R_2 的预测标签可以由落在这个区域中所有样本标签的平均值给出:

$$\begin{cases} \hat{C}_1(j,s) = \dfrac{1}{n_1} \sum_{i=1}^{n_1} y^{(i)} \, \boldsymbol{I} \quad (\boldsymbol{x}^{(i)} \in R_1(j,s)) \\ \hat{C}_2(j,s) = \dfrac{1}{n_2} \sum_{i=1}^{n_2} y^{(i)} \, \boldsymbol{I} \quad (\boldsymbol{x}^{(i)} \in R_2(j,s)) \end{cases} \tag{2.126}$$

其中, n_1, n_2 分别为子空间 R_1, R_2 中数据样本点的个数, 满足总训练样本数约束条件 $n_1 + n_2 = n$. 接下来的关键问题是怎么确定变量 j, s. 对于回归决策树, 式 (2.124) 给出了如下二分裂后的损失函数①:

$$J(j,s) = \frac{1}{n} \sum_{i: \boldsymbol{x}^{(i)} \in R_1(j,s)} \left(y^{(i)} - \hat{C}_1(j,s) \right)^2 + \frac{1}{n} \sum_{i: \boldsymbol{x}^{(i)} \in R_2(j,s)} \left(y^{(i)} - \hat{C}_2(j,s) \right)^2 \tag{2.127}$$

将 (2.126) 式代入 (2.127) 式, 化简得到

$$\begin{aligned} J(j,s) &= \frac{1}{n} \sum_{i: \boldsymbol{x}^{(i)} \in R_1(j,s)} \left(y^{(i)} - \hat{C}_1(j,s) \right)^2 + \frac{1}{n} \sum_{i: \boldsymbol{x}^{(i)} \in R_2(j,s)} \left(y^{(i)} - \hat{C}_2(j,s) \right)^2 \\ &= \frac{1}{n} \sum_{i=1}^{n} y^{(i)\,2} - \left(\frac{n_1}{n} \hat{C}_1(j,s)^2 + \frac{n_2}{n} \hat{C}_2(j,s)^2 \right) \end{aligned} \tag{2.128}$$

变量 j, s 是通过在特征空间每个维度上做贪婪搜索 (greedy search)②确定的, 假定使用第 j 个特征作为特征空间的分割维度, 如果 $x_j^{(1)}, \cdots, x_j^{(n)}$ 是 n 个样本点第 j 个特征从小到大的排序值, 即 $x_j^{(1)} \leqslant x_j^{(2)} \leqslant \cdots \leqslant x_j^{(n)}$. 排序后的值就存在 $n-1$ 个相邻值样本之间的值, 通常取分裂值 $s_j \in \left\{ \dfrac{x_j^{(t)} + x_j^{(t+1)}}{2} \,\middle|\, t = 1, \cdots, n-1 \right\}$. s_j 为邻值样本之间的平均坐标, 它定义了 d 维样本空间的 $d-1$ 维分割超平面. 通常对于 d 维样本空间, 贪婪搜索 $n \times d$ 个分割超平面, 选取最优 (j^*, s^*) 使得式 (2.128) 的损失函数达到最小值. 其数学表达式如下:

$$(j^*, s^*) = \arg\min_{j,s} J(j,s), \quad j = 1, 2, \cdots, d \tag{2.129}$$

图 2.22 给出了四个样本的二维特征空间以 x_1 特征做分割的示意图.

---

① 回归决策树的损失函数通常也称为**回归纯度**.
② 确定最优的变量 j, s 是 NP 问题.

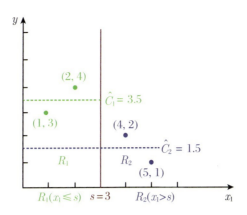

图2.22 第x_1特征作为特征空间分割的示意图

红色的垂直线与第 j 个特征的交点表示分割阈值 s. 回归决策树预测函数 $\hat{C}_1, \hat{C}_2$ 分别对应区域 R_1, R_2 中样本标签 y 的平均值,为一常值函数. 回归决策树的生成是自顶向下 (top-down) 的递归方法,其算法如下:

输入:训练数据集 D.

输出:回归树 T.

步骤 1 用样本集 D 建立根节点 R_0,在特征空间对向量 $\boldsymbol{x}^{(i)}(i=1,2,\cdots,d)$ 的每个维度上做贪婪搜索. 最小化式 (2.129) 得到分裂变量 (j,s),将根节点分裂成子节点 R_1, R_2. 记它们对应的样本集分别为 D_1 和 $D_2 = D - D_1$,并利用式 (2.126) 计算对应区域的标签值 $\hat{C}_m, m = 1, 2$.

步骤 2 对每个子节点 R_1, R_2 重复上述过程并计算分裂后新的损失函数. 如果节点的损失函数 (回归纯度) 为零,或小于某个给定的阈值,算法终止并生成最终特征空间的划分 $R_1, R_2, \cdots, R_M$ 后的 CART 决策树

$$T(\boldsymbol{x}) = \sum_{m=1}^{M} \hat{C}_m \, \boldsymbol{I} \quad (\boldsymbol{x} \in R_m)$$

(2) CART 算法 (分类)

CART 算法除了可以处理多变量回归问题外,也可以方便地处理离散型甚至是范畴数据 (categorical data) 的多分类问题. 考虑根节点的数据样本 $\{\boldsymbol{x}^{(i)}, y^{(i)}\}_{i=1}^{n} \in D, \boldsymbol{x}^{(i)} \in \mathbb{R}^d$. 对于 K 分类问题 $y^{(i)} \in \{1, 2, \cdots, K\}$,与回归决策树的不同之处是,我们需要修改分类决策树的分割条件. 如何选择节点的特征和特征分裂呢? 我们需要引入所谓的**不纯度** (impurity) 的概念,用它来表示落在当前节点的样本的类别分布的均匀程度. 决策树节点分裂的目标是使得节点在分裂后样本的分布更加不均匀,也就是要降低不纯度. 记 D_m 和 $|D_m|$ 分别表示落入区域 R_m ($m = 1, 2, \cdots, M$) 的训练样本集合及其样本

的个数，记 $D_m^{(k)}$ 和 $|D_m^{(k)}|$ 分别表示 D_m 集合中样本属于第 $k(k=1,2,\cdots,K)$ 类的样本子集合及其个数. 显然 $D_m^{(k)} \subseteq D_m$，定义概率 $\hat{p}_m^{(k)}$ 为在区域 R_m 内样本属于 k 类的比例，有

$$\hat{p}_m^{(k)} = \frac{1}{|D_m|} \sum_{\{i:\boldsymbol{x}^{(i)} \in R_m\}} \boldsymbol{I}\left(y^{(i)} = k\right) = \frac{|D_m^{(k)}|}{|D_m|} \tag{2.130}$$

它满足 $\sum_{k=1}^{K} \hat{p}_m^{(k)} = 1$. 在区域 R_m（或叶子节点 m）内，一个简单的办法是取最大比例 (majority) 的类作为分类决策树的预测函数，即

$$f(\boldsymbol{x}) = \arg\max_k \{\hat{p}_m^{(k)} \boldsymbol{I}\left(\boldsymbol{x} \in R_m\right)\} \tag{2.131}$$

那么对于一个新的数据样本，定义损失函数为它落到区域 R_m 中的**误分类率** (misclassification error)，即

$$1 - \arg\max_k \{\hat{p}_m^{(k)} \boldsymbol{I}\left(\boldsymbol{x} \in R_m\right)\} \tag{2.132}$$

通常在决策树中预测函数被称为节点 m 的**纯度**，而误分类率则被称为节点 m 的**不纯度**. 由式 (2.132) 定义的误分类率称为硬误分类率，因为它仅仅由分类后最大比例的那一类决定，与其他类的比例无关. 为了考虑所有不同的类对误分类率的影响，定义软分类 (soft classification)，即将叶子节点 m 上每个类的概率分布 $(\hat{p}_m^{(1)}, \hat{p}_m^{(2)}, \cdots, \hat{p}_m^{(K)})$ 作为软误分类率函数 (损失函数)，

$$1 - \sum_{k=1}^{K} \left(\hat{p}_m^{(k)}\right)^2 = 1 - \sum_{k=1}^{K} \left(\frac{|D_m^{(k)}|}{|D_m|}\right)^2 \tag{2.133}$$

软误分类率也称为 **Gini 指数**，CART 就是利用 Gini 指数做二叉树分割，定义节点 m 的 Gini 指数

$$G(D_m) = 1 - \sum_{k=1}^{K} \frac{|D_m^{(k)}|}{|D_m|} \tag{2.134}$$

按 CART 二分类的决策树算法，从根节点 R_0 出发，则通过一次分割操作，训练数据样本集 $D = D_0$ 的特征空间被划分为两个不相交的子空间 R_1, R_2，分别对应训练样本集 D_1, D_2. 由式 (2.134)，定义分裂后的 Gini 指数 (不纯度) 为

$$G(D_1, D_2) = \frac{|D_1|}{|D|} G(D_1) + \frac{|D_2|}{|D|} G(D_2) \tag{2.135}$$

CART 决策树分类算法是选择加权 Gini 指数最小的属性作为我们最优的划分属性，通过从根结点到叶结点的递归方式形式的决策树，分裂的终止条件是节点达到完全纯度. 其他与回归决策树算法一样，这里不再重复. 除了 CART 分类决策树生成算法，较为

流行的分类决策树算法还有 ID3 和 C4.5 算法, 它们之间的不同点就是 CART 分类决策树的损失函数采用的是 Gini 指数, ID3 的损失函数采用的是**信息增益** (information gain), 而 C4.5 的损失函数采用的是**信息增益率** (information gain ratio). 另外, ID3 和 C4.5 算法可以生成多叉决策树.

(3) ID3 算法

ID3 算法的核心是在决策树各个节点上根据信息增益来选择特征进行划分, 然后递归地构建决策树. ID3 算法由信息熵的计算出发, 利用信息熵来度量一个节点样本分布的不纯度, 信息熵越大, 表明系统不纯度越高 (越不确定), 反之, 则系统越纯 (越确定). 从根节点 R_0 出发, 对于根节点, 假设训练样本集 $D = D_0$ 的个数为 n, 总共有 K 个类, 每一类样本的相对频率为 $\hat{p}_0^{(k)}$ ($k = 1, 2, \cdots, K$), 则根节点 R_0 的信息熵为

$$H(D_0) = -\sum_{k=1}^{K} \hat{p}_0^{(k)} \log \hat{p}_0^{(k)} = -\sum_{k=1}^{K} \frac{|D_0^{(k)}|}{|D_0|} \log \frac{|D_0^{(k)}|}{|D_0|} \tag{2.136}$$

ID3 算法只考虑数据样本的特征取有限分立值的情况, 设第 j 特征可能的取值个数为 $a_j (j = 1, 2, \cdots, d)$, 其中 d 为特征空间的维度, 若使用第 j 特征来对样本集 D 进行划分, 则会产生 a_j 个分支节点, 记 D_m 为根节点分裂后的第 $m (m = 1, 2, \cdots, a_j)$ 个子节点中的样本集合, $D_m^{(k)}$ 为子节点 m 中属于第 k ($k = 1, 2, \cdots, K$) 类样本的集合, 则子节点 m 的信息熵为

$$H(D_m) = -\sum_{k=1}^{K} \hat{p}_m^{(k)} \log \hat{p}_m^{(k)} = -\sum_{k=1}^{K} \frac{|D_m^{(k)}|}{|D_m|} \log \frac{|D_m^{(k)}|}{|D_m|} \tag{2.137}$$

显然, $\sum_{m=1}^{a_j} |D_m| = |D|$,① $\sum_{k=1}^{K} |D_m^{(k)}| = |D_m|$. 考虑到不同的分支子节点所包含的样本数不同, 启发上我们给分割后子节点的熵赋予不同的权重 $|D_m|/|D|$, 定义损失函数为第 j^{th} 个属性对样本集 D 划分后所获得的 信息增益:

$$g(D, j) = H(D) - H(D|j) = H(D) - \sum_{m=1}^{a_j} \frac{|D_m|}{|D|} H(D_m) = I(D, j) \tag{2.138}$$

其中, $H(D|j)$ 是 D 给定特征 j 下的条件熵, 信息论告诉我们, 信息增益就是 D 给定特征 j 的互信息 $I(D, j)$, 我们知道, 互信息表示两事件发生所代表的信息之间的重复部分, 两事件信息重复的部分越大, 采用一种事件为标准来划分另一种事件可以带来这个事件不确定的最大减少, 从而增加分裂后训练数据的纯度. 与前面 CART 算法一样, 我们通过穷尽所有的特征最大化信息增益 (互信息) 来选择每一步的最优分裂特征, $j^* = \arg\max_{j} g(D, j)$ $(j = 1, 2, \cdots, d)$②. 与 CART 算法类似, 决策树的建立是自上而下

---

① 在下面决策树算法中 D 表示节点 D_m 的父节点. $|D|$ 表示父节点中包含的样本个数.
② 与 CART 算法不同, ID3 算法在决策树生成的过程中, 已使用过的样本特征不再重复使用.

递归实现的, ID3 算法如下:

输入: 训练数据集 D.

输出: 分类树 T.

步骤 1 用样本集 D 建立根节点 R_0, 在特征空间每个维度上做贪婪搜索最大化信息增益式 (2.138), 将根节点分裂成根节点的子节点 $R_1, R_2, \cdots, R_{b_i}$, 它们对应的样本集分别为 $D_1, D_2, \cdots, D_{a_i}$.

步骤 2 递归调用步骤 1, 用子节点中的样本集分别对应的样本集 $D_1, D_2, \cdots, D_{a_i}$ 建立子树节点.

步骤 3 返回到步骤 1、步骤 2, 直到每个节点数据样本的不纯度为零, 则节点无法再分裂, 把不纯度为零的节点标记为叶子节点, 同时为它赋值, 算法终止.

ID3 算法存在的问题: 一是它不能处理连续性变量; 二是在进行属性选择时, 选择指标信息增益会偏向取值较多的属性, 从而容易造成过拟合问题.

(4) C4.5 算法

针对 ID3 算法的不足, Quinlan 在 1993 年提出了 C4.5 算法, 该算法是对 ID3 算法的改进. C4.5 算法在选择节点分裂属性时, 也和 ID3 算法一样, 需要按照固定的规则进行, 针对 ID3 算法中信息增益会产生偏向的问题, C4.5 算法引入分裂信息指标, 即信息增益率, 通过比较信息增益率的大小来确定属性是否被选择.

C4.5 算法针对 ID3 算法的改进, 主要包括如下几个方面:

- 针对信息增益指标容易产生多值偏向问题, 定义分裂信息如下:

$$H_j(D) = -\sum_{m=1}^{a_j} \frac{|D_m|}{|D|} \cdot \log \frac{|D_m|}{|D|} \tag{2.139}$$

因为 a_j 为属性 j 的取值个数, 如果我们用样本的编号作为其分裂特征, 这时 $a_j = n$, 分裂信息 $H_j(D)$ 取得最大值的同时, 信息增益 $g(D, j) = H(D)$ 也取得最大值, 所以 ID3 算法偏向于选择取值较多的特征. C4.5 算法选取信息增益率作为损失函数, 目的就是使得选择的属性比较均匀, 而不会产生偏向问题, 信息增益率的计算公式定义为

$$g_R(D, j) = \frac{g(D, j)}{H_j(D)} \tag{2.140}$$

- 可以对连续的数值型属性进行处理. C4.5 使用一种二分离散化方法, 与 CART 算法相同, 即将训练样本进行排序, 利用贪婪算法穷尽样本的每一个维度, 找出最大化信息增益率式 (2.140) 对应的特征分割超平面.

- 能够对不完整数据进行处理. 在实际的应用中, 可供使用的数据集不可能是完整无缺的, 或多或少会有一些属性出现错误的或空的值, 这种情况称为不完整数据. 处理

缺失数据在统计学中有很多办法，在 C4.5 算法中选择使用概率分布来进行缺失值的补齐. 使用补齐后的数据集, 就可以进行决策树的生成了.

C4.5 算法克服了 ID3 算法的诸多缺点，使得决策树的生成过程更加合理，提升了算法的分类精度. 但由于该算法在执行时需要对数据集进行反复遍历，因此算法的执行时间较长. 另外, 算法在比较的过程中, 一般都是将数据集全部装入内存, 因此算法的空间复杂度也比较高. 表 2.5 从特征类型、不纯度度量方法和子节点数量等维度对上述三种常见的决策树算法进行了归纳总结.

表 2.5 常见的决策树算法对比

算法	特征类型	目标类型	不纯度度量方法	子节点数量 t
ID3	离散型	离散型	信息增益	$t \geqslant 2$
C4.5	离散型、连续型	离散型	信息增益率	$t \geqslant 2$
CART	离散型、连续型	离散型、连续型	Gini 指数、方差	$t=2$

C4.5 算法与 ID3 算法一样, 只是将 ID3 算法中最大化信息增益的式 (2.138) 替换为 C4.5 算法中信息增益率的式 (2.140) 即可, 这里不再重复.

在决策树讨论中我们给出了三种不同的不纯度度量指标: Gini 指数、熵和分类误差率. 对于二分类问题, 假定正样本的相对频率为 p, 则负样本的相对频率为 $1-p$. 此时, 上述三种不纯度度量指标可以简化成

$$\text{Gini}(p) = 2p(1-p)$$

$$\text{Entropy}(p) = -p\log p - (1-p)\log(1-p)$$

$$\text{Errorrate}(p) = 1 - \max(p, 1-p)$$

图 2.23 展示了 Gini 指数、熵和分类误差率的函数曲线.

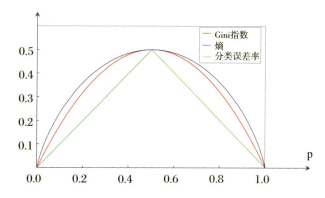

图2.23 二分类问题的三种不纯度度量函数曲线

对此三种不同纯度度量标准,当相对频率为 0 或者 1 的时候,分类效果最好,因为这时不纯度为 0. 当相对频率为 0.5 时,分类效果最差,这时三种度量方法都达到最大值,即不纯度最大. 从图 2.23 可以看到,信息熵度量的不纯度最大,对不佳分裂行为的惩罚也最大.

(4) 决策树的剪枝

决策树对训练样本有很好的分类能力,但如果不加以控制可能会产生过于复杂的树 (例如树的层数太多、树的节点过多等),从而使得学习到的决策树模型在未知的测试集上效果不理想,即可能发生过拟合现象. 为防止过拟合,我们需要进行剪枝. 三种决策树的剪枝过程算法相同,根据剪枝是在决策树生成过程中进行还是在决策树生成之后进行,可以分为预剪枝 (prepruning) 和后剪枝 (postpruning).

预剪枝: ① 每一个节点所包含的最小样本数目,例如 10, 则该节点总样本数小于 10 时, 不再划分; ② 指定树的高度或者深度,例如树的最大深度为 4; ③ 指定节点的不纯度小于某个值,不再划分.

后剪枝: 后剪枝是指利用训练样本完整地建立一棵决策树后再对这棵树进行剪枝操作. 预剪枝简单直观,但后剪枝被证明在实际应用中效果更好. 后剪枝有很多算法, 这里我们只介绍一种常见算法. 某棵树 T 的叶子节点个数为 $|T|$, 假设训练数据有 K 种类别, m 为树 T 的叶子节点,该叶子节点有 N_i 个样本点, 其中 k 类的样本点有 $N_i^{(k)}$ $(k = 1, 2, \cdots, K)$ 个, 定义决策树学习的损失函数可定义为

$$\text{Cost}_\alpha(T) = \sum_{t=1}^{|T|} N_m \cdot \text{Imp}(m) + \alpha |T| \tag{2.141}$$

其中, $\alpha \geqslant 0$ 为参数, $\text{Imp}(m)$ 为叶子节点 m 上的不纯度,它分别由 Gini 指数对应式 (2.135)、信息增益式 (2.138) 以及信息增益率式 (2.140) 给出. 方程 (2.141) 的第一项为决策树训练集的拟合程度,第二项为决策树的复杂度,通过最小化式 (2.141) 来平衡拟合度和复杂度. 复杂度的控制参数 α 用来权衡这两项的重要程度,较大的 α 意味着对复杂的决策树模型有更高的惩罚,当 $\alpha = 0$ 时意味着只考虑模型与训练数据的拟合程度,不考虑模型复杂度.

集成学习可以针对已给定的数据提供不同模型假设,从而选择数据中的不同特征或采用不同的处理方法以得到不同的处理结果. 从统计学的观点出发,集成学习可以分为两大类: 用于减少方差的集成学习方法 Bagging 和用于减少偏差的集成学习方法 Boosting. 按计算科学的观点,集成学习方法也可以分为两大类: ① **串行集成方法**, 即串行地生成基础模型 (如 AdaBoost). 串行集成的基本动机是利用基础模型之间的依赖性. 通过给错分样本一个较大的权重来提升性能. ② **并行集成方法**, 即并行地生成基础模型 (如随机森林). 并行集成的基本动机是利用基础模型之间的独立性. 这是因为在统

计上通过平均能够较大程度地降低集成后模型的误差. 下面我们介绍这几种经典的集成学习方法及其对应的算法模型.

2.3.2 Bagging 算法

Bagging(装袋) 算法是由 Breiman 于 1996 年首次提出的一种基于随机采样技术的集成学习算法. Bagging 算法的全称为 "bootstrap aggregating", 它的核心思想包括自助抽样 (bootstrap) 和汇聚 (aggregation). 首先从训练数据中利用自助抽样得到多份抽样数据, 利用抽样数据的多样性来训练基模型, 然后通过平均 / 投票 (回归 / 分类) 所有基模型的预测结果得到一个集成模型. Bagging 的基本思想如图 2.24 所示, 它与具体的算法无关, 可以用到任何算法上来减小其方差.

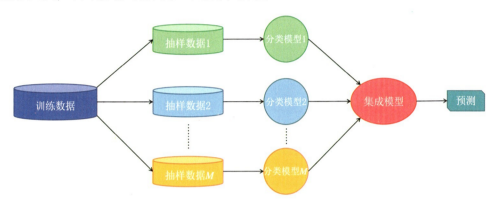

图2.24 Bagging的基本思想示意图

在上一节我们讨论了偏差、方差等统计学预备知识. 方差度量一个学习算法 $\mathcal{A}$(这里对应基模型) 同样大小的训练集的变动所导致的预测变化, 它刻画了数据扰动对基模型所造成的影响. 而一个学习算法的方差模型本身的内禀特质, 度量了学习算法的期望预测与真实结果的偏离程度, 反映了学习算法本身的拟合能力, 方差大的基模型的偏差趋于零. 式 (2.121) 告诉我们, 损失函数的误差来自于偏差、方差和噪声, 当像决策树这样具有很大方差的算法, 即 $E\left[\left(h_D(\boldsymbol{x}^{(i)}) - \bar{h}(\boldsymbol{x})\right)^2\right]$ 项很大时, 我们可以通过平均的方式来消除算法的方差.

从原始数据样本集 D, 用 bootstrap 技术有放回地随机抽取出 M 组样本数据集 $D^{(i)}(i = 1, 2, \cdots, M)$, 每个数据样本集包含可能重复的 n 个样本. 虽然数据样本集与原始数据样本集大小一样, 但 D 中约有 36.8% 的数据不在 $D^{(i)}$ 中, 通过有放回地随机抽, 我们能够获得 M 个具有一定差异性的训练集, 从而构建 M 个具有差异性的基模型预

测结果 $h_{D^{(1)}}, h_{D^{(2)}}, \cdots, h_{D^{(M)}}$. 因为数据采样是随机的，所以这些预测结果都是随机变量；但作为采用分布的参数，它的期望是确定的值. 我们可以把 M 组样本集的平均近似预测基函数的期望值定义如下：

$$\hat{h}(\boldsymbol{x}^{(i)}) \approx \frac{1}{M}\sum_{i=1}^{M} h_{D^{(i)}}(\boldsymbol{x}^{(i)}) \tag{2.142}$$

从基函数的统计量来看，如果 $h_{D^{(1)}}, h_{D^{(2)}}, \cdots, h_{D^{(M)}}$ 是独立同分布的，则 $\hat{h}(\boldsymbol{x})$ 和每个 $h_{D^{(i)}}(\boldsymbol{x})$ 都具有相同的期望值. 记 $h_{D^{(i)}}(\boldsymbol{x})$ 的方差为 $\sigma(\boldsymbol{x})$，则相比于 $h_{D^{(i)}}(\boldsymbol{x})$，$\hat{h}(\boldsymbol{x})$ 具有更小的方差，因为

$$\operatorname{Var}\left(\hat{h}(\boldsymbol{x})\right) = \frac{1}{M^2}\operatorname{Var}\left(\sum_{i=1}^{M} h_{D^{(i)}}(\boldsymbol{x})\right) = \frac{1}{M^2}\sum_{b=1}^{M}\operatorname{Var}(h_{D^{(i)}}(\boldsymbol{x}))$$

$$= \frac{1}{M}\operatorname{Var}(h_{D^{(i)}}(\boldsymbol{x})) = \frac{1}{M}\sigma(\boldsymbol{x}) \tag{2.143}$$

很明显，预测基函数平均具有和单独预测基函数相同的偏差，但方差则是乘上 $1/M$ 因子. 然而，在实际问题中，我们无法得到 M 独立同分布的数据集，而是利用自助抽样法产生 M 个 bag 数据来代替 M 独立同分布的数据集①. 假设 $i \neq j$，任意两个预测基函数的相关系数为 $\operatorname{Corr}(h_{D^{(i)}}, h_{D^{(j)}}) = \rho$，利用方差的定义，容易证明

$$\operatorname{Var}\left[\frac{1}{M}\sum_{i=1}^{n} h_{D^{(i)}}\right] = \rho\sigma^2 + \frac{1-\rho}{M}\sigma^2 \leqslant \sigma^2 \tag{2.144}$$

上式对于任何基模型算法都成立. 随着 M 的增加，模型方差的第二项会逐渐地减少. 如果基模型算法之间是完全相关的 ($\rho = 1$)，则集成方法无法降低模型的方差. Bagging 方法就是生成近相互独立的预测基函数，具体算法过程如下：

输入：训练样本集 $D = \{(\boldsymbol{x}^{(1)}, y^{(1)}), \cdots, (\boldsymbol{x}^{(n)}, y^{(n)})\}$.

输出：集成模型 $H(\boldsymbol{x})$.

步骤 1 从 $i=1$ 到 $i=M$，从训练样本集中进行 M 轮有放回地均匀随机抽取，每轮随机抽取 n 个训练样本，得到 M 个大小为 n 的训练集 $D^{(i)}$（由于是从原始样本集中随机有放回地抽取，故 M 个训练集中的元素可以有重复）.

步骤 2 基于训练集 $D^{(i)}$，使用学习算法得到一个基模型 $h_{D^{(i)}}$（基模型的选择可以根据具体问题而定，比如决策树、KNN 等）.

步骤 3 输出集成分类器 $H(\boldsymbol{x}^{(i)})$：对于分类问题，$H(\boldsymbol{x}) = \operatorname{sign}\left(\sum_{i=1}^{M} h_{D^{(i)}}(\boldsymbol{x})\right)$，对于回归问题，有 $H(\boldsymbol{x}^{(i)}) = \frac{1}{M}\sum_{i=1}^{M} h_{D^{(i)}}(\boldsymbol{x}^{(i)})$.

---

① 虽然装袋法得到的数据不再是独立同分布的，对于一般情况，它的理论分析也比较困难，但在实际应用中预测效果仍然很好.

观察图 2.24, 我们可以发现 Bagging 算法在计算方面的一个优势: 多个抽样数据的获得及基模型的训练相互独立, 可以方便地进行并行计算. 当训练数据量很大或者需要得到基模型的数量很多时, Bagging 算法的计算性能优势将更加明显. 除了上述的优点之外, Bagging 偏差较大的算法永远是改进算法的最好选择.

1. 随机森林

随机森林 (random forest) 是一种最具代表性的 Bagging 算法, 它在许多实际问题中得到了广泛的应用. 从前面的讨论我们知道, Bagging 和决策树算法各自有一个很重要的特点. Bagging 可以减少模型算法的方差, 特别是对于一个完全长成的决策树, 不同的训练数据集会有较大的算法方差, 如果把两者结合起来, 就能起到优势互补的作用. 随机森林就是将不同的决策树通过 Bagging 集成起来, 来解决单个决策树算法的过拟合问题. 式 (2.144) 告诉我们, 为了能够降低模型的方差, 需要预测基函数之间相关越小越好. 随机森林算法除了通过自助抽样的方法得到不同于原始样本 D 的 $D^{(i)}$, 从而生成不同 $h_{D^{(i)}}$ 的方式之外, 决策树在每个节点分裂时利用对特征子空间的随机投影选取部分特征来产生更加独立的决策树, 通常这样生成的决策树称为随机树.

(1) 随机决策树的生成

给定 n 个训练数据样本集 $D = \{(\boldsymbol{x}^{(1)}, y^{(1)}), \cdots, (\boldsymbol{x}^{(n)}, y^{(n)})\}$, 每个样本是 d 维特征空间的向量, $\boldsymbol{x}^{(i)} \in \mathbb{R}^d$. 为不失一般性, 下面我们只讨论二分类问题, 即 $y^{(i)} \in \{0, 1\}$. 为了方便描述, 我们将训练数据和标签写成如下 $n \times (d+1)$ 的增广矩阵形式:

$$(\boldsymbol{X}|\boldsymbol{y}) = \begin{pmatrix} x_1^{(1)} & x_2^{(1)} & \cdots & x_d^{(1)} & y^{(1)} \\ x_1^{(2)} & x_2^{(2)} & \cdots & x_d^{(2)} & y^{(2)} \\ \vdots & \vdots & \ddots & \vdots & \vdots \\ x_1^{(n)} & x_2^{(n)} & \cdots & x_d^{(n)} & y^{(n)} \end{pmatrix} \quad (2.145)$$

其中, 增广矩阵的行 (row) 表示训练样本点, 我们用上标来表示; 增广矩阵的列 (column) 表示样本的特征空间维度, 我们用下标来表示, 最后一列表示对应样本的标签类别. 随机决策树的生成从根节点出发, 在每个节点分裂时随机选择 $d'(d' < d)$ 个特征维度来构建决策树结构[①]并计算用这 d' 个特征分裂后的不纯度. 下面通过一个简单的例子来展示随机决策树的生成, 考虑三维特征空间 $d = 3$, 五个训练样本的集合 $n = 5$, 数据集的

---

① 这近似是一种从 d 维到 d' 维的特征转换, 相当于从高维到低维的投影.

增广矩阵如下:

$$(\boldsymbol{X}|\boldsymbol{y}) = \begin{pmatrix} 1 & 1 & 2 & 0 \\ 4 & 2 & 1 & 1 \\ 2 & 4 & 4 & 0 \\ 5 & 5 & 0 & 1 \\ 6 & 3 & 1 & 0 \end{pmatrix} \quad (2.146)$$

随机选取两个特征得到 $d'=2$ 特征子空间, 得到投影后的样本数据 $\boldsymbol{X}'$, 假设选到上面增广矩阵的第一列和第二列, 这时生成随机决策树的数据如下:

$$(\boldsymbol{X}'|\boldsymbol{y}) = \begin{pmatrix} 1 & 1 & 0 \\ 4 & 2 & 1 \\ 2 & 4 & 0 \\ 5 & 5 & 1 \\ 6 & 3 & 0 \end{pmatrix} \quad (2.147)$$

随机抽取特征后样本点就是二维特征空间的一个向量, 图 2.25 给出了这五个训练样本空间的几何表示.

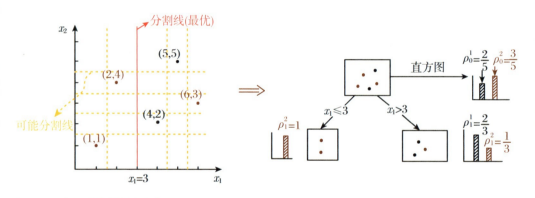

图2.25　随机决策树生成示意图

红色的点表示 $y^{(i)}=0$, 黑色的点表示 $y^{(i)}=1$, 虚线表示可能的分裂线 (共有 $d \times (n-1) = 2 \times (5-1) = 8$ 条不同的分割线). 利用式 (2.134) 和式 (2.135) 计算可能的分裂线给出的不纯度, 得到 $x_1 = 3$ 这一最优分割线. 图 2.25 左边分支的不纯度为零, 停止分裂, 而右边可以按决策树的递归调用完成整棵树的生成.

除此随机抽取特征之外, 随机森林算法的开发者建议在构建随机决策树的生成方案时将现有的特征进行适当随机的线性组合来保持多样性: 定义新的 $n \times d'$ 特征矩阵 $\boldsymbol{X}'$

$$\boldsymbol{X}' = \boldsymbol{X}\boldsymbol{P} \tag{2.148}$$

其中, $\boldsymbol{P}$ 是子空间特征的线性组合投影矩阵, 不同分支下的 $\boldsymbol{P}$ 是不同的, 这种做法使子特征选择更具有多样性, 即在决策树分裂时不再只是使用水平线和垂直线, 也可以用像感知机这样的斜线做随机决策树的分割. 随机森林的算法如下:

输入: 训练样本集 D, 随机选取特征数量 d', 决策树学习算法 h.

输出: 集成模型 $H(\boldsymbol{x})$.

步骤 1 从 $i=1$ 到 $i=M$, 从训练样本集中进行 M 轮有放回的均匀随机抽取, 每轮随机抽取 n 个训练样本, 得到 M 个大小为 n 的训练集 $D^{(i)}$(由于是从原始样本集中随机地有放回地抽取, 故 M 个训练集中的元素可以有重复).

步骤 2 从样本数据的 d 个特征中随机选取 d' 个特征 (进一步增加决策树的方差), 由式 (2.148) 做子空间特征的线性组合, 基于样本数据 $D^{(i)}$ 和随机组合出的特征, 使用决策树学习算法得到一棵随机决策树 $h_{D^{(i)}}$.

步骤 3 如果是回归问题, 则输出集成模型 $H(\boldsymbol{x}) = \dfrac{1}{M}\sum_{i=1}^{M} h_{D^{(i)}}(\boldsymbol{x})$.

步骤 4 如果是分类问题, 则输出集成模型 $H(\boldsymbol{x}) = \text{majority-vote}\{h_{D^{(i)}}(\boldsymbol{x})\}_{i=1}^{M}$.

每一棵树的生成, 从自助数据抽样开始, 保证随机森林的每一棵树都能看到不同的数据, 从而保证产生随机决策树之间的相互独立性; 对特征子空间做线性组合, 则会进一步增加决策树的相互独立性, 使得式 (2.144) 中的 $\rho \to 0$, 从而保证了集成模型的方差趋于零. 整个随机森林算法只有两个参数, 即 d' 和 M, 实际应用一般选择参数 $d' = \lceil \sqrt{d} \rceil$, 在处理能力范围内, M 则是越大越好. 由于决策树不需要数据的预处理, 例如数据的特征可以是不同的尺度、大小 (magnitude, slope) 等, 对于杂化数据 (heterogeneous data, 例如血压、年龄、性别等数据) 的分类或回归具有天然的优势.

(2) 性能评价和特征估计

随机森林算法重要的一个环节就是用自助抽样从原始样本集 D 产生不同的训练数据集 $D^{(i)}$. 新的数据集 $D^{(i)}$ 只包含原数据集中的部分样本, 对于样本 $D^{(i)}$ 生成的一棵随机决策树 $h_{D^{(i)}}$ 来说, 总有部分样本没有被抽到, 我们称这种样本为袋外 (OOB, out-of-bag) 样本. 假设自助抽样的数量等于原样本集中的样本个数 n, 那么某个样本 $(\boldsymbol{x}^{(n)}, y^{(n)})$ 是 OOB 的概率是

$$\left(1 - \dfrac{1}{n}\right)^n \approx \dfrac{1}{\mathrm{e}} \tag{2.149}$$

随机森林算法的一个重要的优点就是, 没有必要对它进行交叉验证或者用一个独立的测试集来获得误差的一个无偏估计. 上式告诉我们, 自助抽样得到的数据集约有

1/3 的样本不会出现在样本集合 $D^{(i)}$ 中; 这些样本没有参加决策树 $h_{D^{(i)}}$ 的建立. $D^{(i)}(\text{OOB}) = \{D - D^{(i)}\}$ 数据集合称为第 i 棵树的**袋外**样本, 随机森林对袋外样本的预测误差率被称为**袋外误差** (out-of-bag error, OOBE), 它的计算方式如下:

- 对每个样本, 计算它作为袋外样本的那些树①对它的分类情况;
- 以简单多数投票作为该样本的分类结果;
- 用误分样本个数占样本总数的比率作为随机森林的袋外误差.

这种类似于留一法交叉验证 (leave-one-out cross validation) 的袋外误差计算方法, 通常称为随机森林的自验证 (self-validation). 随机森林的另外一个重要的优点就是能给出特征的重要性度量, 帮助其进行特征选择, 并解释模型最终结果. 通常来说, 需要移除的特征分为两类: 一类是冗余特征, 即特征出现重复, 例如 "年龄" 和 "生日"; 另一类是不相关特征, 例如疾病预测的时候引入的 "学历状况". 那么, 如何对许多维特征进行筛选呢? 一般可以通过计算给出每个特征的重要性 (即权重), 再根据重要性的排序进行选择即可, 计算每个特征的重要性的方法有很多, 通常随机森林主要采用以下两种计算方式:

- 随机森林特征选择的核心思想是所谓的随机测试 (random test). 它的做法是评估第 j 个特征的重要性. 对于式 (2.145) 给出的训练样本数据矩阵, 选择这个矩阵的第 j 列 $\boldsymbol{X}(*,j)$ 的每个值用随机值替代, 如果替代后的表现比之前更差, 则表明该特征比较重要, 问题是作为 $\boldsymbol{X}(*,j)$ 的随机值替代值如何选择? 使用均匀分布或者正态分布抽取随机值替换原特征则会改变原始数据的分布函数 $p(\boldsymbol{X})$. 为了不改变原始数据的分布, 随机森林将原样本数据矩阵的 j 列 $\boldsymbol{X}(*,j)$ 的每个值做置换 (permutation), 将置换后的样本作为输入放入建立好的数据森林模型中就得到准确率. 对于不重要的特征来说, 特征值的重新洗牌对于模型的准确率不会产生较大的影响; 反之, 对于重要的特征, 特征值的重新洗牌会极大地降低模型的准确率. 这种方法称为随机排序测试 (permutation test).
- 计算特征的平均信息增益大小, 在训练决策树时, 可以计算每个特征在每棵树中有多大的信息增益. 对于随机森林来说, 可以计算出每个特征在每棵树中的平均信息增益, 并把它作为该特征的重要性.

随机森林是 Bagging 集成最具代表性的算法模型, 它具有能够处理很高维度 (特征很多) 的数据, 模型训练完之后, 能够返回特征的重要性, 并且训练时树与树之间是相互独立的, 易于并行化以及可以处理缺失特征 (决策树的优点) 等诸多优点. 然而, 随机森林与所有的集成模型一样, 由于将大量的决策树混合成一个模型进行预测, 模型的可解释性大大降低. 已经证明随机森林在某些噪声较大且数据量较小或特征空间维度较低时, 无论是分类还是回归问题都会产生过拟合问题.

---

① 约 1/3 的树在生成时没有用到这个样本.

2.3.3　Boosting 算法

1. Boosting 算法简介

　　Boosting(提升) 算法是一种可以用来提高弱分类算法准确度的集成方法. 与 Bagging 方法用于减少预测函数的方差不同, 它的目的是减少预测函数偏差. Boosting 借鉴了人类的学习过程, 例如, 学生在做完一份模拟试卷后, 通过参考答案来检验学习效果, 然后将主要精力放在复习那些之前答错的题目上, 通过这种不断将学习重点放在容易犯错的地方的训练方法, 来提高自己的知识水平. 以分类问题为例, Boosting 算法的核心思想是: 从训练数据集中得到一个弱分类器, 集成的下一个分类器是基于前一个分类器的犯错的样本, 这个弱分类器会尽量将前一个分类错误的样本正确分类. 图 2.26 给出了 Boosting 算法的示意图.

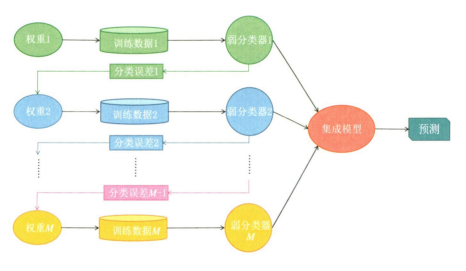

图2.26　Boosting算法示意图

　　Boosting 与 Bagging 不同, Boosting 中的弱分类器是由串行的方法训练得到的. 对于给定 n 个样本数据集 $D^{(1)}$, 首先用该样本集训练一个弱基分类器 $h_{D^{(1)}}$, 对于这个弱分类器分类错误的这些样本点, 提高它们的权重; 而对于分对的样本点, 则降低它的权重. 这样便产生了带权重的新的样本数据集 $D^{(2)}$ 作为下一个弱基分类器的样本输入. 因为样本数据集 $D^{(2)}$ 中上一轮分类错误样本具有更高的权重, 这样产生的新的弱基分类器 $h_{D^{(2)}}$ 会避免在这些高权重的样本点上再次犯错, 从而达到尽量将前一个分类错误的样本分类正确的效果. 最后 Boosting 根据基模型的预测性能, 给出这些基模型的不同

权重并将训练好的各个弱基分类器以如下方式集成起来[1]:

$$H(\boldsymbol{x}) = \sum_{m=1}^{M} \alpha_m h_m(\boldsymbol{x}) \tag{2.150}$$

这里的 h_m 都是非常弱的基分类器 (只要分类错误率 <50% 即可). 传统上介绍 Boosting 算法是从最具代表性的 AdaBoost 算法开始的, 本节我们从损失函数的函数空间理论出发, 把 AdaBoost 算法作为它的特例进行讨论.

(1) 函数空间的梯度下降 (gradient descent in functional space)

考虑训练集数据 $D = \{(\boldsymbol{x}^{(1)}, y^{(1)}), (\boldsymbol{x}^{(2)}, y^{(2)}), \cdots, (\boldsymbol{x}^{(n)}, y^{(n)})\}$, 为了方便给出 Boosting 的几何描述, 我们将每个样本点 $\boldsymbol{x}^{(i)}(i = 1, 2, \cdots, n)$ 看作 $\mathbb{R}^n$ 数据样本**标签空间**的标准基[2], 预测向量 $\boldsymbol{y}^{\mathrm{T}} = (y^{(1)}, y^{(2)}, \cdots, y^{(n)})$ 标签空间中的一个向量. 图 2.27 给出了三个样本数据集 $D = \{(\boldsymbol{x}^{(1)}, 1), (\boldsymbol{x}^{(2)}, -1), (\boldsymbol{x}^{(3)}, 1)\}$、预测向量 $\boldsymbol{y}^{\mathrm{T}} = (1, -1, 1)$ 在给定定义下的几何示意图.

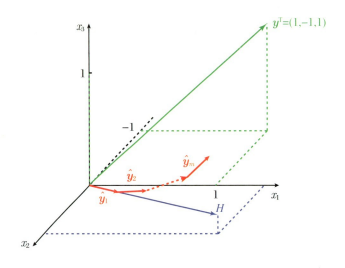

图2.27 预测向量 $\boldsymbol{y}$ 为 $\mathbb{R}^3$ 空间向量示意图

图 2.27 中预测向量 $\boldsymbol{y}$ 表示正确的预测标签向量, 蓝色向量表示当前弱分类器的 $H^{\mathrm{T}} = (h(\boldsymbol{x}^{(1)}), h(\boldsymbol{x}^{(2)}), h(\boldsymbol{x}^{(3)}))$ 的方向, Boosting 每次沿着 H 方向走一小步 (红色向量 $\hat{\boldsymbol{y}}_1$), 通过迭代产生路径 $(\hat{\boldsymbol{y}}_1, \hat{\boldsymbol{y}}_2, \cdots, \hat{\boldsymbol{y}}_m, \cdots)$ 来逼近真实目标向量 $\boldsymbol{y}$.

对于包含 n 个样本的数据集 D, 我们的目标就是找一个 $\mathbb{R}^n$ 空间的预测函数 H,

---

[1] 以分类为例, 如果一个分类器的误差越高, 则该分类器的权重 α_m 越低.
[2] 它表示的是样本 $\boldsymbol{x}^{(1)}$ 所对应的标签而不是样本的特征取值.

使得

$$H(D) = \begin{pmatrix} h(\boldsymbol{x}^{(1)}) \\ h(\boldsymbol{x}^{(2)}) \\ \vdots \\ h(\boldsymbol{x}^{(n)}) \end{pmatrix} \longrightarrow \begin{pmatrix} y^{(1)} \\ y^{(2)} \\ \vdots \\ y^{(n)} \end{pmatrix} \tag{2.151}$$

如果 H 是强分类器 (如核函数 SVM、决策树等)，则很容易学会这个映射. 但若考虑弱分类器 (线性回归、高度为一的决策树等) 的情况，则无法得到每个训练数据都对应正确的标签向量 $\boldsymbol{y}$. 所以，通常弱分类器给出的预测标签向量 $\hat{\boldsymbol{y}} \neq \boldsymbol{y}$. 但只要 $\hat{\boldsymbol{y}}$ 的方向与 $\boldsymbol{y}$ 的方向的夹角小于 $90°$，即 $\boldsymbol{y}^\mathrm{T}\hat{\boldsymbol{y}} > 0$[①]，则沿着 $\hat{\boldsymbol{y}}$ 的方向走一小步会更加接近最终的预测标签向量 $\boldsymbol{y}$. 简单地说，与梯度下降算法一样，Boosting 算法就是指每一步都产生一个弱预测模型，然后加权累加到总模型中. 每一步弱预测模型生成的依据都是损失函数的负梯度方向，这样若干步以后就可以达到逼近损失函数局部最小值的目标. 翻译成数学模型，Boosting 算法就是在函数空间 $\mathcal{H}$[②]中做梯度下降. 由公式 (2.150)，按照上面的讨论，假设 α_i 为常数 (本小节后面我们将讨论怎么决定集成参数 α_i)，每次迭代时不更新模型参数，而是向集合中添加一个预测函数 h. 定义模型损失函数 J 为如下形成：

$$J(H) = \frac{1}{n}\sum_{i=1}^{n} J(H(\boldsymbol{x}^{(i)}), y^{(i)}) \tag{2.152}$$

并假定损失函数 J 是凸的可微函数 (例如平方损失函数). 假设我们已经完成了 m 次迭代，并且已经有了一个 m 集成分类器 $H_m(\boldsymbol{x})$. 在 $m+1$ 次迭代中，再在集成模型中添加一个弱学习器 $h_{m+1}(\boldsymbol{x})$，这个弱学习器必须最大程度地减少整个集成模型的损失函数，即 $h_{m+1}(\boldsymbol{x})$ 满足

$$h_{m+1} = \arg\min_{h \in \mathcal{H}} J(H_m + \alpha h_m) \tag{2.153}$$

找到 $h_{m+1}(\boldsymbol{x})$ 后，我们将其添加到集成模型中，即 $H_{m+1} = H_m + \alpha h_{m+1}$. 如何找到这样的 $h \in \mathcal{H}$？需要在函数空间中使用梯度下降. 给定 H，我们需要确定步长 α 和 (弱学习器)h 使得损失函数 $J(H + \alpha h)$ 最小，步长 α 称为**学习率** (learning rate)，将 $J(H + \alpha h)$ 对 α 做泰勒展开 (取到 α 一阶)：

$$J(H + \alpha h) \approx J(H) + \alpha \langle \nabla J(H) | h \rangle \tag{2.154}$$

---

① 对应 $\boldsymbol{y}^\mathrm{T}\hat{\boldsymbol{y}} < 0$，我们可以取 $\hat{\boldsymbol{y}}$ 的相反方向，只要 $\boldsymbol{y}^\mathrm{T}\hat{\boldsymbol{y}} \neq 0$，则由勾股定理很容易证明，每沿着弱分类器走一小步，最终一定可以到达预测标签向量 $\boldsymbol{y}$. 注意，在每次利用弱分类器后需要改变坐标系，坐标轴的方向不变，坐标系的原点取为一步更新后的坐标. 预测样本也随着坐标系的改变而改变.

② $\mathcal{H}$ 为所有弱学习器函数所张成的空间.

其中, $\langle h|g\rangle = \int_{\boldsymbol{x}} h(\boldsymbol{x})g(\boldsymbol{x})\mathrm{d}\boldsymbol{x}$ 表示函数空间的内积, 对于只有 n 个样本训练集其内积形式可以定义为 $\sum_{i=1}^{n} h(\boldsymbol{x}^{(i)})g(\boldsymbol{x}^{(i)})$. 泰勒展开式 (2.154) 作为损失函数的线性近似, 仅在 $J(H)$ 附近的一个小邻域内成立 (α 足够小). 因此, 把 α 固定为一个较小的常数 (例如 $\alpha = 0.05$), 又因为 $J(H)$ 与要优化的函数 h 无关, 故式 (2.152) 给出在固定步长 α 的情况下最佳的 h:

$$\begin{aligned}\arg\min_{h\in\mathcal{H}} J(H+\alpha h) &\approx \arg\min_{h\in\mathcal{H}} \langle \nabla J(H)|h\rangle \\ &= \arg\min_{h\in\mathcal{H}} \sum_{i=1}^{n} \frac{\partial J}{\partial[H(\boldsymbol{x}^{(i)})]} h(\boldsymbol{x}^{(i)})\end{aligned} \quad (2.155)$$

假定已经得到 m 个弱分类器的组合 H_m, 现在的需要寻找第 $m+1$ 个弱分类器 h_{m+1}, 由于函数 h_{m+1} 只由 n 个训练样本点决定, 假设弱分类器的算法为 $\mathcal{A}$, 对应算法 $\mathcal{A}$ 在其所有可能的函数 h 形成的函数空间 $\mathcal{H}$ 中, 使得下式最小的函数就是我们需要集成的下一个函数, 即

$$h_{m+1} = \arg\min_{h\in\mathcal{H}} \sum_{i=1}^{n} \underbrace{\frac{\partial J}{\partial[H_m(\boldsymbol{x}^{(i)})]}}_{r_m^{(i)}} h(\boldsymbol{x}^{(i)}) \quad (2.156)$$

虽然弱分类器的算法 $\mathcal{A}$ 不能使其下降得很快, 但只要 $\sum_{i=1}^{n} r_i^{(m)} h(\boldsymbol{x}^{(i)}) < 0$, 则集成的每一步都减少损失函数 $J(H)$, 从而最终收敛到真实的预测标签. 图 2.27 中的红色折线给出了收敛到预测标签 $\boldsymbol{y}$ 的几何路径, 下面是收敛到预测标签 $\boldsymbol{y}$ 的迭代过程:

$$\begin{pmatrix}0\\0\\\vdots\\0\end{pmatrix} \xrightarrow{H_1=\alpha h_1} \begin{pmatrix}\hat{y}_1^{(1)}\\\hat{y}_1^{(2)}\\\vdots\\\hat{y}_1^{(n)}\end{pmatrix} \xrightarrow{H_2=H_1+\alpha h_2} \begin{pmatrix}\hat{y}_2^{(1)}\\\hat{y}_2^{(2)}\\\vdots\\\hat{y}_2^{(n)}\end{pmatrix} \cdots$$

$$\xrightarrow{H_{m+1}=H_m+\alpha h_{m+1}} \cdots \begin{pmatrix}\hat{y}_{m+1}^{(1)}\\\hat{y}_{m+1}^{(2)}\\\vdots\\\hat{y}_{m+1}^{(n)}\end{pmatrix} \cdots \longrightarrow \begin{pmatrix}y^{(1)}\\y^{(2)}\\\vdots\\y^{(n)}\end{pmatrix}$$

其中, $\hat{y}_m^{(i)} = H_m(\boldsymbol{x}^{(i)})$ 是经过 m 个弱分类器集成后的预测值, 第 $m+1$ 步骤算法 $\mathcal{A}$ 的输出为 $\mathcal{A}(\{(\boldsymbol{x}^{(1)}, r_m^{(1)}), \cdots, (\boldsymbol{x}^{(n)}, r_m^{(n)})\}) = \arg\min_{h\in\mathcal{H}} \sum_{i=1}^{n} r_m^{(i)} h(\boldsymbol{x}^{(i)})$. 由于每一次的迭代会降低损失函数 $J(H)$, 故经过迭代最终的预测函数会很快收敛到真实的标签值 $y^{(i)}$.

(2) 梯度提升决策树

前面给出了梯度提升的一般形式. 如果弱分类器的算法 $\mathcal{A}$ 采用决策树算法, 则相对应的梯度提升称为梯度提升决策树 (gradient boosted decision tree, GBDT), 对于分类问题, 预测标签 $y^{(i)} \in \{+1, -1\}$; 对于回归问题, 则预测标签 $y^{(i)} \in \mathbb{R}$. 以回归问题为例, 由于决策树属于强分类器, 所以在做提升时往往会限制决策树的深度 (决策树的深度通常为 3~6 层)[①]. 由于考虑回归问题, 超参数步长 α_m 为固定的小的常数 (以下的推导用记号 α 代替 α_m), 弱分类器的算法 $\mathcal{A}$ 为 CART 决策树情况. 由式 (2.153) 可知, 第 m 步迭代后梯度提升需要优化如下损失函数:

$$\underset{h \in \mathcal{H}}{\arg \min } \frac{1}{n} \sum_{i=1}^{n} J(H_m(\boldsymbol{x}^{(i)})+\alpha h(\boldsymbol{x}^{(i)}), y^{(i)}) \tag{2.157}$$

首先考虑最佳化 h, 对上式做泰勒展开

$$\begin{aligned}
& \underset{h \in \mathcal{H}}{\arg \min } \frac{1}{n} \sum_{i=1}^{n} J\left(H_m(\boldsymbol{x}^{(i)})+\alpha h(\boldsymbol{x}^{(i)}), y^{(i)}\right) \\
\approx & \underset{h \in \mathcal{H}}{\arg \min }\left(\frac{1}{n} \sum_{i=1}^{n} J\left(H_m(\boldsymbol{x}^{(i)}), y^{(i)}\right)+\frac{1}{n} \sum_{i=1}^{n} \alpha h(\boldsymbol{x}^{(i)}) \frac{\partial J(H(\boldsymbol{x}^{(i)}), y^{(i)})}{\partial H(\boldsymbol{x}^{(i)})}|_{H=H_m}\right) \\
= & \underset{h \in \mathcal{H}}{\arg \min }\left(\frac{1}{n} \sum_{i=1}^{n} J\left(H_m(\boldsymbol{x}^{(i)}), y^{(i)}\right)+\frac{\alpha}{n} \sum_{i=1}^{n} r_m^{(i)} h(\boldsymbol{x}^{(i)})\right)
\end{aligned} \tag{2.158}$$

其中, $r_m^{(i)} = \dfrac{\partial J(H(\boldsymbol{x}^{(i)}), y^{(i)})}{\partial H(\boldsymbol{x}^{(i)})}\bigg|_{H=H_m}$ 称为伪残差 (pseudo-residual) 的第 i 个分量[②], 对于限制深度的 CART 回归树 h, 其损失函数为平方损失. 因此, 第 m 步迭代损失函数可以写成

$$J(H_m, \boldsymbol{y}) = (H_m - \boldsymbol{y})^2 \longrightarrow \boldsymbol{r}_m = \nabla_H J(H, \boldsymbol{y})|_{H=H_m} = 2(H_m - \boldsymbol{y}) = 2(\hat{\boldsymbol{y}}_m - \boldsymbol{y}) \tag{2.159}$$

这里 $\hat{\boldsymbol{y}}_m$ 为第 m 步迭代预测标签, $\boldsymbol{y}$ 为观察标签或样本的真实标签. 为了使用回归树进行梯度增强, 将平方损失函数式 (2.159) 代入式 (2.158). 由于式 (2.158) 的第一项与优化函数 h 无关, 所以只需要等价地优化下式:

$$\underset{h \in \mathcal{H}}{\arg \min } \frac{\alpha}{n} \sum_{i=1}^{n} r_m^{(i)} h(\boldsymbol{x}^{(i)}) = \min_{h} \frac{\alpha}{n} \sum_{i=1}^{n} 2(H_m(\boldsymbol{x}^{(i)}) - y^{(i)}) h(\boldsymbol{x}^{(i)}) \tag{2.160}$$

很显然, 如果要使上式最小, 我们需要取函数 h 的方向就是残差 (梯度) 的负方向, 并且 $|h|$ 越大越好, 最后可以使得损失函数趋于 "$-\infty$". 这显然是违反常理的. 首先,

---

[①] 梯度提升决策树有着非常广泛的应用, 例如搜索引擎, 它可以预测每个用户将要在网络中寻找的内容.
[②] 如果是平方损失函数 (见式 (2.159)), 则伪残差向量 $-\boldsymbol{r}_m = \boldsymbol{y} - H_m$ 是从预测标签 $H_m = \hat{\boldsymbol{y}}_m$ 指向真实标签 $\boldsymbol{y}$ 的向量, 它就是真正的残差, 但对于其他损失函数只表示预测函数在预测标签 $\hat{\boldsymbol{y}}_m$ 处的梯度值.

梯度提升决策树算法采用弱分类器，一般不可能找到一个与最佳方向一致的 $-(H_m-\boldsymbol{y})$ 的方向；其次，在做泰勒展开时取一阶近似需要 $|\sum_{i=1}^{n} h(x^{(i)})|$，不能太大，否则 (2.160) 式不存在下界，为了使优化问题存在解，在式 (2.160) 中加入 $\sum_{i=1}^{n} h^2(\boldsymbol{x}^{(i)})=1$ 的规范条件，新的优化问题如下：

$$\arg\min_{h\in\mathcal{H}} \frac{\alpha}{n}\sum_{i=1}^{n} 2(H_m(\boldsymbol{x}^{(i)})-y^{(i)})h(\boldsymbol{x}^{(i)})+h^2(\boldsymbol{x}^{(i)}) \tag{2.161}$$

由于 $H_m(x^{(i)})-y^{(i)}$ 与优化函数 h 无关，再加上 $\sum_{i=1}^{n}(H_m(x^{(i)})-y^{(i)})^2$ 项，式 (2.161) 等价于如下优化问题：

$$\begin{aligned} h_{m+1} &= \arg\min_{h\in\mathcal{H}} \frac{\alpha}{n}\sum_{i=1}^{n}\left(h(\boldsymbol{x}^{(i)})-(y^{(i)}-H_m(\boldsymbol{x}^{(i)}))\right)^2 \\ &= \arg\min_{h\in\mathcal{H}} \frac{\alpha}{n}\sum_{i=1}^{n}\left(h(\boldsymbol{x}^{(i)})-(y^{(i)}-\hat{y}_m^{(i)})\right)^2 \end{aligned} \tag{2.162}$$

这个式子告诉我们，Boosting 在做回归时与通常的回归是不尽相同的. 它不是直接拟合原始数据集 $\{(\boldsymbol{x}^{(i)},y^{(i)})|i=1,2,\cdots,n\}$，而是在集成的过程中每步 (第 m 步) 都产生一个新的数据集 $D^{(m)}=\{(\boldsymbol{x}^{(i)},y^{(i)}-\hat{y}_m^{(i)})|i=1,2,\cdots,n\}$，利用弱的基学习器去拟合这个数据的伪残差，求出第 m 个最优函数 h_m 并加入到集成模型中. 对于提升决策树回归弱分类器算法 $\mathcal{A}$，采用的是有剪枝后的 CART 回归算法. 有了上面的思路，下面我们给出提升决策树 (GBDT) 回归算法.

① 提升决策树回归算法

输入：训练样本集 $D=\{(\boldsymbol{x}^{(1)},y^{(1)}),(\boldsymbol{x}^{(2)},y^{(2)}),\cdots,(\boldsymbol{x}^{(n)},y^{(n)})\}$，步长参数 α，决策树回归弱分类器算法 $\mathcal{A}$，以及平方损失函数 $J(H,\boldsymbol{y})=\frac{1}{2}(\boldsymbol{y}-H)^2$.

输出：集成模型 $H(\boldsymbol{x})$.

步骤 1 初始化预测模型 $H_0(\boldsymbol{x}^{(i)})=\underset{h\in\mathcal{H}}{\arg\min}\sum_{i=1}^{n}\left(y^{(i)}-h(\boldsymbol{x}^{(i)})\right)^2=\frac{1}{n}\sum_{i=1}^{n}y^{(i)}$, $i=1,2,\cdots,n$，即标签预测值所有观测标签的平均值.

步骤 2 从 $m=1$ 到 $m=M$，

(A) 计算损失函数梯度 (残差) 向量 $-\boldsymbol{r}_m=-\nabla_H J(H,\boldsymbol{y})|_{H=H_{m-1}}=\boldsymbol{y}-\hat{\boldsymbol{y}}_m$.

(B) 更新训练样本集 $\{D^{(m)}=(\boldsymbol{x}^{(i)},y^{(i)}-\hat{y}_m^{(i)})|i=1,2,\cdots,n\}$，即利用伪残差作为输入数据，用拟 CART 算法，生成第 m 棵回归树，记叶子节点对应的区域为 $R_m^{(j)}(j=1,2,\cdots,\ell(m))$，这里 $\ell(m)$ 为第 m 棵回归决策树的叶子节点的个数.

(C) 对 $j=1,2,\cdots,\ell(m)$(对每个叶子区域计算最佳值拟合)[1],

$$h_m^{(j)} = \underset{h\in\mathcal{H}}{\arg\min} \sum_{\boldsymbol{x}^{(i)}\in R_m^{(j)}} J\left(H_{m-1}(\boldsymbol{x}^{(i)})+h(\boldsymbol{x}^{(i)}),y^{(i)}\right)$$

(D) 更新 m 棵树的预测函数 $H_m(\boldsymbol{x}) = H_{m-1}(\boldsymbol{x}) + \alpha \sum_{j=1}^{\ell(m)} h_m^{(j)} \boldsymbol{I}(\boldsymbol{x}\in R_m^{(j)})$.

步骤 3 输出集成分类器 $H(\boldsymbol{x}) = H_M(\boldsymbol{x})$.

GBDT 的分类算法从思想上和 GBDT 的回归算法没有区别. 但是由于样本输出的不是连续的值, 而是离散的类别, 因此我们无法直接从输出类别去拟合类别输出的误差. 解决这个问题的方法是用类似于逻辑回归的对数似然损失函数的方法, 即用类别的预测概率值和真实概率值的差来拟合损失. 我们利用统计上所谓的赔率 (odds), 首先考虑二分类情况. 对于 $y^{(i)}\in\{1,-1\}$, 假定有 n 个训练样本, 它们正样本的个数为 n_+, 负样本的个数为 n_-. 很明显, 正样本 $y^{(i)}=1$ 的赔率 $odds=\dfrac{n_+}{n_-}$. 正样本的概率为 $p=\dfrac{n_+}{n_++n_-}=\dfrac{n_+}{n}$[2], 所以赔率作为概率 p 的函数, 有如下关系:

$$odds(p) = \frac{p}{1-p} \longrightarrow \log(odds) = \log\left(\frac{p}{1-p}\right)$$

反之, 正样本的预测概率作为对数赔率的函数, 可以写成

$$p(\log(odds)) = \frac{\mathrm{e}^{\log(odds)}}{1+\mathrm{e}^{\log(odds)}} \tag{2.163}$$

图 2.28 给出了预测正类样本 $y^{(i)}=1$ 的预测标签以及观察标签示意图, 其中红色的圈表示正样本的观察标签 $y^{(i)}=1$ 的概率值为 1, 黑色的圈表示负样本的观察标签 $y^{(i)}=1$ 的概率值为 0, 虚线表示正样本 $y^{(i)}=1$ 的预测概率值, 它由计算式 (2.163) 给出. 例如在某一数据集中正样本的个数 $n_+=4$, 负样本的个数 $n_-=2$, 作为初始预测, 我们首先计算 $\log(odds)=\log(4/2)=0.6931$, 由公式 (2.163) 计算出所有的样本的预测概率都为 $p(\log(odds))=\dfrac{\mathrm{e}^{0.6931}}{1+\mathrm{e}^{0.6931}}=0.6667$, 这样我们可以很方便地定义提升分类决策树的伪残差 = 观察概率值 − 预测概率值, 对于这个例子正样本的观察概率为 $+1$, 所以它的伪残差 $= 1-0.6667 = 0.3333$, 负样本的观察概率为 0, 所以它的伪残差

---

[1] 在 GBDT 中树的个数通常 $M>100$, 生成的每棵树的叶子节点个数一般被限制在 8 到 32 之间. 因此, 叶子节点中一般包含多个样本, 最佳的拟合值就是对这个叶子节点中的样本的残差做平均.

[2] 例如, 如果一个选手的段位很低, 他和高段位的选手下五盘棋只能赢一盘, 其他四盘会输, 则低段选手赢的赔率为 $odds=\dfrac{1}{4}$, 相应的高段选手的赔率为 $odds=\dfrac{4}{1}$, 从概率上来看, 低段选手赢的概率为 $p_l=\dfrac{1}{5}=0.2$, 而高段选手赢的概率 $p_h=\dfrac{4}{5}=0.8$, 很显然它们之间的关系是 $odds=\dfrac{p}{1-p}$, 它在统计上被称为 Logit 函数. 仔细观察赔率发现, 对于低段位选手赢少输多, 赢的赔率 $odds$ 的取值在 $[0,1]$ 之间, 对于高段位的选手赢得多输得少, 赢的赔率 $odds$ 的取值为 $[1,\infty)$, 考虑到它们取值范围的对称性, 引入 $\log(odds)$, 使得取值为 $(-\infty,0)$ 和 $(0,\infty)$ 并且对称.

$= 0 - 0.6667 = -0.6667$. 当我们讨论提升分类决策树时,预测概率就等价于前面的提升回归决策树样本的平均值,如果设定阈值为 0.5,它小于预测概率 0.6667,作为初始预测例子中的所有样本都被预测成正样本. 然后,与提升回归决策树一样,我们利用 CART 算法生成一系列的树来逼近真实观察概率值. 这里存在的问题是,伪残差的值是有正负的,所以生成的树的叶子节点的值也有正负的. 在做分类时,我们希望给出预测的概率值,数学上必须做适当的转换,类比逻辑回归,定义损失函数为训练数据集的对数似然 (log likelihood),它可以写成

$$\sum_{i=1}^{n}\left(y^{(i)}\log(p^{(i)}) + (1-y^{(i)})\log(1-p^{(i)})\right) \tag{2.164}$$

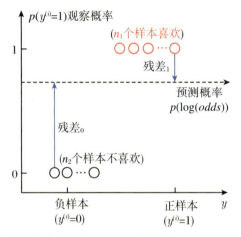

图 2.28 正类样本 $y^{(i)}=1$ 的预测标签以及观察标签示意图

上式中的 $p^{(i)}$ 为样本 $\boldsymbol{x}^{(i)}$ 的预测概率,对于训练数据中的正样本 $y^{(i)}=1$,反之 $y^{(i)}=0$. 逻辑回归告诉我们最大化对数似然给出好的预测概率,在提升分类决策树中通常用负的对数似然作为其损失函数,最小化负的对数似然,则表示得到更好的拟合模型. 从式 (2.164) 可以看出,损失函数对于样本是退耦合的,所以下面我们去掉求和号,专注于样本 $\boldsymbol{x}^{(i)}$,定义样本 $\boldsymbol{x}^{(i)}$ 的损失函数为负的对数似然,

$$\begin{aligned} J(p^{(i)}, y^{(i)}) &= -\left(y^{(i)}\log(p^{(i)}) + (1-y^{(i)})\log(1-p^{(i)})\right) \\ &= -y^{(i)}[\log(p^{(i)}) - \log(1-p^{(i)})] - \log(1-p^{(i)}) \\ &= -y^{(i)}\log(odds) - \log\left(1 - \frac{e^{\log(odds)}}{1+e^{\log(odds)}}\right) \\ &= -y^{(i)}\log(odds) + \log(1+e^{\log(odds)}) = J(\log(odds), y^{(i)}) \end{aligned} \tag{2.165}$$

上式利用了预测概率 p 与 $\log(odds)$ 之间的关系式 (2.163). 我们将损失函数的预测概率形式变换成预测 $\log(odds)$ 的函数, 它是关于变量 $\log(odds)$ 的可微凸函数, 由式 (2.165) 得到

$$\frac{\partial J(\log(odds), y^{(i)})}{\partial \log(odds))} = -y^{(i)} + \frac{e^{\log(odds)}}{1+e^{\log(odds)}} = -y^{(i)} + p^{(i)} \qquad (2.166)$$

上式告诉我们损失函数的梯度方向为 $p^{(i)} - y^{(i)}$. 有了上面的准备, 与提升回归决策树算法一样, 通过其损失函数的负梯度的拟合及 $r^{(i)} = y^{(i)} - p^{(i)}$ (称为伪残差); 与回归问题一样, 区别仅仅在于损失函数不同导致的负梯度不同而已. 回想一下回归的情况, 树的叶子节点的预测值为平均值 (因为是平方损失函数), 而分类问题 $\log(odds)$ 等价于逻辑回归时的平均值, 与提升回归决策树类似, 提升分类决策树分类算法如下:

② 提升决策树 (GBDT) 分类算法

输入: 训练样本集 $D = \{(\boldsymbol{x}^{(i)}, y^{(i)}), \cdots, (\boldsymbol{x}^{(n)}, y^{(n)})\}$, 决策树回归弱分类器算法 $\mathcal{A}$, 可微分的损失函数 J.

输出: 集成模型 $H(\boldsymbol{x})$.

步骤 1 初始化预测模型 $H_0 = \log(odds) = \log\left(\frac{n_+}{n_-}\right)$.

步骤 2 从 $m=1$ 到 $m=M$,

(A) 分别计算负梯度 (伪残差), 从式 (2.166) 并记 $H = \log(odds)$, 我们有

$$r_m^{(i)} = -\left[\frac{\partial J(H(\boldsymbol{x}^{(i)}), y^{(i)})}{\partial H(\boldsymbol{x}^{(i)})}\right]_{H(x) = H_{m-1}(\boldsymbol{x}^{(i)})} = y^{(i)} - \frac{e^{\log(odds_{m-1})}}{1+e^{\log(odds_{m-1})}} = y^{(i)} - p_{m-1}^{(i)}$$

(B) 更新训练样本集 $\{D^{(m)} = (\boldsymbol{x}^{(i)}, y^{(i)} - p_m^{(i)}) | i=1,2,\cdots,n\}$, 即利用伪残差作为输入数据, 用拟 CART 算法, 生成第 m 棵回归树, 记叶子节点对应的区域为 $R_m^{(j)}(j=1,2,\cdots,\ell(m)$, 这里 $\ell(m)$ 为第 m 棵分类决策树的叶子节点的个数).

(C) 对每个叶子区域计算最佳值拟合, 为了推导方便和记号的一致性, 记 $h_m^{(j)} = \log(odds_m^{(j)})(j=1,2,\cdots,\ell(m))$①,

$$h_m^{(j)} = \underset{h \in \mathcal{H}}{\arg\min} \sum_{\boldsymbol{x}^{(i)} \in R_m^{(j)}} J\left(H_{m-1}(\boldsymbol{x}^{(i)}) + h(\boldsymbol{x}^{(i)}), y^{(i)}\right)$$

与提升回归决策树的平方损失函数不同, 负对数似然的损失函数难以优化, 无法得到像均值那样的解析解, 实际中一般使用近似解来代替 (见下面的讨论).

(D) 更新 m 棵树的预测函数 $H_m(\boldsymbol{x}) = H_{m-1}(\boldsymbol{x}) + \alpha \sum_{j=1}^{\ell(m)} h_m^{(j)} \boldsymbol{I}(\boldsymbol{x} \in R_m^{(j)})$.

---

① 在 GBDT 中树的个数通常为 $M > 100$, 生成的每棵树的叶子节点个数一般被限制在 8 到 32 之间. 因此, 叶子节点中一般包含多个样本, 最佳的拟合值就是对这个叶子节点中的样本的残差做平均.

步骤 3 输出集成分类器 $H(\boldsymbol{x}) = H_M(\boldsymbol{x})$.

关于上面提升决策树 (GBDT) 分类算法的步骤 2(C) 的说明, 由式 (2.165) 损失函数可以写成

$$J(H_{m-1}(\boldsymbol{x}^{(i)}) + h_m^{(j)}, y^{(i)}) \tag{2.167}$$

直接优化 h 比较困难, 通常的做法是对损失函数 H 在 H_{m-1} 处做二阶泰勒展开, 得到

$$J(H_{m-1}(\boldsymbol{x}^{(i)}) + h_m^{(j)}, y^{(i)}) \approx J(H_{m-1}(\boldsymbol{x}^{(i)}), y^{(i)}) + \left[\frac{\partial J(H(\boldsymbol{x}^{(i)}), y^{(i)})}{\partial H(\boldsymbol{x}^{(i)})}\right]_{H(x)=H_{m-1}} h_m^{(j)}$$

$$+ \frac{1}{2}\left[\frac{\partial^2 J(H(\boldsymbol{x}^{(i)}), y^{(i)})}{\partial H(\boldsymbol{x}^{(i)})^2}\right]_{H(x)=H_{m-1}} h_m^{(j)^2} + \cdots \tag{2.168}$$

保留损失函数的二阶项, 上式对 h 求导并令其等于零, 我们有

$$\frac{\partial J(H_{m-1}(\boldsymbol{x}^{(i)}) + h_m^{(j)}, y^{(i)})}{\partial h_m^{(j)}} = \frac{\partial J(H(\boldsymbol{x}^{(i)}), y^{(i)})}{\partial H(\boldsymbol{x}^{(i)})} + \frac{\partial^2 J(H(\boldsymbol{x}^{(i)}), y^{(i)})}{\partial H(\boldsymbol{x}^{(i)})^2} h_m^{(j)} = 0 \tag{2.169}$$

解出 $h_m^{(j)}$, 将具体的损失函数式 (2.165) 和损失函数的梯度式 (2.166) 代入并完成损失函数的二阶导数, 整理后得到

$$h_m^{(j)} = -\frac{\frac{\partial J(H(\boldsymbol{x}^{(i)}), y^{(i)})}{\partial H(\boldsymbol{x}^{(i)})}}{\frac{\partial^2 J(H(\boldsymbol{x}^{(i)}), y^{(i)})}{\partial H(\boldsymbol{x}^{(i)})^2}} = \frac{\sum_{\boldsymbol{x}^{(i)} \in R_m^{(j)}} \left(y^{(i)} - p_{m-1}^{(j)}\right)}{\sum_{\boldsymbol{x}^{(i)} \in R_m^{(j)}} p_{m-1}^{(j)}(1 - p_{m-1}^{(j)})} \tag{2.170}$$

除了负梯度计算和叶子节点的最佳负梯度拟合的算法外, 二元 GBDT 分类和 GBDT 回归算法过程相同. 对于多元分类, 推导与二元分类类似, 由于篇幅有限, 我们不再讨论. 作为总结, 梯度提升决策树的主要优点有:

- 可以灵活处理各种类型的数据, 包括连续值和离散值;
- 在相对少的调参时间情况下, 预测的准确率也可以比较高;
- 使用一些健壮的损失函数, 对异常值的鲁棒性非常强. 比如 Huber 损失函数和 Quantile 损失函数.

梯度提升决策树的主要缺点是由于弱学习器之间存在依赖关系, 难以并行学习.

2. AdaBoost 算法

AdaBoost 的全称为 "Adaptive Boosting", 是最有代表性的提升算法, 被列为十大机器学习算法之一. 给定一个样本数据集 $D = \{(\boldsymbol{x}^{(1)}, y^{(1)}), (\boldsymbol{x}^{(2)}, y^{(2)}), \cdots, (\boldsymbol{x}^{(n)}, y^{(n)})\}$, 其中, $\boldsymbol{x}^{(i)} \in \mathbb{R}^d$, $y^{(i)} \in \{-1, +1\}$. 原始 AdaBoost 算法是按顺序构建基分类器的集成学习算法. 算法中会给每一个训练样本分配一个相同的初始权重, 但是样本的权重

会在每一个基分类器训练之前根据前一个基分类器的训练结果动态进行调整. 即它的自适应在于: 前一个基本分类器分错的样本会得到加强, 加权后的全体样本再次被用来训练下一个基本分类器. 同时, 在每一轮中加入一个新的弱分类器, 直到达到某个预定的足够小的错误率或达到预先指定的最大迭代次数. 作为一个特例, AdaBoost 可以纳入函数空间梯度提升的框架, 考虑损失函数为如下指数损失函数:

$$J(H, y^{(i)}) = \sum_{i=1}^{n} e^{-y^{(i)} H(\boldsymbol{x}^{(i)})} \tag{2.171}$$

与前面讨论的梯度决策树不同, AdaBoost 还考虑了最陡下降法得到最优的学习率 α.① 另外, AdaBoost 算法仅仅考虑分类问题, 定义弱分类器 $h(\boldsymbol{x}^{(i)}) = \{-1, +1\}(i = 1, 2, \cdots, n)$. 按照本小节前面的讨论, 我们需要在函数空间做梯度下降寻找最优的弱分类器 h, 使得下面的损失函数达到最小值, 即

$$\arg\min_{h \in \mathcal{H}} J(H + \alpha h) \approx \arg\min_{h \in \mathcal{H}} \langle \nabla J(H) | h \rangle \tag{2.172}$$

为了找到弱分类器 h, 我们需要计算损失函数的梯度向量, 梯度向量的第 i 分量可以由下式给出:

$$r^{(i)} = \frac{\partial J(H, y^{(i)})}{\partial H(\boldsymbol{x}^{(i)})} = -y^{(i)} e^{-y^{(i)} H(\boldsymbol{x}^{(i)})} \tag{2.173}$$

为了在符号上运算方便, 定义样本 $\boldsymbol{x}^{(i)}$ 的损失权重 $w^{(i)} = \frac{1}{Z} e^{-y^{(i)} H(\boldsymbol{x}^{(i)})}$. 这里, Z 是**配分函数** (对于总样本的损失), $Z = J = \sum_{i=1}^{n} e^{-y^{(i)} H(\boldsymbol{x}^{(i)})}$. 因此, 每个权重 $w^{(i)}$ 都是训练点 $(\boldsymbol{x}^{(i)}, y^{(i)})$ 对整体损失的相对贡献. 很明显, $\sum_{i=1}^{n} w^{(i)} = 1$. 为了找到最佳的下一个弱学习器, 将式 (2.173) 代入式 (2.172), 我们有

$$\begin{aligned} h^*(\boldsymbol{x}^{(i)}) &= \arg\min_{h \in \mathcal{H}} \sum_{i=1}^{n} r^{(i)} h(\boldsymbol{x}^{(i)}) = \arg\min_{h \in \mathcal{H}} -\sum_{i=1}^{n} y^{(i)} e^{-H(\boldsymbol{x}^{(i)}) y^{(i)}} h(\boldsymbol{x}^{(i)}) \\ &= \arg\min_{h \in \mathcal{H}} -\sum_{i=1}^{n} w^{(i)} y^{(i)} h(\boldsymbol{x}^{(i)}) = \arg\min_{h \in \mathcal{H}} \sum_{i: h(\boldsymbol{x}^{(i)}) \neq y^{(i)}} w^{(i)} - \sum_{i: h(\boldsymbol{x}^{(i)}) = y^{(i)}} w^{(i)} \\ &= \arg\min_{h \in \mathcal{H}} \sum_{i: h(\boldsymbol{x}^{(i)}) \neq y^{(i)}} w^{(i)} \end{aligned} \tag{2.174}$$

其中的第三个等式是由于 Z 是个常数, 乘上 $1/Z$ 不改变优化问题的解. 第四个等式是由于 $y^{(i)} h(\boldsymbol{x}^{(i)}) \in \{+1, -1\}, y^{(i)} h(\boldsymbol{x}^{(i)}) = 1 \iff h(\boldsymbol{x}^{(i)}) = y^{(i)}, y^{(i)} h(x^{(i)}) = -1 \iff$

---

① AdaBoost 采用指数损失函数 (2.171), 最优的学习率 α 存在解析解. 它与弱分类器的分类误差相关, 误差越小 α 越大, 见式 (2.178).

$h(x^{(i)}) \neq y^{(i)}$. 记第一项为 ϵ, 它的物理意义是加权分类误差, 则第二项为加权精度项 $1-\epsilon$[①], 去掉常数项和二倍的倍数项, 所以第四个等式就是最小化加权误差 ϵ. 因此, 对于 AdaBoost, 我们只需要一个分类器, 该分类器可以获取训练数据和训练集上的分布 (即所有训练样本的归一化权重 $w^{(i)}$), 并返回分类器 $h \in \mathcal{H}$. 这个分类器不必做得很好, 仅仅需要对于加权训练误差 $\epsilon < 0.5$ 就可以减少这些训练样本的加权分类误差.

在 GBDT 中, 我们将步长 α 设置为一个小常数. 但对于 AdaBoost, 每次执行梯度下降步骤时, 我们都能找到沿弱分类器 h 方向的最佳步长 α^* 的大小 (即最大限度地减小损失函数 J). 对于给定的 J, H, h, 求解最佳步长 α^* 等价于以下优化问题:

$$\begin{aligned} \alpha^* &= \arg\min_\alpha J(H + \alpha h) \\ &= \arg\min_\alpha \sum_{i=1}^n e^{-y^{(i)}[H(\boldsymbol{x}^{(i)}) + \alpha h(\boldsymbol{x}^{(i)})]} \end{aligned} \tag{2.175}$$

上式对 α 微分并令其等于 0, 则

$$\sum_{i=1}^n y^{(i)} h(\boldsymbol{x}^{(i)}) e^{-y^{(i)} H(\boldsymbol{x}^{(i)}) + \alpha y^{(i)} h(\boldsymbol{x}^{(i)})} = 0 \tag{2.176}$$

将样本分成分类正确和错误的集合, 得到

$$\begin{aligned} &\sum_{i:h(\boldsymbol{x}^{(i)})y^{(i)}=1} e^{-(y^{(i)}H(\boldsymbol{x}^{(i)})+\alpha \underbrace{y^{(i)}h(\boldsymbol{x}^{(i)})}_{1})} - \sum_{i:h(\boldsymbol{x}^{(i)})y^{(i)}=-1} e^{-(y^{(i)}H(\boldsymbol{x}^{(i)})+\alpha \underbrace{y^{(i)}h(\boldsymbol{x}^{(i)})}_{-1})} = 0 \\ &\Rightarrow -\sum_{i:h(\boldsymbol{x}^{(i)})y^{(i)}=1} w^{(i)} e^{-\alpha} + \sum_{i:h(\boldsymbol{x}^{(i)})y^{(i)}=-1} w^{(i)} e^{\alpha} = 0 \end{aligned} \tag{2.177}$$

按照加权误差损失 $w^{(i)}$ 的定义, 显然上式可以写成 $(1-\epsilon)e^{-\alpha} - \epsilon e^{\alpha} = 0$, 所以我们得到最佳步长 α^* 的解析形式[②]

$$\alpha^* = \frac{1}{2} \ln \frac{1-\epsilon}{\epsilon} \tag{2.178}$$

图 2.29 给出了最佳步长 α^* 的线性寻找几何示意图. 它保证了 AdaBoost 每步都可以走到损失函数在 h 方向的最小值点, 所以 AdaBoost 是一个收敛非常快的算法.

---

① 因为 $\sum_{i=1}^n w^{(i)} = 1$.
② 只有损失函数是指数形式, 才有步长 α 的解析形式, 对于其他损失函数, 则需要做线搜索 (line search).

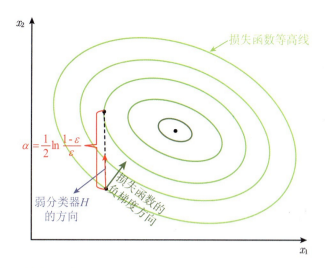

图2.29 最佳步长α^*的线性寻找几何示意图

AdaBoost 的另一个核心思想是，在做完每步梯度下降后，即 $H_{m+1} = H_m + h$，需要根据 H_m 分类的错误情况更新所有样本数据的权重，然后重新进行归一化：

$$w^{(i)} \leftarrow w^{(i)} * e^{-\alpha h(\boldsymbol{x}^{(i)})y^{(i)}} \tag{2.179}$$

显然，被分类错误的样本点被乘上 $e^{-\alpha h(\boldsymbol{x}^{(i)})y^{(i)}} > 1$，而分类正确的样本点则乘上小于 1 的因子，使得下一个弱分类器会更加专注到前面被错误分类的样本，配分函数(总的误差)Z 这时变为

$$Z \leftarrow Z * 2\sqrt{\epsilon(1-\epsilon)} \tag{2.180}$$

将这两个放在一起，我们得到以下样本权重的更新规则：

$$w^{(i)} \leftarrow w^{(i)} * \frac{e^{-\alpha h(\boldsymbol{x}^{(i)})y^{(i)}}}{2\sqrt{\epsilon(1-\epsilon)}} \tag{2.181}$$

如下是具体 AdaBoost 算法的实现.

输入: 训练样本集 $D = \{(\boldsymbol{x}^{(i)}, y^{(i)})\}_{i=1}^n$，弱分类器算法 $\mathcal{A}$，指数损失函数 J.

输出: 集成模型 $H(\boldsymbol{x})$.

步骤 1 初始化预测模型 $H_0 = 0, w^{(i)} = \frac{1}{n} (i = 1, 2, \cdots, n)$.

步骤 2 从 $m = 0$ 到 $m = M - 1$,

(A) 利用算法计算预测函数 $h = \mathcal{A}(D, \boldsymbol{w}_m)$.

(B) 利用预测函数分类错误的样本点计算分类误差 $\epsilon_m = \sum_{i:h(\boldsymbol{x}^{(i)}) \neq y^{(i)}} w_m^{(i)}$.

(C) 如果 $\epsilon_m > \dfrac{1}{2}$, 算法退出.

(D) 计算最佳集成步长 $\alpha_m^* = \dfrac{1}{2}\ln\dfrac{1-\epsilon_m}{\epsilon_m}$, 集成分类预测器 $H_{m+1} = H_m + \alpha_m^* h$, 更新所有样本点权重 $w_m^{(i)} \leftarrow w_{m-1}^{(i)} * \dfrac{\mathrm{e}^{-\alpha_m^* h(\boldsymbol{x}^{(i)}) y^{(i)}}}{2\sqrt{\epsilon_m(1-\epsilon_m)}}$ $(i=1,2,\cdots,n)$.

步骤 3 输出集成分类器 $H(\boldsymbol{x}) = \mathrm{sign}\{H_M(\boldsymbol{x})\}$.

与 GBDT 算法固定走同样的步长不同, 由于 AdaBoost 每一步都可以沿着弱分类器的方向走最大步长 (损失函数在 h 方向下降最大的步长), 因此它比一般提升算法有着更快的收敛速度. 这个可以通过计算每一次更新中各个样本的权重衰减来得到其收敛速度与集成步数的下界. 首先, 我们注意到对应的训练损失是训练误差的上限, 由式 (2.171) 得

$$J(H, y^{(i)}) = \sum_{i=1}^{n} \mathrm{e}^{-y^{(i)} H(\boldsymbol{x}^{(i)})} \geqslant \sum_{i=1}^{n} \boldsymbol{I}\{H(\boldsymbol{x}^{(i)}) \neq y^{(i)}\} \tag{2.182}$$

式 (2.182) 告诉我们, 如果训练损失函数 $J(H, y^{(i)})$ 下降得很快, 则训练误差下降得更快. 当 $J(H, y^{(i)}) \leqslant 1$ 时, 所有的样本都已完全被算法正确分类了, 考虑总的损失函数经过 M 步迭代更新它的变化, 由式 (2.180) 有

$$J(H, y^{(i)}) = Z = Z_0 \prod_{m=1}^{M} 2\sqrt{\epsilon_m(1-\epsilon_m)} = n \prod_{m=1}^{M} 2\sqrt{\epsilon_m(1-\epsilon_m)} \tag{2.183}$$

如果定义 $c = \max_m \epsilon_m$, 我们可以建立损失函数上界不等式

$$J(H, y^{(i)}) \leqslant n\left[2\sqrt{c(1-c)}\right]^M \tag{2.184}$$

函数 $c(1-c)$ 在 $c = \dfrac{1}{2}$ 时取最大值, 因此 $c(1-c) < \dfrac{1}{4}$, 将不等式改为等式, 即存在某个 γ, 使得 $c(1-c) = \dfrac{1}{4} - \gamma^2$. 因此损失函数满足

$$J(H, y^{(i)}) \leqslant n\left(1 - 4\gamma^2\right)^{\frac{M}{2}} \tag{2.185}$$

上式告诉我们, 训练损失随着迭代的步数呈指数衰减, 式 (2.182) 的左边, 当训练损失函数 $J(H, y^{(i)}) < 1$ 时, 则训练误差①为零, 损失函数小于 1 所需要的迭代步骤数为

$$n\left(1 - 4\gamma^2\right)^{\frac{M}{2}} < 1 \quad \Rightarrow \quad M > \dfrac{2\log(n)}{\log\left(\dfrac{1}{1-4\gamma^2}\right)} \tag{2.186}$$

这个结果表明在经过 $O(\log(n))$ 次迭代之后, 样本的训练误差必须为零. 在实际训练操

---

① 小于 1 的整数一定为零, 这意味着没有单个训练输入被错误分类.

作中，建议即使找到了在训练集上没有犯错误的 H，也进一步提升，可以得到类似 SVM 的增加分类的间隔，使得分类器更加强壮[①]。

综上，提升算法是一个将偏差很大的弱分类器转变为强大分类器的非常好的方法。提升算法家族包括 Gradient Boosting, AdaBoost, LogitBoost 以及许多其他算法。最近非常流行的提升算法 XGBoost，它在包括 Kaggle, KDD 等各大数据挖掘竞赛中有着上佳的表现。

2.4 无监督学习

监督学习是指有求知欲望的学生从老师那里获取知识、信息，老师提供对错标准并告知最终答案的过程，无监督学习是指在没有老师的情况下学生自学的过程。在机器学习的世界里，基本上是由计算机通过互联网、物联网自动收集信息，并从中获取有用的信息，无监督学习不仅仅局限于监督学习那种有明确答案的问题，它学习的目标可以不必确定，这使得无监督学习在视频分析、社交网站分析、语音分析、异常检测以及数据的可视化等方面大显身手，并且在有监督学习的预处理方面有着广泛的应用。无监督学习的典型算法有聚类算法、降维方法 (主成分分析 (PCA)、非负矩阵分解 (NMF))、拉普拉斯特征映射方法等。本节首先介绍基于输入样本 $D = \{\boldsymbol{x}^{(i)}\}_{i=1}^n$ 的各自相似度的分组方法、聚类算法。

2.4.1 聚类

在无监督学习中，研究最多、应用最广的就是"聚类"。将抽象数据对象的集合分成由类似的对象组成的多个"簇"(cluster) 的过程被称为聚类。由聚类所生成的簇是一组数据对象的集合，同一个簇中的对象彼此相似，不同簇之间的对象相异，就是所谓的"物以类聚，人以群分"。聚类分析起源于分类学，但是又不等价于分类问题，它与分类问题最主要的区别在于聚类所要求划分的类是未知的，数据是没有标签的，即整个学习

[①] 进一步提升可以使得间隔 $y^{(i)}H$ 的值变大，即分类器的的损失函数 $e^{-y^{(i)}H}$ 变小，当 $y^{(i)}H \to \infty$，损失函数才趋于零。另外，即使提升步骤增加，由于集成参数 α 越来越小，Adaboost 也很难出现过拟合的现象。AdaBoost 的问题之一是，如果数据中包含被错误标签的数据 (或者数据中含有大量噪声)，则算法会放大这个错误，从而导致最终的决策分类性能降低。

过程是数据驱动的. 聚类既能作为一个单独过程, 用于找寻数据内在的分布结构, 又可作为分类等其他学习任务的前驱过程. 例如, 在一些商业应用中, 需要对新用户类别进行判别, 但定义"用户类型"对商家来说却可能不太容易, 此时往往可以先对用户数据进行聚类, 根据聚类结果将每个簇定义为一个类, 然后再基于这些类训练分类模型, 用于判别新用户的类型. 根据输入的不同, 人们一般把聚类方法分成两类: 一类是基于相似的聚类方法, 它输入的是 $n \times n$ 数据点之间的相似度矩阵或者距离矩阵 $\bm{D}$; 另一类是基于特征的聚类方法, 它输入的则是 $n \times d$ 的特征数据. 首先我们介绍基于相似的聚类方法.

1. K 均值算法

K 均值 (K-means) 算法最初起源为信号处理, 是一种应用较为广泛的聚类算法, K 均值算法采用距离作为相似性的评价指标, 即认为两个对象的距离越近, 其相似度就越大. 它的目标是将 n 个样本数据划分到 K 个簇中, 其中每个样本归属于距离最近的簇, 因此把得到紧凑且独立的簇作为最终目标.

(1) K 均值模型

给定数据集 $D = \{\bm{x}^{(1)}, \bm{x}^{(2)}, \cdots, \bm{x}^{(n)}\}$, 其中 $\bm{x}^{(i)} \in \mathbb{R}^d$. 不妨假设需要将数据 D 聚为 K 类, 经过聚类之后每个数据所属的类别为 $\bm{c}_k (k = 1, 2, \cdots, K)$, 其中 $\bm{c}_k \in \mathbb{R}^d$ 是第 k 个聚类的质心坐标. 其损失函数定义如下:

$$J(\bm{c}_1, \bm{c}_2, \cdots, \bm{c}_K) = \sum_{i=1}^{n} \sum_{k=1}^{K} \|\bm{x}^{(i)} - \bm{c}_k\|^2 \bm{I}(\bm{x}^{(i)} \in \bm{c}_k) = \sum_{i=1}^{n} \sum_{k=1}^{K} z_{i,k} \|\bm{x}^{(i)} - \bm{c}_k\|^2 \quad (2.187)$$

它表示每个样本与它簇的质心的距离, 上式中我们引入指示变量 $\bm{I}(\bm{x}^{(i)} \in \bm{c}_k) = z_{i,k}$ 表示样本 $\bm{x}^{(i)}$ 被划分到第 k 类, K 均值模型的目的是找寻指示变量以及最佳的 $\bm{c}_k$, 使损失函数 J 达到最小值. 但是, 这是一个**组合优化问题**, n 个样本分到 K 类, 所有可能分法的数目是[①]

$$S(n, K) = \frac{1}{K!} \sum_{l=1}^{K} (-1)^{K-l} \binom{K}{l} K^n \quad (2.188)$$

想直接求式 (2.187) 的最小值并不容易, 这是一个 NP-Hard 的问题. 因此只能采用启发式的迭代方法[②]. 首先初始化 $\bm{c}_k$ 后可以先保持 $\bm{c}_k$ 固定, 通过调整隐变量 $z_{i,k}$ 将 J 最小化. 然后我们保持 $z_{i,k}$ 固定, 通过调整 $\bm{c}_k$ 将损失函数 J 最小化. 由于 J 是 $z_{i,k}$ 的线性函数, 所以很容易求得其解析解. 注意到不同的 i 项是独立的, 所以可以对每个样本点分别进行优化, 即如果某个类 $\bm{c}_k$ 使得 $\|\bm{x}^{(i)} - \bm{c}_k\|^2$ 最小, 我们就令 $z_{i,k} = 1$, 否则 $z_{i,k} = 0$.

[①] 这就是所谓的第二类 Stirling 数, n 个样本分成 K 类, 且样本在类里内无次序, 每个类不能是空集合.
[②] 迭代方法的思想就是 EM 算法交替优化的思想, 这里 $z_{i,k}$ 可以看作隐变量, 算法收敛到局部最优.

显然当 $z_{i,k}$ 固定时，损失函数 J 是关于 $\boldsymbol{c}_k$ 的二次函数，令它关于 c_k 的导数等于 0，即

$$\frac{\partial J}{\partial \boldsymbol{c}_k} = 2\sum_{i=1}^{K} z_{i,k}(\boldsymbol{x}^{(i)} - \boldsymbol{c}_k) = 0 \tag{2.189}$$

即可计算出 $\boldsymbol{c}_k$ 的最优值

$$\boldsymbol{c}_k = \frac{\sum\limits_{i=1}^{K} z_{i,k}\boldsymbol{x}^{(i)}}{\sum\limits_{i=1}^{K} z_{i,k}} \tag{2.190}$$

很明显，$\boldsymbol{c}_k$ 是第 k 个簇中所有样本的平均值.

不断重复上述迭代过程直到分配不再改变，由于每次迭代过程中损失函数都是单调下降的，所以损失函数 J 一定能收敛到与初始化相关的局部最优解. K 均值算法的具体过程如下：

步骤 1 从数据集 D 中随机选择 K 个样本作为初始的 K 个质心向量 $\boldsymbol{c}_1, \boldsymbol{c}_2, \cdots, \boldsymbol{c}_K$.

步骤 2 对于样本 $\boldsymbol{x}^{(i)}(i=1,2,\cdots,n)$，计算样本 $\boldsymbol{x}^{(i)}$ 到各个质心向量 $\boldsymbol{c}_j(j=1,2,\cdots,K)$ 的最小距离并返回类别标签 $k = \arg\min\limits_{j} \|\boldsymbol{x}^{(i)} - \boldsymbol{c}_j\|^2$，更新 $\boldsymbol{c}_k = \boldsymbol{c}_k \bigcup \{\boldsymbol{x}^{(i)}\}$.

步骤 3 将每个类别中心更新为隶属该类别的所有样本的均值：

$$c_k = \frac{1}{|c_k|} \sum_{\boldsymbol{x}^{(i)} \in c_k} \boldsymbol{x}^{(i)} \tag{2.191}$$

步骤 4 重复步骤 2 和步骤 3，直到类别中心的变化小于某阈值.

其中终止条件可以通过迭代次数、簇中心变化率或数据最小平方误差 (MSE) 等度量得到. 图 2.30 就是一个 K 均值聚类结果图，其中空心圆圈表示 K 均值算法最终输出簇的中心点.

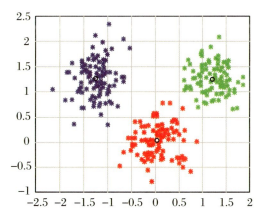

图2.30 K 均值算法

作为解决聚类问题的一种经典算法，K 均值算法具有实现简单、直观并且支持多种距离计算的特点。K 均值算法也存在着一些缺点：在簇的平均值可被定义的情况下才能使用，必须事先给出要生成的簇的数目 K，而且 K 均值算法对初值敏感，对噪声和孤立点数据也较为敏感，当数据分布簇不近似为高斯情形时，它的效果很差。由于算法采用启发式的迭代算法，因此算法也不能保证全局最优。

(2) 模型聚类个数 K 值的选择

对于非监督学习，训练数据是没有标注变量的。那么除了极少数的情况，我们无从知道数据应该被分为几类的。K 均值算法是随机产生几个聚类中心点，如果聚类中心点多了，则会造成过拟合；如果聚类中心点少了，则会造成欠拟合，所以聚类中心点是很关键的。下面介绍几种常见的选择方法：

• 手肘法 (elbow method)：手肘法的核心思想是随着聚类数 K 的增大，样本划分会更加精细，每个簇的聚合程度会逐渐提高，那么损失函数式 (2.187) **误差平方** (sum of the squared errors, SSE) 和自然会逐渐变小。如图 2.31 所示。

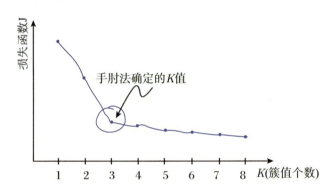

图2.31 簇值个数 K 值的选择

当 K 小于真实聚类数时，由于 K 的增大会大幅增加每个簇的聚合程度。故 SSE 的下降幅度 (梯度) 会很大，而当 K 到达真实聚类数时，再增加 K 所得到的聚合程度回报会迅速变小，所以 SSE 的下降幅度会骤减。然后随着 K 值的继续增大而趋于平缓，SSE 和 K 的关系呈现一个手肘的形状，这个肘部对应的 K 值就是数据的真实聚类数。这种方法适用于 K 值相对较小的情况。

• 通过最大化贝叶斯信息准则 (Bayesian information criterion, BIC) 来完成簇值个数的选择：

$$BIC(\mathcal{M}|D) = LL(D|\mathcal{M}) - \frac{p}{2}\ln(n) \tag{2.192}$$

其中，$LL(D|\mathcal{M})$ 是数据集 D 基于模型 $\mathcal{M}$ 的对数似然函数，p 是模型 $\mathcal{M}$ 中参数的个

数, n 是数据集 D 中样本的个数.

- 轮廓系数 (silhouette coefficient): 轮廓方法衡量对象和所属簇之间的相似度——内聚性 (cohesion). 首先计算样本 $\boldsymbol{x}^{(i)}$ 到同簇其他样本的平均距离 $a(i)$, 将 $a(i)$ 称为样本 $\boldsymbol{x}^{(i)}$ 的簇内不相似度. 簇内所有样本的不相似度 $a(i)$ 的均值称为簇不相似度. 计算样本 $\boldsymbol{x}^{(i)}$ 到其他某簇 $c_k(\boldsymbol{x}^{(i)} \notin c_k)$ 的所有样本的平均距离 $b(i,k)$, 称为样本 $\boldsymbol{x}^{(i)}$ 与簇 c_k 的不相似度. 定义为样本 $\boldsymbol{x}^{(i)}$ 的簇间不相似度: $b(i) = \min\{b_{i_1}, b_{i_2}, \cdots, b_{i_k}\}$. $b(i)$ 越大, 说明样本 $\boldsymbol{x}^{(i)}$ 越不属于其他簇. 根据样本 $\boldsymbol{x}^{(i)}$ 的簇内不相似度 $a(i)$ 和簇间不相似度 $b(i)$, 定义样本 i 的轮廓系数:

$$s(i) = \frac{b(i) - a(i)}{\max\{a(i), b(i)\}} = \begin{cases} 1 - \frac{a(i)}{b(i)}, & a(i) < b(i) \\ 0, & a(i) = b(i) \\ \frac{b(i)}{a(i)} - 1, & a(i) > b(i) \end{cases} \tag{2.193}$$

$s(i)$ 接近于 1, 则说明样本 i 聚类合理; $s(i)$ 接近于 -1, 则说明样本 $\boldsymbol{x}^{(i)}$ 更应该分类到另外的簇. 若 $s(i)$ 近似为 0, 则说明样本 $\boldsymbol{x}^{(i)}$ 在两个簇的边界上, 所有样本的 $s(i)$ 的均值称为聚类结果的轮廓系数, 是判断该聚类是否合理、有效的度量. 求出所有样本的轮廓系数后再求平均值就得到了平均轮廓系数. 平均轮廓系数的取值范围为 $[-1, 1]$, 且簇内样本的距离越近, 簇间样本的距离越远, 平均轮廓系数越大, 聚类效果越好. 那么, 很自然地, 平均轮廓系数最大的 K 便是最佳聚类数. 但是, 其缺陷是计算复杂度为 $O(n^2)$, 需要计算距离矩阵, 那么当数据量达到百万, 甚至千万级别时, 计算开销会非常巨大.

(3) 质心的选择

随机初始化质心是算法是常见的方法. 由于 K 均值算法具有不稳定性, 初始质心选择不同, 结果也就不同. 所以解决局部最优的方法有两种: 一种是多次运行算法, 选择具有最小损失函数 J 值的那组作为最终解. 这种方法通过多次运行尝试, 来解决随机选择初始质心问题. 另一种更有效的方法是 K 均值的改进版——K 均值 ++ 算法, 其区别就在于初始质心的选择, 该算法第一个质心是随机选择的, 接下来的质心基于样本点与所有已被选择的作为质心点的距离, 距离越大越可能被选为下一个质心, 直到选择完 K 个质心. 该方法有效地解决了关于初始质心的选取问题, 目前 K 均值 ++ 已经成为一种硬聚类算法的标准.

2. 谱聚类

谱聚类 (spectral clustering) 是一种广泛使用的聚类算法. 比起传统的 K 均值算法, 谱聚类对数据分布的适应性更强, 聚类效果也很优秀, 它不但计算量不大, 而且实现起来也不复杂. 谱聚类是从图论中演化出来的算法, 是从图割的角度来解决聚类问题, 它的主要思想是把所有的数据看作空间中的点, 这些点之间可以用边连接起来. 距离较远的两个点之间的边权重值较低, 而距离较近的两个点之间的边权重值较高, 通过对所有数据点组成的图进行图割, 让图割后不同的子图间边权重和则尽可能低, 而子图内的边权重和则尽可能高, 从而达到聚类的目的.

谱聚类是通过对样本数据的拉普拉斯矩阵的特征向量进行聚类, 从而达到对样本数据聚类的目的. 它是将高维空间的数据映射到低维, 然后在低维空间用其他聚类算法 (如 K 均值) 进行聚类. 考虑一个带权重的无向图 $G(E,V)$, 其中图的顶点集合 V 表示数据样本集中所有的点 $(\boldsymbol{x}^{(1)}, \boldsymbol{x}^{(2)}, \cdots, \boldsymbol{x}^{(n)})$, E 的每一条边的权重记为 w_{ij}, 它表示两个样本 $\boldsymbol{x}^{(i)}$ 和 $\boldsymbol{x}^{(j)}$ 之间的相似度, 考虑无向图 $G(E,V)$, 有 $w_{ij}=w_{ji}$. 定义顶点 $\boldsymbol{x}^{(i)}$ 的度 d_i 为和它相连的所有边的权重之和, 即

$$d_i = \sum_{j=1}^n w_{ij} \tag{2.194}$$

对于有边连接的两个点 $\boldsymbol{x}^{(i)}$ 和 $\boldsymbol{x}^{(j)}$, $w_{ij}>0$, 反之, 如果它们之间没有边相连接, 则 $w_{ij}=0$, 定义图 $G(E,V)$ 的**度矩阵D**为

$$\boldsymbol{D} = \begin{pmatrix} d_1 & \cdots & \cdots & \cdots \\ \cdots & d_2 & \cdots & \cdots \\ \vdots & \vdots & \vdots & \vdots \\ \cdots & \cdots & \cdots & d_n \end{pmatrix} \tag{2.195}$$

它是一个 $n \times n$ 的对角矩阵, 对于图节点集合 V 的一个子集, 记 $C \subset V$, $|C|=$ 子集 C 中点的个数, $\mathrm{vol}(C) = \sum_{i \in C} d_i$. 定义图 $G(E,V)$ 的**权重邻接矩阵W**①, 它也是一个 $n \times n$ 的矩阵, W 矩阵的第 i 行第 j 列矩阵元为权重 w_{ij}. 构建邻接矩阵 W 的方法有三类: ϵ 近邻法、K 近邻法和全连接法.

(1) ϵ 近邻法

设定一个距离阈值 ϵ, 记任意两个样本点 $\boldsymbol{x}^{(i)}, \boldsymbol{x}^{(j)}$ 之间的距离 (相似度) 为 $s_{ij} = \|\boldsymbol{x}^{(i)} - \boldsymbol{x}^{(j)}\|_2^2$, 根据 s_{ij} 和 ϵ 的大小关系, 定义邻接矩阵 $\boldsymbol{W}_{ij}$ 如下:

$$w_{ij} = \begin{cases} 0, & s_{ij} > \epsilon \\ \epsilon, & s_{ij} \leqslant \epsilon \end{cases} \tag{2.196}$$

---

① W 是由数据样本的相似程度来构成的, 如果两个样本相似, 则在无向图中就会有一条边将其相连接. 所以 W 也称为相似度矩阵.

从上式可知，两点间的权重 w_{ij} 要么是 ϵ，要么是 0，没有其他的信息了，距离远近的度量很不精确，因此在实际应用中我们很少使用 ϵ 近邻法.

(2) K 近邻法

利用K **近邻法** (K-nearest neighbor, KNN) 算法遍历所有的样本点，取每个样本最近的 K 个点作为近邻连接起来，即只有与样本最近的 K 个点之间 $w_{ij} > 0$. 因为我们考虑的是无向图，需要对称邻接矩阵. 这种方法会造成重构之后的邻接矩阵 $\boldsymbol{W}$ 非对称，为了解决这种问题，一般采取下面两种方法之一：

- 只要一个点在另一个点的 K 近邻中，则保留它们之间的距离 s_{ij}，

$$w_{ij} = w_{ji} = \begin{cases} 0, & \boldsymbol{x}^{(i)} \notin \mathrm{KNN}(\boldsymbol{x}^{(j)}),\ \boldsymbol{x}^{(j)} \notin \mathrm{KNN}(\boldsymbol{x}^{(i)}) \\ \exp\left(-\dfrac{||\boldsymbol{x}^{(i)} - \boldsymbol{x}^{(j)}||_2^2}{2\sigma^2}\right), & \boldsymbol{x}^{(i)} \in \mathrm{KNN}(\boldsymbol{x}^{(j)})\ \text{或}\ \boldsymbol{x}^{(j)} \in \mathrm{KNN}(\boldsymbol{x}^{(i)}) \end{cases} \quad (2.197)$$

- 必须两个点在互为 K 近邻中，才能保留它们之间的距离 s_{ij}，

$$w_{ij} = w_{ji} = \begin{cases} 0, & \boldsymbol{x}^{(i)} \notin \mathrm{KNN}(\boldsymbol{x}^{(j)})\ \text{或}\ \boldsymbol{x}^{(j)} \notin \mathrm{KNN}(\boldsymbol{x}^{(i)}) \\ \exp\left(-\dfrac{||\boldsymbol{x}^{(i)} - \boldsymbol{x}^{(j)}||_2^2}{2\sigma^2}\right), & \boldsymbol{x}^{(i)} \in \mathrm{KNN}(\boldsymbol{x}^{(j)}),\ \boldsymbol{x}^{(j)} \in \mathrm{KNN}(\boldsymbol{x}^{(i)}) \end{cases} \quad (2.198)$$

(3) 全连接法

相比前两种方法，第三种方法所有的点之间的权重值都大于 0，因此称之为全连接法. 可以选择不同的核函数来定义边权重，常用的有多项式核函数、高斯核函数和 sigmoid 核函数. 最常用的是高斯核函数 (RBF)，此时相似矩阵和邻接矩阵相同：

$$w_{ij} = s_{ij} = \exp\left(-\frac{||\boldsymbol{x}^{(i)} - \boldsymbol{x}^{(j)}||_2^2}{2\sigma^2}\right) \quad (2.199)$$

在实际的应用中，使用全连接法来建立邻接矩阵是最普遍的，而在全连接法方法中使用高斯核函数是最常见的选择.

对于无向图 $G(E,V)$，如果我们想将此图切割成 K 个子图 (K 个簇)$\{C_1, C_2, \cdots, C_K\}$，它们满足 $C_i \cap C_j = \varnothing$，且 $C_1 \cup C_2 \cup \cdots \cup C_k = V$，这里 $\varnothing$ 表示空集合. 一个很自然的标准就是最小化以下目标函数：

$$\mathrm{cut}(C_1, C_2, \cdots, C_K) = \frac{1}{2}\sum_{k=1}^{K} \boldsymbol{W}(C_k, \overline{C}_k) \quad (2.200)$$

其中，$\overline{C}_k = V - C_k$ 是 C_k 的补集，对于任意两个子图点的集合 $A, B \subset V, A \cap B = \varnothing$，

$$\boldsymbol{W}(A,B) \triangleq \sum_{i \in A, j \in B} w_{ij}$$

如果最小化式 (2.200),往往算法会选择权重最小的边进行切割,容易产生只包含一个或几个顶点的较小子图分割现象,如图 2.32 所示.

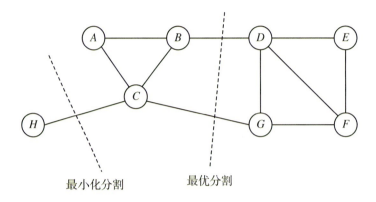

图2.32 归一化分割产生"最优"分割示意图

因此直接最小化分割值这种方式往往不是我们需要的最优图割. 如何避免这种图割,并且找到类似图中的最优图割呢? 一个合理的切分结果应该是组内的样本点尽可能得多, 在实际应用中, 代替直接最小化式 (2.200), 我们选择优化下面的目标函数, 也称为归一化分割 (normalized cut)

$$Ncut(C_1,C_2,\cdots,C_k) = \frac{1}{2}\sum_{k=1}^{K}\frac{W(C_k,\overline{C}_k)}{\text{vol}(C_k)} \tag{2.201}$$

其中, $\text{vol}(C_k) \triangleq \sum_{k \in C_k} d_k, d_k = \sum_{j=1}^{n} w_{kj}$ 为节点 k 的加权度 (weighted degree),该目标函数使得簇内的样本尽可能相似,同时簇间的样本尽可能不同,归一化分割问题可以被认为是求解一个二值指示向量 (indicator vector) $\boldsymbol{y}^{(i)} = \{0,1\}^K$,它的物理意义就是第 $i(1 \leqslant i \leqslant n)$ 个样本属于第 $j(1 \leqslant j \leqslant K)$ 个簇,记 $n \times K$ 指标矩阵 $\boldsymbol{Y} = (\boldsymbol{y}^{(1)}, \boldsymbol{y}^{(2)}, \cdots, \boldsymbol{y}^{(n)})^{\text{T}}$,由于式 (2.201) 对于指示变量 $\boldsymbol{y}^{(i)}$ 的求解是 NP 问题,我们将二值约束放松为实数值,即 $y_j^{(i)} \in [0,1]$,并且满足向量的每个分量之和等于 1,即 $\sum_{j=1}^{K} y_j^{(i)} = 1$,则归一化分割可以化为求解无向图的拉普拉斯矩阵的特征向量问题,定义一个无向图的拉普拉斯矩阵 $\boldsymbol{L} = \boldsymbol{D} - \boldsymbol{W}$,其中,$\boldsymbol{D},\boldsymbol{W}$ 分别对应度矩阵和图的邻接矩阵,拉普拉斯矩阵具有如下性质:

- 拉普拉斯矩阵是对称矩阵①.

---

① 因为 $\boldsymbol{D}$ 是对角矩阵,而 $\boldsymbol{W}$ 是对称矩阵.

- 由于拉普拉斯矩阵是对称矩阵,故它的所有的特征值都是实数并且它的特征向量都相互正交.
- 对于 N cut 图割, 定义放松的指示向量 $y_j^{(i)}$[①]如下:

$$y_j^{(i)} = \begin{cases} 0, & v_i \notin C_j \\ \dfrac{1}{\sqrt{\text{vol}(C_j)}}, & v_i \in C_j \end{cases} \quad (2.202)$$

考虑拉普拉斯矩阵的二次形式:

$$\begin{aligned} \boldsymbol{y}^{(i)\text{T}} \boldsymbol{L} \boldsymbol{y}^{(i)} &= \frac{1}{2} \sum_{m=1} \sum_{n=1} w_{mn} \left(y_m^{(i)} - y_n^{(i)} \right)^2 \\ &= \frac{1}{2} \left(\sum_{m \in C_i, n \notin C_i} w_{mn} \left(\frac{1}{\sqrt{\text{vol}(C_i)}} - 0 \right)^2 + \sum_{m \notin C_i, n \in C_i} w_{mn} \left(0 - \frac{1}{\sqrt{\text{vol}(C_i)}} \right)^2 \right) \\ &= \frac{1}{2} \left(\sum_{m \in C_i, n \notin C_i} w_{mn} \frac{1}{\text{vol}(C_i)} + \sum_{m \neq C_i, n \in C_i} w_{mn} \frac{1}{\text{vol}(C_i)} \right) \\ &= \frac{1}{2} \left(\text{cut}(C_i, \bar{C}_i) \frac{1}{\text{vol}(C_i)} + \text{cut}(\bar{C}_i, C_i) \frac{1}{\text{vol}(C_i)} \right) \\ &= \frac{\text{cut}(C_i, \bar{C}_i)}{\text{vol}(C_i)} \end{aligned}$$
(2.203)

根据上式, 优化目标函数 (2.201) 可以写成

$$N \text{cut}(C_1, C_2, \cdots, C_k) = \sum_{i=1}^{K} \boldsymbol{y}^{(i)\text{T}} \boldsymbol{L} \boldsymbol{y}^{(i)} = \sum_{i=1}^{K} \left(\boldsymbol{Y}^\text{T} \boldsymbol{L} \boldsymbol{Y} \right)_{ii} = \text{Tr}\left(\boldsymbol{Y}^\text{T} \boldsymbol{L} \boldsymbol{Y} \right) \quad (2.204)$$

由式 (2.202), 有 $\boldsymbol{y}_i^\text{T} \boldsymbol{D} \boldsymbol{y}_i$ 满足如下约束条件:

$$\boldsymbol{y}^{(i)\text{T}} \boldsymbol{D} \boldsymbol{y}^{(i)} = \sum_{j=1}^{n} y_j^{(i)2} d_j = \frac{1}{\text{vol}(C_i)} \sum_{j \in C_i} d_j = \frac{1}{\text{vol}(C_i)} \text{vol}(C_i) = 1 \quad (2.205)$$

写成简洁的矩阵形式: $\boldsymbol{Y}^\text{T} \boldsymbol{D} \boldsymbol{Y} = \boldsymbol{I}$, 指示矩阵 $\boldsymbol{Y}$ 并不是标准正交矩阵, 令 $\tilde{\boldsymbol{Y}} = \boldsymbol{D}^{-1/2} \boldsymbol{Y}$, 则 $\boldsymbol{Y}^\text{T} \boldsymbol{D} \boldsymbol{Y} = \tilde{\boldsymbol{Y}}^\text{T} \boldsymbol{D}^{-1/2} \boldsymbol{D} \boldsymbol{D}^{-1/2} \tilde{\boldsymbol{Y}} = \tilde{\boldsymbol{Y}}^\text{T} \tilde{\boldsymbol{Y}} = \boldsymbol{I}$, 最终图的归一化分割问题可以写成如下最优化形式:

$$\begin{cases} \underset{\tilde{\boldsymbol{Y}}}{\arg\min} \ \text{Tr}\left(\tilde{\boldsymbol{Y}}^\text{T} \tilde{\boldsymbol{L}} \tilde{\boldsymbol{Y}} \right) \\ \text{s.t.} \ \tilde{\boldsymbol{Y}}^\text{T} \tilde{\boldsymbol{Y}} = \boldsymbol{I} \end{cases} \quad (2.206)$$

---

① 它通常被认为是节点的标签.

其中, $\tilde{\boldsymbol{L}} \triangleq \boldsymbol{D}^{-1/2}\boldsymbol{L}\boldsymbol{D}^{-1/2}$ 称为标准化的拉普拉斯矩阵. 利用拉格朗日乘子法, 我们得到上式的优化问题等价于求解拉普拉斯矩阵的特征向量问题, 即 $\tilde{\boldsymbol{L}}\tilde{\boldsymbol{Y}} = \boldsymbol{\lambda}\tilde{\boldsymbol{Y}}$, 由于 $\tilde{\boldsymbol{L}}$ 是半正定矩阵, 所以它的特征值具有 $0 = \lambda_1 \leqslant \lambda_2 \leqslant \cdots \leqslant \lambda_n$[①]. 如果 $\lambda_2 > 0$, 则说明 $G(E,V)$ 是连通的图, 等于零的特征值个数对应于有几个不连通的子图. 计算拉普拉斯矩阵的前 K 个特征值不为零的特征向量 (从小排列对应前 K 个特征值)$\boldsymbol{u}^{(1)}, \boldsymbol{u}^{(2)}, \cdots, \boldsymbol{u}^{(K)}$, 记特征矩阵 $\boldsymbol{U} = [\boldsymbol{u}^{(1)}, \boldsymbol{u}^{(2)}, \cdots, \boldsymbol{u}^{(K)}] \in \mathbb{R}^{n \times K}$, 并令 $\boldsymbol{v}^{(i)} \in \mathbb{R}^K$ 为特征矩阵 $\boldsymbol{U}$ 的第 i 行, 将向量集合 $\{\boldsymbol{v}^{(i)}\}_{i=1}^n$[②] 进行 K 均值聚类, 如果 $\boldsymbol{v}^{(i)}$ 聚类成第 k 簇, 则样本 $\boldsymbol{x}^{(i)} \in C_k$ 属于第 k 类, 谱聚类的算法流程为:

输入: n 个样本和聚类簇的数目 K.

输出: 簇划分 $(C_1, C_2, \cdots, C_K)$.

步骤 1 根据选择的样本相似度变量, 构造邻接矩阵 $\boldsymbol{W}$ 和度矩阵 $\boldsymbol{D}$, 生成矩阵 $\boldsymbol{L} = \boldsymbol{D} - \boldsymbol{W}$.

步骤 2 计算拉普拉斯矩阵 $\tilde{\boldsymbol{L}} = \boldsymbol{D}^{-1/2}\boldsymbol{L}\boldsymbol{D}^{-1/2} = \boldsymbol{D}^{-1/2}(\boldsymbol{D}-\boldsymbol{W})\boldsymbol{D}^{-1/2}$ 的特征值, 将特征值从小到大排序, 取前 K 个特征值以及所对应的特征向量 $\{\boldsymbol{u}^{(1)}, \boldsymbol{u}^{(2)}, \cdots, \boldsymbol{u}^{(K)}\}$.

步骤 3 将上面的 K 个列向量组成矩阵 $\boldsymbol{U} = \{\boldsymbol{u}^{(1)}, \boldsymbol{u}^{(2)}, \cdots, \boldsymbol{u}^{(K)}\}, U \in \mathbb{R}^{n \times K}$, 取 $\boldsymbol{v}^{(i)} \in \mathbb{R}^K (i=1,2,\cdots,n)$ 为特征矩阵 U 的第 i 行.

步骤 4 使用 K 均值算法将新样本点 $\{\boldsymbol{v}^{(1)}, \boldsymbol{v}^{(2)}, \cdots, \boldsymbol{v}^{(n)}\}$ 聚类成簇 $C_1, C_2, \cdots, C_K$.

步骤 5 如果对于某些 $i, \{\boldsymbol{v}^{(i)}\} \in C_k$, 则对应样本 $\{\boldsymbol{x}^{(i)}\} \in C_k$ 输出样本簇的划分 $(C_1, C_2, \cdots, C_K)$.

谱聚类算法具有良好的性能, 首先因为谱聚类只需要数据之间的相似度矩阵, 因此对于处理稀疏数据的聚类很有效, 这点传统聚类算法如 K 均值难以做到; 其次由于使用了降维, 因此在处理高维数据聚类时的复杂度比传统聚类算法好. 如图 2.33 所示, 谱聚类在处理特殊形状数据集和数字时比传统的 K 均值算法具有更好的效果, 关于谱聚类算法的变种非常多, 可以参见参考文献 [16] 了解相关细节.

谱聚类算法也存在着一些缺点, 如果最终聚类的维度非常高, 则谱聚类算法的时间复杂度相对较高. 另外, 聚类效果依赖于相似矩阵的选择, 不同的相似矩阵得到的最终聚类效果可能很不同.

---

① 按照拉普拉斯矩阵的定义, 显然矩阵的每行相加等于零, 所以一定对应最小特征值 $\lambda_1 = 0$, 其特征向量为全一的 n 维向量 $\mathbf{1}_n$.

② 相当于样本在 K 维隐空间 (latent space) 中的坐标表示.

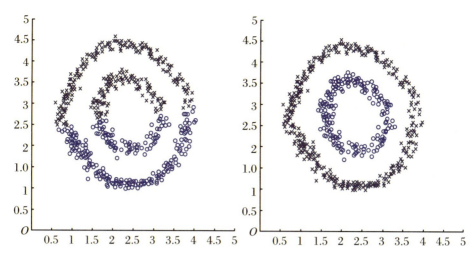

图2.33 圆环形数据的聚类结果比较, 左边是K均值结果, 右边是谱聚类结果

聚类作为典型的无监督学习, 有着较多种不同的算法, 由于聚类结果的评价标准不同, 因而可以从不同的角度设计聚类的目标函数或者以启发式的标准来开发新的聚类算法. 无限混合模型 (infinite mixture model) 不需要事先给定簇的个数, 而是利用狄利克雷过程 (Dirichlet process) 给簇的个数加上一个非参数化的先验 (non-parameter prior), 使得簇的个数会随着样本量的增加而增加. 2014 年《Science》杂志刊登了一种基于密度峰值的算法, 也是采用可视化的方法来帮助查找不同密度的簇. 其思想为每个簇都有一个最大密度点作为簇中心, 每个簇中心都吸引并连接其周围密度较低的点, 且不同的簇中心点都相对较远.

2.4.2 降维技术与方法

在许多数据问题中, 数据一般可以被表示成高维空间的一个向量, 降维过程可以被看作发现数据在高维空间自由度的过程, 使得数据集的大多数变化都包含在这个自由度, 即高维空间的子流形中. 例如对于一个二值的手写体图像, 它是 $\mathbb{R}^{28\times 28=748}$ 维空间的一个向量, 我们有理由相信真正的图像位于高维空间中的低维流形上. 降维技术还可以解决机器学习中的过拟合问题, 在前面的章节中我们讨论过. 去过拟合的方法有很多, 比如正则化技术、增加样本量等, 但随着数据样本维度的增加, 机器学习的模型复杂度和计算量随着维度的增加呈现指数增长, 这就是数据科学中所谓的维度灾难问题. 它是造成过拟合的一个最重要的原因, 在没有足够的样本情况下, 一种最常见的做法就是对数据进行降维,通过数据降维,我们不仅可以降低模型的复杂度,也可大大减少模型的训练时间. 此外,降维还具有筛选高维数据空间重要特征、去除数据噪声和数据可视化等作用.

降维方法通常由分为直接降维 (如 LASSO)、线性降维 (如主成分分析, LDA)、独立分量 (independent component analysis, ICA) 和非线性降维. 非线性降维通常也称为流形学习 (如多尺度变换 (multi-dimensional scaling, MDS), 局部线性嵌入 (LLE) 等). 为了解决非线性情况下的降维问题,许多新技术,包括核主成分分析、局部线性嵌入、拉普拉斯特征映射 (LEM) 和半定嵌入 (SDE) 已经提出. 本节我们主要讨论线性降维和非线性降维.

1. 主成分分析

主成分分析 (principle component analysis, PCA) 是一种常用的无监督学习方法,它是由著名统计学家 Karl Pearson 于 1901 年提出的线性降维方法,再由 Hotelling 在 1993 年加以发展的多变量统计方法. 它的核心思想是利用正交变换把由线性相关变量表示的观测数据转换为少数几个由线性无关变量表示的数据,线性无关的变量称为主成分. 在主成分分析中,首先对给定数据进行规范化,使得数据每一变量的平均值为 0,方差为 1,然后数据从原始的特征空间通过一系列的线性组合在特征空间做坐标系转换,新的坐标系以方差最大的方向作为坐标轴方向. 由于信息的重要性是通过数据的方差来表示的,因此,第一个新坐标轴选择的是原始数据中方差最大 (最大信息保存) 的方向,第二个新坐标轴选择的是与第一个新坐标轴正交且方差次大的方向. 将新变量依次称为第一主成分、第二主成分等. 通过主成分分析,可以利用主成分近似地表示原始数据 (可理解为发现数据的基本结构),也可以把数据由少数主成分表示 (可理解为对数据降维)[①].

(1) 数据的中心化

假设我们有一个数据集 $D = \{\boldsymbol{x}^{(1)}, \boldsymbol{x}^{(2)}, \cdots, \boldsymbol{x}^{(n)}\} \triangleq \boldsymbol{X}$,并且每个维度为连续型特征,其中样本数据的特征空间为 d 维,即 $\boldsymbol{x}^{(i)} \in \mathbb{R}^d$,所以 $\boldsymbol{X}$ 为 $d \times n$ 的样本数据矩阵. 我们希望做维度约化 (特征抽取),将 d 维特征空间降维到 $d'(d' \leqslant d)$,d' 是 d 维特征空间的线性子空间,目标是在新坐标系中尽可能地保留原始数据中数据的方差. 考虑样本的观察均值为 $\bar{\boldsymbol{x}}$、方差为 $\boldsymbol{S}$,为了方便计算,下面我们将它们用矩阵的形式表示出来. 首先对于

---

① 大部分方差都包含在前面几个坐标轴中,后面的坐标轴所含的方差几乎为 0. 于是考虑忽略余下的坐标轴,只保留前面几个含有绝大部分方差的坐标轴,也就实现了对数据特征的降维处理.

观察样本的均值：

$$\bar{x} = \frac{1}{n}\sum_{i=1}^{n}x^{(i)} = \frac{1}{n}(x^{(1)}, x^{(2)}, \cdots, x^{(n)})\begin{pmatrix}1\\1\\\vdots\\1\end{pmatrix} = \frac{1}{n}X\mathbf{1}_n \tag{2.207}$$

这里，$\mathbf{1}_n$ 表示一个 n 维各分量都是 1 的列向量. 由统计学样本方差的定义，方差 S 可以写成如下形式：

$$\begin{aligned}S &= \frac{1}{n-1}\sum_{i=1}^{n}(x^{(i)} - \bar{x})(x^{(i)} - \bar{x})^{\mathrm{T}}\\&= \frac{1}{n-1}(x^{(1)} - \bar{x}, x^{(2)} - \bar{x}, \cdots, x^{(n)} - \bar{x})\begin{pmatrix}(x^{(1)} - \bar{x})^{\mathrm{T}}\\(x^{(2)} - \bar{x})^{\mathrm{T}}\\\vdots\\(x^{(n)} - \bar{x})^{\mathrm{T}}\end{pmatrix} = \frac{1}{n-1}aa^{\mathrm{T}}\end{aligned} \tag{2.208}$$

这里，$a = (x^{(1)} - \bar{x}, x^{(2)} - \bar{x}, \cdots, x^{(n)} - \bar{x}) = (x^{(1)}, x^{(2)}, \cdots, x^{(n)}) - (\bar{x}, \bar{x}, \cdots, \bar{x}) = X - \bar{x}\mathbf{1}_n^{\mathrm{T}} = X - \frac{1}{n}X\mathbf{1}_n\mathbf{1}_n^{\mathrm{T}} = X(I_n - \frac{1}{n}\mathbf{1}_n\mathbf{1}_n^{\mathrm{T}})$，其中，$I_n$ 为 $n \times n$ 的单位矩阵，将 a 代入式 (2.208)，得到方差 S 的矩阵表达形式

$$\begin{aligned}S &= \frac{1}{n-1}aa^{\mathrm{T}} = \frac{1}{n-1}X(I_n - \frac{1}{n}\mathbf{1}_n\mathbf{1}_n^{\mathrm{T}})(I_n - \frac{1}{n}\mathbf{1}_n\mathbf{1}_n^{\mathrm{T}})^{\mathrm{T}}X^{\mathrm{T}}\\&= \frac{1}{n-1}XHH^{\mathrm{T}}X^{\mathrm{T}} = \frac{1}{n-1}XHX^{\mathrm{T}}\end{aligned} \tag{2.209}$$

其中，$H = I_n - \frac{1}{n}\mathbf{1}_n\mathbf{1}_n^{\mathrm{T}}$ 称为中心化矩阵，它是一个对称矩阵，满足 $H = H^{\mathrm{T}}, H^2 = H$. 下一步我们就需要用低维的特征空间完成对原始特征空间的重构，重构方式通常有两种：基于最大投影方差和基于最小重构代价 (最小投影距离)，这两种方法是等价的. 另外，从奇异值 (SVD) 分解的角度来看，直接对协方差矩阵求 SVD，我们可以将 PCA 归结成求矩阵 XX^{T} 或矩阵 $X^{\mathrm{T}}X$ 的特征值和特征向量问题，前者称为直接主成分分析 (direct PCA)，后者称为对偶主成分分析 (dual PCA). 为了方便讨论，下面的讨论中我们假设样本数据都已经被中心化了.

(2) 直接主成分分析

首先我们看方差最大的几何意义，数据集合中的样本由实数空间 (正交坐标系) 中的点表示，空间的一个坐标轴表示一个变量，规范化处理后得到的数据分布在原点附近. 对原坐标系中的数据进行主成分分析等价于进行坐标系旋转变换，将数据投影到新坐标

系的坐标轴上,新坐标系的第一坐标轴、第二坐标轴等分别表示第一主成分、第二主成分等. 数据在每一轴上的坐标值的平方表示相应变量的方差,并且这个坐标系是在所有可能的新的坐标系中,坐标轴上的方差的和是最大的. 如图 2.34 所示,假设 $d=2$,将原样本特征空间坐标系 (x_1, x_2) 进行正交变换 (旋转) 后,新坐标系 (u_1, u_2) 称为第一主成分和第二主成分. 推广到 d 维特征空间,考虑第一主成分 $\boldsymbol{u}^{(1)}$,我们希望样本点到这个轴的距离越近越好或者是样本点在 $\boldsymbol{u}^{(1)}$ 轴上的投影分散得越开越好,于是对于样本数据矩阵 $\boldsymbol{X} \in \mathbb{R}^{d \times n}$,其中的行对应特征空间的维度 d,总共有 n 个观察样本,定义第一主成分向量 $\boldsymbol{u}^{(1)} \in \mathbb{R}^d$ 为样本数据矩阵在此方向投影后具有最大的分散,它满足如下表达式:

$$\max_{\boldsymbol{u}^{(1)}} \mathrm{Var}\left(\boldsymbol{u}^{(1)\mathrm{T}} \boldsymbol{X}\right) = \max_{\boldsymbol{u}^{(1)}} \boldsymbol{u}^{(1)\mathrm{T}} \boldsymbol{S} \boldsymbol{u}^{(1)} \tag{2.210}$$

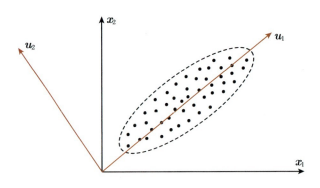

图2.34 PCA主成分的几何表示

其中,$\boldsymbol{S}$ 是样本数据矩阵 $\boldsymbol{X}$ 的协方差矩阵,$\boldsymbol{S} = \boldsymbol{X}\boldsymbol{X}^\mathrm{T}$. 显然,通过增加 $\boldsymbol{u}^{(1)}$ 的大小可以使 $\mathrm{Var}(\boldsymbol{u}^{(1)}\boldsymbol{X})$ 任意大,所以上式是个病态 (ill-defined) 的优化问题,我们需要限制 $\boldsymbol{u}^{(1)}$ 为单位长度向量并且最大化分散 $\boldsymbol{u}^{(1)\mathrm{T}}\boldsymbol{S}\boldsymbol{u}^{(1)}$,因此寻找第一主成分等价于如下优化问题:

$$\begin{cases} \max \boldsymbol{u}^{(1)\mathrm{T}} \boldsymbol{S} \boldsymbol{u}^{(1)} \\ \mathrm{s.t.} \ \boldsymbol{u}^{(1)\mathrm{T}} \boldsymbol{u}^{(1)} = 1 \end{cases} \tag{2.211}$$

这是一个简单的约束优化问题,引入拉格朗日乘子 λ_1,则优化目标函数可以写成如下拉格朗日函数形式:

$$\mathcal{L}(\boldsymbol{u}^{(1)}, \lambda_1) = \boldsymbol{u}^{(1)\mathrm{T}} \boldsymbol{S} \boldsymbol{u}^{(1)} - \lambda_1 \left(\boldsymbol{u}^{(1)\mathrm{T}} \boldsymbol{u}^{(1)} - 1\right) \tag{2.212}$$

求上式的鞍点最优解,即拉格朗日函数 $\boldsymbol{u}^{(1)}$ 微分 $\dfrac{\partial \mathcal{L}(\boldsymbol{u}^{(1)}, \lambda_1)}{\partial \boldsymbol{u}^{(1)}} = 0$,得到 d 个方程

$$\boldsymbol{S}\boldsymbol{u}^{(1)} = \lambda_1 \boldsymbol{u}^{(1)} \tag{2.213}$$

两边同时乘以 $\boldsymbol{u}^{(1)\mathrm{T}}$, 得到

$$\boldsymbol{u}^{(1)\mathrm{T}}\boldsymbol{S}\boldsymbol{u}^{(1)} = \alpha_1 \boldsymbol{u}^{(1)\mathrm{T}}\boldsymbol{u}^{(1)} = \lambda_1 \tag{2.214}$$

如果拉格朗日乘子 λ_1 是方差矩阵 $\boldsymbol{S}$ 的最大特征值, 则分散 $\mathrm{Var}\left(\boldsymbol{u}^{(1)}\boldsymbol{X}\right)$ 被最大化.

显然, λ_1 和 $\boldsymbol{u}^{(1)}$ 是方差矩阵 $\boldsymbol{S}$ 的特征值和特征向量. 将式 (2.212) 对于拉格朗日乘数 λ_1 微分得到了约束条件 $\boldsymbol{u}^{(1)\mathrm{T}}\boldsymbol{u}^{(1)} = 1$. 因此, 第一主分量由具有样本协方差矩阵 $\boldsymbol{S}$ 的最大相关特征值的归一化特征向量给出. 类似的论点可以表明, 协方差矩阵 $\boldsymbol{S}^{①}$ 的 d' 个主要特征向量确定了前 d' 个主分量, 记 $\boldsymbol{u}^{(1)},\boldsymbol{u}^{(2)},\cdots,\boldsymbol{u}^{(d')}$ 为前 d' 个主成分向量, 它张成 d 维空间的线性子空间.

前面给出了基于最大投影方差主成分推导, PCA 的另一个不错的特性与 Pearson 的原始讨论密切相关, 即投影到主子空间上使平方误差最小化 (样本重构代价最小化). 下面我们给出选取对应特征值最大的前 d' 个特征向量, 对原始数据进行重构就是对原样本的最佳线性近似重构的说明. 换句话说, 对于 $\boldsymbol{x}^{(i)} \in \mathbb{R}^d (i=1,2,\cdots,n)$ 主成分提供了对于原始数据降维的最佳线性近似序列, 即第一主成分为秩为 $d'=1$ 维的最佳重构, 前 d' 个主成分为 d' 维的降维的最佳线性近似, 考虑秩为 d' 的线性近似模型

$$f(\boldsymbol{y}) = \bar{\boldsymbol{x}} + \boldsymbol{U}_{d'}\boldsymbol{y}$$

为方便起见, 假设 $\bar{\boldsymbol{x}} = 0$ 即数据已经被中心化了 (否则, 观测样本可以简单地用中心化后的变量 $\tilde{\boldsymbol{x}} = \boldsymbol{x}^{(i)} - \bar{\boldsymbol{x}}$ 代替). 在这个假设下, 线性模型简化为 $f(\boldsymbol{y}) = \boldsymbol{U}_{d'}\boldsymbol{y}$, 其中 $\boldsymbol{U}_{d'} \in \mathbb{R}^{d \times d'}, \boldsymbol{y} \in \mathbb{R}^{d'}$. 即 $\boldsymbol{U}_{d'}$ 是由 d' 正交归一向量为列的 $d \times d'$ 矩阵, $\boldsymbol{y}$ 是 d' 维参数的向量, 所以最优秩 d' 的线性近似模型可以被表示成如下最小二乘法的数据重构误差最小化问题:

$$\min_{\boldsymbol{U}_{d'},\boldsymbol{y}} J(\boldsymbol{U}_{d'},\boldsymbol{y}) = \min_{\boldsymbol{U}_{d'},y} \sum_i^n \left\|\boldsymbol{x}^{(i)} - \boldsymbol{U}_{d'}\boldsymbol{y}\right\|^2 \tag{2.215}$$

先对参数向量 $\boldsymbol{y}$ 的部分优化得到

$$\frac{\partial J}{\partial \boldsymbol{y}} = 0 \quad \Rightarrow \quad \boldsymbol{y} = \boldsymbol{U}_{d'}^{\mathrm{T}}\boldsymbol{x}^{(i)}$$

将上式代入优化目标函数 J, 得到

$$\min_{\boldsymbol{U}_{d'}} J(\boldsymbol{U}_{d'}) = \min_{\boldsymbol{U}_{d'}} \sum_i^n \left\|\boldsymbol{x}^{(i)} - \boldsymbol{U}_{d'}\boldsymbol{U}_{d'}^{\mathrm{T}}\boldsymbol{x}^{(i)}\right\|^2 \tag{2.216}$$

---

① 协方差矩阵 $\boldsymbol{S}$ 是半正定的对称矩阵, 存在小于或等于 d 个特征值和特征向量, 以下假定其特征值为 $\lambda_1 \geqslant \lambda_2 \geqslant \cdots \geqslant \lambda_{d'-1} \geqslant \lambda_{d'} \geqslant \cdots \geqslant \lambda_d \geqslant 0$, 它们分别对应的特征向量 (主成分) 为 $\boldsymbol{u}^{(1)},\boldsymbol{u}^{(2)},\cdots,\boldsymbol{u}^{(d'-1)},\boldsymbol{u}^{(d')},\cdots,\boldsymbol{u}^{(d)}$, 它们之间相互正交, 即 $\boldsymbol{u}^{(i)\mathrm{T}}\boldsymbol{u}^{(j)} = \delta_{i,j}$. 记 $d \times d$ 的特征矩阵 $\boldsymbol{U} = (\boldsymbol{u}^{(1)},\boldsymbol{u}^{(2)},\cdots,\boldsymbol{u}^{(d)})$, 则协方差矩阵的特征分解 $\boldsymbol{S} = \boldsymbol{U}\boldsymbol{\Lambda}\boldsymbol{U}^{\mathrm{T}}$, 其中对角矩阵 $\boldsymbol{\Lambda} = \mathrm{diag}(\lambda_1 \cdots \lambda_d)$.

定义 $\boldsymbol{P}_{d'} = \boldsymbol{U}_{d'}\boldsymbol{U}_{d'}^{\mathrm{T}}$ 为 $\mathbb{R}^d$ 投影矩阵, 它将每个数据点 $\boldsymbol{x}^{(i)}$ 投影到秩 d' 的重构子空间上. 更准确地说, $\boldsymbol{P}_{d'}$ 是将样本数据 $\boldsymbol{x}^{(i)}$ 投影到由 $\boldsymbol{U}_{d'}$ 列张成的列子空间 $R(\boldsymbol{U}_{d'})$ 上的正交投影算子, 式 (2.216) 对 $\boldsymbol{U}_{d'}$ 优化的唯一解 $\boldsymbol{U}$ 可以通过对样本数据矩阵 $\boldsymbol{X}$ 的奇异值分解 (SVD) 来获得. 对于秩 d' 列空间, $\boldsymbol{U}_{d'}$ 就是由 $\boldsymbol{U}$ 的前 d' 列组成的子矩阵, 样本数据矩阵 $\boldsymbol{X}$ (假设它已被中心化) 的 SVD 分解如下:

$$\boldsymbol{X} = \boldsymbol{U}\boldsymbol{\Sigma}\boldsymbol{V}^{\mathrm{T}}$$

显然上式的矩阵 $\boldsymbol{U} \in \mathbb{R}^{d \times d}, \boldsymbol{\Sigma} \in \mathbb{R}^{d \times n}$ 分别为协方差矩阵 $\boldsymbol{X}\boldsymbol{X}^{\mathrm{T}}$ 的特征向量特征值, 而 $\boldsymbol{V} \in \mathbb{R}^{n \times n}$ 为 $\boldsymbol{X}^{\mathrm{T}}\boldsymbol{X}$ 的特征向量所组成的矩阵. 最优秩 d' 的线性近似模型的解 $\boldsymbol{U}_{d'}$ 就是由矩阵 $\boldsymbol{U}$ 的前 d' 列组成, 有了主成分矩阵 $\boldsymbol{U}$, 我们可以将所有的样本投影到各个主成分上, 例如将第一个样本投影到第一个主成分上为坐标 $y_1^{(1)} = \boldsymbol{u}^{(1)\mathrm{T}}\boldsymbol{x}^{(1)}$, 显然它的重构坐标为 $\hat{\boldsymbol{x}}^{(1)} = \boldsymbol{u}^{(1)}y_1^{(1)}$, 由于主成分向量 $\boldsymbol{u}^{(i)}(i = 1, 2, \cdots, n)$ 是正交归一的, 所以样本数据的总分散可以按照主成分的方向做分解, 即

$$\sum_{i=1}^{d} \mathrm{var}\left(\boldsymbol{u}^{(i)\mathrm{T}}\boldsymbol{X}\right) = \sum_{i=1}^{d} \boldsymbol{u}^{(i)\mathrm{T}}\boldsymbol{S}\boldsymbol{u}^{(i)} = \sum_{i=1}^{d} \lambda_i = \mathrm{Tr}(\boldsymbol{S}) = \mathrm{var}(\boldsymbol{X}) \tag{2.217}$$

其中, λ_i 是协方差矩阵的第 i 个特征值, 为样本数据的第 i 个主成分上的分散值. 上式告诉我们, 投影到整个主成分空间的分散等于样本数据矩阵 $\boldsymbol{X}$ 的分散, 即 PCA 将样本的分散分解成相互独立的主成分上的分散, 每个主成分给出原始样本数据的部分信息, 根据样本数据在所有主成分上的投影信息便可以重构原始样本. 除了可以投影样本数据外, 对于不在训练样本中的测试数据, 我们也可以做相同的投影分解. 直接主成分分析算法过程总结如下:

输入: 中心化的样本数据矩阵 $\boldsymbol{X}$.

输出: 测试样本的重构误差.

步骤 1 计算重构基: 计算协方差矩阵 $\boldsymbol{X}\boldsymbol{X}^{\mathrm{T}}$ 的特征向量所组成的 $d \times d$ 矩阵 $\boldsymbol{U}$ 以及对应前 d' 个特征向量所组成的 $d \times d'$ 投影矩阵 $\boldsymbol{U}_{d'}$.

步骤 2 编码训练数据: $\boldsymbol{Y} = \boldsymbol{U}_{d'}^{\mathrm{T}}\boldsymbol{X}$, 其中 $\boldsymbol{U}_{d'}$ 是矩阵 $\boldsymbol{U}$ 的前 $d' < d$ 个特征向量所组成的矩阵, $\boldsymbol{Y}$ 为原始样本数据矩阵 $\boldsymbol{X}$ 的 $d' \times n$ 编码矩阵.

步骤 3 重构训练数据: $\hat{\boldsymbol{X}} = \boldsymbol{U}_{d'}\boldsymbol{Y} = \boldsymbol{U}_{d'}\boldsymbol{U}_{d'}^{\mathrm{T}}\boldsymbol{X}$.

步骤 4 编码测试数据: $\boldsymbol{y} = \boldsymbol{U}_{d'}^{\mathrm{T}}\boldsymbol{x}$, $\boldsymbol{y}$ 是 $\boldsymbol{x}$ 的 d' 维编码[①].

步骤 5 重构测试数据: $\hat{\boldsymbol{x}} = \boldsymbol{U}_{d'}\boldsymbol{y} = \boldsymbol{U}_{d'}\boldsymbol{U}_{d'}^{\mathrm{T}}\boldsymbol{x}$.

---

① 由于 PCA 是投影到线性子空间, 所以我们仍然可以用 $\boldsymbol{U}_{d'}$ 来编码和重构样本外数据的测试数据, 然而, 对于非线性子空间需要核函数 PCA 以及流形学习方法, 通常难以重构样本外的测试数据, 请参考下面核函数 PCA、MDS 以及 LLE 小节的讨论, 注意这里的测试数据 $\boldsymbol{x}$ 也需要中心化.

(3) 对偶主成分分析

在数据科学中,很多数据的样本个数远远小于特征空间的维度,即 $n \ll d$[①],这时计算 $d \times d$ 协方差矩阵 XX^T 的特征向量 U 会非常困难,而计算 $n \times n$ 矩阵 $X^T X$ 的特征向量 V 则方便得多. 换句话说,当原始数据的特征空间维度低于样本数据点的个数时采用直接主成分分析,反之采用对偶主成分分析会带来计算上的方便.

假设样本数据 X 为 $n \times d$ 矩阵,当特征空间的维度远大于样本数据的个数 ($d \gg n$) 时,直接运用主成分分析算法是不切实际的. 这时我们希望主成分分析算法的时间复杂度仅仅依赖于样本的个数 n,而不是特征空间的维度 d. 奇异值分解还允许我们完全根据数据点之间的内积来规划适当的主成分算法. 假设我们希望对 U 进行降维,并且只保留前 d' 个特征向量,它对应 Σ 中的前 d' 个非零奇异值,这些特征向量与 V 中的前 d' 特征向量是一一对应的. 因为 V 是正交归一的向量所组成的矩阵,所以由样本数据矩阵的 SVD 分解,我们有

$$XV = U\Sigma$$

这些矩阵的维数分别由下式给出:

$$\begin{array}{cccc} X & U & \Sigma & V \\ d \times n & d \times d & d \times n & n \times d \end{array} \tag{2.218}$$

在 SVD 分解中如果 Σ 矩阵对角线上的元素是非零的,即是可逆的 (如果不可逆则可以用伪逆代替),可以得到特征向量之间的变换如下:

$$U = XV\Sigma^{-1} \tag{2.219}$$

用 $XV\Sigma^{-1}$ 代替所有的 U,我们就和直接主成分算法一样可以对样本数据投影并算出重构误差. 下面给出了对偶主成分分析的算法流程:

输入: 中心化的样本数据矩阵 X.

输出: 测试样本的重构误差.

步骤 1 计算重构基: 计算 $X^T X$ 的特征向量所组成的 $n \times n$ 矩阵 V 以及对应前 d' 个特征向量所组成的 $n \times d'$ 投影矩阵 $V_{d'}$.

$V_{d'} = X^T X$ 的特征向量以及对应前 d' 个特征值,设 $\Sigma =$ 前 d 个特征值的对角方根矩阵.

步骤 2 编码训练数据: $Y = U_{d'}^T X = \Sigma V_{d'}^T$,其中矩阵 Y 为原始样本数据矩阵 X 的编码矩阵.

[①] 例如基因数据,每个人都有成千上万的基因,所以数据的特征空间维数往往非常高,但现实中往往只有几百个病人的数据样本,另外视频和图片数据也属于这种情况.

步骤3 重构训练数据: $\hat{\boldsymbol{X}} = \boldsymbol{U}_{d'}\boldsymbol{Y} = \boldsymbol{U}_{d'}\boldsymbol{\Sigma} \boldsymbol{V}_{d'}^{\mathrm{T}} = \boldsymbol{X}\boldsymbol{V}_{d'}\boldsymbol{\Sigma}^{-1}\boldsymbol{\Sigma} \boldsymbol{V}_{d'}^{\mathrm{T}} = \boldsymbol{X}\boldsymbol{V}_{d'}\boldsymbol{V}_{d'}^{\mathrm{T}}$.

步骤4 编码测试数据: $\boldsymbol{y} = \boldsymbol{U}_{d'}^{\mathrm{T}}\boldsymbol{x} = \boldsymbol{\Sigma}^{-1}\boldsymbol{V}_{d'}^{\mathrm{T}}\boldsymbol{X}^{\mathrm{T}}\boldsymbol{x}$，$\boldsymbol{y}$ 是 $\boldsymbol{x}$ 的 d' 维编码.

步骤5 重构测试数据: $\hat{\boldsymbol{x}} = \boldsymbol{U}_{d'}\boldsymbol{y} = \boldsymbol{U}_{d'}\boldsymbol{U}_{d'}^{\mathrm{T}}\boldsymbol{x} = \boldsymbol{X}\boldsymbol{V}_{d'}\boldsymbol{\Sigma}^{-2}\boldsymbol{V}_{d'}^{\mathrm{T}}\boldsymbol{X}^{\mathrm{T}}\boldsymbol{x}$.

注意在对偶主成分分析算法中，"重构训练数据"和"重构测试数据"的算法步骤仍然依赖于特征空间的维度 d，因此在原始维度 d 非常大的情况下仍然是不切实际的. 然而，算法的其他步骤的时间复杂度仅仅依赖于训练样本的个数 n.

(4) 核主成分分析

核主成分分析 (kernel PCA) 是对 PCA 算法的非线性扩展. 在上面的 PCA 算法中，我们假设存在一个线性的超平面，可以让我们对数据进行投影. 但是有些时候，数据不是线性的，而是位于特征空间的非线性子流形上的，所以不能直接进行 PCA 降维. 核主成分分析是用来解决非线性降维问题的算法之一，它将原始特征空间利用核函数做非线性映射到高维特征空间. 在映射后的高维特征空间中数据看起来是线性的，这时我们就可以利用 PCA 来计算其主成分. 更具体地来说，先把数据集从 d 维映射到的高维空间 $\tilde{d} > d$，在高维空间中，数据位于线性子空间中. 然后再从 $\tilde{d}$ 维空间降维到一个低维度 d' 空间，这里的维度之间满足 $d' < d < \tilde{d}$. 考虑 $\tilde{d}$ 维度的特征空间，记为 $\mathcal{H}$：

$$\begin{aligned}\boldsymbol{\Phi}: \boldsymbol{x} &\to \mathcal{H} \\ \boldsymbol{x} &\mapsto \boldsymbol{\Phi}(\boldsymbol{x})\end{aligned} \quad (2.220)$$

为了简单，我们假定特征映射后的特征空间 $\mathcal{H}$ 中的样本数据已被中心化了，即

$$\sum_{i=1}^{n} \boldsymbol{\Phi}(\boldsymbol{x}^{(i)}) = 0$$

与式 (2.216) 类似，核主成分分析的目标函数定义如下：

$$\min_{\boldsymbol{U}_{d'}} J(\boldsymbol{U}_{d'}) = \min \sum_{i}^{n} \left\| \boldsymbol{\Phi}(\boldsymbol{x}^{(i)}) - \boldsymbol{U}_{d'}\boldsymbol{U}_{d'}^{\mathrm{T}}\boldsymbol{\Phi}(\boldsymbol{x}^{(i)}) \right\|^2 \quad (2.221)$$

为了减少对高维特征空间 $\tilde{d}$ 的依赖，先假设有一个核函数 $K(\cdot;\cdot)$，[①] 可以计算 $K(\boldsymbol{x};\boldsymbol{y}) = \boldsymbol{\Phi}(\boldsymbol{x})^{\mathrm{T}}\boldsymbol{\Phi}(\boldsymbol{y})$ [②]，对于任意两个样本数据 $\boldsymbol{x},\boldsymbol{y}$，通常高维空间相似度 $\boldsymbol{\Phi}(\boldsymbol{x})^{\mathrm{T}}\boldsymbol{\Phi}(\boldsymbol{y})$ 可以用低维空间的相似度 $\boldsymbol{x}^{\mathrm{T}}\boldsymbol{y}$ 表示[③]，即 $n \times n$ 核函数矩阵 K 的计算仅仅依赖于低维样本空间之间的相似度，而核主成分分析算法与映射后的空间维度 $\tilde{d}$ 无关.

[①] 高维空间虽然存在所谓的维度灾难问题，但在高维空间线性可分变得较为容易，核函数方法利用高维空间的线性可分优势并且具有低维空间计算复杂度的优势，在函数分析中任何满足 Mecer 条件的半正定函数都可以作为核函数使用，在支持向量机算法方面我们给出了各种常用的核函数.

[②] 一般情况下我们无需显式计算映射函数 $\boldsymbol{\Phi}(\boldsymbol{X})$，甚至我们也不需要知道映射函数 $\boldsymbol{\Phi}(\boldsymbol{X})$ 的具体表达式，即我们寄希望于算法中所有运算都可以转化为低维特征空间的内积计算来完成.

[③] 在高维空间中距离的度量不一定是欧几里得距离，可以是任何度规定义的距离.

通过设置与 PCA 相同的参数，SVD 可以找到解决方案：

$$\boldsymbol{\Phi}(\boldsymbol{X}) = \boldsymbol{U}\boldsymbol{\Sigma}\boldsymbol{V}^{\mathrm{T}}$$

注意，上式只是形式上对 $\boldsymbol{\Phi}(\boldsymbol{X})$ 做 SVD 分解，在核主成分分析算法中我们仅仅利用 SVD 分解的结论，因为 $\boldsymbol{U}$ 是 $\boldsymbol{\Phi}(\boldsymbol{X})\boldsymbol{\Phi}(\boldsymbol{X})^{\mathrm{T}}$ 的特征向量所形成的矩阵．注意 $\boldsymbol{\Phi}(\boldsymbol{X})$ 是 $\tilde{d} \times n$ 维矩阵，而映射后高维特征空间 $\tilde{d}$ 的维数很大，那么 $\boldsymbol{U}$ 就是 $\tilde{d} \times \tilde{d}$ 维矩阵，这将使得直接求 $\boldsymbol{U}$ 变得不切实际，所以利用对偶 PCA 的思想，我们只需将其算法中的内积用核函数 K 替代 (计算映射后高维特征空间 $\mathcal{H}$ 的内积)．它是一个只和样本个数相关的 $n \times n$ 矩阵，这就是核 PCA 算法的核心思想．它的算法流程如下：

输入：样本数据矩阵 $\boldsymbol{X}$ 和核函数 K[①]．

输出：测试样本的降维表示．

步骤 1 计算重构基：利用给定的核函数 K 矩阵的特征向量 $\boldsymbol{V}$，设 $\boldsymbol{\Sigma} =$ 前 d' 个特征值的对角方根矩阵．

步骤 2 编码训练数据：$\boldsymbol{Y} = \boldsymbol{U}_{d'}^{\mathrm{T}}\boldsymbol{\Phi}(\boldsymbol{X}) = \boldsymbol{\Sigma}\boldsymbol{V}_{d'}^{\mathrm{T}}$，其中矩阵 $\boldsymbol{Y}$ 为原始样本数据矩阵 $\boldsymbol{X}$ 的编码矩阵，这个计算映射与 $\boldsymbol{\Phi}(\boldsymbol{X})$ 无关，可以有效地被计算．

步骤 3 重构训练数据：$\hat{\boldsymbol{X}} = \boldsymbol{U}_{d'}\boldsymbol{Y} = \boldsymbol{U}_{d'}\boldsymbol{\Sigma}\boldsymbol{V}_{d'}^{\mathrm{T}} = \boldsymbol{\Phi}(\boldsymbol{X})\boldsymbol{V}_{d'}\boldsymbol{\Sigma}^{-1}\boldsymbol{\Sigma}\boldsymbol{V}_{d'}^{\mathrm{T}} = \boldsymbol{\Phi}(\boldsymbol{X})\boldsymbol{V}_{d'}\boldsymbol{V}_{d'}^{\mathrm{T}}$，由于我们通常不知道 $\boldsymbol{\Phi}(\boldsymbol{X})$，所以我们无法得到重构训练数据 (即有时 $\boldsymbol{\Phi}(\boldsymbol{X})$ 的原像甚至不存在)．

步骤 4 编码测试数据：$\boldsymbol{y} = \boldsymbol{U}_{d'}^{\mathrm{T}}\boldsymbol{\Phi}(\boldsymbol{x}) = \boldsymbol{\Sigma}^{-1}\boldsymbol{V}_{d'}^{\mathrm{T}}\boldsymbol{\Phi}(\boldsymbol{X})^{\mathrm{T}}\boldsymbol{\Phi}(\boldsymbol{x})$，$\boldsymbol{y}$ 是 $\boldsymbol{x}$ 的 d' 维编码．这个计算可以有效地被计算，因为 $\boldsymbol{\Phi}(\boldsymbol{X})^{\mathrm{T}}\boldsymbol{\Phi}(\boldsymbol{x}) = K(\boldsymbol{X}, \boldsymbol{x})$．

步骤 5 重构测试数据：$\hat{\boldsymbol{x}} = \boldsymbol{U}_{d'}\boldsymbol{y} = \boldsymbol{U}_{d'}\boldsymbol{U}_{d'}^{\mathrm{T}}\boldsymbol{\Phi}(\boldsymbol{x}) = \boldsymbol{\Phi}(\boldsymbol{X})\boldsymbol{V}_{d'}\boldsymbol{\Sigma}^{-2}\boldsymbol{V}_{d'}^{\mathrm{T}}\boldsymbol{\Phi}(\boldsymbol{X})^{\mathrm{T}}\boldsymbol{\Phi}(\boldsymbol{x})$，同理，由于我们不知道 $\boldsymbol{\Phi}(\boldsymbol{X})$，所以我们无法得到重构测试数据．

与传统的 PCA 去掉了属性之间的线性相关性不同，对于核主成分分析算法，它可以关注于样本的非线性相关 (例如样本数据在特征空间的子流形上)，它隐式地将样本映射至高维 (相对于原样本维度) 后属性之间又变为线性相关，使用 PCA 去掉了高维属性的线性相关，在高维样本特征空间 (核映射) 的线性相关尽量 (拟合，有损) 表征了低维样本属性的非线性相关性，即 $\boldsymbol{X} \stackrel{\Phi(\boldsymbol{x})}{\Longrightarrow} \mathcal{H} \stackrel{\text{对偶 PCA}}{\Longrightarrow} \boldsymbol{Y}$，所以核主成分分析算法也是流形学习的一种．

(5) 稀疏主成分分析

虽然主成分分析能够进行特征提取和数据降维，有很好的数学解释，但是它最终给出的主成分是原来的所有数据变量的线性组合，有时当我们需要对提取的主成分进行分析和解释时，就无法解释每一个主成分对应的原始数据特征是什么，即很难给出主成分

[①] 核函数的选择可以参考 2.4.4 小节．

的物理解释. 人们有时通过线性空间的旋转或限制主成分的取值范围来试图给出主成分解释.

稀疏主成分分析 (SPCA) 通过变量的选择来解决模型的可解释问题. 它把主成分系数 (构成主成分时每个变量前面的系数) 变得稀疏, 通过这样一种方式, 把主成分的主要部分凸显出来, 这样主成分就会变得较为容易解释. 为了得到稀疏主成分, 研究者们做过很多尝试, 例如将主成分载荷 (loading) 中绝对值小于给定阈值的元素截断为 0 或者取值固定在 $\{-1, 0, 1\}$ 离散值, 但这些方法都存在稀疏主成分的方差较小和重构误差较大的问题.

在本节中, 我们介绍一种通过弹性网络技术的稀疏主成分分析, 将稀疏主成分看成是在原问题微扰, 首先用线性回归方法得到主成分, 然后在原问题中加入具有稀疏的惩罚项将原始的 PCA 转换成对弹性网络的优化问题, 从而得到具有稀疏特性的主成分分析模型. 考虑数据样本数据矩阵 $\boldsymbol{X} \in \mathbb{R}^{d \times n}$, 前面我们已经讨论通过最大分散方法和最小化重构误差的方法来得到样本数据矩阵主成分, 考虑到每个主成分是 d 个变量的线性组合, 因此它的载荷可以通过其主成分对 d 个变量的线性回归来进行恢复. 对于任意矩阵总存在 SVD 分解, 因此样本数据矩阵 $\boldsymbol{X}$ 可以被分解为

$$\boldsymbol{X} = \boldsymbol{U\Sigma V}^{\mathrm{T}} \tag{2.222}$$

其中, $\boldsymbol{U} = \{\boldsymbol{U}^{(1)}, \boldsymbol{U}^{(2)}, \cdots, \boldsymbol{U}^{(d)}\}, \boldsymbol{V} = \{\boldsymbol{V}^{(1)}, \boldsymbol{V}^{(2)}, \cdots, \boldsymbol{V}^{(n)}\}$ 分别为 $d \times d$ 对称方差矩阵 $\boldsymbol{XX}^{\mathrm{T}}$ 的特征向量和 $n \times n$ 对称矩阵 $\boldsymbol{X}^{\mathrm{T}}\boldsymbol{X}$ 的特征向量所组成的正交矩阵, 满足 $\boldsymbol{U}^{\mathrm{T}}\boldsymbol{U} = \boldsymbol{I}, \boldsymbol{V}^{\mathrm{T}}\boldsymbol{V} = \boldsymbol{I}$. 而对角矩阵 $\boldsymbol{\Sigma}$ 是样本数据矩阵的奇异值组成的矩阵, 它表示了数据在相对应主成分上的分散, 显然 $\boldsymbol{Z} = \boldsymbol{V\Sigma}^{\mathrm{T}}$ 为样本数据矩阵 $\boldsymbol{X}$ 的主成分矩阵, 矩阵 $\boldsymbol{U}$ 的列则对应主成分的组合系数[①]. 记第 i 数据样本集的主成分为 $\boldsymbol{Z}^{(i)} = \boldsymbol{U}^{(i)}\boldsymbol{\Sigma}_{ii}$, 由数据样本数据矩阵的奇异值分解的性质, 我们有

$$\begin{cases} \boldsymbol{X}^{\mathrm{T}}\boldsymbol{U} = \boldsymbol{V\Sigma}^{\mathrm{T}}\boldsymbol{U}^{\mathrm{T}}\boldsymbol{U} = \boldsymbol{V\Sigma}^{\mathrm{T}} \\ \boldsymbol{X}^{\mathrm{T}}\boldsymbol{U}^{(i)} = \boldsymbol{V}^{(i)}\boldsymbol{\Sigma}_{ii} \\ \boldsymbol{\Sigma}_{ii} = \boldsymbol{U}^{(i)\mathrm{T}}\boldsymbol{X}\boldsymbol{V}^{(i)} \end{cases} \tag{2.223}$$

观察到每个主成分 $\boldsymbol{Z}^{(i)}$ 是 d 个特征变量的线性组合, 定义载荷向量为 β, 考虑对主成分 $\boldsymbol{Z}^{(i)}$ 惩罚参数 $\lambda \geqslant 0$ 的岭回归问题:

$$\beta_{\mathrm{ridge}}^* = \arg\min_{\beta} \left\{ \|\boldsymbol{Z}^{(i)} - \boldsymbol{X}^{\mathrm{T}}\beta\|_2^2 + \lambda\|\beta\|_2^2 \right\} \tag{2.224}$$

仿照岭回归, 直接对向量 β 进行求导, 我们得到其最优解 $\beta_{\mathrm{ridge}}^* = (\boldsymbol{XX}^{\mathrm{T}} + \lambda\boldsymbol{I})^{-1}\boldsymbol{XZ}^{(i)}$, 因为 $\boldsymbol{XX}^{\mathrm{T}} = \boldsymbol{U\Sigma}^2\boldsymbol{U}^{\mathrm{T}}, \boldsymbol{U}^{\mathrm{T}}\boldsymbol{U} = \boldsymbol{I}, \boldsymbol{Z}^{(i)} = \boldsymbol{X}^{\mathrm{T}}\boldsymbol{U}^{(i)}$, 所以载荷向量 β_{ridge}^* 可以表示成如下

---

① 文献中称矩阵 $\boldsymbol{U}$ 为主成分载荷矩阵 (loading matrix), 它决定了主成分向量的稀疏性.

形式:

$$\beta^*_{\text{ridge}} = (XX^T + \lambda I)^{-1} X Z^{(i)} = (U\Sigma^2 U^T + \lambda U U^T)^{-1} X X^T U^{(i)}$$
$$= (U(\Sigma^2 + \lambda I)U^T)^{-1} U \Sigma^2 U^T U^{(i)} = U(\Sigma^2 + \lambda I)^{-1} \Sigma^2 U^T U^{(i)}$$
$$= U^{(i)} \frac{\Sigma^2_{ii}}{\Sigma^2_{ii} + \lambda} \tag{2.225}$$

由 SVD 我们知道上式给出的最优解进行归一化后就是载荷向量, 即 $\frac{\beta^*_{\text{ridge}}}{\|\beta^*_{\text{ridge}}\|_2} = U^{(i)}$, 注意到归一化后的载荷向量是与 λ 无关的, 这样确保了主成分的重建①. 因此式 (2.224) 将主成分作为数据点做岭回归得到的载荷矩阵与 SVD 给出的结果是一致的. 由于主成分向量 $Z^{(i)}$ 本身是由 SVD 得到的, 式 (2.224) 求出的载荷向量通常不可能是稀疏的, 即在一般情形下载荷向量 β^* 的每个分量都是非零的, 从而导致主成分 $Z^{(i)}$ 的可解释性不高. 为了样本数据的可解释性, 我们希望得到稀疏的主成分以及载荷向量 β^* 的元素大部分为零. 基于弹性网络的思想, 我们在原损失函数 (2.224) 中添加 ℓ_1 稀疏惩罚项, 因此 SPCA 优化目标函数可以写成如下形式:

$$\beta^* = \arg\min_{\beta} \left\{ \|Z^{(i)} - X^T \beta\|_2^2 + \lambda \|\beta\|_2^2 + \lambda_1 \|\beta\|_1 \right\} \tag{2.226}$$

这里, $\|\beta\|_1 = \sum_{j=1}^{d} |\beta_j|$ 是负载向量 β 的 ℓ_1 范数, 式 (2.226) 的优化结果可以认为是在 SVD 的解的基础上对负载向量做所谓的稀疏微扰, 但需要注意的是由于主成分 $Z^{(i)}$ 是固定的 (依赖 PCA 的结果), 所以也无法得到较为稀疏的主成分. 下面我们基于样本数据本身**最小化重构误差方法** (minimal reconstruction error methods) 来定义回归类型的稀疏主成分优化求解问题, 该方法首先求解主成分, 然后添加 ℓ_1 正则化项得到稀疏载荷, 通过选取合适的惩罚参数, 可以使稀疏主成分方差和主成分相关性等性能指标取得折衷. 算法利用稀疏载荷产生稀疏主成分并进行交替优化来最终得到稀疏载荷和稀疏主成分. 具体来说, 算法的实现是首先通过最小化样本重构误差来求得特征空间的主成分, 定义第一个主成分弹性网络的优化问题:

$$\begin{cases} (\alpha^*, \beta^*) = \arg\min_{\alpha,\beta} \left\{ \sum_{i=1}^{n} \|x^{(i)} - \alpha \beta^T x^{(i)}\|_2^2 + \lambda \|\beta\|_2^2 + \lambda_1 \|\beta\|_1 \right\} \\ \text{s.t.} \quad \|\alpha\|_2^2 = 1 \end{cases} \tag{2.227}$$

将式 (2.227) 推广到所有的前 d' 个主成分的重构问题, 设 $A_{d \times d'} = [\alpha^{(1)}, \cdots, \alpha^{(d')}]$, $B_{d \times d'} = [\beta^{(1)}, \cdots, \beta^{(d')}]$. 对任意 $\lambda > 0$, 则基于样本数据, 样本最小化重构误差可以被写

---

① 如果 $X^T X$ 可逆, 则 $\lambda = 0$, 当 $X^T X$ 不满秩时, $\lambda > 0$, 因此, 岭惩罚可以理解为不是用来惩罚回归系数的, 而是用来保证主成分的重建的.

成如下矩阵形式:

$$\begin{cases} (\boldsymbol{A}^*, \boldsymbol{B}^*) = \underset{\boldsymbol{A}, \boldsymbol{B}}{\arg\min} \left\{ ||\boldsymbol{X} - \boldsymbol{A}\boldsymbol{B}^{\mathrm{T}}\boldsymbol{X}||_F^2 + \lambda \sum_{j=1}^{d'} ||\boldsymbol{\beta}^{(j)}||_2^2 + \sum_{j=1}^{d'} \lambda_{1,j} ||\boldsymbol{\beta}^{(j)}||_1 \right\} \\ \text{s.t.} \quad \boldsymbol{A}^{\mathrm{T}}\boldsymbol{A} = \boldsymbol{I}_{d' \times d'} \end{cases} \quad (2.228)$$

其中, $\boldsymbol{A}\boldsymbol{B}^{\mathrm{T}}$ 可以被认为是对样本数据矩阵 $\boldsymbol{X}$ 的稀疏投影矩阵, 通常它们的初值由样本数据矩阵做 SVD 分解后取前 d' 个主成分载荷向量即 $\{\boldsymbol{U}^{(1)}, \cdots, \boldsymbol{U}^{(d')}\}$ 给出. 因为 $\boldsymbol{A}$ 是标准列正交的矩阵, 令 $\boldsymbol{A}_\perp$ 为垂直于 $\boldsymbol{A}$ 列子空间标准正交矩阵, 则 $d \times d$ 矩阵 $[\boldsymbol{A}, \boldsymbol{A}_\perp]$ 构成 d 维特征空间正交的矩阵, 它表示在特征空间 $\mathbb{R}^d$ 的一个旋转. 由于旋转不改变矩阵的范数, 因此我们可以将 $||\boldsymbol{X} - \boldsymbol{A}\boldsymbol{B}^{\mathrm{T}}\boldsymbol{X}||_F^2$ 投影到 $\boldsymbol{A}$ 和 $\boldsymbol{A}_\perp$ 子空间, 得

$$\begin{aligned} ||\boldsymbol{X} - \boldsymbol{A}\boldsymbol{B}^{\mathrm{T}}\boldsymbol{X}||_F^2 &= ||\boldsymbol{X}^{\mathrm{T}} - \boldsymbol{X}^{\mathrm{T}}\boldsymbol{B}\boldsymbol{A}^{\mathrm{T}}||_F^2 = ||(\boldsymbol{X}^{\mathrm{T}} - \boldsymbol{X}^{\mathrm{T}}\boldsymbol{B}\boldsymbol{A}^{\mathrm{T}})[\boldsymbol{A}, \boldsymbol{A}_\perp]||_F^2 \\ &= ||(\boldsymbol{X}^{\mathrm{T}} - \boldsymbol{X}^{\mathrm{T}}\boldsymbol{B}\boldsymbol{A}^{\mathrm{T}})\boldsymbol{A}_\perp||_F^2 + ||(\boldsymbol{X}^{\mathrm{T}} - \boldsymbol{X}^{\mathrm{T}}\boldsymbol{B}\boldsymbol{A}^{\mathrm{T}})\boldsymbol{A}||_F^2 \\ &= ||\boldsymbol{X}^{\mathrm{T}}\boldsymbol{A}_\perp||_F^2 + ||\boldsymbol{X}^{\mathrm{T}}\boldsymbol{A} - \boldsymbol{X}^{\mathrm{T}}\boldsymbol{B}||_F^2 \end{aligned} \quad (2.229)$$

在式 (2.229) 中我们利用 $\boldsymbol{A}^{\mathrm{T}}\boldsymbol{A}_\perp = 0, \boldsymbol{A}^{\mathrm{T}}\boldsymbol{A} = \boldsymbol{I}$, 将式 (2.229) 代入到式 (2.228), 我们等价得到

$$\begin{cases} \underset{\boldsymbol{A}, \boldsymbol{B}}{\arg\min} \left\{ ||\boldsymbol{X}^{\mathrm{T}}\boldsymbol{A}_\perp||_F^2 + ||\boldsymbol{X}^{\mathrm{T}}\boldsymbol{A} - \boldsymbol{X}^{\mathrm{T}}\boldsymbol{B}||_F^2 + \lambda \sum_{j=1}^{d'} ||\boldsymbol{\beta}^{(j)}||_2^2 + \sum_{j=1}^{d'} \lambda_{1,j} ||\boldsymbol{\beta}^{(j)}||_1 \right\} \\ \text{s.t.} \quad \boldsymbol{A}^{\mathrm{T}}\boldsymbol{A} = \boldsymbol{I}_{d' \times d'} \end{cases} \quad (2.230)$$

注意到当矩阵 $\boldsymbol{A}$ 和 $\boldsymbol{B}$ 都是未知时, 式 (2.230) 不是凸优化问题, 此时同时优化变得非常困难. 但固定其中一个变量, 则为凸优化问题. 因此, SPCA 算法采用交替求解关于两个变量的子问题的优化问题直至满足终止条件. 为了更加清楚地展示载荷向量做所谓的稀疏微扰性质, 我们考虑式 (2.230) 中不含 ℓ_1 正则项时在交替优化下 $\boldsymbol{A}$ 和 $\boldsymbol{B}$ 的物理意义, 如果 $\boldsymbol{A}$ 已知, 这时求解 $\underset{\boldsymbol{B}}{\arg\min}$ 等价于一个岭回归问题:

$$\underset{\boldsymbol{B}}{\arg\min} \left\{ ||\boldsymbol{X}^{\mathrm{T}}\boldsymbol{A} - \boldsymbol{X}^{\mathrm{T}}\boldsymbol{B}||_F^2 + \lambda ||\boldsymbol{B}||_F^2 \right\} \quad (2.231)$$

上式对 $\boldsymbol{B}$ 求导, 并令导数为零, 易得

$$\boldsymbol{B}^* = (\boldsymbol{X}\boldsymbol{X}^{\mathrm{T}} + \lambda \boldsymbol{I})^{-1} \boldsymbol{X}\boldsymbol{X}^{\mathrm{T}} \boldsymbol{A} \quad (2.232)$$

将式 (2.232) 代入式 (2.229), 得到在最优解 $\boldsymbol{B}^*$ 处的重构误差为

$$\begin{aligned} &||\boldsymbol{X}^{\mathrm{T}}\boldsymbol{A}_\perp||_F^2 + ||\boldsymbol{X}^{\mathrm{T}}\boldsymbol{A} - \boldsymbol{X}^{\mathrm{T}}\boldsymbol{B}^*||_F^2 + \lambda ||\boldsymbol{B}^*||_F^2 \\ &= ||\boldsymbol{X}^{\mathrm{T}}\boldsymbol{A}_\perp||_F^2 + ||\boldsymbol{X}^{\mathrm{T}}\boldsymbol{A} - \boldsymbol{X}^{\mathrm{T}}(\boldsymbol{X}\boldsymbol{X}^{\mathrm{T}} + \lambda \boldsymbol{I})^{-1}\boldsymbol{X}\boldsymbol{X}^{\mathrm{T}}\boldsymbol{A}||_F^2 + \lambda ||\boldsymbol{B}^*||_F^2 \\ &= \mathrm{Tr}(\boldsymbol{X}\boldsymbol{X}^{\mathrm{T}}) - \mathrm{Tr}(\boldsymbol{A}^{\mathrm{T}}\boldsymbol{X}\boldsymbol{S}_\lambda \boldsymbol{X}^{\mathrm{T}}\boldsymbol{A}) \end{aligned} \quad (2.233)$$

其中，$A^{\mathrm{T}}A = I$，岭投影算子 $S_\lambda = X^{\mathrm{T}}(XX^{\mathrm{T}} + \lambda I)^{-1}X$. 由于 SVD 是重构误差的最优解，直接对样本数据矩阵做分解 $X = U\Sigma V^{\mathrm{T}}$. 以上分析告诉我们，在不考虑 ℓ_1 正则项的条件下，有

$$XS_\lambda X^{\mathrm{T}} = U\Sigma^2(\Sigma^2 + \lambda I)^{-1}\Sigma^2 U^{\mathrm{T}}$$

显然最小化重构误差式 (2.233)，要求 A 应取 $XS_\lambda X^{\mathrm{T}}$ 的最大的 d' 个特征向量，即 $A^* = \{U^{(1)}, \cdots, U^{(d')}\}$，将 A^* 和样本数据矩阵的 SVD 分解代入式 (2.232) 并利用载荷矩阵的正交性，反过来我们知道除了乘上伸缩因子矩阵外 $B^* \propto U$. 到此我们给出了变量矩阵 B 和 A 的物理意义，它们都对应的是载荷矩阵，在下面的 SPCA 交替算法中提供不同坐标系下的坐标转换. 进一步地通过加入 ℓ_1 正则项回归优化问题式 (2.230)，我们期待最终 SPCA 算法在岭回归优化解上给出稀疏载荷矩阵的最优微扰，从而可以得到稀疏的主成分. 对于加入 ℓ_1 正则项回归优化问题式 (2.230)，当固定 A 时，B 为凸函数. 反之当固定 B 时，A 也为凸函数问题，若 $d > n$，则可令 $\lambda > 0$，以便在稀疏性惩罚消失 ($\lambda_{1,j} = 0$) 时得到精确的主成分. 在上面的理论推导基础上，我们给出 SPCA 算法交替优化的方案.

- 固定 A 求 B: 由式 (2.230)，求解 $B^* = [\beta^{(1)*}, \cdots, \beta^{(d')*}]$ 转化为一个求解 d' 个独立弹性网络的优化问题:

$$\beta^{(j)*} = \arg\min_{\beta^{(j)}} \{||X^{\mathrm{T}}\alpha^{(j)} - X^{\mathrm{T}}\beta^{(j)}||_2^2 + \lambda||\beta^{(j)}||_2^2 + \lambda_{1,j}||\beta^{(j)}||_1\}, \quad j = 1, \cdots, d' \quad (2.234)$$

显然，ℓ_1 正则项可以给出 $\beta^{(j)}$ 的稀疏解，上式最小化自然导致了重构误差项 $||X^{\mathrm{T}}\alpha^{(j)} - X^{\mathrm{T}}\beta^{(j)}||_2^2$ 给出稀疏的主成分 $X^{\mathrm{T}}\alpha^{(j)}$，即从样本数据矩阵 X 中选出的稀疏特征来组成 SPCA 的主成分[①].

- 固定 B 求 A: 如果 B 是已知的，那么我们可以忽略 (2.228) 式中的所有正则惩罚项，原问题等价于最小化

$$\begin{cases} A^* = \arg\min_{A} ||X^{\mathrm{T}} - X^{\mathrm{T}}BA^{\mathrm{T}}||_{\mathrm{F}}^2 \\ \text{s.t.} \quad A^{\mathrm{T}}A = I_{d' \times d'} \end{cases} \quad (2.235)$$

式 (2.235) 可通过**降阶 Procrustes 旋转**求解，由 Frobenius 范数的定义，我们有

$$||X^{\mathrm{T}} - X^{\mathrm{T}}BA^{\mathrm{T}}||_{\mathrm{F}}^2 = \mathrm{Tr}(XX^{\mathrm{T}}) - 2\mathrm{Tr}(XX^{\mathrm{T}}BA^{\mathrm{T}}) + \mathrm{Tr}(AB^{\mathrm{T}}XX^{\mathrm{T}}BA^{\mathrm{T}})$$
$$= \mathrm{Tr}(XX^{\mathrm{T}}) - 2\mathrm{Tr}(XX^{\mathrm{T}}BA^{\mathrm{T}}) + \mathrm{Tr}(B^{\mathrm{T}}XX^{\mathrm{T}}B)$$

由于 X 和 B 已知，故原问题转化为最大化 $\mathrm{Tr}(XX^{\mathrm{T}}BA^{\mathrm{T}})$，对矩阵 $XX^{\mathrm{T}}B$ 做奇异值分

[①] 求解方法可以参考北京大学数据研究院的《数据科学导引》(高等教育出版社) 第 57-63 页.

解，即 $XX^TB = U\Sigma V^T$，我们有

$$A^* = \arg\max_{A}\text{Tr}(XX^TBA^T) = \arg\max_{A}\text{Tr}(U\Sigma V^T A^T) = \arg\max_{A}\text{Tr}(U\Sigma \hat{A}^T)$$

其中，$\hat{A} = AV$. 因为 V 是 $d \times d'$ 的单位正交矩阵，故 $\hat{A}^T\hat{A} = I_{d' \times d'}$. 此时 Σ 是对角化的，原问题继而转化为取 $\hat{A}^T U$ 的对角线元素为正且最大的问题. 由 **Cauchy-Schwarz 不等式** 可得，当且仅当 $\hat{A} = U$ 时，$\hat{A}^T U$ 取得正最大值，此时 $\hat{A}^T U$ 的对角线元素全为 1，因此，最优解 $A^* = UV^T$. 综上所述，最终交替优化的 SPCA 算法流程如下：

输入：中心化的样本数据矩阵 X 及 $X = U_X \Sigma_X V_X^T$.

输出：稀疏主成分的载荷向量 (主成分线性组合系数) $\hat{U}^{(j)} (j = 1, \cdots, d')$.

步骤 1 初始化 $A = U_X[1:d']$，即为前 d' 个主成分的载荷向量.

步骤 2 对给定的 $A = [\alpha^{(1)}, \cdots, \alpha^{(d')}]$，优化弹性网络：

$$\beta^{(j)*} = \arg\min_{\beta^{(j)}} ||X^T\alpha^{(j)} - X^T\beta^{(j)}||_2^2 + \lambda ||\beta^{(j)}||_2^2 + \lambda_{1,j}||\beta^{(j)}||_1, \quad j = 1, \cdots, d'$$

步骤 3 对给定的 $B = [\beta^{(1)}, \cdots, \beta^{(d')}]$，计算 XX^TB 的 SVD，更新 $A = UV^T$.

步骤 4 重复步骤 2 和步骤 3，直到收敛.

步骤 5 标准化 $\beta^{(j)}, \hat{U}^{(i)} = \dfrac{\beta^{(j)}}{||\beta^{(j)}||}(j = 1, \cdots, d')$，输出 $\hat{U}^{(j)}$.

2. 流形学习

流形学习 (manifold learning) 是一种新的非监督学习方法，近年来引起了越来越多机器学习和认知科学工作者的重视. 主成分分析寻找数据二阶统计性质来发现数据集的线性结构，但对于高度非线性分布的数据集并不能找到真正的分布结构. 流形学习的本质是当采样数据所在的空间为一低维光滑流形时，要从采样数据中总结出低维流形的内在几何结构或者内在规律. 这就意味着流形学习比传统的维数约简方法更能体现事物的本质，更利于对数据的理解和进一步处理，进而能更好地解决一些以前在机器学习领域完成得不好或者无法解决的问题.

20 世纪 80 年代末期，在 PAMI 上就已经有流形模式识别的说法. 2000 年，美国《Science》上发表 3 篇论文，从认知上讨论了流形学习，并使用了流形学习的术语，强调认知过程的整体性. 近年来，流形学习领域产生了大量的研究成果. 最具有代表性的算法是局部线性嵌套 (locally linear embedding, LLE) 和等距流形映射 (Isomap)，这两种是有代表性的非线性降维方法. Roweis 和 Saul 提出的 LLE 算法能够实现高维输入数据点映射到一个全局低维坐标系，同时保留了邻接点之间的关系. 此算法不仅能够有效地发现数据的非线性结构，同时还具有平移、旋转等不变特性. 而 Seung 和 Lee 则将多

尺度变换缩放 (metric multidimensional scaling, MDS) 从平坦的欧式空间度规推广到流形上样本点之间的测地距离, 从而保留数据样本流形固有的几何结构. MDS 的目标是找到数据的低维表示并使得降维后样本之间的相似度信息尽可能地得以保留. 在一些实际问题中, 我们可能无法直接观察到样本的特征, 而只能获取到样本之间的距离或相似度. 例如在推荐系统中, 我们经常会得到一些问卷调查数据, 包含调查者对不同电影的偏好或相似程度的提问. 这些提问形式可能为 "你认为 B 和 C 哪个电影与 A 更接近", 或者 "将电影 A 和 B 在 0 到 5 星之间进行打分", 多维尺度缩放能够只利用样本间的距离信息, 找到每一个样本的特征表示, 且在该特征表示下样本的距离与原始的距离尽量接近. 尽管 MDS 具有与 PCA 完全不同的数学描述, 但它们紧密相关, 正如我们看到的, 在欧氏距离定义的相似度下, 它们实际上产生相同的线性嵌入.

假设数据集包含 n 个样本 $\boldsymbol{X} = \{\boldsymbol{x}^{(1)}, \boldsymbol{x}^{(2)}, \cdots, \boldsymbol{x}^{(n)}\}, \boldsymbol{x}^{(i)} \in \mathbb{R}^d$, 它们之间的距离可以表示为一个 $n \times n$ 的距离矩阵, 称之为 $\boldsymbol{D}^{(\boldsymbol{X})}$, 对应的矩阵元素 d_{ij} 表示样本 $\boldsymbol{x}^{(i)}$ 和样本 $\boldsymbol{x}^{(j)}$ 之间的距离, 显然矩阵 $\boldsymbol{D}^{(\boldsymbol{X})}$ 是对称矩阵, 且 $d_{ii}^{(\boldsymbol{X})} = 0, d_{ii}^{(\boldsymbol{X})} = d_{ji}^{(\boldsymbol{X})} > 0 (i \neq j)$ 并满足三角不等式条件. 样本数据矩阵 $\boldsymbol{X}$ 为 $d \times n$ 维矩阵, 假设 $\boldsymbol{y}^{(i)} \in \mathbb{R}^{d'}$ 为样本 $\boldsymbol{x}^{(i)}$ 的低维空间中的表示 $(d' < d)$. MDS 的目标是给定样本距离矩阵 $\boldsymbol{D}^{(\boldsymbol{X})}$, 找到低维空间中对应的数据样本的表示 $\boldsymbol{Y} = \{\boldsymbol{y}^{(1)}, \boldsymbol{y}^{(2)}, \cdots, \boldsymbol{y}^{(n)}\}$, 它的距离矩阵记为 $\boldsymbol{D}^{(\boldsymbol{Y})}$, MDS 的目标为最小化损失函数:

$$\min_{Y} \sum_{i=1}^{n} \sum_{j=1}^{n} \left(d_{ij}^{(\boldsymbol{X})} - d_{ij}^{(\boldsymbol{Y})} \right)^2 \tag{2.236}$$

其中, 距离平方矩阵 $\boldsymbol{D}^{(\boldsymbol{X})}, \boldsymbol{D}^{(\boldsymbol{Y})}$ 的第 i 行第 j 列矩阵元分别为 $d_{ij}^{(\boldsymbol{X})} = \|\boldsymbol{x}^{(i)} - \boldsymbol{x}^{(j)}\|^2$, $d_{ij}^{(\boldsymbol{Y})} = \|\boldsymbol{y}^{(i)} - \boldsymbol{y}^{(j)}\|^2$①. 首先我们建立距离矩阵 $\boldsymbol{D}^{(\boldsymbol{X})}$ 与样本数据矩阵 $\boldsymbol{X}$ 的关系, 定义核函数矩阵 $\boldsymbol{K} = -\frac{1}{2} \boldsymbol{H} \boldsymbol{D}^{(\boldsymbol{X})} \boldsymbol{H}$,② 并假设数据已被中心化了, 即 $\sum_{i=1}^{n} \boldsymbol{x}^{(i)} = \boldsymbol{0}$, 这里 $\boldsymbol{H} = \boldsymbol{I}_n - \frac{1}{n} \boldsymbol{1}_n \boldsymbol{1}_n^{\mathrm{T}}$ 为中心化矩阵, 它是一个对称矩阵. 对核函数矩阵 $\boldsymbol{K}$ 两边取矩阵元并将中心化矩阵 $\boldsymbol{H}$ 代入, 我们有

$$\begin{aligned} (\boldsymbol{H} \boldsymbol{D}^{(\boldsymbol{X})} \boldsymbol{H})_{ij} &= d_{ij}^{(\boldsymbol{X})} - \frac{1}{n} \sum_{m} d_{mj}^{(\boldsymbol{X})} - \frac{1}{n} \sum_{n} d_{in}^{(\boldsymbol{X})} + \frac{1}{n^2} \sum_{m} \sum_{n} d_{mn}^{(\boldsymbol{X})} \\ &= d_{ij}^{(\boldsymbol{X})} - \frac{1}{n} S_i - \frac{1}{n} S_j + \frac{1}{n^2} S = -2 \boldsymbol{x}^{(i)\mathrm{T}} \boldsymbol{x}^{(j)} \end{aligned} \tag{2.237}$$

最后一个等式利用 $\sum_{i=1}^{n} \boldsymbol{x}^{(i)} = \boldsymbol{0}, d_{ij}^{(\boldsymbol{X})} = \boldsymbol{x}^{(i)2} + \boldsymbol{x}^{(j)2} - 2\boldsymbol{x}^{(i)\mathrm{T}} \boldsymbol{x}^{(j)}, S_i = n\boldsymbol{x}^{(i)2} +$

---

① 这里定义了样本之间的相似性为它们之间的欧氏距离, 称为经典 MDS, 通常也可以采用其他距离作为样本的相似性度量, 例如 Isomap 算法利用测地线作为相似性度量, 见下一小节.
② 这种方法称为核 MDS, 当 $\boldsymbol{D}^{(\boldsymbol{X})}$ 为欧氏空间距离时就是经典 MDS, 与 PCA 一致. 核 MDS 可以容易推广到非线性降维情况.

$\sum_j \boldsymbol{x}^{(j)2}$, $S_j = n\boldsymbol{x}^{(j)2} + \sum_i \boldsymbol{x}^{(i)2}$ 和 $S = 2n\sum_j \boldsymbol{x}^{(j)2}$ 化简得到. 利用上式我们可以将核函数矩阵表示成如下矩阵形式:

$$K = X^{\mathrm{T}}X = -\frac{1}{2}HD^{(X)}H \tag{2.238}$$

由于变量 S_i, S_j 和 S 分别表示距离矩阵 $D^{(X)}$ 的第 i 行的和、第 j 列的和以及所有矩阵元的平方和, 注意到它们都只是与样本向量的长度相关, 而与向量 $\boldsymbol{x}^{(i)}$ 与 $\boldsymbol{x}^{(j)}$ 之间的距离无关. 作为背景与优化无关, 所以由式 (2.237), 损失函数式 (2.236) 等价于优化下式:①

$$\min_Y \sum_{i=1}^n \sum_{j=1}^n \left(\boldsymbol{x}^{(i)\mathrm{T}}\boldsymbol{x}^{(j)} - \boldsymbol{y}^{(i)\mathrm{T}}\boldsymbol{y}^{(j)}\right)^2 \tag{2.239}$$

又因为

$$\mathrm{Tr}\left(X^{\mathrm{T}}X - Y^{\mathrm{T}}Y\right)^2 = \sum_{i=1}^n \left(X^{\mathrm{T}}XX^{\mathrm{T}}X - 2X^{\mathrm{T}}XY^{\mathrm{T}}Y + Y^{\mathrm{T}}YY^{\mathrm{T}}Y\right)_{ii}$$

$$= \sum_{i=1}^n \sum_{j=1}^n \left(\boldsymbol{x}^{(i)\mathrm{T}}\boldsymbol{x}^{(j)}\boldsymbol{x}^{(i)\mathrm{T}}\boldsymbol{x}^{(j)} - 2\boldsymbol{x}^{(i)\mathrm{T}}\boldsymbol{x}^{(j)}\boldsymbol{y}^{(i)\mathrm{T}}\boldsymbol{y}^{(j)} + \boldsymbol{y}^{(i)\mathrm{T}}\boldsymbol{y}^{(j)}\boldsymbol{y}^{(i)\mathrm{T}}\boldsymbol{y}^{(j)}\right)$$

$$\tag{2.240}$$

因此, 式 (2.239) 可以表示成如下矩阵形式:

$$\min_Y \mathrm{Tr}\left(X^{\mathrm{T}}X - Y^{\mathrm{T}}Y\right)^2 \tag{2.241}$$

对矩阵 $X^{\mathrm{T}}X$, $Y^{\mathrm{T}}Y$ 分别做奇异值分解, $X^{\mathrm{T}}X = V\varLambda V^{\mathrm{T}}$②, $Y^{\mathrm{T}}Y = Q\hat{\varLambda}Q^{\mathrm{T}}$. 因为 $Y^{\mathrm{T}}Y$ 是半正定的对称矩阵, 所以 $\hat{\varLambda}$ 各对角元非负, 因此 $Y = \hat{\varLambda}^{\frac{1}{2}}Q^{\mathrm{T}}$, 最终损失函数可以写成如下优化问题:

$$\min_{Q,\hat{\varLambda}} \mathrm{Tr}\left(V\varLambda V^{\mathrm{T}} - Q\hat{\varLambda}Q^{\mathrm{T}}\right)^2 = \min_{Q,\hat{\varLambda}} \mathrm{Tr}\left(\varLambda - V^{\mathrm{T}}Q\hat{\varLambda}Q^{\mathrm{T}}V\right)^2 \tag{2.242}$$

记 $G = V^{\mathrm{T}}Q$, 我们有

$$\min_{G,\hat{\varLambda}} \mathrm{Tr}\left(\varLambda - G\hat{\varLambda}G^{\mathrm{T}}\right)^2 = \min_{G,\hat{\varLambda}} \mathrm{Tr}\left(\varLambda^2 + G\hat{\varLambda}G^{\mathrm{T}}G\hat{\varLambda}G^{\mathrm{T}} - 2\varLambda G\hat{\varLambda}G^{\mathrm{T}}\right) \tag{2.243}$$

固定 $\hat{\varLambda}$, 对 G 进行最小化, 明显有 $G = I$, 最终

$$\min_{\hat{\varLambda}} \mathrm{Tr}\left(\varLambda^2 + \hat{\varLambda}^2 - 2\varLambda\hat{\varLambda}\right) = \min_{\hat{\varLambda}} \mathrm{Tr}(\varLambda - \hat{\varLambda})^2 \tag{2.244}$$

---

① 对于距离矩阵 $D^{(Y)}$ 与样本数据矩阵 Y 的关系与 $D^{(X)}$ 与样本数据矩阵 X 的关系可以类似得到.

② 我们知道, 任意一个矩阵 X 可以被 SVD 分解为 $X = U\varLambda V^{\mathrm{T}}$. 因为矩阵 $X^{\mathrm{T}}X$ 是半正定的对称矩阵, 所以 $U = V$.

为了使这两个矩阵尽可能地相似，我们取 $\hat{\boldsymbol{\Lambda}}$ 为 $\boldsymbol{\Lambda}$ 的前 d' 个最大特征值，这意味着 $\boldsymbol{Q} = \boldsymbol{V}$. 因此，最终有

$$Y = \hat{\boldsymbol{\Lambda}}^{1/2} \boldsymbol{V}^{\mathrm{T}} \tag{2.245}$$

其中，$\boldsymbol{V}$ 是 $\boldsymbol{X}^{\mathrm{T}}\boldsymbol{X}$ 的特征向量，$\hat{\boldsymbol{\Lambda}}$ 是 $\boldsymbol{X}^{\mathrm{T}}\boldsymbol{X}$ 的前 d' 个特征值. 综上所述，MDS 算法的详细流程如下：

输入：距离矩阵 $\boldsymbol{D}^{(\boldsymbol{X})}$，降维后的特征维数 d'.

输出：降维后的 $d' \times n$ 样本数据矩阵 $\boldsymbol{Y}$.

步骤 1 由距离矩阵 $\boldsymbol{D}^{(\boldsymbol{X})}$ 计算线性核函数矩阵 $\boldsymbol{K} = \left(\boldsymbol{X}^{\mathrm{T}}\boldsymbol{X}\right) = -\left(\dfrac{1}{2}\boldsymbol{H}\boldsymbol{D}^{(\boldsymbol{X})}\boldsymbol{H}\right)$.

步骤 2 对其进行特征值分解：$\left(\boldsymbol{X}^{\mathrm{T}}\boldsymbol{X}\right) = \boldsymbol{V}\boldsymbol{\Lambda}\boldsymbol{V}^{\mathrm{T}}$.

步骤 3 取前 d' 个最大特征值构成对角矩阵 $\hat{\boldsymbol{\Lambda}}$，用对应的特征向量按列组合成 $\boldsymbol{V}$.

步骤 4 降维后的样本数据矩阵 $\boldsymbol{Y} = \hat{\boldsymbol{\Lambda}}^{\frac{1}{2}} \boldsymbol{V}^{\mathrm{T}}$.

显然，就欧氏距离而言，MDS 和 PCA 得到了相同的结果，实际上它与对偶 PCA 完全相同. 然而，MDS 算法可以推广到其他非欧距离，下面讨论当对象之间距离是样本点的测地距离的 Isomap 算法.

3. 等距映射算法

等距映射 (Isomap) 算法是建立在多维尺度变换 (MDS) 的基础上的，力求保持数据点的内在几何性质，即保持两点间的测地距离的算法. 考虑样本点分布于 swiss-roll 的低维流形上，如图 2.35 所示，(a) 中样本两点间的欧氏距离 (虚线) 不能表征两点的实际距离，而分布于流形面上的曲线是两点的测地线距离. 流形未知时可以通过最短路径算法对邻域内的距离进行接近似地重构两点间的测地线距离，见图 2.35(b); (c) 是 Isomap 降维后两点和两条路径 (测地线 (红色的曲线) 和短程拼接) 的投影结果.

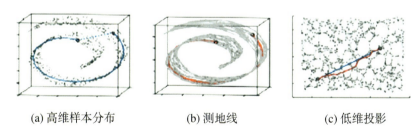

(a) 高维样本分布　　(b) 测地线　　(c) 低维投影

图2.35 Isomap 的基本思想

Isomap 是经典 MDS 的非线性推广. 其主要思想是在非线性数据流形的测地线空间中而不是在输入空间中执行 MDS. 测地线距离表示沿测地的流形曲面的最短路径，对于任意流形，其局部特性都可以同胚到一个欧氏空间，这使得我们可以用相邻采样点之

间的距离来逐步拼接近似地计算出所有样本点之间的**测地距离** (geodesic distance). 具体做法如下:

(1) 选取邻域, 构造邻域图 G. 计算每 n 个样本点 $\boldsymbol{x}^{(i)}(i=1,2,\cdots,n)$ 到所有其他样本点之间的欧氏距离. 当 $\boldsymbol{x}^{(j)}$ 是 $\boldsymbol{x}^{(i)}$ 的最近的 K 个点中的一个时, 认为它们是相邻的, 即在图 G 对于顶点 $\boldsymbol{x}^{(i)}, \boldsymbol{x}^{(j)}$ 有边 $E(\boldsymbol{x}^{(i)}, \boldsymbol{x}^{(j)})$ (这种邻域称为 K 邻域); 或者当 $\boldsymbol{x}^{(j)}$ 到 $\boldsymbol{x}^{(i)}$ 的欧氏距离小于固定值 ϵ 时, 认为图 G 对于顶点 $\boldsymbol{x}^{(i)}, \boldsymbol{x}^{(j)}$ 有边 $E(\boldsymbol{x}^{(i)}, \boldsymbol{x}^{(j)})$ (这种邻域称为 ϵ 邻域), 在局域上边 $E(\boldsymbol{x}^{(i)}, \boldsymbol{x}^{(j)})$ 的权值为邻域上的欧氏距离 $d_{ij}^{(\boldsymbol{X})}$.

(2) 计算最短路径. 利用图论中的最短路径算法 (如 Dijkstra 算法和 Floyd 算法) 估计流形 $\mathcal{M}$ 上的所有点对之间的距离. 对于任意的样本点, Isomap 用图 G 上的最短路径 $d_{ij}^{(G)}$ 来近似流形 $\mathcal{M}$ 上的测地距离 $d_{ij}^{(\mathcal{M})}$ 得到测地线距离矩阵 $\boldsymbol{D}^{(G)}$.

(3) 计算如下核函数:

$$\boldsymbol{K} = -\frac{1}{2}\boldsymbol{H}\boldsymbol{D}^{(G)}\boldsymbol{H} \tag{2.246}$$

与上一节一样推导, 对核矩阵 $\boldsymbol{K}$ 做奇异值分解, 并取它的前 d' 最大的特征值 $\Lambda_1, \Lambda_2, \cdots, \Lambda_{d'}$ 以及对应的特征向量 $\boldsymbol{V}_1, \cdots, \boldsymbol{V}_{d'}$ 并记 $\boldsymbol{V} = [\boldsymbol{V}_1, \cdots, \boldsymbol{V}_{d'}]$, 那么 $\boldsymbol{Y} = \hat{\boldsymbol{\Lambda}}^{1/2}\boldsymbol{V}^\mathrm{T}$ 是 d' 维嵌入结果. 综上所述, Isomap 算法的详细流程如下:

输入: 样本数据矩阵 $\boldsymbol{X}$, 降维后的特征维数 d'.

输出: 降维后的 $d' \times n$ 样本数据矩阵 $\boldsymbol{Y}$.

步骤 1 利用样本数据矩阵构造 K 近邻图 G, 并计算出所有点之间的测地线距离矩阵 $\boldsymbol{D}^{(G)}$.

步骤 2 由距离矩阵 $\boldsymbol{D}^{(G)}$ 计算线性核函数矩阵 $\boldsymbol{K} = -\frac{1}{2}\boldsymbol{H}\boldsymbol{D}^{(G)}\boldsymbol{H}$.

步骤 3 对 $\boldsymbol{K}$ 进行特征值分解: $\boldsymbol{K} = \boldsymbol{V}\boldsymbol{\Lambda}\boldsymbol{V}^\mathrm{T}$.①

步骤 4 取前 d' 个最大特征值构成对角矩阵 $\hat{\boldsymbol{\Lambda}}$, 用对应的特征向量按列组合成 $\boldsymbol{V}$.

步骤 5 降维后的样本数据矩阵 $\boldsymbol{Y} = \hat{\boldsymbol{\Lambda}}^{\frac{1}{2}}\boldsymbol{V}^\mathrm{T}$.

Isomap 能较好地保留数据的全局结构, 但是对噪声比较敏感, 而且计算复杂度也比较高. 它是一般 MDS 的特殊情况.

4. 局部线性嵌入算法

局部线性嵌入 (locally linear embedding, LLE) 算法假设数据分布在高维空间中的低维流形内. LLE 假设 n 个特征维度为 d 的样本数据集 $\boldsymbol{X} \in \mathbb{R}^{d \times n}$ 是分布在 $d'(d' < d)$ 维的光滑非线性流形上, 与 Isomap 不同, LLE 放弃所有样本全局最优的降维, 只是通

---

① 与欧氏空间的距离矩阵不同, 核函数矩阵 $\boldsymbol{K} \neq \boldsymbol{X}^\mathrm{T}\boldsymbol{X}$, 所以它一般不是半正定的 (做奇异值分解时其特征值可能是负数或虚数, 并非所有的特征值都大于或等于零的实数), 这时物理上并不存在 d' 维保持距离的子流形. 这时, 通常的做法是找出与 $\boldsymbol{K}$ 距离最近的对称矩阵或直接取特征值的模作为近似值.

过保证局部最优来降维,其目标是将高维数据点映射到流形的单个全局坐标系,以便保留相邻点之间的关系. 需要注意的是对于拓扑非平庸的流形,由于整体上无法同胚于欧氏空间,这时 LLE 不能保持原有的数据流形. 例如如果数据分布在整个封闭的球面上,LLE 则不能将它映射到单个全局坐标系的二维线性空间上. LLE 算法可以形式化描述为如下三个步骤:

- 与 Isomap 算法一样,对于每个数据样本 $\boldsymbol{x}^{(i)}$. 使用 K 近邻算法找到 k 个最近的邻居样本[①];
- 由每个样本点的近邻点计算出该样本点的局部重建权值矩阵 $\boldsymbol{W}$;
- 使用权值矩阵 $\boldsymbol{W}$,找到数据的 $\boldsymbol{X}$ 的低维表示 $\boldsymbol{Y}=\{\boldsymbol{y}^{(1)},\boldsymbol{y}^{(2)},\cdots,\boldsymbol{y}^{(n)}\}$.

图 2.36 是 LLE 对于某一特定样本 $\boldsymbol{x}^{(i)}$ 通过计算其他样本的欧氏距离,得到 k 个最近的邻居样本,从而给出样本 $\boldsymbol{x}^{(i)}$ 的低维表示 $\boldsymbol{y}^{(i)}$.

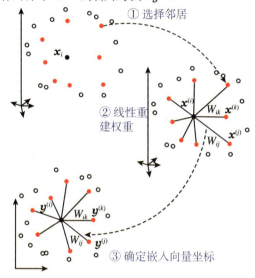

图2.36 LLE算法步骤示意图

(1) 局部线性重构

我们首先要确定邻域大小的选择,假设这个值为 k,即通过 K 近邻算法得到 k 个近邻样本,然后计算流形的线性局部 (patch) 的几何形状. 这种几何形状由对其邻居样本点重构每个数据点的组合系数 w_{ij} 给出,它由下面重构误差的损失函数 $J(\boldsymbol{W})$ 给出:

$$J(\boldsymbol{W}) = \min_{\boldsymbol{W}} \sum_{i=1}^{n} \left\| \boldsymbol{x}^{(i)} - \sum_{j=1}^{k} w_{ij} \boldsymbol{x}^{(N_j^{(i)})} \right\|^2 \qquad (2.247)$$

---

① 这个 k 是人为设定的,需要注意的是,当 k 取值较小时,不能很好地反映数据的拓扑结构;但若 k 取值太大,则会破坏流形的局部结构.

其中, $N_j^{(i)}$ 表示第 i 个点的第 j 个邻居. 目标就是找到权值矩阵 $\boldsymbol{W}$ 的最小化损失函数 $J(\boldsymbol{W})$, 为了解的唯一性, 我们加上 $\sum_{j=1}^{k} w_{ij} = 1$ 的约束条件. 因为第 i 个数据点的重建是独立于任何其他数据点重建的, 损失函数的最优解等价于求解一个具有 k 个未知数的 n 个方程组. 考虑第 i 个数据点的重构误差:

$$\left\| \boldsymbol{x}^{(i)} - \sum_{j=1}^{k} w_{ij} \boldsymbol{x}^{(N_j^{(i)})} \right\|^2 \tag{2.248}$$

记 $d \times k$ 维邻居矩阵 $\boldsymbol{N}^{(i)} = [\boldsymbol{x}^{(N_1^{(i)})}, \boldsymbol{x}^{(N_2^{(i)})}, \cdots, \boldsymbol{x}^{(N_k^{(i)})}]$, $k \times 1$ 向量 $\boldsymbol{W}^{(i)\mathrm{T}} = [w_{i1}, w_{i2}, \cdots, w_{ik}]$ 和 $k \times 1$ 向量 $\mathbf{1}^\mathrm{T} = [1, 1, \cdots, 1]$, 由 $\sum_{j=1}^{k} w_{ij} = 1$ 的凸约束条件, 有

$$\boldsymbol{x}^{(i)} \mathbf{1}^\mathrm{T} \boldsymbol{W}^{(i)} = \boldsymbol{x}^{(i)} \tag{2.249}$$

可以将式 (2.248) 简化成如下矩阵表示:

$$\begin{aligned} \left\| \boldsymbol{x}^{(i)} \mathbf{1}^\mathrm{T} \boldsymbol{W}^{(i)} - \boldsymbol{N}^{(i)} \boldsymbol{W}^{(i)} \right\|^2 &= \left\| (\boldsymbol{x}^{(i)} \mathbf{1}^\mathrm{T} - \boldsymbol{N}^{(i)}) \boldsymbol{W}^{(i)} \right\|^2 \\ &= \boldsymbol{W}^{(i)\mathrm{T}} [\boldsymbol{x}^{(i)} \mathbf{1}^\mathrm{T} - \boldsymbol{N}^{(i)}]^\mathrm{T} [\boldsymbol{x}^{(i)} \mathbf{1}^\mathrm{T} - \boldsymbol{N}^{(i)}] \boldsymbol{W}^{(i)} \\ &= \boldsymbol{W}^{(i)\mathrm{T}} \boldsymbol{G}^{(i)} \boldsymbol{W}^{(i)} \end{aligned} \tag{2.250}$$

这里格拉姆矩阵 (Gram matrix) $\boldsymbol{G}^{(i)} = [\boldsymbol{x}^{(i)} \mathbf{1}^\mathrm{T} - \boldsymbol{N}^{(i)}]^\mathrm{T} [\boldsymbol{x}^{(i)} \mathbf{1}^\mathrm{T} - \boldsymbol{N}^{(i)}]$ 已知, 因此, 对于样本 $\boldsymbol{x}^{(i)}$ 局部重构损失函数, 可以表示成如下优化问题:

$$\begin{cases} \min_{\boldsymbol{W}^{(i)}} \boldsymbol{W}^{(i)\mathrm{T}} \boldsymbol{G}^{(i)} \boldsymbol{W}^{(i)} \\ \mathrm{s.t.} \quad \boldsymbol{W}^{(i)\mathrm{T}} \mathbf{1} = 1 \end{cases} \tag{2.251}$$

很明显, 上式中如果不加上 $\boldsymbol{W}^{(i)\mathrm{T}} \mathbf{1} = 1$ 的约束, 只有零解. 有约束问题的求解就可以使用拉格朗日法, 对应的拉格朗日函数为

$$\mathcal{L}(\boldsymbol{W}^{(i)}, \lambda) = \boldsymbol{W}^{(i)\mathrm{T}} \boldsymbol{G}^{(i)} \boldsymbol{W}^{(i)} - \lambda (\boldsymbol{W}^{(i)\mathrm{T}} \mathbf{1} - 1) \tag{2.252}$$

其中, λ 为拉格朗日乘子. 对 $\boldsymbol{W}^{(i)}$ 求偏导并令其等于零, 得到解

$$\boldsymbol{W}^{(i)} = \frac{\lambda}{2} \boldsymbol{G}^{(i)-1} \mathbf{1} \tag{2.253}$$

注意 λ 只是对 $\boldsymbol{W}^{(i)}$ 的放缩, 所以, 我们可以令 $\lambda = 1$, 并归一化 $\boldsymbol{W}^{(i)}$ 向量, 即是我们需要的解. 值得注意的是, 当近邻数量大于原始数据维度 $(k > d)$ 时, 矩阵 $\boldsymbol{G}$ 不满秩, 所以无法求逆. 此时需要给损失函数增加一个正则化项, 即 $\alpha \boldsymbol{W}^{(i)\mathrm{T}} \boldsymbol{W}^{(i)}$ 项, 此时, 我们得到解

$$\boldsymbol{W}^{(i)} = \frac{\lambda}{2} (\boldsymbol{G}^{(i)} + \alpha \boldsymbol{I})^{-1} \mathbf{1} \tag{2.254}$$

对每一个样本,我们都可以根据式 (2.253) 或式 (2.254) 得到其重构权重向量 $\boldsymbol{W}^{(i)}$. 将数据集中 n 个样本权重向量进行组合,可以得到局部重构矩阵 $\boldsymbol{W}$.

(2) 寻找低维表示

在求得 $\boldsymbol{W}$ 之后,第三步我们通过 LLE 降维将样本 $\boldsymbol{x}^{(i)}$ 映射到低维空间中的 $\boldsymbol{y}^{(i)}$ 上. 由于 LLE 保证局部线性关系 $\boldsymbol{W}$ 不变,我们通过最小化数据的重构误差求得样本的低维表示

$$J(\boldsymbol{Y}) = \min_{\boldsymbol{Y}} \sum_{i=1}^{n} \left\| \boldsymbol{y}^{(i)} - \sum_{j=1}^{k} w_{ij} \boldsymbol{y}^{(N_j^{(i)})} \right\|^2 \tag{2.255}$$

定义 $d' \times n$ 低维样本表示矩阵 $\boldsymbol{Y} = [\boldsymbol{y}^{(1)}, \boldsymbol{y}^{(2)}, \cdots, \boldsymbol{y}^{(n)}]$,可以将损失函数 (2.255) 重写为如下矩阵形式:

$$\min_{\boldsymbol{Y}} \sum_{i=1}^{n} \left\| \boldsymbol{Y} e^{(i)} - \boldsymbol{Y} \boldsymbol{W}^{(i)} \right\|^2 = \min_{\boldsymbol{Y}} \|\boldsymbol{Y} \boldsymbol{I} - \boldsymbol{Y} \boldsymbol{W}\|^2 = \min_{\boldsymbol{Y}} \mathrm{Tr}\left((\boldsymbol{I}-\boldsymbol{W})^{\mathrm{T}} \boldsymbol{Y}^{\mathrm{T}} \boldsymbol{Y} (\boldsymbol{I}-\boldsymbol{W})\right)$$

$$= \min_{\boldsymbol{Y}} \mathrm{Tr}\left(\boldsymbol{Y}(\boldsymbol{I}-\boldsymbol{W})(\boldsymbol{I}-\boldsymbol{W})^{\mathrm{T}} \boldsymbol{Y}^{\mathrm{T}}\right) = \min_{\boldsymbol{Y}} \mathrm{Tr}\left(\boldsymbol{Y} \boldsymbol{M} \boldsymbol{Y}^{\mathrm{T}}\right) \tag{2.256}$$

其中, $\boldsymbol{I}$ 为 $n \times n$ 单位矩阵,$e^{(i)}$ 为 $\boldsymbol{I}$ 的第 i 列 $\boldsymbol{W} = [\boldsymbol{W}^{(1)}, \boldsymbol{W}^{(2)}, \cdots, \boldsymbol{W}^{(n)}]$,$\boldsymbol{M} = (\boldsymbol{I} - \boldsymbol{W})(\boldsymbol{I} - \boldsymbol{W})^{\mathrm{T}}$①. 显然在 $\boldsymbol{Y}$ 没有约束的情况下,上式只有零解. 为了得到非零解,我们加入约束条件 $\frac{1}{n} \boldsymbol{Y} \boldsymbol{Y}^{\mathrm{T}} = \boldsymbol{I}$,并且假设 $\sum_{i=1}^{n} \boldsymbol{y}^{(i)} = 0$,定义拉格朗日乘子如下:

$$\mathcal{L} = \mathrm{Tr}\left(\boldsymbol{Y} \boldsymbol{M} \boldsymbol{Y}^{\mathrm{T}}\right) + \mathrm{Tr}\left(\boldsymbol{\Lambda}\left(\frac{1}{n} \boldsymbol{Y} \boldsymbol{Y}^{\mathrm{T}} - \boldsymbol{I}\right)\right) \tag{2.257}$$

其中, $\boldsymbol{\Lambda}$ 为拉格朗日乘子向量,对 $\boldsymbol{Y}$ 求导,并令其为 $\boldsymbol{0}$,我们有

$$\frac{\mathrm{d}\mathcal{L}}{\mathrm{d}\boldsymbol{Y}} = \boldsymbol{M} \boldsymbol{Y}^{\mathrm{T}} + \frac{1}{n} \boldsymbol{\Lambda} \boldsymbol{Y}^{\mathrm{T}} = \boldsymbol{0} \quad \Rightarrow \quad \boldsymbol{M} \boldsymbol{Y}^{\mathrm{T}} = -\frac{1}{n} \boldsymbol{\Lambda} \boldsymbol{Y}^{\mathrm{T}} \tag{2.258}$$

很明显, $\boldsymbol{Y}^{\mathrm{T}}$ 的列向量是 $\boldsymbol{M}$ 的特征向量. 因为我们要最小化损失函数,所以要寻找对应于前 d' 最小特征值的特征向量. 需要注意的是,$\boldsymbol{M}$ 至少有一个 0 特征值,因此实际通常取最小的 $d'+1$ 个特征值,然后删掉最小的特征值,选取剩余 d' 个特征值对应的特征向量按列组成降维样本数据矩阵 $\boldsymbol{Y}^{\mathrm{T}}$. LLE 的算法流程如下:

输入: 样本数据矩阵 $\boldsymbol{X}$,降维后的特征维数 d'.

输出: 降维后的 $d' \times n$ 样本数据矩阵 $\boldsymbol{Y}$.

步骤 1 采用欧氏距离作为度量,计算所有样本点 $\boldsymbol{x}^{(i)} (i = 1, 2, \cdots, n)$ 的 k 个最近邻.

---

① 注意这里的 $\boldsymbol{W}$ 为 $n \times n$ 矩阵. $\boldsymbol{W}^{(i)}$ 的第 j 分量为 w_{ij}. 如果 $j \notin \boldsymbol{N}^{(i)}$,则为零. 在讨论谱聚类是我们定义了拉普拉斯矩阵 $\boldsymbol{D} - \boldsymbol{W}$,由于 $\sum_{j=1}^{n} w_{ij} = 1$,因此在这里 $\boldsymbol{D} = \boldsymbol{I}$. 所以 $\boldsymbol{I} - \boldsymbol{W}$ 为拉普拉斯矩阵,它的最小特征值为 0,对应的特征向量为 $\frac{1}{n} \boldsymbol{1}$.

步骤 2 计算格拉姆矩阵 $G^{(i)}$ 并求出相应的归一化权值系数向量 $W^{(i)} = \dfrac{G^{(i)-1}\mathbf{1}}{\mathbf{1}^\mathrm{T} G^{(i)-1}\mathbf{1}}$.

步骤 3 由 $W^{(i)}$ 组成权值系数矩阵 W,计算矩阵 $M = (I-W)(I-W)^\mathrm{T}$.

步骤 4 计算矩阵 M 的前 $d'+1$ 个特征值,并计算这 $d'+1$ 个特征值对应的特征向量 $\{y^{(1)}, y^{(2)}, \cdots, y^{(d'+1)}\}$.

步骤 5 输出低维样本集矩阵 $Y = \{y^{(2)}, y^{(3)}, \cdots, y^{(d'+1)}\}$.

流形学习方法具有一些共同的特征,首先构造流形上样本点的局部邻域结构,然后用这些局部邻域结构来将样本点全局地映射到一个低维空间. 不同流形学习之间的不同之处主要在于构造的局部邻域结构不同以及利用这些局部邻域结构来构造全局的低维嵌入方法不同. PCA 是线性核函数 (协方差矩阵)$X^\mathrm{T} X$ 的特征分解,对偶 PCA 是协方差矩阵的转置的特征值分解,Kernel PCA 是定义的核函数矩阵的特征值分解,Isomap 是测地线距离核函数矩阵的特征值分解,LLE 是拉普拉斯矩阵 L 构成的矩阵 LL^T 的特征值分解.

作为总结,降维是数据科学中一个重要的研究课题,它是避免维度灾难问题的重要手段. 除了以上介绍的几种降维方法外,研究人员还提出了很多其他的降维方法,比较典型的包括扩散映射、塞曼映射 (Sammon napping) 等. 有兴趣的读者可以参考相关文献.

2.5 深度学习

近年来,深度学习 (deep learning, DL) 发展十分迅速,它为人工智能的诸多应用领域 (如语言、语音、图像、视频等) 的实际任务提供了富有建设性的解决方案,从而被学术界和工业界广泛熟知. 就像 100 年前电改变了几乎所有的东西一样,今天很难想象在未来几年内不会被人工智能和机器学习改变的行业. 的确,这些技术不仅影响了软件行业,还影响了医疗、教育、汽车、制造、娱乐、农业等各个行业. 随着 Google、Apple、Facebook、Amazon、Microsoft、百度、华为等顶级企业对机器学习技术研发的不断投入,基于机器学习的平台、工具和应用程序有了显著的增长.

针对不同的特定任务,深度学习试图建立一个层次化的网络,从中学习到数据的复杂特征或表示,正如 Goodfellow 等人对深度学习的描述:"选该方案可以让计算机从经验中学习, 并根据层次化 (hierarchical) 的概念体系来理解世界. 每个概念通过与某些相对简单的概念之间的关系来定义, 让计算机从经验中获取知识, 可以避免由人类给计算机形式化地指定它需要的所有知识, 层次化结构让计算机构建较简单的概念来学习复杂概念." 如果我们绘制出简单概念到复杂概念的构建图, 将得到一张 "深层的图", 这也是深度学习得名的原因. 深度学习属于机器学习的一个分支, 但又和传统的机器学习方法不同, 前面章节所述的传统机器学习方法中的逻辑回归和朴素贝叶斯等方法的效果依赖于特征的选取, 比如如果直接将原始图像的像素值作为特征输入, 则很难获得正确的识别效果[①]. 而深度学习则将特征抽取和分类混合, 它通过多个简单非线性映射的不断复合来逐步逼近最终的复杂函数, 从而形成了一种端到端学习 (end-to-end learning) 的方式, 即输入为观察的原始数据, 输出为我们想要的分类结果, 中间为神经网络结构. 深度学习的另一个特点是需要针对不同的问题来设计不同的网络结构, 对于复杂的问题, 需要设计复杂的网络结构, 这意味着有大量的网络参数 (几百万甚至上亿) 需要强大的计算资源 (如 GPU) 来进行训练.

本节将从以下几个方面介绍深度学习的有关知识: 首先简要介绍深度学习的发展历史, 然后介绍基础的多层感知机及其采用的反向传播算法, 最后依次介绍卷积神经网络、循环神经网络等经典的深度学习模型. 由于篇幅的限制, 加上深度学习的方法及其应用发展非常迅速, 这里不再更多地介绍, 感兴趣的读者可以参考 Goodfellow 等人的著作以及相关的学术会议文集.

2.5.1 深度学习简史与应用

人工智能的发展历史并不是一帆风顺的, 也正因如此, 历经波折后方兴未艾的深度学习在今天更显得熠熠生辉. 深度学习起源于早期的人工神经网络 (artificial neural network, ANN), 最早可以追溯到 1943 年, McCulloch 教授和 Pitts 教授模拟大脑神经元的结构提出了 MP 神经元数学模型. 随后人工神经网络开始了短期的发展, 如 Frank Rosenblatt 教授于 1958 年提出了可以模拟人类感知能力的感知机 (perceptron) 模型. 然而 Minsky 等在 1969 年指出单层感知器无法解决异或 (XOR) 运算这样的线性不可分问题, 加之当时计算能力的局限和人们的误解, 神经网络的研究陷入了低潮. 直到 1986 年, 得益于误差的**反向传播算法** (back propagation, BP), Hinton 等人提出了第二代神经网络, 有效解决了线性、非线性分类问题, 神经网络得以暂时复苏, LeCun 等人于 1989 年发明了用以识别手写体的卷积神经网络. 但由于反向传播算法存在着梯度消

[①] 因为局域性的像素值与图像中的整体性类别信息通常没有任何相关性.

失问题, 以及当时数据量太小无法支撑深层网络训练等原因, 人们的研究热情逐步转向新提出的支持向量机等.

直到时间进入 21 世纪, 深度学习的普及性和实用性才有了极大的发展. 2006 年, Hinton 和他的学生 Salakhutdinov 正式提出了"深度学习"的概念, 认为: ① 多层感知机 (multi-layer perceptron, MLP) 模型有很强的特征表示能力, 深度网络模型学习得到的特征对原始数据有更本质的代表性, 这将非常有利于解决分类和可视化问题; ② 对于深度神经网络很难训练达到最优的问题, 可以采用逐层训练加微调的方法解决. 他们通过无监督的学习方法逐层训练算法, 再使用有监督的反向传播算法进行调优, 从而很好地解决了梯度消失的问题, 这重新点燃了人工智能领域学者对神经网络的研究热情, 学术界由此掀起了对深度学习的持续关注与深入研究. 2012 年, Hinton 和他的学生 Alex Krizhevsky 设计了基于卷积神经网络 (convolutional neural network, CNN) 的 AlexNet, 并利用了 GPU 强大的并行计算能力, 在代表计算机智能图像识别最前沿的 ImageNet 竞赛中, 以远远低于第二名的测试错误率 (26.2%) 的优异成绩 (15.3%) 夺得竞赛冠军, 这已经超越了人类的平均识别水平. 2015 年, 深度学习的代表学者 LeCun、Yoshua Bengio 和 Geoffrey Hinton 联合在《Nature》杂志上发表了深度学习的综述论文. 随后在 2016 年, Google 旗下的人工智能公司 Deepmind 基于深度学习模型的围棋对弈系统 Alphago 分别以 4∶1 和 3∶0 战胜韩国围棋名将李世石和中国围棋名将柯洁. "深度学习" 作为深层神经网络的代名词逐渐被人们熟知, 得益于近年来数据爆发式的增长、计算能力的大幅提升以及深度学习算法的发展和成熟. 深度学习的模型深度不断增加, 从早期的 5~10 层到目前的数百层, 其特征表示的能力越来越强, 后续的预测也更加准确. 我们由此迎来了人工智能概念出现以来的第三个发展浪潮.

2.5.2 多层感知机

人工神经网络是指一系列受生物学和神经学启发的数学模型, 这些模型主要通过对人脑的神经元网络进行抽象, 构建人工神经元, 并按照一定的拓扑结构来建立人工神经元之间的连接, 模拟生物神经网络. 多层感知机就是最早被发明的人工神经网络. 它就是利用模拟生物脑神经网络 (brian inspired) 而建立的最早、最典型的深度学习模型.

1. 多层感知机模型

多层感知机是深度前馈网络或者前馈神经网络的一种. 多层感知机多被用作函数逼近器 (function approximator) 来近似某个函数 $f(\cdot)$. 多层感知机的网络是一个有向无

环图, 描述了构成它的不同函数的复合形式. 图 2.37 给出了多层感知机的示例.

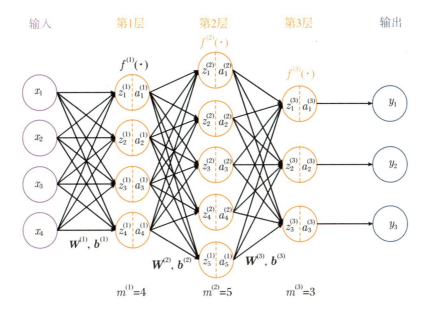

图2.37 多层感知机示例

不妨用以下记号表示其中相关的参数:

L: 神经网络的层数;

$m^{(i)}$: 第 i 层神经元的个数;

$f^{(l)}(\cdot)$: 第 l 层神经元的激活函数;

$\boldsymbol{W}^{(l)} \in \mathbb{R}^{m^{(l)} \times m^{(l-1)}}$: 第 $l-1$ 层到第 l 层的权重矩阵;

$\boldsymbol{b}^{(l)} \in \mathbb{R}^{m^{(l)}}$: 第 l 层的偏置;

$\boldsymbol{z}^{(l)} \in \mathbb{R}^{m^{(l)}}$: 第 l 层神经元的净输入 (净活性值);

$\boldsymbol{a}^{(l)} \in \mathbb{R}^{m^{(l)}}$: 第 l 层神经元的输出 (活性值).

多层感知机通过以下公式进行信息传播:

$$\begin{cases} \boldsymbol{z}^{(l)} = \boldsymbol{W}^{(l)} \cdot \boldsymbol{a}^{(l-1)} + \boldsymbol{b}^{(l)} \\ \boldsymbol{a}^{(l)} = f^{(l)}(\boldsymbol{z}^{(l)}) \triangleq \begin{pmatrix} f^{(l)}(z_1^{(l)}) \\ f^{(l)}(z_2^{(l)}) \\ \vdots \\ f^{(l)}(z_{m^{(l)}}^{(l)}) \end{pmatrix} \end{cases} \quad (2.259)$$

多层感知机通过逐层的信息传递得到网络最后的输出. 通过输入样本 $\boldsymbol{x}$ 的信息

训练出函数中每一层的参数 $\boldsymbol{W}^{(l)}, \boldsymbol{b}^{(l)}(l=1,2,\cdots,L)$, 向量 $\boldsymbol{x}$ 作为第 1 层的输入 $\boldsymbol{a}^{(0)}$, 第 i 层的输出为 $\boldsymbol{a}^{(l)} = f^{(l)}(\boldsymbol{W}^{(l)} \cdot \boldsymbol{a}^{(l-1)} + \boldsymbol{b}^{(l)})$, 第 L 层的输出 $\boldsymbol{a}^{(L)}$ 作为整个函数的输出, 整个网络可以看作一个复合函数的学习过程, 记为 $f(\boldsymbol{x}) = f^{(L)} \circ f^{(L-1)} \circ \cdots \circ f^{(2)} \circ f^{(1)}(\boldsymbol{W}^{(1)}\boldsymbol{x} + \boldsymbol{b}^{(1)}) = f^{(L)}(f^{(L-1)} \cdots (f^{(1)}((\boldsymbol{W}^{(1)}\boldsymbol{x} + \boldsymbol{b}^{(1)}))\cdots)$ ①. 设计一个神经网络通常需要考虑多个因素, 包括激活函数的选择, 神经网络每层神经元的个数, 神经元的连接方式, 输出层的损失函数等. 接下来我们首先讨论激活函数.

2. 激活函数

如图 2.38 所示, 式 (2.259) 给出了激活函数 f 的定义域和值域表达式, 多层感知机神经网络中常用的激活函数主要有 sigmoid 函数、tanh 函数和 ReLU(rectified linear unit) 函数等.

• sigmoid 函数: sigmoid 函数在第 2.1 节线性模型中我们已经有过介绍, 该函数能将取值为 $(-\infty, \infty)$ 的数映射到 $(-1, 1)$ 之间, 其公式为

$$f(z) = \frac{1}{1+\mathrm{e}^{-z}} = \sigma(z) \tag{2.260}$$

sigmoid 函数的图像如图 2.38 所示.

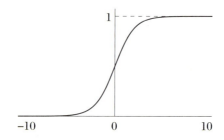

图2.38 sigmoid函数

将 sigmoid 函数作为非线性激活函数时, 通过 sigmoid 函数的图像我们可以看出, 当 z 的值非常大或者非常小时, sigmoid 函数的导数 $\sigma'(z) = \sigma(z)(1-\sigma(z))$ 趋近于 0, 这会导致权重 $\boldsymbol{W}$ 的梯度趋于 0, 因而权重更新极其缓慢, 即产生**梯度消失**现象. 另外, 当函数的输出不是以 0 为均值时, 不便于下一层的计算. 因此 sigmoid 函数一般只用在网络输出层进行二分类, 而在隐藏层中一般不使用.

• tanh 函数: tanh 函数能将取值为 $(-\infty, \infty)$ 的数映射到 $(-1, 1)$ 之间, 其公式为

---

① 神经网络定义了一个函数集合, 不同的参数 $\boldsymbol{W}^{(l)}, \boldsymbol{b}^{(l)}(l=1,2,\cdots,L)$ 对应不同的函数, 一般神经网络的参数个数比样本数目要大得多, 所以多层感知机是一个欠定 (undetermined) 系统.

$$f(z) = \frac{e^z - e^{-z}}{e^z + e^{-z}} = \tanh(z) \tag{2.261}$$

tanh 函数的图像如图 2.39 所示.

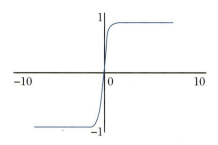

图2.39 tanh函数

tanh 函数在 0 附近很短一段区域内可近似看作线性的. 由于 tanh 函数均值为 0, 因此很好地弥补了 sigmoid 函数均值为 0.5 的缺点. 但当 z 很大或者很小时, $\tanh'(z) = 4\sigma(2z)(1-\sigma(2z))$, tanh 同样存在着梯度消失问题.

• ReLU 函数: ReLU 函数又称为修正线性单元, 是一种分段线性函数, 其弥补了 sigmoid 函数以及 tanh 函数的梯度消失问题. ReLU 函数的公式如下:

$$f(z) = \begin{cases} z, & z > 0 \\ 0, & z < 0 \end{cases} \tag{2.262}$$

上式又可表示为 $f(z) = \max(0, z)$. ReLU 函数的图像如图 2.40 所示.

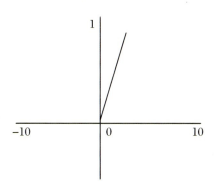

图2.40 ReLU函数

对 ReLU 函数进行求导, 有

$$f'(z) = \begin{cases} 1, & z > 0 \\ 0, & z < 0 \end{cases} \tag{2.263}$$

由此我们可以看到, 当输入变量 $z > 0$ 时, 不存在梯度消失问题, 另外, 相比于非线性的 sigmoid 函数和 tanh 函数, ReLU 函数是线性的, 不管前向传播还是反向传播, 都可以极大地提升计算速度. 但当输入变量 $z < 0$ 时, ReLU 函数的梯度为 0, 仍然会产生梯度消失问题.

- Leaky ReLU 函数: Leaky ReLU 函数是一种在 ReLU 函数基础上进行改进的函数, 其函数形式如下:

$$f(z) = \begin{cases} z, & z > 0 \\ \alpha z, & z < 0 \end{cases} \tag{2.264}$$

其中, α 为介于 $(0,1)$ 之间的一个常数, Leaky ReLU 函数的图像如图 2.41 所示.

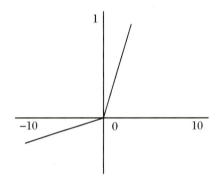

图2.41 Leaky ReLU函数

对 Leaky ReLU 函数进行求导, 有

$$f'(z) = \begin{cases} 1, & z > 0 \\ \alpha, & z < 0 \end{cases} \tag{2.265}$$

由此我们可以看出, Leaky ReLU 函数具备了 ReLU 函数的所有优点, 并且解决了 ReLU 函数在 $z < 0$ 时的梯度消失问题.

在深度神经网络的学习中, 通常采用梯度下降方法对模型进行优化, 为了避免梯度消失问题以及减少计算成本, Leaky ReLU 函数或 ReLU 函数是大多数情况默认的激活函数, 而 sigmoid 或 tanh 函数在循环网络、概率模型以及自编码器等网络中仍有着非常重要的作用.

3. 反向传播算法

下面介绍一种人工神经网络中计算误差函数梯度的经典算法——误差反向传播算法，有时简称为"反传"(backprop) 算法. 该算法利用了局部信息传递的思想，即信息在神经网络中交替地向前、向后传播，从而通过随机梯度下降进行神经网络参数学习. 在神经网络中，我们如果用节点表示一个变量，用有向边表示一元或多元函数，就能得到关于该网络的计算图 (computational graph). 计算图能够形象地展示一个复杂的复合函数的计算过程，也是使得训练深度模型具有可计算性的关键算法.[①] 除了在深度学习中使用外，反向传播在许多其他领域都是一种强大的计算工具，从天气预报到分析数值稳定性，只是在不同的场合人们给它起了不同的名称. 从根本上说，这是一种快速计算导数的重要技巧，它不仅应用在深度学习中，在其他各种各样的数值计算中也被广泛应用. 目前各大深度学习框架如 Tensorflow、Theano、CNTK 等都以计算图作为描述反向传播算法的基础.

(1) 计算图

计算图是用来描述计算的语言，是一种将计算形式化的方法，可以帮助我们更加清晰地描述深度神经网络中的反向传播算法. 在计算图中，计算被表示成有向图，图中的每一个节点表示一个变量 (variable)，变量可以是标量 (scalar)、向量 (vector)、矩阵 (matrix)、张量 (tensor) 等. 图中的边表示操作 (operation)，它是一元或多元变量的函数. 例如考虑多变量复合函数 $y = f^{(3)}(f^{(2)}(f^{(1)}(x)))$，变量 x 经过三个操作 (函数映射) 得到变量 x，那么对应每个操作画一条有向边. 图 2.42 是这个复合函数的计算图.

图2.42 复合函数的计算图

图 2.42 中，$u = f^{(1)}(x), v = f^{(2)}(u), y = f^{(3)}(v)$. 在计算中，有些中间结果在代数表达式中没有名称，但是在图形中是需要的，比如图 2.42 中的 u, v 节点，它们分别表示映射函数的取值范围 (range). 同样计算图也可以推广到描述多变量函数情形. 在训练神经网络，通常优化方法是对损失函数求梯度下降，需要的是求导过程的计算图. 以函数 $e = (a+b) \times (b+1)$ 为例，为了方便我们定义节点变量，记 $c = (a+b)$，$d = (b+1)$，$e = c \times d$. 图 2.43(a) 展示了对于变量 b 的前向微分计算示意图.

[①] 参见 https://colah.github.io/posts/2015-08-Backprop/.

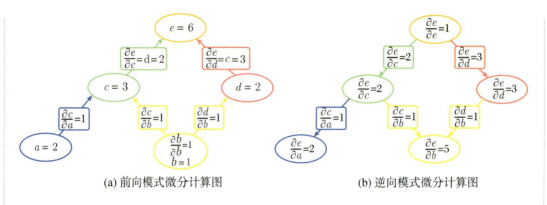

(a) 前向模式微分计算图　　　　(b) 逆向模式微分计算图

图2.43　前向与逆向计算图

要求 e 对 b 的微分,可以由微分的链式法则 $\frac{\partial e}{\partial b} = \frac{\partial e}{\partial c}\frac{\partial c}{\partial b} + \frac{\partial e}{\partial d}\frac{\partial d}{\partial b}$ 给出. 翻译成前向微分计算图 2.43 的语言,考虑给定叶子节点的值 $a=2, b=1$ 的情况,通过计算图向前传播 (自下而上, 从叶子节点向根节点的传播), 我们可以计算出各个节点 (两个中间节点和一个根节点) 的值分别为 $c=3, d=2, e=6$. 各个有向边上的偏导数值也可以通过节点上的值得到, 有了各个边上的偏导数值, 我们可以从节点 b 出发, 沿着从节点 b 到 e 所有的路径 (图中有两条路径分别是 $b\to c\to e, b\to d\to e$), 将各个路径上边的偏导乘起来. 如果遇到分支合并, 比如上面的 c, d 合并到 e 的情况, 就将两条路的偏导都加起来就是 e 对 b 偏导. 所以, $\frac{\partial e}{\partial b} = 1\times 2 + 1\times 3 = 5$, 同理 $\frac{\partial e}{\partial a} = 1\times 2 = 2$. 很明显, "路径和"规则是微分链式法则的另一种表达方式. 前向微分计算图是从一个输入 (叶子节点) 处开始沿路径向输出节点 (根节点)e 移动. 在每个节点上, 对所有输入路径求和. 每个路径表示输入影响该节点的一种方式. 通过把它们加起来, 我们得到了节点受输入影响的全部方式, 即为根节点对叶子节点的微分.

另一方面, 对于逆向模式微分计算图, 如果我们需要同时得到 $\frac{\partial e}{\partial b}, \frac{\partial e}{\partial a}$, 一个更有效率的方法就是计算图的逆向计算模型. 如图 2.43(b) 所示, 它从图形的输出节点 (根节点) 开始, 并向输入节点移动 (自上而下). 在每个节点上, 它合并来自该节点的所有路径. 与自下而上的前向模式不同, 路径上所有的给出的只是对某个叶子节点的导数, 自上而下的逆向模式给出了输出 e 对所有 $\frac{\partial e}{\partial a}, \frac{\partial e}{\partial b}, \frac{\partial e}{\partial c}, \frac{\partial e}{\partial d}$ 的微分值. 从图 2.43(b) 可以看出, 边 $e\to c$ 给出 $\frac{\partial e}{\partial c} = 2$, 边 $e\to d$ 给出 $\frac{\partial e}{\partial d} = 3$, 边 $e\to c\to a$ 给出 $\frac{\partial e}{\partial a} = 2\times 1 = 2$, 而边 $e\to c\to b$ 和边 $e\to d\to b$ 给出 $\frac{\partial e}{\partial b} = 2\times 1 + 3\times 1 = 5$. 这正是下面讨论的神经网络

的反向传播算法所希望的. 因为深度神经网络的学习通常是基于对一个标量损失函数 (只有一个输出节点) 做梯度下降, 每一步都需要计算所有神经元的微分. 所以, 利用逆向模式微分计算图可以大大降低网络训练计算上的复杂度.

(2) 多层感知机网络的计算图模型

多层感知机有时也称为深度前馈网络 (deep feed-forward network), 整个网络可以被描述成一个由下式定义的复合函数:

$$y = f\left(W^{(L)} \cdots f\left(W^{(2)} f\left(W^{(1)} x + b^{(1)}\right) + b^{(2)}\right) \cdots + b^{(L)}\right) \tag{2.266}$$

其中, $f(\cdot)$ 表示激活函数; $W^{(l)} \in \mathbb{R}^{m^{(l)} \times m^{(l-1)}}$ 为第 l 层的权重矩阵, $b^{(l)} \in \mathbb{R}^{m^{(l)}}$ 为第 $l-1$ 层到第 l 层的偏置, $z^{(l)} \in \mathbb{R}^{m^{(l)}}$ 是第 l 层神经元的净输入且 $a^{(l)} \in \mathbb{R}^{m^l}$ 为第 l 层神经元的输出. 计算图可以帮助我们可视化计算中操作符和变量之间的依赖关系. 图 2.44 为多层感知机网络相应的计算图.

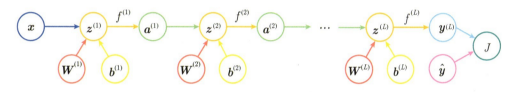

图2.44 多层感知机网络计算图

图中的 $J(\hat{y}, y)$ 表示多层感知机网络损失函数, $\hat{y}, y$ 分别表示真实标签和网络的预测标签, 对于回归问题通常取 $J(\hat{y}, y)$ 为平方误差损失函数, 而对于分类问题损失函数 $J(\hat{y}, y)$, 则以交叉熵损失函数较为常用. 通常训练多层感知机网络的有效方法就是利用梯度下降来最小化损失函数, 即 $\min\limits_{W,b} J(\hat{y}, y)$, 为了计算损失函数对输入数据的梯度. 我们需要知道损失函数对网络的每一层的参数 $W^{(l)}, b^{(l)} (l = 1, 2, \cdots, L)$ 的导数, 利用隐函数求导的链式法则, 最终给出输出变量对输入变量的导数. 损失函数 J 对输出层 (第 l 层) 的偏导数由链式法则可以写成如下矩阵乘积的形式:

$$\frac{\partial J}{\partial W^{(l)}} = \frac{\partial z^{(l)}}{\partial W^{(l)}} \frac{\partial J}{\partial z^{(l)}} \tag{2.267}$$

感知机网络的计算图如图 2.45 所示, 其中 $x, W, b, y, \hat{y}, J$ 分别表示输入数据向量、层与层之间的连接权重矩阵、偏置向量、网络的输出向量、数据的标签向量和标量损失值函数. 很明显, 链式求导式 (2.267) 中是两项的乘积, 第一项 $\dfrac{\partial z^{(l)}}{\partial W^{(l)}}$ 可以非常简单地通过计算网络的前向路径 (forward path) 求出, 而后一项 $\dfrac{\partial J}{\partial z^{(l)}}$ 则可以通过后向路径 (backward path) 高效地得到.

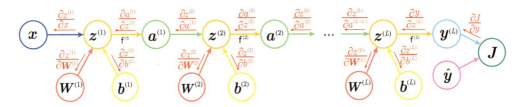

图2.45 多层感知机网络正向与逆向计算图

为了计算出损失值函数对参数的梯度,涉及向量对向量的导数和向量对矩阵的导数. 向量对向量偏导就是所谓的雅可比矩阵,而向量对矩阵的偏导对应的是张量形式. 对于输入样本的特征空间为 d 的 K 分类问题,通常最后一个隐层通过 sigmoid 或 softmax 函数直接输出 $\boldsymbol{y}$. 为了方便计算①,这里我们选择激活函数为 sigmoid 函数,即 $f^{(i)}(\boldsymbol{z}^{(i)}) = \sigma(\boldsymbol{z}^{(i)}), i = 1, \cdots, l$,而损失函数为交叉熵损失函数. 如果样本 $\boldsymbol{x}$ 观察标签为第 k 类,则预测标签向量 $\hat{\boldsymbol{y}} = (0, \cdots, 1, \cdots, 0)^{\mathrm{T}}$ 为一个 K 维向量第 k 个位置为 1,其他都为 0. 这时交叉熵损失函数只有一项不为零,可以写成 $J = -\log y_k$. 为了简单,作为例子我们考虑只有双隐层的感知机网络模型图 2.45 中设 $L = 3$,我们沿着图 2.45 中红色的逆向路径分别计算路径上的偏导数,首先计算节点变量 $(J, \boldsymbol{y}), J \to \boldsymbol{y}$ 逆向边 J 对 $\boldsymbol{y}$ 的偏微分得到

$$\frac{\partial J}{\partial \boldsymbol{y}} = \begin{bmatrix} 0 & \cdots & -\dfrac{1}{y_k} & \cdots & 0 \end{bmatrix} \tag{2.268}$$

它是一个 $1 \times m^{(3)} = K$ 维度的行向量,写成向量的分量形式就是 $\left(\dfrac{\partial J}{\partial \boldsymbol{y}}\right)_k = -\dfrac{1}{y_k}$,下一步需要计算节点变量 $(\boldsymbol{y}, \boldsymbol{z}^{(2)}), \boldsymbol{y} \to \boldsymbol{z}^{(2)}$ 逆向边上的偏导数 (由 $\boldsymbol{z}^{(2)}$ 变化引起 $\boldsymbol{y}$ 的变化),即需要计算 $\dfrac{\partial \boldsymbol{y}}{\partial \boldsymbol{z}^{(2)}}$. 由于 $\boldsymbol{z}^{(2)}$ 是输出层的神经元,所以 $\boldsymbol{y}$ 与 $\boldsymbol{z}^{(2)}$ 具有相同的维度 $(m^{(3)} = m^{(2)} = K)$. 因为 $\boldsymbol{y} = \sigma(\boldsymbol{z}^{(2)})$,根据向量求导的定义它可以写成如下 $m^{(2)} \times m^{(2)} = K \times K$ 的雅可比矩阵的形式②:

$$\frac{\partial \boldsymbol{y}}{\partial \boldsymbol{z}^{(2)}} = \begin{bmatrix} \partial y_1/\partial z_1^{(2)} & \cdots & \partial y_1/\partial z_{m^{(2)}}^{(2)} \\ \vdots & \cdots & \vdots \\ \partial y_{m^{(2)}}/\partial z_1^{(2)} & \cdots & \partial y_{m^{(2)}}/\partial z_{m^{(2)}}^{(2)} \end{bmatrix}$$

---

① 以下讨论忽略偏差项参数 $\boldsymbol{b}$ 的导数,它与权重矩阵 $\boldsymbol{W}$ 的求导数过程类似.

② 如果用 softmax 作为激活函数层,那么雅可比矩阵 $\dfrac{\partial \boldsymbol{y}}{\partial \boldsymbol{z}^{(2)}}$ 就不是对角矩阵了.

$$= \begin{bmatrix} \sigma'(z_1^{(2)}) & 0 & \cdots & 0 \\ 0 & \sigma'(z_2^{(2)}) & \cdots & \vdots \\ 0 & 0 & \cdots & \sigma'(z_{m^{(2)}}^{(2)}) \end{bmatrix} \quad (2.269)$$

写成矩阵元的形式 $\left(\frac{\partial \boldsymbol{y}}{\partial \boldsymbol{z}^{(2)}}\right)_{ij} = \frac{\partial y^{(i)}}{\partial z_j^{(2)}} = \sigma'(z_i^{(2)})\delta_{ij}$. 接着按照计算图的红色路径, 计算节点变量 $(\boldsymbol{z}^{(2)}, \boldsymbol{a}^{(1)}), \boldsymbol{z}^{(2)} \to \boldsymbol{a}^{(1)}$ 逆向边上的偏导数 $\frac{\partial \boldsymbol{z}^{(2)}}{\partial \boldsymbol{a}^{(1)}}$, 由 $\boldsymbol{z}^{(2)} = \boldsymbol{W}^{(2)} \boldsymbol{a}^{(1)}$ 得到 $m^{(2)} \times m^{(1)}$ 的雅可比矩阵表示

$$\frac{\partial \boldsymbol{z}^{(2)}}{\partial \boldsymbol{a}^{(1)}} = \begin{bmatrix} \partial z_1^{(2)}/\partial a_1^{(1)} & \cdots & \partial z_1^{(2)}/\partial a_{m^{(1)}}^{(1)} \\ \vdots & \cdots & \vdots \\ \partial z_{m^{(2)}}^{(2)}/\partial a_1^{(1)} & \cdots & \partial z_{m^{(2)}}^{(2)}/\partial a_{m^{(1)}}^{(1)} \end{bmatrix} = \boldsymbol{W}^{(2)} \quad (2.270)$$

写成矩阵元的形式 $\left(\frac{\partial \boldsymbol{z}^{(2)}}{\partial \boldsymbol{a}^{(1)}}\right)_{ij} = \boldsymbol{W}_{ij}^{(2)}$, 接着按照计算图的红色路径, 计算节点变量 $(\boldsymbol{z}^{(2)}, \boldsymbol{W}^{(1)}), \boldsymbol{z}^{(2)} \to \boldsymbol{W}^{(2)}$ 逆向边上的偏导数 $\frac{\partial \boldsymbol{z}^{(2)}}{\partial \boldsymbol{W}^{(2)}}$. $\frac{\partial \boldsymbol{z}^{(2)}}{\partial \boldsymbol{W}^{(2)}}$ 是向量对矩阵求偏导, 按向量的求导规则, 可以被表示成一个张量形式. 为了方便写成矩阵形式, 我们采用张量的扁平化表示, 将矩阵 $\boldsymbol{W}^{(2)}$ 表示成一个 $m^{(2)} \times m^{(1)}$ 维向量, 这样 $\frac{\partial \boldsymbol{z}^{(2)}}{\partial \boldsymbol{W}^{(2)}}$ 求导仍然可以得到如下的一个 $m^{(2)} \times (m^{(2)} \times m^{(1)})$ 雅可比矩阵:

$$\frac{\partial \boldsymbol{z}^{(2)}}{\partial \boldsymbol{W}^{(2)}} = \begin{bmatrix} \boldsymbol{a}^{(1)\mathrm{T}} & & & \\ & \boldsymbol{a}^{(1)\mathrm{T}} & & \\ & & \cdots & \\ & & & \boldsymbol{a}^{(1)\mathrm{T}} \end{bmatrix} \quad (2.271)$$

其中, $\boldsymbol{a}^{(1)\mathrm{T}} = (a_1^{(1)}, \cdots, a_{m^{(1)}}^{(1)})$ 为 $m^{(1)}$ 维行向量, 写成张量的分量形式为 $\frac{\partial z_i^{(2)}}{\partial (\boldsymbol{W}^{(2)})_{jk}} = \delta_{i,j \bmod m^{(1)}} a_k^{(1)} (i, k = 1, 2, \cdots, m^{(1)}, j = 1, 2, \cdots, m^{(2)} \times m^{(1)})$. 重复同样的步骤我们可以沿着逆向计算图算出 $\frac{\partial \boldsymbol{a}^{(1)}}{\partial \boldsymbol{z}^{(1)}}, \frac{\partial \boldsymbol{z}^{(1)}}{\partial \boldsymbol{W}^{(1)}}$. 所以, 对于三层神经网络, 我们可以得到损失函数对网络参数 $\boldsymbol{W}^{(1)}, \boldsymbol{W}^{(2)}$ 的导数为逆向边上所有偏导数矩阵的乘积:

$$\begin{aligned} \frac{\partial J}{\partial \boldsymbol{W}^{(2)}} &= \frac{\partial J}{\partial \boldsymbol{y}} \frac{\partial \boldsymbol{y}}{\partial \boldsymbol{z}^{(2)}} \frac{\partial \boldsymbol{z}^{(2)}}{\partial \boldsymbol{W}^{(2)}} \\ \frac{\partial J}{\partial \boldsymbol{W}^{(1)}} &= \frac{\partial J}{\partial \boldsymbol{y}} \frac{\partial \boldsymbol{y}}{\partial \boldsymbol{z}^{(2)}} \boldsymbol{W}^{(2)} \frac{\partial \boldsymbol{a}^{(1)}}{\partial \boldsymbol{z}^{(1)}} \frac{\partial \boldsymbol{z}^{(1)}}{\partial \boldsymbol{W}^{(1)}} \end{aligned} \quad (2.272)$$

同理，我们通过计算图求得 $\frac{\partial J}{\partial \boldsymbol{b}^{(2)}}, \frac{\partial J}{\partial \boldsymbol{b}^{(1)}}$. 假设网络的深度为 L，其参数为 $\boldsymbol{W}^{(l)}$, $\boldsymbol{b}^{(l)}(l=1,2,\cdots,L)$，训练样本为 $(\boldsymbol{x},\boldsymbol{y})$，观测和预测样本的损失函数为 $J(\boldsymbol{y},\hat{\boldsymbol{y}})$. 首先通过图 2.45 前向和路径计算出各个节点的梯度变量 (前向传播)，为反向传播提供一些必要的中间变量. 然后沿着图 2.45 逆向和路径计算损失函数对网络参数的梯度变化. 著名的反向传播算法如下：

前向传播计算过程：

步骤 1　$\boldsymbol{a}^{(0)} = \boldsymbol{x}$.

步骤 2　沿着每层的计算图向前传播. 从 $l=1$ 到 $l=L$，计算预激活值 $\boldsymbol{z}^{(l)} = \boldsymbol{W}^{(l)}\boldsymbol{a}^{(i-1)} + \boldsymbol{b}^{(l)}$. 计算隐层输出 $\boldsymbol{a}^{(l)} = f(\boldsymbol{z}^{(l)})$，其中 $f(\cdot)$ 为激活函数.

步骤 3　输出和损失函数值分别为 $\boldsymbol{y} = \boldsymbol{a}^{(L)}$ 和 $J = J(\boldsymbol{y},\hat{\boldsymbol{y}})$.

反向传播计算过程：

步骤 1　计算输出层的梯度向量

$$\frac{\partial J}{\partial \boldsymbol{y}} = \frac{\partial J}{\partial \boldsymbol{a}^{(L)}} \tag{2.273}$$

步骤 2　对于每一层 $l = L-1, L-2, \cdots, 1$.

(A) 沿着计算图逆向边计算节点变量预激活值 $\boldsymbol{z}^{(l)}$ 的梯度矩阵

$$\frac{\partial J}{\partial \boldsymbol{z}^{(l)}} = \frac{\partial J}{\partial \boldsymbol{a}^{(l)}} \frac{\partial \boldsymbol{a}^{(l)}}{\partial \boldsymbol{z}^{(l)}} = \boldsymbol{R} \tag{2.274}$$

其中，$\boldsymbol{R}$ 称为预激活值矩阵.

(B) 分别计算当前层的权重矩阵和偏置的梯度矩阵

$$\frac{\partial J}{\partial \boldsymbol{W}^{(l)}} = \boldsymbol{R}\boldsymbol{a}^{(i-1)\mathrm{T}} \tag{2.275}$$

$$\frac{\partial J}{\partial \boldsymbol{b}^{(l)}} = \boldsymbol{R} \tag{2.276}$$

(C) 将梯度矩阵传到前一层隐层输出

$$\frac{\partial J}{\partial \boldsymbol{a}^{(l-1)}} = \boldsymbol{R}\boldsymbol{W}^{(l)} \tag{2.277}$$

反向传播算法会对每一层 l 都计算损失函数对预激活值 $\boldsymbol{z}^{(l)}$ 的梯度. 从输出层开始反向传播一直到第一个隐层，根据这些梯度可以获得每层参数 (包括权重和偏置) 的梯度矩阵，从而基于梯度下降的学习算法对参数进行更新.

2.5.3 卷积神经网络

深度学习或深度神经网络是指具有多层结构的人工神经网络. 在过去的几十年里, 它被认为是最强大的工具之一, 并且因为能够处理大量的数据而在文献中变得非常流行. 近年来, 最流行的深度神经网络之一是**卷积神经网络** (covolution neural network, CNN). 它的名字来源于卷积矩阵之间的数学线性运算. CNN 有多层, 包括卷积层、非线性层、池化层和全连接层, 其中全连接层与多层感知机的结构相同. 卷积层和全连接层有参数, 而池化层和非线性层没有参数. CNN 是一种专门用来处理网格拓扑数据的前馈神经网络, 它广泛应用于图像处理、语音识别、视频分析和自然语言处理等领域, 尤其在计算机视觉领域有着极为出色的表现. 图 2.46 给出了 CNN 卷积层的结构图.

图2.46 CNN卷积层结构
卷积层代替多层感知机网络的矩阵乘积, 通常CNN至少包含一个卷积层.

卷积层一般包含三个步骤: 首先, 将输入进行多个并行卷积操作获得多个映射特征; 其次, 使用一个非线性激活函数对每个特征函数进行变化; 最后, 通过池化 (pooling) 的输出进一步调整得到最终结果. 而顶层的全连接层结构等同于多层感知机.

1. 卷积操作

可以把卷积想象成信息的混合. 当我们将卷积应用于图像时, 把它应用于二维空间——图像的宽度和高度. 我们混合两种信息: 第一种信息是输入图像, 它总共有三个像素矩阵——红色通道、蓝色通道和绿色通道, 它们分别可以表示成一个像素矩阵, 由 0~255 之间的整数值组成. 第二个信息是卷积核, 它也是一个由浮点数作为矩阵元的矩阵, 卷积核的大小通常是人为指定的, 将输入图像矩阵与内核矩阵纠缠在一起形成二维图像的卷积运算. 在深度学习中与内核矩阵做卷积运算后的输出图像通常称为特征图 (feature map), 对于不同颜色通道都有一个相对应的特征图.

本节我们首先给出卷积的简单介绍. 卷积 (convolution, conv) 是通过两个函数 f 和 g 生成第三个函数的一种数学算子. 定义狄拉克函数 $\int_{-\infty}^{\infty} \delta(x) \mathrm{d}x = 1$, 它是由积分定义的广义函数, 作为时域空间的基函数, 对于任意的函数 $f(x)$ 可以展开成它的线性

叠加:
$$f(x) = \int_{-\infty}^{\infty} f(\tau)\delta(x-\tau)\mathrm{d}\tau \tag{2.278}$$

考虑具有因果关系的线性的时不变系统 G, 假定这个系统的输入是函数 $f(x)$, 经过系统 G 的作用输出为 $y(x)$, 则根据上述假设我们得到

$$\begin{aligned} y(x) = G(f(x)) &= G\left(\int_{-\infty}^{\infty} f(\tau)\delta(x-\tau)\mathrm{d}\tau\right) \\ &= \int_{-\infty}^{\infty} f(\tau)G(\delta(x-\tau))\mathrm{d}\tau \\ &= \int_{-\infty}^{\infty} f(\tau)g(x-\tau)\mathrm{d}\tau \end{aligned} \tag{2.279}$$

其中, 第二个等式成立是因为系统是线性系统, 第三个等式成立是因为系统的冲击响应函数是不随时间变化的时不变系统, 它只与时间差分相关. 很明显, $x-\tau$ 是保持系统作用到输入和输出之间的因果关系. 上式的几何意义是表征函数 f 与 g 经过翻转和平移的重叠部分的面积, 定义函数 f 和 g 的**卷积**运算 $(f*g)(n)$ 如下:

连续形式:
$$(f*g)(n) = \int_{-\infty}^{\infty} f(\tau)g(n-\tau)\mathrm{d}\tau \tag{2.280}$$

离散形式:
$$(f*g)(n) = \sum_{\tau=-\infty}^{\infty} f(\tau)g(n-\tau) \tag{2.281}$$

在信号分析、图像处理和移动通信等领域有着广泛应用. 从公式上来看, "卷积"的"卷"即对函数 g 进行翻转, 而"卷积"的"积"体现在把翻转后的函数 g 平移到 τ, 再对两个函数对应点相乘然后相加的过程. 由此易知, "积"实际上是一个全局的概念, 即把两个函数在时间或者空间上进行"混合". 如一个卷积的例子[1], 先考虑简单的一维运动情况, 设想从一定的高度掷球到地面, 它会以一定的概率 $f(x)$ 落到距掷球点为 x 的地方. 然后捡起球, 在第一次落地的上方以任意的高度再次丢下, 这次相对于起落点球以一定的概率 $g(y)$ 落到距掷球点为 y 的地方[2]. 我们要求的是第一次的掷出距离 x, 第二次的掷出距离 y, 两次总共的掷出距离和 $z=x+y$. 由于 $p(x)=f(x)$ 和 $p(y)=g(y)$ 两个随机事件是独立的, 所以联合概率分布 $p(x,y)=p(x)p(y)=f(x)g(x)$. 为了求出球到达 z 点的总概率似然, 我们需要考虑到达 z 点的所有可能方式, 对每种方式的概率积分或求和. 对于离散取值的情形, 我们可以将总似然表示为如下卷积形式:

$$(f*g)(z) = \sum_{x+y=z} f(x) \cdot g(y) = \sum_{x} f(x)g(z-x) \tag{2.282}$$

---

[1] https://colah.github.io/posts/2014-07-Understanding-Convolutions/.
[2] 如果考虑两次实验从不同的高度落下的话, 函数 f, g 可能是不同的函数.

同样以落球为例，图 2.47 给出了二维情况的示意图，卷积和一维的情况一样.

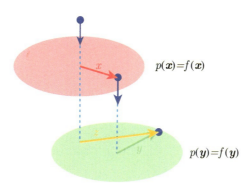

图2.47　二维卷积示意图

$$(f*g)(\bm{z}) = \sum_{\bm{x}+\bm{y}=\bm{z}} f(\bm{x}) \cdot g(\bm{y}) = \sum_{\bm{x}} f(\bm{x})g(\bm{z}-\bm{x}) \tag{2.283}$$

这里，$\bm{x},\bm{y},\bm{z} \in \mathbb{R}^2$ 是向量. 更明确地可以写成如下坐标分量的形式:

$$(f*g)(z_1,z_2) = \sum_{x_1,x_2} f(x_1,x_2)g(z_1-x_1,z_2-x_2) \tag{2.284}$$

卷积是一个非常普遍的概念，它可以被推广到更高的维度. 在卷积神经网络中，输入图像 $\bm{I}$ 通常是多维数组，卷积操作是对输入图像的格点拓扑结构的一种加权平均，通常是图像与称为权重矩阵 $\bm{K}$ 的一个多维局部特征抽取的小参数数组 (通常从 3×3 到 16×16) 做卷积运算实现. 由于图像数组和权重矩阵都是有限点集，因此图像与权重矩阵之间的卷积运算可以表示成如下形式:

$$S[i,j] = (\bm{I}*\bm{K})[i,j] = \sum_m \sum_n I[i-m,j-n]K[m,n] \tag{2.285}$$

其中，权重矩阵 $\bm{K}$ 也称为核函数 (kernel function) 或者**过滤器** (filter)，为卷积神经网络的参数，如图 2.48 所示. 卷积是可交换的 (commutative)，即

$$S[i,j] = (\bm{K}*\bm{I})[i,j] = \sum_m \sum_n I[m,n]K[i-m,j-n] \tag{2.286}$$

通常我们将参数分配给这些内核，这些参数将根据数据进行训练自动学到，这个训练过程称为特征学习，其输出的图像 $\bm{S}$ 也被称为**特征映射** (feature map).

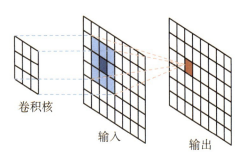

图2.48 二维图像卷积操作示意图,核的大小为3×3

卷积神经网络通过对数据的训练可以同时学习多个内核,为下一层提供输入. 值得一提的是, 在做卷积计算时需要对输入或内核函数做时间上的反演,所以在实际程序的实装时人们喜欢使用与之等价的互相关 (cross-correlation) 来代替卷积操作[①], 它的定义如下:

$$S[i,j] = (I * K)[i,j] = \sum_m \sum_n I[i+m, j+n] K[m,n] \qquad (2.287)$$

与卷积类似, 它们都是度量输入和内核之间的相似性. 图 2.49 给出了卷积与互相关之间的比较示意图.

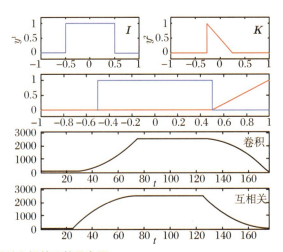

图2.49 卷积与互相关之间的比较示意图
来源: https://www.youtube.com/watch?v=Ma0YONjMZL.

---

① 许多机器学习库实现的是互相关, 但人们也习惯称之为卷积. 对于离散情况, 它们都可以由矩阵的乘法实现. 为了快速计算卷积操作, 通常人们利用卷积定理, 将时间 / 空间域中的卷积 (卷积的特征是一个笨拙的积分或求和) 与频率 / 傅里叶域中的元素乘法联系起来. 这样利用快速傅里叶变换 (FFT) 就可以使得计算卷积操作的时间复杂度从 $O(n^2)$ 下降到 $O(n \log n)$.

对于具有多个通道 (multiple channels) 的图像 (例如 RGB 对应三个相同大小的图像), 内核是一个三维的立方体张量, 它的第三维对应所谓的通道数, 通常 CNN 采用 Batch 训练方法, 一次输入 m 张图片, 这时内核可以表示成一个四维张量, 它的第四维对应这 m 张图片. 图 2.50 给出了具有三个通道的单图片卷积示意图, 它是一个单深度通道卷积特征输出.

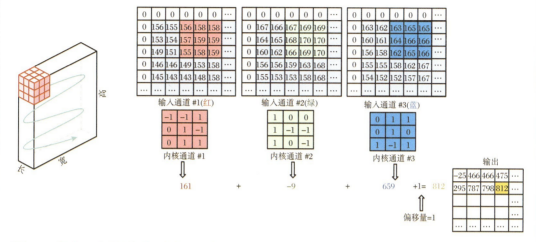

图2.50　具有三个通道的单图片卷积示意图

内核以一定的步长值 (stride length) 从左向右移动. 通常步长值设为 1, 每次执行, 图像 I 与所对应内核 K 大小的子集做逐像素乘法运算后输出求和值, 一直到移动到图像的宽度, 随后它向下跳到下一行图像的开始 (左侧). 重复这个过程, 直到整个图像被遍历并输出特征映射图. 例如, 一个 $32 \times 16 \times 16$ 内核应用于一个 256×256 的图像, 将产生 32 个尺寸为 241×241 的特征图 (特征图的尺寸可能因实现的不同而不同, 很明显它的大小为: 图像大小 − 内核大小 + 1). 这些自动学习 32 个新特征, 包含了与任务相关的信息.

卷积神经网络对深度学习模型产生三个重要的效果: **稀疏连接** (sparse conectivity)、**参数共享** (parameter sharing) 和**等变表示** (equivariant representation).

(1) 稀疏连接

通常对于多层感知机的前向网络, 由式 (2.259) 知它的输入和输出神经元是由一个权值矩阵 W 联系起来的, 矩阵的每一行描述了神经元与其输入之间的权重. 因此, 权值矩阵将每个输入连接到下一层的每个神经元, 每个输出单元与每个输入单元相互作用及相邻两层节点是全连接的, 且每个神经元通常情况下具有不同的权值. 而卷积神经网络由于对网络加入了很强烈的先验, 这种先验知识来自于对图像等识别的假设. 例如对于人脸识别, 我们需要识别人眼睛的位置. 首先它的特征是局部的, 其次它在整个图像中的位置往往也是不确定的, 可以多次以不同的大小出现在图像的不同位置. 所以表征这个特征的神经元是不需要整个图像信息和不同神经元的. 换句话说, 这个特征要求整个网络具有平移和尺度不变性的同一组神经元即可, 而卷积网络则巧妙地使用大小远小于输入维数的内核进行卷积来甄别这些特征, 从而使得输入与输出单元间的连接是稀疏的. 稀疏连接意味着模型的参数个数大大减少[1], 而且极大地减少了计算量. 考虑一维卷积核的大小为 k, 一维输入 $x_n(n=0,1,\cdots,n-1)$ 和输出 $S_i(i=0,1,\cdots,n-k+1)$ 的一维卷积层[2], 图 2.51 展示了 $n=4$ 的情况下卷积的操作输入单元和输出单元之间的相互作用示意图, (a) 和 (c) 展示了卷积操作下的连接, 核的大小为 3, (b) 和 (d) 为全连接网络. 对比图 2.51(a) 和 (b), 在卷积操作下, 输出单元 S_2 只和输入的三个单元有关, 而全连接网络每个输出单元受所有输入单元影响. 对比图 2.51(c) 和 (d), 在卷积运算下, 输入 x_2 只会影响卷积核大小个输出单元, 而全连接网络中输入单元 x_2 会影响每个输出单元. 作为总结, 卷积层 (假设是第 l 层) 中的每一个神经元都只和下一层 (第 $l-1$ 层) 中某个局部窗口内的神经元相连, 构成一个局部连接网络. 相比于多层感知机, 卷积层和下一层之间的连接数大大减少, 由原来的 $m^{(l)} \times m^{(l-1)}$ 个连接变为 $m^{(l)} \times k$ 个连接, k 为卷积核大小.

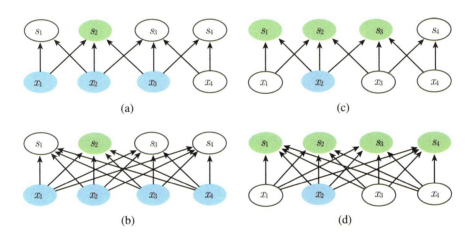

图2.51 稀疏连接和全连接网络的对比

使用了稀疏连接并不影响卷积神经网络的表示能力. 在深度卷积神经网络中, 处在深层的单元会间接地与绝大部分输入连接, 这也允许网络可以只用少量的参数来高效地描述多个变量的复杂关系. 处在深层的单元会间接地同浅层的大部分甚至全部单元

---

[1] 稀疏性往往是理解事物本质的重要特征, 例如任何一个彩色图像都可以用简单的 RGB 表示出来, 数学上的压缩感知, 在大数据中的协同过滤本质上就是矩阵的低秩近似, CNN 可以认为利用内核作为基对图像的特征进行展开.

[2] 这里考虑 no-padding 的卷积情况.

相连.

(2) 参数共享

在卷积神经网络中, 内核可以表示成一个矩阵形式, 这个矩阵的每个矩阵元就对应于神经网络的连接权重. 如果内核的大小为 3×3, 它的任务就是发现图像中 3×3 大小的特征[①], 参数共享是指在模型中同一组权重参数被多个函数或操作共享使用, 这使得模型的参数进一步减少为 k 个参数 (k 为内核的大小). 为了增加模型的表达能力, 对于每一层可以采取多组不同的内核进行特征映射.

(3) 等变表示

如果 $f(g(\boldsymbol{x})) = g(f(\boldsymbol{x}))$, 则称函数 $f(\boldsymbol{x})$ 与函数 $g(\boldsymbol{x})$ 是等变的. 假设 $\boldsymbol{I}$ 为输入图像, T 为图像的平移变换. 先对 $\boldsymbol{I}$ 进行平移然后卷积所得到的结果与先对 $\boldsymbol{I}$ 卷积再对输出使用平移变换 T 得到的结果是一样的. 在 CNN 进行卷积运算之后, 参数共享的特殊形式使得神经网络层对平移具有等变性质. 图像的卷积产生了一个二维映射来得到输入图像的某种特征. 需要注意的是, 卷积对其他的一些变换并不是等变的[②].

2. 检测层

需要说明的是, 通过卷积层后对其特征图做非线变换 (通常用 ReLU, 或 Leaky ReLU 函数) 作为池化层的输入, 称为检测层.

3. 池化

池化是另一种更新特征映射的局部操作方法. 对图像数据而言, 我们可以利用它在每个格点周围的一个矩形邻域上的统计量来代替特征映射在该位置的输出. 例如最大化池化 (max pooling) 函数在图像问题中输出相邻矩形区域内的最大值. 其他常用的池化操作包括输出矩形区域内的平均值、ℓ_2 范数和根据距中心像素的距离计算的加权平均值等.

池化的重要作用是用于提取数据的多尺度信息. 它使得网络与人脑的认知功能类似, 在浅层得到局部的特征, 在深层提取到相对全局的特征. 同时, 池化 (特别是最大化池化) 还能加强特征提取的稳健性. 当某些输入特征有一些异常或波动时, 最大化池化能使产生的表示几乎不变.

池化操作的另一个重要作用是处理大小不一致的输入. 如对大小不同的图像进行识别时, 最终的分类层的输入单元个数需要固定, 我们可以通过调整池化区域的大小来实现, 从而保证分类层能得到个数一致的输出单元. 这样的操作具有降采样

[①] CNN 也可以用不同大小的内核与图像进行卷积操作, 比如, 可以先对图像做聚类, 根据聚类后每个类的大小动态选择内核的大小等, 有兴趣的读者可参考 Ian Goodfellow 关于深度学习的书.

[②] 例如对于图像缩放或者旋转变换.

(downsampling) 的效果, 能够降低输出的维度, 从而提高计算效率. 图 2.52 展示了具有降采样功能的最大化池化操作, 7 个输入经过最大化池化降采样为 3 个输出.

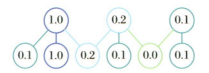

图2.52　卷积神经网络中的最大化池化降采样

虽然池化会保留平移不变等特征, 一般人们认为池化操作会丢失图像的信息, 对于有些应用可以去掉一些不必要特征的影响, 例如在做人脸识别时我们希望去掉如背景的纹理等无关特征; 而对于有些应用则是不可取的, 例如 Alpha-Go 围棋. 关于如何选择池化函数的类型, 感兴趣的读者可参考 Boureau 等人的文章.

4. 典型的卷积神经网络

卷积神经网络从 20 世纪 90 年代的 LeNet5 开始, 历经 21 世纪初的十余年沉寂, 直到 2012 年的 AlexNet 开始又焕发第二春, 之后从 VGGNet 到 GoogLeNet 再到 ResNet, 网络越来越深, 架构越来越复杂, 解决反向传播时梯度消失的方法也越来越巧妙. 图 2.53 展示了早期著名的深度卷积神经网络 LeNet5, 该网络用于 0~9 的手写数字识别. 第一次卷积操作采用了 6 个大小为 5×5 的卷积核, 接着是 2×2 的池化降采样, 之后是 16 个核的卷积, 接着也是 2×2 的池化降采样, 之后连接两个全连接层 (即多层感知机的结构), 输出层为 RBF 层.

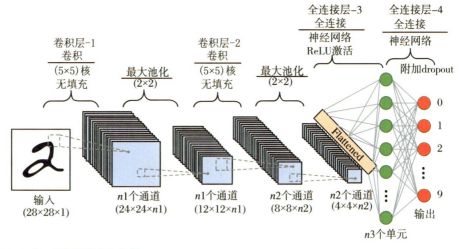

图2.53　LeNet5卷积网络结构图

LeNet5 的非线性变换通常使用 Sigmod 函数或双曲正切函数, 最终输出层由欧氏径向基函数 (Euclidean radial basis function, RBF)(一般使用高斯函数) 输出. 给定一个输入模式, 损失函数应能使得图 2.53 中全连接层第三层的配置与 RBF 参数向量 (即模式的期望分类) 足够接近. 原始 LeNet5 的输出层也可以用 softmax 层来代替.

AlexNet 是第一个现代深度卷积网络模型, 其首次使用了很多现代深度卷积网络的技术方法. 比如使用 GPU 进行并行训练, 采用了 ReLU 作为非线性激活函数, 使用 dropout 防止过拟合, 使用数据增强 (data augmentation) 来提高模型准确率等. AlexNet 赢得了 2012 年 ImageNet 图像分类竞赛的冠军.

VGGNet 是由牛津大学的视觉几何组 (visual geometry group) 和 Google Deep Mind 公司的研究员一起研发的深度卷积神经网络, 它探索了卷积神经网络的深度和其性能之间的关系, 通过反复的堆叠 3×3 的小型卷积核和 2×2 的最大池化层, 成功地构建了 16∼19 层深的卷积神经网络. VGGNet 获得了 ILSVRC 2014 年比赛的亚军和定位项目的冠军, 在 top 5 上的错误率为 7.5%.

在卷积网络中, 如何设置卷积层的卷积核大小是一个十分关键的问题. 事实上, 同一层特征图可以分别使用多个不同尺寸的卷积核, 以获得不同尺度的特征. 再把这些特征结合起来, 得到的特征往往比使用单一卷积核的要好, 而 Inception 系列的网络就使用了多个卷积核的结构.

神经网络深度的增加尽管在一定程度上能够提升网络性能, 但是一旦精度达到饱和, 梯度消失问题就会越来越严重, 以至于反向传播很难训练到浅层的网络, 从而过深的网络反而会导致网络性能开始快速下降. 残差网络 (residual network, ResNet) 通过给非线性的卷积层增加直连边的方式来提高信息的传播效率, 在 2015 年 ImageNet 在图像分类、检测、定位中斩获三项冠军, 并超越了人类识别图像的准确率.

2.5.4 循环神经网络

在前文所介绍的前馈神经网络以及卷积神经网络中, 信息的传递是单向的, 每次输入的数据实例之间是独立的[1], 即神经网络的输出只依赖于当前的输入实例. 然而, 在很多现实任务中, 数据之间具有时间上的依赖关系, 网络的输出不仅和当前时刻的输入相关, 也和其过去时间的输出相关. 例如, 在线问答场景中当前问题的答案 (输出) 不仅和该问题本身 (输入) 相关, 也和上一轮的问题 – 答案内容以及前文的主题等背景相关. 由此导致了前馈网络或卷积神经网络难以处理这种具有前后依赖关系的信息, 包括视

---

[1] 比如你输入的第一张猫的图片, 它与下一张狗的图片是相互独立的.

频、语音、文本等具有序列关系的不同类型数据. 此外, 前馈网络或卷积神经网络要求输入和输出的维数都是固定的, 不能任意改变. 因此, 当处理这类输入具有时间依赖关系、变长特征的问题时, 就需要将动态系统 (dynamic systems) 的思想引入神经网络的模型中.

循环神经网络 (recurrent neural network, RNN) 是一类专门用于处理序列数据 $\boldsymbol{x}^{(1)}, \cdots, \boldsymbol{x}^{(t)}$ 的神经网络模型, 大多数的循环网络能处理可变长度的序列. 类似于之前的神经网络模型, 其构成包含输入层、隐层和输出层, 层与层之间由带不同权值的连接相连, 并通过事先确定的激活函数控制输出, 最终神经网络模型通过训练将"学"到的东西蕴含在"权值"中. RNN 的重要思想在于利用循环操作使得模型不同部分实现权值参数共享, 这使其能够扩展到不同形式的样本 (如不同的长度) 并进行泛化.

本节我们首先利用动态系统给出 RNN 的图表示, 然后介绍几种典型的循环网络结构以及 RNN 特有的用于参数学习的时序反向传播算法, 最后重点介绍最常用的门控 RNN: 基于长短期记忆和基于门控循环单元的网络.

1. 网络结构

一个具有时序依赖关系的系统可以用一个经典的动态系统来描述, 该系统在时间点 t 的状态 $\boldsymbol{s}^{(t)}$ 可以表示为过去时间点各状态 $\boldsymbol{s}^{(t-1)}, \boldsymbol{s}^{(t-2)}, \cdots$ 的函数. 此外, 对于一个动态系统, 我们通常假设其满足马尔可夫条件, 即在给定状态 $\boldsymbol{s}^{t}$ 的条件下, 状态 $\boldsymbol{s}^{(t+1)}$ 与状态 $\boldsymbol{s}^{(t-1)}$ 无关. 由此, 数学上这个系统的状态 $\boldsymbol{s}^{(t)}$ 可以写成 $\boldsymbol{s}^{(t)} = f_{\boldsymbol{\theta}}(\boldsymbol{s}^{(t-1)})$; $f_{\boldsymbol{\theta}}$ 是以 $\boldsymbol{\theta}$ 为系统参数的非线性函数, 它决定系统状态之间的变换, 且 $f_{\boldsymbol{\theta}}$ 是不随时间变化的[①]. 图 2.54 给出了经典动态系统的状态变化的图示化表示.

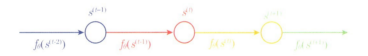

图2.54 经典动态系统的状态变化图

作为经典动态系统的简单推广, RNN 通过构建一个递归神经网络结构实现对数据的建模. 模型的当前状态不仅依赖于前一个状态, 还由当前的观察量 $\boldsymbol{x}^{(t)}$ 共同决定. 在 RNN 中, 输入序列中的每一项都对应一个隐状态, 因此可以用隐层单元来表示网络状态和数据; 这里为了方便统一表示, 我们用 $\boldsymbol{h}$ 表示网络状态的隐层单元来代替状态变量 $\boldsymbol{s}$. 对于观察序列 $\boldsymbol{x} = (\boldsymbol{x}^{(1)}, \boldsymbol{x}^{(2)}, \cdots, \boldsymbol{x}^{(\tau)})$, RNN 的隐层单元 $\boldsymbol{h}^{(t)}$ 设计为具有如式 (2.288) 所示的循环形式的数学表达; 与动态系统一样, 此处 f 为某一个非线性变换, 它也是不随

---

① 如果 $f_{\boldsymbol{\theta}}$ 随时间变化, 则原则上系统不可能预测下一个状态.

时间变化的, $\boldsymbol{\theta}$ 为模型参数.

$$\boldsymbol{h}^{(t)} = f_{\boldsymbol{\theta}}(\boldsymbol{h}^{(t-1)}, \boldsymbol{x}^{(t)}) \tag{2.288}$$

图 2.55 显示了一个循环网络的计算图及其对应的展开形式, 可以看出 t 时刻的隐单元的状态 $\boldsymbol{h}^{(t)}$ 不仅仅受到 $\boldsymbol{x}^{(t)}$ 的影响, 还受到上一个隐层单元 $\boldsymbol{h}^{(t-1)}$ 的影响. 图 2.55(a) 为 RNN 的原理简图, 红色表示单个时间点的延迟; 图 2.55(b) 为其展开图, 展示了每个隐层单元的计算过程.

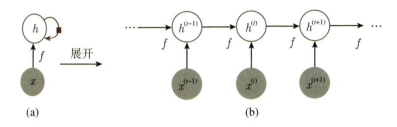

图2.55　RNN结构示意图

当训练 RNN 根据过去预测未来时, 网络需要学会用 $\boldsymbol{h}^{(t)}$ 来作为对过去序列信息 (直到 t 时刻) 的特征表示, 即将任意长度的序列 $\boldsymbol{x} = (\boldsymbol{x}^{(1)}, \boldsymbol{x}^{(2)}, \cdots)$ 映射到一个固定长度的隐层单元向量 $\boldsymbol{h}^{(t)}$, 这样的特征提取方式一般来说是有损的; 另外, 网络会根据不同的目标函数提取对训练任务重要的特征 (保留过去序列的某些方面), 而丢弃一些不重要的特征. 例如, 如果在统计语言建模中使用的 RNN, 通常给定前一个词来预测下一个词, 此时网络只需提取有助于预测句子剩余部分的特征即可, 而没必要保留 t 之前输入序列的所有信息; 而另一些任务则可能要求模型能最大限度地提取句子的特征, 从而保证 $\boldsymbol{h}^{(t)}$ 的丰富性, 以使其能够准确地恢复或利用原始信息, 这类任务包括将 RNN 用于机器翻译、智能问答等场景.

典型的 RNN 会在图 2.56 基础架构上增加额外的结构, 如读取隐层单元信息 $\boldsymbol{h}$ 进行预测的输出层 $\boldsymbol{o}$. 图 2.56 展示了几种具有代表性的 RNN 结构, 它们各自具有共享的权值特征, 即图中不同单元对应的参数矩阵 $\boldsymbol{W}, \boldsymbol{U}, \boldsymbol{V}$ 是完全相同的.

图 2.56 (a) 中所示的 RNN 模型, 在整个输入序列结束时最后产生单个输出 $\boldsymbol{o}^{(\tau)}$, 隐层单元之间有连接. 该网络结构将输入序列的信息抽取为一个定长的输出, 相当于一个编码的过程, 这个输出可能被用于后续其他任务, 如句子情感分类、句子补全等.

图 2.56 (b) 中的 RNN 模型在每个时间步有输出, 其循环连接存在于当前时刻的输出到下一时刻的隐层单元之间, 而非相邻隐层单元之间. 该 RNN 的优点是实现了隐层单元之间解耦并明确刻画了后一时刻的信息与前一时刻输出的关联性, 使得每个时间步

可以独立训练,①易于并行. 但由于这种网络架构缺少隐层单元之间的直接连接,其表达能力会受到一定限制.

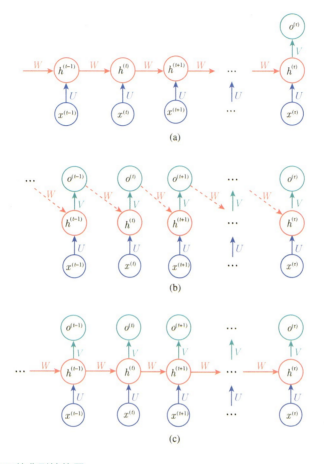

图2.56 几种RNN的典型结构图

图 2.56(c) 中所示的 RNN 模型中每个时间步的隐层单元 $h^{(t)}$ 都有相应的输出 $o^{(t)}$,隐层单元之间有循环连接. 该模型的目标函数 J 度量每个输出 o 与相应的真实目标 $\hat{y}$ 之间的距离; 如果在输出层 o 上运用 softmax 函数, 那么目标函数将计算 $y = \text{softmax}(o)$ 与真实目标 $\hat{y}$ 之间的差异. 该 RNN 结构可用于对序列到序列的建模, 适用于机器翻译、文语转换、语音识别等任务.

针对图 2.56(c) 的 RNN 结构, 我们分析它的前向传播过程. 图中没有指定隐单元的激活函数、输出和损失函数, 我们假设使用双曲正切 tanh 作为激活函数, 并假定其输出是离散类型. 一种代表离散变量的自然方式是把输出 o 作为每个离散变量可能值的非

---

① 例如, 对于时间 t 网络, 虽然我们不知输入 $\lambda o^{(t-1)}$, 但它可以用对应 $o^{(t-1)}$ 的期待标签代替.

标准化对数概率, 然后利用 softmax 函数获得标准化的概率输出向量 $\boldsymbol{y}$.

RNN 从初始状态 $\boldsymbol{h}^{(0)}$ 开始进行前向传播, 从 $t=1$ 到 $t=\tau$ 的每个时间步都应用如下形式的更新方程:

$$\begin{cases} \boldsymbol{a}^{(t)} = \boldsymbol{b} + \boldsymbol{W}\boldsymbol{h}^{(t-1)} + \boldsymbol{U}\boldsymbol{x}^{(t)} \\ \boldsymbol{h}^{(t)} = \tanh(\boldsymbol{a}^{(t)}) \\ \boldsymbol{o}^{(t)} = \boldsymbol{c} + \boldsymbol{V}\boldsymbol{h}^{(t)} \\ \boldsymbol{y}^{(t)} = \mathrm{softmax}(\boldsymbol{o}^{(t)}) \end{cases} \tag{2.289}$$

其中的参数为偏置向量 $\boldsymbol{b}$, 矩阵 $\boldsymbol{U},\boldsymbol{V},\boldsymbol{W}$ 分别对应于网络的输入到隐层单元、隐层单元到输出以及相邻隐层单元的循环连接的权重矩阵.

上述的 RNN 模型将一个输入序列 $\boldsymbol{x}$ 映射到相同长度的输出序列, 因此与 $\boldsymbol{x}$ 配对的 $\boldsymbol{y}$ 的总损失为所有时间步的损失之和. 如果 $J^{(t)}$ 为第 t 步的负对数似然, 即 $J^{(t)} = -\ln p_{\mathrm{model}}(\hat{\boldsymbol{y}}^{(t)}|\boldsymbol{x}^{(1)},\cdots,\boldsymbol{x}^{(t)})$, 那么, 模型的总损失表示为

$$\begin{aligned} J(\{\boldsymbol{x}^{(1)},\cdots,\boldsymbol{x}^{(\tau)}\},\{\hat{\boldsymbol{y}}^{(1)},\cdots,\hat{\boldsymbol{y}}^{(\tau)}\}) &= \sum_t J^{(t)} \\ &= -\sum_t \ln p_{\mathrm{model}}(\hat{\boldsymbol{y}}^{(t)}|\boldsymbol{x}^{(1)},\cdots,\boldsymbol{x}^{(t)}) \end{aligned} \tag{2.290}$$

其中, 在计算 $p_{\mathrm{model}}(\hat{y}_t|\boldsymbol{x}^{(1)},\cdots,\boldsymbol{x}^{(t)})$ 时, 需要读取模型输出标签 y_t 中与正确标签 $\hat{y}_t$ 对应的项.

2. 梯度计算

循环神经网络在训练时使用反向传播算法计算参数梯度, 但不同于前馈神经网络, 它的计算过程中存在一个递归调用的函数 $f(\cdot)$. 目前, RNN 主要有两种计算梯度的方式: 随时间反向传播 (backpropagation through time, BPTT) 算法和实时循环学习 (real-time recurrent learning, RTRL) 算法. BPTT 算法的主要思想是通过类似前馈神经网络的错误反向传播算法来进行梯度计算 (Werbos, 1990), 而 RTRL 算法则是通过前向传播的方式来计算梯度的 (Williams, Zipser, 1995).

尽管 RTRL 算法和 BPTT 算法都是基于梯度下降的算法, 但在循环神经网络中, 一般网络的输出维度远低于输入维度, 因此 BPTT 算法的计算量会更小; 然而, BPTT 算法需要保存所有时刻的中间梯度, 故空间复杂度较高; 而 RTRL 算法不需要梯度回传, 因此非常适合用于需要在线学习或无限序列的任务.

3. 基于门控的循环神经网络

虽然循环神经网络理论上可以建模长时间间隔的状态之间的依赖关系, 但由于梯度爆炸或梯度消失问题 (即经过许多阶段传播后的梯度趋向于无穷大或零), 实际上只能学习到有限时长内的依赖关系. 例如, 如果 t 时刻的输出 $\boldsymbol{y}^{(t)}$ 依赖于 $t-k$ 时刻的输入 $\boldsymbol{x}^{(t-k)}$, 当间隔 k 比较大时, 简单的循环神经网络很难建立这种长距离的依赖关系, 我们称之为长期依赖问题 (long-term dependencies problem).

为了避免梯度爆炸或梯度消失问题, 一种最直接的方式就是选取合适的参数, 同时使用非饱和的激活函数. 但这种方式需要足够的人工调参经验, 因此会限制模型的广泛应用. 一般而言, 循环神经网络的梯度爆炸问题比较容易解决, 可以通过权重衰减或梯度截断来避免. 其中, 权重衰减是通过给参数增加 ℓ_1 或 ℓ_2 范数的正则化项来限制参数的取值范围; 梯度截断是另一种有效的启发式方法, 即当梯度的模大于一定阈值时, 就将它截断成为一个较小的数. 梯度消失的问题相对比较棘手, 需要通过对模型本身进行改进, 从而尽量弥补梯度消失带来的损失. 然而, 一种高效的解决方案是引入门控机制 (Hochreiter, Schmidhuber, 1997) 来控制信息的累积速度, 包括有选择地加入新的信息, 并有选择地遗忘之前累积的信息等, 这一类网络可以称为基于门控的循环神经网络 (gated RNN). 下面主要介绍两种经典的基于门控的循环神经网络: 长短期记忆 (long short-term memory, LSTM) 网络和门控循环单元 (gated recurrent unit, GRU) 网络.

(1) 长短期记忆网络

作为一种特殊的 RNN 结构, LSTM 解决了标准 RNN 用于序列建模任务中的长期依赖问题, 并在机器翻译、图像标题生成、语音识别等领域取得了非常出色的效果, 其表现通常比时间递归神经网络及隐马尔可夫模型更好. 2009 年, 用 LSTM 构建的人工神经网络模型赢得了 ICDAR 手写识别比赛冠军; 2013 年基于 TIMIT 自然演讲数据库, LSTM 创下了 17.7% 错误率的纪录.

当标准 RNN 用于长程信息表示时, 同一权重矩阵多次相乘会导致梯度幅度指数级的减小或者增大 (依赖于参数矩阵的特征值大小). 如果长程作用的幅度值太小, 长期依赖关系的信号就很容易被短期相关性产生的小波动而掩盖, 如果长程作用的梯度幅度值过大, 会产生梯度爆炸的问题, 这会给基于梯度的训练方法带来极大的不稳定性. 因此, 在标准 RNN 中, 随着距离的增大, 运用于长程信息的表现会变得很差.

基于前面的说明, RNN 利用重复的网络模块 (cell, 也称为**元胞**) 形成长链, 构成循环连接结构. 在普通的 RNN 结构中, 元胞的结构非常简单 (如只利用 tanh 激活函数构造), 如图 2.57 所示.

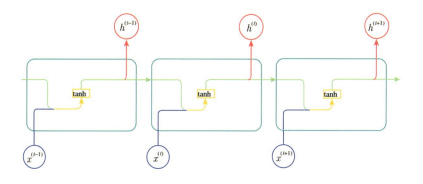

图2.57 标准RNN的元胞结构

LSTM 创造性地改变了元胞的内部结构,有效避免了长期依赖的问题. 如图 2.58 所示, LSTM 的每个元胞内部设计了 4 个非线性神经网络层,除了隐状态 h 外, LSTM 还增加了元胞状态 (cell state) 的概念 s,并同时将隐状态 h 和元胞状态 s 作为下个元胞的输入.

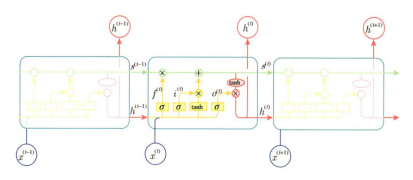

图2.58 LSTM的元胞结构

LSTM 通过一种称为门控 (gate) 的结构实现了对元胞状态信息的添加或者删除 (具体来说 LSTM 设计了三个不同的控制门),从而能够选择性地控制信息的流通. LSTM 的第一步是决定我们需要从元胞状态 $s^{(t-1)}$ 中扔掉或保留什么样的信息. 这个决策由一个称为"**遗忘门**"(forget gate) 的 sigmoid 层 $f^{(t)}$ 决定.

$$f^{(t)} = \sigma(b^{(f)} + U^{(f)}x^{(t)} + W^{(f)}h^{(t-1)}) \tag{2.291}$$

这里参数为 $b^{(f)}, U^{(f)}, W^{(f)}$, 分别表示遗忘门的偏置向量以及输入权重和循环权重矩阵,显然 $f^{(t)}$ 是输入 $h^{(t-1)}$ 和 $x^{(t-1)}$ 通过线性变换后,输出一个 0 和 1 之间的数,1 代表"完全保留状态 $s^{(t-1)}$",而 0 代表"完全扔掉遗忘状态 $s^{(t-1)}$". 决定了元胞状态的遗忘后，第二步我们需要决定 t 时刻元胞状态需要更新的信息，如图 2.58 所示，它由一个 sigmoid 层"输入门"(input gate) $\boldsymbol{i}^{(t)}$ 和一个 tanh 层以及上面讨论的"遗忘门"来共同实现，其中 $\boldsymbol{i}^{(t)}$ 由下式给出：

$$\boldsymbol{i}^{(t)} = \sigma(\boldsymbol{b}^{(i)} + \boldsymbol{U}^{(i)}\boldsymbol{x}^{(t)} + \boldsymbol{W}^{(i)}\boldsymbol{h}^{(t-1)}) \tag{2.292}$$

与遗忘门一样，这里参数为 $\boldsymbol{b}^{(i)}, \boldsymbol{U}^{(i)}, \boldsymbol{W}^{(i)}$，分别表示输入门的偏置向量、输入权重和循环权重矩阵．需要注意的是，利用 tanh 作为激活函数起到了尺度归一化的作用，tanh 层通过创建 $\hat{\boldsymbol{s}}^{(t)} = \tanh(\boldsymbol{b}^{(s)} + \boldsymbol{U}^{(s)}\boldsymbol{x}^{(t)} + \boldsymbol{W}^{(s)}\boldsymbol{h}^{(t-1)})$，它是以零为中心的函数，这样可以将梯度信息分布限制在 -1 到 $+1$ 之间，从而元胞状态 $\boldsymbol{s}$ 信息可以保持较长时间并不会引起信息由于长时间的传输而形成的梯度消失和爆炸问题．LSTM 元胞的新的状态更新由下式给出：

$$\boldsymbol{s}^{(t)} = \boldsymbol{f}^{(t)} \otimes \boldsymbol{s}^{(t-1)} + \boldsymbol{i}^{(t)} \otimes \hat{\boldsymbol{s}}^{(t)} \tag{2.293}$$

很明显，上式的第一项把旧的元胞状态与遗忘门相乘遗忘先前决定遗忘的信息，而第二项则可以理解为新的记忆信息，其中 $\boldsymbol{i}^{(t)}$ 可以当作信息更新的权重，这里 $\otimes$ 表示向量对应分量的乘积．最后，我们需要决定要输出的东西，这个输出基于我们当前的元胞状态 $\boldsymbol{s}^{(t)}$，它由所谓的"输出门"(output gate) 决定元胞状态的信息是否需要输出．与遗忘门和输入门类似，输出门 $\boldsymbol{o}^{(t)}$ 运行一个 sigmoid 层，其定义如下：

$$\boldsymbol{o}^{(t)} = \sigma(\boldsymbol{b}^{(o)} + \boldsymbol{U}^{(o)}\boldsymbol{x}^{(t)} + \boldsymbol{W}^{(o)}\boldsymbol{h}^{(t-1)}) \tag{2.294}$$

这里参数为 $\boldsymbol{b}^{(o)}, \boldsymbol{U}^{(o)}, \boldsymbol{W}^{(o)}$，分别表示输入门的偏置向量、输入权重和循环权重矩阵．具体地，我们运行上面的 sigmoid 输出层并将当前元胞状态的信息通过 tanh 函数（将数值压到 -1 和 1 之间）得到我们想要输出的部分 $\boldsymbol{h}^{(t)}$，

$$\boldsymbol{h}^{(t)} = \tanh(\boldsymbol{s}^{(t)}) \otimes \boldsymbol{o}^{(t)} \tag{2.295}$$

需要说明的是，控制当前计算结果是否参与到输出，主要是分离当前元胞状态的信息与要被预测的变量之间是否存在关联．如果当前元胞状态与被预测的变量无关，则设定输出门为关闭状态，这样保留当前信息（也许对以后的预测相关）而隔离无关信息对当前预测变量的干扰[①]．对于非线性模型，LSTM 作为复杂的非线性单元构造出更加强大的多层深度神经网络．[②]

(2) 门控循环单元网络

门控循环单元网络 (gate recurrent unit, GRU) 可以看作一种基于 LSTM 的变体，在机器翻译中较为常用．它将 LSTM 中的遗忘门和输入门合成了一个单一的更新门，还

---

① 例如对于分类问题，关闭输出门就意味着它对接下来的 softmax 分类层没有贡献．
② 更详细内容可以参考 http://colah.github.io/posts/2015-08-Understanding-LSTMs/．

混合了元胞状态和隐藏状态，从而减少了参数量，加快了训练速度. GRU 循环单元结构如图 2.59 所示.

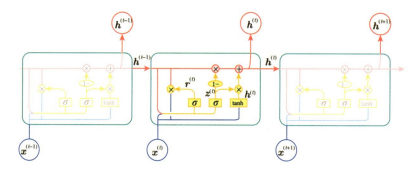

图2.59　GRU循环单元结构

图 2.59 中的 $z^{(t)} \in [0,1]$ 表示"**更新门**"(update gate) 用来控制当前状态 $h^{(t)}$ 需要从历史状态中保留多少信息以及需要从候选状态中接收多少信息，由下式给出：

$$z^{(t)} = \sigma(W^{(z)}x^{(t)} + U^{(z)}h^{(t-1)} + b^{(z)}). \tag{2.296}$$

这里参数为 $b^{(z)}, U^{(z)}, W^{(z)}$，分别表示更新门的偏置向量、输入权重和循环权重矩阵，其中，$h^{(t-1)}$ 为上一个隐藏状态，$x^{(t)}$ 为当前的输入. 然后通过一个 sigmoid 函数得到 0 到 1 的结果，其决定了上一个隐藏状态有多少信息被保留下来，且新的内容有多少需要被添加进记忆里. 图 2.59 中的 $r^{(t)} \in [0,1]$ 表示"**重置门**"(reset gate)，它的主要作用就是控制过去的多少信息需要被遗忘，其计算公式为

$$r^{(t)} = \sigma(W^{(z)}x^{(t)} + U^{(z)}h^{(t-1)} + b^{(r)}) \tag{2.297}$$

其实变量的意义与更新的计算公式一样，更新门和重置门有各自不同的参数. 注意这些参数都是由训练过程中学习自动得到的，重置门通过重置 $h^{(t-1)}$，也就是有多少信息需要被遗忘，然后与当前输入 $x^{(t)}$ 一起送到 tanh 函数里得到新的记忆内容 $\hat{h}^{(t)}$，其定义为

$$\hat{h}^{(t)} = \tanh(W^{(h)}x^{(t)} + r^{(t)}(U^{(h)} \otimes h^{(t-1)}) + b^{(h)}) \tag{2.298}$$

最终，GRU 网络的隐藏状态 $h^{(t)}$ 的更新方式定义为

$$h^{(t)} = z^{(t)} \otimes h^{(t-1)} + (1 - z^{(t)}) \otimes \hat{h}^{(t)} \tag{2.299}$$

这个信息会被传递到下一个 GRU 单元里. 显然当更新门处在打开状态，$z^{(t)} = 1$ 时，保留上一个隐藏状态 $h^{(t-1)}$，而记忆里不添加新的信息.

总而言之，标准 RNN 适用于处理序列数据以进行预测，但却受到短期记忆的影响. 门控结构可以调节流经序列链的信息流，从而缓解 RNN 的这一"痛点"，因此基于门控结构的 LSTM 和 GRU 被先后创建，并被用于最先进的深度学习应用，如语音识别、语音合成、自然语言处理等. 针对不同的任务场景，RNN 还衍生出了双向 RNN、级联 RNN、注意力 RNN 等一系列变体，以此来提升网络预测效果. 此外，对于从序列到序列 (Seq2Seq) 的建模，如前所述的 RNN 模型需要依次逐个处理输入并在网络中进行数据运算和信息传递，难以实现高效的并行化处理. 因此，研究人员提出利用自注意力层来实现 Transformer 网络架构，其可以并行化地进行序列分析并通过 GPU 实现计算加速，在近期得到了广泛的应用和可观的效果.①

本节介绍了当下深度学习技术基础知识，作为机器学习最重要的一个分支，深度学习近年来发展非常迅速，很多方面的知识本节并没有涵盖，更多的深度学习知识请参考 Ian Goodfellow 和 Yoshua Bengio 的《深度学习》一书.

参考文献

[1] Goodfellow I, Bengio Y, Courville A. Deep learning[M]. Cambridge: MIT Press, 2016.

[2] Hoerl A E, Kennard R W. Ridge regression: Based estimation for nonorthogonal problems[J]. Technometrics, 1970, 12(1): 55-67.

[3] Tibshirani R. Regression shrinkage and selection via the LASSO[J].Journal of the Royal Statistical Society: Series B, 1996, 58(1):267-288.

[4] Cristianini N, Shawe-Taylor J. An introduction to support vector machines[M]. Cambridge: Cambridge University Press, 2000.

[5] Vapnik V N. Estimation of dependencies based on empirical data[M]. Berlin: Springer Verlag, 1982.

[6] Dov D, Talmon R, Cohen I. Kernel method for speech source activity detection in multi-modal signals[C]// Science of Electrical Engineering (ICSEE), IEEE International Conference on the IEEE, 2016:1-5.

---

① 读者可以参考 https://distill.pub/2016/augmented-rnns/.

[7] Schölkopf B, Smola A J. Learning with kernels[M]. Cambridge: MIT Press, 2002.

[8] Herbrich R. Learning kernel classifiers[M]. Cambridge: MIT Press, 2002.

[9] Zhou Z H. Ensemble methods: foundations and algorithms[M]. Boca Raton: CRC Press, 2012.

[10] Wolpert D H. Stacking generalization[J]. Neural network, 1992, 5: 241-259.

[11] Breiman L. Bagging predictors[J]. Machine Learning, 1996, 24: 123-140.

[12] Beriman L. Random forest[J]. Machine Learning, 2001, 45(1): 5-32.

[13] Freund Y, Schapire R E. A decision-theoretic generalization of on-line learning and an application to boosting[J]. Journal of Computer and System Sciences, 1997, 55(1): 119-139.

[14] Pelleg D, Moore A W. X-means: Extending k-means with effcient estimation of the number of clusters [C]//Proceedings of the 17th International Conference on Machine Learning, June 29-July 2, 2000, Standford, California. San Francisco: Morgan Kaufmann, 2000: 727-734.

[15] Shi J B, Malik J. Normalized cuts and image segmentation [J]. IEEE Transactions on Pattern Analysis and Machine Intelligence, 2000, 22(8): 888-905.

[16] Luxburg U V. A tutorial on spectral clustering [J]. Statistics and Computing, 2007, 17(4): 395-416.

[17] Teh Y W, Jordan M. Hierarchical Bayesian nonparametric models with applications [M]. Cambridge: Cambridge University Press, 2010: 158-207.

[18] Rodriguez A, Laio A. Clustering by fast search and find of density peaks[J]. Science, 2014, 344(6191):1492-1496.

[19] Zou H, Hastie T. Regularization and variable selection via the elastic net[J]. Journal of the Royal Statistical Society: Series B, 2005, 67: 301-320.

[20] Tenenbaum J, Silva D D, Langford J. A global geometric framework for nonlinear dimensionality reduction[J]. Science, 2000, 290(5500):2319-2323.

[21] Roweis S, Saul L. Nonlinear dimensionality reduction by locally linear embedding[J]. Science, 2000, 290(5500):2323-2326.

[22] Seung H S, Lee D D. The manifold ways of perception[J]. Science, 2000, 290(5500):2268-2269.

[23] Torgerson W S. Theory and methods of scaling [M]. New York: John Wiley and Son, 1958.

[24] Maaten L V D. Accelerating t-SNE using tree-based algorithms [J]. Journal of Machine Learning Research, 2014, 15(1): 3221-3245.

[25] Belkin M, Niyogi P. Laplacian eigenmaps and spectral techniques for embedding and clustering [C]//Proceedings of the 14th conference on Advances in Neural Information Processing Systems, 2001. Denver, Colorado. Cambridge: MIT Press, 2001: 585-591.

[26] Heaton J, Goodfellow I, Bengio Y, et al. Deep learning[J]. Genetic Programming and Evolvable Machines, 2018, 19:1-2.

[27] Hinton G E, Salakhutdinov R R. Reducing the dimensionality of data with neural networks[J]. Science, 2006, 313(5786): 504-507.

[28] Slver D, Huang A, Maddison C J, et al. Mastering the game of Go with deep neural networks and tree search[J]. Nature, 2016, 529(7587): 484-489.

[29] Srivastava N, Hinton G E, Krizhevsky A, et al. Dropout: a simple way to prevent neural networks from overfitting [J]. Journal of Machine Learning Research, 2014, 15(1): 1929-1958.

[30] Szegedy C, Liu W, Jia Y, et al. Going deeper with convolutions[J/OL]. arXiv: 1409.4842, 2014.

[31] LeCun Y, Bottou L, Bengio Y, et al. Gradient-based learning applied to document recognition[J]. Proceedings of the IEEE, 1998, 86(11):2278-2324.

[32] He K, Zhang X, Ren S, et al. Deep residual learning for image recognition[C]//Proceedings of the IEEE conference on computer vision and pattern recognition, 2016: 770-778.

[33] Telgarsky M. Benefits of depth in neural networks [C]//Proceedings of the 29th Annual Conference on Learning Theory, June 23-26, 2016, New York, USA. Stroudsburg: ACL, 2016: 1517-1539.

[34] Graves A. Long short-term memory[M]// Supervised Sequence Labelling with Recurrent Neural Networks. Berlin: Springer, 2012.

[35] Chung J, Gulcehre C, Cho K H, et al. Empirical evaluation of gated recurrent neural networks on sequence modeling[J/OL]. Eprint Arxiv: 2014.

第 3 章

量子力学基础

首先让我们简述一下量子力学的发展简史. 在 120 多年前的 1900 年 10 月, 为了解决黑体辐射谱问题, 普朗克 (M.Planck) 从分别适用于高频的维恩公式和适用于低频区域 Rayleigh-Jeans 公式出发, 得到了一个内插公式 (后来称为普朗克公式), 该式和实验结果惊人地吻合. 为了进一步寻找此公式的物理解释, 在 1900 年 12 月 14 日德国物理学会会议的报告中普朗克提出了量子假说, 即对于一定频率 ν 的辐射, 物体只能以 $h\nu$ 为能量单位吸收或发射它, 其中, h 是一个普适常数, 即后来所称的普朗克常数. 在 2019 年 5 月 20 日开始使用的新国际单位制中 h 为 $6.62607015 \times 10^{-34}$ J·s, 人们常用符号 $\hbar = \dfrac{h}{2\pi}$ 代表它.

1905 年, 爱因斯坦 (A.Einstein) 为了解释光电效应, 进一步发展了量子假说, 提出了光量子的概念, 他认为光 (电磁辐射) 是由光量子组成的, 每个光量子的能量与辐射频率满足 $E = h\nu = \hbar\omega$. 1916 年, 他又提出光量子的动量 $\boldsymbol{p}$ 与辐射波长 λ 满足 $\boldsymbol{p} = \dfrac{h}{\lambda}\boldsymbol{e} = \hbar\boldsymbol{k}$. 这两个关系式被称为爱因斯坦关系, 为光电效应、康普顿 (Compton) 散射等实验所支持.

1913 年，玻尔 (N. Bohr) 为了解决卢瑟福 (Rutherford) 原子模型的稳定性问题，建立了原子的初等量子理论. 其要点是：定态概念、定态之间的跃迁概念和角动量量子化概念. 这些概念在后来建立的量子力学框架中也都是完全正确的. 但是玻尔理论，包括后来索末菲 (Sommerfeld) 进一步发展的相空间积分形式，在图像上则是错误的. 至于它们为什么还能得到大致正确的结果，则是因为在问题中引入了普朗克作用量子. 量子力学本身也正是因为克服了早期量子论的不足而被建立起来并逐步得到完善的.

1923 年，德布罗意依据爱因斯坦关系进行逆向思考，提出微观粒子也具有波动性. 形成了德布罗意关系式 $\omega = \frac{E}{\hbar}, \boldsymbol{k} = \frac{\boldsymbol{p}}{\hbar}$. 德布罗意关系式为电子杨氏双缝实验、C. J. Davisson、L. H. Germer 和 G. P. Thomson 的电子衍射实验以及后来完成的中子衍射实验等所支持.

爱因斯坦关系、德布罗意关系合称为"爱因斯坦–德布罗意关系"，这使得描述粒子性和波动性的两组力学量通过普朗克常量联系起来. 与运动粒子相联系的波称为德布罗意波. 波粒二象性是微观粒子 (包括静止质量为零的如光子，或者不为零的如电子、质子等) 运动的基本图像.

在波粒二象性的基础上，薛定谔 (E. Schrödinger)、玻尔、海森伯 (W. Heisenberg)、泡利、狄拉克 (P. A. M. Dirac) 等人从不同的角度出发，在 1925 年前后构建了量子力学完整的理论框架. Heisenberg 等人创立了矩阵力学形式，Schrödinger 提出波动力学形式，玻恩 (Born) 提出了波函数概率解释，Schrödinger 又证明了波动力学、矩阵力学的等价性. 后来，费曼又发展了等效的路径积分表述形式.

量子理论堪称科学史上最精确地经受了实验检验的、最成功的理论. 量子力学理论在微观领域 (原子与分子结构、原子核结构、粒子物理等)、物质的基本属性 (导电性、导热性、磁性等)，以及天体物理、宇宙论等众多宏观领域都取得了令人惊叹的成果和进展，其迅猛进展的势头持续至今. 然而，从量子力学诞生起，近百年来围绕它的诠释与正确性发生了许多激烈的争论，也持续至今. 并且量子力学的基本原理和概念与人们的日常生活经验如此格格不入，也易于导致人们对它产生疑虑和困惑.

3.1 量子力学假设和概要

作为研究微观体系运动规律以及相关现象的基本理论，量子力学的理论基础有五条基本假设，依次为**波函数假设**、**力学量假设**、**测量假设**、**运动方程假设**和**微观粒子全同**

性假设.

微观体系的状态用波函数描述是**量子力学的第一条基本假设**. 具体地说包括以下三方面内容:

(1) 态描述意义: 微观体系的状态能够由波函数完全描述, 波函数包含体系状态全部信息; 而波函数一般为时间和空间的复函数;

(2) 态统计解释: 波函数在某点复数模的平方与在该点领域内找到粒子的概率密度成正比;

(3) 态叠加原理: 设 ψ_1, ψ_2 是体系的可能状态, 那么它们的线性叠加

$$\psi = c_1\psi_1 + c_2\psi_2 \tag{3.1}$$

也是体系的一个可能状态, 其中 c_1, c_2 是任意的复数常数. 这意味着量子体系的态空间是线性空间.

必须强调的是, 量子力学统计诠释中的概率有别于经典统计物理的概率, 其源于粒子固有的本性. 由于上述概率是相对概率, 因此将波函数乘以一个任意的非零复常数仍是描述量子体系的同一个状态, 这与经典的波动并无不同. 尽管如此, 仍然需要将波函数归一化, 使得总概率归于固定的常数, 通常取为 1. 具体做法是, 对某一波函数 $\psi(\boldsymbol{x},t)$ 在全空间做积分 $\int \mathrm{d}^3 x |\psi(\boldsymbol{x},t)|^2$, 结果记为 $\mathcal{N}$. 显然, $\mathcal{N}$ 为正实数. 若模长 $\mathcal{N} = 1$, 则称 $\psi(\boldsymbol{x},t)$ 已归一化. 否则, 可令 $\psi_1(\boldsymbol{x},t) = \psi(\boldsymbol{x},t)/\sqrt{\mathcal{N}}$, 则 $\psi_1(\boldsymbol{x},t)$ 与 $\psi(\boldsymbol{x},t)$ 描述同一个态, 且 $\psi_1(\boldsymbol{x},t)$ 是归一化的.

波函数 ψ 作为时间和空间的复函数即使已归一化, 仍有一个整体相位因子不能确定, 称为相位不定性. 因为将已归一化的波函数乘以模为 1 的一个常数, 则它描述的物理性质不变. 这就是说波函数的整体相位形式上没有物理意义, 但当这个相位与时空点有关时, 决不能轻视它的作用. 正如狄拉克所说: "这个相位是极其重要的, 因为它是干涉现象的根源, 而其物理含义是极其隐晦难解的 ……"

另一方面, 为了理论计算的方便, 也需要考虑一些不能 (有限地) 归一的波函数, 例如平面波、散射态波函数或者更一般的连续本征值的本征态波函数等. 不可 (有限地) 归一化波函数的复数模平方代表 "相对概率密度". 习惯上, 常采用 δ 函数归一化方式.

已知体系的一个波函数 $\psi(\boldsymbol{x})$, 则可做如下傅里叶变换:

$$\varphi(\boldsymbol{p}) = \frac{1}{(2\pi\hbar)^{3/2}} \int \mathrm{d}^3 \boldsymbol{x} \, \mathrm{e}^{-\mathrm{i}\boldsymbol{p}\cdot\boldsymbol{x}/\hbar} \psi(\boldsymbol{x}) \tag{3.2}$$

其反变换是

$$\psi(\boldsymbol{x}) = \frac{1}{(2\pi\hbar)^{3/2}} \int \mathrm{d}^3 \boldsymbol{p} \, \mathrm{e}^{\mathrm{i}\boldsymbol{p}\cdot\boldsymbol{x}/\hbar} \varphi(\boldsymbol{p}) \tag{3.3}$$

通过对衍射实验的分析, 上述 $\varphi(\boldsymbol{p})$ 表示动量分布概率幅, 而 $|\varphi(\boldsymbol{p})|^2$ 表示动量概

率分布. $\varphi(\boldsymbol{p})$ 具有与坐标空间波函数 $\psi(\boldsymbol{x})$ 对等的意义, 故把 $\varphi(\boldsymbol{p})$ 称为动量表象 (representation) 波函数, 而 $\psi(\boldsymbol{x})$ 为坐标表象波函数.

根据波函数的概率解释, 假设有某个量是坐标的函数 $F(\boldsymbol{x})$, 它在波函数 $\psi(\boldsymbol{x})$ 描述的状态 (常简称为波函数 $\psi(\boldsymbol{x})$, 或状态 $\psi(\boldsymbol{x})$、$\psi(\boldsymbol{x})$ 态等) 下的期望值为

$$\bar{F} = \int d^3\boldsymbol{x}\,\psi^*(\boldsymbol{x})F(\boldsymbol{x})\psi(\boldsymbol{x}) \tag{3.4}$$

而动量的函数 $G(\boldsymbol{p})$ 在波函数 $\psi(\boldsymbol{x})$ 描述的状态下的期望值, 可以通过动量概率分布计算, 为 $\bar{G} = \int d^3\boldsymbol{p}\,\varphi^*(\boldsymbol{p})G(\boldsymbol{p})\varphi(\boldsymbol{p})$, 利用式 (3.2), 可引入动量算符 $\hat{p} = -i\hbar\nabla$, 而使动量函数的期望值可以直接利用坐标表象波函数计算:

$$\bar{G} = \int d^3\boldsymbol{x}\,\psi^*(\boldsymbol{x})G(-i\hbar\nabla)\psi(\boldsymbol{x}) \tag{3.5}$$

对体系的两个波函数 φ 和 ψ, 定义其内积 (inner product 或 scalar product) 如下:

$$(\varphi,\psi) = \int \varphi^*(\boldsymbol{x})\psi(\boldsymbol{x})d^3\boldsymbol{x} \tag{3.6}$$

其中, 符号 "*" 表示取复数共轭. 结合测量假设可知, 内积 (φ,ψ) 的物理意义可以理解为: 当微观粒子处在 ψ 态时, 找到它处在 φ 态的概率幅. 内积满足 Cauchy-Schwarz 不等式, 若 ψ, φ 均已归一化, 则 $|(\psi,\varphi)|\leqslant 1$, 这也与其物理意义一致. 如上定义了态之间的内积, 体系的全体波函数也就构成了一个酉空间 (unitary space). 一个空间中任何一个柯西 (Cauchy) 序列都收敛到此空间中的某个元素, 即它们与某个元素差的内积的极限为 0, 则此空间是完备的. 具有完备性的酉空间为希尔伯特空间. 量子体系的全体态的集合是线性空间, 也构成希尔伯特空间.

量子力学第二基本假设为**力学量假设**, 是指量子力学中的力学量用相应的线性厄米 (Hermite) 算符表示, 两个基本力学量坐标和动量的算符满足所谓的量子力学基本对易关系:

$$[x_\alpha, x_\beta] = 0, \quad [p_\alpha, p_\beta] = 0, \quad [x_\alpha, p_\beta] = i\hbar\delta_{\alpha\beta} \tag{3.7}$$

厄米算符的所有本征函数具有完备性.

量子力学中的算符是 Heisenberg 等人创立矩阵力学时引入的. 算符代表对态 (波函数) 的一种运算, 也是量子力学中的又一基本元素, 其中力学量对应着线性厄米算符. 设有算符 $\hat{A}$[①], 它对 Hlbert 空间态 ψ 的作用结果可能为零, 否则得到另一个态 φ, 即

$$\hat{A}\psi = \begin{cases} 0 \\ \varphi \end{cases} \tag{3.8}$$

---

① 这里 "∧" 表示算符, 以与普通数区分, 在不导致混淆的情况下, "∧" 也可省略.

对于算符的乘积,存在先后次序问题. 例如对于算符 $\hat{A}, \hat{B}$, 一般有 $\hat{A}\hat{B} \neq \hat{B}\hat{A}$, 其差别记为

$$[\hat{A}, \hat{B}] = \hat{A}\hat{B} - \hat{B}\hat{A} \tag{3.9}$$

这个等式被称为对易式 (commutator). 对易式是量子力学中算符间的一种常见计算. 算符间较常用的运算还有反对易式,可用花括号 { } 表示:

$$\{\hat{A}, \hat{B}\} = \hat{A}\hat{B} + \hat{B}\hat{A} \tag{3.10}$$

对易式满足的基本恒等式有

$$[\hat{A}, \hat{B} + \hat{C}] = [\hat{A}, \hat{B}] + [\hat{A}, \hat{C}]$$

$$[\hat{A}, \hat{B}\hat{C}] = \hat{B}[\hat{A}, \hat{B}] + [\hat{A}, \hat{B}]\hat{C}$$

$$[\hat{A}\hat{B}, \hat{C}] = \hat{A}[\hat{B}, \hat{C}] + [\hat{A}, \hat{C}]\hat{B}$$

$$[\hat{A}, [\hat{B}, \hat{C}]] + [\hat{B}, [\hat{C}, \hat{A}]] + [\hat{C}, [\hat{A}, \hat{B}]] = 0$$

最后一个等式被称为雅可比恒等式.

一个算符 $\hat{A}$ 若对任意的态 ψ_1, ψ_2 和任意的复数 c_1, c_2, 满足

$$\hat{A}(c_1\psi_1 + c_2\psi_2) = c_1\hat{A}\psi_1 + c_2\hat{A}\psi_2 \tag{3.11}$$

则称其为线性算符. 一个算符若它的厄米共轭等于本身, 则称其为厄米算符. 厄米算符 $\hat{A}$ 满足 $\hat{A}^\dagger = \hat{A}$, 即对于任意的态 ψ 和 φ 均有

$$(\varphi, \hat{A}\psi) = (\hat{A}\varphi, \psi) \tag{3.12}$$

由此可知厄米算符的期望值是实数. 算符的本征态 (eigenstate) 指的是在该态下算符取确定值的状态, 而这个确定的值称为本征值 (eigenvalue). 因此厄米算符的本征值必是实数. 反过来, 若一个算符在任意态下的期望值都是实数或者只有实的本征值, 则必是厄米算符. 还可证明厄米算符对应于不同本征值的本征态满足正交条件. 对于同一本征值的不同简并态, 则可采用 Schmidt 正交程序, 选取一组线性独立的态使之相互正交.

对于希尔伯特空间任意的两个态 ψ, φ, 在算符 $\hat{U}$ 的作用下, 其内积不变, 即

$$(\hat{U}\psi, \hat{U}\varphi) = (\psi, \hat{U}^\dagger\hat{U}\varphi) = (\psi, \varphi) \tag{3.13}$$

且算符 $\hat{U}$ 存在逆, 则称 $\hat{U}$ 是幺正算符, 满足

$$\hat{U}\hat{U}^\dagger = \hat{U}^\dagger\hat{U} = 1 \tag{3.14}$$

对于两个厄米算符 $\hat{F}, \hat{G}$, 若 $[\hat{F},\hat{G}] = 0$, 则厄米算符 $\hat{F}$ 和 $\hat{G}$ 有完备的共同本征函数, 反之亦然. 在 $\hat{F}$ 和 $\hat{G}$ 的共同本征态中测量 $\hat{F}$ 和 $\hat{G}$ 都可得到确定值. 但是并非不对易就一定不存在共同本征态. 可以存在个别的这种态, 它是三个算符 $\hat{F}, \hat{G}, [\hat{F},\hat{G}]$ 的零本征值本征态, 例如角动量为 0 的角动量态同时是三个方向角动量算符 (尽管两两不对易) 的共同本征态. 另一方面, 若 $[\hat{F},\hat{G}] \neq 0$, 则在任意态 ψ 下做同时测量有不确定关系:

$$\Delta F \Delta G \geqslant \frac{1}{2} \left| \overline{[\hat{F},\hat{G}]} \right| \tag{3.15}$$

其中, ΔF, ΔG 为该态下测量 $\hat{F}, \hat{G}$ 的涨落, 如 $\Delta F = \sqrt{\left(\psi,(\hat{F}-\overline{\hat{F}})^2\psi\right)/(\psi,\psi)}$. 特例为 $\Delta x \Delta p_x \geqslant \hbar/2$. 另外, 关于系统演化还有能量–时间不确定关系 $\Delta E \Delta t \geqslant \hbar/2$①.

量子力学第三基本假设为测量假设, 内容是体系处于波函数 ψ 的状态, 若对其测量力学量 $\hat{F}$, 则将 ψ 按 $\hat{F}$ 的本征函数 ψ_n 展开, 有

$$\psi = \sum_n c_n \psi_n \tag{3.16}$$

这里, ψ_n 是 $\hat{F}$ 的本征值为 f_n 的本征函数. 上式中各展开系数 (一般为复数) 具有振幅的含义, 若 ψ 以及各 ψ_n 均已归一化, 则各展开系数的模平方表示 ψ 下出现 ψ_n 的概率. 测量 $\hat{F}$ 的结果必为 $\hat{F}$ 的本征值之一, 取哪个本征值在测量前未知, 但是测量到的概率就是 ψ 下出现 ψ_n 的概率, 因而是确定的. 这样可得测量 $\hat{F}$ 的期望值为

$$\bar{F}_\psi = \frac{\int \psi^*(\boldsymbol{x})\hat{F}\psi(\boldsymbol{x})\mathrm{d}\boldsymbol{x}}{\int \psi^*(\boldsymbol{x})\psi(\boldsymbol{x})\mathrm{d}\boldsymbol{x}} = \frac{\sum_n |c_n|^2 f_n}{\sum_n |c_n|^2} \tag{3.17}$$

测量某力学量得到某本征值后, 系统即进入由该本征值对应的本征态, 称此为坍缩或者扁缩. 关于测量假设有如下说明:

第一, 这里说的期望值在理论上的意义是指对大量相同的量子态 $\psi(\boldsymbol{r})$(它们组成所谓纯态量子系综) 做多次重复性观测的平均结果. 以后应当注意区分两种情况: 对量子系综进行多次重复测量的平均结果, 对单个量子态的单次测量结果.

第二, 对态 $\psi(\boldsymbol{x})$ 进行力学量 $\hat{F}$ 的每一次完整测量过程一般分为三个阶段: ① "纠缠分解": $\psi(\boldsymbol{x})$ 按 $\hat{F}$ 的本征态分解并和测量仪器的可分态因相互作用而量子纠缠, 称为纠缠分解; ② "波函数坍缩": $\psi(\boldsymbol{x})$ 以展开式系数模平方为概率向 $\hat{F}$ 的本征态之一突变过去; ③ "初态制备": 通常说测量制备了一个初态, 因为测量坍缩之后的态在新环境的哈密顿量下作为初态又开始了新一轮演化.

---

① 见式 (3.33).

第三，每次测量并读出结果之后，态 $\psi(\boldsymbol{x})$ 即受严重干扰，并向该次测量所得本征值的本征态随机突变 (坍缩) 过去，使得波函数约化到它的一个成分 (一个分支). 这种由单次测量造成的坍缩称为 "第一类波包坍缩".

第四，量子力学实验中力学量观测值应当是实数. 这要求，对任一波函数 $\psi(\boldsymbol{x})$，无论单次测量随机结果或多次测量平均结果都应当是实数. 单次测量结果必是 $\hat{F}$ 的本征值之一，确为实数. 由 $\hat{F}$ 是厄米算符也知确实如此，

$$\int \psi^*(\boldsymbol{x})\hat{F}\psi(\boldsymbol{x})\mathrm{d}^3\boldsymbol{x} = \left\{\int \psi^*(\boldsymbol{x})\hat{F}\psi(\boldsymbol{x})\mathrm{d}^3\boldsymbol{x}\right\}^*$$

在上一段叙述中，一个厄米算符 $\hat{F}$ 的所有本征函数 $\{\psi_n\}$ 具有完备性，指的是对于体系的任意波函数，都可以用 ψ_n 按照式 (3.16) 的形式展开. 按照测量假设，这指的是在任意的态下都可以对 $\hat{F}$ 进行测量，从而 $\hat{F}$ 也就称为可观测量 (observable). 假设 $\{\psi_n\}$ 都已经正交归一化，则式 (3.16) 中的系数 c_n 可以写为 $c_n = (\psi_n, \psi)$.

量子力学第四基本假设认为，微观体系的状态随时间的演化由 Schrödinger 方程决定. 质量为 μ 的粒子在势场 $V(\boldsymbol{x},t)$ 中运动，其波函数随时间的变化满足如下 Schrödinger 方程：

$$\mathrm{i}\hbar\frac{\partial \psi}{\partial t} = H\psi \tag{3.18}$$

其中，$H = -\frac{\hbar^2}{2\mu}\nabla^2 + V(\boldsymbol{x},t)$ 为哈密顿量. 由于方程关于时间的微分是一阶的，若给定初始条件和边界条件，方程的解就是唯一确定的. 动力学演化结果具有决定论性且可逆 (记为 U 过程)，而测量过程 (R 过程) 的坍缩则是不可逆的、随机的、切断相干性的过程. 从 Schrödinger 方程可得到如下流守恒方程：

$$\frac{\partial \rho}{\partial t} + \nabla \cdot \boldsymbol{J} = 0 \tag{3.19}$$

其中，$\rho(\boldsymbol{x},t) = \psi^*(\boldsymbol{x},t)\psi(\boldsymbol{x},t)$ 为 t 时刻在空间点 $\boldsymbol{x}$ 处的概率密度，

$$\boldsymbol{J}(\boldsymbol{x},t) = \frac{\mathrm{i}\hbar}{2\mu}(\psi\nabla\psi^* - \psi^*\nabla\psi)$$

则为该点处的概率流密度.

根据波函数的概率解释以及它所满足的 Schrödinger 方程，波函数一般应满足单值性和平方可积性. 单值性指对波函数复数模平方而言，平方可积性指对空间任意区域以及全空间而言. 而波函数及其导数的连续性，要根据体系所处势场的性质结合 Schrödinger 方程来分析.

当哈密顿量不显含时间 (即满足 $\frac{\partial H}{\partial t} = 0$) 时，系统称为非含时系统. 此时

Schrödinger 方程可以分离变量求解. 方程存在定态解 $\psi(\boldsymbol{x},t) = \psi(\boldsymbol{x})\mathrm{e}^{-\mathrm{i}Et/\hbar}$, 而 $\psi(\boldsymbol{x})$ 满足定态 Schrödinger 方程

$$H\psi = \left[-\frac{\hbar^2}{2\mu}\nabla^2 + V(\boldsymbol{x})\right]\psi = E\psi \tag{3.20}$$

定态 Schrödinger 方程也就是哈密顿量的本征方程, 它又被称作能量本征方程. 求解定态 Schrödinger 方程确定本征值、本征函数, 一般需要结合边界条件 (含自然边界条件)、波函数条件等.

当哈密顿量不显含时间时, 若已知 $t=0$ 时刻初态为 $\psi(0)$, 则此后任意 t 时刻的状态可写成

$$\psi(t) = \mathrm{e}^{-\mathrm{i}Ht/\hbar}\psi(0) = \hat{U}(t)\psi(0) \tag{3.21}$$

其中, $\hat{U}(t) = \mathrm{e}^{-\mathrm{i}Ht/\hbar}$ 为该系统的时间演化算符, 满足幺正性. 通过上式可见, t 时刻的波函数由初始波函数确定. 对于非含时系统的时间演化问题, 通常还将初态按照定态展开

$$\psi(0) = \sum_E c_E \psi_E \tag{3.22}$$

其中, $c_E = (\psi_E, \psi(0))$, 这里假设 ψ_E 已归一化; 若初态 $\psi(0)$ 给定, 则 c_E 也就完全确定. 而 t 时刻的状态为

$$\psi(t) = \sum_E c_E \psi_E \mathrm{e}^{-\mathrm{i}Et/\hbar} \tag{3.23}$$

如果两个微观粒子的全部内禀属性 (质量、电荷、自旋、同位旋、内部结构及其他内禀性质) 都相同, 就称它们为两个全同粒子. 由于微观粒子具有波动性, 两个或多个全同的微观粒子存在置换对称性, 实验中表现出量子理论中特有的交换效应. 这种置换对称性陈述为微观粒子全同性原理. 这就是**量子力学第五基本假设**, 其内容是:

系统中的全同粒子因实验表现相同而在物理上无法分辨. 也就是说, 如果设想交换系统中任意两个全同粒子所处的状态和地位, 就不会表现出任何可以观察的物理效应.

全同性原理要求全同粒子体系的全部力学量算符 (包括哈密顿量), 对于任何两个全同粒子的交换是不变的, 这给描述全同粒子系的波函数带来了限制. 设一个全同粒子体系的波函数为 $\Psi(\cdots,i,\cdots,j,\cdots)$, 假设将第 i 与第 j 个粒子互换得到 $\Psi(\cdots,j,\cdots,i,\cdots)$. 按照全同性原理, 二者是同一个态, 最多相差一个相因子 λ, 即

$$P_{ij}\Psi(\cdots,i,\cdots,j,\cdots) = \Psi(\cdots,j,\cdots,i,\cdots) = \lambda\Psi(\cdots,i,\cdots,j,\cdots)$$

其中, λ 是模为 1 的复数. 如果将第 i 与第 j 个粒子再次互换, 则

$$P_{ij}^2\Psi(\cdots,i,\cdots,j,\cdots) = \Psi(\cdots,i,\cdots,j,\cdots) = \lambda^2\Psi(\cdots,i,\cdots,j,\cdots)$$

可见 $\lambda = 1$ 或 $\lambda = -1$, 称其为交换宇称. 和宇称算符的讨论相仿, 这意味着 P_{ij} 满足自逆、厄米、幺正性质. 量子电动力学中, 泡利 (W. Pauli) 依据洛伦兹 (Lorentz) 变换和定域因果性原理建立了自旋统计关系, 明确指出: 凡自旋为 $\hbar$ 半奇数倍的粒子, 波函数对于两个粒子交换总是反对称的, 例如电子、质子、中子等, 它们遵守费米-狄拉克 (Fermi-Dirac) 统计, 称为费米子; 凡自旋为 $\hbar$ 整数倍的粒子, 波函数对于两个粒子交换必须是对称的, 例如 π 介子、光子、一个质子和一个中子构成的 D($_1^2$H) 核等, 它们遵守玻色-爱因斯坦 (Bose-Einstein) 统计, 称为玻色子.

据此, 玻色子体系的状态用 (交换) 对称波函数描述; 费米子体系的状态用 (交换) 反对称波函数描述. 后者可说明泡利原理: 不容许有两个全同的费米子处于同一个单粒子态. 全同性原理对波函数的限制导致了一种纯量子效应——交换效应.

对全同多粒子的对称/反对称波函数构造应做全面考虑. 如果粒子自由度只包括轨道、自旋, 则对称波函数可以是轨道对称、自旋对称的, 或者是轨道反对称、自旋反对称的. 反对称波函数则与此相反. 粒子数越多, 这种全同粒子波函数构造越繁琐. 更方便的做法是使用二次量子化方法.

3.2 量子力学的表示和表象

量子系统的状态可以用希尔伯特空间中的元素描述. 对一个具体的量子系统状态而言, 常需要取一个具体的表象, 如坐标表象、动量表象等. 所谓的表象指的是由一组 (最小) 可对易力学量完备集合 (complete set of commuting observables, CSCO) 的本征矢量的全体所形成的正交归一完备的基矢组所形成的空间, 并通常用这组力学量来命名. 这组本征态类似于平常三维欧氏空间坐标系的基矢, 表象此时就好比一个熟知的坐标系, 一个特定的状态则可表示为一个矢量, 称为态矢量, 有时简称为态或态矢. 该状态矢量由展开系数 (类似于坐标) 完全确定. 展开系数的全体就可以排成一个列矢量 (或一个行矢量), 作为在该表象下态矢量的表示. 相应地, 作为对态的操作的算符在一个具体的表象中是一个矩阵.

我们在量子理论表述中常采用狄拉克符号, 使得态本身不再依赖于具体表象, 成为一个抽象的矢量. 此外, 狄拉克符号还有运算简捷的优点. 这时, 希尔伯特空间的一个态可表示为右矢 (ket)$|\ \rangle$, 其对偶空间的一个态矢, 用左矢 (bra)$\langle\ |$ 表示. 通常右矢与左矢的关系可以被规定为互为共轭的. 右矢 (左矢) 内可添加标记用来标志某个特殊的态, 例

如坐标本征态 $|x\rangle$、动量本征态 $|p\rangle$、角动量本征态 $|lm\rangle$ 等.

对于希尔伯特空间的任意两个矢量 $|\varphi\rangle, |\psi\rangle$, 两者的内积 (scalar product) 用 braket $\langle\varphi|\psi\rangle$ 表示, 其结果为一个复数, 满足 $\langle\varphi|\psi\rangle^* = \langle\psi|\varphi\rangle$. 若将内积的左矢 (bra)、右矢 (ket) 互换位置, 则得到 ketbra $|\psi\rangle\langle\varphi|$, 则表示的是一个算符. 总之, 我们已经看到 $\langle\,|$ 表示左矢, $|\,\rangle$ 表示右矢, braket $\langle\,|\,\rangle$ 是复数, ketbra $|\,\rangle\langle\,|$ 则是算符. 需要特别强调的是, Dirac 符号法中的算符形式一般不同于之前不使用它的形式.

取 $\hat{F}$ 表象 (一般 $\hat{F}$ 在此表示一个 CSCO), $\hat{F}$ 表象基矢记为 $|\psi_\alpha\rangle$ (α 可能代表一组量子数), 本征值为 f_α. 态矢正交归一关系

$$\langle\psi_\alpha|\psi_{\alpha'}\rangle = \delta(\alpha,\alpha') \tag{3.24}$$

按照离散谱或连续谱, 相应的 $\delta(\alpha,\alpha')$ 取克罗内克 (Kronecker) 的 δ 符号或者狄拉克的 δ 函数, 对前者, 态可归一; 对后者, 态不能有限归一. 基矢具有完备性, 可以展开如下体系任意的态 $|\psi\rangle$:

$$|\psi\rangle = \sum_\alpha c_\alpha |\psi_\alpha\rangle \tag{3.25}$$

利用正交归一关系式 (3.24) 得, 展开式中的系数为 $c_\alpha = \langle\psi_\alpha|\psi\rangle$. 这样 $|\psi\rangle = \sum_\alpha \langle\psi_\alpha|\psi\rangle|\psi_\alpha\rangle = \sum_\alpha |\psi_\alpha\rangle\langle\psi_\alpha|\psi\rangle$①. 由前式中 $|\psi\rangle$ 的任意性, 完备性关系表示为

$$\sum_\alpha |\psi_\alpha\rangle\langle\psi_\alpha| \equiv I \tag{3.26}$$

求和的含义是对离散谱求和, 对连续谱则是积分. 既有离散谱 (用一组自然数 n 标志), 又有连续谱 (用 λ 标志) 的情形, 完备性关系记为 $\sum_n |n\rangle\langle n| + \int |\lambda\rangle\mathrm{d}\lambda\langle\lambda| \equiv I$. 完备性关系又称为单位分解. 按式 (3.25), 态矢 $|\psi\rangle$ 便可以用该展开式中的复系数 $\{c_\alpha\}$ 来表示, 有时就称它们为该态矢 (在这组基矢中) 的波函数.

对于由式 (3.8) 定义的算符 $\hat{A}$, 利用式 (3.26) 可得

$$\hat{A} = \sum_{\alpha,\beta} |\psi_\alpha\rangle\langle\psi_\alpha|\hat{A}|\psi_\beta\rangle\langle\psi_\beta| = \sum_{\alpha,\beta} A_{\alpha\beta}|\psi_\alpha\rangle\langle\psi_\beta|$$

此即算符 $\hat{A}$ 用 $|\psi_\alpha\rangle$ 展开的表达式, 其中展开系数为 $\hat{A}_{\alpha\beta} = \langle\psi_\alpha|\hat{A}|\psi_\beta\rangle$. 算符 $\hat{A}$ 便可以用该展开式中的这些复系数来表示, 表现为第 α 行第 β 列的矩阵元. 算符 $\hat{A}$ 对应由这些矩阵元确定的矩阵, 若 $\hat{A}$ 是力学量算符, 便对应厄米矩阵. 而式 (3.8) 中算符 $\hat{A}$ 对态 $|\psi\rangle$ 的作用 $\hat{A}|\psi\rangle = |\varphi\rangle$, 在用了式 (3.26) 后成为

$$\langle\psi_\alpha|\hat{A}\sum_\beta |\psi_\beta\rangle\langle\psi_\beta|\psi\rangle = \langle\psi_\alpha|\varphi\rangle$$

---

① 可定义投影算符 $\hat{P}_\alpha = |\psi_\alpha\rangle\langle\psi_\alpha|$, 投影算符满足幂等条件 $\hat{P}_\alpha^2 = \hat{P}_\alpha$, 故其本征值为 $0,1$.

也就是
$$\sum_\beta A_{\alpha\beta} b_\beta = c_\alpha \tag{3.27}$$

其中, $b_\beta = \langle\psi_\beta|\psi\rangle, c_\alpha = \langle\psi_\alpha|\varphi\rangle$. 可见算符对态的作用取了表象 $\{\hat{F}, f_\alpha, |\psi_\alpha\rangle\}$ 后就表示为一个矩阵方程; 算符为方阵, 而态矢量为列向量.

有时需要在不同表象中讨论, 设另有表象 $\{\hat{G}, g_\alpha, |\varphi_\alpha\rangle\}$, 相应的正交归一态完备性关系为
$$\sum_n |\varphi_n\rangle\langle\varphi_n| = 1$$

则对希尔伯特空间态矢量 $|\psi\rangle$, 两种表象下的展开系数 (各自表象下的波函数) 关系为
$$b_\alpha = \langle\psi_\alpha|\psi\rangle = \langle\psi_\alpha|\sum_n |\varphi_n\rangle\langle\varphi_n|\psi\rangle$$
$$= \sum_n \langle\psi_\alpha|\varphi_n\rangle\langle\varphi_n|\psi\rangle = \sum_n U_{\alpha n} c_n \tag{3.28}$$

其中, $U_{\alpha n} = \langle\psi_\alpha|\varphi_n\rangle$ 是矩阵 $\boldsymbol{U}$ 的矩阵元, 它由不同表象的基矢量间的内积确定. $\boldsymbol{U}$ 满足
$$(\boldsymbol{U}\boldsymbol{U}^\dagger)_{\alpha\beta} = \sum_n U_{\alpha n} U_{n\beta}^* = \sum_n \langle\psi_\alpha|\varphi_n\rangle\langle\varphi_n|\psi_\beta\rangle$$
$$= \langle\psi_\alpha|\psi_\beta\rangle = \delta_{\alpha\beta}$$

上面用到了 $\hat{G}$ 表象基矢量的完备性以及 $\hat{F}$ 表象基矢量的正交归一性. 可见 $\boldsymbol{U}\boldsymbol{U}^\dagger = 1$. 同样可证明 $\boldsymbol{U}^\dagger\boldsymbol{U} = 1$, 于是 $\boldsymbol{U}\boldsymbol{U}^\dagger = \boldsymbol{U}^\dagger\boldsymbol{U} = 1$.

算符 $\hat{A}$ 在不同表象下矩阵表示的关系为
$$A_{\alpha\beta} = \langle\psi_\alpha|\hat{A}|\psi_\beta\rangle = \sum_{m,n} \langle\psi_\alpha|\varphi_m\rangle\langle\varphi_m|\hat{A}|\varphi_n\rangle\langle\varphi_n|\psi_\beta\rangle$$
$$= \sum_{m,n} U_{\alpha m} A_{mn} U_{n\beta}^\dagger = (\boldsymbol{U}\hat{A}\boldsymbol{U}^\dagger)_{\alpha\beta} \tag{3.29}$$

式 (3.28) 与式 (3.29) 给出波函数与算符不同表象的表示通过幺正变换 (由不同表象的基矢量确定) 相联系.

我们考察坐标表象. 基矢量为一维坐标算符本征态 $|x\rangle$, 满足 $\hat{x}|x\rangle = x|x\rangle$. 选取归一化使基矢量 $|x\rangle$ 满足 $\langle x|x'\rangle = \delta(x-x')$ 以及 $\int_{-\infty}^{+\infty} \mathrm{d}x |x\rangle\langle x| = 1$. 对任意的态 $|\psi\rangle$ 利用完备性关系有
$$|\psi\rangle = \int_{-\infty}^{+\infty} \mathrm{d}x |x\rangle\langle x|\psi\rangle = \int_{-\infty}^{+\infty} \mathrm{d}x \langle x|\psi\rangle |x\rangle$$

即将 $|\psi\rangle$ 按照坐标算符本征态展开. 按照测量假设, 其展开系数 $\langle x|\psi\rangle$ 就是处于本征态 $|x\rangle$, 也就是粒子处于 x 的概率幅, 因此 $\langle x|\psi\rangle = \psi(x)$ 即粒子的波函数. 对内积定义

$\langle\varphi|\psi\rangle^* = \langle\psi|\varphi\rangle$, 利用完备性关系, $\langle\varphi|\psi\rangle = \int_{-\infty}^{+\infty}\mathrm{d}x\,\langle\varphi|x\rangle\langle x|\psi\rangle = \int\varphi^*(x)\psi(x)\mathrm{d}x$, 与式 (3.6) 对内积的定义一致. 我们可以从坐标表象的 Schrödinger 方程得到不依赖表象的 Schrödinger 方程

$$\mathrm{i}\hbar\frac{\partial}{\partial t}|\psi(t)\rangle = \hat{H}|\psi(t)\rangle \tag{3.30}$$

其中, 哈密顿量 $\hat{H} = \left[\dfrac{\hat{p}^2}{2\mu} + V(\hat{x},t)\right]$. 易知由后者也可得到前者, 二者是等价的. 关于动量表象或者其他表象, 可以做类似讨论.

我们对式 (3.30) 取具体表象, 如同式 (3.27) 的讨论, 会得到一个矩阵形式的 Schrödinger 方程. 在一个具体表象下, 本征方程求解、概率幅计算、期望值计算等都可以归结为矩阵运算, 这就是量子力学的矩阵形式.

随着状态的演化, 力学量 $\hat{F} = F(\hat{x},\hat{p},\hat{s},t)$ 的期望值 $\overline{F} = \langle\psi|\hat{F}|\psi\rangle$ (设 $|\psi\rangle$ 已归一化) 随时间的变化满足

$$\frac{\mathrm{d}\overline{F}}{\mathrm{d}t} = \frac{1}{\mathrm{i}\hbar}\langle\psi|\left[\hat{F},\hat{H}\right]|\psi\rangle + \langle\psi|\frac{\partial\hat{F}}{\partial t}|\psi\rangle = \frac{1}{\mathrm{i}\hbar}\overline{\left[\hat{F},\hat{H}\right]} + \overline{\frac{\partial\hat{F}}{\partial t}} \tag{3.31}$$

如果 $|\psi\rangle$ 是哈密顿量的本征态 (定态), 则有 $\overline{\left[\hat{F},\hat{H}\right]} = 0$, 故 $\dfrac{\mathrm{d}\overline{F}}{\mathrm{d}t} = \overline{\dfrac{\partial\hat{F}}{\partial t}}$. 进而, 如果 $\hat{F}$ 不显含时间, $\dfrac{\partial\hat{F}}{\partial t} = 0$, 则 $\overline{F}$ 不随时间变化. 这就是说, 定态下不显含时间力学量的期望值不随时间变化.

如果这个力学量 $\hat{F}$ 不显含时间, $\dfrac{\partial\hat{F}}{\partial t} = 0$, 且 $\hat{F}$ 与 $\hat{H}$ 对易, $[\hat{F},\hat{H}] = 0$, 则对于体系任意状态都有 $\dfrac{\mathrm{d}\overline{F}}{\mathrm{d}t} = 0$, 即力学量 $\hat{F}$ 的期望值不随时间变化, 因而称 $\hat{F}$ 为守恒量.

一般情况下, 力学量只有在它的本征态上才取确定值, 而在任意态上不一定取唯一的确定值. 但在每一时刻力学量的期望值和取值概率分布是确定的, 而一般来说, 期望值和取值概率分布可能随时间改变. 而由上可见, 守恒量在体系的任意状态下的期望值都不随时间改变, 还可证明其取值概率分布也不随时间改变.

对不显含时间的算符 $\hat{A}$, 式 (3.31) 给出其期望值随 t 的变化有

$$\frac{\mathrm{d}\overline{A}}{\mathrm{d}t} = \frac{1}{\mathrm{i}\hbar}\overline{[\hat{A},\hat{H}]} \tag{3.32}$$

若令 $\Delta t = \Delta A/\left|\mathrm{d}\overline{\hat{A}}/\mathrm{d}t\right|$, 则 Δt 即为在体系中 $\overline{A}$ 的期望值变化 ΔA 所需时间. 由式 (3.15) 知, $\Delta A\Delta E \geqslant \dfrac{1}{2}\left|\overline{\left[\hat{A},\hat{H}\right]}\right|$, 因此得到下列能量–时间不确定关系:

$$\Delta E \Delta t \geqslant \frac{\hbar}{2} \tag{3.33}$$

由于实验观测到的并不是波函数和算符本身,而是力学量取各种可能值(本征值)的概率分布与期望值及其随时间的演化,因此可以视情况采用不同的图像(picture)对运动规律进行描述. 常用 Schrödinger 图像、Heisenberg 图像、相互作用图像(有时也称狄拉克图像),各种图像在描述上相互等效. 在 Schrödinger 图像中,态 $|\psi(t)\rangle$ 随时间变化,不显含时间 t 的力学量(算符)$\hat{F}$ 不随时间变化. 有下面的 Schrödinger 方程:

$$\begin{cases} i\hbar \dfrac{\partial}{\partial t}|\psi(t)\rangle = \hat{H}|\psi(t)\rangle \\ \dfrac{\partial \hat{F}}{\partial t} = 0 \end{cases} \tag{3.34}$$

如果 $\hat{H}$ 不显含时间,则如式 (3.21),t 时刻的态为 $|\psi(t)\rangle = \hat{U}(t)|\psi(0)\rangle$,其中 $\hat{U}(t) = \mathrm{e}^{-i\hat{H}t/\hbar}$ 为该系统的时间演化算符. Heisenberg 图像与 Schrödinger 图像相比,差一个么正变换 $\hat{U}(t)^\dagger = \mathrm{e}^{i\hat{H}t/\hbar}$. 记满足 Schrödinger 方程的态矢为 $|\psi(t)\rangle_\mathrm{S}$,则在 Heisenberg 图像中,其态矢 $|\psi\rangle_\mathrm{H} = \mathrm{e}^{i\hat{H}t/\hbar}|\psi(t)\rangle_\mathrm{S}$ 与时间 t 无关;而算符 $\hat{F}_\mathrm{H}(t) = \mathrm{e}^{i\hat{H}t/\hbar} F_\mathrm{S} \mathrm{e}^{-i\hat{H}t/\hbar}$ 是 t 的函数(已经假定 F_S 不显含时间 t),满足运动方程(Heisenberg 方程)

$$\begin{cases} \dfrac{\partial}{\partial t}|\psi\rangle_\mathrm{H} = 0 \\ i\hbar \dfrac{\partial}{\partial t}\hat{F}_\mathrm{H}(t) = \left[\hat{F}_\mathrm{H}(t), \hat{H}\right] \end{cases} \tag{3.35}$$

在时间零点 $t=0$,两种图像重合. 对于守恒量,两种图像的力学量相同.

以上对非相对论量子力学的主要框架做了概述. 下面对本书所用的量子力学若干方面选择性地做介绍和讨论.

3.3 量子双态体系

在量子信息和量子计算中,经典比特的量子对应的是量子位(quantum bit 或 qubit),即双态系统中两个态的相干叠加态. 本节将对量子双态体系做若干讨论.

3.3.1 量子双态体系的两个例子

电子杨氏双缝实验是非常富有量子力学概念蓄含的奇特实验,直到现在仍不断出现这个实验的各种翻版,按费曼的说法,该实验是量子力学的核心所在. 该实验在 1961 年由 C. Jönssen 用电子束完成. 图 3.1 是实验装置和实验结果的示意图 (与 Jönssen 实验的数据图很不同), 如同 160 年前 T. Young 所做的光的双缝干涉实验一样呈现出双缝干涉花样. 如果极大地减弱双缝实验中入射电子束强度 (每秒少于 1000 个电子), 确保每次只有一个电子通过双缝实验装置, 在离双缝后足够远的屏幕上装有位置灵敏电子计数系统 (position-sensitive electron-counting system), 每个电子过来, 就会在一个位置被探测到. 显然, 由于电子源热发射的随机性质, 依次穿过双缝装置的各个电子, 它们的行为应当彼此无关. 如果将探测时间缩短到只有几个电子会撞击到屏幕上, 那么我们只会观察到屏幕上几个位置有电子计数, 而不是干涉图案. 然而只要实验时间足够长, 接收屏上大量电子密度分布的累计结果就会呈现出杨氏双缝干涉花样. 实验表明电子既是粒子又是波, 但不仅仅就是波, 也不仅仅就是粒子. 这种单电子实验到 1974 年由 P. G. Merli、G. F. Missiroli 与 G. Pozzi 完成 [1], 2019 年 James Pursehouse 等人则完成了单原子杨氏双缝干涉实验.

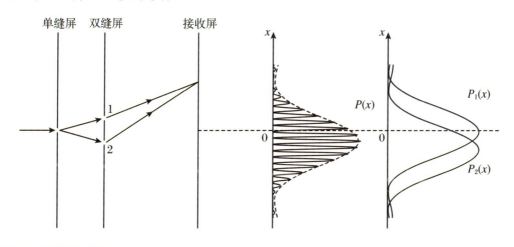

图3.1 杨氏双缝实验

如果在双缝后面放置一个电子计数器[2], 试图判定各个电子是从哪个狭缝通过的 (which way 实验, 判定路径实验), 这么做的结果就是破坏了干涉图案. 没有一个实验既

---
[1] 2002 年在 Physics World 的读者投票评选中单电子杨氏双缝干涉实验被列为十大 "最美的物理学实验" 之首, 见 Robert P. C. The most beautiful experiment[J].Physics World, 2002(15): 19-20.
[2] 紧靠一条单缝后面放置一个照明光源, 假定光源足够强, 可以假定光子和电子散射效率接近百分之百, 于是穿过该缝的电子必定同时伴随有散射光子. 探测有无散射光子产生, 原则上可以判断该电子是从哪条缝过来的.

能够观察到干涉图案,又能够判定各个电子所通过的狭缝.

对通过双缝装置到达接收屏上光电倍增管的任意一个电子来说,电子既可能从上缝通过,也可能从下缝通过,没有判定它从哪个缝通过时,大量电子密度分布的累计结果呈现出杨氏双缝干涉花样,一旦判定它从哪个缝通过,干涉花样就消失.

把电子从上缝通过记为"YES",从下缝通过记为"NO"①,拿通过双缝装置到达接收屏上光电倍增管的任意一个电子来说,电子既是"YES",也是"NO",电子既不是"YES",也不是"NO";一旦判定路径 (which way),则电子不是"YES",就是"NO",不是"NO",就是"YES",二者必居其一且只居其一.

在不判断路径的情况下,电子以一定概率同时从上缝 1、下缝 2 通过到达接收屏.对于到达接受屏 x 处的一个电子,其总波幅 $\psi(x)$ 是由缝 1、缝 2 同时传播过来的波幅 $\psi_1(x)$, $\psi_2(x)$ 之和,即

$$\psi(x) = \psi_1(x) + \psi_2(x)$$

在不同的 x 点,$\psi_1(x)$, $\psi_2(x)$ 相对位相不同. 正是这种概率幅的叠加导致干涉现象.

电子具有 1/2 自旋,自旋角动量第三分量 s_z 取朝上 $\hbar/2$ 和朝下 $-\hbar/2$ 的状态分别如下表示:

$$|+\rangle = \begin{pmatrix} 1 \\ 0 \end{pmatrix}, \quad |-\rangle = \begin{pmatrix} 0 \\ 1 \end{pmatrix} \tag{3.36}$$

这样电子 1/2 自旋态是一个双态系统. 自旋作为角动量,其算符满足角动量算符一样的对易规则,

$$\left[\hat{S}_i, \hat{S}_j\right] = \mathrm{i}\hbar \varepsilon_{ijk} \hat{S}_k, \quad \hat{c}, \hat{o}, k = x, y, z \tag{3.37}$$

Levi-Civita 全反对称张量表示为 $\varepsilon_{\alpha\beta\gamma}$,其分量由 $\varepsilon_{\alpha\beta\gamma} = -\varepsilon_{\beta\alpha\gamma} = -\varepsilon_{\alpha\gamma\beta} = -\varepsilon_{\gamma\alpha\beta}$,$\varepsilon_{123} = 1$ 确定. 当 $\alpha = 1, \beta = 2, \gamma = 3$ 及它们的循环排列时,式中 $\varepsilon_{\alpha\beta\gamma} = +1$;当 α, β, γ 按其他次序排列时,$\varepsilon_{\alpha\beta\gamma} = -1$;当两个或两个以上指标相同时,$\varepsilon_{\alpha\beta\gamma} = 0$. 同时,自旋变数只有两个取值 $\pm 1/2\hbar$,所以波函数就表示为两分量的列矢量,因而自旋角动量的三个分量算符 $\hat{S}_i$ 自然是 3 个 2×2 的厄米矩阵,以便对这些两分量的列矢量进行变换. 于是,依据自旋算符的上述性质,可知它的表示可以用三个 2×2 阶厄米矩阵 σ_i(习惯上该矩阵用白斜体表示) 来表示 $\hat{S}_i$,令

$$\hat{S}_i = \frac{\hbar}{2}\sigma_i, \quad i = x, y, z \tag{3.38}$$

---

① 或者分别记为 "0" 和 "1",或者其他的记号.

上式已抽出 $\hat{S}_i$ 的绝对数值 $\hbar/2$ 因子, 所以 σ_i 的本征值只能为 ± 1, 就是说 σ_i 为自逆矩阵, 即其有逆且逆矩阵为自身. 将 σ_i 代入对易规则式 (3.37), 就得到决定它们的下列关系:

$$\begin{cases} [\sigma_i, \sigma_j] = 2\mathrm{i}\varepsilon_{ijk}\sigma_k \\ \sigma_i^2 = \sigma_0 \end{cases} \tag{3.39}$$

$\sigma_0 = \begin{pmatrix} 1 & 0 \\ 0 & 1 \end{pmatrix}$ 为二阶单位矩阵. 由 σ_i 之间的这些对易关系也能导出 σ_i 之间的反对易关系,

$$\begin{aligned} 0 &= [\sigma_0, \sigma_j] = [\sigma_i^2, \sigma_j] = \sigma_i[\sigma_i, \sigma_j] + [\sigma_i, \sigma_j]\sigma_i \\ &= 2\mathrm{i}\varepsilon_{ijk}(\sigma_i\sigma_k + \sigma_k\sigma_i) = 2\mathrm{i}\varepsilon_{ijk}\{\sigma_i, \sigma_k\} \end{aligned}$$

对任一给定的 j, 总可以取 i, k, 使 $i \neq k \neq j$, 于是得到

$$\{\sigma_i, \sigma_k\} = 0, \quad i \neq k$$

说明不同 σ_i 之间是反对易的, 将它们代入式 (3.39), 得到 σ_i 之间的另一组关系

$$\begin{cases} \sigma_i\sigma_j = \mathrm{i}\varepsilon_{ijk}\sigma_k, \quad i \neq j \\ \{\sigma_i, \sigma_j\} = 2\delta_{ij} \end{cases} \tag{3.40}$$

综合关于 σ_i 的对易关系、反对易关系得

$$\sigma_i\sigma_j = \delta_{ij} + \mathrm{i}\varepsilon_{ijk}\sigma_k \tag{3.41}$$

上式概括了 σ_i 算符的全部代数性质. 在 σ_z 表象下, σ_i 可表示为 2×2 的自逆、反对易、零迹的厄米矩阵——泡利矩阵,

$$\sigma_x = \begin{pmatrix} 0 & 1 \\ 1 & 0 \end{pmatrix}, \quad \sigma_y = \begin{pmatrix} 0 & -\mathrm{i} \\ \mathrm{i} & 0 \end{pmatrix}, \quad \sigma_z = \begin{pmatrix} 1 & 0 \\ 0 & -1 \end{pmatrix} \tag{3.42}$$

这三个矩阵再加上 σ_0 构成一组完备的矩阵基 $\{\sigma_i, \sigma_0\}$, 可用以分解 (展开) 任何 2×2 的复矩阵, 这也意味着泡利矩阵是双态系统态空间对态的作用的基本算符.

上面讨论的电子杨氏双缝、电子自旋态都是双态量子系统, 另外, 还有光学分束器、马赫-曾德尔 (Mach-Zehnder) 干涉仪、中子干涉仪、核磁共振、极化光子、磁场中电

子、约瑟夫森 (Josephson) 结、量子点、离子阱等各色各样系统的状态也是如此, 都可以定义为一个 $|0\rangle$ 态和一个 $|1\rangle$ 态的相干叠加, 一般处于

$$|\psi\rangle = \alpha|0\rangle + \beta|1\rangle \tag{3.43}$$

其中, α, β 是任意的复数, 满足 $\alpha^2 + \beta^2 = 1$. 如式 (3.43) 定义的态称为一个量子位 (quantum bit 或 qubit), 在量子信息中, 这是经典比特的量子对应.

3.3.2 双态体系的纯态和混合态

体系能用单一波函数描述的态称为纯态. 然而有时关于体系的信息不完全, 其所处的状态不能用单一波函数描述, 而是若干纯态的一定分布, 这就是混合态. 混合态在自然界中普遍存在. 比如, 太阳热核聚变中大量处于激发态的原子, 它们彼此间并无相干性, 发出的日光就是非相干光, 描述这些大量原子构成的系统的状态可采用混合态的概念. 还有电子枪中加热金属所发射的热电子, 它们的自旋状态也是非极化的混合态, 各原子一视同仁看作以一定概率处在原子的纯态. 一般来说, 一个混合态可以看成非相干混合的一系列的纯态. 设 $\langle\psi_k|$ $(k = 1, 2, 3, \cdots)$ 表示系综中各组分系统状态, 且第 k 个组分系统处于 $|\psi_k\rangle$ 的概率为 p_k $(0 \leqslant p_k \leqslant 1, \sum_k p_k = 1)$, 也就是说体系处于若干纯态的某种统计混合态. 根据格利森 (Gleason) 定理 (见3.5节), 可定义如下密度算符:[①]

$$\rho = \sum_k p_k |\psi_k\rangle\langle\psi_k| = \sum_k p_k \rho_k \tag{3.44}$$

用以描述此混合态. 将式 (3.44) 与式 (3.43) 进行比较, 式 (3.44) 体现的是概率叠加, 而式 (3.43) 体现的则是概率幅叠加, 概率叠加与概率幅叠加有着本质区别. 式 (3.44) 中的 $\rho_k = |\psi_k\rangle\langle\psi_k|$, 其实是相应于纯态 $|\psi_k\rangle$ 的密度算符 (矩阵), 这正是一个投影算符. 密度算符的主要性质如下:

(1) $\hat{\rho}^\dagger = \hat{\rho}$ (厄米性).

(2) $\text{Tr}(\hat{\rho}) = \sum_k \hat{p}_k \text{Tr}(\hat{\rho}_k) = \sum_k \hat{p}_k = 1$ (归一性).

(3) 半正定性, 即对任意态 $|\varphi\rangle$ 都有 $\langle\varphi|\hat{\rho}|\varphi\rangle \geqslant 0$.

(4) $\text{Tr}(\hat{\rho}^2) \leqslant 1$, 且仅对于纯态取等号. 这样有纯态判据 $\text{Tr}\hat{\rho} = \text{Tr}(\hat{\rho}^2) = 1$.

密度算符 $\hat{\rho}$ 描述的混合态下力学量 $\hat{G}$ 的期望值为

$$\bar{G} = \text{Tr}\left(\hat{\rho}\hat{G}\right) = \text{Tr}\left(\hat{G}\hat{\rho}\right) \tag{3.45}$$

[①] 要说明的是, 在实际中混态表达式不要求式 (3.44) 中 $|\psi_k\rangle$ 两两正交. 可有其他等价形式.

时间演化方程为

$$\frac{\partial \hat{\rho}}{\partial t} = \frac{1}{\mathrm{i}\hbar}[H, \hat{\rho}] \qquad (3.46)$$

与 Heisenberg 方程相比, 右边相差一个负号. 如果取 Heisenberg 图像, 则同样密度算符不随时间改变, 力学量随时间演化满足 Heisenberg 方程. 在取了具体表象以后, 密度算符便是密度矩阵. 如前面指出泡利矩阵加上单位矩阵, 组成 2×2 的复矩阵的一组完备基, 因此自旋 1/2 密度矩阵 (或者二态体系的密度矩阵) 一般可表示为 $\hat{\rho} = \frac{1}{2}(1 + \sigma \cdot \boldsymbol{p})$, 其中 $\boldsymbol{p}$ 称为极化矢量.

3.3.3　1/2 自旋态的希洛赫球表示

对于 1/2 自旋单粒子系统, 其任意自旋态 (纯态与混合态) 有一种简单明了的描述方法, 即单位球——希洛赫 (Bloch) 球方法 (对于光的偏振, 类似的有庞加莱 (Poincaré) 球方法). 1/2 自旋单粒子的任意归一化纯态和极化矢量为

$$\begin{cases} |\chi^{(+)}(\theta, \varphi)\rangle = \begin{pmatrix} \mathrm{e}^{-\frac{\mathrm{i}}{2}\varphi} \cos \frac{\theta}{2} \\ \mathrm{e}^{\frac{\mathrm{i}}{2}\varphi} \sin \frac{\theta}{2} \end{pmatrix} \\ \boldsymbol{p} = \langle \chi^{(+)}(\theta, \varphi)|\boldsymbol{\sigma}|\chi^{(+)}(\theta, \varphi)\rangle = \{\sin \theta \cos \varphi, \sin \theta \sin \varphi, \cos \theta\} \end{cases} \qquad (3.47)$$

表示该粒子自旋沿 (θ, φ) 方向, 这也是极化矢量 $\boldsymbol{p}$ 的方向, $\boldsymbol{p}$ 满足 $|\boldsymbol{p}| = 1$. 而向这个自旋态的投影算符则为

$$\hat{\pi}_\chi = |\chi^{(+)}\rangle\langle\chi^{(+)}| = \begin{pmatrix} \cos^2 \frac{\theta}{2} & \mathrm{e}^{-\mathrm{i}\varphi} \cos \frac{\theta}{2} \sin \frac{\theta}{2} \\ \mathrm{e}^{\mathrm{i}\varphi} \cos \frac{\theta}{2} \sin \frac{\theta}{2} & \sin^2 \frac{\theta}{2} \end{pmatrix}$$

$$\equiv \frac{1}{2}(1 + \boldsymbol{p} \cdot \boldsymbol{\sigma}) \qquad (3.48)$$

显然, 纯态 $|\chi^{(+)}(\theta, \varphi)\rangle$ 与布洛赫球的球面 (θ, φ) 点构成一一对应, 自球心至此点的矢径即为此自旋态的极化矢量 $\boldsymbol{p} = \boldsymbol{p}(\theta, \varphi)$. 由式 (3.48) 得 $\left[\hat{\pi}_\chi - \frac{1}{2}\right]^2 = \frac{1}{4}|\boldsymbol{p}|^2 = \frac{1}{4}$, 于是矩阵 $\hat{\pi}_\chi$ 的两个本征值为 $\lambda_{1,2} = 1, 0$, 其中一个为 0.

1/2 自旋混态总可以表示为

$$\hat{\rho}(\theta, \varphi; c) = c|\chi^{(+)}(\theta, \varphi)\rangle\langle\chi^{(+)}(\theta, \varphi)| + (1-c)|\chi^{(-)}(\theta, \varphi)\rangle\langle\chi^{(-)}(\theta, \varphi)| \qquad (3.49)$$

其中, $0 < c < 1$. 注意 $|\chi^{(-)}(\theta, \varphi)\rangle = |\chi^{(+)}(\pi - \theta, \pi + \varphi)\rangle$, $\boldsymbol{p}(\pi - \theta, \pi + \varphi) = -\boldsymbol{p}(\theta, \varphi)$, 利

用式 (3.48) 中投影算符的极化矢量表示, 得

$$\hat{\rho}(\theta,\varphi;c) = \frac{c}{2}[1+\boldsymbol{p}(\theta,\varphi)\cdot\boldsymbol{\sigma}] + \frac{(1-c)}{2}[1+\boldsymbol{p}(\pi-\theta,\pi+\varphi)\cdot\boldsymbol{\sigma}]$$

$$= \frac{1}{2}[1+(2c-1)\boldsymbol{p}(\theta,\varphi)\cdot\boldsymbol{\sigma}] \equiv \frac{1}{2}[1+\boldsymbol{n}(\theta,\varphi)\cdot\boldsymbol{\sigma}] \quad (3.50)$$

由于 $0 < c < 1$, 故 $|\boldsymbol{n}| = |2c-1| < 1$, 而平均自旋矢量 $\text{Tr}\{\rho(\theta,\varphi;c)\boldsymbol{\sigma}\} = \boldsymbol{n}(\theta,\varphi)$ 是此混合态的极化矢量 (其分量是测量态内三个自旋分量所得的三个期望值), 长度为 $0 \leqslant |\boldsymbol{p}| = |2c-1| < 1$. 于是单个量子位的混态密度矩阵与布洛赫球内部的点构成单值映射. 特别地, 球心对应的混合态为 $\lambda_{1,2} = c = 1/2$, $|\boldsymbol{n}| = 0$, 描述完全随机、高度简并的混合态, 即

$$\hat{\rho}(\boldsymbol{n} = 0) = \frac{1}{2}(|+z\rangle\langle+z| + |-z\rangle\langle-z|) = \frac{1}{2}(|+y\rangle\langle+y| + |-y\rangle\langle-y|)$$

$$= \frac{1}{2}(|+x\rangle\langle+x| + |-x\rangle\langle-x|) = \frac{1}{2}(|+\chi\rangle\langle+\chi| + |-\chi\rangle\langle-\chi|)$$

$$= \cdots$$

由于 $\left[\hat{\rho}(\theta,\varphi;c) - \frac{1}{2}\right]^2 = \frac{1}{4}|\boldsymbol{n}|^2$, 故密度矩阵 $\hat{\rho}(\theta,\varphi;c)$ 本征值为 $\lambda_1 - c, \lambda_2 = 1-c$, 无零根, 球心完全混合态对应 $\left(\frac{1}{2}, \frac{1}{2}\right)$.

注意, 纯态只需两个参数 (θ,φ) 即可确定; 但混合态需要三个参数, 即两个角度 (θ,φ) 和矢径长度 $|\boldsymbol{p}| = |2c-1|$ (或混合比例 c).

布洛赫球外点不表示单体 1/2 自旋状态, 因为对应矩阵的本征值有负根, 不正定, 不能视作态的密度矩阵. 对应球外任一点迹为 1 的、2×2 的厄米矩阵 $\hat{A}$ 总可以用 $\{\hat{\sigma}_x, \hat{\sigma}_y, \hat{\sigma}_z, \hat{\sigma}_0\}$ 展开为

$$\hat{A} = \frac{1}{2}[1+\boldsymbol{n}(\theta,\varphi)\cdot\boldsymbol{\sigma}] \to \left(\hat{A} - \frac{1}{2}\right)^2 = \frac{1}{4}\boldsymbol{n}^2, \quad |\boldsymbol{n}| > 1$$

$\hat{A}$ 的本征值为 $\lambda_{1,2} = \frac{1}{2}(1\pm|\boldsymbol{n}|)$, 有一个负值. 所以它不表示密度矩阵.

总之, 布洛赫球的球面上每一点表示 1/2 自旋单粒子纯态, 球内每一点表示 1/2 自旋单粒子混态, 球外所有点都不是物理态 (图 3.2). 全部态集合是凸性的. 特别是, 由于极化矢量是态的期望值, 使用极化矢量来作态的合成与分拆可以借助经典矢量分析图像, 直观且方便.

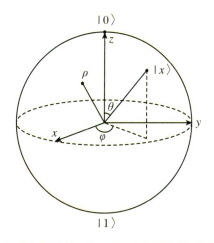

图3.2 1/2自旋状态(纯态与混合态)的布洛赫球(|0⟩, |1⟩, |x⟩ 都相应于球面上的点, 而混合 ρ 态在球内)

3.4 EPR 佯谬、贝尔不等式及其推广

3.4.1 EPR 佯谬和量子理论的完备性

爱因斯坦与波多尔斯基 (Podolsky)、罗森 (Rosen) 在 1935 年共同发表了一篇重要文章. 基于定域因果性观点和物理实在要素的观点, 论文论证了量子力学的波函数描述方法是不完备的. 这导致后来许多人猜测量子力学之外有隐变数存在. 通常称他们的论证为 EPR 佯谬.

作为 EPR 佯谬的翻版, 1951 年 Bohm 提议考虑总自旋为零的 $\hbar/2$ 粒子对, 比如正负电子 A 和 B, 处于自旋关联态 $|\psi\rangle_{AB}$ 上,

$$|\psi\rangle_{AB} = \frac{1}{\sqrt{2}} (|\uparrow\rangle_A |\downarrow\rangle_B - |\downarrow\rangle_A |\uparrow\rangle_B) \tag{3.51}$$

假定它们反向飞行已使得彼此空间距离拉开得足够大, 并且对它们分别做独立测量的两个时刻又足够接近, 于是这两个测量所构成的两个事件将是类空间隔的. 依据狭义相对论的定域因果律知, 对电子 A 的测量应当不会对正电子 B 造成任何影响.

考虑可观测量 σ_z. 若对 A 测得 $\sigma_z^A = +1$, 可以肯定地推断出 $\sigma_z^B = -1$; 反之, 若测得 $\sigma_z^A = -1$, 则知 $\sigma_z^B = +1$. 总之, 一旦对 A 做了 σ_z 的测量, 则 B 的 σ_z 值在客观上是确定的. 现在, 测量时间与距离所构成的间隔是类空的, 所以对 A 的测量将不影响 B 的

状态. 按定域实在论的观点, σ_z^B 应当是一个物理实在的要素. 就是说, 不论人们是否对 B 做测量, σ_z^B 的数值在客观上将是确定地存在着的.

考虑可观测量 σ_x. 若对 A 测得 $\sigma_x^A = +1$, 应可推知 $\sigma_x^B = -1$. 因为这时

$$_A\langle \sigma_x = +1|\psi\rangle_{AB} = \frac{1}{\sqrt{2}}(_A\langle\uparrow| +\, _A\langle\downarrow|)|\psi\rangle_{AB} = \frac{1}{2}(|\downarrow\rangle_B - |\uparrow\rangle_B) = \frac{1}{\sqrt{2}}|\sigma_x = -1\rangle_B \quad (3.52)$$

同样, 若测得 $\sigma_x^A = -1$, 则知 $\sigma_x^B = +1$. 总之, 对 A 做了 σ_x 测量, 便能肯定地知道 σ_x^B 的数值而又不会扰动 B 粒子的状态.

关于 σ_y 的情况也类似. 即 σ_y^B 也是一个物理实在要素, 客观上确定地存在着的.

总之, $\sigma_x^B, \sigma_y^B, \sigma_z^B$ 都是物理实在要素, 它们在 (对 B 粒子) 测量之前客观上都同时具有确定值. 然而, 按照量子力学的观点, 由于三个算符彼此不对易, 它们在客观上就是不能同时具有确定值的. 量子力学甚至认为, 两个粒子自旋指向本身都是不确定的, 每个粒子自旋指向都依赖于对方的取向而取向, 处于一种纠缠状态. 这就是 EPR 佯谬.

量子力学 (主流观点) 对此的回答是: 量子力学之外的所谓隐变数是不存在的, 量子力学的波函数描述是完备的, 与此同时, 爱因斯坦的定域因果性原理作为衡量测量影响的必要条件也是正确的, EPR 佯谬中错误的只是物理实在论的观点. 并且认为, 虽然两个测量事件是类空间隔的, 但作为子系统的 B 粒子本身已不独立, 它的自旋 $\sigma_{x,y,z}^B$ 取值和 A 的自旋 $\sigma_{x,y,z}^A$ 取值紧密关联, 形成系统的一个统一状态. 因此对 A 的测量将影响 (而不是"不会影响"——如爱因斯坦所认为的)B 的取值. 对 A 的三组测量将分别对 B 的自旋取值造成不同的影响. 可能的结果依赖于所进行的测量, 不同的测量将带给态不同的坍缩, 就会得到不同的测量结果.

3.4.2 贝尔不等式

1964 年, 贝尔 (Bell) 从爱因斯坦的定域实在论和有隐变数存在这两点出发, 推导出一个不等式. 该不等式指出, 基于隐变数和定域实在论的任何理论都会使不等式成立, 而量子力学的预言却应当破坏这个不等式.

贝尔想法的关键是考虑 A 和 B 两处测量之间的关联. 假定有某个隐变数理论, 在这个理论中, 测量结果将是决定论的, 只是由于某些隐藏的自由度而表现为随机的. 比如, 对于量子力学中一个自旋朝向 z 轴的纯态 $|\uparrow_z\rangle$, 一个"更深层次的隐变数理论"认为它应当为 $|\uparrow_z, \lambda\rangle$. 这里 λ 是一个不能为现时实验技术所控制的隐变数. 为不失一般性, 可以假设 $0 \leqslant \lambda \leqslant 1$, 并按照人们目前尚未知道的某种概率分布 $\rho(\lambda)$ 在 $[0,1]$ 中取值.

考虑 A, B 两个粒子的自旋纠缠态

$$|\psi\rangle = \frac{1}{\sqrt{2}} \left(|\uparrow\rangle_A |\downarrow\rangle_B - |\downarrow\rangle_A |\uparrow\rangle_B \right)$$

现在, Alice 沿 $\boldsymbol{a}$ 方向测量她手中 A 粒子的自旋, 而在类空间隔上 Bob 沿 $\boldsymbol{b}$ 方向测量他手中 B 粒子的自旋. 设各自测量结果分别为 $A(\boldsymbol{a},\lambda)$ (数值为 +1 或 −1) 和 $B(\boldsymbol{b},\lambda)$ (数值为 +1 或 −1). 将测量结果对应相乘. 由于 $|\psi\rangle$ 中 A, B 自旋反向关联的特性, 故当 $\boldsymbol{a}=\boldsymbol{b}$ 时, 应当有

$$A(\boldsymbol{a},\lambda) B(\boldsymbol{a},\lambda) = -1 \tag{3.53}$$

假如对多个样品进行多次这样的测量, 所得平均结果应当是对随机变化的隐变量 λ 的积分平均. 于是 A 和 B 在两个方向测量结果的关联函数为

$$P(\boldsymbol{a},\boldsymbol{b}) = \int d\lambda \rho(\lambda) A(\boldsymbol{a},\lambda) B(\boldsymbol{b},\lambda) \tag{3.54}$$

同样地, 如果沿 $\boldsymbol{a}, \boldsymbol{c}$ 两个方向进行第二组实验, 以及沿 $\boldsymbol{b}, \boldsymbol{c}$ 两个方向进行第三组实验, 将分别得到 $P(\boldsymbol{a},\boldsymbol{c})$ 和 $P(\boldsymbol{b},\boldsymbol{c})$. 于是

$$\begin{aligned} |P(\boldsymbol{a},\boldsymbol{b}) - P(\boldsymbol{a},\boldsymbol{c})| &= \left| \int d\lambda \rho(\lambda) [A(\boldsymbol{a},\lambda) B(\boldsymbol{b},\lambda) - A(\boldsymbol{a},\lambda) B(\boldsymbol{c},\lambda)] \right| \\ &\leqslant \int d\lambda \rho(\lambda) |A(\boldsymbol{a},\lambda) B(\boldsymbol{b},\lambda) - A(\boldsymbol{a},\lambda) B(\boldsymbol{c},\lambda)| \end{aligned}$$

由于 $A(\boldsymbol{b},\lambda) B(\boldsymbol{b},\lambda) = -1$ 和 $A(\boldsymbol{b},\lambda)^2 = 1$, 可得 $B(\boldsymbol{b},\lambda) = -A(\boldsymbol{b},\lambda)$, 代入上式右边, 得

$$\begin{aligned} 上式右边 &= \int d\lambda \rho(\lambda) |A(\boldsymbol{a},\lambda) A(\boldsymbol{b},\lambda) [-1 - A(\boldsymbol{b},\lambda) B(\boldsymbol{c},\lambda)]| \\ &= \int d\lambda \rho(\lambda) |A(\boldsymbol{a},\lambda) A(\boldsymbol{b},\lambda)| \cdot |1 + A(\boldsymbol{b},\lambda) B(\boldsymbol{c},\lambda)| \end{aligned}$$

所以

$$\begin{aligned} |P(\boldsymbol{a},\boldsymbol{b}) - P(\boldsymbol{a},\boldsymbol{c})| &\leqslant \int d\lambda \rho(\lambda) \cdot |1 + A(\boldsymbol{b},\lambda) B(\boldsymbol{c},\lambda)| \\ &= \int d\lambda \rho(\lambda) (1 + A(\boldsymbol{b},\lambda) B(\boldsymbol{c},\lambda)) \end{aligned}$$

这里已利用 $|A(\boldsymbol{a},\lambda) A(\boldsymbol{b},\lambda)| = 1$, 并考虑到 $|A(\boldsymbol{b},\lambda) B(\boldsymbol{c},\lambda)| \leqslant 1$ 而省去了绝对值符号. 最后得到贝尔不等式

$$|P(\boldsymbol{a},\boldsymbol{b}) - P(\boldsymbol{a},\boldsymbol{c})| \leqslant 1 + P(\boldsymbol{b},\boldsymbol{c}) \tag{3.55}$$

这说明, 对于任何定域实在论的隐变数理论, 在三组 $\{(\boldsymbol{a},\boldsymbol{b}), (\boldsymbol{a},\boldsymbol{c}) 和 (\boldsymbol{b},\boldsymbol{c})\}$ 实验统计平均数据 $\{P(\boldsymbol{a},\boldsymbol{b}), P(\boldsymbol{a},\boldsymbol{c}) 和 P(\boldsymbol{b},\boldsymbol{c})\}$ 之间, 应当满足上面的不等式.

但是,按照量子力学,A,B两个粒子组成一个统一的纠缠态,对A粒子沿$\boldsymbol{a}$方向和B粒子沿$\boldsymbol{b}$方向的测量所得的期望值为

$$P(\boldsymbol{a},\boldsymbol{b}) = \langle\psi|(\sigma_A\cdot\boldsymbol{a})\otimes(\sigma_B\cdot\boldsymbol{b})|\psi\rangle = -\cos\left(\widehat{\boldsymbol{a},\boldsymbol{b}}\right) \tag{3.56}$$

将这些量子力学结果代入贝尔不等式(3.55),不等式就成为

$$\left|\cos\left(\widehat{\boldsymbol{a},\boldsymbol{b}}\right) - \cos\left(\widehat{\boldsymbol{a},\boldsymbol{c}}\right)\right| \leqslant 1 - \cos\left(\widehat{\boldsymbol{b},\boldsymbol{c}}\right) \tag{3.57}$$

这很容易被破坏. 比如,取三矢量共面,夹角为$\angle\left(\widehat{\boldsymbol{a},\boldsymbol{b}}\right) = \angle\left(\widehat{\boldsymbol{b},\boldsymbol{c}}\right) = \dfrac{\pi}{3}$, $\angle\left(\widehat{\boldsymbol{a},\boldsymbol{c}}\right) = \dfrac{2\pi}{3}$, 于是按量子力学计算,不等式(3.57)就成了$1 < \dfrac{1}{2}$.

3.4.3 CHSH 不等式

上面贝尔不等式有多种著名的推广,其中一个就是 CHSH(clauser-horne-shimony-holt) 不等式. CHSH 不等式在推广贝尔不等式中,考虑到这类关联测量实验中的一些失误或误差因素. 比如对 $A(B)$ 测量中仪器设备有时可能会失效,这时按实验规定,仪器装置给出对 $A(B)$ 的测量值为零; 再比如,制备出的 EPR 对可能不纯,因此同时沿同一方向测量 A 和 B 的自旋关联并不严格.

这样,便只能得到

$$-1 \leqslant A(\boldsymbol{a},\lambda)B(\boldsymbol{b},\lambda) \leqslant 1 \quad (\text{对任意}\,\boldsymbol{a},\boldsymbol{b}) \tag{3.58}$$

于是关联函数为

$$P(\boldsymbol{a},\boldsymbol{b}) = \int\mathrm{d}\lambda\rho(\lambda)A(\boldsymbol{a},\lambda)B(\boldsymbol{b},\lambda) \tag{3.59}$$

这里只规定$|A|,|B|\leqslant 1$. 设$\boldsymbol{a},\boldsymbol{d}$和$\boldsymbol{b},\boldsymbol{c}$分别是 A 和 B 的两个任选的测量方向,于是

$$\begin{aligned}P(\boldsymbol{a},\boldsymbol{b}) - P(\boldsymbol{a},\boldsymbol{c}) &= \int\mathrm{d}\lambda\rho(\lambda)[A(\boldsymbol{a},\lambda)B(\boldsymbol{b},\lambda) - A(\boldsymbol{a},\lambda)B(\boldsymbol{c},\lambda)] \\ &= \int\mathrm{d}\lambda\rho(\lambda)[A(\boldsymbol{a},\lambda)B(\boldsymbol{b},\lambda)][1\pm A(\boldsymbol{d},\lambda)B(\boldsymbol{c},\lambda)] \\ &\quad - \int\mathrm{d}\lambda\rho(\lambda)[A(\boldsymbol{a},\lambda)B(\boldsymbol{c},\lambda)][1\pm A(\boldsymbol{d},\lambda)B(\boldsymbol{b},\lambda)]\end{aligned}$$

从而

$$\begin{aligned}|P(\boldsymbol{a},\boldsymbol{b}) - P(\boldsymbol{a},\boldsymbol{c})| &\leqslant \int\mathrm{d}\lambda\rho(\lambda)|A(\boldsymbol{a},\lambda)B(\boldsymbol{b},\lambda)|\cdot|1\pm A(\boldsymbol{d},\lambda)B(\boldsymbol{c},\lambda)| \\ &\quad + \int\mathrm{d}\lambda\rho(\lambda)|A(\boldsymbol{a},\lambda)B(\boldsymbol{c},\lambda)|\cdot|1\pm A(\boldsymbol{d},\lambda)B(\boldsymbol{b},\lambda)|\end{aligned}$$

$$\leqslant \int d\lambda \rho(\lambda) |1 \pm A(\boldsymbol{d},\lambda)B(\boldsymbol{c},\lambda)| + \int d\lambda \rho(\lambda) |1 \pm A(\boldsymbol{d},\lambda)B(\boldsymbol{b},\lambda)|$$
$$= 2 \pm [P(\boldsymbol{d},\boldsymbol{c}) + P(\boldsymbol{d},\boldsymbol{b})]$$

写成较为对称的形式 (CHSH 不等式):

$$|P(\boldsymbol{a},\boldsymbol{b}) - P(\boldsymbol{a},\boldsymbol{c})| + |P(\boldsymbol{d},\boldsymbol{c}) + P(\boldsymbol{d},\boldsymbol{b})| \leqslant 2 \tag{3.60}$$

这里并未假设体系的总自旋为零. 如果体系总自旋为零, 即理想的反向关联 $P(\boldsymbol{c},\boldsymbol{c}) = -1$, 并取特殊情况 $\boldsymbol{d} = \boldsymbol{c}$, 那么就可化简为贝尔不等式.

与贝尔不等式相似, CHSH 不等式在量子力学中也极易受到破坏. 比如, 取四个矢量共面, 并且 $\angle(\boldsymbol{a},\boldsymbol{b}) = \angle(\boldsymbol{b},\boldsymbol{d}) = \angle(\boldsymbol{d},\boldsymbol{c}) = \frac{\pi}{4}$, 于是 $\angle(\boldsymbol{a},\boldsymbol{c}) = \frac{3\pi}{4}$, 将量子力学结果代入, 即得 $P(\boldsymbol{a},\boldsymbol{b}) = P(\boldsymbol{b},\boldsymbol{d}) = P(\boldsymbol{d},\boldsymbol{b}) = P(\boldsymbol{d},\boldsymbol{c}) = -\frac{1}{\sqrt{2}}$, $P(\boldsymbol{a},\boldsymbol{c}) = \frac{1}{\sqrt{2}}$, 代入式 (3.60) 后, 就变成了 $2\sqrt{2} \leqslant 2$.

贝尔不等式及其推广给出了明确的判据, 使得以往在思辨层面争论的问题付诸于实验, 从此判断孰是孰非. 自 1981 年 A. Aspect 等人开始针对贝尔不等式验证做实验之后, 迄今为止所做的所有实验全都不反对量子力学现有理论, 但都明显破坏了贝尔不等式及其推广, 也即反对定域实在论的隐变数理论. 也就是说, 迄今为止实验认为隐变数是不存在的, 量子力学现有理论的描述在此意义上是完备的.

3.5 量子纠缠、混态与量子系综

3.5.1 两体的纯态与混态

纯态指能用单一波函数描述的态. 在两体 (或两方) 系统态空间 $H_A \otimes H_B$ 中任一相干叠加态, 一般可以表示为

$$|\Psi\rangle_{AB} = \sum_{mn} C_{mn} |\psi_m\rangle_A \otimes |\varphi_n\rangle_B \quad (\text{正交归一基矢为 } |\psi_m\rangle_A \otimes |\varphi_n\rangle_B) \tag{3.61}$$

此为两体纯态, 它可区分为两大类: 可分离态和不可分离态 (纠缠态). 而混态为系统若干个纯态 (不一定彼此正交!) $|\Psi^i\rangle_{AB}$ 的非相干混合. 这些 $|\Psi^i\rangle_{AB}$ 之间没有固定的位相

关联, 而
$$\left\{p_i, |\Psi_i\rangle \, (i=1,2,\cdots, \sum_i p_i = 1)\right\} \tag{3.62}$$

表示在这个系综里, 态 $|\Psi_i\rangle$ 出现的概率是 p_i.

3.5.2 态的密度矩阵表示

两方混态的密度算符用 $\hat{\rho}_{AB}$ 表述, 其表示则为密度矩阵. 在不至于导致混淆的时候, 密度算符与密度矩阵常常不做区分. 对于 A 和 B 两粒子组成的一个复合系统, 如果找到 A 和 B 处在 $|\Psi^i\rangle_{AB}$ 态的概率为 p_i, 那么这个系综的状态便用下述厄米矩阵 $\hat{\rho}_{AB}$ 来描述:

$$\hat{\rho}_{AB} = \sum_i p_i |\Psi^i\rangle_{AB\;AB}\langle\Psi^i| \tag{3.63}$$

其中, $0 \leqslant p_i \leqslant 1$, 满足 $\sum_i p_i = 1$; $|\Psi^i\rangle_{AB} = \sum_{mn} C^i_{mn} |\psi_m\rangle_A \otimes |\varphi_n\rangle_B$. 密度矩阵 $\hat{\rho}_{AB}$ 满足 $\mathrm{Tr}(\hat{\rho}_{AB}) = 1$ 以及 $\mathrm{Tr}(\hat{\rho}^2_{AB}) \leqslant 1$. 对 $\hat{\rho}_{AB}$ 中的 A 或 B 单独取迹所得的矩阵称为约化密度矩阵, 其一般表达式为

$$\begin{aligned}\hat{\rho}_A &= \mathrm{Tr}^{(B)}(\hat{\rho}_{AB}) = \sum_{n=1}^{N} {}_B\langle n|\hat{\rho}_{AB}|n\rangle_B, & \sum_{n=1}^{N} |n\rangle_{B\;B}\langle n| = \boldsymbol{I}_B \\ \hat{\rho}_B &= \mathrm{Tr}^{(A)}(\hat{\rho}_{AB}) = \sum_{m=1}^{N} {}_A\langle m|\hat{\rho}_{AB}|m\rangle_A, & \sum_{m=1}^{M} |m\rangle_{A\;A}\langle m| = \boldsymbol{I}_A\end{aligned} \tag{3.64}$$

其中, $\mathrm{Tr}^{(A)}$ 和 $\mathrm{Tr}^{(B)}$ 分别代表相对于子系统空间 H_A 和 H_B 求部分迹运算, 而 $\{|m\rangle_A, i=1,2\cdots,M\}$ 是 H_A 空间的一组正交归一完备基矢组, 例如 $|m\rangle_A$ 可以取如前的 $|\psi_m\rangle$. 类似地, $\{|n\rangle_B, i=1,2\cdots,M\}$ 是 H_A 空间的一组正交归一完备基矢组, 例如 $|n\rangle_B$ 可以取如前的 $|\varphi_n\rangle$.

3.5.3 Schmidt 分解

可以证明: 两方系统的任一纯态 $|\Psi\rangle_{AB}$ 总可以表示成如下称为 Schmidt 分解的形式:

$$|\Psi\rangle_{AB} = \sum_i \sqrt{p_i} |i\rangle_A |i'\rangle_B, \quad \sum_i p_i = 1 \tag{3.65}$$

这里, $\sqrt{p_i}$ 有时也取负根; $\{|i\rangle_A\}$ 和 $\{|i'\rangle_B\}$ 分别是 H_A 和 H_B 中某两组特殊的 (与 $|\Psi\rangle_{AB}$ 有关) 正交基,

$$_A\langle i|j\rangle_A = \delta_{ij} \quad \text{和} \quad _B\langle i'|j'\rangle_B = \delta_{ij}$$

这时约化密度矩阵为

$$\begin{cases} \hat{\rho}_A = \text{Tr}^{(B)}(|\Psi\rangle_{AB}\,_{AB}\langle\Psi|) = \sum_i p_i |i\rangle_A\,_A\langle i| \\ \hat{\rho}_B = \text{Tr}^{(A)}(|\Psi\rangle_{AB}\,_{AB}\langle\Psi|) = \sum_i p_i |i'\rangle_B\,_B\langle i'| \end{cases} \quad (3.66)$$

由 Schmidt 分解的表达式对子系统部分求迹运算可以看到, $\hat{\rho}_A$ 与 $\hat{\rho}_B$ 的非零本征值相同 (这里并不要求 H_A 和 H_B 的维数相同, 因此 $\hat{\rho}_A$ 与 $\hat{\rho}_B$ 的零本征值的个数可能不同). 于是只要将 $\hat{\rho}_A$, $\hat{\rho}_B$ 对角化, 就可以找到这两组基 $\{|i\rangle_A\}$, $\{|i'\rangle_B\}$ 以及一组本征值 $\{p_i\}$, 从而给出 Schmidt 分解的表达式. 步骤是: 对任给的态 $|\psi\rangle_{AB}$, 写出它的投影算符, 在对 A 和 B 做部分求迹运算之后得到 $\hat{\rho}_A$ 和 $\hat{\rho}_B$, 接着将它们分别在 H_A 和 H_B 中对角化, 得到两组正交归一基 $\{|i\rangle_A\}$ 和 $\{|i'\rangle_B\}$ 和一组本征值 $\{p_i\}$, 此时即可写出 $|\Psi\rangle_{AB}$ 的 Schmidt 分解的表达式.

3.5.4 纠缠态

两体系统或者不同自由度体系 (以下均简称为两体) 在纯态情形的可分离态一般表示为 $|\Psi\rangle_{AB} = |\psi\rangle_A \otimes |\varphi\rangle_B$, 这里, A 和 B 均处于确定态; 而不可分离态即纠缠态则是系统的那些纯态, 它们不能被简单地写成两个子系统态的直积形式 $|\psi\rangle_A \otimes |\varphi\rangle_B$. 例如, 当 A 和 B 均为一个第 3.3 节的两能级系统时, 它们所组成的一个贝尔态:

$$|\Psi^+\rangle_{AB} = \frac{1}{\sqrt{2}}\{|0\rangle_A|1\rangle_B + |1\rangle_A|0\rangle_B\}$$

就是最简单的一个两体量子纠缠态. 这时, 由对它测量造成的坍缩可知, A 和 B 的状态均依赖于对方而全处于不确定的状况. 应当指出, 由子系统 A 和 B 组成的量子系统的绝大部分纯态是纠缠的, 准确地说, 纠缠态在 $H = H_A \otimes H_B$ 态空间中是稠密的. 在 H_A 和 H_B 都是一个两能级系统的情况下, 可以证明, 如下四个纠缠态将组成一个完备基, 它们的形式常被写为如下形式:

$$\begin{cases} |\psi^\pm\rangle_{AB} = \frac{1}{\sqrt{2}}(|0\rangle_A|1\rangle_B \pm |1\rangle_A|0\rangle_B) \\ |\varphi^\pm\rangle_{AB} = \frac{1}{\sqrt{2}}(|0\rangle_A|0\rangle_B \pm |1\rangle_A|1\rangle_B) \end{cases} \quad (3.67)$$

并称它们为贝尔基. 这里, A 与 B 的关联是纯态之间的关联.

在纠缠态中, 粒子 A 和 B 的空间波包可以彼此相距遥远而完全不重叠. 这时仍会产生关联坍缩: 当 A 系统因测量而发生坍缩时, B 系统将发生相关联的坍缩. 例如, 在对态 $|\varphi^+\rangle = \frac{1}{\sqrt{2}}\{|0\rangle_A|0\rangle_B + |1\rangle_A|1\rangle_B\}$ 中的 A 粒子做测量时

$$\begin{cases} A\text{的状态坍缩到}|0\rangle_A \Rightarrow B\text{必为}|0\rangle_B \\ A\text{的状态坍缩到}|1\rangle_A \Rightarrow B\text{必为}|1\rangle_B \end{cases}$$

B 粒子的这种相关联的坍缩是 $A+B$ 系统测量坍缩的不可分割的一部分, 因而它是同时的, 并且也是非局域的、不可逆的、斩断相干性的. 由于这种关联坍缩具有瞬时性、不必事先知道 B 位于何处、也不论在 A 和 B 之间存在什么障碍这些特性, 故通常被认为它表现出来一种非定域的性质.

限于篇幅, 混态情形的可分离态与纠缠态在此不做介绍.

参考文献

[1] 曾谨言. 量子力学: 卷 I, 卷 II[M]. 5 版. 北京: 科学出版社, 2013.

[2] 张永德. 量子力学 [M]. 4 版. 北京: 科学出版社, 2017.

[3] Dirac P A M. 量子力学原理 [M]. 陈咸亨, 译. 北京: 科学出版社, 1965.

[4] Zeilinger A. The quantum centennial[J]. Nature, 2000, 408(6813): 639-641.

[5] Kleppner D, Jackiw R. One hundred years of quantum mechanics[J]. Science, 2020, 289(5481): 893-898.

[6] Landau L D, Lifshitz E M. Quantum mechanics: non-relativistic theory. Course of theoretical physics: Vol. 3[M]. 3rd ed. Oxford: Butterworth-Heinemann, 1999.

[7] Sakurai J J. Modern quantum mechanics [M]. New York: Addison Wesley Pub. Comp., 1994.

[8] Claude C T, Bernard D, Franck L. Quantum mechanics: I, II [M]. New York: Wiley, 1977.

[9] Walter G. Quantum mechanics: an introduction [M]. Berlin: Springer-Verlag, 2005.

[10] Schiff L I. Quantum mechanics [M]. 3rd ed. New York: McGraw-Hill, 1968.

[11] Feynman R P, et al. Quantum mechanics and path integrals[M]. New York: McGraw-Hill, 1965.

[12] Bohm D. Quantum theory[M]. New York: Dover Publications Inc., 1989.

[13] Griffiths D J. Introduction to quantum mechanics[M]. 2nd ed. New York: Benjamin Cummings, 2004.

[14] Zettili N. Quantum mechanics: concepts and applications[M]. 2nd ed. New York: John Wiley & Sons, 2009.

[15] Zelevinsky V. Quantum physics: Volume 1: from basics to symmetries and perturbations[M]. New York: John Wiley & Sons, 2011.

[16] Zelevinsky V. Quantum physics: Volume 2: from time-dependent dynamics to many-body physics and quantum chaos[M]. New York: John Wiley & Sons, 2011.

[17] Weinberg S. Lectures on quantum mechanics[M]. Cambridge: Cambridge University Press, 2015.

[18] Laloë F. Do we really understand quantum mechanics[M]. Cambridge: Cambridge University Press, 2019.

[19] Tamvakis K. Basic quantum mechanics[M]. Berlin: Springer International Publishing, 2019.

[20] Wootters W K, Zurek W H. A single quantum cannot be cloned[J]. Nature, 1982, 299: 802-803.

[21] Jönssen C. Elektronen interferenzen an mehreren künstlia hergestellten Feinspalten[J].Zeitschrift für Physik, 1961, 161: 454-474.

[22] Merli P G, Missiroli G F, Pozzi G. Electron interferometry with the Elmiskop 101 electron microscope[J]. Journal of Physics E: Scientific Instruments, 1974, 7: 729-732.

[23] Pursehouse J, Murray A J, Wätzel J, et al. Dynamic double-slit experiment in a single atom[J]. Phys. Rev. Lett., 2019, 122: 053204.

[24] Einstein A, Podolsky B, Rosen N. Can quantum mechanics description of physical reality be considered complete[J]. Phys. Rev, 1935(47): 777.

[25] Clauser J F, Michael A H, Shimony A, et al. Proposed experiment to test local hidden-variabbe theories[J].Phys. Rev. Lett., 1969, 23: 880; Erratum Phys. Rev. Lett., 1970, 24: 549.

[26] Aspect A, Grangier P, Roger G. Experimental tests of realistic local theories via bell's theorem[J]. Phys. Rev. Lett., 1982, 47: 460.

[27] Aspect A, Dalibard J, Roger G. Experimental realication of Eistein-Podolsky-Rosen-Bohm gedanken experiment: a new violation of Bell's inequalities[J]. Phys. Rev. Lett., 1982, 49: 1804.

第 4 章

量子信息与量子计算引论

本章主要介绍量子信息与量子计算的基础内容,以帮助非物理专业的读者能够更好地了解相关知识,为学习本书量子机器学习的内容做好准备.

在 20 世纪七八十年代,R. Feynman, C. H. Bennet, D. Deutsch 等人提出了有关量子信息的设想; 90 年代以来,相关实验技术的巨大进步,使得对微观粒子的量子状态进行主动精确的操纵成为可能. 因此,量子信息技术 (包括量子通信、量子计算、量子精密测量等) 应运而生并迅速兴起. 在量子信息领域大量、迅猛、有成效探索性研究的不断催生之下,量子位和量子存储器的构造,人造可控量子微尺度结构,量子态的各类超空间传送,量子态的制备、存储、调控与传送,量子编码及压缩、纠错与容错,量子中继站技术,量子网络理论,量子计算机,量子算法,量子机器学习,量子人工智能等新兴技术逐步发展起来,它们必将对社会经济和人类文明产生深刻与深远的影响.

和经典信息论及经典计算机相比,量子信息论与量子计算机具有天然保密、超高速度、超大容量的特点. 但在实验和理论方面,它们仍有大批亟待解决的问题.

4.1 量子信息概述

经典信息可以采用"经典字母表"中的"字母",例如两个数字"0"和"1"或任何其他有限集的一组符号表示. 在经典信息理论的意义下,信息从发送者传送到接收者与实施传输所用的是何种物理系统完全无关. 这种方法之所以成功的重要原因是人们能够容易地在不同类型的载体之间转换信息,比如电线中的电流、光纤中的激光脉冲、一张纸上的符号等,而理论上并不会因转换丢失数据. 即使实际上产生损失,对此如何处理也是清楚的. 然而,量子信息论却并非如此. 量子信息由微观粒子从制备装置 (发送器) 传输到量子力学实验中的测量仪器 (接收器),而由于量子测量的特征,可能会出现量子信息的部分丢失. 我们将看到从量子信息转换到上述意义的经典信息的无损转换理论上是不可能的. 因此可以说经典信息和量子信息之间的区分是至关重要的.

为把量子信息转换成经典信息,我们需要这样一个装置,它把量子系统作为输入而把经典信息作为输出——这与一个测量仪器没什么两样. 反过来,经典信息到量子信息的转换,可重新类似描述为"参数相关制备",也就是说,这种设备的经典输入用于控制微观系统应该制备哪些态. 这两个因素的组合可以用两种方法完成. 让我们先考虑一个将信息从经典转到量子、再到经典的装置. 一个典型的例子是经典信息如何通过光纤进行传输. 因为在光纤中传输的信息需由光子携带,所以传输的是量子信息 (按先前我们初步定义的意义). 这意味着我们首先必须依据所要传输的经典信息制备处于某个特定状态的光子 (编码),然后经过通道发送这些光子,最后在输出端测量适当的可观测量,完成了将信息从经典转到量子、再返回到经典的整个两步过程. 前者可以看作制备过程 P,后成可以视为测量过程 M.

现在关键的一点是相反的组合——先测量过程 M、后制备过程 P——可能成为问题. 如果制备过程 P 产生的粒子与输入粒子"不可区分"(完全相同). 我们将通过可追溯到量子力学基本结构的其他"不可能机器"的层次结构来显示这种设备实现的不可能性.

为此,我们必须先澄清在这方面"不可区分"的确切含义. 这必须用统计的方法来做,因为比较量子力学系统只可能基于统计实验. 因此,我们需要一个额外的制备装置 P' 和一个额外的测量设备 M'. 现在不可区分性意味着无论我们是直接对 P' 输出实施 M' 测量,还是对一个介于两者之间的隐形传送装置,是无关紧要的. 在这两种情况下,我们进行大量重复的相应实验应该得到相同的测量结果分布. 对于固定 M 和 P, 以及任何制备 P' 和任何测量 M', 这个要求应该都成立. 后者意味着不允许使用关于 P' 或 M' 的预设知识来进行隐形传送过程 (否则, 在最极端的情况下, 我们可以选择 P' 代表 P', 而这使整个讨论变得毫无意义).

我们要考虑的第二个不可能的机器是量子复制机. 该装置 (记为 C) 以一个量子系统 p 作为输入, 产生两个相同类型的系统 p_1, p_2 作为输出. C 的限制条件是 p_1 和 p_2 与输入 p 不可区分, 此处 "不可区分" 必须以与上述相同的方式理解: 使用其中一个输出粒子 (即始终使用 p_1 或始终使用 p_2) 进行的任何统计实验产生相同的结果, 如同直接用输入 p. 从隐形传送中获得这样一个设备是很容易的: 我们只需要对 p 进行测量 M, 复制两份获得的经典数据, 并运行制备 P 在每一个上面. 因此, 如果隐形传送是可能的, 那么复制也是可能的.

然而, 根据量子不可克隆定理知, 量子复制机不存在, 这基本上就是我们证明的结论. 不过, 我们可以用第三台不可能机器——用两个任意可观测量 A 和 B 联合测量的装置 M_{AB} 来对这个定理轻松地给予论证. 该测量装置每次用的时候提供一对 (a,b) 的经典输出, 其中 a 是 A 的可能输出, b 是 B 的可能输出. 对联合测量的装置 M_{AB} 的要求又是统计性质的: a 结果的统计与装置 A 相同, 装置 B 与之类似. 从基本量子力学中知道, 许多可观测量不能以这种方式同时测量. 例如位置和动量或角动量的不同分量. 然而, 联合测量的装置 M_{AB} 可以由量子复印机 C 为任意 A 和 B 制造. 只需输入 p, 用 C 产生两个输出 p_1 和 p_2, 并对 p_1 实施测量 A, 以及对 p_2 实施测量 B. 由于按假设, 输出 p_1 和 p_2 与输入 p 不可区分, 所以用这种方法构造的整个装置将对 A 和 B 实施一次联合测量. 因此, 量子不可克隆定理指出, 量子复制机不可能存在. 这反过来意味着经典的隐形传送是不可能的, 因此我们无法将量子信息无损转换为经典信息并返回.

量子信息论中用到了量子系统许多特殊的不同于宏观系统的性质. 它们包括:

叠加性质——作为量子计算机细胞的量子位可以处于经典布尔态的任意复系数的线性组合态上

$$\alpha |\text{true}\rangle + \beta |\text{false}\rangle$$

并且该组合态的每一组分都能按同一幺正变换进行演化, 形成并行的计算路径.

相干性质——这种叠加是相干叠加的.

坍缩性质——概率性、非定域性、不可逆性、切断相干性.

不可克隆性质——未知量子信息态不可能以 100% 成功的概率被精确克隆, 并且观测中必定出现扰动.

纠缠性质——例如, 当整个存储器处于一个确定的量子态时, 其中某些量子位可以不处于 (各自) 确定的量子态上. 其中有些性质前面已叙述过, 下面将继续阐述.

根据摩尔 (Moore) 定律,每十八个月计算机微处理器的速度就增长一倍,其中单位面积 (或体积) 上集成的元件数目会相应地增加. 可以预见, 在不久的将来, 芯片元件就会达到它以经典方式工作的极限尺度. 因此, 突破这种尺度极限是当代信息科学所面临的一个重大科学问题. 量子信息的研究就是要充分利用量子物理基本原理的研究成果, 发挥量子相干特性的强大作用, 探索以全新的方式进行计算、编码和信息传输的可能性, 为突破芯片极限提供新概念、新思路和新途径. 量子力学与信息科学的结合, 充分显示了学科交叉的重要性, 而量子信息的最终物理实现会导致信息科学观念和模式的重大变革. 事实上, 传统计算机也是量子力学的产物, 它的器件也利用了诸如量子隧道现象等量子效应. 量子器件的信息技术并不等于量子信息. 量子信息主要是基于量子力学的相干特征, 重构密码、计算和通信的基本原理.

在这里, 我们简单介绍一下态叠加原理导致的如下不可克隆定理:

根据量子力学的态叠加原理, 量子系统的任意未知量子态不可能在不遭受破坏的前提下, 以 100% 成功的概率被克隆到另一量子体系上.

证明 量子态的理想克隆应当是对某个任意态有

$$|s\rangle = \alpha|s_1\rangle + \beta|s_2\rangle$$

并总有

$$|A_0\rangle|s\rangle \Rightarrow |A_s\rangle|ss\rangle$$

其中, α 和 β 为事先并不知道的两个任意复常数, $|A_0\rangle$ 和 $|A_s\rangle$ 分别表示仪器在 $|s\rangle$ 态克隆前后的状态, $|s_1\rangle$ 和 $|s_2\rangle$ 为两个已知的彼此独立的基矢态 (比如, 光子的两个极化态 $|\updownarrow\rangle$ 和 $|\leftrightarrow\rangle$)). 而 $|ss\rangle = |s\rangle|s\rangle$ 为两个相同的任意 $|s\rangle$ 态. 特别是, 对两个基矢态 $|s_1\rangle$ 和 $|s_2\rangle$ 而言, 应当有

$$|A_0\rangle|s_1\rangle \Rightarrow |A_{s_1}\rangle|s_1 s_1\rangle$$

$$|A_0\rangle|s_2\rangle \Rightarrow |A_{s_2}\rangle|s_2 s_2\rangle$$

然而, 对以上克隆过程有两种理解:

第一种, 按态叠加原理有

$$|A_0\rangle|s\rangle = |A_0\rangle(\alpha|s_1\rangle + \beta|s_2\rangle) \Rightarrow \alpha|A_{s_1}\rangle|s_1 s_1\rangle + \beta|A_{s_2}\rangle|s_2 s_2\rangle$$

第二种, 若任意态可克隆, 则有

$$|A_0\rangle|s\rangle \Rightarrow |A_s\rangle|ss\rangle = \frac{1}{\sqrt{N}}|A_s\rangle\left(\alpha a_{s_1}^\dagger + \beta a_{s_2}^\dagger\right)^2|0\rangle|0\rangle$$

$$= \frac{1}{\sqrt{N}}|A_s\rangle\left(\alpha^2|s_1 s_1\rangle + 2\alpha\beta|s_1 s_2\rangle + \beta^2|s_2 s_2\rangle\right)$$

其中, N 是归一化系数. 假如仪器的 $|A_{s_1}\rangle$ 和 $|A_{s_2}\rangle$ 不同, 则第一个方程右边结果是混态 $(\alpha|s_1s_1\rangle \oplus \beta|s_2s_2\rangle)$. 假如相同, 则是纯态 $(\alpha|s_1s_1\rangle + \beta|s_2s_2\rangle)$. 与此相对照, 第二个方程右边结果总是纯态, 何况第二个方程中的 $|s_1s_2\rangle$ 态是第一个中所没有的. 更不用说两个方程的两种结果对原先态中系数 α, β 的线性和非线性两种不同的依赖关系.

所以, 这两个方程是相互矛盾的. 但第一个方程体现的过程是可实现的 (态叠加原理成立, 基矢可克隆), 于是第二个方程体现的过程是不可实现的. 也就是说, 在原态仍保留的情况下, 任意量子态不可被克隆.

4.2 量子计算的线路模型

经典计算机可方便地用 n 个比特的有限寄存器作为其重要组成部分, 对于"非"和"与"这类的基本操作, 可以在单个或多个比特上执行, 而将这些基本操作按照某种规则组合起来, 可以产生任意复杂的逻辑函数.

线路模型可以转移到量子计算机上, 量子计算机则被认为是由 n 个量子位的有限集合, 即尺寸为 n 的量子寄存器所构成. n 个比特的经典计算机的状态用二进制整数 $i \in [0, 2^n - 1]$ 来表示, 即

$$i = i_{n-1}2^{n-1} + \cdots + i_1 2 + i_0 \tag{4.1}$$

其中, $i_1, i_2, \cdots, i_n$ 都是二进制数. 而 n 比特量子计算机的一个态则写为

$$\begin{aligned}|\psi\rangle &= \sum_{i=0}^{2^n-1} c_i |i\rangle \\ &= \sum_{i_{n-1}=0}^{1} \cdots \sum_{i_1=0}^{1} \sum_{i_0=0}^{1} c_{i_{n-1},\cdots,i_1,i_0} |i_{n-1}\rangle \otimes \cdots \otimes |i_1\rangle \otimes |i_0\rangle \end{aligned} \tag{4.2}$$

其中, 各复数满足如下归一化条件:

$$\sum_{i=0}^{2^n-1} |c_i|^2 = 1 \tag{4.3}$$

因此, n 个量子位的量子计算机的状态, 可对应于在 2^n 维希尔伯特空间中的态矢, 该 2^n 维希尔伯特空间系由 n 个二维希尔伯特空间的张量积所生成 (每个量子比特对应于一个二维希尔伯特空间), 考虑到归一化条件 (4.3) 以及以下性质, 即对任何量子系统的态

的定义都不需要确定那个在物理上不重要的整体相位,量子计算机的状态由 $2(2^n-1)$ 个独立的实参数来决定,以 $n=2$ 的情形为例,我们把两个量子比特的计算机的一般态写成

$$\begin{aligned}|\psi\rangle &= c_0|0\rangle + c_1|1\rangle + c_2|2\rangle + c_3|3\rangle \\ &= c_{0,0}|0\rangle\otimes|0\rangle + c_{0,1}|0\rangle\otimes|1\rangle + c_{1,0}|1\rangle\otimes|0\rangle + c_{1,1}|1\rangle\otimes|1\rangle \\ &= c_{00}|00\rangle + c_{01}|01\rangle + c_{10}|10\rangle + c_{11}|11\rangle \end{aligned} \quad (4.4)$$

上面最后一行,我们用到了简写 $|i_1 i_0\rangle = |i_1\rangle\bigotimes|i_0\rangle$. 利用该简写符号, 态 (4.4) 可以写成更简单的形式

$$|\psi\rangle = \sum_{i_{n-1}=0}^{1}\cdots\sum_{i_1=0}^{1}\sum_{i_0=0}^{1} c_{i_{n-1},\cdots,i_1,i_0}|i_{n-1}\cdots i_1 i_0\rangle \quad (4.5)$$

叠加原理在式 (4.5) 中是显而易见的: 尽管 n 个经典比特仅仅可以储存一个整数 i, 但是 n 个量子比特的量子寄存器不仅可以储存与计算基矢相应的态 $|i\rangle$, 还可以储存由这些态叠加而成的态, 我们要强调, 在这个叠加态中, 计算基矢的数目可以多达 2^n, 它随量子比特的数目按指数增加. 叠加原理为计算开启了崭新的未来, 当我们在经典计算机上进行运算时, 不同的输入需要进行不同的操作, 相反, 量子计算机可以在一次运行中完成相对于输入而言呈指数式 (增加) 的运算. 这个巨大的并行性就是量子计算的强大之处.

尽管经典力学有也存在可以叠加的经典波, 但由于经典复合系统所具有的可能状态与量子复合系统可能状态的数目是不一样的, 经典的叠加与量子的叠加在复合系统中是有区别的, 其中量子复合系统的叠加是包括量子纠缠在内的量子关联产生的基础. 与经典计算相比, 我们要重点指出的是量子纠缠对于量子计算的重要性. 可比较在经典和量子物理中所必需的资源, 在经典世界中, 为了得到 2^n 个能级的叠加, 这些能级必须属于同一个系统. 事实上, 在经典物理中没有纠缠, 因此, 不同系统的经典态是永远不可以直接叠加起来的. 这样一来, 我们所需的能级数随 n 呈指数增加, 如果 Δ 是相邻能级之间的典型间隔, 那么, 为此计算所需的能量是 $2^n\Delta$. 因此, 计算所需要的物理资源随 n 按指数级增加①. 相反, 由于有纠缠, 在量子物理中, 一般 2^n 个能级的叠加可以用 n 个量子比特来表示, 这样, 所需的物理资源随 n 呈线性增加. 为了进行量子计算, 应该:

(1) 将量子计算机制备于一个定义好的初态 $|\psi_i\rangle$, 可称为基准态, 如 $|00\cdots 0\rangle$.

---

① 当然, 可以想象经典系统中的能级处在某个上界之下, 在这种情形下所需的能量可以认为对 n 而言是一个常数. 可是, 这样我们需要能够区分能级间距按指数式减小的测量仪器, 其能级间距为 $\propto 2^{-n}$, 要使这样的实验仪器得以实现, 一个合理的假设是所需的物理资源按指数级增加.

(2) 操控量子计算机的状态, 也就是说, 执行给定的幺正变换 $\hat{U}$, 得到 $|\psi_f\rangle = \hat{U}|\psi_i\rangle$.

(3) 在计算基矢上进行标准测量, 也就是说, 测量每一个量子比特的极化 σ_z.

既然量子计算机作为一个 n 体 (量子位) 的量子系统, 其态 (4.5) 的时间演化就由薛定谔方程所支配. 量子计算机态矢量的演化由幺正算符来描述. 这里, 我们暂时忽略由于量子计算机与环境的非预期耦合所引起的、非幺正的退相干效应.

我们需要强调, n 个量子位的态矢量的演化由 $2^n \times 2^n$ 的幺正矩阵来描述. 理论研究表明, 该矩阵总可以被分解成作用于一个或两个量子比特之上的幺正运算的乘积, 这些幺正运算对应于量子计算的线路模型中的基本量子门.

最后需要指出的是, 可以证明, 只要事先加上一个适当的幺正变换, 对于复杂多量子比特的任何测量, 总可以在计算基矢上进行.

4.3 量子门

一个纯量子态中各叠加成分的系数模值、内部相因子和纠缠模式都可以荷载人们设定的信息. 混态同样也可以用来作为信息的载体. 于是, 对量子态的制备、操控、存储和传送, 就开辟了量子信息论这一新领域.

4.3.1 量子态的存储: 量子位与量子存储器

1. 量子位 (qubit) 的实现和操控

例 在恒定磁场 $(-B_0 e_z)$ 下原子核磁矩可作为一个量子位, 而调控手段则是 x-y 平面内射频交变磁场脉冲 $B_1(t)$. 这里有两个磁场, 前者定义两个布尔态, 后者则是调控状态的手段.

核磁矩顺磁场取向状态为 $|\downarrow\rangle = |0\rangle = \begin{pmatrix} 0 \\ 1 \end{pmatrix}$; 逆磁场取向状态为 $|\uparrow\rangle = |1\rangle = \begin{pmatrix} 1 \\ 0 \end{pmatrix}$. (注意: $H = -\boldsymbol{\mu} \cdot \boldsymbol{B}_0$.)

极化矢量 (见式 (3.47)) 为

$$\boldsymbol{p} = \langle \varphi | \boldsymbol{\sigma} | \varphi \rangle$$

在外磁场中的进动符合经典的图像. 三个泡利矩阵 σ 的本征态及相应 $\boldsymbol{p}$ 分别为

$$\begin{cases} \dfrac{1}{\sqrt{2}}(|1\rangle \pm |0\rangle), & \boldsymbol{p}=(\pm 1,0,0) \\ \dfrac{1}{\sqrt{2}}(|1\rangle \pm \mathrm{i}|0\rangle), & \boldsymbol{p}=(0,\pm 1,0) \\ |0\rangle \text{ 和 } |1\rangle, & \boldsymbol{p}=(0,0,\pm 1) \end{cases}$$

常常需要对单个量子位进行各种转动操作,这类转动操作的物理基础也各不相同. 比如自旋 (磁矩) 在外磁场中的进动等.

转动操作举例 (图 4.1): 设转动前自旋状态为 $|0\rangle = \begin{pmatrix} 0 \\ 1 \end{pmatrix}$,经受转动

$$R\left(-\frac{\pi}{2}\boldsymbol{e}_y\right) = \mathrm{e}^{\mathrm{i}(\pi/4)\boldsymbol{\sigma}_y} = \frac{1}{\sqrt{2}} \begin{pmatrix} 1 & 1 \\ -1 & 1 \end{pmatrix} \tag{4.6}$$

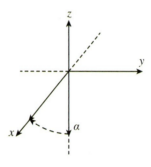

图4.1 自旋的转动操作

于是

$$|\varphi\rangle_{\text{转后}} = \frac{1}{\sqrt{2}} \begin{pmatrix} 1 & 1 \\ -1 & 1 \end{pmatrix} \begin{pmatrix} 0 \\ 1 \end{pmatrix} = \frac{1}{\sqrt{2}}(|0\rangle + |1\rangle) \tag{4.7}$$

成为叠加态,因此在进行自旋分量测量时,将以相等概率随机地坍缩到 $|0\rangle, |1\rangle$ (见表 4.1).

表 4.1 位与量子位的对比

	位	量子位
构成	双稳态电子线路	光子极化状态、电子 (或原子核) 自旋状态
可取的状态	0,1	$\|0\rangle, \|1\rangle$ 和 $C_1\|0\rangle + C_2\|1\rangle$
测量影响	不受测量 (读出) 影响	若处于叠加态, 受测量 (读出) 影响

2. 量子位存储器, 旋转操作, 幺正变换

设有 L 个量子位组成一个量子存储器. 于是, 一个数的二进制可表示为

$$|a_0\rangle \otimes |a_1\rangle \otimes \cdots \otimes |a_{L-1}\rangle = |a_0, a_1, \cdots, a_{L-1}\rangle \tag{4.8}$$

其中, $a_i = 0$或$1 (i = 0, 1, \cdots, L-1)$. 若以十进制数表示, 这个态可记为

$$|a\rangle\!\rangle, \quad a = \sum_{i=0}^{L-1} a_i 2^i \tag{4.9}$$

置零态为

$$|0\rangle\!\rangle = |0\rangle \otimes |0\rangle \otimes \cdots \otimes |0\rangle$$

现对存储器 (L 个量子位) 实行如下旋转操作:

$$|0\rangle\!\rangle = |0\rangle \otimes |0\rangle \otimes \cdots \otimes |0\rangle$$
$$\stackrel{R\left(-\frac{\pi}{2}\boldsymbol{e}_y\right)}{\Longrightarrow} \frac{1}{\sqrt{2}}(|0\rangle + |1\rangle) \otimes \frac{1}{\sqrt{2}}(|0\rangle + |1\rangle) \otimes \cdots \otimes \frac{1}{\sqrt{2}}(|0\rangle + |1\rangle)$$
$$= \frac{1}{\sqrt{q}}\{|0\rangle\!\rangle + |1\rangle\!\rangle + |2\rangle\!\rangle + |3\rangle\!\rangle + \cdots + |q-1\rangle\!\rangle\}, \quad q = 2^L \tag{4.10}$$

这就是供给以后运算的存储器的初始状态.

4.3.2 量子态的操控

量子态的操控是通过各种量子逻辑门来实现的. 量子逻辑门可用多种物理系统来实现, 如核磁共振 (NMR)、量子点、离子阱、半导体硅基、约瑟夫森结等. 下面以核磁共振方法为例做一说明.

关于其物理实现方案, 我们考虑自旋在下面磁场中的运动. 在 x-y 面内有一个 τ 时间间隔内存在的脉冲磁场: $\boldsymbol{B}_1 = |\boldsymbol{B}_1|(\cos\varphi, \sin\varphi, 0)$, 导致自旋绕磁场方向进动一定角度. 设 $\boldsymbol{e}_B = \boldsymbol{B}/|\boldsymbol{B}|$, $\omega_L = \frac{2}{\hbar}|\boldsymbol{\mu}_n \boldsymbol{B}_1|$ 为 Lamor 进动频率, $\omega_L \tau$ 为进动转过的角度,

$\alpha = \dfrac{\omega_L \tau}{2}$ (表 4.2),则这个脉冲磁场使自旋态产生的转动幺正变换为

$$e^{-\frac{i}{2}\boldsymbol{\sigma}\cdot\boldsymbol{e}_B \omega_L \tau} \equiv e^{-i\alpha\boldsymbol{\sigma}\cdot\boldsymbol{e}_B} = \exp\{-i\alpha(\sigma_x\cos\varphi + \sigma_y\sin\varphi)\}$$

$$= \begin{pmatrix} \cos\alpha & -i\sin\alpha e^{i\varphi} \\ -i\sin\alpha e^{-i\varphi} & \cos\alpha \end{pmatrix} \tag{4.11}$$

表 4.2 量子位量子门

输入	输出
$\lvert 0\rangle$	$\cos\alpha\lvert 0\rangle - ie^{i\varphi}\sin\alpha\lvert 1\rangle$
$\lvert 1\rangle$	$\cos\alpha\lvert 1\rangle - ie^{-i\varphi}\sin\alpha\lvert 0\rangle$

特例 1 非门 $\hat{U}\left(\alpha = \dfrac{\pi}{2}, \varphi = 0\right) = \sigma_x = \begin{pmatrix} 0 & 1 \\ 1 & 0 \end{pmatrix}$.

特例 2 Hadamard 门为执行以下转动的单个量子位门,

$$\begin{cases} \lvert 0\rangle \to \dfrac{1}{\sqrt{2}}(\lvert 0\rangle + \lvert 1\rangle) \\ \lvert 1\rangle \to \dfrac{1}{\sqrt{2}}(-\lvert 0\rangle + \lvert 1\rangle) \end{cases} \tag{4.12}$$

这相当于 $\hat{U}\left(\dfrac{\pi}{4}, \dfrac{\pi}{2}\right) = \dfrac{1}{\sqrt{2}} \begin{pmatrix} 1 & 1 \\ -1 & 1 \end{pmatrix}$.

双量子位量子门 (CNOT 可控非门) 如表 4.3 所示.

表 4.3 双量子位量子门——CNOT 可控非门

输入		输出 (mod 2)	
控制量子位	工作量子位	控制量子位	工作量子位
$\lvert 0\rangle$	$\lvert 0\rangle$	$\lvert 0\rangle$	$\lvert 0\rangle$
$\lvert 0\rangle$	$\lvert 1\rangle$	$\lvert 0\rangle$	$\lvert 1\rangle$
$\lvert 1\rangle$	$\lvert 0\rangle$	$\lvert 1\rangle$	$\lvert 1\rangle$
$\lvert 1\rangle$	$\lvert 1\rangle$	$\lvert 1\rangle$	$\lvert 0\rangle$

由表 4.3 可知, CNOT 门实际上是一个 mod 2 的加法门 (即两个量子位相加之后逢 2 舍去).

4.3.3 量子态的超空间传送

量子隐形传态 (quantum teleportation) 实验于 1997 年由奥地利 Zeilinger 小组首次完成原理性实验验证, 成为了量子信息实验领域的经典之作, 并极大地推动了量子信息的发展. 现对该实验做一介绍. 实验前甲和乙分开一段距离. 甲有粒子 1 和粒子 2, 乙有粒子 3. 设粒子 1 处于信息态

$$|\varphi\rangle_1 = \alpha|0\rangle_1 + \beta|1\rangle_1$$

其中, α, β 为任意两个未知的复系数 (满足归一条件)——要传送的信息. 粒子 2 与粒子 3 组成一个贝尔基

$$|\psi^-\rangle_{23} = \frac{1}{\sqrt{2}}(|0\rangle_2|1\rangle_3 - |1\rangle_2|0\rangle_3)$$

于是三个粒子的总状态为

$$|\psi\rangle_{123} = \frac{\alpha}{\sqrt{2}}(|0\rangle_1|0\rangle_2|1\rangle_3 - |0\rangle_1|1\rangle_2|0\rangle_3) + \frac{\beta}{\sqrt{2}}(|1\rangle_1|0\rangle_2|1\rangle_3 - |1\rangle_1|1\rangle_2|0\rangle_3) \tag{4.13}$$

由于粒子 1 和粒子 2 的贝尔基为

$$|\psi^\pm\rangle_{12} = \frac{1}{\sqrt{2}}(|0\rangle_1|1\rangle_2 \pm |1\rangle_1|0\rangle_2)$$

$$|\varphi^\pm\rangle_{12} = \frac{1}{\sqrt{2}}(|0\rangle_1|0\rangle_2 \pm |1\rangle_1|1\rangle_2)$$

若采用它们对粒子 1 和粒子 2 的状态进行展开, 就得到 $|\psi\rangle_{123}$ 的另一种等效表达式

$$\begin{aligned}|\psi\rangle_{123} =\ & \frac{1}{\sqrt{2}}\{|\psi^-\rangle_{12}(-\alpha|0\rangle_3 - \beta|1\rangle_3) + |\psi^+\rangle_{12}(-\alpha|0\rangle_3 + \beta|1\rangle_3) \\ & + |\varphi^-\rangle_{12}(\alpha|1\rangle_3 + \beta|0\rangle_3) + |\varphi^+\rangle_{12}(\alpha|1\rangle_3 - \beta|0\rangle_3)\}\end{aligned} \tag{4.14}$$

现在甲将粒子 1 的 $|\varphi\rangle_1$ 量子态 (信息态, 实质是 α, β 两个系数) 传给乙手中的粒子 3, 使之成为 $|\varphi\rangle_3$. 操作步骤如下:

甲对手上掌握的粒子 1 和粒子 2 做贝尔基测量并用经典办法广播测量结果.

乙根据甲的广播, 选择对粒子 3 施以幺正变换, 最终实现量子态的转移 $|\varphi\rangle_1 \to |\varphi\rangle_3$. 具体地说:

(1) 若甲宣布测得 $|\psi^-\rangle_{12}$ (即 $|\psi\rangle_{123} \xrightarrow{\text{坍缩到}}$ 展式的第一项), 与此对应, 乙手上粒子 3 的态将相应坍缩为 $(\alpha|0\rangle_3 + \beta|1\rangle_3)$, 乙不必做任何操作即可获得 (甲手上粒子 1 原先所处的) 信息态.

(2) 若甲宣布测得 $|\psi^+\rangle_{12}$（即 $|\psi\rangle_{123} \xrightarrow{\text{坍缩到}}$ 展式的第二项），则粒子 3 的态为 $(-\alpha|0\rangle_3 + \beta|1\rangle_3)$. 这时乙对粒子 3 施以 σ_z 变换

$$\sigma_z(-\alpha|0\rangle_3 + \beta|1\rangle_3) = \begin{pmatrix} 1 & 0 \\ 0 & -1 \end{pmatrix} \begin{pmatrix} \beta \\ -\alpha \end{pmatrix}_3 = \alpha|0\rangle_3 + \beta|1\rangle_3$$

即可获得信息态.

(3) 若甲宣布测得 $|\varphi^-\rangle_{12}$（即 $|\psi\rangle_{123} \xrightarrow{\text{坍缩到}}$ 展式的第三项），则粒子 3 的态为 $(\alpha|1\rangle_3 + \beta|0\rangle_3)$. 这时乙对粒子 3 施以 σ_x 变换

$$\sigma_x(\alpha|1\rangle_3 + \beta|0\rangle_3) = \begin{pmatrix} 0 & 1 \\ 1 & 0 \end{pmatrix} \begin{pmatrix} \alpha \\ \beta \end{pmatrix}_3 = \alpha|0\rangle_3 + \beta|1\rangle_3$$

(4) 若甲宣布测得 $|\varphi^+\rangle_{12}$（即 $|\psi\rangle_{123} \xrightarrow{\text{坍缩到}}$ 展式的第四项），则粒子 3 的态为 $(\alpha|1\rangle_3 - \beta|0\rangle_3)$. 这时乙对粒子 3 施以 σ_y 变换

$$\sigma_y(\alpha|1\rangle_3 - \beta|0\rangle_3) = \begin{pmatrix} 0 & -i \\ i & 0 \end{pmatrix} \begin{pmatrix} \alpha \\ -\beta \end{pmatrix}_3 = i(\alpha|0\rangle_3 + \beta|1\rangle_3)$$

量子交换 (quantum swapping) 可认为是另外一种量子态的超空间传送. 该实验最先于 1998 年完成. 实验的核心思想是以遥控的、超空间传递的方式将两个本来并不纠缠的光子纠缠起来. 理论方案如下：

设实验开始前，1# 光子和 2# 光子处在纠缠态 $|\psi^-\rangle_{12}$ 上；而 3# 光子和 4# 光子处在另一个纠缠态 $|\psi^-\rangle_{34}$ 上. 此时两对光子之间并无任何纠缠. 其中 2# 光子和 3# 光子在 Alice 手中，1# 光子和 4# 光子在 Bob 手中. 这样，在 Alice 和 Bob 之间建立了两条量子通道，它们是 2-1 以及 3-4 之间的量子纠缠. 于是，整个系统的初态为

$$|\psi\rangle_{1234} = \frac{1}{2}\{|H\rangle_1|V\rangle_2 - |V\rangle_1|H\rangle_2\} \cdot \{|H\rangle_3|V\rangle_4 - |V\rangle_3|H\rangle_4\} \quad (4.15)$$

实验开始，Alice 对手中的 2#、3# 两个光子做贝尔基测量，从而产生相应的谱分解和坍缩. 这也就是用四个贝尔基分解来重新写出上式

$$|\psi\rangle_{1234} = \frac{1}{\sqrt{2}}\{|\psi^+\rangle_{14}|\psi^+\rangle_{23} - |\psi^-\rangle_{14}|\psi^-\rangle_{23} - |\varphi^+\rangle_{14}|\varphi^+\rangle_{23} + |\varphi^-\rangle_{14}|\varphi^-\rangle_{23}\} \quad (4.16)$$

并且随机地坍缩到四项中的一项. 比如，在某单次测量中，Alice 得到的结果为第一项，即 $|\psi^+\rangle_{23}$ 态，他用经典通信方式告诉 Bob 之后，Bob 就知道他手中的 1# 和 4# 两个光子已经通过关联坍缩而纠缠起来，处在 $|\psi^+\rangle_{14}$ 态上.

注意这里 1#、4# 两个光子之间并没有直接的相互作用, 而是通过 Alice 对 2#、3# 两个光子做贝尔基测量, 通过 2# 和 3# 两个光子的相互作用, 以间接相互作用的方式纠缠起来.

4.4 量子算法

量子算法利用量子力学的基本特性, 如相干叠加性、并行性、纠缠性、测量坍缩等, 这些纯物理性质为计算效率的提高带来极大帮助, 形成一种崭新的计算模式——量子算法. 有些问题, 按经典计算复杂性理论不存在现有的有效算法, 但在量子算法的框架里却找到了有效算法, 因此量子算法显示出量子计算机具有超越经典计算机的强大功能.

一般来说, 量子算法有两个存储器 A 和 B, 先将 A 的各个量子位旋转 $\pi/2$, 得到存储器的计算初态

$$|0\rangle\!\rangle_A (\otimes |0\rangle\!\rangle_B) \Rightarrow \frac{1}{\sqrt{q}} \sum_{a=0}^{q-1} |a\rangle\!\rangle_A (\otimes |0\rangle\!\rangle_B) \tag{4.17}$$

这时, 为实施算法 f 的多重量子逻辑门操作, 则组合成一个总的幺正算符 $\hat{U}(f)$. 它作用于存储器 A 和 B; 利用量子算法的并行性, 同时对 A 求和式中所有自变数 a 的每一项作用, 一次性地算得相应的全部函数值 $f(a)$; 接着, 利用 $\hat{U}$ 中的相互作用, 迅即存入 B 中各对应的量子态内, 造成两个存储器量子态的纠缠

$$\hat{U}(f) \frac{1}{\sqrt{q}} \sum_{a=0}^{q-1} |a\rangle\!\rangle_A \otimes |0\rangle\!\rangle_B = \frac{1}{\sqrt{q}} \sum_{a=0}^{q-1} U(f) |a\rangle\!\rangle_A \otimes |0\rangle\!\rangle_B = \frac{1}{\sqrt{q}} \sum_{a=0}^{q-1} |a\rangle\!\rangle_A \otimes |f(a)\rangle\!\rangle_B \tag{4.18}$$

然后, 测量 A(或 B) 存储器, 造成 A(或 B) 的坍缩, 带动 B(或 A) 的关联坍缩. 最后达到相应计算的目的.

4.4.1 Deutsch 算法

对单个量子位变换共有四种方式 (输入为 $x = 0, 1$):

$$\left. \begin{array}{l} f_1(x) = x \\ f_2(x) = \bar{x} \end{array} \right\} \text{平衡变换型} \tag{4.19}$$

$$\left.\begin{aligned} f_3(x) &= x \\ f_4(x) &= \bar{x} \end{aligned}\right\} \text{常数变换型} \tag{4.20}$$

如何用最少的计算次数判断一个未知的 $f(x)$ 属于哪一类型？此为 Deutsch 问题，其答案是经典算法必须两次；量子算法只需一次.

Deutsch 量子算法步骤如下：

(1) 计算初态 $|0\rangle \otimes |0\rangle \to \dfrac{1}{2}\sum\limits_{x=0}^{1}|x\rangle \otimes (|0\rangle - |1\rangle)$.

(2) 对第一个量子位 $|x\rangle\, (x=0,1)$ 的两个态执行并行计算 $f(x)$，结果加入第二个量子位. 形成如下式左边的两个量子位的纠缠态

$$\frac{1}{2}\sum_{x=0}^{1}|x\rangle \otimes (|0+f(x)\rangle - |1+f(x)\rangle) = \frac{1}{2}\sum_{x=0}^{1}(-1)^{f(x)}|x\rangle \otimes (|0\rangle - |1\rangle)$$

(3) 结果：第一个量子位的态为

$$\begin{cases} \dfrac{1}{\sqrt{2}}(|0\rangle + |1\rangle), & P = \mathrm{e}_x, f(x) \text{为常数型} \\ \dfrac{1}{\sqrt{2}}(|0\rangle - |1\rangle), & P = -\mathrm{e}_x, f(x) \text{为平衡型} \end{cases}$$

(4) 测 P，或对第一个量子位执行 $Y\left(\dfrac{\pi}{2}\right)$，最后即得

$$\begin{cases} |0\rangle \to f(x) \text{为常数型} \\ |1\rangle \to f(x) \text{为平衡型} \end{cases}$$

4.4.2 量子傅里叶变换

取一个分量为复数 $\{f(0), f(2), \cdots, f(N)\}$ 的矢量作为输入，离散傅里叶变换 (DFT) 给出新的复数矢量 $\{\tilde{f}(0), \tilde{f}(2), \cdots, \tilde{f}(N)\}$，各分量给出

$$\tilde{f}(k) = \frac{1}{\sqrt{N}} \sum_{j=0}^{N-1} \mathrm{e}^{2\pi \mathrm{i}\frac{jk}{N}} f(j) \tag{4.21}$$

量子傅里叶变换完全是做同样的事情，只是它作用的对象为 n 量子位的态. 对基矢的作用为

$$|j\rangle\!\rangle \Rightarrow \frac{1}{2^{n/2}} \sum_{k=0}^{2^n-1} \exp\left(2\pi\mathrm{i}\frac{jk}{2^n}\right)|k\rangle\!\rangle \tag{4.22}$$

从而, n 个量子位任意态 $|\psi\rangle\!\rangle = \sum_j f(j)|j\rangle\!\rangle$ 的变换为

$$\sum_a f(j)|j\rangle\!\rangle \Rightarrow \sum_{k=0}^{2^n-1} \tilde{f}(k)|k\rangle\!\rangle \tag{4.23}$$

其中, 系数 $\tilde{f}(k)$ 是 $f(j)$ 按式 (4.21)所给的离散傅里叶变换的结果 (取 $N=2^n$). 直接演算可知, 式 (4.22)、式 (4.23)的变换都是幺正变换, 从而可由量子计算机的动力学来实现.

为方便, 式 (4.22)中的整数 j 可用二进制表示

$$j = j_{n-1}j_{n-2}\cdots j_0 = j_{n-1}2^{n-1} + j_{n-2}2^{n-2} + \cdots + j_0 2^0 \tag{4.24}$$

二进制"小数"则表示为

$$0.j_l j_{l+1}\cdots j_m = \frac{1}{2}j_l + \frac{1}{4}j_{l+1} + \cdots + \frac{1}{2^{m-l+1}}j_m \tag{4.25}$$

同样式 (4.22)通过直接演算可知

$$|j\rangle\!\rangle \Rightarrow \frac{1}{2^{n/2}} \sum_{k=0}^{2^n-1} \exp\left(2\pi\mathrm{i}\frac{jk}{2^n}\right)|k\rangle\!\rangle$$

$$= \frac{1}{2^{n/2}} \sum_{k_1=0}^{1}\cdots\sum_{k_n=0}^{1} \mathrm{e}^{2\pi\mathrm{i}j\left(\sum_{l=1}^{n} k_l 2^{-l}\right)}|k_1\cdots k_n\rangle$$

$$= \frac{1}{2^{n/2}} \sum_{k_1=0}^{1}\cdots\sum_{k_n=0}^{1} \bigotimes_{l=1}^{n} \mathrm{e}^{2\pi\mathrm{i}jk_l 2^{-l}}|k_l\rangle_l$$

$$= \frac{1}{2^{n/2}} \bigotimes_{l=1}^{n}\left[\sum_{k_l=0}^{1} \mathrm{e}^{2\pi\mathrm{i}jk_l 2^{-l}}|k_l\rangle_l\right] = \frac{1}{2^{n/2}} \bigotimes_{l=1}^{n}\left[|0\rangle_l + \mathrm{e}^{2\pi\mathrm{i}j2^{-l}}|1\rangle_l\right]$$

$$= \frac{1}{2^{n/2}}\left(|0\rangle + \mathrm{e}^{2\pi\mathrm{i}0.j_n}|1\rangle\right)\left(|0\rangle + \mathrm{e}^{2\pi\mathrm{i}0.j_{n-1}j_n}|1\rangle\right)\cdots\left(|0\rangle + \mathrm{e}^{2\pi\mathrm{i}0.j_1 j_2\cdots j_n}|1\rangle\right) \tag{4.26}$$

该式表示为各量子位分离乘积的形式, 而非纠缠态. 按式 (4.26)可以构建能够实施量子傅里叶变换的量子线路. 图 4.2 中给出了一个这样的量子线路, 其中代表算符

$$\hat{R}_k \equiv \begin{bmatrix} 1 & 0 \\ 0 & \mathrm{e}^{2\pi\mathrm{i}/2^k} \end{bmatrix} \tag{4.27}$$

考虑将该线路作用于计算基矢态 $|j_1\cdots j_n\rangle$(对于一个一般的态 $|\psi\rangle = c_j|j\rangle$, 只要记住傅里叶变换的线性性质就够了). 第一个 Hadamard 门作用于第 1 个量子比特之上, 产生下面的态

$$\frac{1}{\sqrt{2}}\left(|0\rangle + \mathrm{e}^{2\pi\mathrm{i}0.j_1}|1\rangle\right)|j_2\cdots j_n\rangle \tag{4.28}$$

其中,利用了 $j_1 = 1$, $e^{2\pi i 0.j_1} = -1$, 否则 $e^{2\pi i 0.j_1} = 1$. 之后受控 R_2 相位转动作用下产生

$$\frac{1}{\sqrt{2}} \left(|0\rangle + e^{2\pi i 0.j_1 j_2} |1\rangle \right) |j_2 \cdots j_n\rangle \tag{4.29}$$

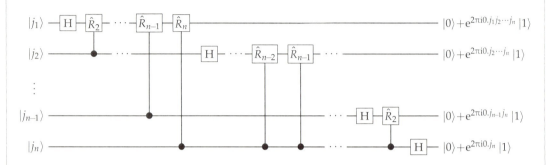

图4.2 实施量子傅里叶变换的线路图(其中线路输出的每一项略去了归一化因子 $1/\sqrt{2}$)

依次用受控 $R_3, R_4, \cdots, \hat{R}_n$ 作用,在相应的控制量子比特值为 1 的情况下,它们分别添加相位 $(\pi/2)^2$ 直至 $(\pi/2)^{n-1}$, 通过这 $n-1$ 个双量子比特门之后, 我们得到态

$$\frac{1}{\sqrt{2}} \left(|0\rangle + e^{2\pi i 0.j_1 j_2 \cdots j_n} |1\rangle \right) |j_2 \cdots j_n\rangle \tag{4.30}$$

接下来对第 2 个量子位进行类似的操作, 在 Hadamard 门作用下得到

$$\frac{1}{2^{2/2}} \left(|0\rangle + e^{2\pi i 0.j_1 j_2 \cdots j_n} |1\rangle \right) \left(|0\rangle + e^{2\pi i 0.j_2} |1\rangle \right) |j_3 \cdots j_n\rangle \tag{4.31}$$

之后是受控相位转动 $\hat{R}_2, \hat{R}_3, \hat{R}_4, \cdots, \hat{R}_n$ 依次作用给出

$$\frac{1}{2^{2/2}} \left(|0\rangle + e^{2\pi i 0.j_1 j_2 \cdots j_n} |1\rangle \right) \left(|0\rangle + e^{2\pi i 0.j_2 j_3 \cdots j_n} |1\rangle \right) |j_3 \cdots j_n\rangle \tag{4.32}$$

对于图 4.2 中其余的量子比特,重复类似的步骤之后,输出为

$$\frac{1}{2^{n/2}} \left(|0\rangle + e^{2\pi i 0.j_1 j_2 \cdots j_n} |1\rangle \right) \left(|0\rangle + e^{2\pi i 0.j_2 j_3 \cdots j_n} |1\rangle \right) \cdots \left(|0\rangle + e^{2\pi i 0.j_n} |1\rangle \right) \tag{4.33}$$

除了量子比特的顺序被颠倒之外,该态与乘积式 (4.26) 完全相同. 利用 $O(n)$ 个交换门可以得到正确的顺序. 图 4.2 中的量子线路说明,在 n 个量子比特的量子寄存器上,利用 n 个 Hadamard 门和 $n(n-1)/2$ 个受控相移门,可以有效地对一个有 $N = 2^n$ 个分量的复矢量实施离散傅里叶变换. 因此, 计算一次量子傅里叶变换需要 $O(n^2)$ 个基本量子逻辑门,而最有效的经典算法, 即快速傅里叶变换, 需要 $O(2^n n)$ 个基本逻辑门操作来进行一次离散傅里叶变换.

4.4.3 量子相位估算

量子离散傅里叶变换的一个重要应用是量子相位估算, 后者是许多量子算法的关键. 假设一个幺正算符 $\hat{U}$ 的一个本征态为 $|u\rangle$, 相应本征值为 $e^{2\pi i \varphi}$, 其中 φ 待定, 我们希望对它给出估算. 为此假设有一个黑盒子可以制备态 $|u\rangle$, 并且可以实施受控 $\hat{U}^{2^j}$ 操作, 其中, j 为非负整数.

量子相位估算需要用到两个寄存器. 第一个寄存器包含 t 个初始均处在 $|0\rangle$ 的量子位, 正整数 t 的值依赖于估算 φ 的精度对应的位数以及希望以多大的概率对相位估算成功; 第二个寄存器初态是 $|u\rangle$, 包含能够存储在 $|u\rangle$ 的尽可能多的量子位. 受控逻辑门 $C\text{-}\hat{U}^{2^j}$ 操作对态 $\frac{1}{\sqrt{2}}(|0\rangle+|1\rangle)|u\rangle$ 的作用为

$$C\text{-}\hat{U}^{2^j}\left[\frac{1}{\sqrt{2}}(|0\rangle+|1\rangle)|u\rangle\right] = \frac{1}{\sqrt{2}}\left(|0\rangle|u\rangle+|1\rangle U^{2^j}|u\rangle\right)$$
$$= \frac{1}{\sqrt{2}}\left(|0\rangle|u\rangle+|1\rangle e^{i2^j\phi}|u\rangle\right)$$
$$= \frac{1}{\sqrt{2}}\left(|0\rangle+e^{i2^j\phi}|1\rangle\right)|u\rangle \tag{4.34}$$

利用这一结果, 容易验证, 线路图 4.3 的输出是

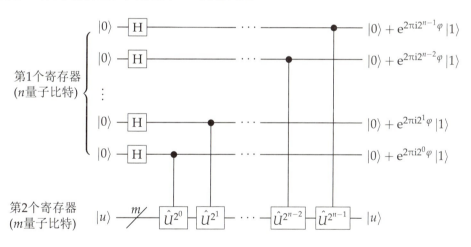

图4.3 量子相位估算中获得态(其中第2个寄存器m量子比特线路用斜杠的线示意)

$$\frac{1}{2^{n/2}}\left(|0\rangle + \mathrm{e}^{2\pi\mathrm{i}2^{n-1}\varphi}|1\rangle\right)\left(|0\rangle + \mathrm{e}^{2\pi\mathrm{i}2^{t-2}\varphi}|1\rangle\right)\cdots\left(|0\rangle + \mathrm{e}^{2\pi\mathrm{i}2^{0}\varphi}|1\rangle\right) = \frac{1}{2^{n/2}}\sum_{k=0}^{2^{n}-1}\mathrm{e}^{2\pi\mathrm{i}\varphi k}|k\rangle \tag{4.35}$$

与 Deutsch 算法和 Grover 算法的情况类似,这里关键之处在于将储存 $|u\rangle$ 的量子寄存器制备在算符 $\hat{U},\hat{U}^{2},\cdots,\hat{U}^{2^{n-1}}$ 的本征态上. 其结果是,该寄存器的态永远不变,而在控制寄存器中,相位因子 $\mathrm{e}^{\mathrm{i}\varphi}$, $\mathrm{e}^{2\mathrm{i}\varphi}$, $\mathrm{e}^{4\mathrm{i}\varphi}$, $\cdots$ 向后传播.

从现在起,我们只考虑控制寄存器,并且证明其量子傅里叶变换能以很高的概率对 φ 给出最佳 n 量子比特估计. 为方便起见,我们将 φ 写成

$$\varphi = 2\pi\left(\frac{a}{2^{n}} + \delta\right) \tag{4.36}$$

其中,$a = a_{n-1}a_{n-2}\cdots a_{1}a_{0}$(二进制表示),且 $\frac{2\pi a}{2^{n}}$ 是 φ 的最佳 n 比特近似,因此 $0 \leqslant |\delta| \leqslant 1/2^{n+1}$. 可以验证,对于第一个寄存器的反量子傅里叶变换,

$$F^{-1}(|j\rangle) = \frac{1}{\sqrt{2^{n}}}\sum_{k=0}^{2^{n}-1}\mathrm{e}^{-2\pi\mathrm{i}\frac{jk}{2^{n}}}|k\rangle \tag{4.37}$$

如果作用到态 (4.35) 上,则给出

$$\frac{1}{2^{n}}\sum_{x=0}^{2^{n}-1}\sum_{y=0}^{2^{n}-1}\mathrm{e}^{2\pi\mathrm{i}(a-x)y/2^{n}}\mathrm{e}^{2\pi\mathrm{i}\delta y}|x\rangle \tag{4.38}$$

现在对第一个寄存器 ($|x\rangle$) 进行标准测量. 如果 $\delta = 0$,那么波矢 (4.38) 变成 $|a\rangle$. 在这种情况下,对于第 1 个寄存器的标准测量肯定会给出结果 a,从而相位 φ 可被精确确定. 在一般情况下,$\delta \neq 0$,对 φ 的最佳 n 比特估计为 a,可以通过对第 1 个寄存器的标准测量而得到,其概率为 $p_{a} = |c_{a}|^{2}$. 其中,c_{a} 表示波矢 (4.38) 在态 $|a\rangle$ 上的投影,由式 (4.38) 给出

$$c_{a} = \frac{1}{2^{n}}\sum_{y=0}^{2^{n}-1}\left(\mathrm{e}^{2\pi\mathrm{i}\delta}\right)^{y} = \frac{1}{2^{n}}\sum_{y=0}^{2^{n}-1}\alpha^{y} = \frac{1}{2^{n}}\left(\frac{1-\alpha^{2^{n}}}{1-\alpha}\right), \quad \alpha \equiv \mathrm{e}^{2\pi\mathrm{i}\delta} \tag{4.39}$$

因为对于任何 $z \in [0, 1/2]$,有 $2z \leqslant \sin(\pi z) \leqslant \pi z$,我们得到

$$|1 - \mathrm{e}^{2\pi\mathrm{i}\delta 2^{n}}| = 2|\sin(\pi\delta 2^{n})| \geqslant 4|\delta|2^{n}$$

$$|1 - \mathrm{e}^{2\pi\mathrm{i}\delta}| = 2|\sin(\pi\delta)| \leqslant 2\pi|\delta|$$

把这两个不等式代入式 (4.38),得

$$|c_{a}|^{2} \geqslant \frac{4}{\pi^{2}} \approx 0.405 \tag{4.40}$$

要指出的是, 只要量子比特数 n 足够大, 我们就可以以任意接近于 1 的概率获得相位 φ 的最佳 l 比特近似. 更准确地说, 如果图 4.3 线路中的第 1 个寄存器包含 $n = l + O(\log(1/\epsilon))$ 个量子比特, 那么获得相位 φ 的最佳 l 比特近似的概率大于 $1 - \epsilon$. 因此, 增加数目 n, 不仅可以提高相位估计的准确率, 而且也会增加算法的成功率.

量子相位估计算法利用了量子傅里叶逆变换, 将态 (4.35) 变换到态 (4.38). 如上所述, 如果测量后一个态, 就会以很高的概率得到对相位 φ 的很好估计. 我们要强调, 只要幺正算符 $\hat{U}$ 可以在量子计算机上被有效地分解成基本逻辑门 (即计算 $\hat{U}|u\rangle$ 所需的量子基本逻辑门的数目是储存 $|u\rangle$ 所必需的量子比特数 m 的多项式), 与任何已知的解决相位估计问题的经典算法相比, 这一算法在效率上的提高是指数级的.

4.4.4 本征值与本征函数求解

我们再来讨论计算已知幺正算符 $\hat{U}$ 的本征值和本征矢量的量子算法, 考虑系统哈密顿量 H 不显含时间, 系统演化满足薛定谔方程

$$i\hbar \frac{\partial \psi(x,t)}{\partial t} = H\psi(x,t) \tag{4.41}$$

相应演化算子

$$\hat{U}(t) = e^{-itH/\hbar}$$

H 的本征值为 E_α 的本征矢 $\varphi_\alpha(x)$ (即 $H\varphi_\alpha(x) = E_\alpha \varphi_\alpha(x)$), 也是 $\hat{U}(t)$ 的本征矢, 相应的本征值为 $e^{-iE_\alpha t/\hbar}$.

经典计算机可以利用以下方法来计算哈密顿量 H 的本征值和本征矢. 考虑如下初态:

$$\psi_0(x) \equiv \psi(x, t=0) \tag{4.42}$$

的演化, 可以得到 $\psi(x,t) = U(t)\psi_0(x)$, 如果将 $\psi_0(x)$ 按 H 的本征态展开

$$\psi_0(x) = \sum_\alpha a_\alpha \varphi_\alpha(x) \tag{4.43}$$

可以得到

$$\psi(x,t) = \sum_\alpha a_\alpha e^{-i\omega_\alpha t} \phi_\alpha(x), \quad \omega_\alpha \equiv \frac{E_\alpha}{\hbar} \tag{4.44}$$

然后, 我们计算某 $x = x_0$ 处对时间 t 的傅里叶变换

$$\tilde{\psi}(x_0, \omega) = F[\psi(x_0, t)] \tag{4.45}$$

从式 (4.44)可以看出,傅里叶变换 $\tilde{\psi}$ 在运动频率 ω_α 处给出突峰. 如果所计算的演化时间 t 远大于所感兴趣的频率的倒数,那么,所对应的峰值就可以明确地分辨出来. 由式 (4.44)得

$$\frac{\tilde{\psi}(x_1,\omega_\alpha)}{\tilde{\psi}(x_2,\omega_\alpha)} = \frac{\phi_\alpha(x_1)}{\phi_\alpha(x_2)} \tag{4.46}$$

如果对于不同的 x_0 值重复进行傅里叶变换 $\tilde{\psi}$,则会发现,对应于同一频率 ω_α,不同的 x_0 给出不同高度的尖峰. 从这些尖峰的相对幅度就可以获得本征函数 $\varphi_\alpha(x)$.

现在,我们在量子计算机上重复同样的过程. 假设我们只对某个区间 $x \in [-L, L]$ 感兴趣,并在该区间中取 $2n$ 个格点,两个格点的间距为 $\Delta x = 2L/(2n-1)$,然后将波函数按如下方式在该区间编码:

$$|\psi\rangle = \sum_{i=0}^{2^n-1} \psi(i)|i\rangle \tag{4.47}$$

其中,$\psi(i) = \psi(-L + i\Delta x)$. 注意只需要 n 个量子比特,即可储存波函数式 (4.47)的 $2n$ 个复系数,因此,量子计算机在内存上有指数式的优势. 在 Δt 时间内的演化由下面幺正算符给出

$$\hat{U}(\Delta t) = \mathrm{e}^{-\mathrm{i}\Delta t H/\hbar}$$

对于很大一类在物理上重要的哈密顿量而言,该演化可以在量子计算机上有效地模拟. 我们在讨论相位估计问题时所介绍的图 4.3,也适合于计算算符 U 的本征值和本征矢,其中,第 2 个具有 n 个量子比特的 (目标) 寄存器,用来储存被制备为 $|\psi_0\rangle = \sum_i \psi_0(i)|i\rangle$ 的初态. 对于一些特殊情况,该制备可以有效地完成,如局域于一点的波函数,即 $|\psi_0\rangle = |\bar{i}\rangle$. 我们注意到,选择该 $|\psi_0\rangle$,就足以找到那些在该 $|\psi_0\rangle$ 上有非零投影,即有非零分量 $\varphi_\alpha(\bar{i})$ 的本征态 $|\phi_\alpha\rangle = \sum_i \phi_\alpha(i)|i\rangle$(包括相应的本征值). 具有 1 个量子比特的控制寄存器,被制备于等权叠加态 $\sum_j |j\rangle/\sqrt{2^l}$,并且必需能够同时存储不同时刻 $0, \Delta t, 2\Delta t, 3\Delta t, \cdots, 2^{l-1}\Delta t$ 的波函数. 在受控 $-\hat{U}^{2^0}$,受控 $-U^{2^1}$,$\cdots$,受控 $-\hat{U}^{2^{l-1}}$(见图 4.3) 等逻辑门作用之后,量子计算机的态是

$$|\Psi\rangle = \frac{1}{\sqrt{2^l}} \sum_{j=0}^{2^l-1} |j\rangle \hat{U}^j |\psi_0\rangle \tag{4.48}$$

其中,我们用到

$$|\psi(j\Delta t)\rangle = \hat{U}^j |\psi_0\rangle \tag{4.49}$$

利用展开式 (4.43),我们可以将 $|\Psi\rangle$ 写成

$$|\Psi\rangle = \frac{1}{\sqrt{2^l}} \sum_j |j\rangle \sum_{\alpha=0}^{2^n-1} a_\alpha \mathrm{e}^{-\mathrm{i}\omega_\alpha j \Delta t} |\phi_\alpha\rangle \tag{4.50}$$

可以证明, 态 $|\Psi\rangle$ 的相对于寄存器 $|j\rangle$ 的傅里叶变换, 在频率 ω_α 处出现峰值. 如果让计算机运算足够多次数, 并且随后对寄存器 $|j\rangle$ 做标准测量, 则可以得到哈密顿量的频谱. 可以验证, 每次进行这种测量之后, 另一个量子寄存器坍缩到一个本征态 $|\varphi_\alpha\rangle$ 上. 原则上, 可以通过对该寄存器的标准测量来重构本征态. 上述方法的局限性在于, 计算机的每次运算以概率 $|a_\alpha|^2$ 挑出不同的本征值 ω_α. 如果能以多项式的运算次数得到所要的本征值和本征矢量, 则相对于上面提到的经典算法, 这里的量子方案有指数级的优势. 例如, 如果初态 $|\psi_0\rangle$ 在所要的本征态上的投影不以指数级减小 (典型的复杂系统基态即为这种情况), 则量子计算的优势为指数级的.

4.4.5 量子 Shor 算法

找两个质数的乘积是一个很容易进行的运算. 可是如果反过来, 把一个乘积分解成两个质数的乘积, 则相对于前者是一个麻烦得多的问题. 一般情况下, 对于一个大数 N, 我们要将其分解, 约需要计算 $\sqrt{N} = 2^{\frac{1}{2}\log_2 N}$ 步, 计算的步数与大数的位数成指数增长关系. 一个 600 位的大数, 使用目前最快的计算机, 也要用比整个宇宙的年龄还要长的时间才能分解出. 目前广泛使用的 RSA 密钥系统的基础即是假定不存在快的大数分解算法. 而在量子计算机上利用 Shor 大数质因子分解算法, 可以在多项式时间解决这一问题, 从而实现计算的指数加速. 量子 Shor 算法步骤概述如下:

(1) 随机取 $y(y < N$ 并与 N 互质). 用 Shor 算法求出下面函数 $F_N(a)$ 的周期 r:

$$F_N(a) = y^a \bmod N, \quad 即 \quad y^r = 1 \bmod N \tag{4.51}$$

这里指出, 由数论中的欧拉定理, 只要 y 与 N 互质, 相应的周期 r 一定存在 (它正是欧拉的 $\varphi(N)$ 函数). 这可以通过任取一个不大的 (与 N 互质) 正整数, 直接计算它的各次幂来检验.

(2) 若 r 为奇数, 返回 (1) 重新取 y; 若 r 为偶数, 取 $\dfrac{r}{2}$, 得 $x = y^{\frac{r}{2}}$.

(3) 根据解同余式方程组的孙子定理, 解出满足下面方程组的 x 值:

$$x^2 = 1 \bmod N$$

也即

$$(x-1)(x+1) = 0 \bmod n_1 n_2$$

或为

$$\begin{cases} x_1 = 1 \bmod n_1 \\ x_1 = -1 \bmod n_2 \end{cases}, \quad \begin{cases} x_2 = -1 \bmod n_1 \\ x_2 = 1 \bmod n_2 \end{cases} \tag{4.52}$$

注意: n_1, n_2 互质, 它们的最大公约数 (the greatest common divisor, gcd) 等于 1;

(4) 求得 $x-1$ 和 $x+1$ 后, 用辗转相除的欧几里得算法, 求 n_1, n_2:

$$n_1 = \gcd(x-1, N), \quad n_2 = \gcd(x+1, N) \tag{4.53}$$

即得 $N = n_1 \cdot n_2$.

上面步骤中最关键的是第一步, 即求周期 r. Shor 算法中关于它的基本内容可归结为:

(1) 将 "$y^{a+r} \bmod N = y^a \bmod N$ 周期 r" 问题等价转化为 "$y^r = 1 \bmod N$" 问题.

(2) 对第 1 个存储器中所有 a 值做 y^a 次幂 $(\bmod N)$ 的并行计算, 利用量子纠缠性质, 将计算结果对应存入第二个存储器. 即

$$\frac{1}{\sqrt{q}} \sum_{a=0}^{q-1} |a\rangle\!\rangle |0\rangle\!\rangle \xrightarrow{\substack{\text{计算 } y^a \bmod N \\ \text{存入第二个存储器}}} \frac{1}{\sqrt{q}} \sum_{a=0}^{q-1} |a\rangle\!\rangle |y^a \bmod N\rangle\!\rangle \tag{4.54}$$

(3) 对第二个存储器进行测量, 如果它坍缩到 z 值, 则

$$z = y^l \bmod N \tag{4.55}$$

注意: 对同一个 z 值, 相应的 l 值可能有多解. 这是因为对任一正整数 j, 有

$$y^{jr+l} \bmod N = y^l \bmod N \tag{4.56}$$

具体地说, 对同一个 z 值, 将有以下不同的 a 值:

$$a = l, l+r, l+2r, \cdots, l+Ar$$

其中, $[A] < \dfrac{q-l}{r}$. 于是, 第一个存储器的态将坍缩成一个如下的叠加态:

$$|\varphi_l\rangle = \frac{1}{\sqrt{A+1}} \sum_{j=0}^{A} |jr+l\rangle\!\rangle \tag{4.57}$$

注意: l 是一个依赖于坍缩 z 值的固定参数, 这个态是以 r 为等间隔的一组态 (起自 l) 的叠加. 由于 A 值非常大, 虽然在叠加的两端不能循环, 这个态仍然有很好的周期性 (近似的周期是 r).

(4) 对第一个存储器的这个叠加态作 DFT_q. 目的是对具有近似周期性质的态做傅里叶变换, 使变换后叠加态的振幅相对集中起来 (好做下一步测量). 这时,

$$\begin{cases} \mathrm{DFT}_q |\varphi_l\rangle\!\rangle = \sum_{c=0}^{q-1} \tilde{f}(c) |c\rangle\!\rangle \\ \tilde{f}(c) = \frac{\sqrt{r}}{q} \left[\sum_{j=0}^{q/r-1} \exp[2\pi\mathrm{i}(jr+l)c/q] \right] \end{cases} \quad (4.58)$$

(5) 对第一个存储器做测量. 它以 $\mathrm{Prob}(c) = \left|\tilde{f}(c)\right|^2$ 的概率坍缩到 $|c\rangle\!\rangle$ 态. 注意: $\tilde{f}(c)$ 中的方括号是大量相因子之和, 如果指数上的 rc 不是 q 的整数倍, 这些大量的相因子将展布在整个单位圆上, 它们之和因相互抵消而接近于零. 于是在 DFT_q 之后的测量中, 可以合理地期望, 坍缩后的 c 值几乎总是在乘积 rc 是 q 的整数倍 ($rc \bmod q$ 为零) 的附近, 即

$$-\frac{r}{2} \leqslant rc \bmod q \leqslant \frac{r}{2} \quad (4.59)$$

这也就是说, 存在一个 $c'(0 \leqslant c' \leqslant r-1)$, 使得下式成立:

$$|rc - c'q| \leqslant \frac{r}{2} \to \left| \frac{c}{q} - \frac{c'}{r} \right| \leqslant \frac{1}{2q} \quad (4.60)$$

这里, $c, q(q \geqslant N^2)$ 是已知的, r, c' 是未知的. 按照连分数的一个定理, 可以将 c'/r 表示为 c/q 的连分数. 于是若 c' 和 r 互质, 即 $\gcd(c', r) = 1$, 由值 c'/r 即可直接获得 r 值. 如不互质, 由此得出的 r 值通过检验 (注意这很容易) 即知是错的. 返回去重新计算.

可以证明, 上述算法是有效算法. 具体地说, 考虑到 Shor 算法各步骤的成功概率对任意给定的一个小正数 ε, 总存在 (依赖 ε 的) 关于输入长度 $\log_2 N$ 的一个多项式 $\mathrm{Poly}(\log_2 N)$, 使得运行 Shor 算法这么多步之后, 成功地给出 N 的因子 n_1 和 n_2 的概率大于 $1 - \varepsilon$.[①]

4.4.6 量子 Grover 算法

遍历搜寻问题的任务是从一个无序的海量元素集合中找到满足某种要求的元素. 要验证某个给定元素是否满足要求很容易, 但反过来查找合乎要求的元素则很费事, 因为这些元素可能并没有按要求进行有序的排列, 并且它们的数量又很大. 在经典算法中, 只能按逐个元素试下去, 这也正是"遍历"搜寻这一名称的由来. 此问题用 Grover 算法解

---

① Shor 算法的实验验证可参见: Politi A, Matthews, J C F, O'Brien J L. Shor's quantum factoring algorithm on a photonic chip[J]. Science, 2009, 352: 1221.

决已经不再需要"遍历"了,但人们仍然沿袭着历史上的称呼. 显然在经典算法中,运算步骤 n 与被搜寻集合元素数目 N 成正比. 若该集合中只有一个元素符合要求,为使搜寻成功率趋于 100%, 一般说来,步骤数 n 要接近于 N. 而在 Grover 算法中,使搜寻成功的运算步骤 n 只与 $\sqrt{N}$ 成正比. 由此看来,与经典算法相比, Grover 算法的高效率是一目了然的;而且 N 越大越能显示出 Grover 算法的优越性.

设被查找的集合为 $\{|i\rangle\} = \{|0\rangle, |1\rangle, \cdots |N-1\rangle\}$, 从这类问题的实际意义出发, 一般 $N \gg 1$. 假设全体符合所设条件的元素组成集合 Z. 不妨先考虑此集合 Z 中元素是唯一的情况,设此元素为 $|x\rangle$. 在开始查找之前要对系统进行初始化,使之处于 $|\varphi_0\rangle = \frac{1}{\sqrt{N}} \sum_{i=0}^{N-1} |i\rangle$ 态上. 定义算符 $\hat{C}$ 和 $\hat{D}$:

$$\hat{C}|i\rangle = \begin{cases} |i\rangle, & |i\rangle \neq |x\rangle \\ -|i\rangle, & |i\rangle = |x\rangle \end{cases} \tag{4.61}$$

$\hat{C}$ 的作用是把符合条件态的系数变号,而

$$\hat{D} \equiv 2\hat{P} - \hat{I} = \frac{2}{N} \begin{pmatrix} 1 & 1 & \cdots & 1 \\ 1 & 1 & \cdots & 1 \\ 1 & 1 & \cdots & 1 \\ 1 & 1 & \cdots & 1 \end{pmatrix} - \begin{pmatrix} 1 & & & \\ & 1 & & \\ & & \ddots & \\ & & & 1 \end{pmatrix}$$

其中, $\hat{P}$ 是一个对展开式中所有本征态系数进行平均的算符, $\hat{I}$ 是单位算符. 现把算符 $\hat{D}\hat{C}$ 反复作用在 $|\varphi_0\rangle$ 上,并称一次作用为一次"迭代". 为了研究 n 次迭代 $|\varphi_n\rangle \equiv \left(\hat{D}\hat{C}\right)^n |\varphi_0\rangle$ 的表示式, 先把 $|\varphi_0\rangle$ 写为 $\frac{1}{\sqrt{N}}|x\rangle + \frac{1}{\sqrt{N}} \sum_{i=0; i \neq x}^{N-1} |i\rangle$, 并分别记这两部分为 $|\alpha\rangle$ 和 $|\beta\rangle$. 现将 $\hat{D}, \hat{C}$ 分别作用在 $|\alpha\rangle$ 和 $|\beta\rangle$ 上, 经计算可得

$$\begin{cases} \hat{D}\hat{C}|\alpha\rangle = \left(1 - \frac{2}{N}\right)|\alpha\rangle - \frac{2}{N}|\beta\rangle \\ \hat{D}\hat{C}|\beta\rangle = \left(2 - \frac{2}{N}\right)|\alpha\rangle + \left(1 - \frac{2}{N}\right)|\beta\rangle \end{cases} \tag{4.62}$$

这表明 $|\varphi_n\rangle$ 总是 $|\alpha\rangle$ 和 $|\beta\rangle$ 的线性组合, 设为 $|\varphi_n\rangle = a_n |\alpha\rangle + b_n |\beta\rangle$. 将式 (4.62) 代入, 可得 a_n, b_n 的递推关系及初值条件 ($\varepsilon = 2/N$):

$$\begin{pmatrix} a_n \\ b_n \end{pmatrix} = \begin{pmatrix} 1-\varepsilon & 2-\varepsilon \\ -\varepsilon & 1-\varepsilon \end{pmatrix} \begin{pmatrix} a_{n-1} \\ b_{n-1} \end{pmatrix}, \quad 且 \quad \begin{cases} a_0 = 1 \\ b_0 = 1 \end{cases} \tag{4.63}$$

由计算可知, 考虑 $N \gg 1$ 的近似条件, 经过 n 次迭代, 有

$$\begin{cases} a_n \approx \sqrt{N} \sin \dfrac{2n}{\sqrt{N}} \\ b_n \approx \cos \dfrac{2n}{\sqrt{N}} \end{cases} \tag{4.64}$$

因而

$$|\varphi_n\rangle \approx \sin \frac{2n}{\sqrt{N}} |x\rangle + \frac{\cos \dfrac{2n}{\sqrt{N}}}{\sqrt{N}} \sum_{i=0, i \neq x}^{N-1} |i\rangle \tag{4.65}$$

若此时对 $|\varphi_n\rangle$ 进行测量, 则按量子力学的测量公设, 它坍缩为 $|x\rangle$ 态的概率为

$$P|n\rangle = \left| \sin\left(\frac{2n}{\sqrt{N}}\right) \right|^2 \tag{4.66}$$

理想的迭代数次数应能使 $P(n)$ 尽量接近 1. $P(n)$ 是 n 的周期函数; 但我们显然应取满足条件的最小正整数 n 值. 故取 $n_0 = \left[\dfrac{\pi}{4}\sqrt{N}\right]$, 其中符号 [ ] 代表用四舍五入法取整数. n 为整数, 这一限制使得 $P(n_0)$ 并非 100%, 但由于 $\dfrac{2n_0}{\sqrt{N}} \in \left[\dfrac{\pi}{2} - \dfrac{1}{\sqrt{N}}, \dfrac{\pi}{2} + \dfrac{1}{\sqrt{N}}\right]$, 搜寻失败的概率

$$1 - P(n_0) \leqslant \cos^2\left(\frac{\pi}{2} - \frac{1}{\sqrt{N}}\right) = O(1/N) \tag{4.67}$$

在 $N \gg 1$ 时, 失败的概率可忽略不计. 这样, Grover 算法的每次迭代中用 $\hat{C}$ 算符将符合条件的态 $|x\rangle$ 系数反向, 而且在逐次反向过程中, $|x\rangle$ 在 $|\varphi_n\rangle$ 中所占比例越来越大, 终于 (经量子测量的波包坍缩) "脱颖而出". 人们把这种算法形象地称为 "量子抽签"——"Grover 量子摇晃"(Grover's quantum shake).

为方便起见, 通常取 $N = 2^l$ (l 为正整数). 这样, 就可以用 l 个量子位按照二进制编码的规则来表示 $|i\rangle\!\rangle$. 按第 3 章叙述, 将 l 个量子位的存储器转入运算初态 $|\varphi_0\rangle$,

$$|\varphi_0\rangle = \frac{1}{\sqrt{2}}(|0\rangle + |1\rangle) \otimes \frac{1}{\sqrt{2}}(|0\rangle + |1\rangle) \otimes \cdots \otimes \frac{1}{\sqrt{2}}(|0\rangle + |1\rangle)$$

$$= \frac{1}{\sqrt{2^l}}(|00\cdots 0\rangle + |00\cdots 1\rangle + \cdots |11\cdots 1\rangle) = \frac{1}{\sqrt{N}}\sum_{i=0}^{N-1}|i\rangle\!\rangle$$

定义 $\hat{C}_x$ 为

$$\hat{C}_x|i\rangle\!\rangle = \begin{cases} |i\rangle\!\rangle, & i \notin X \\ -|i\rangle\!\rangle, & i \in X \end{cases} ; \quad \text{其中} \hat{C}_0|i\rangle\!\rangle = \begin{cases} |i\rangle\!\rangle, & i \neq 0 \\ -|i\rangle\!\rangle, & i = 0 \end{cases}$$

引入 Walsh-Hadamard 变换 $\hat{T}$,

$$\hat{T}|i\rangle = \frac{1}{\sqrt{N}} \sum_{j=0}^{N-1} (-1)^{i \cdot j} |j\rangle \tag{4.68}$$

其中, $i \cdot j$ 表示 i 与 j 二进制表示的按位点乘, 即如果 $i = (C_{i,l-1}C_{i,l-2}\cdots C_{i,0}), j = (C_{j,l-1}C_{j,l-2}\cdots C_{j,0})$ (各位的 C 值只能取 0 或 1), 则 $i \cdot j \equiv \sum_{k=0}^{l-1} C_{ik}C_{jk}$. 易证 Grover 算法中的迭代可用乘积算符 $\hat{G} \equiv -\hat{T}\hat{C}_0\hat{T}\hat{C}_x$ 来实现. Grover 量子摇晃的确是解决遍历搜寻问题的一种有力工具. 它将搜寻次数与搜寻长度的依赖关系由 $N \to \sqrt{N}$, 可以成平方根地加速无序数据库的搜索. 当 N 较大时, 它的优越性体现得尤其明显. 例如, Grover 算法破解通用的 56 位加密标准 (DES), 只需 $\propto 2^{28} \approx 2.68 \times 10^8$ 步, 而经典算法则约需 $2^{55} \approx 3.6 \times 10^{16}$ 步. 若每秒计算十亿次, 经典计算需 11 年, 而 Grover 算法只需 3 秒.

Grover 算法是最能体现量子并行性的算法, 这种算法以它在遍历搜寻问题上的应用而著名, 但这并不表示它不能用来处理其他问题. 事实上, Grover 算法在解决经典算法难题方面的应用要比 Shor 算法广泛, 从原则上讲, 可用它来解决任何类似于 "求解困难而验证容易" 的 NP 问题.

另外, 可以证明, 这里的 Grover 量子摇晃算法是搜寻算法中最快的算法, 它比任何可能的量子搜寻算法都要好, 这里不再复述.

参考文献

[1] Galindo A, Mart'in-Delgado M A. Information and computation: classical and quantum aspects[J]. Rev. Mod. Phys., 2002, 74: 347-423.

[2] Keyl M. Fundamentals of quantum information theory[J]. Phys. Rep., 2002, 369: 431-548.

[3] Francoise J P, Naber G L, Tsun T S. Encyclopedia of mathematical physics[M]. Pittsburgh: Academic Press, 2006.

[4] 量子信息和量子技术白皮书 (合肥宣言, Hefei Declaration of Quantum Technology - White Paper from the ICEQT 2019)[R]. 新兴量子技术国际会议 (the International Conference on Emerging Quantum Technology, ICEQT2019), 合肥, 2019.

[5] 张永德. 量子信息物理原理 [M]. 北京: 科学出版社, 2006.

[6] Preskill J. Lecture notes for physics 229: Quantum information and computation[R]. California Institute of Technology, 1998.

[7] Nielsen M A, Chuang I L. Quantum computation and quantum information[M]. 10th ed. Cambridge: Cambridge University Press, 2011.

[8] Benenti G, Casati G, Strini G. 量子计算与量子信息原理 (第一卷): 基本概念 [M]. 王文阁, 李保文, 译. 北京: 科学出版社, 2011.

[9] Benenti G, Casati G, Strini G. Principles of quantum computation and information. Vol. 2: Basic tools and special topics[M]. Singapore: World Scientific Publishing Company, 2007.

[10] Bouwmeester D, Ekert A K, Zeilinger A. The physics of quantum information: quantum cryptography, quantum teleportation, quantum computation[M]. Berlin: Springer, 2000.

[11] Macchiavello C, Palma G M, Zeilinger A. Quantum computation and quantum information theory[M]. Singapore: World Scientific Publishing Company, 2001.

[12] Bertlmann R A, Zeilinge A. Quantum [Un]speakables: from bell to quantum information[M]. Berlin: Springer-Verlag, 2002.

[13] Desurvire E. Classical and quantum information theory: an introduction for the telecom scientist[M]. Cambridge: Cambridge University Press, 2009.

[14] Timpson C G. Quantum information theory and the foundations of quantum mechanics[M]. Oxford: University Press, 2013.

[15] Fayngold M, Fayngold V. Quantum mechanics and quantum information[M]. Weinheim: Wiley-VCH, 2013.

[16] Wilde M M. Quantum information theory[M]. 2nd ed. Cambridge: Cambridge University Press, 2017.

[17] Watrous J. The theory of quantum information[M]. Cambridge: Cambridge University Press, 2018.

[18] Georgescu I M, Ashhab S, Nori F. Quantum simulation[J]. Rev. Mod. Phys., 2014, 86: 153.

[19] Biamonte J, Wittek P, Pancotti N, et al. Quantum machine learning[J]. Nature, 2017, 549: 195-202.

[20] Cleve R, Ekert A, Macchiavello C, et al. Quantum algorithms revisited[J]. Proc. R. Soc. Lond., 1998, A454: 339.

[21] Lloyd S. Universal quantum simulators[J]. Science, 1996, 273: 1073.

[22] Abrams D S, Lloyd S. Quantum algorithm providing exponential speed increase for finding eigenvalues and eigenvectors[J]. Phys. Rev. Lett., 1999, 83: 5162.

第 5 章

线性模型和算法

大多数量子算法的目标是能够在随着量子系统大小迅速增长的希尔伯特空间中执行有效的计算. 这里"有效"意味着应用到系统的操作的数量随着系统大小呈多项式型增长. 而量子算法的实现过程则可以理解为把编码后的量子态遵循一定步骤演化至最终所需的量子态, 然后通过量子测量得出结果的过程. 并且, 这个结果应当与对应的经典算法 (如果存在的话) 得出的结果一致 (或更好). 人们已经发现量子算法相比于其对应经典算法具有更快的处理速度, 甚至可能实现指数加速. 对于大数据的情形, 这蕴含着人们可以在较短 (或极短) 的时间内完成量子算法的计算任务, 而对相应的经典算法来说则可能是难以完成甚至不能完成的任务. 事实上, 随着数据量的不断增长, 目前的经典机器学习系统正在迅速发展, 并接近经典计算模型的极限. 也正因为如此, 量子算法能作为一类学习算法应用到机器学习之中, 并被寄予厚望. 量子算法与机器学习之间的交叉和互动产生了一个新的研究领域——量子机器学习.

本章将从介绍量子机器学习中的基础模型——量子线性系统模型和算法开始, 主要介绍量子人工智能中的一个关键算法, 即解线性方程组的重要量子算法. 它由 Harrow,

Hassidim 和 Lloyd 在 2009 年率先提出,因此被称为 HHL 算法. 直观上, HHL 算法将一个矩阵的逆作用在一个矢量之上,且当矩阵是稀疏时效率更高. 因为 HHL 算法演示了数学问题如何使用量子计算,所以它对于诸如量子机器学习算法和解微分方程的高阶量子算法等量子应用都产生了重要影响. 这样的例子也包括本章也将介绍的量子线性回归、量子判别式分析以及量子支持向量机等. 还有本章没有包括的量子推荐系统、量子奇异值域和量子 Hopfield 神经网络等,它们都需要基于 HHL 算法的.

5.1 几个重要的量子机器学习步骤

如果我们想要利用量子计算机从经典数据中学习,即绪论中所介绍的 CQ 情形,那么我们首先必须思考如何使用量子系统编码数据,比如,设计一个程序能够从经典的存储器中把数据加载到量子计算机系统状态中. 在量子计算或量子机器学习中这样的过程可称为状态制备. 经典机器学习相关教材极少讨论数据表示和数据传输到处理硬件的问题 (在大数据应用中存储器的存取变得很重要的时候需要考虑该问题). 但对于量子计算, 这些问题不可忽略. 编码经典数据到量子系统实际上可以看作量子算法的一部分, 经典存储器和量子器件之间的接口属于量子机器学习技术实现的一个中心问题, 其中编码的效率、精度以及噪声对性能评价起着关键的作用. 故而在本节中, 作为本书的量子机器学习部分的开始, 我们首先简单介绍量子随机存储器, 然后介绍交换测试、干涉线路和密度矩阵指数化.

5.1.1 量子随机存取存储器与数据

经典计算机中的随机存取存储器能够实现对存储单元的寻址:实际上它就是一个存储阵列,阵列中的每个单元都有唯一的数字地址. 为了在量子系统中存取量子数据,需要有与经典随机存取存储器等价的量子随机存取存储器 (qRAM). 量子随机存取存储器是这样一种装置:它可以 (理论上) 将 N 个 d 维经典向量编码为 $\log(Nd)$ 量子位的量子状态的振幅 (所用时间 $O(\log(Nd))$),并且能够读取出来. 它是大型量子计算机的必要组件,也是许多量子机器学习算法需要使用的关键部分. qRAM 如同经典的 RAM 一样,包括存储器、输入寄存器和输出寄存器. 与经典 RAM 不同的是, qRAM 将使用量子位作为输入和输出寄存器. 而存储器或存储器阵列依据应用的方式或者是经典的, 或者是量子的. 正如我们已经见到的那样, 许多量子信息处理任务要真正超越经典方法的前提是在量子叠加状态下对经典数据进行编码的有效过程. qRAM 就是完成这一工作的器件, 如果我们有了高效的 qRAM, 那么实际上就有了可以实现量子算法的指数加速的重要组成部分.

qRAM 使用量子叠加来进行内存访问. 为了存取存储单元的叠加, 地址寄存器 a 必须包含地址的叠加, 形如 $\sum_j \psi_j |j\rangle_a$. qRAM 返回一个与地址寄存器相关的数据寄存器的叠加状态, 设 D_j 为第 j 个存储单元的内容, 则有如下可能的纠缠态:

$$\sum_{j=1} \psi_j |j\rangle_a \longrightarrow \sum_j \psi_j |j\rangle_a |D_j\rangle_d \tag{5.1}$$

作为理解 qRAM 的一种方式, 上述的过程可以简单地表示为如下的步骤:

- qRAM 初始被制备在 $\frac{1}{\sqrt{N}} \sum_{i=1}^{N} |i\rangle$;

- 查询 qRAM 可获得 $\frac{1}{\sqrt{N}} \sum_{i=1}^{N} |v_i\rangle$;

- 加辅助量子位并用控制转动, 可以得到

$$\frac{1}{\sqrt{N}} \sum_{i=1}^{N} |i\rangle \left(\sqrt{1-v_i^2}\, |0\rangle + v_i |1\rangle \right)$$

- 测量辅助的量子位, 并后选择测出的 1, 以得到的结果与 $\sum_{i=1}^{N} v_i |i\rangle |v_i\rangle$ 成比例;

- 最后, 再次调用 qRAM 以获得 $|v\rangle |0\rangle \propto \sum_{i=1}^{N} v_i |i\rangle |0\rangle$.

也就是量子存取存储器允许我们并行地存取量子数据 $|v\rangle = \sum_{i=1}^{N} v_i |i\rangle$, 它就是一个实矢量 v 编码为右矢的过程. 当然, 我们已经简单地认为矢量 v 是模为 1 的. 该方法也可以推广到一个复矢量, 因为我们总可以把复矢量的每个分量写为 $|v_i| e^{i\phi_i}$. 假设 N 维复矢量 v, 其分量表达式中的 $\{|v_i|, \phi_i\}$ 在量子随机存储器中以浮点数存储, 那么就可以按照上述步骤将它们编码到振幅中 (复矢量的算法处理复杂一些). 由此可见, 在这种情况下, 对应的量子态都只需要 $O(\log N)$ 步就可以构建.

5.1.2 交换测试与内积

交换测试使用辅助量子态来检验两个量子态之间的等效性，因此在量子计算和量子机器学习中它是一个基础的算法. 其量子线路由先后两个 Hadamard 门和中间一个 Fredkin 门构成. Fredkin 门有三个输入量子位, 也称为受控交换门. 为此, 让我们从介绍交换门 $\hat{S}$ 开始. 其作用是交换两个计算基矢的位置, 即 $\hat{S}|x,y\rangle \mapsto |y,x\rangle$. 人们可以用三个 CNOT 门的组合实现交换门 $\hat{S}$(图 5.1). 如同我们已经知道的那样, 分别以前和后一个量子位为控制位的 CNOT 门的运算为

$$\mathrm{CNOT}_1|x,y\rangle = |x, x\oplus y\rangle, \quad \mathrm{CNOT}_2|x,y\rangle = |x\oplus y, y\rangle \tag{5.2}$$

其中, $\oplus$ 表示模二加法, 也就是 XOR 运算. 容易验证

$$\mathrm{CNOT}_1\mathrm{CNOT}_2\mathrm{CNOT}_1|x,y\rangle = |y,x\rangle = \hat{S}|x,y\rangle \tag{5.3}$$

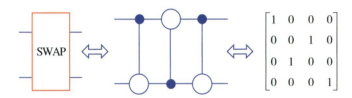

图5.1 交换门量子线路图
来源：Benenti et al.(2004).

这是因为整个过程可以写为

$$|x,y\rangle \mapsto |x, x\oplus y\rangle \mapsto |x\oplus(x\oplus y), x\oplus y\rangle = |y, x\oplus y\rangle \mapsto |y, (x\oplus y)\oplus y\rangle \mapsto |y,x\rangle$$

其量子线路图如图 5.2 所示.

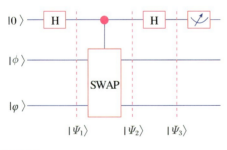

图5.2 交换测试量子线路图
来源：Benenti et al.(2001).

通过基于交换门, 我们可以得到 Fredkin 门 $\hat{F}$:

$$\hat{F} = |0\rangle\langle 0| \otimes \hat{I} + |1\rangle\langle 1| \otimes \hat{S} \tag{5.4}$$

那么, 对于输入态 $|0\rangle|\phi\rangle|\psi\rangle$, 由先后两个 Hadamard 门和中间一个 Fredkin 门组成的交换测试就会给出如下输出 $|\Psi\rangle$:

$$\begin{aligned}
|\Psi\rangle &= \left(\hat{H} \otimes \hat{I}\right) \hat{F} \left(\hat{H} \otimes \hat{I}\right) |0\rangle (|\phi\rangle|\psi\rangle) \\
&= \frac{1}{\sqrt{2}} \left(\hat{H} \otimes \hat{I}\right) \hat{F} (|0\rangle + |1\rangle)(|\phi\rangle|\psi\rangle) \\
&= \frac{1}{\sqrt{2}} \left(\hat{H} \otimes \hat{I}\right) [|0\rangle (|\phi\rangle|\psi\rangle) + |1\rangle (|\psi\rangle|\phi\rangle)] \\
&= \frac{1}{2} [(|0\rangle + |1\rangle)|\phi\rangle|\psi\rangle + (|0\rangle - |1\rangle)|\psi\rangle|\phi\rangle] \\
&= \frac{1}{2} |0\rangle (|\phi\rangle|\psi\rangle + |\psi\rangle|\phi\rangle) + \frac{1}{2} |0\rangle (|\phi\rangle|\psi\rangle - |\psi\rangle|\phi\rangle)
\end{aligned} \tag{5.5}$$

其中, 第一个量子位是辅助位, 其他两个量子位是两个任意的量子态. 对辅助位进行投影测量, 在 $|0\rangle$ 和 $|1\rangle$ 上得到的概率分别是

$$\begin{aligned}
\Pr(0) &= |\langle 0|\Psi\rangle|^2 = \frac{1}{2}\left(1 + |\langle\phi|\psi\rangle|^2\right) \\
\Pr(1) &= |\langle 0|\Psi\rangle|^2 = \frac{1}{2}\left(1 - |\langle\phi|\psi\rangle|^2\right)
\end{aligned} \tag{5.6}$$

其中, 已经认为 $|\phi\rangle$ 和 $|\psi\rangle$ 是归一的, 这意味着 $0 \leqslant |\langle\phi|\psi\rangle|^2 \leqslant 1$. 故而我们有 $1/2 \leqslant \Pr(0) \leqslant 1$, $0 \leqslant \Pr(1) \leqslant 1/2$. 由此得出, 量子位状态 $|\phi\rangle, |\psi\rangle$ 的内积模方为

$$|\langle\phi|\psi\rangle|^2 = 2\Pr(0) - 1 = 1 - 2\Pr(1) \tag{5.7}$$

该方法可以推广到多个量子位的情形. 在一些文献中, 还存在对于辅助位的一个 NOT 运算, 从而使得上述两个概率的结果互换. 更一般的情况下, 两个输入态可以是混态的, 分别用 ρ_a 和 ρ_b 表示, 那么可以使用同样的程序, 后选择测量的成功概率就是

$$\Pr(0) = \frac{1}{2}[1 + \operatorname{Tr}(\rho_a \rho_b)] \tag{5.8}$$

两个实矢量的量子振幅编码为: $\boldsymbol{u} \mapsto |u\rangle = \sum_i u_i |i\rangle$ 和 $\boldsymbol{v} \mapsto |v\rangle = \sum_i v_i |i\rangle$, 显然我们能得到对应量子态的内积, 也就是它们系数组成矢量的标积, 即

$$\boldsymbol{u}^{\mathrm{T}} \boldsymbol{v} = \langle u|v\rangle \tag{5.9}$$

5.1.3 干涉线路和内积

依据两个归一实矢量 u 与 v 之和 $u+v$ 自身标积等于 $2+2u^{\mathrm{T}}v$ 的事实, 我们可以引入所谓的 "干涉线路" 来得到两个量子态矢量内积. 这一方法显然比交换测试要简单一些. 不同于交换测试, 我们不是通过将两个由振幅编码得到的右矢直积起来, 而是通过辅助量子位将它们叠加起来, 即初始的态为 $(|0\rangle|u\rangle+|1\rangle|v\rangle)/\sqrt{2}$, 然后在辅助位上作用 Hadamard 变换, 从而给出输出态 $|\Psi\rangle$:

$$\begin{aligned}|\Psi\rangle &= \hat{H}\otimes\hat{I}(|0\rangle|u\rangle+|1\rangle|v\rangle)/\sqrt{2}\\ &= \frac{1}{2}[|0\rangle(|u\rangle+|v\rangle)+|1\rangle(|u\rangle-|v\rangle)]\end{aligned} \tag{5.10}$$

如前一样, 对辅助位进行投影测量, 在 $|0\rangle$ 和 $|1\rangle$ 上得到的概率分别是

$$\begin{aligned}\mathrm{Pr}(0) &= |\langle 0|\Psi\rangle|^2 = \frac{1}{2}\left[1+\frac{1}{2}(\langle u|v\rangle+\langle v|u\rangle)\right]\\ \mathrm{Pr}(1) &= |\langle 1|\Psi\rangle|^2 = \frac{1}{2}\left[1-\frac{1}{2}(\langle u|v\rangle+\langle v|u\rangle)\right]\end{aligned} \tag{5.11}$$

其中, 利用了 $|u\rangle$ 和 $|v\rangle$ 归一的约定. 由于它们的系数已设为实矢量, 导致 $\langle u|v\rangle = \langle v|u\rangle^* = \langle v|u\rangle$. 于是

$$u^{\mathrm{T}}v = \langle u|v\rangle = 2\mathrm{Pr}(0)-1 = 1-2\mathrm{Pr}(1) \tag{5.12}$$

利用如上的交换测试或干涉线路, 我们可以求如下量子状态矢量之间的广义内积:

$$\langle u|QFT|v\rangle, \langle u|f(\hat{A})|v\rangle \tag{5.13}$$

其中, 对应的状态使用了量子傅里叶变换 (QFT)、相位估计、矩阵求逆等运算. 这里, $\hat{A}$ 表示矩阵 A 是稀疏的厄米矩阵, f 代表可计算的函数, 例如 $f(\hat{A})=\hat{A}^{-1}$. 计算处理所需时间为 $O(\mathrm{poly}(\log N)))$. 相比之下, 最好通过采样处理来计算广义内积 $u^{\dagger}FTv$, $u^{\dagger}f(A)v$ 的经典算法所需时间则为 $O(\mathrm{poly}(N))$.

5.1.4 密度矩阵指数化

密度矩阵指数化 (density matrix exponentiation) 方法的基本思路源于下面将要介绍的量子主分析算法, 它所依赖的物理数学基础则是 Trotter-Suzuki 的展开公式. 让我们从 Baker-Campbell-Hausdorff 公式开始, 对于两个非对易的算符 $\hat{A}$ 和 $\hat{B}$, 有

$$\mathrm{e}^{\alpha\hat{A}}\mathrm{e}^{\alpha\hat{B}} = \mathrm{e}^{\alpha\hat{C}} \tag{5.14}$$

其中

$$\hat{C} = \log\left(\mathrm{e}^{\hat{A}}\mathrm{e}^{\hat{B}}\right) = \hat{A} + \hat{B} + \frac{\lambda}{2}[\hat{A},\hat{B}] + \frac{\lambda^2}{12}[[\hat{A},\hat{B}],\hat{B}-\hat{A}] + \cdots \tag{5.15}$$

如果 α 取为足够小的短时参数 ϵ, 则有

$$\mathrm{e}^{\epsilon(\hat{A}+\hat{B})} = \mathrm{e}^{\epsilon\hat{A}}\mathrm{e}^{\epsilon\hat{B}}\left[1 + O(\epsilon^2)\right] \tag{5.16}$$

推而广之,把短时参数写为 t/N(N 足够大直至趋向无穷), 我们有

$$\mathrm{e}^{-\mathrm{i}\hat{H}t/n} \approx \left(\prod_{i=1}^{n}\mathrm{e}^{-\mathrm{i}\hat{H}_i t/N}\right)^N \tag{5.17}$$

一个简单的情况是已为短时的哈密顿量并不需要划分出不同的部分 ($n=1$).

该方法的关键是利用交换算符 $\hat{S}$ 作为哈密顿构成短时演化算符,作用在直积 $\hat{\rho}\otimes\hat{\sigma}$(两个密度算符的维数相同) 之上,然后由对第一个子空间求部分迹的方法得到演化后的新的 $\hat{\sigma}(\triangle t)$, 有

$$\begin{aligned}
\mathrm{Tr}_1\left[\mathrm{e}^{-\mathrm{i}\hat{S}\triangle t}(\hat{\rho}\otimes\hat{\sigma})\mathrm{e}^{\mathrm{i}\hat{S}\triangle t}\right] &\approx \mathrm{Tr}_1\left[\left(1-\mathrm{i}\hat{S}\triangle t\right)(\hat{\rho}\otimes\hat{\sigma})\left(1+\mathrm{i}\hat{S}\triangle t\right) + O(\triangle t^2)\right] \\
&= \hat{\sigma} - \mathrm{i}\triangle t[\hat{\rho},\hat{\sigma}] + O(\triangle t^2) \\
&= \mathrm{e}^{-\mathrm{i}\hat{\rho}\triangle t}\hat{\sigma}\mathrm{e}^{\mathrm{i}\hat{\rho}\triangle t} + O(\triangle t^2) \\
&= \hat{\sigma}(\triangle t) + O(\triangle t^2)
\end{aligned} \tag{5.18}$$

此关系式推导需要利用如下技巧:

$$\begin{aligned}
\mathrm{Tr}_1\left[\hat{S}\hat{\rho}\otimes\hat{\sigma}\right] &= \mathrm{Tr}_1\left[\sum_{i,j;k,l}\langle i,k|\hat{S}\hat{\rho}\otimes\hat{\sigma}|j,l\rangle|i,k\rangle\langle j,l|\right] \\
&= \sum_{i,j;k,l}\langle i,k|\hat{S}\hat{\rho}\otimes\hat{\sigma}|j,l\rangle|k\rangle\langle l|\delta_{ij} \\
&= \sum_{i;k,l}\langle i,k|\hat{S}\hat{\rho}\otimes\hat{\sigma}|i,l\rangle|k\rangle\langle l|\delta_{ij} \\
&= \sum_{i;k,l}\langle k,i|\hat{\rho}\otimes\hat{\sigma}|i,l\rangle|k\rangle\langle l| \\
&= \sum_{i;k,l}\langle k|\hat{\rho}|i\rangle\langle i|\hat{\sigma}|l\rangle|k\rangle\langle l| \\
&= \sum_{k,l}\langle k|\hat{\rho}\hat{\sigma}|l\rangle|k\rangle\langle l| = \hat{\rho}\hat{\sigma}
\end{aligned}$$

其中,已使用交换算符的厄米性、密度算符 (矩阵) 的迹为 1 的性质,并注意到上式狄拉克矢量中第一个占位属于子空间 1. 进一步,利用一个新的 ρ 的拷贝,同理可得出

$$\mathrm{Tr}_1\left[\mathrm{e}^{-\mathrm{i}\hat{S}\triangle t}\left(\hat{\rho}\otimes\mathrm{e}^{\mathrm{i}\hat{\rho}\triangle t}\hat{\sigma}\mathrm{e}^{\mathrm{i}\hat{\rho}\triangle t}\right)\mathrm{e}^{-\mathrm{i}\hat{S}\triangle t}\right] \approx \mathrm{e}^{-2\mathrm{i}\hat{\rho}\triangle t}\hat{\sigma}\mathrm{e}^{2\mathrm{i}\hat{\rho}\triangle t} + O(\triangle t^2) \tag{5.19}$$

注意，$\hat{S}$ 的表示矩阵是一个稀疏矩阵，其元素是有效可计算的，所以 $\mathrm{e}^{-\mathrm{i}S\Delta t}$ 可以被有效地执行. 重复执行上面提到的技巧，用 $\hat{\rho}$ 的 n 个副本来构建 $\mathrm{e}^{-\mathrm{i}\hat{\rho}n\Delta t}\sigma\mathrm{e}^{\mathrm{i}\hat{\rho}n\Delta t}$. 与 Suzuki-Trotter 的量子模拟理论相比较表明，原来模拟 $\mathrm{e}^{-\mathrm{i}\hat{\rho}t}$ 到精度 ϵ 需要 $n = O(t^2\epsilon^{-1}|\hat{\rho}-\hat{\sigma}|^2 \leqslant O(t^2\epsilon^{-1}))$ 步，其中，$t = n\Delta t$，$|\cdot|$ 是子范数，因此，简单地对 $\hat{\rho}\otimes\hat{\sigma}$ 执行重复的无穷小交换操作就可以在需要的精度下用足够多的拷贝模拟或构造幺正算符 $\mathrm{e}^{-\mathrm{i}\hat{\rho}t}$ 或 $\mathrm{e}^{-\mathrm{i}\rho t}$（$\rho$ 是 $\hat{\rho}$ 的表示矩阵，作为密度矩阵，习惯上使用白斜体）.

必须强调指出的是，当密度算符（矩阵）$\hat{\rho}$ 的特征值较大时，密度矩阵指数化才是最有效的. 如果所有的特征值大小为 $O(1/d)$，那么我们需要时间 $t = O(d)$ 来解特征值. 相反，如果密度矩阵是由几个大的特征值占主导地位，也就是说，当矩阵可以很好地由其主要分量表达时，这种方法效率更高（精度将在下面分析）. 在这种情况下，存在一个维数为 $R \ll d$ 的子空间，使得在这个子空间上 $\hat{\rho}$ 的投影接近于 $\hat{\rho}$: $\|\hat{\rho} - P\hat{\rho}P\|_1 \leqslant \epsilon$，其中，$P$ 是在子空间的投影. 当矩阵是低秩矩阵时，这种投影是确切存在的. 目前研究表明，只要相应密度矩阵的多重复制（制备）是可实现的，我们就可以有效地实现非稀疏且低秩矩阵的指数化.

5.2 线性方程组算法

5.2.1 线性方程组问题

解线性方程组是线性算法中最常见的一个问题，它在许多复杂问题中有着广泛的应用. 在线性代数中，这一问题可以归纳为：给定一个矩阵 $\boldsymbol{A}$ 和一个向量 $\boldsymbol{b}$，如何找到一个向量 $\boldsymbol{x}$，使其满足如下方程：

$$\boldsymbol{A}\boldsymbol{x} = \boldsymbol{b} \tag{5.20}$$

该问题的解法是，当 $\boldsymbol{A}$ 的逆 $\boldsymbol{A}^{-1}$ 存在时，所求目标向量的形式为

$$\boldsymbol{x} = \boldsymbol{A}^{-1}\boldsymbol{b} \tag{5.21}$$

对于经典算法，得到目标向量的最优算法复杂度为 $O(Ns\kappa\log(1/\epsilon))$. 其中 N 为矩阵 $\boldsymbol{A}$ 的阶数，s 为矩阵的稀疏程度，κ 为条件数，ϵ 为要求达到的精度.

5.2.2 HHL 算法概述

在此, 我们首先需要将如上的线性方程组问题编码到一个量子系统, 即量子计算机中. 如同在绪论中已经介绍的那样, 对于向量 $\boldsymbol{b}$, 我们使用振幅编码, 对于矩阵 $\boldsymbol{A}$, 我们采用动力学编码. 显然, 需要利用一个狄拉克右矢 $|b\rangle$ 来表示 (编码) 向量 $\boldsymbol{b}$, 即

$$|b\rangle := \frac{\sum\limits_{i=1}^{N} b_i |i\rangle}{\left\| \sum\limits_{i=1}^{N} b_i |i\rangle \right\|_2} \tag{5.22}$$

而线性方程组中的目标向量 $\boldsymbol{x}$ 也可用狄拉克右矢 $|x\rangle$ 来表示

$$|x\rangle := \frac{\sum\limits_{i=1}^{N} x_i |i\rangle}{\left\| \sum\limits_{i=1}^{N} x_i |i\rangle \right\|_2} \tag{5.23}$$

为简单计, 在此我们假定矩阵 $\boldsymbol{A}$ 是 $N \times N$ 的厄米矩阵, 也就是说它的谱分解可以写成

$$\boldsymbol{A} = \sum_{i=1}^{N} \lambda_i \boldsymbol{u}_i \otimes \boldsymbol{u}_i^{\dagger} \tag{5.24}$$

其中, $\boldsymbol{A}$ 的本征值和相关的本征矢分别记为实数 λ_i 和列矢量 $\boldsymbol{u}_i (i = 1, 2, \cdots, N)$. 在量子力学中, $\boldsymbol{A}$ 写成抽象狄拉克符号形式时为对应算符 $\hat{A}$, 且

$$\hat{A} = \sum_{i=1}^{N} \lambda_i |u_i\rangle \langle u_i| \tag{5.25}$$

其中, $|u_i\rangle$ 在全体计算基矢组成的表象下的列矢量就是 $\boldsymbol{u}_i$. 如果认为本征矢已经在全体计算基矢组成的表象下被写为列矩阵, 那么上式的左边可以直接用矩阵 $\boldsymbol{A}$ 写出.

$$\boldsymbol{A} = \sum_{i=1}^{N} \lambda_i |u_i\rangle \langle u_i| \tag{5.26}$$

对于没有系统学习过量子力学的读者来说, 需要注意此处符号表示中的变化及其所具有的不同含义.

此外, 我们还需要知道, 依据量子力学, 厄米矩阵 $\boldsymbol{A}$ (或说厄米算符 $\hat{A}$) 本征矢的全体作为一组正交归一完备系构成了希尔伯特空间的一个表象, 因此我们可以用它们展开

右矢 $|b\rangle$，有

$$|b\rangle = \sum_{j=1}^{N} \beta_j |u_j\rangle \quad (5.27)$$

我们还需要假定 A 是可逆的，它的条件数 $\kappa < \infty$. 至于 A 被假定是否厄米并不重要. 如果它是非厄米的，我们只需要将问题做如下扩充就可以了：

$$A' = \begin{pmatrix} 0 & A \\ A^\dagger & 0 \end{pmatrix}; \quad x' = \begin{pmatrix} 0 \\ x \end{pmatrix}; \quad b' = \begin{pmatrix} b \\ 0 \end{pmatrix} \quad (5.28)$$

显然，新的 A' 成为厄米的，且有 $A'x' = b'$.

了解了上述的预备知识之后，我们就可以开始正式介绍 HHL 算法的基本思想了，然后再给出 HHL 算法的详细步骤与过程.

HHL 算法需要三个量子寄存器，第一个寄存器标记为记录寄存器 C，用于暂存所估计的本征值，第二个寄存器标记为输入寄存器 I，用于存入制备的态 $|b\rangle$，第三个寄存器标记为辅助寄存器 S，是控制转动需要的辅助量子位. HHL 算法主要可分为四步：首先在第二个寄存器上制备 $|b\rangle$，并且将第三个寄存器设置为 $(|0\rangle + |1\rangle)/\sqrt{2}$；其次是在第一和第二个寄存器上进行相位评估，即完成如下的映射：

$$|0\rangle \otimes \left(\sum_{j=1}^{N} \beta_j |u_j\rangle_I\right) \otimes (|0\rangle + |1\rangle) \longrightarrow \left(\sum_{j=1}^{N} \beta_j |\tilde{\lambda}_j\rangle \otimes |u_j\rangle\right) \otimes (|0\rangle + |1\rangle) \quad (5.29)$$

然后，以第三个寄存器为控制位转动每一个 $|\tilde{\lambda}_j\rangle$，就实现了如下改变：

$$\begin{aligned}
&\left(\sum_{j=1}^{N} \beta_j |\tilde{\lambda}_j\rangle \otimes |u_j\rangle\right) \otimes (|0\rangle + |1\rangle) \\
&\longrightarrow \left(\sum_{j=1}^{N} \beta_j |\tilde{\lambda}_j\rangle \otimes |u_j\rangle\right) \otimes \left(\sqrt{1 - \frac{C^2}{\tilde{\lambda}_j^2}} |0\rangle + \frac{C}{\tilde{\lambda}_j} |1\rangle\right)
\end{aligned} \quad (5.30)$$

其中，C 是归一化常数；最后，重置第一个寄存器（如利用逆相位估计），通过振幅放大算法放大第三个寄存器中的 $|1\rangle$ 且采用最可能成功测量第三个寄存器中状态 $|1\rangle$ 的方法（由于这个操作不是幺正的，故它有一些失败的可能性），那么第二个寄存器的状态就成为

$$\sum_{j=1}^{N} \beta_j \lambda_j^{-1} |u_j\rangle = \hat{A}^{-1} |b\rangle \quad (5.31)$$

由此完成了估算 $|x\rangle = \hat{A}^{-1} |b\rangle$.

HHL 算法有几个重要的注意事项. 首先是输入问题，输入向量需要在量子计算机上获得，或使用 qRAM 来准备，其资源耗费可能是昂贵的. 其次是输出问题，从量子状态

$|x\rangle$ 重建出 N 维矢量 x 需要 $O(N)$ 个步骤,可以通过允许输出具有比输入更少的维度来回避这个问题. 实际上,利用 HHL 算法只是为了提供一部分数据特征,例如,解向量的矩 (moment) 或它在其他稀疏矩阵中的期望值. 再者是能否有效地模拟 e^{-iAt},这与矩阵 A 的性质有关. 亦即与线性系统问题本身的"难度"有关. 最后就是对于实际问题而言,不仅要考虑算法本身全部过程的耗费,而且要计算为了保证算法执行的系统导致的成本. 所以不能单纯地赞扬线性系统运算的指数加速的优势,还应认识到目前的 HHL 算法仅适用于某些问题.

小规模的 HHL 算法的演示已经在在光电学和核磁共振 (NMR) 实验中完成,从而为量子计算的进一步发展提供了支持. 最近,一种基于 HHL 算法的混合量子算法也被提出. 研究结果显示,提出的混合算法可以通过量子相位估计算法之后的经典信息前馈来减少原始 HHL 算法的电路深度,并且混合算法的结果与 HHL 算法的结果相同. 在 IBM Quantum Experience 装置中用四个量子位对它进行了实验检验,结果表明在特定线性方程组上的算法比 HHL 算法具有更高的准确性.

5.2.3　HHL 算法步骤

现在,让我们给出一个更详细的算法步骤及其解释. 显然核心的部分是相位估计和受控旋转两个部分. 相位估计的方法如同在第 4 章中介绍的那样,我们从 $|0\rangle_C|b\rangle_I$ 出发:

(1) 制备输入态 $|\Psi_0\rangle^C \otimes |b\rangle^I$,其中

$$|\Psi_0\rangle = \sqrt{\frac{2}{T}} \sum_{\tau=0}^{T-1} \sin\frac{\pi(\tau+\frac{1}{2})}{T} |\tau\rangle^C \tag{5.32}$$

这里,T 是较大的数. $|\Psi_0\rangle$ 的系数被选定以最小化误差分析中的某个二次损失函数.

(2) 将 A 作为动力学编码中的哈密顿量,将时间演化算符的逆作用到输入寄存器 I 上,有

$$I_C \otimes e^{i\hat{A}\tau t_0/T} \tag{5.33}$$

其中,I_C 是第一个记录寄存器的单位算符 (单位矩阵),作用后导致前两个寄存器成为

$$\begin{aligned}&\sqrt{\frac{2}{T}} \sum_{\tau=0}^{T-1} \sin\frac{\pi(\tau+\frac{1}{2})}{T} |\tau\rangle^C \otimes \sum_{j=1}^{N} \beta_j e^{i\lambda_j \tau t_0/T} |u_j\rangle_I \\ &= \sum_{j=1}^{N} \beta_j \left(\sqrt{\frac{2}{T}} \sum_{\tau=0}^{T-1} e^{i\lambda_j \tau t_0/T} \sin\frac{\pi(\tau+\frac{1}{2})}{T} |\tau\rangle^C\right) |u_j\rangle_I \end{aligned} \tag{5.34}$$

在此,如同我们已经知道的那样,注意到 $\boldsymbol{A}$ 的本征值与本征矢分别为 λ_j 和 $|u_j\rangle(j=1,2,\cdots,j_N)$.

(3) 应用量子傅里叶变换到记录寄存器 C 上,利用关系式:

$$QFT^\dagger : |\tau\rangle \to \frac{1}{\sqrt{T}} \sum_{k=0}^{T-1} e^{-i2\pi\tau k/T} |k\rangle \tag{5.35}$$

我们能够得到

$$\sum_{j=1}^{N} \beta_j \sum_{k=0}^{T-1} \left(\frac{\sqrt{2}}{T} \sum_{\tau=0}^{T-1} e^{i\tau(\lambda_j t_0 - 2\pi k)/T} \sin\frac{\pi(\tau+\frac{1}{2})}{T} \right) |k\rangle_C |u_j\rangle_I$$

$$= \sum_{j=1}^{N} \sum_{k=0}^{T-1} \alpha_{k|j} \beta_j |k\rangle |u_j\rangle \tag{5.36}$$

其中

$$\alpha_{k|j} = \frac{\sqrt{2}}{T} \sum_{\tau=0}^{T-1} e^{i\tau(\lambda_j t_0 - 2\pi k)/T} \sin\frac{\pi(\tau+\frac{1}{2})}{T} \tag{5.37}$$

经过分析(具体过程见第 4 章和相关文献)能够得出当且仅当 $\lambda_j \approx 2\pi k/t_0$ 时,$|\alpha_{k|j}|$ 才是大的那个.

标注新的基矢态为 $|k\rangle$ ($k \in \{0,\cdots,T-1\}$),定义 $\tilde{\lambda}:=2\pi k/t_0$,得到

$$\sum_{j=1}^{N} \sum_{k=0}^{T-1} \alpha_{k|j} \beta_j |\tilde{\lambda}_k\rangle |u_j\rangle \tag{5.38}$$

(4) 以辅助量子位为控制位,执行 $|\tilde{\lambda}_k\rangle$ 的条件旋转,其中旋转操作的形式可以写为

$$\exp(-i\theta\hat{\sigma}_y) = \begin{pmatrix} \cos\theta & -\sin\theta \\ \sin\theta & \cos\theta \end{pmatrix} \tag{5.39}$$

其中,$\theta = \arccos(C/\tilde{\lambda})$,而 C 为归一化常数. 有

$$\sum_{j=1}^{N} \sum_{k=0}^{T-1} \alpha_{k|j} \beta_j |\tilde{\lambda}_k\rangle |u_j\rangle \left(\sqrt{1-\frac{C^2}{\tilde{\lambda}_k^2}} |0\rangle + \frac{C}{\tilde{\lambda}_k} |1\rangle \right) \tag{5.40}$$

现在不考虑 $\tilde{\lambda}_k$. 如果相位估计被完美执行,将有 $\alpha_{k|j}=1$,$\tilde{\lambda}_k = \lambda_j$. 我们可以得到

$$\sum_{j=1}^{N} \beta_j |u_j\rangle \left(\sqrt{1-\frac{C^2}{\lambda_j^2}} |0\rangle + \frac{C}{\lambda_j} |1\rangle \right) \tag{5.41}$$

(5) 测量最后一个量子位, 在测量结果为 $|1\rangle$ 的情况下, 我们有

$$\sqrt{\frac{1}{\sum_{j=1}^{N}C^2|\beta_j|^2/|\lambda_j|^2}}\sum_{j=1}^{N}\beta_j\frac{C}{\lambda_j}|u_j\rangle \tag{5.42}$$

除去一个归一化因子, 这对应于 $|x\rangle = \sum_{j=1}^{N}\beta_j\lambda_j^{-1}|u_j\rangle$. 我们可以从获得态 $|1\rangle$ 的概率来确定归一化因子. 最后, 我们做一个测量 $\hat{M}$, 其期望值 $\langle x|\hat{M}|x\rangle$ 对应于我们希望评估的 $\boldsymbol{x}$ 的特征.

目标矢量 $\boldsymbol{x}$ 在该算法中的量子力学表达为 $|x\rangle$. 显然, 读出 $|x\rangle$ 的所有信息需要执行该过程至少 N 次. 然而, 人们通常对 $\boldsymbol{x}$ 本身不感兴趣, 所感兴趣的是一些期望值 $\boldsymbol{x}^{\dagger}\boldsymbol{M}\boldsymbol{x}$, 其中 $\boldsymbol{M}$ 是某些线性算子 (该算法也支持一些非线性算子) 的表示矩阵. 通过将 $\boldsymbol{M}$ 映射为量子力学算子 $\hat{M}$, 并执行对应于 $\boldsymbol{M}$ 的量子测量, 从而能根据需要获得期望值 $\langle x|\hat{M}|x\rangle = \boldsymbol{x}^{\dagger}\boldsymbol{M}\boldsymbol{x}$ 的估计. 人们可以用这种方式提取解 $|x\rangle$ 的各种信息.

依据算法理论, 关于矩阵求逆算法性能的一个重要因素是 $\boldsymbol{A}$ 的条件数 κ, 或是矩阵 $\boldsymbol{A}$ 最大特征值与最小特征值之间的比值. 已有的研究结果表明: 随着条件数的增加, $\boldsymbol{A}$ 越接近不能取逆的矩阵, 解的稳定性越差. 这样算法通常假定矩阵 $\boldsymbol{A}$ 的奇异值在 $(1/\kappa, 1)$ 之间, 即 $\kappa^{-2}1 \leqslant \boldsymbol{A}^{\dagger}\boldsymbol{A} \leqslant 1$. 在这种情况下, 量子算法仅使用 $O(\kappa^2 \log(N)/\epsilon)$ 步就能输出量子态 $|x\rangle$. 因此, 当 κ 和 $1/\epsilon$ 为 poly $\log(N)$ 时, 上述量子算法相比经典算法有很大优势, 它实现了指数级的加速.

5.2.4 HHL 算法的例子

在本小节中我们将通过一个简单的 4 个量子位 HHL 算法的例子, 说明如何依据 HHL 算法来解线性方程组, 以帮助读者能够具体地理解该算法.

考虑如下线性方程组的解:

$$\begin{cases} x_0 - \frac{1}{3}x_1 = 1 \\ -\frac{1}{3}x_0 + x_1 = 0 \end{cases}, \quad \boldsymbol{A}\boldsymbol{x} = \boldsymbol{b} \tag{5.43}$$

在此, 可以如上把方程组左边的系数矩阵记为 $\boldsymbol{A}$, 目标矢量为 $\boldsymbol{x}$, 右边则是矢量 $\boldsymbol{b}$. 显然 $\boldsymbol{A}$ 的两个本征值为 $\lambda_0 = \frac{2}{3}$ 和 $\lambda_1 = \frac{4}{3}$, 而对应的本征矢分别为 $u_0 = \frac{(1,1)^{\mathrm{T}}}{\sqrt{2}}$ 和

$u_1 = \frac{(1,-1)^{\mathrm{T}}}{\sqrt{2}}$. 注意到 $\boldsymbol{A}$ 是厄米可逆的, 且 $\boldsymbol{A}^{-1}$ 能够写为

$$\boldsymbol{A}^{-1} = \frac{1}{\lambda_0}\boldsymbol{u}_0\boldsymbol{u}_0^{\mathrm{T}} + \frac{1}{\lambda_1}\boldsymbol{u}_1\boldsymbol{u}_1^{\mathrm{T}} = \frac{3}{8}\begin{pmatrix} 3 & 1 \\ 1 & 3 \end{pmatrix} \tag{5.44}$$

并且可以得到

$$\boldsymbol{x} = \boldsymbol{A}^{-1}\boldsymbol{b} = \frac{3}{8}\begin{pmatrix} 3 & 1 \\ 1 & 3 \end{pmatrix}\begin{pmatrix} 1 \\ 0 \end{pmatrix} = \frac{3}{8}\begin{pmatrix} 3 \\ 1 \end{pmatrix}$$

$$= \frac{3}{2\sqrt{2}}|u_0\rangle + \frac{3}{4\sqrt{2}}|u_1\rangle \tag{5.45}$$

回忆前文介绍的量子相位估计, 输出的是一个近似的重标度的在二进制形式的 $\tilde{\lambda}_j$, 其形式为 $\frac{\lambda_j t}{2\pi}$. 因此, 我们设

$$t = 2\pi \cdot \frac{3}{8} \tag{5.46}$$

量子相位估计给出的二进制近似为

$$\frac{\lambda_1 t}{2\pi} = \frac{1}{4} \quad \text{和} \quad \frac{\lambda_2 t}{2\pi} = \frac{1}{2} \tag{5.47}$$

它们分别就是 $|01\rangle$ 和 $|10\rangle$.

对于矢量 $\boldsymbol{b}$, 可用振幅编码到量子态 $|b\rangle$, 然后展开成 $\boldsymbol{A}$ 的本征矢的叠加态 (在计算基矢的表示下)

$$|b\rangle = |0\rangle = \frac{1}{\sqrt{2}}|u_0\rangle + \frac{1}{\sqrt{2}}|u_1\rangle \tag{5.48}$$

我们需要 4 个量子位来实现解上述线性方程组. 按照上面我们的记号, 它们分为三个部分, 前两个量子位用于存储估计的本征值, 第三个量子位用于写入 $|b\rangle$, 最后一个量子位是辅助位. 为了实现相位估计, 我们需要先制备态 $|b\rangle$, 其次应用量子相位估计得到前两个

$$\frac{1}{\sqrt{2}}|01\rangle|u_0\rangle + \frac{1}{\sqrt{2}}|10\rangle|u_1\rangle \tag{5.49}$$

然后进行 $C = \frac{3}{8}$ 的受控 (条件) 转动以补偿重新标度本征值, 我们得到三个寄存器的联合状态位

$$\left(\frac{1}{\sqrt{2}}|01\rangle|u_0\rangle + \frac{1}{\sqrt{2}}|10\rangle|u_1\rangle\right)\left(\sqrt{1 - \frac{(3/8)^2}{(1/4)^2}}|0\rangle + \frac{(3/8)}{(1/4)}|1\rangle\right)$$

$$= \left(\frac{1}{\sqrt{2}}|01\rangle|u_0\rangle + \frac{1}{\sqrt{2}}|10\rangle|u_1\rangle\right)\left(\sqrt{1 - \frac{9}{4}}|0\rangle + \frac{3}{2}|1\rangle\right) \tag{5.50}$$

最后就是重置第一个寄存器,并且测量辅助量子位输出为 1 时的结果

$$\sqrt{\frac{45}{32}}|00\rangle \otimes \left(\frac{1}{\sqrt{2}}\frac{1}{(2/3)}|u_0\rangle + \frac{1}{\sqrt{2}}\frac{1}{(4/3)}|u_1\rangle\right) \otimes |1\rangle \qquad (5.51)$$

其中,第二个寄存器就是直接用线性代数解该方程组得到的式(5.45),至多相差一个归一化因子.

5.2.5 进一步讨论

本节介绍的线性方程问题几乎在所有的科学和工程领域都发挥着重要的作用. 目前定义方程数据集的大小正逐年迅速增长,所以需要处理较大规模的数据并获得解决方案. 在其他情况下,例如,解离散化偏微分方程时,线性方程可能被隐含在其中,因此复杂度远远大于原始问题. 对于一个经典的计算机来说,即使近似 N 个变量 N 个线性方程组的求解一般也至少需要 $O(N)$ 的时间尺度. 事实上,仅仅写出这个解就需要 N 阶的时间. 然而,我们经常感兴趣的不是方程的完全解,而是该解的一些函数.

为了将我们的算法与经典比较,需要简单地分析对应经典算法的复杂度. 一般地,较好的通用经典矩阵反演算法是共轭梯度法. 当 A 是正定时,使用 $O(\sqrt{\kappa}\log(1/\epsilon))$ 个矩阵向量乘法,每个乘法耗时 $O(Ns)$,总运行时间为 $O(Ns\sqrt{\kappa}\log(1/\epsilon))$(如果 A 不是正定的,则需要 $O(\kappa\log(1/\epsilon))$ 次乘法,总的时间为 $O(Ns\kappa\log(1/\epsilon))$). 假设 A 是 s-稀疏的,误差为 ϵ,则量子算法的运行时间为 $O(\log(N)s^2\kappa^2/\epsilon)$.

该算法的优势在于它只需要 $O(\log N)$ 个量子寄存器就可以工作,并且永远不必记录下所有 A,b 或 x. 在哈密顿模拟和相关的非幺正步骤仅需要对数 N 的情况下,用上述算法得到结果比经典计算机少指数级的时间. 从这个意义上说,该算法与经典的蒙特卡罗算法有关,通过处理 N 个对象上的概率分布的样本,而不是记录下 N 个分量的所有分布,可以实现显著的加速. 然而,虽然这些经典的采样算法功能强大,但可以证明,实际上任何经典算法都需要比量子算法多指数级的时间来执行相同的矩阵求逆任务.

5.3 量子线性回归算法

在机器学习中,线性回归算法是有监督学习中非常重要的一类算法,线性回归算法可用于连续性分布的预测. 简单地说,它指的是通过一个或多个自变量与因变量之间的关系进行建模的线性方法. 在统计学习理论中,线性回归也是一种广泛使用的方法. 线性回归通过对数据进行线性拟合来预测新的标签,在这个过程中训练就是通过最小化数据点之间的最小二乘误差来估计最佳的参数值. 在具体的计算中,这相当于找到数据矩阵的摩尔–彭罗斯 (Moore-Penrose) 伪逆. 在当前大数据的背景下,它实在是一件代价高昂的任务. 即使我们借助于奇异值分解的方法,同样也代价不菲. 如前所述,那样对某些确定的问题量子计算具有明显的优势,甚至可以指数加速运算. Wiebe, Braun 和 Lloyd (WBL) 在 2012 年提出了一个量子数据拟合的算法,就是其中的一个例子. 他们从统计学的角度考虑线性回归,目标是找到一个量子态的振幅,以表示从数据中学到的线性拟合最佳参数. 他们的研究结果表明,用一个稀疏的编码为量子信息数据矩阵,上述目标可以在 N 维输入数据的对数时间内完成,但对它的条件数和期望精度的依赖较敏感.

5.3.1 线性回归方案

有监督的机器学习需要给定数据集 $D = \{(\boldsymbol{x}^{(1)}, y^{(1)}), \cdots, (\boldsymbol{x}^{(M)}, y^{(M)})\}$,其中 $\boldsymbol{x}^{(M)} \in \mathbb{R}^N$, $y^{(M)} \in \mathbb{R}$. 学习的目的是对于一个新的输入 $\tilde{\boldsymbol{x}} \in \mathbb{R}^N$,预测输出结果 $\tilde{y} \in \mathbb{R}$. 而线性预设模型的基本形式如同我们在绪论中已经介绍的形式

$$f(\boldsymbol{x}, \boldsymbol{w}) = \boldsymbol{x}^{\mathrm{T}} \boldsymbol{w} = \boldsymbol{w}^{\mathrm{T}} \boldsymbol{x} \tag{5.52}$$

其中, $\boldsymbol{w} = (w_1, \cdots, w_N)^{\mathrm{T}} \in \mathbb{R}^N$ 是需要从数据中学习的参数矢量 (我们已经通过在 $\boldsymbol{x}$ 中增加 $x_0 = 1$ 项把偏差 w_0 吸收到 $\boldsymbol{w}$ 中). 它就是我们下面要采用的线性回归模型. 当然,如果输入 $\boldsymbol{x}$ 也可以由原始数据空间做一个非线性映射得到,那么这样线性回归就可以拟合非线性的函数.

估计拟合参数的一般方法是利用无偏估计去最小化模型预测值与输出值之间的最

小二乘误差

$$\min_{\boldsymbol{w}} \sum_{m=1}^{M} [f(\boldsymbol{x}^{(m)}, \boldsymbol{w}) - y^{(m)}]^2 \tag{5.53}$$

上式即是目标函数，在这里我们主要考虑无正则化的线性回归.

引入数据矩阵的概念，$\boldsymbol{X} = (\boldsymbol{x}^{(1)}, \cdots, \boldsymbol{x}^{(M)})^{\mathrm{T}}$. 需要指出的是，每个 $\boldsymbol{x}^{(i)}$ 是 $N+1$ 维矢量 (包括 $x_0^{(i)} = 1$)，即数据矩阵是 $M \times (N+1)$ 维矩阵. 而目标矢量 $\boldsymbol{y} = (y^{(1)}, \cdots, y^{(M)})^{\mathrm{T}}$，最小二乘误差为 $|\boldsymbol{Xw} - \boldsymbol{y}|^2$，最小二乘问题的结果由下式给出：

$$\boldsymbol{w} = \boldsymbol{X}^+ \boldsymbol{y} \tag{5.54}$$

其中，$\boldsymbol{X}^+$ 是 $\boldsymbol{X}$ 的摩尔-彭罗斯伪逆 (也称广义逆)，它的具体形式为 $\boldsymbol{X}^+ = (\boldsymbol{X}^\dagger \boldsymbol{X})^{-1} \boldsymbol{X}^\dagger$ (注意上标 + 和 † 的区别).

还有一种不同于摩尔-彭罗斯伪逆的方法，即基于奇异值分解 $\boldsymbol{X} = \boldsymbol{U} \boldsymbol{\Sigma} \boldsymbol{V}^\dagger$ 的方法，这里我们允许 $\boldsymbol{X}$ 是非稀疏的. 其中，$\boldsymbol{\Sigma}$ 是实奇异值 $\sigma_1, \sigma_2, \cdots, \sigma_R$ 的对角矩阵，$\boldsymbol{U} \in \mathbb{R}^{J \times R}$ 的第 R 列是相应于 σ_r 的第 r 个左 (右) 本征矢 $\boldsymbol{V}_r(\boldsymbol{U}_r)$. 相对于本征值分解，奇异值分解总是存在的，对于非平方矩阵也是如此.

利用这种方法，重新写出如下的 $\boldsymbol{X}$ 的奇异值分解形式：

$$\boldsymbol{X} = \boldsymbol{U} \boldsymbol{\Sigma}^{-1} \boldsymbol{V}^\dagger \tag{5.55}$$

$\boldsymbol{X}$ 的奇异值同时也是 $\boldsymbol{X}^\dagger \boldsymbol{X}$ 和 $\boldsymbol{X} \boldsymbol{X}^\dagger$ 非零本征值的平方根 $\{\sqrt{\lambda_1}, \cdots, \sqrt{\lambda_R}\}$，而且左右奇异矢量是相应的本征矢量. 在数学上，我们可以方便地表达 $\boldsymbol{X} = \sum^r \sigma^r \boldsymbol{u}^r \boldsymbol{v}^{r\mathrm{T}}$，最小二乘解可以写为

$$\boldsymbol{w} = \sum_{r=1}^{R} (\sigma^r)^{-1} \boldsymbol{v}^r \boldsymbol{u}^{r\mathrm{T}} \boldsymbol{y} \tag{5.56}$$

根据之前的方程，对于新输入的 $\tilde{\boldsymbol{x}}$ 输出 $\tilde{y}$，得到

$$\tilde{y} = \sum_{r=1}^{R} (\sigma^r)^{-1} \tilde{\boldsymbol{x}}^{\mathrm{T}} \boldsymbol{v}^r \boldsymbol{u}^{r\mathrm{T}} \boldsymbol{y} \tag{5.57}$$

因此，模式分类算法的预测值是一个标量值，这样就避免了量子机器学习算法中代价昂贵的态层析问题. 上述问题在计算机上用最好的算法多项式时间 $O(N^d)$ 可解，其中 $2 \leqslant d \leqslant 3$. 在这一节中，对于给定量子信息表达的数据，我们可以利用量子算法高效地生成 $\tilde{y}$ 的结果.

5.3.2 量子线性数据拟合算法

数据拟合是定量科学中非常重要的工具,完成量子线性数据拟合对大数据情形下的定量科学有重要的意义. 通常来说, 理论模型依赖于一些参数, 而且数据之间的函数关系也取决于这些参数. 将大量的实验数据拟合到函数关系中, 可以获得参数的可靠估计. 但在大数据情况下, 拟合过程的代价非常昂贵. 利用量子算法的并行性, 可以加速这个过程, 使得拟合函数过程的代价在可接受的范围内. 通过推广 HHL 算法这一点是可以做到的. 在 Wiebe, Braun 和 Lloyd (WBL) 等人提出的量子数据拟合的算法中, 虽然算法可得出参数编码的量子状态, 但通过断层扫描获知它们, 可能是指数级的代价. 因此, 他们把重点放在估计拟合质量上. 在另一个量子数据拟合算法的研究中, 采用了奇异值分解的技巧, 取代稀疏性条件需要低秩数据矩阵. 在本小节中, 我们只简单地介绍 WBL 算法的基本步骤. 在下一小节中, 结合线性回归算法考虑使用奇异值分解, 但重点放在模式识别或预测问题上, 以避免代价昂贵的态层析步骤.

最近, 人们开始探索量子计算机用于稳健拟合的用途, 这对计算机视觉应用可能有帮助.

数据拟合所采用的就是如上线性回归模型, 比较线性方程组问题和线性回归算法给出的参数解形式(5.54), 我们可以取

$$A = X^\dagger X; \quad b = X^\dagger y \tag{5.58}$$

显然如此定义的 A 已经是厄米的了.

因此, 经典线性数据拟合算法的量子版本——量子拟合算法, 就可以基于 HHL 算法构成. 该算法可由四个子程序组成: 首先是制备 $X^\dagger y$, 其次是求出 $(X^\dagger X)^{-1}$, 然后是估计拟合质量, 最后是确定拟合参数.

前两个子程序实际上就是 HHL 算法本身, 与对应的经典算法相比具有指数加速. 不过, 更为细致地看, A 的构成涉及矩阵的乘法, 因此可能需要 HHL 算法的改进方案. 在我们看来, 此处先用经典计算机计算得出 A 即可, 因为这可以放在整个量子数据拟合算法之前, 也不存在数据接口问题. 其实, 量子数据拟合算法后两个子程序是整个学习任务能否成功的关键. 在已知的研究中, 它们依赖于能够查询矩阵非零元位置的 Oracle 装置以及能够按需得出输入态拷贝的量子黑盒. 这是因为在学习模型中参数的精度以及具体数值需要获知, 这极大地增加了量子数据拟合算法的难度. WBL 算法模型中估计拟合质量的子程序的确非常重要, 但还需要进行进一步的研究. 而确定编码在目标矢量振幅中的参数, 所需要的方法超出了本章的内容. 我们在此略去这两个子程序的介绍.

5.3.3 量子回归算法

量子回归算法重点放在完成模式识别或者预测任务之上, 这是为了避免全部读出拟合最佳参数存在困难的问题, 也就是完全提取量子态矢叠加振幅存在困难的问题. 此算法给出的预测结果可用于进一步的量子信息处理.

量子回归算法也需要基于编码经典信息的方式. 例如, 对于一个 N 维矢量 $\boldsymbol{a} = (a_1, \cdots, a_N)^{\mathrm{T}}$, 可以用 $n(2^n - 1 \geqslant N)$ 个量子位组成的空间的振幅进行编码, 即

$$|\psi(\boldsymbol{a})\rangle = \sum_{i=1}^{N} a_i |i\rangle \tag{5.59}$$

其中, $\{|i\rangle\}$ 是正交基矢 $\{|0\cdots0\rangle \doteq |0\rangle, \cdots, |1\cdots1\rangle \doteq |2^n - 1\rangle\}$ 的另一种表述. 它可以解释为每一个 $|\psi(\boldsymbol{a})\rangle$ 表达的量子态编码了一个经典矢量 $\boldsymbol{a}$. 通常我们需要将其归一化. 为不失一般性, 可取经典矢量的模为 1.

振幅编码方式也可用于一个 $J \times M$ 维, 矩阵元记为 z_{jm} 的矩阵 $\boldsymbol{Z}$, 所选取的表示空间为 N 维空间 (以正交归一完备基矢组 $\{|j\rangle; (j=1,2,\cdots,J)\}$ 所张成) 与 M 维空间 (以正交归一完备基矢组 $\{|m\rangle; (m=1,2,\cdots,M)\}$ 所张成) 的直积空间, 其基矢可以记为 $|j\rangle|m\rangle$, 那么, 我们有

$$|\psi(\boldsymbol{Z})\rangle = \sum_{j=1}^{J} \sum_{m=1}^{M} z_{jm} |j\rangle |m\rangle \tag{5.60}$$

同样 (也不失一般性), 我们要求所有的矩阵元的模方和为 1(归一化).

最重要的是, 量子回归算法把模型方程(5.57)改写成了如下两个振幅编码的量子态矢的标积: 第一个可称为回归算法模型的目标矢量的编码状态

$$|\Psi_{RM}\rangle = \frac{1}{\sqrt{C_N}} \sum_{r=1}^{R} \frac{1}{\sigma^r} |\psi(\boldsymbol{v}^r)\rangle |\psi(\boldsymbol{u}^r)\rangle \tag{5.61}$$

其中

$$|\psi(\boldsymbol{v}^r)\rangle = \sum_{j=1}^{J} v_j^r |j\rangle, \quad |\psi(\boldsymbol{u}^r)\rangle = \sum_{m=1}^{M} u_m^r |m\rangle \tag{5.62}$$

第二个则是新输入特征数据与已知标签的联合矢量的编码状态

$$|\Psi(\tilde{\boldsymbol{x}}, \boldsymbol{y})\rangle = \frac{1}{|\tilde{\boldsymbol{x}}|} \frac{1}{|\boldsymbol{y}|} |\psi(\tilde{\boldsymbol{x}})\rangle |\psi(\boldsymbol{y})\rangle \tag{5.63}$$

它们的标积就是

$$\langle \Psi(\tilde{\boldsymbol{x}}, \boldsymbol{y}) | \Psi_{RM} \rangle = \frac{1}{\sqrt{C_N} |\tilde{\boldsymbol{x}}||\boldsymbol{y}|} \sum_{r=1}^{R} \frac{1}{\sigma^r} \langle \psi(\tilde{\boldsymbol{x}}) | v^r \rangle \langle \psi(\boldsymbol{y}) | u^r \rangle \tag{5.64}$$

注意上面加入的归一化因子. 而 $|\psi(\tilde{\boldsymbol{x}})\rangle$ 和 $|\psi(\boldsymbol{y})\rangle$ 分别是新输入数据特征矢量与标签矢量的振幅编码量子右矢.

由上所述, 量子回归算法最重要的是求得 $|\Psi_{RM}\rangle$. 故而, 它的一般思路分为如下几个步骤: 首先通过振幅编码创建一个表述数据矩阵 $\boldsymbol{X} = \sum_{r}^{R} \sigma^{r} \boldsymbol{u}^{r} \boldsymbol{v}^{r\mathrm{T}}$ 的量子态; 其次是反转未知的奇异值, 亦即 $\boldsymbol{X}^{\dagger}\boldsymbol{X}$ 和 $\boldsymbol{X}\boldsymbol{X}^{\dagger}$ 非零本征值的平方根; 最后则是得到目标量子右矢并抽取内积, 从而完成预测的任务.

上述步骤中最为重要的是如何有效反转未知的奇异值, 需要的是哈密顿算子模拟与相位估计子程序. 也就是说, 首先把哈密顿量写成系列的易于模拟的部分求和, 即 $H = \sum_{i=1}^{n} H_i$, 通过一系列指数函数 $\mathrm{e}^{-\mathrm{i}H_i t}$ 的作用模拟出 $\mathrm{e}^{-\mathrm{i}Ht}$ 的演化 (已经取 $\hbar = 1$); 然后结合量子相位估计算法, 就可找到矩阵的特征向量和特征值. 下面, 我们具体介绍量子回归算法的一些细节.

1. 量子态制备

执行算法的第一步是进行振幅编码, 把之前 $\boldsymbol{X}$, $\boldsymbol{y}$ 和 $\tilde{\boldsymbol{x}}$ 编码到量子计算机中, 即

$$|\psi(\boldsymbol{X})\rangle = \sum_{j=1}^{J} \sum_{m=1}^{M} x_j^{(m)} |j\rangle|m\rangle \tag{5.65}$$

$$|\psi(\boldsymbol{y})\rangle = \sum_{\mu=1}^{M} y^{\mu} |\mu\rangle \tag{5.66}$$

$$|\psi(\tilde{\boldsymbol{x}})\rangle = \sum_{\gamma=1}^{J} \tilde{x}_{\gamma} |\gamma\rangle \tag{5.67}$$

其中, $\sum_{m,j} |x_j^{(m)}|^2 = \sum_{\mu} |y^{\mu}|^2 = \sum_{\gamma} |\tilde{x}_{\gamma}|^2 = 1$, 该算法适用于归一化的数据, 所以结果必须做相应的调整. 利用 Schmidt 分解, 我们可以得到

$$|\psi(\boldsymbol{X})\rangle = \sum_{r=1}^{R} \sigma^{r} \sum_{j=1}^{J} v_j^r |j\rangle \sum_{m=1}^{M} u_m^r |m\rangle \tag{5.68}$$

简记为

$$|\psi(\boldsymbol{X})\rangle = \sum_{r=1}^{R} \sigma^{r} |v^r\rangle |u^r\rangle \tag{5.69}$$

其中, $|\psi(\boldsymbol{v}^r)\rangle = \sum_{j=1}^{J} v_j^r |j\rangle$, $|\psi(\boldsymbol{u}^r)\rangle = \sum_{m=1}^{M} u_m^r |m\rangle$ 是通过振幅编码代表左右正交奇异矢量 (同时也是 $\boldsymbol{X}^{\dagger}\boldsymbol{X}$ 和 $\boldsymbol{X}\boldsymbol{X}^{\dagger}$ 的特征矢量) 的量子态, 而 σ^r 是相应的奇异值. 构造上述量子

态所需要的量子位的数目分别是 $\log J + \log M, \log M, \log J$, 下面算法的目标就是要保持线性的量子位数量或者数量上仍保持对数.

尽管式 (5.65)~ 式 (5.67) 的量子态可以理解为之前量子计算和模拟的结果, 但更一般的情形是需要进行制备. 如果从给定的经典数据集出发, 则对于较大的数据完成这样的编码与制备是困难的, 可以通过量子随机存储器实现, 但仍然是存在争议的话题. 其一般的制备方法还在进一步的研究之中. 总的来说, 我们不得不承认态制备的问题是量子机器学习算法一个突出的挑战.

2. 抽取奇异值

为了得到式(5.69), 我们需要知道 $\boldsymbol{X}$ 奇异值的倒数. 注意到 $\boldsymbol{X}$ 的奇异值同时也是 $\boldsymbol{X}^\dagger \boldsymbol{X}$ 和 $\boldsymbol{X}\boldsymbol{X}^\dagger$ 非零本征值的平方根 $\{\sqrt{\lambda_1}, \cdots, \sqrt{\lambda_R}\}$, 而且左右奇异矢量是相应的本征矢量. 我们首先需要提取 $\boldsymbol{X}\boldsymbol{X}^\dagger$ 的特征值 λ_r(相应的特征向量为 $\hat{\boldsymbol{v}}^r$), 并使用矩阵取逆算法.

为了获得特征值, 我们使用多重复制的量子态 $|\psi(\boldsymbol{X})\rangle$ 以获得混态 (密度矩阵)$\hat{\rho}_{\boldsymbol{X}^\dagger \boldsymbol{X}}$

$$\hat{\rho}_{\boldsymbol{X}^\dagger \boldsymbol{X}} = \text{Tr}_M\{|\psi(\boldsymbol{X})\rangle\langle\psi(\boldsymbol{X})|\} = \sum_{j,j'=1}^{J} \sum_{m=1}^{M} x_j^{(m)} x_{j'}^{(m)*} |j\rangle\langle j'| \tag{5.70}$$

在这里, 我们计算相乘子空间的部分迹, 并利用了 $\text{Tr}_M\{|m\rangle\langle m'|\} = \delta_{mm'}$.

我们使用量子主成分分析的思想把 $\hat{\rho}_{\boldsymbol{X}^\dagger \boldsymbol{X}}$ 作用到 $|\psi(\boldsymbol{X})\rangle$ 上, 当 K 较大时, 结果为

$$\sum_{k=1}^{K} |k\Delta t\rangle\langle k\Delta t| \otimes \exp^{-\mathrm{i}k\hat{\rho}_{\boldsymbol{X}^\dagger \boldsymbol{X}}\Delta t} |\psi(\boldsymbol{X})\rangle\langle\psi(\boldsymbol{X})| \exp^{\mathrm{i}k\hat{\rho}_{\boldsymbol{X}^\dagger \boldsymbol{X}}\Delta t} \tag{5.71}$$

应用量子相位估计算法得到

$$\sum_{r=1}^{R} \sigma^r |v^r\rangle |u^r\rangle |\lambda^r\rangle \tag{5.72}$$

其中, $\hat{\rho}_{\boldsymbol{X}^\dagger \boldsymbol{X}}$ 的特征值 $\lambda^r = (\sigma^r)^2$ 近似地编码在最初处于基态的额外的第三寄存器中.

3. 反转奇异值

如同在 HHL 算法中所做的一样, 添加一个额外的量子位, 并利用特征值寄存器条件旋转产生

$$\sum_{r=1}^{R} \sigma^r |v^r\rangle |u^r\rangle |\lambda^r\rangle \left[\sqrt{1 - \left(\frac{c}{\lambda^r}\right)^2}|0\rangle + \frac{c}{\lambda^r}|1\rangle\right] \tag{5.73}$$

我们在附属量子位上执行一个条件测量,仅当测量结果为 $|1\rangle$ 时保留结果. 不考虑本征值寄存器,我们可以得到

$$|\psi_1\rangle := \frac{1}{\sqrt{p(1)}} \sum_{r=1}^{R} \frac{c}{\sigma^r} |v^r\rangle|u^r\rangle \tag{5.74}$$

其中,成功率为 $p(1) = \sum_r \left|\frac{c}{\lambda^r}\right|^2$.

4. 抽取内积

令 $|\psi_2\rangle = |\psi_y\rangle|\psi_{\tilde{x}}\rangle$,$|\psi_1\rangle$ 和 $|\psi_2\rangle$ 的内积即为最终的预测结果

$$\sum_{r=1}^{R} (\sigma^r)^{-1} \langle\psi(\tilde{x})|v^r\rangle \langle\psi(y)|u^r\rangle \tag{5.75}$$

在本节的最后有必要指出,如果我们有足够的 $\hat{\rho}_{X^\dagger X}$ 副本,并且它是低秩矩阵,就可以得到该量子算法的时间复杂度为 $O(\log N \kappa^2 \epsilon^{-3})$.

上述我们介绍了一个在通用量子计算机上实现的线性回归算法,该量子算法再现了最小二乘优化的经典线性回归方法的预测结果. 如果输入是作为量子信息给出的,则在特征向量的维度 N 的对数时间内可以运行,并且与训练集的大小无关. 另外,它还可以通过核技巧把线性拟合推广到非线性拟合.

当利用量子主成分分析算法中给出的技术,此量子回归算法并不需要数据矩阵 $\boldsymbol{X}$ 是稀疏的. 相反,仅需要通过低秩近似的方式重新表达 $\boldsymbol{X}^{\mathrm{T}}\boldsymbol{X}$ 就可以了,这也意味着 $\boldsymbol{X}^{\mathrm{T}}\boldsymbol{X}$ 中一些较大的本征值占主要成分.

5.4 量子判别式分析

上一节我们介绍了线性的回归问题,接下来我们讨论线性的判别式分析 (LDA). 对于判别式分析,可以用于维度约化,也可以用于分类问题.

对于降维问题一种广泛使用的技术是主成分分析 (PCA),其中数据被投影到最大方差的方向上. 然而,PCA 的一个明显的缺点是把它只看整体数据的方差,而没有考虑类数据. 那么这个极端的例子会发生:整体数据方差与最大类内数据方差完全相同,但是与最大类间数据方差正交. 在这种情况下,对来自不同类别的数据进行 PCA 投影有可能完全重叠,这样则不可能使用投影的数据来执行区分. Fisher 的线性判别分析 (LDA)

是用来克服这个问题的一种技术, LDA 将数据投影到最大化类间方差的方向上, 同时最小化训练数据的类内方差. 因此, 在分类之前需要降维的机器学习问题中, 线性判别分析式比主成分分析更有效.

判别式分析的另一个常见应用是将其用作分类任务, 其中带标签的训练向量作为输入, 对新的向量进行有效分类. 判别式分析分类器目前广泛应用于医学分析, 例如心电图 (EMG) 信号分析、肺癌分类和乳腺癌诊断等. 而支持向量机 (SVM) 等其他算法与判别分析分类器具有相似的准确率, 但是研究表明判别分析是一个更为稳定的模型. 这是因为一方面支持向量机选择的分离超平面只能依赖于一些支持向量, 在训练向量误差的情况下, 它会存在很大的方差. 另一方面, 由于判别分析是对整个类别均值和方差的分类, 因此它往往表现出较小的波动, 并且在存在误差的情况下更具鲁棒性.

虽然判别分析在降维和分类上有以上的好处, 但其时间复杂度较高. 即使对于最好的经典 LDA 降维算法, 也需要时间 $O(Ms)$, 其中 M 是给定的训练向量的数量, s 是每个特征向量的稀疏性 (非零分量的最大数量). 对于高维的大数据集来说, 通常很难保证训练向量的稀疏性, 所以在时间复杂度上表现较差. 本节我们介绍一个复杂度为对数多项式 M, N 的 LDA 量子算法, 其中 M 是训练向量的数目, N 是初始特征空间维数, 该复杂度与训练向量的稀疏性无关.

5.4.1 判别式分析

1. 维度约化

经典的 LDA 降维算法的输出是类间方差最大化 (用于类区分) 且类内方差最小化的投影方向. 利用这个思路, 在之前的大数据问题里, 高维特征空间中的向量可以投影到低维的子空间中 (由输出的最优单位向量张成), 从而可以使用较少的资源去存储相同数量的信息. 给定 M 个实值输入数据向量 $\{\boldsymbol{x}_i \in \mathbb{R}^N : 1 \leqslant i \leqslant M\}$, 每个向量都属于 k 个类中的一个. 令 $\boldsymbol{\mu}_c$ 表示类 c 的类均值 (质心), $\bar{\boldsymbol{x}}$ 表示所有数据点 $\boldsymbol{x}$ 的平均值 (质心). 令 $\boldsymbol{S}_\mathrm{B}$ 表示数据集的类间离散度矩阵, 有

$$\boldsymbol{S}_\mathrm{B} = \sum_{c=1}^{k} (\boldsymbol{\mu}_c - \bar{\boldsymbol{x}})(\boldsymbol{\mu}_c - \bar{\boldsymbol{x}})^\mathrm{T} \tag{5.76}$$

令 $\boldsymbol{S}_\mathrm{W}$ 表示类内离散度矩阵, 有

$$\boldsymbol{S}_\mathrm{W} = \sum_{c=1}^{k} \sum_{x \in c} (x - \mu_c)(x - \mu_c)^\mathrm{T} \tag{5.77}$$

线性判别分析的目标是找到一个投影方向 $\boldsymbol{w} \in \mathbb{R}^N$,使得类间方差 $\boldsymbol{w}^{\mathrm{T}}\boldsymbol{S}_{\mathrm{B}}\boldsymbol{w}$ 相对于类内方差 $\boldsymbol{w}^{\mathrm{T}}\boldsymbol{S}_{\mathrm{W}}\boldsymbol{w}$ 最大化. 在数学上, 假设这些类具有类似协方差的近似多元高斯分布, 可以看成最大化的目标函数 (通常称为 Fisher 判别式)

$$J(\boldsymbol{w}) = \frac{\boldsymbol{w}^{\mathrm{T}}\boldsymbol{S}_{\mathrm{B}}\boldsymbol{w}}{\boldsymbol{w}^{\mathrm{T}}\boldsymbol{S}_{\mathrm{W}}\boldsymbol{w}} \tag{5.78}$$

由于 $J(\boldsymbol{w})$ 的表达式在 $\boldsymbol{w}$ 的定标下是不变的, 故上式给出的最大化问题等同于最优化问题

$$-\min_{\boldsymbol{w}} \boldsymbol{w}^{\mathrm{T}}\boldsymbol{S}_{\mathrm{B}}\boldsymbol{w} \tag{5.79}$$

满足 $\boldsymbol{w}^{\mathrm{T}}\boldsymbol{S}_{\mathrm{W}}\boldsymbol{w} = 1$, 因此我们最优化拉格朗日函数, 得到

$$L_p = -\boldsymbol{w}^{\mathrm{T}}\boldsymbol{S}_{\mathrm{B}}\boldsymbol{w} + \lambda(\boldsymbol{w}^{\mathrm{T}}\boldsymbol{S}_{\mathrm{W}}\boldsymbol{w} - 1) \tag{5.80}$$

其中, λ 是所需的拉格朗日乘子. 根据 KKT 条件, 即

$$\boldsymbol{S}_{\mathrm{W}}^{-1}\boldsymbol{S}_{\mathrm{B}}\boldsymbol{w} = \lambda \boldsymbol{w} \tag{5.81}$$

由此可知, $\boldsymbol{w}$ 是 $\boldsymbol{S}_{\mathrm{W}}^{-1}\boldsymbol{S}_{\mathrm{B}}$ 的一个特征向量. 将上式代入目标函数 $J(\boldsymbol{w})$ 中, 我们得到 $J(\boldsymbol{w}) = \lambda$. 因此, 我们选择 $\boldsymbol{w}$ 作为主要的特征向量.

上述过程容易推广到更高维投影子空间中. 在这种情况下, 我们寻找构成我们投影子空间基矢的 p 向量, 这对应于最大化判别式

$$J(\boldsymbol{W}) = \frac{\boldsymbol{W}^{\mathrm{T}}\boldsymbol{S}_{\mathrm{B}}\boldsymbol{W}}{\boldsymbol{W}^{\mathrm{T}}\boldsymbol{S}_{\mathrm{W}}\boldsymbol{W}} \tag{5.82}$$

其中, $\boldsymbol{W}$ 是列向量为基矢的 $N \times p$ 矩阵. 使用与上面相同的分析, 可以证明 $\boldsymbol{W}$ 的列向量将是对应于 $\boldsymbol{S}_{\mathrm{W}}^{-1}\boldsymbol{S}_{\mathrm{B}}$ 的 p 个最大特征值的特征向量, 与 PCA 的情况相同.

2. 分类

虽然判别式分析最广泛的应用是降维, 但是判别分析也常用来直接进行数据分类. 对于分类, 构造每个类别 c 的判别函数

$$\delta_c(x) = \boldsymbol{x}^{\mathrm{T}}\boldsymbol{\Sigma}_c^{-1}\boldsymbol{\mu}_c - \frac{1}{2}\boldsymbol{\mu}_c^{\mathrm{T}}\boldsymbol{\Sigma}_c^{-1}\boldsymbol{\mu}_c + \log \pi_c \tag{5.83}$$

其中, $\boldsymbol{\Sigma}_c$ 是 c 类的协方差矩阵, $\boldsymbol{\mu}_c$ 是 c 的类别均值, π_c 是 c 类别的先验概率. 给定一个向量 $\boldsymbol{x}$, 然后将其分类到类 $c = \arg\max_c \delta_c(\boldsymbol{x})$ 中. 在训练向量数据中, 如果 M_c 是属于类别 c 的训练矢量的数目, 为了简化, 我们可以近似为 $\pi_c = M_c/M$, 那么对某个类别 c 的分类概率与属于 c 的训练矢量成正比. 假设每个类是多元高斯分布, 我们也估计

$$\boldsymbol{\Sigma}_c = \frac{1}{M_c - 1}\boldsymbol{\Sigma}_{x \in c}(\boldsymbol{x} - \boldsymbol{\mu}_c)(\boldsymbol{x} - \boldsymbol{\mu}_c)^{\mathrm{T}} \tag{5.84}$$

注意, 在协方差矩阵全部近似相等 (即 $\mathbf{\Sigma}_c \approx \mathbf{\Sigma}$) 的特殊情况下, $\mathbf{\Sigma}$ 正比于 $\mathbf{S}_\mathrm{W}$. 在这种特殊情况下, 函数 δ_c 被称为线性判别函数. 在下面的内容中, 我们介绍一个量子算法来解决更一般的情况, 称为二次判别式分析 (QDA), 其复杂度为 M 和 N 的多项式对数. 该算法适用于特例 LDA 分类. 由于用于评估判别函数的 $\mathbf{\Sigma}_c$ 的经典构造和反演需要多项式时间, 所以量子算法比最快的经典算法快指数倍.

5.4.2 量子判别式分析 LDA 算法

1. 维度约化步骤

(1) 初始化, 通过量子存储器, 在时间 $O(\log MN)$ 内构造厄米正半定算子 $\mathbf{S}_\mathrm{B}$ 和 $\mathbf{S}_\mathrm{W}$, 有

$$\mathbf{S}_\mathrm{B} = \frac{1}{A}\sum_{c=1}^{k}||\boldsymbol{\mu}_c - \bar{\boldsymbol{x}}||^2|\boldsymbol{\mu}_c - \bar{\boldsymbol{x}}\rangle\langle\boldsymbol{\mu}_c - \bar{\boldsymbol{x}}| \tag{5.85}$$

$$\mathbf{S}_\mathrm{W} = \frac{1}{B}\sum_{c=1}^{k}\sum_{i\in c}||\boldsymbol{x}_i - \boldsymbol{\mu}_c||^2|\boldsymbol{x}_i - \boldsymbol{\mu}_c\rangle\langle\boldsymbol{x}_i - \boldsymbol{\mu}_c| \tag{5.86}$$

(2) 由于 $\mathbf{S}_\mathrm{B}$ 和 $\mathbf{S}_\mathrm{W}$ 是厄米正半定的, 因此使用密度矩阵取幂的方法来模拟这些算符. 使用广义矩阵链算法在时间 $O(\log(MN)\kappa_\mathrm{eff}^{3.5}/\epsilon^3)$ 内实施 $\mathbf{S}_\mathrm{B}^{\frac{1}{2}}\mathbf{S}_\mathrm{W}^{\frac{1}{2}}\mathbf{S}_\mathrm{B}^{\frac{1}{2}}$.

(3) 由于 $\mathbf{S}_\mathrm{B}^{\frac{1}{2}}\mathbf{S}_\mathrm{W}^{\frac{1}{2}}\mathbf{S}_\mathrm{B}^{\frac{1}{2}}$ 是厄米正半定的, 因此使用密度矩阵取幂的方法来模拟该算符. 使用量子相位估计方法并从得到的概率混合物中抽样, 然后在时间 $O(p\,\mathrm{poly}\log(MN)/\epsilon^3)$ 内获得 p 个主特征值和特征向量 $\boldsymbol{v}_r$.

(4) 在时间 $O(p\,\mathrm{poly}\log(MN)\kappa_\mathrm{eff}^3/\epsilon^3)$ 内将 $\mathbf{S}_\mathrm{B}^{-\frac{1}{2}}$ 作用到 $\boldsymbol{v}_r$ 上以获得期望的方向 $\boldsymbol{w}_r = \mathbf{S}_\mathrm{B}^{-\frac{1}{2}}\boldsymbol{v}_r$.

(5) 将数据投影到 $\boldsymbol{w}_r$ 上以降低维度, 或者在最大类区分的方向上投影也可以.

2. 分类步骤

(1) 初始化, 通过查询量子存储器, 在时间 $O(k\log(MN))$ 内为所有类 c 构造厄米正半定算子 $\mathbf{\Sigma}_c$.

(2) 由于 $\mathbf{\Sigma}_c$ 是厄米正半定的, 因此使用密度矩阵取幂的方法来模拟该算符. 在时间 $O(k\log(MN)\kappa_\mathrm{eff}^3/\epsilon^3)$ 内对每个类应用取逆算法作用到态 $|\boldsymbol{\mu}_c\rangle$ 上以构建态 $|\mathbf{\Sigma}_c^{-1}\boldsymbol{\mu}_c\rangle$.

$$\mathbf{S}_\mathrm{W} = \frac{1}{B}\sum_{c=1}^{k}\sum_{i\in c}||\boldsymbol{x}_i - \boldsymbol{\mu}_c||^2|\boldsymbol{x}_i - \boldsymbol{\mu}_c\rangle\langle\boldsymbol{x}_i - \boldsymbol{\mu}_c| \tag{5.87}$$

(3) 利用交换操作取 $\boldsymbol{\Sigma}_c^{-1}\boldsymbol{\mu}_c$ 与 $\boldsymbol{x}-\frac{1}{2}\boldsymbol{\mu}_c$ 的内积, 花费时间 $O(\log N)$, 得到

$$\boldsymbol{x}^{\mathrm{T}}\boldsymbol{\Sigma}_c^{-1}\boldsymbol{\mu}_c - \frac{1}{2}\boldsymbol{\mu}_c^{\mathrm{T}}\boldsymbol{\Sigma}_c^{-1}\boldsymbol{\mu}_c \tag{5.88}$$

(4) 对于每个类别 c, 将 $\pi_c = M_c/M$ 添加到上式中以获得最终的判别值 $\delta_c(x)$.

(5) 选择最大区分值得类, 把 $\boldsymbol{x}$ 分为该类, 这一步时间复杂度为 $O(k)$.

3. 算法复杂度

正如我们之前分析的, 维度约化的复杂度为 $O(p\,\text{polylog}(MN)\kappa_{\text{eff}}^{3.5}/\epsilon^3)$, 分类的复杂度为 $O(k\log(MN)\kappa_{\text{eff}}^3/\epsilon^3)$.

在本节中, 我们展示了一个由 HHL 算法实现的厄米矩阵链算子, 并将其应用于实现对数时间的量子 LDA 算法. LDA 是机器学习和大数据分析等领域降维的有力工具. 虽然我们在误差方面的表现比经典算法 $(\text{poly}(1/\epsilon))$ 要差, 但是我们认为这是可以接受的, 因为不太可能有人想要达到极高的精度水平, 就像 LDA 提供的那样. 相反, 参数 M 和 N 的指数加速在减少整个算法运行时间方面应该更加重要.

5.5 量子支持向量机分类

在本节中, 我们将展示一个量子支持向量机算法, 它可以在训练和分类复杂度为 $O(\log MN)$ 的时间内运行. 在经典算法需要多项式时间的情况下, 量子的支持向量机算法获得了指数加速. 该量子大数据算法的核心是训练数据矩阵的非稀疏求幂技术和高效的矩阵求逆算法. 对于上面提到的复杂度 $O(\log MN)$, 其中 N 正是由于内积的快速量子估计引起的, 这一点我们可以在一般机器学习的讨论中看到. 对于 M, 这则是由于我们为了近似的最小二乘问题将支持向量机重新表示, 然后使用量子的矩阵求逆算法来解决该问题.

支持向量机的任务是将一个向量分类给两个类中的其中一个, 给定 M 个训练数据点, 其形式为 $\{(\boldsymbol{x}_j, y_j) : \boldsymbol{x}_j \in \mathbb{R}^N, y_j = \pm 1\}_{j=1,\cdots,M}$, 其中 $y_i = +1$ 或 -1, 这取决于 $\boldsymbol{x}_j$ 所属的类别. 对分类情况, 支持向量机利用法向量 $\boldsymbol{w}$ 找到一个最大边界超平面, 将这两个类分开. 边界由两个平行的超平面给出, 边界内没有数据点, 最大可能距离为 $2/|\boldsymbol{w}|$. 在

形式上, 构造超平面满足:

$$\boldsymbol{w} \cdot \boldsymbol{x}_j + b \geqslant 1, \qquad +1\text{类}$$
$$\boldsymbol{w} \cdot \boldsymbol{x}_j + b \leqslant 1, \qquad -1\text{类}$$

在原始公式中, 寻找最优超平面即为在满足不等式条件 $y_j(\boldsymbol{w} \cdot \boldsymbol{x}_j + b) \geqslant 1$ 时, 最小化 $|\boldsymbol{w}|^2/2$. 对偶形式为通过 KKT 乘子 $\boldsymbol{\alpha} = (\alpha_1, \cdots, \alpha_M)^{\mathrm{T}}$ 的最大化:

$$L(\boldsymbol{\alpha}) = \sum_{j=1}^{M} y_j \alpha_j - \frac{1}{2} \sum_{j,k=1}^{M} \alpha_j K_{jk} \alpha_k \tag{5.89}$$

其中, 满足 $\sum_{j=1}^{M} \alpha_j = 0$ 和 $y_j \alpha_j \geqslant 0$. 可以解得超平面的参数为 $\boldsymbol{w} = \sum_{j=1}^{M} \alpha_j \boldsymbol{x}_j$ 和 $b = y_j - \boldsymbol{w} \cdot \boldsymbol{x}_j$(其中, $j, \alpha_j \neq 0$). 只有少数的 α_j 是非零的: 这些是位于两个超平面上的 $\boldsymbol{x}_j$ 对应的支持向量. 我们引入了核矩阵, 它是许多机器学习算法的中心问题, $K_{jk} = k(\boldsymbol{x}_j, \boldsymbol{x}_k) = \boldsymbol{x}_j \cdot \boldsymbol{x}_k$ 定义了核函数 $k(\boldsymbol{x}, \boldsymbol{x}')$. 下面将研究更复杂的非线性内核和软边界. 解决对偶问题涉及估计核矩阵中的 $M(M-1)/2$ 个点积 $\boldsymbol{x}_j \cdot \boldsymbol{x}_k$, 然后通过二次规划找到最优 α_j 值, 这在一般非稀疏情况下需要复杂度 $O(M^3)$. 由于估计每个点积都需要花费时间 $O(N)$, 经典的支持向量算法需要时间 $O(\log(1/\epsilon) \times M^2(N+M))$, 其中 ϵ 为精度. 对于一个新的数据 $\boldsymbol{x}$, 分类的结果为

$$y(\boldsymbol{x}) = \mathrm{sign}\left(\sum_{j=1}^{M} \alpha_j k(\boldsymbol{x}_j, \boldsymbol{x}) + b\right) \tag{5.90}$$

5.5.1 量子最小二乘支持向量机

量子支持向量机的重要思想是采用最小二乘支持向量机的思路来规避二次规划问题, 并从线性方程组的解中获得参数. 引入松弛变量 e_j 软边距, 并用等式约束替换不等式约束 (使用 $y_j^2 = 1$):

$$y_j(\boldsymbol{w} \cdot \boldsymbol{x}_j + b) \geqslant 1 \rightarrow \boldsymbol{w} \cdot \boldsymbol{x}_j + b = y_j - y_j e_j \tag{5.91}$$

除了约束之外, 拉格朗日函数还增加了一个惩罚项 $\frac{\gamma}{2} \sum_{j=1}^{M} e_j^2$, 其中, 自定义的 γ 决定了训练误差的相对权重. 对拉格朗日函数求偏导数并消除变量 $\boldsymbol{u}$ 和 e_j, 可以得到该问题的最

小二乘近似:

$$\Phi \begin{pmatrix} b \\ \alpha \end{pmatrix} = \begin{pmatrix} 0 & \mathbf{1}^{\mathrm{T}} \\ \mathbf{1} & K + \gamma^{-1}\mathbf{1} \end{pmatrix} \begin{pmatrix} b \\ \alpha \end{pmatrix} = \begin{pmatrix} 0 \\ y \end{pmatrix} \tag{5.92}$$

其中, $K_{ij} = \boldsymbol{x}_i^{\mathrm{T}} \cdot \boldsymbol{x}_j$ 是对称的核矩阵, $\boldsymbol{y} = (y_1, \cdots, y_M)^{\mathrm{T}}$, $\mathbf{1} = (1, \cdots, 1)^{\mathrm{T}}$, 矩阵 $\boldsymbol{\Phi}$ 的维度为 $(M+1) \times (M+1)$.

到这里我们已经把支持向量机的问题转化为稀疏密度矩阵取幂和求逆矩阵的问题了.

1. 矩阵取幂

对于矩阵

$$\boldsymbol{\Phi} = \begin{pmatrix} 0 & \mathbf{1}^{\mathrm{T}} \\ \mathbf{1} & K + \gamma^{-1}\mathbf{1} \end{pmatrix} \tag{5.93}$$

归一化, 有 $\boldsymbol{\Phi} = \dfrac{\boldsymbol{\Phi}}{\mathrm{Tr}\boldsymbol{\Phi}} = \dfrac{\boldsymbol{\Phi}}{\mathrm{Tr}K'}$, 然后我们可以简单地将它分解为 $\boldsymbol{\Phi} = (\boldsymbol{J} + \boldsymbol{K} + \gamma^{-1}\mathbf{1})$, 其中, $\boldsymbol{J} = \begin{pmatrix} 0 & \mathbf{1}^{\mathrm{T}} \\ \mathbf{1} & 0 \end{pmatrix}$, 利用 Baker-Hausdorff 公式, 得到

$$\mathrm{e}^{-\mathrm{i}\boldsymbol{\Phi}\Delta t} = \exp\left\{-\mathrm{i}\frac{\Delta t \mathbf{1}}{\mathrm{Tr}\boldsymbol{\Phi}}\right\} \exp\left\{-\mathrm{i}\frac{\boldsymbol{J}\Delta t}{\mathrm{Tr}\boldsymbol{\Phi}}\right\} \exp\left\{-\mathrm{i}\frac{\boldsymbol{K}\Delta t}{\mathrm{Tr}\boldsymbol{\Phi}}\right\} + O(\Delta t^2) \tag{5.94}$$

再利用相位估计算法可以构造出 $\mathrm{e}^{-\mathrm{i}\boldsymbol{\Phi}\Delta t}$.

2. 量子线性算法 QLA

(1) $\begin{pmatrix} 0 \\ y \end{pmatrix}$ 用量子态表述: $|\tilde{y}\rangle = \sum\limits_{i=1}^{M+1} \beta_i |u_i\rangle$, 其中, $\beta_i = \langle u_i|\tilde{y}\rangle$.

(2) 应用条件哈密顿演化, $\sum\limits_{\tau=0}^{T} |\tau\rangle\langle\tau| \otimes \mathrm{e}^{\mathrm{i}\hat{F}\tau t_0/T}$ 作用在 $|\Psi_0\rangle \otimes |\tilde{y}\rangle$ 上, 其中 $|\Psi_0\rangle = \dfrac{1}{\sqrt{T}} \sum\limits_{\tau=0}^{\mathrm{T}} |\tau\rangle$.

(3) 得到结果 $\dfrac{1}{\sqrt{T}} \sum\limits_{i=1}^{M+1} \sum\limits_{\tau=0}^{\mathrm{T}} \mathrm{e}^{\mathrm{i}\lambda_i \tau t_0/T} \beta_i |\tau\rangle |u_i\rangle$.

(4) 应用逆傅里叶变换得 $\sum\limits_{i=1}^{M+1} \beta_i |\tilde{\lambda}_i\rangle |u_i\rangle$.

(5) 在附属量子比特上做旋转得 $\sum\limits_{i=1}^{M+1} \beta_i |\tilde{\lambda}_i\rangle |u_i\rangle \left(\sqrt{1 - \dfrac{C^2}{\lambda_i^2}} |0\rangle + \dfrac{C}{\lambda_i} |1\rangle \right)$.

(6) 选取测量附属比特为 1 的情况: $|b,\boldsymbol{\alpha}\rangle = \sum_{i=1}^{M+1} \beta_i \dfrac{C}{\lambda_i}|u_i\rangle$.

3. 复杂度分析

重复该算法 $O(\kappa_{\text{eff}})$ 次以获得确定不变的成功概率, 得到最终运行时间为

$$O(\kappa_{\text{eff}}^3 \epsilon^{-3} \log MN)$$

总的来说, 我们上面描述的量子支持向量机的复杂度为 $O(\log MN)$, 这与经典的情况相比具有巨大的优势.

在本节中, 我们已经表明机器学习中的一个重要的分类器——支持向量机可以通过量子机器学习的方法实现, 其算法复杂度为对数的特征尺寸和训练数据的量级. 从该结论上看, 这是一个完美的量子大数据算法的例子. 支持向量机的最小二乘算法允许我们使用相位估计和量子矩阵求逆算法. 我们发现, 当训练数据核矩阵中相对较少的主成分占主要地位时, 量子算法的速度最大. 另外, 除了加速以外, 量子支持向量机的另一个优势就是数据隐私. 量子算法不需要每个训练样例的所有特征的显式 $O(MN)$ 表示, 而是在量子并行中产生必要的数据结构, 即内积的核矩阵. 一旦生成了核矩阵, 训练数据的各个特征就被用户完全隐藏起来了. 总之, 量子支持向量机是一种重要的机器学习算法的有效实现, 它提供了数据隐私方面的优势, 还可以作为一个更大量子神经网络中的组件.

参考文献

[1] Aram W H, Hassidim A, Lloyd S. Quantum Algorithm for Linear Systems of Equations[J]. Physical Review Letters, 2009, 103: 15.

[2] Wiebe N, Braun D, Lloyd S. Quantum Algorithm for Data Fitting[J]. Physical Review Letters, 2012, 109: 5.

[3] Schuld M, Sinayskiy I, Petruccione F. Quantum computing for pattern classification[M].Switzerland: Springer Interational Publishing, 2014: 208-220.

[4] Lloyd S, Modhseni M, Rebentrost P. Quantum Principal Component Analysis[J]. Nature Physics, 2014, 10: 631-633.

[5] Cong I, Duan L. Quantum Discriminant Analysis for Dimensionality Reduction and Classification[J]. New Journal of Physics, 2016, 18: 073011.

[6] Rebentrost P, Mohseni M, Lloyd S. Quantum Support Vector Machine for Big Data classification[J].Physical Review Letters, 2014, 113: 130503.

[7] Lloyd S, Mohseni M, Rebentrost P. Quantum Algorithms for Supervised and Unsupervised Machine Learning[J]. arXiv: 2013, 1307.0411v2 [quant-ph].

[8] Rebentrost P, Steffens A, Lloyd S. Quantum Singular Value Decomposition of Non-sparse Low-rank Matrices[J].Physical Review A, 2018, 97: 012327.

[9] Daskin A. Quantum Spectral Clustering Through a Biased Phase Estimation Algorithm[J].arXiv: 2017, 703.05568v2[quant-ph].

第 6 章

量子绝热计算

在人类的生产与经济活动中,最优化问题是非常普遍且重要的问题. 所谓的最优化问题,就是在所有可能的或存在的备选解决方案中找到可行的、最好方案的问题. 为了解决最优化问题,人们发展出最优化理论与方法,或者说最优化技术. 它从最优化问题的数学模型出发,在给定的目标函数下确立如何做出最好的选择. 近年来,最优化技术相关领域的关注度非常高,这主要得益于计算机技术的不断进步与提高. 自计算机出现 70 多年来,尽管大部分优化问题本身未有明显改变,但计算 (机) 技术和优化方法却得到了巨大的发展. 从极笨重的真空管计算机到现在超大规模集成线路计算机,制造计算机的技术和计算机的计算能力都得到了飞跃式提升. 而在优化方法上,从简单的蒙特卡罗 (MC) 方法到自适应模拟退火算法,人们发展出了一系列精巧的算法. 但受限于目前经典计算机的性能仍然无法真正地胜任和彻底地解决组合优化问题.

在 2015 年 12 月 8 日, D-Wave 公司在新闻发布会上宣布:"D-Wave 量子计算机的运行速度比经典计算机快一亿倍",这进一步激发出人们使用量子计算机解决最优化问题的期望,尽管 D-Wave 量子计算机只是一类专门用途的量子计算机,而且仅仅在特定问题上分析具有快一亿倍的高性能. 但是,许多研究已经充分表明:量子计算机比传统计算机具有更强大的计算能力. 例如: 在 Shor 的方案中, 量子计算机可以在多项式时间内解决素数分解问题, 在其之后一个很自然的问题是, 量子计算机是否能够在多项式时间内有效解决其他非确定性多项式 (NP) 问题? 结合到本章的更为具体的问题则是, 量子计算能否在组合优化技术中体现出比经典计算的优势呢? 作为率先的探索性研究, 采用量子退火 (quantum annealing, QA) 方式的 D-Wave 量子计算机通过把组合问题转化为寻找伊辛模型能量最低状态 (基态) 的问题, 在非零温度下利用哈密顿量对基态演化已知的初始态来解决困难的优化问题, 其中的哈密顿量用来编码给定的问题. 量子退火是经典模拟退火的一种推广, 这种方法所基于的是给定问题的成本函数可以映射到某个物理系统的能量, 而能量势垒可以通过涨落来跨越, 进而解决问题. 经典模拟退火通过热涨落实现, 但是这种方法无法从原理上避免局域最小化. 而量子力学允许通过利用叠加态和隧穿效应来跨越势垒, 这一点是经典模拟退火无法比拟的优势. 量子退火正是基于这一思想的算法, 而可编程量子退火器如 D-Wave 计算机则是一种物理实现.

本章将主要介绍绝热量子计算方法 (adiabatic quantum computation, AQC). 一般地说, 绝热量子计算从具有容易制备基态的初始哈密顿量出发, 逐渐变化到具有编码所求问题解基态的最终哈密顿量. 绝热定理保证当哈密顿量的变化足够缓慢时系统将能跟踪瞬时的基态. 故而这种量子计算的方法与凝聚态物质物理、计算复杂性理论和启发式算法都有很深的联系. 已有的研究表明, 绝热量子计算等价于量子线路模型, 在多项式上等同于传统的量子计算模型. 因此可以用作通用量子计算, 能在任何量子硬件上运行. 绝热计算更大的优势在于相比于其他模型, 它对于环境干扰和退相干有更好的鲁棒性. 但是, 一些重要的开放问题仍然存在, 这包括澄清非绝热效应如何影响绝热量子计算, 尤其是量子退火器件的性能.

绝热量子计算模型主要有三个方面的应用: 一是组合优化问题, 二是数据分析问题, 三是量子哈密顿量模拟问题. 其中, 使用绝热量子算法和基于量子退火的机器学习也在许多应用中引起了极大的兴趣. 对于机器学习而言, 绝热量子计算的优势在于它绕过了通常的编程模型, 而哈密顿量算符的模拟退火就等价于学习算法中经常遇到的函数最小化运算. 广泛地说, 机器学习从数据中推断出相关性, 在绝热量子计算模型中已经为此开发了几种不同的方法. 这包括监督和非监督训练方法, 它们将训练视为一个全局优化问题, 简化为寻找对应哈密顿量的最低能量状态 (Lloyd et al., 2013). 因为量子退火能够在大量的可能性中找到接近最优的解决方案, 所以使用这种方法来优化或加速机器学习的训练状态是十分有趣的. 作为无监督机器学习算法的一部分, O'Malley 等人 (2017) 还使用量子退火来识别人脸特征模式.

在另一个应用中, 量子退火被用来训练用于分类的玻尔兹曼机. 玻尔兹曼机是一种具有可视和隐藏节点的人工神经网络, 通过加权耦合对信息进行编码 (Hinton, 2014).

而一般玻尔兹曼机不限制节点之间的连接,限制玻尔兹曼机 (RBM) 只允许不同层节点之间的连接. 在任何一个模型中,底层网络都是用一个伊辛模型来表示的,该模型使用自旋变量作为节点和耦合来定义连接性 (Biamonte et al., 2017). 因此,具有伊辛哈密顿量的量子退火可以用于任一类型的玻尔兹曼机来寻找最优加权耦合. 用绝热量子计算／量子退火训练玻尔兹曼机已经进行了实验测试 (Potok et al., 2018; Liu et al., 2018). 如果规模化量子器件工程能够实现,那么具有相当规模的绝热量子计算将有望对计算科学产生重大影响.

6.1 量子绝热计算和绝热近似

6.1.1 量子绝热计算

绝热量子计算是一种量子计算的方法. 它使用量子力学中叠加原理、隧道效应和量子纠缠. 它依赖于量子绝热定理,与量子退火密切相关,已有的一些研究表明,绝热量子计算可以等价于标准的量子计算,并认为在理论上它具有更强的抗噪声能力.

量子绝热计算最先由 Farhi, Goldstone, Gutmann 和 Sipser (2000) 提出,相关的概念则源于 Kadowaki 和 Nishimori (1998), Brooke, Bitko, Rosenbaum 和 Aeppli (1999) 以及其他的研究者. 其基本算法方案是,物理系统最初以其已知的最低能量或基态来制备,然后计算过程中缓慢地改变系统哈密顿量,以保证系统在整个演化过程中保持在基态. 通过设计哈密顿量的演化,使得最终哈密顿量的基态是最优化问题的解. 量子绝热计算方案所依赖的物理基础是量子力学中的绝热近似,即通过缓慢改变哈密顿量,使得系统与配置相适应的情况下导出薛定谔方程近似解的方法. 它基于如下一个简单的结论:如果一个量子系统被制备在它的基态,且它的哈密顿量变化得足够缓慢,那么这个量子系统将近似地处于随着时间推移的哈密顿量的瞬时基态上.

该结论来自于 Born 和 Fock 提出的**绝热定理** (1928):"如果给定的扰动足够慢地作用于物理系统,并且特征值与哈密顿量谱的其余部分之间存在差距,那么物理系统仍然处于其瞬时本征态."

量子绝热近似的起源可以追溯到爱因斯坦的"绝热假说", Ehrenfest 首先认识到绝热不变性的重要性,在量子理论出现之前猜测:量子规律只允许在绝热扰动下进行不变的运动. 如上所述, 玻恩和福克提出了一种大家更为熟悉的现代版绝热近似方法.

值得注意的是, 一个量子系统的哈密顿量明显与时间相关的话, 其瞬时本征态的定义就来源于如下方程:

$$\hat{H}(t)|\Psi_n(t)\rangle = E_n(t)|\Psi_n(t)\rangle \tag{6.1}$$

其中, $E_n(t)$ 和 $|\Psi_n(t)\rangle$ 分别对应着时刻 t 的哈密顿量本征值和本征矢. 如同在量子力学中所做的一样, 我们总是按照本征值的大小排列本征值, 即 $E_n \leqslant E_{n+1}$. 为不失一般性, 这组本征矢是正交归一的, 我们可以写出

$$\hat{H}(t) = \sum_n E_n(t)|\Psi_n(t)\rangle\langle\Psi_n(t)| \tag{6.2}$$

在量子绝热过程中, 确定量子系统时间演化的哈密顿量随着时间逐渐变化, 即 $\hat{H} = \hat{H}(t)$. 不妨设系统从初始的哈密顿量 $\hat{H}_0 = \hat{H}_i$ 演化到测最终 (或测量时) 的哈密顿量 $\hat{H}_f$ 所需要的时间是 t_f, 且我们已知 (或容易制备) $\hat{H}_0$ 的基态和可以有效构建 H_f. 那么, 为了得到 $\hat{H}_f$ 的基态, 我们可以把哈密顿量的演化过程写为

$$\begin{aligned}\hat{H}(t) &= \left(1 - \frac{t}{t_f}\right)\hat{H}_0 + \frac{t}{t_f}\hat{H}_f = [1-s(t)]\hat{H}_0 + s(t)\hat{H}_f \\ &= H_0 + s(t)(\hat{H}_f - \hat{H}_0) = \hat{H}_0 + s(t)\hat{H}_1 = \hat{\tilde{H}}(s) \Rightarrow \hat{H}(s)\end{aligned} \tag{6.3}$$

其中, $s(t) = t/t_f$. 显然 $\hat{H}_1 = \hat{H}_f - \hat{H}_0$ 是我们需要绝热地加入相互作用. 上式中, 当 $\hat{H}_0$ 与 $\hat{H}_1$ 本身并不显含时间时 (或者它们分别有整体时间因子时), 我们的时间参数就可以直接标记为 s, 且 $s \in [0,1]$ 是无量纲时间. 显然 $\hat{\tilde{H}}(s)$ 的瞬时本征矢 $|\tilde{\Psi}_n(s)\rangle$ 以及对应的本征值与 $|\Psi_n(t)\rangle$ 和对应的本征值相同, 当不至于引起混淆时, 我们能够省略哈密顿量上面的"~"符号.

在初始时刻 ($s=0$), 我们制备了 $\hat{H}(0) = \hat{H}_0$ 的基态 $|\Psi(0)\rangle$, 然后该状态依据薛定谔方程进行演化. 在演化终点的时刻 $t_f(s=1)$, 我们能测量该时刻的状态 $|\Psi(t_f)\rangle$ (即 $\hat{H}(t_f) = \hat{H}_f \Rightarrow \hat{H}(1)$ 的瞬时本征态), 它近似于瞬时基态 $|\Phi\rangle$. 遵循绝热定理, 如果在整个演化过程中基态和第一激发态之间存在非零能隙, 量子绝热算法的成功率 ($|\langle\Phi|\Psi(t_f)\rangle|^2$) 随着 $t_f \to \infty$ 达到 1, 那么怎样大的一个 t_f 是足够大的呢? 也就是说需要多么大的 t_f 可以使得绝热近似有效呢? 一个粗略的估计是

$$t_f \gg \frac{\mathcal{E}}{(\triangle E)^2} \tag{6.4}$$

其中

$$\mathcal{E} = \max_{s\in[0,1]}\left|\langle\Psi_1(s)|\partial_s\hat{H}(s)|\Psi_0(s)\rangle\right| \tag{6.5}$$

$$\triangle E = \min_{s \in [0,1]} [E_1(s) - E_0(s)]] \tag{6.6}$$

在此, $E_0(s)$ 和 $E_1(s)$ 分别是 $\hat{H}(s)$ 的基态 $|\Psi_0(s)\rangle$ 和第一激发态 $|\Psi_1(s)\rangle$ 的 (最小与次最小) 本征值. 由此可知, 绝热量子算法的复杂度表现在从初始状态发展到最终状态所花费的时间上, 而这个时间又与基态与第一激发态之间的 (能量) 间隔有关: 间隔越小, 所需的绝热量子算法执行过程的时间就越长. 通过进一步分析可以知道, 决定上述间隔的是初始哈密顿量算符和最终的哈密顿量算符. 一般而言, 用绝热量子计算进行最优求解, 相比于经典算法能够实现大约二次方的加速, 但不确定 (很难说) 是否能够获得指数级的加速, 事实上这是一个值得继续研究的问题.

更多关于绝热定理的知识请参见本章附录.

6.1.2 绝热量子计算的通用性

正如大家知道的那样, 量子线路模型具有通用性. 因此, 它能够有效地模拟绝热量子计算模型. 这一结论在 2000 年由 Farhi 等人证明. 但反过来人们想要知道绝热量子计算是否也能用于通用量子计算, 或者绝热量子计算和通用的量子计算之间是不是等价的. 早在 2004 年 Aharonov 等人第一次描述了对任一给定量子算法的高效绝热模拟, 从而揭示了绝热量子计算模型与常规的量子计算模型是多项式等价的. 作为绝热量子计算的第一个完整证明, Aharonov 等人的文章中引入的许多想法和做法为随后的研究与论证提供了启发. 其主要思路是从量子线路是通用的认知出发, 通过绝热量子计算有效模拟量子线路的输出, 证明出量子绝热计算也可以实现通用量子计算. 也可以说, 绝热量子计算等价于量子线路模型的结论意味着绝热量子计算可以在任何量子硬件上运行 (Kendon et al., 2010).

具体地说, 证明过程描述为: 给定任意 n 量子位的量子线路, 通过设计一个绝热计算过程, 使得最终瞬时基态是量子线路的输出. 由于量子线路的输出可以描述为一系列 L 个幺正的单或双量子比特门 $\hat{U}_1, \hat{U}_2, \cdots, \hat{U}_L$ 的作用, 因此这样线路的绝热模拟应该是高效的, 即它最多是线路深度 L 的多项式开销. 从而最终完成了对于上述结论的证明.

在如上 n 量子位的量子线路中, 初始 n 比特输入态为 $|0\cdots 0\rangle$. 经过第 ℓ 个门 (或运算) 之后, 输出态记为历史态 $|\alpha(\ell)\rangle$. 将每一步运算之后的输出态与 L 个量子比特组成的费曼时钟寄存器 $|1^\ell 0^{L-\ell}\rangle_c$ 直积后构成如下的能够记录计算步骤 ℓ 的态 $|\gamma(\ell)\rangle$, 然后遍及整个过程求和构成所谓的整个"历史态" $|\eta\rangle$:

$$|\gamma(\ell)\rangle \equiv |\alpha(\ell)\rangle \otimes |1^\ell 0^{L-\ell}\rangle_c \tag{6.7}$$

$$|\eta\rangle = \frac{1}{\sqrt{L+1}} \sum_{\ell=0}^{L} |\gamma(\ell)\rangle \tag{6.8}$$

其中，费曼时钟寄存器的概念来自费曼 1985 年的文章，它由 ℓ 个处在 1 在前的量子位和 $L-\ell$ 个处在 0 在后的量子位组成. 值得指出的是，对于当 $\ell=0$ 和 $\ell=L$ 的两个端点值，费曼时钟寄存器的状态分别是 $|0^L\rangle_c$ 和 $|1^L\rangle_c$.

为了构造一个基态为 $|\gamma(0)\rangle$ 的哈密顿量 $\hat{H}_{\text{init}}$ 和基态为 $|\eta\rangle$ 的哈密顿量 $\hat{H}_{\text{final}}$. 令

$$\hat{H}_{\text{init}} = \hat{H}_{\text{c-init}} + \hat{H}_{\text{input}} + \hat{H}_{\text{c}} \tag{6.9}$$

$$\hat{H}_{\text{final}} = \frac{1}{2}\hat{H}_{\text{circuit}} + \hat{H}_{\text{input}} + \hat{H}_{\text{c}} \tag{6.10}$$

$$\hat{H}_{\text{circuit}} = \sum_{\ell=1}^{L} \hat{H}_\ell \tag{6.11}$$

如同绝热近似方法那样，写出时间依赖哈密顿量为

$$\begin{aligned}\hat{H}(s) &= (1-s)\hat{H}_{\text{init}} + s\hat{H}_{\text{final}} \\ &= \hat{H}_{\text{input}} + \hat{H}_{\text{c}} + (1-s)\hat{H}_{\text{c-init}} + \frac{s}{2}\hat{H}_{\text{circuit}}\end{aligned} \tag{6.12}$$

构建上式中各项使基态始终具有 0 能量.

(i) $\hat{H}_{\text{c}}$：这一项应该保证时钟态总是保持 $|1^\ell 0^{L-\ell}\rangle_c$ 的形式. 因此，我们按如下的方式构成它：

$$\hat{H}_{\text{c}} = \sum_{\ell=1}^{L-1} |0_\ell 1_{\ell+1}\rangle_c \langle 0_\ell 1_{\ell+1}| \tag{6.13}$$

其中，$|0_\ell 1_{\ell+1}\rangle_c$ 表示一个 0 在第 ℓ 个时钟量子比特上，一个 1 在时钟第 $\ell+1$ 个位置上. 那么对于出现有 01 序列时态会导致非零贡献，使得任意非法时钟状态都将具有 $\geqslant 1$ 的能量，任何合法时钟状态都将具有 0 能量.

(ii) $\hat{H}_{\text{c-init}}$：保证初始时钟态是 $|0^L\rangle_c$，

$$\hat{H}_{\text{c-init}} = |1_1\rangle_c \langle 1_1| \tag{6.14}$$

请注意，我们只需要指定第一个时钟量子位处于零状态. 如果随后任何一个量子位出现了零，式 (6.13) 将会导致非零贡献，使得具有 $\geqslant 1$ 的能量. 于是，对于合法的时钟状态，式 (6.13) 和式 (6.14) 意味着要求其余的也处于 0 态.

(iii) $\hat{H}_{\text{input}}$：确保时钟态是否是 $|0^L\rangle_c$，然后在量子位态 $|0^n\rangle$ 上计算：

$$\hat{H}_{\text{input}} = \sum_{i=1}^{n} |1_i\rangle \langle 1_i| \otimes |0_1\rangle_c \langle 0_1| \tag{6.15}$$

(iv) $\hat{H}_\ell$: 确保从 $\ell-1$ 到 ℓ 的传播和操作与 U_ℓ 相关,

$$\hat{H}_1 = \hat{I} \otimes |0_1 0_2\rangle_c \langle 0_1 0_2| - \hat{U}_1 |1_1 0_2\rangle_c \langle 0_1 0_2|$$
$$- \hat{U}_1^\dagger |0_1 0_2\rangle_c \langle 1_1 0_2| + \hat{I} \otimes |1_1 0_2\rangle_c \langle 1_1 0_2| \tag{6.16}$$

$$\hat{H}_{2 \leqslant \ell \leqslant L-1} = \hat{I} \otimes |1_{\ell-1} 0_\ell 0_{\ell+1}\rangle_c \langle 1_{\ell-1} 0_\ell 0_{\ell+1}|$$
$$- \hat{U}_\ell |1_{\ell-1} 1_\ell 0_{\ell+1}\rangle_c \langle 1_{\ell-1} 0_\ell 0_{\ell+1}|$$
$$- \hat{U}_\ell^\dagger |1_{\ell-1} 0_\ell 0_{\ell+1}\rangle_c \langle 1_{\ell-1} 1_\ell 0_{\ell+1}|$$
$$+ \hat{I} \otimes |1_{\ell-1} 1_\ell 0_{\ell+1}\rangle_c \langle 1_{\ell-1} 1_\ell 0_{\ell+1}| \tag{6.17}$$

$$\hat{H}_L = \hat{I} \otimes |1_{L-1} 0_L\rangle_c \langle 1_{L-1} 0_L| - \hat{U}_L |1_{L-1} 1_L\rangle_c \langle 1_{L-1} 0_L|$$
$$- \hat{U}_L^\dagger |1_{L-1} 0_L\rangle_c \langle 1_{L-1} 1_L| + \hat{I} \otimes |1_{L-1} 1_L\rangle_c \langle 1_{L-1} 1_L| \tag{6.18}$$

注意,第一个和最后一个条件使状态保持不变. 第二项是向前传播计算状态和时钟寄存器, 而第三项是向后传播计算状态和时钟寄存器.

可以证明, 态 $|\gamma(0)\rangle = |\alpha(0)\rangle \otimes |0^L\rangle_c$ 是本征值为 0 的 $\hat{H}_{\text{init}}$ 的基态, 并且 $|\eta\rangle$ 是具有本征值为 0 的 $\hat{H}_{\text{final}}$ 的基态. 设 S_0 是由 $\{|\gamma(\ell)\rangle\}_{\ell=0}^L$ 构成的子空间. 态 $|\alpha(0)\rangle$ 是线路的输入, 因此它可以被认为是 $|0\cdots 0\rangle$ 态, 即初始基态是一个容易制备的态. 由于初态 $|\gamma(0)\rangle \in S_0$, 因此由 $\hat{H}(s)$ 产生的动力学将态保持在 S_0 上. 事实证明, 对于 $s \in [0,1]$, 基态是唯一的. 通过将 S_0 内的哈密顿量映射到随机矩阵, 可以在 S_0 内找到基态能隙的多项式下界:

$$\Delta(\hat{H}_{S_0}) \geqslant \frac{1}{4}\left(\frac{1}{6L}\right)^2 \tag{6.19}$$

也可以将全局能隙 (即不限于 S_0 子空间) 限定为

$$\Delta(\hat{H}) \geqslant \Omega\left(\frac{1}{L^3}\right) \tag{6.20}$$

终态的测量将以概率 $\frac{1}{L+1}$ 找到量子线路 $|\gamma(L)\rangle$ 的最终结果. 这可以通过在线路的末端插入单位算符来放大, 因此导致历史态包括线路最终结果的更大叠加. 这些结果表明, 对于任意给定的量子线路, 存在一个使用 $\hat{H}(s)$ 的绝热算法的高效实现. 在这里和其他地方一样, "高效"意味着达到多项式开销, 即 $T \sim \text{poly}(L)$.

6.1.3 绝热量子计算的计算复杂度

AQC 首先由 Farhi 等人提出,并对 3-SAT 问题做了讨论,然而遗憾的是,Farhi 的计算机在多项式时间不能解决这个 NP 问题. 事实上, 这个算法的时间复杂度很难计算, 目前认为是指数的. 他建议, 对于特殊情况, 可以通过找到整个哈密顿量的张量分解来减少时间复杂度, 并用它来表明时间复杂度的降低. 后来, Aharonov 等人发现绝热量子计算等效于量子计算的 Deutsch 线路模型. 模型之间的等价性为量子计算的中心问题提供了一个新的观点, 即设计新的量子算法和阻塞容错量子计算机. 不幸的是, 这个证明并没有提供从一个模型到另一个模型的简单的方法.

绝热模型有几个问题, 最重要的是缺乏保证容错的方法. 换句话说, 如何控制嵌入到这种计算机中的噪声或退相干的量并不清楚. 对于简单的问题, 绝热计算机有时也会失败. van Dam 认为, 这种情况中绝热计算机表现为"局部搜索", 即在具有大量亚稳状态的问题空间上, 时间复杂度可能很高. 当然, 算法不能停留在绝热状态的亚稳状态, 然而, 事实是有许多这样的状态表现为本征值之间的第一个能隙的指数下降. 因此, 存在简单的问题, 在绝热计算机上需要花费指数的时间来解决. 至于第一能隙和温度之间的关系, 可以肯定: 如果 k_BT 比能隙小得多, 那么绝热演化就能够克服热噪声.

6.2 量子退火与绝热算法

6.2.1 量子退火

绝热量子计算在某种程度上较为理想化, 因此让我们考虑一个不太理想化的版本: 量子退火. 与门模型和绝热量子计算不同, 量子退火是为了解决一个更具体的问题, 其通用性不是必需的. 绝热量子计算理想化的情况就是缓慢地改变和计算变化速度极限, 但这并非易事, 而且在许多情况下甚至比解决原始问题更具挑战性. 量子退火则不需要速度限制, 可以一遍又一遍地重复转变 (或退火). 在这节中我们将简要介绍从最早的随机方法到量子退火发展过程中的三个重要的方法.

1. 蒙特卡罗方法和 Metropolis 算法

蒙特卡洛 (Monte-Carlo, MC) 方法通过为每个问题构建一些随机过程来解决各种计算问题, 其中随机过程的统计特性等于所求的量. 然后通过采样大致确定这些量的值. MC 方法是在统计物理学、天体物理学、核物理学、QCD 以及计算生物学、经济学、交通流和超大规模集成线路设计等领域中使用非常广泛的随机方法. MC 方法广泛使用的原因是其允许检索其他方法无法处理的多变量系统. 例如, 求解描述两个原子之间相互作用的方程是相当简单的; 但是求解相同的数百或数千原子方程是不可能的. 使用 MC 方法, 在一个大规模系统中可以在其各种参数设置中多次采样, 并且该数据可以被用来描述整个系统. 一般情况下, 人们使用随机数的各种分布, 每个分布反映一系列过程中的特定过程, 例如中子在各种材料中的扩散来模拟采样得到真正期望过程的近似.

MC 方法基于马尔可夫随机过程. 马尔可夫链对其平稳分布状态的松弛时间由马尔可夫矩阵的两个最高特征值之差的倒数决定. 这和绝热计算中的"松弛"时间类似.

在多种实现 MC 的算法中, 常见的算法是 Metropolis 算法 (也称为 Metropolis-Hastings 算法). 该算法属于一类重要的 MC 方法: 马尔科夫链蒙特卡洛方法 (Markov chain Monte-Carlo, MCMC). 这些方法通过构建以期望分布作为均衡分布的马尔可夫链来模拟概率分布函数.

例如, 假设有一个由 N 个经典分子组成的二维点阵, 分子 i 和 j 之间的距离为 d_{ij}. 则该算法将模拟玻尔兹曼分布, 并允许计算在这种分布下目标量的期望. 在正则系统下, 任何物理量 A 的平衡性质可以按下式计算:

$$\bar{A} = \frac{\int A \exp(-E/k_B T) \mathrm{d}^{2N} p \mathrm{d}^{2N} q}{\int \exp(-E/k_B T) \mathrm{d}^{2N} p \mathrm{d}^{2N} q} \tag{6.21}$$

其中, k_B 是玻尔兹曼常数, T 是温度, $\mathrm{d}^{2N} p \mathrm{d}^{2N} q$ 是 $4N$ 维相空间中的体积元, 假设势能 E 具有如下形式:

$$E = \sum_{i=1}^{N} \sum_{j \neq i} V(d_{ij}) \tag{6.22}$$

这里, V 是仅依赖分子之间距离的外场势能. 该算法的大致步骤如下:

(1) 将 N 个粒子放到一个 2 维晶格中.

(2) 依次按如下规则移动每个粒子:

$$X \to X + r\delta_x, \quad Y \to Y + r\delta_y \tag{6.23}$$

其中, r 是最大允许位移, δ_x, δ_y 是 $[-1,1]$ 之间的随机数, 即使用以粒子原始位置为中心的边为 $2r$ 的正方形均匀分布来进行下一个位置的选择, 这被称为"建议分布".

(3) 计算由于位移而引起的能量改变 ΔE.

(4a) 如果 $\Delta E < 0$, 那么此表面新位置能量比原来低, 粒子将以概率 1 留在这个新位置上.

(4b) 如果 $\Delta E > 0$, 那么粒子将概率地留在这个新位置上. 方法是产生一个新的随机数 ϵ, 将它和 $\exp(-\Delta E/k_B T)$ 比较, 如果 $\epsilon \leqslant \exp(-\Delta E/k_B T)$, 粒子留在新位置, 否则回到之前的位置.

步骤 (4b) 中使用的概率分布被称为"接受分布". 注意"接受分布"与玻尔兹曼分布的"目标分布"的相似性. 鉴于"建议分布"和"接受分布", 存在简单的充分条件来保证目标分布的存在, 因此这被称为**细致平衡条件**. 上面的步骤 (4b) 保证了细致平衡条件的实现. 上述过程将在格子上产生一组满足玻尔兹曼分布的点.

这种方法能够近似地找到 $\hat{E}$ 以及由方程 (6.21) 描述的任何其他平衡态中的平均特性 (见图 6.1).

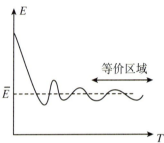

图6.1 过渡到平衡的典型结果

这类算法有几个缺点. 首先, 晶格中相邻的点显然是相关的, 所以必须从一个子序列中抽样. 其次, 点的初始分布离目标分布较远.

需要注意的是, 这个算法运行的整个过程中温度是恒定的, 如果使用逐渐变化的温度, 则算法就变成了模拟退火算法.

2. 模拟退火

在凝聚态物理中, 退火表示一种物理过程. 在该过程中, 通过将浴温升高到一个最大值使固体的所有颗粒随机排列在液相中, 然后缓慢降低热浴的温度来使固体冷却. 通过这种方式, 所有的粒子都将其自身置于相应晶格的低能基态中, 只要最高温度足够高、冷却进行得足够缓慢即可. Kirkpatrick 等人和 Černý 独立地认识到, 组合优化问题的成本函数和固体的缓慢冷却直到低能基态之间具有很高的相似性. 之后, 这个算法及其应用的研究发展成为了一个独立的研究领域. Kirkpatrick 和他的同事们通过用能量代替成本函数来执行 Metropolis 算法, 得到一个组合优化算法, 他们称之为"模拟退火".

Metropolis 算法可用于生成这样的配置序列. 令接受分布为

$$\frac{1}{Z(c)}e^{-\Delta(C)/c} \tag{6.24}$$

其中, 成本函数 C 和控制参数 c 分别类似于能量和温度, 相应地, $Z(c)$ 是一个归一化因子. 现在可以将模拟退火算法看作 Metropolis 算法的应用, 其中将减小控制参数 c 的值 (这是在退火过程中金属的冷却类似). 最初, 控制参数被赋予较大值, 然后根据问题确定一些退火时间表来逐渐减小. 减小控制参数的具体方式与具体情况有关, 但是通常以较大值开始并且在随后算法的运行中逐渐减小到 0. 根据 Geman 的著名定理, 如果我们用时间对数控制参数 (温度): $c(t) = \alpha N/\log(t)$ (其中 α 是某个比例因子), 则可以保证最终结果收敛于解. 这可能花费无限的时间, 因此算法需要在某个最终时间 t_f 终止. 假设我们在温度降低到 $c(t_f) = \Delta$ 时停止算法, 则所需时间为 $t_f = e^{\frac{\alpha N}{\Delta}}$, 然后将最终的状态作为目标问题的解.

模拟退火算法有几个变种, 值得一提的是自动调整模型参数的方法, 其中的两个称为自适应模拟退火和模拟淬火.

3. 量子退火

量子退火是求解组合优化和抽样问题的一种量子力学元启发式 (通用和近似) 方法. 首先于 1989 年被提出, 现在广泛使用的形式主要是 Kadowaki 和 Nishimori 在 1998 年所建议的形式, 类似的技术方案被用于较为广泛的一类连续问题, 后来被应用于 Lennard-Jones 集群和其他问题. 除了理论研究之外, 这种方法也在实验上得到了大量的证明. 因为在人类的生产与生活、工程技术与经济活动中, 许多重要的实际问题可以表述为组合优化问题, 包括物流中的组合优化和路线优化. 找到解决这类优化问题的有效方法具有巨大的社会意义, 这也是量子退火备受关注的一个关键原因. 目前的研究热点还包括量子力学系统的模拟.

量子退火是一种通过控制量子涨落来寻找成本函数最小值 (多变量函数最小化) 的一般近似方法, 它在受抑制的系统或网络中利用量子涨落使得系统退火至其基态或其最小成本状态, 并最终将量子涨落调整至零 (见图 6.2), 从而通过使用量子涨落取代模拟退火算法中的热涨落来实现优化. 之所以使用可调的量子涨落, 是因为量子隧穿效应的原因: 与经典退火中系统通过利用热涨落来攀升各个障碍不同, 量子退火中量子涨落可以通过隧穿来跨越这些障碍并避免局部最小值. 例如, 质量为 m、能量为 E 的粒子能以概率 $e^{-\sqrt{2m(V-E)}x}$ 穿过高度为 $V > E$ 的势垒, 其中, x 是渗透距离. 由于这种自旋模型的势垒的大小与 N 正相关, 因此势垒穿透概率将在量子退火情况下与 $e^{\sqrt{N}}$ 成正比, 并且在经典情况下与 e^{-N} 成反比. 因此量子情况更优, 能够比经典退火更有效地解决多变量优化问题.

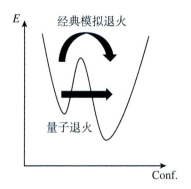

图6.2 量子退火与经典模拟退火的对比(以能量作为参数空间的函数)

量子退火的过程原则上是通过从量子初始基态到经典最终基态 (给定问题的解) 的实时绝热演化实现的. 然而, 在有些版本中量子退火协议有所不同, 即演化不一定需要绝热, 也就是说, 系统可能由于热或非绝热演化而离开基态, 如 D-Wave 系统.

为了进行量子退火, 人们用伊辛 (Ising) 模型作为一个物理实现来写成本函数 (伊辛模型是统计力学中的一个模型, 用于研究原子自旋的磁偶极矩). 选择伊辛模型的哈密顿量 (能量函数), 使其最低能态 (基态) 代表组合优化问题的解. 然后, 在哈密顿量中加入一个表示量子力学涨落的项, 以诱导态间的量子跃迁.

按照上述的方法, 成本函数由如下 Ising 形式的哈密顿量 $\hat{H}_{\text{Ising}}$ 表示:

$$\hat{H}_{\text{Ising}} = -\sum_{i<j} J_{ij}\sigma_i^z \sigma_j^z - \sum_i h_i \sigma_i^z \tag{6.25}$$

其中, σ_i^x, σ_i^z 是属于第 i 个自旋空间的 Pauli 矩阵, J_{ij} 表示自旋 i 和 j 之间的相互作用强度, h_i 描述了在自旋 i 处的强度. 然后, 加入一个适当选择的非交换量子隧穿哈密顿量 $\hat{H}_{\text{TF}}$(横向场部分), 使得总哈密顿量具有如下形式:

$$\hat{H} = \hat{H}_{\text{Ising}} - \Gamma(t)\sum_i \Delta_i \sigma_i^x \equiv \hat{H}_{\text{Ising}} + \hat{H}_{\text{TF}}(t) \tag{6.26}$$

其中, Δ_i 表示隧穿项之间的相互作用强度, $\Gamma(t)$ 表示其时间依赖性. 然后求解描述这个晶格的波函数 $\psi(t)$ 的时间相关的薛定谔方程

$$i\hbar \frac{\partial \psi}{\partial t} = (\hat{H}_{\text{Ising}} + \hat{H}_{\text{TF}})\psi \tag{6.27}$$

该解近似描述了这个系统在 $\hat{H}_{\text{Ising}}$ 的不同本征态之间的隧穿动力学. 与经典模拟退火中的热涨落一样, 由 $\hat{H}_{\text{TF}}(t)$ 引起的量子涨落有助于将系统从局部"陷阱"状态中释放

出来. 最后当 $t \to 1$ 时,$\hat{H}_{\text{TF}}(t) \to 0$,系统在 $\hat{H}_{\text{Ising}}$ 的一个本征态中稳定:有可能是我们希望的基态. 这种量子隧穿的引入被认为是使得高而窄的势垒对系统透明. 换句话说,期望应用量子隧道使自由能遍历,并因此系统将以有限概率访问任何设置. 最后,将量子隧穿项调整到零以恢复 Ising 哈密顿量. 可以注意到,量子退火的成功与量子自旋中由量子隧穿导致的重复对称性恢复直接相关.

最近的研究表明,量子退火对于机器学习的玻尔兹曼-吉布斯分布采样也是有用的. 同样值得注意的是量子退火器对多体系统的模拟.

量子退火与模拟退火都需要保持接近瞬时基态,都需要严格控制参数,慢慢改变它们以调整热涨落或量子涨落的强度. 量子退火在隧穿通过狭窄障碍 (可能很高) 中具有优势;而经典模拟退火方案在势垒宽且低的情况下可能仍然具有优势. 量子退火能够改进模拟退火在处理系统"非遍历的"情况下 (例如由旋转模型描述的系统) 所具有的性能问题,可以处理更广泛但略有不同的一些问题.

事实上,对于一些特定的问题,量子退火比模拟退火的优势更加明显. Kadowaki 等人对横向 Ising 场的 8 比特的玩具模型进行了测试. 他们的结果表明,当使用相同的退火时间表时,量子退火比传统方案具有更大的概率收敛到基态. 在 Martonak 等人的路径积分 MC 量子退火方法中,对于包含 1002 个城市的旅行商问题显示出了更好的结果. 这里的算法在不同时间步停止后,其结果与模拟退火算法进行了比较. 量子退火显示了更有效的退火,并且与模拟退火相比降低解的残留误差的速度更快. 在 Farhi 等人构造的一个例子中,局部最小值之间的间隔很小,因此隧道效应很强. 而该例对应的模拟退火显示出了指数级的复杂度. Brooke 等人将上述模型应用于无序铁磁体. 他们的目的是找到具有一定比例的随机插入反铁磁结的铁磁体的基态. 将其冷却至 30 mK 并改变横向磁场,这样能够比较模拟和量子退火,最终得出结论. 他们的实验直接证明了哈密顿量子隧穿项的好处.

量子退火也可以通过量子蒙特卡洛技术来模拟. 这些基本上是使用上述经典的 MC 方法来评估解决量子多体问题时出现的多维积分. 一些常用的方法有变分、扩散、辅助场 MC、路径积分、高斯和随机格林函数.

如上讨论的量子退火机都是绝热的. 已有的研究表明:基态与第一激发态之间的汉明距离以及横向隧穿矢量之间有着密切的联系. 如果这个反交叉点附近的汉明距离是 d,那么通过隧道穿越这个距离就是 Γ^d 困难的 (指数级的),当我们把横场看作是扰动时,这是很明显的. 所以演化速度太快的话,我们将结束在 (卡住) 与真实解具有很大汉明距离的本征矢量上. 因此,困难的问题 (如 NP 困难的问题) 要么需要指数时间,要么给出高误差的结果.

基态和第一激发本征态的自由量子位数和第一能隙之间也有很深的联系. 很容易看

到转动场破坏了自由量子位的简并性. 因此, 如果第一激发态具有比基态更多的自由量子位, 则由横向场分裂的能态使得最小间隙减小. 这在经典模拟退火中不会发生. 因此, 这个问题使得量子退火比经典模拟退火更难实现.

6.2.2 绝热格罗弗算法

这里我们将介绍一些具有代表性的绝热算法. 为了使量子加速的描述更加准确, 我们需要在不同类型的加速之间进行划分, 因为接下来会出现几种类型的加速. Rønnow 等人将量子算法分为 4 种类型:

(1) 可证明 (provable): 这类算法已经被证明没有比经典算法更优;

(2) 强 (strong): 这类算法与经典算法相比, 没有已知的经典算法更优;

(3) 量子加速 (quantum speedup): 这类算法是对最优的可用经典算法的加速, 如 Shor 算法; 这样的加速可能是暂时的, 因为最终可能找到更好的经典算法;

(4) 有限量子加速 (limited quantum speedup): 这类算法在与特定的经典算法进行比较时得到了加速, 这个定义允许存在比量子算法更好的其他经典算法.

绝热 Grover 算法由 Roland 和 Cerf 在 2002 年提出, 是使用 AQC 的可证明的量子加速的典型例子, 与基于线路模型的 Grover 算法一样, 其目的是通过尽可能少地访问数据库, 在未结构化的 N 项数据库中找到目标项. 正式的描述为: 一个函数 $f:\{0,1\}^n \mapsto \{0,1\}$, 其中 $N = 2^n$ 是比特串的数目, 其中 $f(m) = 1$ 且 $f(x) = 0 (\forall x \neq m)$, 目标是用最少的访问次数找到 m.

对于经典算法, 唯一的策略是遍历数据库, 直到找到标记的项目, 因此经典算法的复杂度是 $\Theta(N)$.

AQC 中我们用 m 二进制表示来代表目标项. Oracle 操作定义为 $\hat{H}_1 = I - |m\rangle\langle m|$, 其中, $|m\rangle$ 是与目标项关联的目标态. 在这个表示下, 二进制表示在 σ^z 下给出本征值, 例如 $\sigma^z|0\rangle = +|0\rangle$, $\sigma^z|1\rangle = -|1\rangle$. 目标态是这个哈密顿量的 0 能基态, 其他计算基矢的能量为 1.

1. 绝热量子 Grover 算法的步骤

首先初始化哈密顿量 $\hat{H}_0 = 1 - |\phi\rangle\langle\phi|$, 其中

$$|\phi\rangle = \frac{1}{\sqrt{N}} \sum_{i=0}^{N-1} |i\rangle = |+\rangle^{\otimes n} \tag{6.28}$$

其中，$|\pm\rangle = \frac{1}{\sqrt{2}}(|0\rangle \pm |1\rangle)$，采用含时哈密顿量

$$\begin{aligned}\hat{H}(s) &= [1-A(s)]\hat{H}_0 + A(s)\hat{H}_1 \\ &= [1-A(s)]|\phi\rangle\langle\phi| + A(s)(1-|m\rangle\langle m|)\end{aligned} \quad (6.29)$$

其中，$s = \dfrac{t}{t_f} \in [0,1]$ 是无量纲时间，t_f 是总的计算时间，$A(s)$ 是我们可以优化的演变方案. 为简单起见，我们选择 $A(s) = s$.

如果初始态是 $\hat{H}(0)$ 的基态，那么这个系统的演化将会限制在一个 2 维子空间中，这个空间由 $|m\rangle$ 和

$$|m^\perp\rangle = \frac{1}{\sqrt{N-1}} \sum_{i \neq m}^{N-1} |i\rangle \quad (6.30)$$

构成. 在这个 2 维子空间中，$\hat{H}(s)$ 可写为

$$[\hat{H}(s)]_{|m\rangle,|m\rangle^\perp} = \frac{1}{2}\hat{I}_2 - \frac{\Delta(s)}{2}\begin{pmatrix} \cos\theta(s) & \sin\theta(s) \\ \sin\theta(s) & -\cos\theta(s) \end{pmatrix} \quad (6.31)$$

其中

$$\Delta(s) = \sqrt{(1-2s)^2 + \frac{4}{N}s(1-s)} \quad (6.32)$$

$$\cos\theta(s) = \frac{1}{\Delta(s)}\left[1 - 2(1-s)\left(1 - \frac{1}{N}\right)\right] \quad (6.33)$$

$$\sin\theta(s) = \frac{2}{\Delta(s)}(1-s)\frac{1}{\sqrt{N}}\sqrt{1 - \frac{1}{N}} \quad (6.34)$$

本征值和本征矢为

$$\varepsilon_0(s) = \frac{1}{2}[1 - \Delta(s)], \quad \varepsilon_1(s) = \frac{1}{2}[1 + \Delta(s)] \quad (6.35)$$

$$|\varepsilon(s)\rangle = \cos\frac{\theta(s)}{2}|m\rangle + \sin\frac{\theta(s)}{2}|m^\perp\rangle \quad (6.36)$$

$$|\varepsilon(s)\rangle = -\sin\frac{\theta(s)}{2}|m\rangle + \cos\frac{\theta(s)}{2}|m^\perp\rangle \quad (6.37)$$

剩下的 $N-2$ 个本征值在演化过程中都是 1. 最小能隙在 $s = \dfrac{1}{2}$ 时，有

$$\Delta_{\min} = \Delta\left(s = \frac{1}{2}\right) = \frac{1}{\sqrt{N}} = 2^{-n/2} \quad (6.38)$$

在对绝热定理的讨论中，我们看到除了它是 2 次可微之外，对于 $s(t)$ 没有特殊的假设，绝热条件可以由附录中的方程 (6.67) 推出，这需要令

$$t_f \leqslant 2\max_s \frac{\left\|\partial_s \hat{H}(s)\right\|}{\Delta^2(s)} + \int_0^1 \frac{\left\|\partial_s \hat{H}(s)\right\|^2}{\Delta^3(s)} \mathrm{d}s \quad (6.39)$$

这里我们已经考虑了边界条件,并利用被积函数的正性来将上限延长到 1. 通过式 (6.31) 可得

$$\partial_s \hat{H}(s) = \begin{pmatrix} -\left(1-\dfrac{1}{N}\right) & \dfrac{1}{\sqrt{N}}\sqrt{1-\dfrac{1}{N}} \\ \dfrac{1}{\sqrt{N}}\sqrt{1-\dfrac{1}{N}} & \left(1-\dfrac{1}{N}\right) \end{pmatrix} \tag{6.40}$$

其本征值为 $\pm\sqrt{1-\dfrac{1}{N}}$,所以 $\|\partial_s \hat{H}\| \leqslant 1$,式 (6.67) 中其他部分的积分涉及 $\dfrac{\|\partial_s^2 \hat{H}(s)\|}{\Delta^2(s)}$,由式 (6.40) 可知其为 0. 基态的简并度始终为 $m(s)=1$. 由于

$$\int_0^s \frac{1}{\Delta^3(x)} \mathrm{d}s = \frac{N}{2} - \frac{N^{3/2}(1-2s)}{2\sqrt{N(1-2s)^2 + 4(1-s)s}} \tag{6.41}$$

是一个在 $N = \Delta_{\min}^{-2}, s \to 1$ 时,关于 s 单调递增的函数,所以绝热条件为

$$t_f \gg 2\max_s \frac{1}{\Delta^2(s)} + \int_0^1 \mathrm{d}s \frac{1}{\Delta^3(s)} = \frac{3}{\Delta_{\min}} \tag{6.42}$$

这是一个令人失望的结论,即量子绝热算法具有与经典算法相同的计算复杂度.

然而,通过在整个时间间隔 t_f 内施加绝热条件,在整个计算过程中演变速率受到限制,而间隙仅在 $s=1/2$ 附近变小. 因此,使用在最小间隙附近调整并减速的时间表 $A(s)$ 是有意义的. 这样做,二次量子加速可以在接下来的求解方案中恢复.

2. 绝热量子加速

再次考虑绝热条件 (6.67),我们可重写为

$$t_f \gg 2\max_s \frac{\|\partial_s \hat{H}(s)\|}{\Delta^2(s)} + \int_0^1 \left(\frac{\|\partial_s^2 \hat{H}\|}{\Delta^2} + \frac{\|\partial_s \hat{H}\|^2}{\Delta^3}\right) \mathrm{d}s \tag{6.43}$$

现在 $\hat{H}$ 和 Δ 依赖于时间表 $A(s)$. 假设

$$\partial_s A = c\Delta^p[A(s)], \quad A(0)=0 \quad (p, c > 0) \tag{6.44}$$

随着间隙变得越来越小,时间表减慢. 归一化条件

$$c = \int_0^1 \Delta^{-p}[A(s)] \partial_s A \mathrm{ss} = \int_{A(0)}^{A(1)} \Delta^{-p}(u) \mathrm{d}u, \quad u = A(s)$$

这遵守

$$\int_0^1 \left(\frac{\|\partial_s^2 \hat{H}[A(s)]\|}{\Delta^2[A(s)]} + \frac{\|\partial_s \hat{H}[A(s)]\|^2}{\Delta^3[A(s)]}\right) \mathrm{d}s \leqslant 4c \int \Delta^{p-3}(u) \mathrm{d}u \tag{6.45}$$

最终式 (6.43) 中的边界条件为

$$2\max_s \frac{\left\|\partial_s \hat{H}(s)\right\|}{\Delta^2(s)} \leqslant 4c\Delta_{\min}^{p-2} \tag{6.46}$$

我们用 $p=2$ 的情况来说明主要观点. 在这种情况下, 边界项是 $4c$ 并评估积分收益

$$c = \int_0^1 \Delta^{-2}(u)\mathrm{d}u = \frac{N}{\sqrt{N-1}}\tan^{-1}\sqrt{N-1} \to \frac{\pi}{2}\sqrt{N}$$

$$\int_0^1 \Delta^{-1}(u)\mathrm{d}u = \frac{1}{2\sqrt{N-1/N}}\log\frac{\sqrt{N-1}\sqrt{N}+N-1}{\sqrt{N-1}\sqrt{N}-(N-1)} \to \log(2N)/2$$

其中, 渐近表达式为 $N \gg 1$. 将其代入方程 (6.46) 得到绝热条件

$$t_f \gg 2\pi\sqrt{N}[1+\log(2N)] \tag{6.47}$$

这是绝热误差小的充分条件, 几乎可以实现 Grover 算法期望的二次加速.

对数因子的出现实际上是一个使用不紧致边界的假象. 通过求解方程中的时间表, 可以恢复完全的二次加速, 即 $t_f \sim \sqrt{N}$, 在 $p=2$ 的情况下, 重写式 (6.44), 在边界条件 $A(0)=0$ 和 $A(t_f)=1$ 的情况下用尺寸时间单位 $\partial_t A = c'\Delta^2[A(t)]$ 表示. 为了求解这个微分方程, 我们将其改写为

$$t = \int_0^1 \mathrm{d}t = \int_{A(0)}^{A(t)} \mathrm{d}A/[c'\Delta^2(A)] \tag{6.48}$$

积分可得

$$t = \frac{N}{2c'\sqrt{N-1}}\{\tan^{-1}(\sqrt{N-1}[2A(t)-1]) + \tan^{-1}\sqrt{N-1}\} \tag{6.49}$$

方程 (6.49) 在 t_f 有

$$t_f = \frac{N}{c'\sqrt{N-1}}\tan^{-1}\sqrt{N-1} \to \frac{\pi}{2c'}\sqrt{N} \tag{6.50}$$

此即期望的平方加速.

有人可能会试图得出结论, 由于到目前为止 c' 是任意的, 并且可以选很大的值, 所以 t_f 可以任意小. 然而, 绝热误差界限表明情况并非如此: 虽然不严谨, 但它表明如果 t_f 按 $\sqrt{N}$ 缩放, 则 c' 必须按 $1/\log(2N)$ 缩放, 以保持绝热误差小. 因此, 一般的结论是增加 c' 会导致更大的绝热误差.

由式 (6.49) 可求得最优化的时间表

$$A(s) = \frac{1}{2} + \frac{1}{2\sqrt{N-1}}\tan\left[\frac{2s-1}{\tan\sqrt{N-1}}\right] \tag{6.51}$$

这里我们用 s 替代 t/t_f. 如预期的那样, 该时间表在 $s=0,1$ 附近快速上升, 在 $s=1/2$ 附近几乎持平, 即在最小差距附近减速.

3. 多标记态

目前的结果很容易推广到我们有 $M \geqslant 1$ 个标记状态的情况，对此 Grover 算法在线路模型中也给出了二次加速. 最终的哈密顿量可以写作

$$\hat{H}_1 = I - \sum_{m \in M} |m\rangle\langle m| \tag{6.52}$$

其中, M 是标记指标的集合. 令

$$|m_\perp\rangle = \frac{1}{\sqrt{N-M}} \sum_{i \notin M} |i\rangle\langle i| \tag{6.53}$$

该系统不在 2 维子空间中演化, 而在 $M+1$ 维子空间中演化, 该子空间跨越 $\{|m\rangle\}_{m \in M}$, $|m_\perp\rangle$, 而非式 (6.31), 哈密顿量可用在这个基矢下写为

$$\hat{H}(s) = \begin{pmatrix} (1-s)(1-\frac{1}{N}) & -\frac{1-s}{N} & \cdots & -(1-s)\frac{\sqrt{N-M}}{N} \\ -\frac{1-s}{N} & (1-s)(1-\frac{1}{N}) & \cdots & -(1-s)\frac{\sqrt{N-M}}{N} \\ \vdots & \vdots & & \vdots \\ -(1-s)\frac{\sqrt{N-M}}{N} & -(1-s)\frac{\sqrt{N-M}}{N} & \cdots & s+(1-s)(1-\frac{N-M}{N}) \end{pmatrix} \tag{6.54}$$

这个哈密顿量可以很容易地对角化, 并且有 $M-1$ 个本征值等于 $1-s$, 另外两个特征值为

$$\lambda_\pm \frac{1}{2} \pm \frac{1}{2}\sqrt{(1-2s)^2 + \frac{4M}{N}s(1-s)} \tag{6.55}$$

这决定了相对最小能隙

$$\Delta(s) = \sqrt{(1-2s)^2 + \frac{4M}{N}s(1-s)} \tag{6.56}$$

剩下的 $N-M-1$ 个本征值都为 1. 比较 $M=1$ 的情况和式 (6.32), 唯一的区别是从 $1/N$ 到 M/N 的变化. 因此, 我们之前的讨论只需要进行这样的修改即可.

6.3 物理实现与 D-Wave

前面已经提到, Ising 模型是实现量子退火的一种重要方法. 本节我们将较详细地介绍一下 Ising 模型和使用 Ising 模型解决问题的过程中用到的一类图模型.

6.3.1　Ising 模型

Ising 模型是一种最简单的铁磁-顺磁相变模型, 它是一个单轴离散自旋模型, 也就是说, 它的自旋取值只能沿一根单轴取 +1 或 −1. 该模型的哈密顿量为

$$\hat{H} = -\sum_{i,j} J_{ij} s_i s_j - \mu \sum_i h_j s_i \quad (s_i = \pm 1) \tag{6.57}$$

其中, J_{ij} 是两个邻接自旋的耦合强度, h_i 为外磁场, μ 晶格磁矩. 在物理学中, 常见的 Ising 模型通常只考虑近邻与次近邻的相互作用. 对于 $J_{ij} > 0$ 的系统称为铁磁系统, 对于 $J_{ij} < 0$ 的系统称为反铁磁系统, $J_{ij} = 0$ 是无相互作用的系统, 除此之外的系统统称为非铁磁系统. 如果没有外加磁场, Ising 模型就可以简化为

$$\hat{H} = -\sum_{i,j} J_{ij} s_i s_j \tag{6.58}$$

对于 Ising 优化问题则是在给定实参数 J_{ij} 和 h_i 的条件下, 找到一组自旋 $S = \{s_1 \cdots s_n\}(s_i \in \{+1, -1\})$, 使得系统能量

$$E(S) = \sum_{i<j} J_{ij} s_i s_j + \sum_i h_i s_i \tag{6.59}$$

最小. 从上式可以看到, 如果 $s_i = s_j$, 那么 J_{ij} 应取负, 如果 $s_i \neq s_j$, 则应有正的 J_{ij}, h_i 的符号在 s_i 上具有类似的结果.

物理学中, 之所以只考虑近邻和次近邻自旋之间的相互作用, 是因为对于更一般的系统中任意两个自旋之间都存在相互作用的问题处理起来是十分困难的. 因此要使用 Ising 模型实现量子退火机, 就需要十分特别的自旋系统和结构, 使其可以用来描述一般问题. 在实际的量子退火机中, 例如, D-Wave 使用的是一种称为量子超导干涉仪 (superconducting quantum interference device, SQUID) 的人工"自旋". SQUID 可以被设计成具有特定形状的宏观二能级的量子系统, 并且第一能隙可以自由调节, 是制造量子退火机的理想选择. 需要注意的是, 这种设备需要在极低的温度下工作, 一是为了满足器件的超导环境, 二是为了防止热涨落破坏量子性.

6.3.2　嵌合图模型

为了使用 Ising 模型求解问题, 就必须将问题映射到 Ising 模型上. 对于问题映射的媒介, 一个有效的方法是图模型, 以物理自旋为节点, 耦合强度为边权重, 就可以将问题编码到 Ising 模型上. 将一个图 G 表示为节点集 $N = \{i|i \in \mathbb{N}\}$ (i 是节点编号) 与边集

$E = \{(i,j)|i,j \in \mathbb{N}\}$ 的集合, $G = \{N, E\}$. 尽管物理硬件无法实现全连接的 Ising 模型以及规模的限制, 因而无法实现任意图的映射, 其中的一族图——嵌合图 (chimera) 就成了最佳的选择. 虽然可处理的图有限, 但它能够处理比链或树更通用的图结构.

嵌合图通过相互连接小的二分图的二维网格而建立, 如图 6.3 中左图所示. 这一族图可以用三个参数描述: 一个 (M,N,L) 嵌合图可以由 $L \times L$ 密集二分图的 $M \times N$ 网格构成. 如果我们不考虑节点之间的连接强度, 仅考虑其连通性, 对于一个 (M,N,L) 嵌合图, 其连接矩阵为

$$A = I_M \otimes I_N \otimes \begin{bmatrix} 0 & 1 \\ 1 & 0 \end{bmatrix} \otimes \mathbf{1}_L + L_M \otimes I_N \otimes \begin{bmatrix} 1 & 0 \\ 0 & 0 \end{bmatrix} \otimes I_L$$

$$+ I_M \otimes L_N \otimes \begin{bmatrix} 0 & 0 \\ 0 & 1 \end{bmatrix} \otimes I_L \tag{6.60}$$

这里用 I_n 表示 $n \times n$ 的单位阵, 用 $\mathbf{1}_n$ 表示全为 1 的 $n \times n$ 矩阵, L_n 是长度为 n 的链的邻接矩阵, 并且其元素属于集合 $\{0,1\}$. 实际上网格中的各个二分图的连接强度各不相同, 连接矩阵是十分复杂的, 上式不再适用.

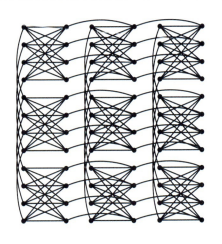 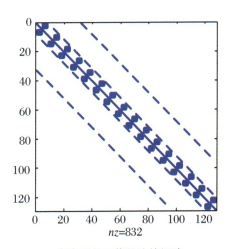

显示量子比特之间连接为(3,3,4)嵌合图的线图　　嵌合图的二值的连接矩阵

图6.3　嵌合图的一个例子

尽管嵌合图是稀疏的 (见图 6.3 中右图), 但它们是非平面的, 并且具有中等高的树宽度, 例如, (M,N,L) 嵌合图具有树宽度 $L\min(M,N)$, 这使得它们难以使用经典计算机采样. D-Wave Ⅰ 上实现了 (4,4,4) 嵌合结构, D-Wave Ⅱ 达到了近似为 (8,8,4) 的嵌合结

构, 未来会具有更大规模的结构.

在实际情况中, 节点连接边的数量可能会受到限制, 换言之, 就是物理连接的数量是受限的. 这发生在量子退火计算机以及节点具有边缘容量限制的通信网络中. 在这些情况下, 具有过多边的节点可以将它的一部分边移动到与其强耦合的附属节点上, 这些强耦合的结点在优化过程中具有相同的值. 令 m 是在节点集合 N 中任意给定节点输入边的最大可允许值. E_i 是 E 中包含节点 i 的节点对的子集, $E_i = \{(k,l)|k=i或l=i\}$. 那么 $|E_i|$ 是连接到节点 i 的边的数量, 并具有限制 $|E_i| \leqslant m$.

如果图 G 中存在结点 $|E_i| > m$, 那么 G 可以通过引入与这些超出限制的结点具有强耦合的额外的结点 n^* 将其转换为拓展图 $G^* = \{N^*, E^*\}$. N^* 包含 N 中原来的节点 n, 以及新添加的额外节点 n^*. 对于新的边集 E^* 也要做出相应的调整. 如果在将问题映射到实际的量子退火机中时, 受到了例如 $|E_i| \leqslant m$ 的限制, 那么就必须要进行图的变换, 直到 $|E_i| = m$. 并且保证对于 G^* 的最优解也等价于原始问题的最优解.

我们举一个例子来说明如何通过增加强耦合节点将 G 转换成 G^*. 图 6.4 显示了具有 5 个节点的一个小规模图 G 的节点之间的边的连接情况. 令 $m=3$, 即一个节点最多可以有 3 个边. 显然, 节点 1 有 4 条边, 不符合条件, 因此通过添加一个具有强耦合的节点 (或多个节点) 来转换图, 以保证 G 和 G^* 的最优解都是等价的. 注意, 可以有多种方法来添加节点 n^* 以及连接原节点和新节点的边. 图 6.4 展示了两个转换: 第一个添加了单个节点 x_6 所能连接的最多 3 边 (强耦合边是粗体); 第二个转换增加了两个节点 x_6 和 x_7, 在节点 7 上留下了一个开放的边缘, 其他节点可以添加到这个边缘.

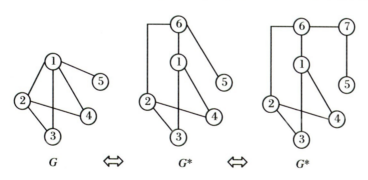

图6.4 当 $m=3$ 时, 将 G 映射到 G^*

6.3.3 D-Wave 结构与工作方式

介绍了基本原理之后,接下来我们将要对实际的量子退火机、D-Wave 系统做简要的介绍.并结合两个不同方向且具有代表性的问题,对 D-Wave 的表现进行介绍.

D-Wave 的量子芯片使用磁通量子位 (flux qubit)Ising 模型实现.这些超导线路由几个能够实现宏观量子效应的约瑟夫森结构成,是一类超导量子干涉器件.D-Wave 的第一个台计算机具有 128 个量子位,D-Wave II 已经拥有 512 个这样的量子位.关于约瑟夫森结和 SQUID 的相关知识,这里不做赘述,我们只要知道这样的结构可以实现量子位即可.下面我们简单介绍一下 D-Wave 的结构.

D-Wave 计算机中的磁通量子位,以一组 8 个量子位耦合到一个单元中构成嵌合图的二分子图.如图 6.5 中左图所示,量子位 a 被耦合到量子位 A, B, C 和 D,类似地,量子位 A 被耦合到量子位 a, b, c 和 d.所有 8 个量子位及其相互连接如图 6.5 中右图所示.每组中,左侧的 4 个节点同时连接到它们各自的南/北邻组,并且右侧的 4 个节点连接到它们的东/西邻组.因此,内部节点有 6 条边,边界节点有 5 条边.D-Wave1 中,16 个这样的单元构成 4×4 的二维网格结构,而 D-Wave2 实现了 8×8 的二维网格(见图 6.6).对于 D-Wave 这样的图结构,我们简记为 C_g,一个 C_g 图中具有 $8\times g^2$ 个节点.

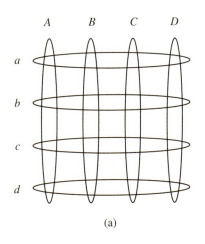
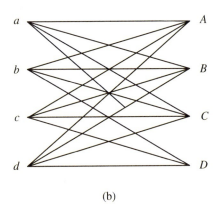

图6.5　D-Wave中的一个结构单元

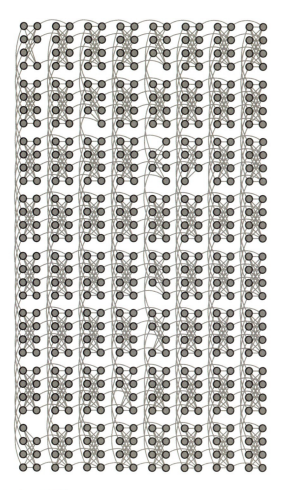

图6.6 D-Wave2实现的8×8二维网格
D-Wave2并不是严格的C_8图, 制造过程中会使一些量子位无法工作

量子位 (自旋) 使可编程元件耦合在一起, 即可编程元件提供在铁磁性和反铁磁性耦合之间连续可调的能量项. 这个系统的行为可以用一个 Ising 模型哈密顿量描述, 类似于式 (6.25). 在量子退火过程中, 横向场逐渐褪去, Ising 哈密顿量 H_0 的权重增加. 如果退火过程足够缓慢, 由于上面讨论的绝热定理, 则系统应该始终处于基态, 从而结束在基态, 此时系统的状态对应问题的解.

由于 C_g 不是一个完整的图, 通过上节所说的图的变换方法, 原则上我们可以将问题映射到 D-Wave 的量子芯片上, 然而对于一个任意给定的问题, 这并不是一件易事. 需要注意的是, 无法映射到硬件上的问题不能直接用该硬件解决.

D-Wave 的整台计算机工作于 $20\,\mathrm{mK}$, 10^{-10} 个大气的环境下, 并将计算机磁场屏蔽

到地球磁场的 5×10^{-5}. D-Wave 计算机的尺寸有一个小房间的大小，然而其核心的 512 位芯片要小得多.

1. 工作方式

整个 D-Wave 系统处理量子芯片外还包括一个传统的 Linux. 前端接受 Ising 实例并将其映射到硬件图上，将权重 h_i 分配给节点 (量子位)，将 J_{ij} 分配给硬件图中的边. 硬件执行量子退火过程以找到最小能量状态的自旋集合 S，如下所示：

(1) 初始化. 将量子位设置为特定的叠加态 $s_i = \alpha |-1\rangle + \beta |+1\rangle$, 例如取 $\alpha = \beta = \dfrac{1}{\sqrt{2}}$.

(2) 退火. 从初态到末态的退火演化中逐渐增加权重 J_{ij} 和 h_i 在量子位上的影响.

(3) 测量. 在退火过程的最后，量子位和量子位对被施以 h_i 和 J_{ij} 的权重，如果系统流在基态，那么通过测量就可以得到解.

虽然理论上如果改变足够慢，那么最后的状态一定是问题的解. 然而，理论上的保证所基于的几个假设不一定在实际的物理系统中被满足. 首先，绝热量子计算理论假定环境没有影响，而物理系统可能受到环境的影响. 特别是，如果：① 环境温度 (能量) 高于光谱间隙 g；② 来自外部的电磁噪声具有足够的能量，则在退火过程中量子位从基态跃迁到附近态的概率不为 0. 因此，这里的算法被称为量子退火算法而不是绝热量子算法，并且不能保证最终解决方案将接近最佳 (尽管在实际中往往是这样的).

系统会运行多次退火，为每个输入返回 k 个独立采样解的矢量 $\boldsymbol{\xi} = (S_1, \cdots, S_k)$. 实验中通常取 $k=1000$. 在一些应用中，这并不是一个问题：系数 J_{ij} 和 h_i 通过采样获得，在匹配到 H 上之前，事先选择样本点 $((i,j)$ 对) 是不难的. 此外，映射只需要将这些实例嵌入到芯片上的一个小部分中. 研究证明，一个完整的图可以被嵌入嵌合图 C_m 的上三角中. 如果不知道嵌入的方法，可以通过下一小节介绍的黑箱方法来解决.

2. 黑箱方法

令 G 表示给定 Ising 输入 M 的连通图. 该图具有对应变量 s_i 的 n 个顶点，以及当 $J_{ij} \neq 0$ 时，边 (s_i, s_j) 就存在. 如前所述，M 可以通过 G 嵌入硬件图 H 中，然后执行量子退火过程求解.

如果嵌入方法未知，则可以将问题提交给由 D-Wave 系统开发的混合求解器黑箱. 黑箱接受具有目标函数 $f(\boldsymbol{x})$ 的一个普通问题实例 P, $f(\boldsymbol{x})$ 定义在 n 个二值变量 $\boldsymbol{x} = (x_1, \cdots, x_n)$ 上 (其中 n 受硬件中的量子位数限制). 它执行启发式搜索过程，从随机的初始态开始，在解空间中从邻居到邻居迭代，朝向最小化 $f(\boldsymbol{x})$ 的解.

黑箱在每次迭代中对邻域的选择是通过对量子硬件的查询来指导的：给定一个当前

的解 $\boldsymbol{x}^{(t)}$，黑箱生成 $\boldsymbol{x}^{(t)}$ 的汉明距离为 1 的邻域 N_i，并用 f 计算其成本. 然后建立一个在这些相邻点处逼近 f 的 Ising 自旋模型 M，并且匹配 H 的结构. M 被发送到硬件，返回 k 个解的样本 $N_i' = (\boldsymbol{x}'^{(1)}, \cdots, \boldsymbol{x}'^{(k)})$. 然后，黑箱从 $\{N_i' \cup N_i\}$ 中选择一个最低成本的解，更新列表，进行下一次迭代. 因此，每次迭代需要一次硬件查询，加上对 N_i 的 n 个目标函数评估，再加上针对 N_i' 中的唯一解的函数评估的量 $k' \leqslant k$. 当黑箱达到总目标函数评估的预设限制时，就会停机并报告找到的最优解.

6.3.4 二次无约束二值优化问题

二次无约束二元优化问题 (quadratic unconstrained binary optimization, QUBO) 是一类非常具有代表性的表示各种组合优化问题的统一模型，这是因为许多学科中都有类似的问题，并且是 NP 困难的. 将 QUBO 映射到具有特定大小和边密度限制的物理量子比特网络结构上的一类新型量子退火计算机，为这个问题提供新的解决方案. 本节中，我们就 D-Wave 在这个问题上的表现来展示量子退火机的优势.

1. 问题简介

给定一个图 $G = \{N, E\}$，其中 $N = \{1, 2, \cdots, i, \cdots, n\}$ 是节点集合，$E = \{(i,j) | i, j \in \mathbb{N}\}$ 是边的集合. 给定边 (i, j) 的权重表示为 w_{ij}，寻找一组节点值的集合 $X = \{x_i\}$ 有

$$\min_X \sum_{i \in \mathbb{N}} w_{ii} x_i + \sum_{(i,j) \in E} w_{ij} x_i x_j, \quad x_i \in \{0, 1\} (i \in \mathbb{N}) \tag{6.61}$$

如果将上式中的系数写成矩阵 $\boldsymbol{Q}$ 的形式，则可等价地表示为

$$\min_{\boldsymbol{x}} \boldsymbol{x}^{\mathrm{T}} \boldsymbol{Q} \boldsymbol{x} \, (\boldsymbol{x} \in \{0, 1\}^n)$$

其中，$\boldsymbol{Q}$ 是 $n \times n$ 系数的二次对称矩阵. 通常 $\boldsymbol{Q}$ 是稀疏的，但也会存在一些连接密集的节点，分布大部分是均匀的.

QUBO 已经被广泛研究，并用来建模和解决多种的优化问题，例如网络量、最大切割、最大集团、顶点覆盖等问题，这些问题都可以用 QUBO 这个统一的框架描述. 这些问题中很多是 NP 完全问题，幸运的是，很多问题都可以转化为 Ising 形式的问题来求解. 虽然 QUBO 问题是 NP 完全的，但是利用现代的高性能计算机和特定算法也可以求得一些解. 另外，D-Wave 已被证明是可以快速找到 QUBO 的最优解.

2. 嵌合 QUBO 问题的实验结果

作为对比的有 IBM ILOG CPLEX 优化器版本 12.3、Tabu 搜索方法的一个开源实现 METSlib Tabu (TABU) 和分支定界求解器 Akmaxsat(AK)，但这三个软件均运行在经典计算机上.

测试中使用连接图 $Q \subset H$ 的 QUBO 实例，在转换到 Ising 模型之后可以直接用硬件求解. 实验对于大小分别为 $n = 32, 119, 184, 261, 349, 439$ 的问题随机地选取 100 个实例. 初始权重从集合 $\{-1, +1\}$ 中均匀随机选择.

(1) 半秒内的解

用 D-Wave 硬件芯片的 $t_1 = 201\,\mathrm{ms}$ 的时间对问题进行转换和构建，采样时间为 $t_2 = 0.29\,\mathrm{ms}/$个，每个实例返回 $k = 1000$ 个样本. 因此每个实例仅需要 $T = 491\,\mathrm{ms}$ 就可以完成任务，不到半秒.

图 6.7 比较了所有四个求解器被限制在 491 ms 计算时间内的表现. 对于每一个输入，设 S_x 是求解器 x 找到的最佳解的成本，令 B 是四个求解器中找到的最优解的成本. 图中显示的成功率等于 $S_x = B$ 的实例比例. 在 $n = 32$ 的情况下，TABU 的成功率为 100%，而在 $n = 184$ 时，软件成功率降至 3% 以下. QA 在所有问题大小上都是 100% 成功. 通过让 CPLEX 运行 30 分钟，可以证明 QA 找到的 600 个解中的 585 个（占 97%）不仅是最好的，还是最优的.

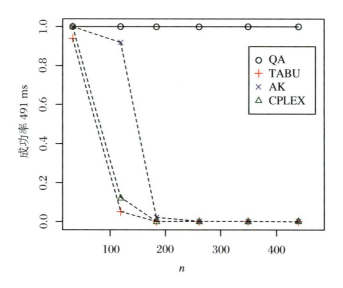

图6.7 491 ms内4个求解器成功率与问题大小之间的关系

图 6.8 显示了所求解成本 S_x 随 n 的变化. 虚线连接求解器的平均差 $\overline{D_x} = \overline{(S_x - B)}$, 垂直线表示在 100 次试验中观察到的误差的范围. 图中对应 n, 底部数字平均值为 $\overline{B}$. 例如, 在 $n = 439$ 时, TABU 的解距 B 有 805 个单元, 而平均为 -815.2. 随机解的平均值为 0, 意味着 TABU 在这个短时间内对其最初的随机解几乎没有优化.

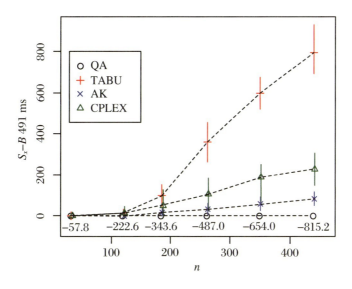

图6.8 成本S_x随n的变化(垂直线表示输出的范围)

(2) 求解时间和质量

接下来, 我们关注最大规模的 $n = 439$, 来对比性能随着计算时间的变化. 表 6.1 显示了软件求解器允许运行时间较长时的成功率, 左侧是时间, 右侧是成功概率. 表中清楚地显示, CPLEX 有效地利用了额外的时间: 在 10 min 的时间内, 它可以找到 99% 的最优解, 30 min 内就能找到并验证所有 100 个实例的最优解. 另外, 两个在 30 min 之内也找不到任何最优解.

表 6.1 求解成功率随时间增长的变化

t	$t/491\,\mathrm{ms}$	AK	CPLEX	TABU
1 s	2.0	0	0	0
30 s	61.1	0	56	0
1 min	122.1	0	72	0
10 min	1222.0	0	99	0
30 min	3666.0	0	100	0

表 6.2 展示了在给定时间内这些方法所找到的解的平均差 $\overline{D_x}$. 所有的求解器都有所提高, 但是 CPLEX 的提升最大, 表中 ϵ 表示一个很小的不为 0 的正数.

表 6.2 输出的平均误差随计算时长的变化

t	$t/491\,\mathrm{ms}$	D_{ak}	D_{cp}	D_{tb}
1 s	2.0	72.5	224.7	759.5
30 s	61.1	52.8	1.7	92.6
1 min	122.2	50.5	$\epsilon > 0$	57.4
10 min	1222.0	40.6	$\epsilon > 0$	48.4
30 min	3666.0	36.0	0.0	37.2

D-Wave 团队进一步的分析表明, QA 很少需要全部的 $k = 1000$ 个样本来得到最优解. 例如, 如果最优解返回 200 次, 那么平均只需要 $5 = 1000/200$ 个样本. 在 $n = 439$ 时, 这个问题的估计中位数和平均次数达到了 202 ms 和 224 ms. 因此, 估计 QA 仅需要低于 250 ms 的时间就可以达到相同的成功率. 对于 $n = 439$ 的问题, QA 要比最好的求解器 CPLEX 实际运行时间快 3666 倍, 估计运行时间快 7332 倍.

6.3.5 D-Wave 的相关争议

D-Wave 是否属于量子计算机的一种存在着争议. 我们已经知道, 在二次无约束二值优化问题上对于问题大小 $N = 439$ 的例子, D-Wave 的速度比 IBM CPLEX 优化器快约 3600 倍. D-Wave 团队声称其加速来自于量子性, 并给出了一些间接的证据, 然而对于每一个证据, 都有相应的质疑.

作为一个新的设备, 我们怎么能确定这台机器确实是一台量子计算机呢? 下面我们从几个方面来简单介绍一下争议的内容, 这对于确定 D-Wave(或任何其他计算机) 是不是一个量子计算机很重要.

1. 通用性

一方面, 量子绝热计算可以解决一些通用的 NP 问题; 另一方面, 绝热方法可以与任意的量子线路模型对应, 因此原则上量子绝热计算可以解决任何问题. 然而, 实际上并没有直接和简单的方法将量子线路模型转化为绝热计算过程. 主要原因在于非对易性, 即哈密顿量算符和的幂并不是每个哈密顿量算符幂的乘积. 因此, 在量子线路模型中, 可以给出一组简单的通用门, 然而这对绝热模型来说是非常困难的.

2. SQUID 的退相干时间

量子位的相干时间应该大于算法计算所需的时间. 在 D-Wave 中这还远远没有实现, SQUID 的相干时间约为 10 ns, 而退火时间为 5~15 s. 事实上, 如果退火时间比预测的单量子位相干长大约 3 个数量级, 那么在量子计算的实现上就会出现疑问. 使用这种磁通量子位的主要原因是它们可以使用普通的光刻工艺来制造, 这相对简单. 因此, 我们仍然需要量子位 "晶体管", 即一个呈现出二态系统行为, 并长时间保持相干, 且可以被读取、耦合、又容易操纵的简单设备. 实际上, D-Wave 是在半绝热半热力学协议下运行的. 计算过程的某些阶段, 绝热计算机的演变可能太快, 从而导致本征矢量被激发到更高的能态, 之后又松弛到基态. 关于这点其实不用担心, 因为基态是不变的. 至于热力学松弛问题, D-Wave 团队认为这样的松弛只是帮助进入基态.

3. 可扩展性

D-Wave 有多少量子位? D-Wave 在单个设备上整合最大数量量子位方面取得了重大飞跃. 现在的问题是可扩展性. 构建这样一台具有所有内部耦合的计算机, 其复杂性有可能呈指数级增长. 这意味着在构建一个相干线路中可能会增加算法的复杂性. 这个问题与绝热计算缺乏容错门理论密切相关. 有一种可扩展的绝热计算体系结构被提出, 可以将 NP 难问题转化为最大独立集问题. 对于这类问题, 相关研究者建议使用一个非常稳固的哈密顿量. 在这个问题上一个更基础的研究应该在主方程上进行.

4. 加速

D-Wave 计算机是否比运行不同优化算法的其他计算机更快? 以及对于哪些问题更快? 现在看来, 第一个问题的答案似乎是 "有时", 第二个问题的答案还不够清楚. 这是最重要的指标, 因为它具有实际意义, 但目前这是一个充满问题的问题. 2013 年, D-Wave 团队承认, 运行在单核台式机上的不同软件包可以比 D-Wave 更快地得到问题的解 (二次分配比 D-Wave 快 12000 倍, 二次无约束二值问题在 1~50 倍之间).

5. 量子性

由于没有明确的加速证据, 因此可以将 D-Wave 计算机的行为与其他大型计算问题的计算模型进行比较. 相关研究发现, D-Wave 与量子退火强烈相关, 而不是经典退火. D-Wave 和量子退火解决问题的成功概率都有双峰结构, 一个是非常容易解决的问题 (高成功概率), 一个是难以解决的问题 (低成功概率). 而经典模拟退火在成功概率方面具有正态分布. 因此, 这被认为是 D-Wave 的量子性的证明. 然而, 即使成功概率分布相同, 对于一台计算机来说难以解决的问题对于另一台来说可能是简单的, 这也是对上述结果的一个质疑. 这些结论也受到了 Smolin 等人的批评. 据称, 分布之间的差异可以从几个方面来解释. 模拟退火算法每次从不同的初始点开始, 而绝热算法从同一点开始, 每次演化几乎相同. 因此, 不同的绝热试验自然表现出更多的相似性. 这意味着模拟退火算法和绝热算法的时间尺度不能如此比较. 增加对模拟退火的审判次数是有益的. 这样, 人们可能会发现模拟退火和 D-Wave 之间有很好的相关性. 事实上, 一个经典的模拟退火应用在二维矢量模型上, 该模型的成功概率分布将显示出双峰行为. Boixo 在 2013 年的一个实验中, 计算了集合 {SQA, DW, SD, SA} 中任意两台计算机解决相同问题实例的成功概率之间的相关性. 试验显示了 DW 和 SQA 之间的高度相关性. 然而, Shin 在 2014 年的文章中提出, 经典二维矢量模型和 D-Wave 之间存在类似的相关性 (甚至稍好一些), 这表明了 D-Wave 的经典行为. Boixo 等人在 2013 年的另一个实验中, 对 D-Wave One 的 8 个自旋在一个人工问题上进行了测试. 在这个特殊的问题下, 存在大量的本征矢量. 在 0 本征空间上的结果的概率分布被认为是计算机的量子性的证明. 试验结果显示了 D-Wave One 预期的绝热行为. 作为回应, Shin 在 2014 年的文章中表明, 相同问题的二维矢量经典模型显示了与绝热计算机类似的 0 本征矢量分布, 然而它是一个经典的计算机. 作为量子性的另一个证明, 2011 年, Johnson 提出了计算机对磁通量子位性质变化的响应. 对于每一个量子位, 热涨落都与 $e^{-\epsilon(U)/k_B T}$ 成正比, 其中, $\epsilon(U)$ 是势垒高度. 如果我们增加 $\epsilon(U)$, 热波动会逐渐停止, 直到在某个时间 t_0^c, 使得 $\epsilon(U)(t_0^c) = k_B T$. 类似地, 当 $\epsilon(U)$ 增加到某个值 $\epsilon(U)(t_0^q)$ 以上时, 隧道效应会被冻结. 热涨落的预计冻结时间 t_0^c 与温度成线性关系, 隧道冻结时间 t_0^q 与温度无关. 由此作者明显证明了隧穿量子效应的存在. 然而, 这并不能证明在计算过程中到底是热涨落还是量子涨落在起主导作用.

6. 纠缠

根据 D-Wave 团队的一项工作, 他们对 D-Wave 中纠缠的存在是肯定的. 我们可以准确地计算两个量子位和一个横场所构成的简单的退火模型, 其中的基态和第一激发态是纠缠的矢量. 这两个纠缠的态之间的能隙随着横场振幅的减小而减小. 如果幅度太低, 以至于能隙小于 $k_B T$, 则从该点开始变成混合状态. 因此, 对于这样的哈密顿量, 如果在环境温度之上能检测到能隙, 那么我们可以认为基态是纠缠的态. 然而, 计算过程中纠缠的存在并不能保证量子计算机所需要的量子性质, 所以这个标准是很弱的.

附录 绝热定理的进一步讨论

绝热近似中一件十分重要的问题就是如何量化缓慢变化, 得出使得绝热近似有效的时间尺度 T. 在本节如上内容中, 我们已经概述了绝热近似理论中绝热定理的几个不同的表述, 强调它与绝热量子计算相关的内容. 首先, 我们讨论总体演化时间 t_f 应该在由反平方设定的时间尺度上较大, 以及如何确保实际状态与基态之间的高保真度问题. 然后, 再讨论绝热定理的各种严格表述版本, 以强调不同的假设以及不同的性能保证. 在整个讨论过程中, 重要的是要记住, 绝热定理最终只提供了在实际状态和 $\hat{H}(t)$ 的目标本征态之间达到某种保真度所需的演化时间的上限.

绝热近似表明, 对于最初在含时哈密顿量 $\hat{H}(t)$ 的本征态 $|\varepsilon_0(0)\rangle$ 中制备的系统, 时间演化由 Schrödinger 方程

$$\mathrm{i}\hbar\frac{\partial|\psi(t)\rangle}{\partial t} = \hat{H}(t)|\psi(t)\rangle \tag{6.62}$$

近似地将系统的实际状态 $|\psi(t)\rangle$ 保持在 $\hat{H}(t)$ 的相应的瞬时基态 (或其他本征态)$|\varepsilon_0(0)\rangle$, 只要 $\hat{H}(t)$ "充分缓慢" 地变化.

1. 近似版

令 $|\varepsilon_j(t)\rangle (j \in 1,2,3,\cdots)$ 表示 $\hat{H}(t)$ 瞬时本征态, 对应的本征值为 $\varepsilon_j(t)$, 并有 $\varepsilon_j(t) \leqslant \varepsilon_{j+1}(t)$, 对任意 j,t 成立, $\hat{H}(t)|\varepsilon_j(t)\rangle = \varepsilon_j(t)|\varepsilon_j(t)\rangle$ ($j=0$) 表示基态. 假设初始态制备为其中一个本征态 $|\varepsilon_j(0)\rangle$.

绝热近似的非常简单以及最古老的传统表述表明, 对于所有 $t \in [0, t_f]$, 在本征态 $\varepsilon_j(0)$ 中初始化的系统将保持在相同的瞬时本征态 $\varepsilon_j(t)$, 这里, t_f 表示最后的时间

$$\max_{t\in[0,t_f]}\frac{|\langle\varepsilon_i|\partial_t\varepsilon_j\rangle|}{|\varepsilon_i-\varepsilon_j|} = \max_{t\in[0,t_f]}\frac{|\langle\varepsilon_i|\partial_t\hat{H}|\varepsilon_j\rangle|}{|\varepsilon_i-\varepsilon_j|^2} \ll 1 \quad (\forall i \neq j) \tag{6.63}$$

事实上, 如果哈密顿量包含一个振动驱动项, 那么其本征态总体将以由该项确定的时间尺度振荡, 即即使满足绝热标准, 也不依赖于 t_f.

因此需要更详细地说明排除这些额外时间尺度的绝热状况. 首先假设满足薛定谔方程 (6.62) 的哈密顿量 $\hat{H}_{t_f}(t)$ 可以写作 $\hat{H}_{t_f}(st_f) = \hat{H}(s)$, 其中 $s \equiv \dfrac{t}{t_f} \in [0,1]$ 是无量纲时间, $\hat{H}(s)$ 与 t_f 无关. 这包括 AQC 中经常考虑的类型的 "插值" 哈密顿量, 例如

$\hat{H}(s) = A(s)\hat{H}_0 + B(s)\hat{H}_1$, $A(s)$ 和 $B(s)$ 分别单调递减和单调递增. 这样就排除了多个时间标度的情况. 然后薛定谔方程就变为

$$\frac{1}{t_f}\frac{\partial |\psi_{t_f}(s)\rangle}{\partial s} = -i\hat{H}(s)|\psi_{t_f}(s)\rangle \tag{6.64}$$

这是所有严格绝热理论的起点.

一种更为细致的绝热条件是

$$\frac{1}{t_f}\max_{s\in[0,1]}\frac{|\langle\varepsilon_i(s)|\partial_s\hat{H}(s)|\varepsilon_j(s)\rangle|}{|\varepsilon_i(s)-\varepsilon_j(s)|^2} \ll 1 \quad (\forall i \neq j) \tag{6.65}$$

注意, 此式与之前的条件 (6.63) 产生了广泛使用的标准, 即总的绝热演化时间应该在由频谱间隙 $\Delta_{ij}(s) = \varepsilon_i(s) - \varepsilon_j(s)$ 的反平方的最小值设定的时间尺度上较大. 大多数情况下我们更关心基态, 因此 $\Delta_{ij}(s)$ 替换为

$$\Delta \equiv \min_{s\in[0,1]}\Delta(s) = \min_{s\in[0,1]}\varepsilon_1(s) - \varepsilon_0(s) \tag{6.66}$$

然而, 诸如导致式 (6.63) 和式 (6.65) 的论点是近似的, 它们不会导致严格的不等式, 也不会导致实际时间演化状态与期望本征态之间的紧密关系. 我们接下来对此进行讨论.

2. 严格版

为简单起见, 我们总是假设系统在其基态初始化, 并且能隙是基态能隙 (6.66). 我们还假设对于所有的 $s \in [0,1]$, 哈密顿量 $\hat{H}(s)$ 都有一个具有本征能量 $\varepsilon_0(s)$ 的本征投影算符 $\hat{P}(s)$, 并且能隙不会消失, 即 $\Delta > 0.1^9$. 基态和投影算符 $\hat{P}(s)$ 允许 (甚至是无限的) 退化. $\hat{P}(s)$ 代表 "理想" 的绝热演化.

令 $\hat{P}_{t_f} = |\psi_{t_f}(s)\rangle\langle\psi_{t_f}(s)|$. 这是薛定谔方程的时间演化解的投影算符, 即 "实际" 状态. 绝热定理通常是关于实际投影与和理想演化之间的 "瞬时绝热距离" $\|\hat{P}_{t_f}(s) - \hat{P}(s)\|$ 或 "最终时间绝热距离" $\|\hat{P}_{t_f}(1) - \hat{P}(1)\|$ 的表述. 典型情况下, 绝热定理为瞬时情况提供了 $O(1/t_f)$ 的界限, 并且对于最终时间的情形, 对于任何 $n \in \mathbb{N}$ 形式的界限是 $O(1/t_f^n)$. 平方后, 这些投影距离界限立即变为转换概率的界限, 定义为 $|\langle\psi_{t_f}^{\perp}(s)|\psi_{t_f}(s)\rangle|^2$, 其中 $|\psi_{t_f}^{\perp}(s)\rangle = \hat{Q}_{t_f}(s)|\psi_{t_f}(s)\rangle$, 这里, $\hat{Q} = \hat{I} - \hat{P}$.

在此我们小结几个重要的结论, 它们的证明参见相关文献.

(1) 依赖于通用 $\hat{H}(s)$ 的反立方能隙

加藤在线性算符扰动理论的研究中提出了基于解决方案和复杂分析的技术, 这些技术已在后续工作中得到广泛应用. 2007 年, Jansen, Ruskai 和 Seiler 证实了绝热理论的几个表述版本, 它们都建立在这些技术的基础上, 并且严格地建立了 t_f 与能隙的依赖

性，而对 $\hat{H}(s)$ 的平滑性没有任何强假设. 他们的基本假设是 $\hat{H}(s)$ 的能谱具有与能谱的投影 $\hat{P}(s)$ 相关的谱带，该能谱投影 $\hat{P}(s)$ 与其余的非零能隙 $\Delta(s)$ 分开. 这里我们给出他们的一个定理.

定理 6.1 假设受限于 $\hat{P}(s)$ 的 $\hat{H}(s)$ 的能谱由 $m(s)$ 个特征值组成，$\hat{H}(s)$ 的能谱以能隙 $\Delta(s)\cdots$ 相间隔，并且 $\hat{H}(s)$ 是二次连续可微的. 假设 $\hat{H},\hat{H}^{(1)}$ 和 $\hat{H}^{(2)}$ 是有界算符，这个假设总是充满有限维空间. 然后对于任意的 $s\in[0,1]$，有

$$\left\|\hat{P}_{t_f}(s)-\hat{P}(s)\right\|\leqslant \frac{m(0)\left\|\hat{H}^{(1)}(0)\right\|}{t_f\Delta^2(0)}+\frac{m(s)\left\|\hat{H}^{(1)}(s)\right\|}{t_f\Delta^2(s)}$$
$$+\frac{1}{t_f}\int_0^s\left(\frac{m\left\|\hat{H}^{(2)}\right\|}{\Delta^2}+\frac{7m\sqrt{m}\left\|\hat{H}^{(1)}\right\|^2}{\Delta^3}\right)\mathrm{d}x \tag{6.67}$$

上式中分子取决于 $\hat{H}(s)$ 的一阶或二阶时间导数的范数，而不是传统版本的绝热条件中出现的矩阵元.

为简单计，忽略 m 的依赖性，这个结果表明绝热极限可以任意地接近，如果 (但不仅仅是)

$$t_f\gg\max\left\{\max_{s\in[0,1]}\frac{\left\|\hat{H}^{(2)}(s)\right\|}{\Delta^2(s)},\max_{s\in[0,1]}\frac{\left\|\hat{H}^{(1)}(s)\right\|^2}{\Delta^3(s)},\max_{s\in[0,1]}\frac{\left\|\hat{H}^{(1)}(s)\right\|}{\Delta^2(s)}\right\} \tag{6.68}$$

(2) 严格的反能隙平方

Elgart 和 Hagedorn 在 2012 年给出了一个表述的绝热理论的表述形式，其中 t_f 与能隙的反平方产生成比例. 迄今为止所有其他严格的 AT 版本都具有更差的相关性 (立方或更高). 证明引入了超出上面绝热定理的 $\hat{H}(s)$ 假设. 即假设 $\hat{H}(s)$ 是有界的且无限可微的，并且较高阶的导数不能具有太大的量级，更具体地说，$\hat{H}(s)$ 属于 Gevrey 类 G^α 级.

定义 6.1 Gevrey 类. $\hat{H}(s)\in G^\alpha$，如果 $\mathrm{d}\hat{H}(s)/\mathrm{d}s\neq 0(\forall s\in[0,1])$，并且存在常数 $C,R>0$，对于所有 $k\leqslant 1$，有

$$\max_{x\in[0,1]}\left\|\hat{H}^{(k)}(s)\right\|\leqslant CR^k k^{\alpha k} \tag{6.69}$$

一个例子是 $\hat{H}(s)=[1-A(s)]\hat{H}_0+A(s)\hat{H}_1$，其中，如果 $x\in(0,1)$，则

$$A(s)=c\int_{-\infty}^s\exp\left\{\frac{-1}{x-x^2}\right\}\mathrm{d}s$$

并且如果 $x \notin [0,1]$,则 $A(s) = 0$. 常数 c 使 $A(1) = 1$. 对于这类 $\|\hat{H}^{(k)}\|(s) = |A^{(k)}| \|\hat{H}_1 - \hat{H}_0\| \leqslant C k^{2k}$,因此 $\hat{H}(s) \in G^2$.

现在 Elgart 和 Hagedorn 在 2012 年提出的绝热定理可以表述为:

定理 6.2 假设 $\hat{H}(s)$ 有界,并且属于 Gevrey 类 $G^\alpha(\alpha > 1)$,并且 $\Delta \ll h$,其中 $h \equiv \|\hat{H}(0)\| = \|\hat{H}(1)\|$. 如果

$$t_f \geqslant \frac{K}{\Delta^2} \left| \ln \frac{\Delta}{h} \right|^{6\alpha} \tag{6.70}$$

对于与 Δ 无关的常数 $K > 0$,则对任意的 $s \in [0,1]$,距离 $\|\hat{P}_{t_f}(s) - \hat{P}(s)\|$ 都是 $O(1)$ 的.

该结果是显著的,因为它严格地给出了反向间隙平方依赖性,由于存在满足 $\mathrm{rank}\hat{H}(1) \ll \dim(\mathcal{H})$,且下界 $t_f = O\left(\dfrac{\Delta^{-2}}{|\ln \Delta|}\right)$ 的哈密顿量,其基本上是紧致的. 但是,误差的界并不紧致,接下来解决这个问题.

(3) 任意小错误

基于 Nenciu 的工作,Ge, Molnár 和 Cirac 证明了 AT 的一个版本,它导致了 t_f 中指数小的误差. 能隙依赖是反立方的.

特别地,假设 $\varepsilon_0(s) = 0$,并选择 $|\varepsilon_0(s)\rangle$ 的相,使得 $\langle \dot{\varepsilon}_0(s)|\varepsilon_0(s)\rangle = 0$,这里我们用点表示 ∂_s.

定理 6.3 假设所有哈密顿量在 $s = 0, 1$ 的导数消失,并且满足下面的 Gevrey 条件:存在常数 $C, R, \alpha > 0$,使得所有 $k > 1$,有

$$\max_{s \in [0,1]} \|\hat{H}^{(k)}(s)\| \leqslant C R^k \frac{(k!)^{1+\alpha}}{(k+1)^2} \tag{6.71}$$

则绝热误差的界为

$$\min_\theta \left\| |\psi_{t_f}(1)\rangle - \mathrm{e}^{\mathrm{i}\theta}|\varepsilon_0(1)\rangle \right\| \leqslant c_1 \frac{C}{\Delta} \mathrm{e}^{-(c_2 \Delta^3 t_f / C^2)^{1/(1+\alpha)}} \tag{6.72}$$

其中,$c_1 = \mathrm{e} R \left(\dfrac{8\pi^2}{3}\right)^3$,并且 $c_2 = \dfrac{(3/4\pi^2)^5}{4 \mathrm{e} R^2}$.

因此,只要 $t_f \gg \dfrac{C^2}{\Delta^3}$,绝热误差就会比在 t_f 下指数的小.

使用消失的边界衍生想法至少可以追溯到 Garrido 和 Sancho. 它也被 Lidar, Rezakhani 和 Hamma(2009) 用于与 Gevrey 类不同的功能类别:在复杂时间平面且宽度为 2γ 的条带中解析的函数,具有有限数量 V 的边界导数消失,即 $\hat{H}^{(v)}(0) = \hat{H}^{(v)}(1) = 0 (\forall v \in [0,1])$. 然后绝热误差上界由 $(V+1)^{\gamma+1} q^{-V}$ 给出,并且

$$t_f \geqslant (q/\gamma) V \max_s \left\| \hat{H}_V^{(1)}(s) \right\|^2 / \Delta^3$$

其中, $q > 1$ 是在知道 $\hat{H}_V^{(1)}$ 的情况下可以优化的参数. 因此, 绝热误差可以在消失导数的数量上任意小, 而 t_f 随 V 的缩放被编码为 $\left\|\hat{H}_V^{(1)}\right\|$. 第一个 V 导数在边界 $s = 0, 1$ 处消失的函数的一个例子是正则 β 函数

$$A(s) = \frac{\int_0^s x^V (1-x)^V \mathrm{d}x}{\int_0^1 x^V (1-x)^V \mathrm{d}x} \tag{6.73}$$

使用由施加附加边界对称条件引起的干涉效应, 可以进一步减小 t_f 的误差.

(4) 下界

令 $\hat{H}(s)(s \in [0,1])$ 是一个给定的连续哈密顿量路径, $|\varepsilon(s)\rangle$ 是相应的非简并本征态路径 (本征路径). 在所谓的黑箱模型中, 唯一的假设是能够使 $\hat{H}[s(t)]$ 进行一些时间表的演化 (这里 s 被允许是 t 的一般函数), 而不利用 $\hat{H}(s)$ 的未知结构. 定义路径长度

$$L = \int_0^1 \left\||\dot{\varepsilon}(s)\rangle\right\| \mathrm{d}s \tag{6.74}$$

假设, 为不失一般性, 选择 $|\varepsilon(s)\rangle$ 的相位使得 $\langle \varepsilon(s) | \dot{\varepsilon}(s) \rangle = 0$, 则 L 是投影希尔伯特空间中唯一的自然长度 (直到不相关的归一化因子).

Boixo 和 Somma 在 2010 年的研究表明, 从 $|\varepsilon(0)\rangle$ 以有界精度制备 $|\varepsilon(1)\rangle$ 所需的时间有一个下限

$$t_f > O\left(\frac{L}{\Delta}\right) \tag{6.75}$$

由于 L 的上界是 $\max_s \dfrac{\left\|\dot{\hat{H}}(s)\right\|}{\Delta}$, 则 $t_f \sim O\left(\max_s \dfrac{\left\|\dot{\hat{H}}(s)\right\|}{\Delta^2}\right)$, 让人联想到绝热条件的近似表述式 (6.65). 下界的证明基本上基于 Grover 搜索算法的最优性.

Boixo, Knill 和 Somma 提出的不需要路径连续性或可微性的 "数字" 非绝热方法几乎可以实现下限. 所需的时间尺度为 $O\left(\dfrac{L}{\Delta} \log \dfrac{L}{\epsilon}\right)$, 其中, ϵ 是输出态误差 $|\varepsilon(1)\rangle$ 的指定界限. L 是路径的角长度, 并且适当地定义为将式 (6.74) 推广到不可区分的情况.

参考文献

[1] Born M, Fock V. Beweis des adiabatensatzes[J]. Zeitschrift für Physik, 1928, 51(3): 165-180.

[2] Einstein A. Beiträge zur quantentheorie[J]. Verh. d. Deutsch. Phys. Ges., 1914, 16(2): 820-828.

[3] Messiah A. Quantum mechanics[M]. Amsterdam: Elsevier, 1962.

[4] Ruskai M B, Jansen S, Seiler R. Bounds for the adiabatic approximation with application to quantum computation[J]. J. Math. Phys.(N.Y.), 2007, 48: 102111.

[5] Elgart A, George A H. A note on the switching adiabatic theorem[J]. Journal of Mathematical Physics, 2012, 53: 032201.

[6] Cao Z, Elgart A. On the efficiency of hamiltonian-based quantum computation for low-rank matrices[J]. Journal of Mathematical Physics, 2012,53: 032201.

[7] Nenciu G. Linear adiabatic theory exponential estimates[J]. Communications in Mathematical Physics, 1993, 152(3): 479-496.

[8] Ge Y, Molnr A, Cirac J I. Rapid adiabatic preparation of injective projected entagled pair states and gibbs states[J]. Physical Review Letters, 2016, 116: 080503.

[9] Garrido L M, Sancho F J. Degree of approximate validity of the adiabatic invariance in quantum mechanics[J]. Physica, 1962, 28: 553-560.

[10] Rezakhani A T, Kuo W J, Hamma A, et al. Quantum adiabatic brachistochrone[J]. Physical Review Letters, 2009, 103: 080502.

[11] Pimachev A K, Rezakhani A T, Lidar D A. Accuracy versus run time in an adiabatic quantum search[J]. Physical Review A, 2010, 83: 052305.

[12] Wiebe N, Babcock N S. Improved error-scaling for adiabatic quantum evolutions[J]. New Journal of Physics, 2012, 14: 013024.

[13] Boixo S, Somma R D. Necessary condition for the quantum adiabatic approximation[J].Physical Review A, 2010, 81: 032308.

[14] Boixo S, Knill E, Somma R D. Fast quantum algorithms for traversing paths of eigenstates[J]. arXiv:1005.3034.

[15] Aharonov D, Dam W, Kempe J, et al. Adiabatic quantum computation is equivalent to standard quantum computation[J]. Siam Review, 2007, 50(4):755-787.

[16] Feynamn R P. Quantum mechanical computers[J]. Optics News, 1985, 11(2): 11-20.

[17] Geman S, Geman D. Stochastic relaxation, Gibbs distribution and the Bayesian restoration of images[J]. IEEE Trans. Pattern Anal., 1984, 6: 721-741.

[18] Kadowaki T, Nishimori H. Quantum annealing in the transverse Ising model[J]. Phys. Rev. E, 1998, 58: 5355.

[19] Tosatti E, Martonak R, Santoro G E. Quantum annealing of the traveling salesman problem[J/OL]. arXiv: 2004, cond-mat/0402330.

[20] Farhi E, Goldstone J, Gutmann S. Quanqum adiabatic evolution algorithms versus sinulated annealing[J/OL]. arXiv: 2002, quant-ph/0201031v1.

[21] Rønnow T F, Wang Z, Job J. Defining and detecting quantum speed up[J]. Science, 2014, 345(6195):420-424.

[22] Roland J, Nicolas J C. Quantum search by local adiabatic evolution[J]. Phys. Rev. A, 2012, 65(4): 042308.

[23] Boixo S, Rønnow T F, Isakov S V, et al. Evidence for quantum annealing with more than one hundred qubits[J]. Nat. Phys., 2013, 10: 218.

[24] Shin S W, Smith G, Smolin J A, et al. How "quantum" is the D-Wave machine?[J/OL]. arXiv: 2014, 1401.7087.

[25] Boixo S, Albash T, Spedalieri F, et al. Experimental signature of programmable quantum annealing[J]. Nat. Commun, 2013, 4: 2067.

[26] Johnson M W, et al. Quantum annealing with manufactured spins[J]. Nature, 2011, 473: 194.

第7章

量子神经网络

深度学习的概念源于对人工神经网络的研究,含多个隐藏层的多层感知器就是一种深度学习结构. 近年来,作为深度学习的基础,深度神经网络在机器学习的几个领域取得了突破,如计算机视觉、自然语言处理、强化学习、语音识别等. 在其优秀表现的同时,它对计算量的需求也十分巨大,因此,具备并行计算天然优势的量子计算机自然成为了候选者. 其中,作为一类基于量子力学规律演化的人工神经网络模型——量子神经网络(quantum neural network, QNN)成为了人们研究的一个热点. 对于 QNN 的探索公认始于 1995 年, Kak 将量子计算与神经计算特性进行结合的探究, 提出了量子感知器的想法. 相关的研究一直持续到现在, 其间不同的研究者提出了很多实现方案, 但是其可行性仍然处于探究阶段. 可研究的一方面是量子算法, 另一方面则是大规模的相干性保障问题. 最近, Wiebe 等人的研究表明量子计算可以为深度学习提供一个更全面的框架, 比经典计算更能帮助优化底层目标函数.

量子深度学习包括了经典深度学习网络的量子模拟和量子启发经典深度学习算法,涵盖了不少的内容. 本章主要是依据文献, 对以往研究做一个简单的介绍, 包括目前一些被认为具有希望的想法. 本章所介绍的 QNN 都是在霍普菲尔德网络 (Hopfield neural network, HNN) 和关联存储的基础上展开的, 本章中我们将采纳 Schuld 等人提出的对于这类 QNN 模型所需的要求与规范. 然后介绍几种实现前向神经网络所要求的感知器模型以及训练神经网络的梯度下降方法的一种量子实现.

7.1 量子神经网络基础

本节介绍量子神经网络 (QNN) 的基本单元, 内容包括一类基于霍普菲尔德神经网络的 QNN 模型的主要特征, 以及几种可能的实现方案.

7.1.1 量子神经元与量子神经网络

量子神经网络是通过量子神经元 (quron) 的连接构成的. 类比于经典 McCulloch-Pitts 神经元 ($x \in \{-1, 1\}$), 一个量子神经元的状态可用一个量子位的状态表示, 即用 $|0\rangle$ 编码 -1, 用 $|1\rangle$ 编码 1. 依据量子力学, 这样一个量子神经元不仅能够处于 $|0\rangle$ 或 $|1\rangle$ 状态, 还可以处于二维希尔伯特空间中的任意一个状态: $\alpha|0\rangle + \beta|1\rangle$, 其中 $|\alpha|^2 + |\beta|^2 = 1$. 正是由于这一特性, 量子神经元具备了天然的并行处理能力, 原则上也就具有了更加强大的神经计算处理能力. 在理论上, 为不失一般性, 任何的二能级系统都可以用来作为量子神经元, 只要能够保证其量子位的特性. 在此意义上, 其实际的物理实现并不是此理论研究的必要前提. 本章后续的讨论都是基于这一个理想化的设想.

假设一个量子神经网络包含 n 个神经元, 这些神经元的状态将张成一个 $N = 2^n$ 维的希尔伯特空间, $H^N = H^2 \otimes \cdots \otimes H^2$, 其基矢 $\{|00\cdots 0\rangle, \cdots, |11\cdots 1\rangle\}$ 对应一个量子多体态

$$|\psi\rangle = \sum_{i=1}^{N} a_i |x_1 x_2 \cdots x_n\rangle_i \tag{7.1}$$

其中, $a_i (i \in \{1, \cdots, 2^n\})$ 是相应基矢的复振幅.

必须指出的是, 除了量子神经元, QNN 的架构与经典人工神经网络相比可能具有很大差异. 为了规范 QNN 的结构, Schuld 等人针对基于霍普菲尔德神经网络, 并具有关联存储 (associative memory) 特性的 QNN 模型提出了三个基本要求, 具体内容如下:

(1) 量子系统的初态可以编码任意长度的二进制串,并能够稳定地产生输出;

(2) 量子神经网络应该至少包含网络更新演化、突触连接、激活函数、训练规则等中的一种基本的神经计算机制.

(3) 量子神经网络的演化应基于量子效应,例如态叠加、纠缠和/或相干,且必须符合量子理论.

这三个基本要求中的第一个确保了 QNN 具有关联存储的特性,即模式识别和其他类霍普菲尔德神经网络中神经信息处理的特征. 第二个要求模型具有神经计算的结构,但模型要保持普遍性,以满足现在和未来的各种需求. 这一点也是为了排除模拟关联存储的与神经网络无关的量子计算算法. 第三个确保网络符合量子神经网络的量子特征. 当然,除了上述三点所限制的模型外,还存在其他实现 QNN 的方案. 例如, 在理论上经处理的信息可以不局限于经典计算机中所使用的二进制,多能级的量子系统原则上也可以用来实现 QNN. 应该注意的是, 这些要求具有普遍性, 并且对模型的约束也方便后续的讨论. 另外值得一提的是, 这些要求适用于前馈神经网络和其他典型任务, 如模式分类和模式完成以及霍普菲尔德神经网络和关联存储器.

如果找到同时满足第一点至第三点的 QNN 模型,那么使用线性幺正的量子理论来实现如同经典神经网络那样的非线性演化是十分困难的. 这个问题在感知器的实现上尤为明显. 神经计算中, 通过权重 w_{ij} 连接到神经元 x_i 的 n 个神经元 x_j 的输入信号 $\sum_{j=1}^{n} w_{ji} x_j (j \neq i)$, 由阶跃函数映射到神经元 x_i 的输出, 或者在渐变响应神经元的情况下由 Sigmoid 函数 (也称 S 形函数) 映射到输出. 如果使用量子力学来实现这一点,我们应该关注触发的是概率而不是确定的值. 然而, 通过非线性函数对触发概率进行映射, 与量子理论中的线性演化的基本原理相矛盾, 其中薛定谔方程的解的线性叠加起着重要作用. 但一个显然的例外是测量, 其可以被理解为概率的阶跃函数: 测量将处于态 $\alpha|0\rangle + \beta|1\rangle$ 的一个量子神经元分别以概率 $|\alpha|^2, |\beta|^2$ 坍缩到其中的一个基矢上. 然而, 如果简单地通过测量来构造感知器的量子等价方案, 那么网络的动力学演化过程将变成一个经典过程, 因为量子力学效应将在每步更新中被破坏, 所以我们需要更好的方法.

从量子测量的角度来实现神经网络的激活函数功能的方案已被几位科学家尝试过. 虽然有了一个似乎不错的解决方案来调和神经网络和量子理论的不同动力学行为, 然而, 到目前为止, 这些方案中还没有一种能够满足第一个基本要求的关联存储的性质. 其他方案或者是牺牲了神经网络特性, 或者是生硬地引入量子力学作为某种启发, 而不是利用完整的量子理论.

7.1.2 量子神经网络的主要类型

现有的方法可以归纳为如图 7.1 所示的几类. 在这些 QNN 方案中, 基于量子测量的方案是早期实现 QNN 的方法之一, 目前尚停留在理论上的思考, 尚未能构造出完整可用的模型. 作为一个更为实用的方法, Elizabeth Behrman 提出通过相互作用的量子点来实现 QNN 的方案, 得到了很大的关注. 关于 QNN 的许多研究也来自于量子计算领域, 主要尝试通过某种方式找到整合神经网络机制的特定量子电路. 量子关联存储严格来说是量子算法, 它可以重现神经网络的一些特性, 却仍不具备神经网络应有的动力学行为. 此外, 备受关注的是引入量子感知器的想法. 除了这些主要方案外, 还将简要说明一些其他方法.

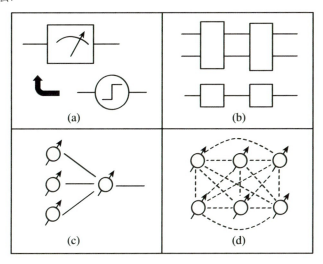

图7.1 构建量子神经网络的不同方案

(a) 神经元激活中的非线性阶跃函数与测量过程之间的类比, 在这里由著名的薛定谔的猫代表; (b) 具有神经计算特点的量子电路方案; (c) 构造与经典感知器等价的量子感知器, 以实现QNN; (d) 基于相互作用量子点来实现的QNN模型

1. 量子测量作为阶跃函数

量子神经网络最早的探索者, 被认为是 Kak. 他通过由权重定义的 $\boldsymbol{W}$ 在类霍普菲尔德网络中引入稳态 $\boldsymbol{x}^0 = (x_1^0, \cdots, x_n^0)$ 的必要条件, 提出了"量子神经网络", 其表达式为

$$\operatorname{sgm}(\boldsymbol{W}\boldsymbol{x}^0) = \boldsymbol{x}^0 \tag{7.2}$$

其中, Sigmoid 激活函数为

$$\operatorname{sgm}(\boldsymbol{x}) = \left(\cdots, \frac{1}{1+\mathrm{e}^{-x_i}}, \cdots\right)^{\mathrm{T}}$$

式 (7.2) 可以改写为量子系统的本征方程，$\hat{W}|x^0\rangle = \lambda|x^0\rangle$（注意：算符的表示为一个矩阵，右矢的表示为一个列矢量，它们自身的符号一般不再使用黑斜体）. 权重矩阵 $\boldsymbol{W}$ 因此成了本征矢量 $|x^0\rangle$ 和相应本征值 λ 的算符. 更新网络后进行量子测量，这将选择量子系统的一个本征态. Kak 认为非线性的 S 形函数，在量子力学形式上存在等价的形式，遗憾的是他没有给出具体结果.

Peruš 在强调他所谓的"类霍普菲尔德"网络与量子理论之间的类比时，比较了 S 形函数的输入

$$x_i(t_2) = \sum_{i=1}^{n} w_{ij} x_j(t_1)$$

和量子态的含时演化

$$\psi(r_2, t_2) = \iint \hat{P}(r_1, t_1, r_2, t_2) \psi(r_1, t_1) \mathrm{d}r_1 \mathrm{d}t_1$$

这里，$\hat{P}$ 是坐标表象中的投影算符，定义为 $\hat{P} = \sum_{l=1}^{k} \psi^{l*}(r_1, t_1) \psi^l(r_2, t_2)$，$r_1, r_2$ 是位置变量，t_1, t_2 是时间变量，而 $\{\psi^l(r, t)\}$ 是这个量子系统的完备基函数. $\hat{P}$ 是对 Hebb 的学习规则的类比. Peruš 提出通过波函数坍缩的形式来实现模式召回. 假设一个有效的输入状态 ϕ，那么除了一个 ψ^j 之外，几乎与所有其他存储基（或基态）$\psi^l (l \neq j)$ 正交，那 $\hat{P}$ 会以 $|\langle\phi, \psi^j\rangle|^2$ 的高概率将输入恢复成 ψ^j.

Zak 和 Williams 从另外一个角度观察了 QNN 模型. 他们不以单个神经元作为考虑对象，而是在整个量子网络基态 $\{|0,\cdots,0\rangle_1, \cdots, |1,\cdots,1\rangle_N\}$ ($N = 2^n$) 之间引入幺正演化. 演化将振幅矢量

$$\boldsymbol{a} = (a_1, \cdots, a_N)$$

通过一个幺正变换 $\boldsymbol{U}$ 映射为

$$\boldsymbol{a}' = \boldsymbol{U}\boldsymbol{a}$$

其中，a_i 是相应的如式 (7.1) 所描述的态 $|x_1,\cdots,x_n\rangle_i$ 的振幅. 之后施加一个投影测量 σ，将式 (7.1) 的神经网络叠加态坍缩到一个基矢上

$$(a_1, \cdots, a_N) \to (0_1, \cdots, 1_i, \cdots, 0_N)$$

坍缩的概率为 $|a_i|^2$. 这个映射是非线性、耗散、不可逆的，因此测量 σ 可以作为天然的"量子" S 形函数. 这整个从时间 t 更新到 $t+1$ 的网络动力学可以写作

$$\boldsymbol{a}'_{t+1} = \sigma(\boldsymbol{U}\boldsymbol{a}_t)$$

这里演化矩阵 $\boldsymbol{U}$ 的维度是 $N \times N$，包含了网络基矢态 $|x_1,\cdots,x_n\rangle$ 之间的转变概率，这个算符必须是幺正的. 遗憾的是，作者并没有从给定的霍普菲尔德网络中给出 $\boldsymbol{U}$ 的推

导,以表明其特征动力学. 这种做法的一个主要问题在于量子神经元之间的相干性. 尽管他们认为, 只要在足够小的时间窗口 Δt 内, 两个测量过程之间一定可以保持相干性, 只有在模拟大规模神经网络时, 全局相干性才会成为一个值得注意的问题.

综上, 我们从不同的角度介绍了通过量子测量来实现神经网络动力学的方案. 然而, 这些方案基本都停留在启发阶段, 在所要求的动力学条件下, 并没有成功发展出一套完整的量子神经网络模型. 虽然如此, 使用量子测量来模拟神经网络的非线性特征仍然是目前最成熟的解决方案.

2. 相互作用量子点

Behrmen 等人利用 Peruš 所注意到的神经网络的更新函数和量子态演化方程之间的相似性构造了一个完整的 QNN 方案. 首先, 将格林函数用一个费曼路径积分重写为

$$\psi_{T,\phi'} = \int D\phi(t)\exp\left(\frac{i}{h}\int \frac{m}{2}\dot{\phi}^2 - V(\phi,t)\mathrm{d}t\right)\psi_{0,\phi^0}$$

它对所有可能的系统演化路径求和. 这里, $\phi(t)$ 是系统从 ϕ^0 到 ϕ' 的一个可能的路径, V 是外场, m 是量子系统中的形式化的质量. 不同于由多个量子神经元构成的网络, 这个网络仅仅由一个量子神经元的传播子构成. 它的处于 n 个不同时间片段的状态模拟了 n 个虚拟的神经网络的状态. 量子神经元之间连接的权重由这个二能级量子神经元和环境之间的相互作用来实现. 换言之, 这个量子神经网络不是根据其他 $n-1$ 个量子神经元的状态来更新神经元 $x_i(i\in\{1,\cdots,n\})$ 的状态, 而是处于时间片段 $i\Delta t$ 的一个量子神经元的状态, 由它在时间片段 $0,\cdots,(i-1)\Delta t$ 的状态来决定. 他们将这样的量子神经网络称作"时间阵列神经网络"(time-array neural network). Behrman 等人提出可以通过与周围晶格的声子相互作用的量子点以及外场势 $V(r)$ 来实现这个"时间阵列神经网络", 并且该 QNN 模型可以通过常规的反向传播规则进行训练.

Faber 和 Giraldi 在解决神经网络和量子计算之间动力学的冲突问题上对 Behrman 的方法做了讨论. 对于如何通过量子系统模拟神经网络的非线性动力学的问题, 他们认为非线性在量子系统上可以通过指数函数的时间演化和非线性动能进入势 $V(\phi,t)$ 来实现. 然而, Behrman 和合作者认为, 对于规模较大的计算, 例如霍普菲尔德网络的模式识别或关联存储, 空间阵列是必需的. 这种使用 n 个量子点的模型已经被广泛地研究, 展示出了诸如纠缠或自身相位计算的特征, 但尚未被实现为量子关联存储器件.

Behrman 等人的建议表明, 相互作用的量子点系统的自然演化可以用作量子神经计算机, 因为输入到输出的期望映射可以在某些条件下实现人工设计. 尽管量子点模型是 QNN 的天然候选者, 但量子系统之间的相互作用仍然与经典神经感知器非常不同, 然而找到与功能齐全的 QNN 相对应的具体动力学参数又是一个非常困难的问题.

3. 量子神经电路

有些研究者认为应该从量子计算的角度来探究 QNN 问题. 量子电路的灵感来自神经网络的动力学. 例如, 用量子位搭建的量子电路, 其中的每一个量子计算算符 $\hat{U}$ 之后都应该执行一个耗散算符 $\hat{D}$. 这些耗散门根据量子态的振幅是否超过某个阈值 δ 将其映射到 $c \in \mathbb{C}$ 或 0 上. 因此, 算符 $\hat{D}$ 能够模拟感知器的激活功能. 遗憾的是, 这些研究者也没能给出如何实现这样一个耗散门的方法. 而 Faber 和 Giraldi 建议用 Behrmand 的含时演化作为 QNN 的一个非线性耗散算符 $\hat{D}$.

最近的研究表明, 网络更新方法仅表现出与神经网络动态很少的相似之处. Panella 和 Martinelli 建议用一般的非线性量子算符来构建一个前馈网络, 其中量子位需要相互纠缠. Oliveira 和 Silva 以及他们的合作者提出一种量子逻辑神经网络模型, 该模型基于经典的无权重神经网络, 其中神经元的更新函数存储在一个与计算机上的随机存取存储器相似的表中. 该模型包含了神经网络通过学习算法训练的能力; 然而, 它并不具备一般神经网络的非线性动力学特征.

4. 量子关联存储

严格来说, 量子关联存储 (quantum associative memory, QAM) 是一种量子算法, 它可以用来实现关联存储器的特性, 因而不需要使用神经网络的特征. 但是我们还是认为有必要在这里对其做简单介绍. 关联存储的特性是, 根据输入的模式, QAM 量子电路仅会依据汉明距离选择 "最接近" 的存储器模式. 这种方案中的大部分贡献来自于 Ventura 和 Martinez 所提出的方案. 他们的方案后来经过修改而得到了更广泛的适用性. 其基本思想是在所有存储状态的叠加态 $|M\rangle$ 上运行一个量子算法, 并在最终的测量中以高概率得到期望的输出态. 令 $X^P = \left\{ \left| x_1^{(1)}, \cdots, x_n^{(1)} \right\rangle, \cdots, \left| x^{(P)}, \cdots, x_n^{(P)} \right\rangle \right\}$ 是存储到一个量子关联存储器中的 P 个模式, 则存储器的状态可以写为

$$|M\rangle = \frac{1}{\sqrt{P}} \sum_{p=1}^{P} \left| x^{(p)}, \cdots, x_n^{(p)} \right\rangle \tag{7.3}$$

一个创建 $|M\rangle$ 的算法在 2000 年给出, 并且更高效的版本随后被提出. 一个有希望的替代方案是使用 Grover 搜索算法来创建内存叠加. 由于结果是概率性的, $|M\rangle$ 的量子态会被测量所 "破坏", 所以必须要制备大量的 $|M\rangle$.

由 Ventura 和 Martinez 最初提出的记忆状态的检索算法基于著名的 Grover 搜索算法, Grover 算法用于处理完备的叠加态的模式搜索, 其要求搜索所有基矢的叠加态. 为了使 Grover 算法更为普遍, 必须将其修改为能在部分基矢的叠加态 $|M\rangle$ 上工作的算法. 修改后的 Grover 算法能够检索包含某个特定输入序列的所有模式. 因此 Ventura

和 Martinez 能够处理模式完成的相关问题, 而不是关联存储. Trugenberger 提出一种方法能将 Ventura 和 Martinez 的模式完成算法转化为关联记忆的方法. 他发现通过使用如下哈密顿量:

$$\hat{H} = \sum_{i=1}^{n} \frac{\sigma_3^{(i)}+1}{2}$$

对 $|M\rangle$ 做时间演化, 可以将输入状态和每个记忆状态之间的汉明距离写入存储状态. 这里, $\sigma_3^{(i)}$ 是网络状态中测量神经元 $x_i(i \in \{1,\cdots,n\})$ 状态的第三个泡利矩阵. 然后, 一个最终的测量将根据输入的汉明距离决定测量概率. 重复测量就可以标志与输入状态 "最接近" 的模式.

相较经典霍普菲尔德关联存储器, 量子关联存储的主要优点是, 理论上能够将 $2n$ 个模式存储到规模为 $2n+2$ (其中 $n+2$ 个量子位用作辅助单元) 的量子位系统中. 与含有 n 个神经元的霍普菲尔德网络中存储的大约 $0.138n$ 种模式相比, 这是一个重大的改进. 然而, 算法所提出的要求仍然远远超出了目前量子计算所能实现的量子位数量. 除此之外, QAM 在这里不需要严格意义上的 QNN 模型, 由于这种方案不具备神经计算的结构, 因此不会满足 QNN 模型要求 (2).

5. 量子感知器

霍普菲尔德神经网络的核心在于神经元如何根据来自其他神经元的输入来计算该神经元的状态. 因此, 构造 QNN 模型的一个重要问题是如何构造这种 "量子感知器". Altaisky 在形式上提出了一个量子感知器模型, 这个模型是由直接将经典模型翻译成量子语言得到的, 即直接将 $y, x_1, \cdots, x_n$ 替换成量子态 $|y\rangle, |x_1\rangle, \cdots, |x_n\rangle$, 而神经元之间连接的权重因子 w_k 直接替换成幺正算符 $\hat{w}_k$. 而阶跃函数由另一个幺正算符 $\hat{F}$ 替代. 这个模型虽然具有很多问题, 但是在形式上基本包含了量子感知器需要的结构. 这个量子感知器模型如下:

$$|y(t)\rangle = \hat{F} \sum_{i=1}^{m} \hat{w}_{iy}(t)|x_i\rangle \tag{7.4}$$

其中, 算符 $\hat{F}$ 可以是任意的量子门算符, 算符 $\hat{w}_{ij}$ 表示连接权重, 这些都作用在 m 个输入量子位上. 遗憾的是, 这个方案无法被扩展为完整的神经网络, 而且其中的一些想法与量子规律不符. 原始文献中作者无法给出 $\hat{F}$ 的任何相关信息而是简单地假设为单位阵 $\boldsymbol{I}$. 虽然 Altaisky 没能给出 $\hat{F}$, 但给出了在 $\hat{F}=\hat{1}$ 时权重的训练方法:

$$\hat{w}_{jy}(t+1) = \hat{w}_{jy} + \eta(|d\rangle - |y(t)\rangle)\langle x_j| \tag{7.5}$$

这里, $|d\rangle$ 是目标态, $|y(t)\rangle$ 是神经元 y 在离散时间 t 上的状态, $\eta \in [0,1]$ 是学习率. Altaisky 指出, 这种学习规则对于权重矩阵 $\boldsymbol{w}$ 无法保证幺正性. 而且, 更新将无法保持

系统的总概率. 然而, 幺正的学习规则不会反映学习的耗散性质. 作者留下这个自相矛盾的问题没有解决. 虽然有很多问题, 但这为后来量子感知器的研究提供了启发. 后来的一些研究者对这个模型做了进一步的研究, 并展示了量子感知器如何实现一些量子门操作, 如 Hadamard 门和 C-NOT 门.

Siomau 提出了一个非常不同的量子感知器模型, 并声称其在计算不可分离问题上具有强大优势. 他的模型不使用量子神经更新函数, 而使用投影算符 $P = |\psi\rangle\langle\psi|$, 并且有性质 $\langle\psi|x_1\cdots x_n\rangle = |d|$, d 为目标输出 (模用来避免非物理输出). 他声称, 例如 XOR 操作可以通过使用两个输入神经元感知器 $P_{-1} = |00\rangle\langle00|$ 和 $P_{+1} = |01\rangle\langle01| + |10\rangle|10\rangle$ 构造的算符 $P = P_{-1} + P_{+1}$ 来计算. P_{-1} 和 P_{+1} 是正交和完备的, 这组投影算符可以确保所有输入被正确分类.

量子感知器想法可认为是来自于构建 QNN 的核心基本单元进而构建出整个网络. 然而, Altaisky 的感知器却并没有实现真正的感知器, 关键的 $\hat{F}$ 被简化为 1, 变成了平庸的线性计算. Siomau 的方法也具有明显的困难, 因为算符 P 无法真正地将输入状态分类, 所以这个方法无法将信息写到某个输出态上, 这会导致无法进行后续计算, 因而也无法构建出整个网络.

6. 其他方法

除了这些主要的 QNN 方案外, 还有其他一些值得一提的想法. Weigang 及后来的 Segher 和 Metwally 提出了一个所谓的"纠缠神经网络". 他们假设有一组子单元, 可作为存储、演化和测量量子信息的两个"神经元"之间的量子传输装置. 子单元传输过程的输出被送到下一个子单元的传输过程中. Weigang 给出了一个能将某些特征编码为量子位状态、幅度和相位, 以便最终的优化函数可以检索的例子. Neigovzen 等人使用绝热量子计算来将势阱中由一个量子对象构成的量子系统的哈密尔顿量连续地改变成类神经网络的哈密顿量, 其中存储器状态由几个能量最小值表示, 使得该对象最终处在最接近其初始状态的最小值. 一些研究者对模糊逻辑神经网络做了探索. 值得一提的是, 有一种 QNN 方案将突触权重解释为通过模糊学习算法更新的模糊变量, 从而创建非常接近量子力学概念的关联存储模型. 与其他 QNN 方法相比, 模糊 QNN 得到了相当多的关注; 然而, 尽管使用名称"量子神经网络", 但是它们并不遵循量子理论本身, 仅仅是受到量子神经元连续的系数范围 [0,1] 的启发.

7.2 量子感知器模型

感知器是一种数学模型,它由生物的神经处理过程启发得到,是人工神经网络模型关键的基本单元. 假设神经元细胞仅有两种状态,即 "激活" 和 "静息" 状态. 一个感知器具有 n 个相连的输入神经元,并且这些输入也是二值的,即 $x_k=\{-1,1\}(k=1,\cdots,n)$,输出只有一个神经元 y. 每一个输入神经元对输出的激活都有一个特定的权重,$w_k \in [-1,1]$,那么输入和输出之间的关系由激活函数决定:

$$y = \begin{cases} 1, & \sum_{k=1}^{n} w_k x_k \leqslant 0 \\ -1, & 其他 \end{cases} \tag{7.6}$$

也就是说,网络的输入 $h(\boldsymbol{w},\boldsymbol{x}) = \sum_{k=1}^{n} w_k x_k$ 决定了阶跃函数是否激活输出神经元.

感知器模型由 Rosenblatt 在 1958 年提出,之后在神经科学和人工智能领域引起了关注. 就像生物的神经网络那样,感知器通过比较大量的输入样本 $x_1,\cdots,x_n$ 和相对应的结果,以及修正权重来实现输入与输出之间的权重的学习. 1969 年 Minsky 和 Papert 指出,单个的感知器在图片分类任务上令人失望,因为感知器只能处理线性可分函数,即在特征空间中根据各自的输出结果,必须有一个超平面可以将两类结果切开. 而一个非常重要而简单的线性不可分函数是 XOR(异或) 函数. 19 世纪 80 年代,提出了将几层感知器结合构建的人工神经网络,即多层神经网络,这种网络可以克服线性不可分的问题. 如今的神经网络模型得到了很大的发展,成为了人工智能领域中一个十分重要的模型,并衍生出了各式各样的模型.

神经网络研究中的一个主要困难在于模型的训练. 训练一个大型网络往往需要大量 GPU 运行数天. 量子计算的天然高速并行特性有望为解决这个困难提供新的途径. 因此科学家开始探索如何实现量子并行,构造一种等价的基于感知器的具有实际价值的量子神经网络.

本节我们以两种模型为例,对量子感知器模型做简单的介绍.

7.2.1 量子感知器算法

2016 年 Maria Schould 等人提出一种量子感知器模型. 这种量子感知器模型的基本思想是, 将归一化的网络输入 $h(\boldsymbol{w},\boldsymbol{x})=\varphi\in[0,1)$ 写入量子态 $|x_1,\cdots,x_n\rangle$ 的相位中, 然后应用精度为 τ 的量子相位估计算法. 这个过程将会得到态 $|J_1,J_2,\cdots,J_\tau\rangle$ 表示的二进制小数 $\tilde{\varphi}$, 它是 φ 的一个很好的近似. 等价地, 这个二进制数可以用一个整数 j 对应, $\tilde{\varphi}=\dfrac{j}{2^\tau}$, 即 $\tilde{\varphi}=J_1\dfrac{1}{2}+\cdots+J_\tau\dfrac{1}{2^\tau}$ 或者 $j=J_1 2^{\tau-1}+\cdots+J_\tau 2^0$. 量子相位估计算法所得到的输出态的第一个数字 J_1 仅在 $\tilde{\varphi}>\dfrac{1}{2}$ 时会出现, 因此量子感知器实现了 $(\boldsymbol{x},\boldsymbol{w})\mapsto J_1$ 的映射关系. 这个映射关系与经典感知器中的阶跃函数高度吻合. 整个量子感知器算法的量子电路模型如图 7.2 所示.

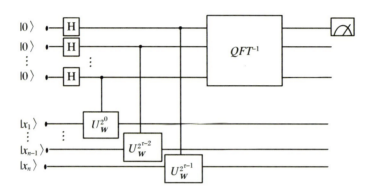

图7.2　量子感知器的量子电路表示

1. 算法过程

在说明具体过程前, 先引入一个算符. 给定一个权重矢量 $\boldsymbol{w}$, 根据其构造的一个幺正算符表示矩阵 $\boldsymbol{U}(\boldsymbol{w})=(\boldsymbol{U}_0\boldsymbol{U}_1(w_1))\otimes\boldsymbol{U}_2(w_2)\otimes\cdots\otimes\boldsymbol{U}_n(w_n)$, 其中每个因子的具体形式如下:

$$\boldsymbol{U}_k(w_k)=\begin{pmatrix} \mathrm{e}^{-2\pi\mathrm{i}w_k\Delta\phi} & 0 \\ 0 & \mathrm{e}^{2\pi\mathrm{i}w_k\Delta\phi} \end{pmatrix} \tag{7.7}$$

其中, $\Delta\phi=\dfrac{1}{2n}$. $\boldsymbol{U}_0=\mathrm{e}^{\pi\mathrm{i}}\boldsymbol{I}$ 施加了一个整体相因子 $\pi\mathrm{i}$. 因此, 其作用在态 $|x_1,x_2,\cdots,x_n\rangle$ 上就会产生一个相位

$$\mathrm{e}^{2\pi\mathrm{i}(\Delta\phi(\boldsymbol{w}\cdot\boldsymbol{x})+\frac{1}{2})}=\mathrm{e}^{2\pi\mathrm{i}\varphi} \tag{7.8}$$

(1) 初始态. τ 个状态为 0 的量子位寄存器和编码输入神经元状态的神经元, n 个量子位的输入寄存器 $|\phi_0\rangle$:

$$|0,0,\cdots,0\rangle|x_1,x_2,\cdots,x_n\rangle = |0,0,\cdots,0\rangle|\phi_0\rangle \tag{7.9}$$

(2) Hadamard 变换. 在 τ 个初始为 0 的寄存器上施加 Hadamard 变换, 得到

$$\frac{1}{\sqrt{2^\tau}}\sum_{k=0}^{2^\tau-1}|k\rangle|x_1,x_2,\cdots,x_n\rangle \tag{7.10}$$

(3) 施加 O. 通过幺正变换 U 将归一化的输入 φ 写入到量子态的相位中. 它根据输入寄存器前面的权重参数化的幺正变换的 j 个拷贝, 做如下操作:

$$\xrightarrow{O} \frac{1}{\sqrt{2^\tau}}\sum_{k=0}^{2^\tau-1}|k\rangle \boldsymbol{U}^k(\boldsymbol{w})|\psi_0\rangle = \frac{1}{\sqrt{2^\tau}}\sum_{k=0}^{2^\tau-1}e^{2\pi ik\varphi}|k\rangle|\psi_0\rangle \tag{7.11}$$

(4) 逆量子傅里叶变换 QFT^{-1}. 根据之前的计算, 我们可以得到

$$\xrightarrow{QFT^{-1}}\sum_{k=0}^{2^\tau-1}\left(\frac{1}{2^\tau}\sum_{l=0}^{\tau-1}e^{2\pi il(\varphi-\frac{k}{2^\tau})}\right)|k\rangle|\psi_0\rangle = |\tilde{\varphi}\rangle|\psi_0\rangle \tag{7.12}$$

(5) 输出. 通过测量第一个寄存器的前几个量子位得到映射结果.

2. 复杂度分析

对于一个整数 j, 如果相位可以被精确的表示为 $\varphi = \frac{j}{2^\tau}$, 那么除了 $|j\rangle$ 之外, 所有的振幅都将是 0, 而算法的结果就是 $|j\rangle$. 对于 $\varphi \neq \frac{j}{2^\tau}$ 的情况, 为了得到精度为 m 比特的 φ, 且保证成功率为 $1-\epsilon$, 根据之前的理论, 则必须使用 $\tau = m + \lceil\log(2+\frac{1}{2\epsilon})\rceil$ 个比特. 由于我们只关心第一个量子位的值, 因此只要选择精度 $\tau = 2$ 即可获得 85% 的成功概率. 这意味着我们只需要使用很少的资源就可以满足. 然而, 需要注意的是, τ 的大小依赖于神经元的数量 n. 为了说明这个问题, 假设有一个随机分布的二值矢量 $\boldsymbol{x}$ 和处于区间 $[-1,1)$ 的随机实数值 $\boldsymbol{w}$. 神经元的数量 n 越大, $h(\boldsymbol{w},\boldsymbol{x})$ 的分布在 $\frac{1}{2}$ 处的峰越尖 (图 7.3). 这意味着, 神经元数量越多, 越向 $\frac{1}{2}$ 集中, 因此, 我们必须要增大精度 τ. 模拟显示, 对于 $n=10$, 我们只需要 $\tau \leqslant 4$ 使得超过 85% 的概率来再现经典感知器的结果; 当 $n=100$ 时, 精度要求为 $\tau \leqslant 6$; 当 $n=10000$ 时, 精度要求为 $\tau \leqslant 8$. 为了量化两值数需要知道数量 τ 和神经元数量 n 之间的关系, 假设 $h(\boldsymbol{w},\boldsymbol{v})$ 的分布的标准差具有标度 $\sigma \sim \frac{1}{\sqrt{n}}$. 因为精度 τ 和标准差相关, 例如 $\sigma \approx \frac{10}{2^\tau}$. 因此精度标度在 $\tau \sim \log\sqrt{n}$. 当然应

当注意到,这些考虑仅仅在随机的输入变量和参数下是正确的,同时我们希望,在实际情况中,一个神经网络的输入值 $h(\boldsymbol{w},\boldsymbol{v})$ 不要分布在 0.5 周围. 但是由于希望量子感知器能够在训练量子神经网络中起到作用,理想情况下,它可以处理超过这些值的随机初始分布. 因此,精度仅仅随着神经元数量的平方根呈对数增长.

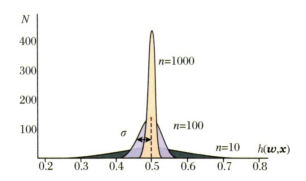

图7.3 值 $h(\boldsymbol{w},\boldsymbol{x})$ 的分布

使用10000个随机的 $\boldsymbol{w}$, $\boldsymbol{x}$ 数据点. 在标准差方面, $n=10000$ 个神经元的分布要比 $n=10$ 的更加拥挤. 因此,算法的精度必然随着神经元的数量的增加而增加.

量子感知器的计算复杂度与复杂度为 $O(n)$ 的经典感知器所需的 n 次乘法和单个 IF 操作的资源相当. 量子算法中,逆量子傅里叶变换需要 $\tau+(n+1)\sum_{k}^{2^{\tau}-1}k$ 个量子门. 如果 τ 的值一定,则复杂度为 $O(n)$. 最高效的逆量子傅里叶变换仅需要 $\dfrac{\tau(\tau+1)}{2}+3\dfrac{\tau}{2}$ 个门. 如果假设上面 τ 和 n 的关系从 $\boldsymbol{w}$ 和 $\boldsymbol{x}$ 的随机采样中得到,则仍然可以得到 $O(n\log^2\sqrt{n})$,这看起来并不是一个很快速的增长. 量子感知器的一个主要优势在于,如果输入矢量可以表示为叠加态 $\sum_{i}|x_i\rangle$,那么在量子并行下它可以处理任意数量的输入. 在输出叠加态 $\sum_{i}|y_i\rangle$ 中,我们可以通过量子测量提取计算结果的相关信息,或者对输出态做进一步处理,例如,基于叠加态的学习算法.

3. 适用性拓展

为了进一步提高量子感知器适用性,需要对量子感知器做一些微小的修改. 不是通过参数化的算符,而是把权重 w_k ($k=1,\cdots,n$) 写入额外的寄存器中. 则式 (7.7) 中的初始态变为

$$\left|x_1,\cdots,x_n;W_1^{(1)},\cdots,W_1^{(\delta)},\cdots,W_n^{(1)},\cdots,W_n^{(\delta)}\right\rangle=|\boldsymbol{x};\boldsymbol{w}\rangle$$

其中, $W_k^{(m)}$ 是 w_k 的精度为 δ 的二进制分数表示的第 m 个数字, $w_k = W_k^{(1)}\frac{1}{2} + \cdots + W_k^{(\delta)}\frac{1}{2^\delta}$. 为了将归一化的网络输入 $\bar{h}(\boldsymbol{w},\boldsymbol{x})$ 写入量子态 $|\boldsymbol{x};\boldsymbol{w}\rangle$ 的相位中, 必须用 $\tilde{\boldsymbol{U}} = \boldsymbol{U}_0 \prod_{k=1}^{n} \prod_{m=1}^{\delta} \boldsymbol{U}_{W_k^{(m)},x_k}$ 替换公式 (7.7) 中的 $\boldsymbol{U}(\boldsymbol{w})$, 其中的 $\boldsymbol{U}_0$ 也是将 $\frac{1}{2}$ 的相添加到相位中. 引入受控 2-比特算符

$$\boldsymbol{U}_{W_k^{(m)},x_k} = \begin{pmatrix} 1 & 0 & 0 & 0 \\ 0 & 1 & 0 & 0 \\ 0 & 0 & e^{-\pi i \Delta\phi \frac{1}{2^m}} & 0 \\ 0 & 0 & 0 & e^{-\pi i \Delta\phi \frac{1}{2^m}} \end{pmatrix}$$

w_k 的二进制表示的第 m 个比特 $W_k^{(m)}$ 控制相位旋转 $-\Delta\phi\frac{1}{2^m}$ 或 $\Delta\phi\frac{1}{2^m}$ 的操作. 注意, 这个实现严格保证权重 w_k 在 [0,1) 之间, 但是每个参数的符号都可以存储在额外的一个比特中, 相应 x_k 的逆 XOR 可以用来控制相位变换的符号.

4. 关于量子感知器的训练方法

感知器可以通过训练数据在不断迭代过程中调整权重参数来得到期望的输入-输出关系 (图 7.4). 设包含输入矢量 $\boldsymbol{x}^p$ 对应期望输出 d^p 的训练数据集 $T = \{(\boldsymbol{x}^p, d^p) | p = 1, \cdots, P\}$. 实际的输出 y^p 通过从训练集中随机选择一个样本 $\boldsymbol{x}^p$, 使用当前的权重 $\boldsymbol{w}$ 计算得到. 而权重又可以根据 d^p 和 y^p 之间的距离来调整:

$$\boldsymbol{w}' = \boldsymbol{w} + \eta(d^p - y^p)\boldsymbol{x}^p \tag{7.13}$$

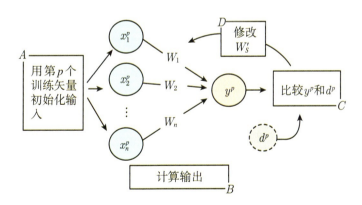

图7.4 经典感知器训练算法的示意图

其中, $\eta \in [0,1]$ 是学习率. 通过连续地选择训练样本, 对于线性可分问题, 这个过程会将权重收敛到一个可以将全部的训练样本正确分类的结果, 并且可以使用训练的结果来处理新的样本输入.

在训练基于感知器构建的神经网络时, 目前广泛使用的是基于梯度下降的反向传播算法. 这种算法的训练时间随网络的规模迅速增长, 每个输出神经元间接地取决于以前各层的每个权重. 该算法根据规则, 用 $w'_{kl} = w_{kl} - \eta \dfrac{\partial E(o^p - d^p)}{\partial w_{kl}}$ 来改变结点 k 和 l 之间的权重 w_{kl}, 其中, E 是由给定训练集中的一个输入 $\boldsymbol{x}^p$ 的计算输出 o^p 和目标输出 d^p 确定的一个误差函数. 每个权重被改变的方向为误差函数的最大梯度方向.

量子神经网络研究的中心目标是通过巧妙地利用量子效应来降低人工神经网络的训练时间. 目前已经研究的几种训练方法包括使用 Grover 搜索算法来找到最佳权重矢量, 或使用训练经典感知器的方法来调整量子感知器的权重参数. 7.3 节我们将介绍一种使用范围稍窄的量子版本的梯度下降.

7.2.2 投影算符方法

Siomau 提出可以通过投影算符来构建量子感知器. 该方法着眼于分类任务的实现, 而且这个模型在数学形式上与经典感知器是完全不同的.

1. 经典感知器的量子类比

给定一组包含特征向量 $\{\boldsymbol{x}^{(m)} | m = 1, \cdots, M\}$ 及相应输出 $\{d^{(m)} \in \{+1, -1\}\}$ 的训练数据集, 其中特征向量具有 n 个特征 $\boldsymbol{x}^{(m)} = \{x_1^{(m)}, x_2^{(m)}, \cdots, x_n^{(m)}\}$, 并且每个特征都在一定的区间内受到限制, 所有特征可以归一化到单位区间 $x_k'^{(m)} \in [0,1] (k = 1, \cdots, n)$. 这样就可以用一个 2^n 维量子系统的状态来表示输入特征, 不妨直接记 $|\boldsymbol{x}^{(m)}\rangle = (x_1'^{(m)}, x_2'^{(m)}, \cdots, x_n'^{(m)})^\mathrm{T}$, 这里右矢的记号已经表明它是个列矢量了. 同样地, 对于输出, 为简便计, 我们也将去掉表示数据编号的上标. 通过这样的量子表示, 可以将经典的 n 维特征空间扩展到具有 2^n 维希尔伯特空间的量子系统中.

对于每一个给定的特征矢量 $|x\rangle$ 都可以构建一个相应的投影算符 $|x\rangle\langle x|$. 利用这些投影算符, 我们可以定义两个投影算符:

$$\begin{aligned} \hat{P}_{-1} &= \frac{1}{N_{-1}} \sum_{d=-1} |x\rangle\langle x| \\ \hat{P}_{+1} &= \frac{1}{N_{+1}} \sum_{d=+1} |x\rangle\langle x| \end{aligned} \tag{7.14}$$

这里，N_{-1} 和 N_{+1} 分别是相应的归一化因子. $\hat{P}_{-1}$ 对所有输出 $d=-1$ 的特征矢量构造的投影算符进行求和, 同理, $\hat{P}_{+1}$ 对所有输出 $d=+1$ 的特征矢量构造的投影算符进行求和.

对于一个新的输入, $\hat{P}_{-1}$ 和 $\hat{P}_{+1}$ 的可能结果可以分成 4 类 (表 7.3):

A: 算符 $\hat{P}_{-1}$ 和 $\hat{P}_{+1}$ 是正交完备的, 即 $\hat{P}_{-1}\hat{P}_{+1}=0, \hat{P}_{-1}+\hat{P}_{+1}=\hat{I}$. 这意味着训练数据中两个类别不存在重叠, $\hat{P}_{-1}$ 和 $\hat{P}_{+1}$ 占满了整个特征空间. 因此对于任何输入都可以在两个类别之间实现无错误的分类. 这对应经典的感知器完全可分的情况.

B: 算符 $\hat{P}_{-1}$ 和 $\hat{P}_{+1}$ 是正交但不完备的, 即 $\hat{P}_{-1}\hat{P}_{+1}=0, \hat{P}_{-1}+\hat{P}_{+1}\neq\hat{I}$. 这是个非常有趣的情况, 即训练数据没有包含空间中的所有类别. 因此可以通过构造第三个算符 $\hat{P}_0=\hat{I}-\hat{P}_{-1}-\hat{P}_{+1}$ 来填满空间, 满足完备性要求, 并且 $\hat{P}_0$ 和 $\hat{P}_{-1}, \hat{P}_{+1}$ 正交. 这样, 量子感知器产生三个输出 $d\in\{+1,0,-1\}$, 对于一个特征矢量或者属于先前看到的类 $d\in\{+1,-1\}$ 之一, 或者它本质上属于没有学习过的一个新类别 $d=0$. 对没有看过的类别进行分类是一个非常困难的学习问题, 即使是经典感知器网络也不能做到这一点. 而量子感知器能够完成这个任务. 而且, 由于算符 $\hat{P}_{-1}, \hat{P}_{+1}$ 和 $\hat{P}_0$ 的正交性, 可以实现这三个类别之间的无错误分类.

C: 算符 $\hat{P}_{-1}$ 和 $\hat{P}_{+1}$ 不是正交但是完备的, 即 $\hat{P}_{-1}\hat{P}_{+1}\neq 0, \hat{P}_{-1}+\hat{P}_{+1}=\hat{I}$. 在这种情况下, 所有的输入数据将以错误概率不为 0 的方法在这两个类别之间进行分类. 这是概率分类的情况, 虽然可以由更复杂的经典学习模型来解决, 但是不能由经典感知器来完成.

D: 最糟糕的情况是算符 $\hat{P}_{-1}$ 和 $\hat{P}_{+1}$ 既不是正交也不是完备的, $\hat{P}_{-1}\hat{P}_{+1}\neq 0, \hat{P}_{-1}+\hat{P}_{+1}\neq\hat{I}$, 我们可以再次定义第三个算符 $\hat{P}_0=\hat{I}-\hat{P}_{-1}-\hat{P}_{+1}$, 这时 $\hat{P}_0$ 不与 $\hat{P}_{-1}$ 和 $\hat{P}_{+1}$ 正交. 在这种情况下, 量子感知器将所有的输入特征分为三类, 其中一个是新类, 并且分类错误率非 0. 经典感知器也很难解决这种情况.

表 7.3 投影算符感知器的 4 种可能情况

	$\hat{P}_{-1}+\hat{P}_{+1}=\hat{I}$	$\hat{P}_{-1}+\hat{P}_{+1}\neq\hat{I}$
$\hat{P}_{-1}\hat{P}_{+1}=0$	无错误分类	构造 $\hat{P}_0\equiv\hat{I}-\hat{P}_{-1}-\hat{P}_{+1}, d\in\{0,\pm 1\}$
$\hat{P}_{-1}\hat{P}_{+1}\neq 0$	概率分类, 无错误	定义 $\hat{P}_0$, 同上

这种量子感知器的学习规则可能有以下几何解释: 与经典感知器通过构造一个超平面将两个子空间上的特征空间分离开来类似, 量子感知器构造了物理希尔伯特空间中的两个子空间. 这些子空间的体积由 POVM 算符 (7.14) 定义. 在运行过程中, POVM 算符将给定的特征向量 $|\psi\rangle$ 投影到其中一个子空间或者未被它们占据的空间上, 从而实现分类. 例如, 如果 $\langle\psi|\hat{P}_{-1}|\psi\rangle\neq 0$, 而 $\langle\psi|\hat{P}_{+1}|\psi\rangle=0$ 和 $\langle\psi|\hat{P}_0|\psi\rangle=0$, 则特征向量

$|\psi\rangle$ 属于 $d=-1$ 类, 分错的概率等于零. 相反, 如果 $\langle\psi|\hat{P}_{-1}|\psi\rangle \neq 0$, $\langle\psi|\hat{P}_{+1}|\psi\rangle \neq 0$ 和 $\langle\psi|\hat{P}_{0}|\psi\rangle=0$, 那么特征向量属于两个类中的一个, 其中属于某个类的概率由相应的期望值 $\langle\psi|\hat{P}_{-1}|\psi\rangle$ 和 $\langle\psi|\hat{P}_{+1}|\psi\rangle$ 决定.

需要注意的是, 式 (7.14) 的构造方法并不是唯一的. 可能有更复杂的方法来构造 POVM 集合, 以实现对于分类问题更好的学习模型.

2. 可能的应用

尽管这种学习规则极其简单, 但可以认为这种量子感知器能够执行许多经典感知器不能完成的任务. 这里, 我们给出两个例子: 一是逻辑函数学习, 二是无监督学习.

(1) 逻辑函数学习

历史上, 由于线性模型的学习能力的限制, 经典感知器不能学习任意逻辑函数. 而研究者 Siomau 声明, 这种量子感知器能够学习一个任意的逻辑函数, 并且不受类型和样本出现的顺序的影响.

首先考虑 XOR(异或) 逻辑函数. 在学习过程中给定一个训练集, 包含 4 个数据 $\{(\boldsymbol{x}_i,d_i)|i=1,\cdots,4\}$, 这些数据包含 2 类特征 $d\in\{+1,-1\}$. 我们使用二维量子系统——量子位来表示输入矢量, 输入矢量的基矢为 $|x_i\rangle\in\{|0\rangle,|1\rangle\}(i=1,2)$. 因此上面的所有输入数据可以用 4 个 2 比特量子态表示, $|x_1,x_2\rangle$. 根据之前的定义, 我们有

$$\begin{cases} \hat{P}_{-1} = |0,0\rangle\langle 0,0| + |1,1\rangle\langle 1,1| \\ \hat{P}_{+1} = |0,1\rangle\langle 0,1| + |1,0\rangle\langle 0,1| \end{cases} \quad (7.15)$$

由于仅当 $|x_1,x_2\rangle\in\{|0,0\rangle,|1,1\rangle\}$ 时, $\langle x_1,x_2|\hat{P}_{-1}|x_1,x_2\rangle\neq 0$, 因此这些态属于 $d=-1$ 类. 同理, 其他 2 个态属于 $d=+1$ 类. $\hat{P}_{-1}$, $\hat{P}_{+1}$ 的正交性保证了无错误的分类, 完备性保证了每一种输入都可以被分类. 因此这种量子感知器可以学习 XOR 函数. 类似地, 通过构造 $\hat{P}_{-1}=|0,0\rangle\langle 0,0|+|0,1\rangle\langle 0,1|+|1,0\rangle\langle 1,0|$, $\hat{P}_{-1}=|1,1\rangle\langle 1,1|$, 我们就可以实现 AND 逻辑.

当数据有噪声干扰时, 我们需要对 XOR 学习问题进行一些修改. 在一些情况下, 噪声可能导致训练数据的重叠, 使训练过程中的特征向量错误分类. 例如, 如果在 XOR 学习期间存在有限的小概率 δ, 特征 $\boldsymbol{x}_1$ 取错误的二进制值, 而另一个特征和期望的输出不受噪声影响, 则在大量训练之后, 投影算符由下式给出:

$$\begin{cases} \hat{P}'_{-1} = & (1-\delta)(|0,0\rangle\langle 0,0|+|1,1\rangle|1,1\rangle) \\ & \cdot\delta(|0,1\rangle\langle 0,1|+|1,0\rangle\langle 0,1|) \\ \hat{P}'_{+1} = & (1-\delta)(|0,0\rangle\langle 0,0|+|1,1\rangle|1,1\rangle) \\ & \cdot\delta(|0,1\rangle\langle 0,1|+|1,0\rangle\langle 0,1|) \end{cases} \quad (7.16)$$

算符 $\hat{P}'_{-1}$ 和 $\hat{P}'_{+1}$ 不是正交的, 但是完备的. 这意味着在量子感知器的操作过程中, 输入特征可能被错误分类. 这样每个特征将在两个类别之间分类, 平均而言, 大多数特征矢量能够被正确地分类. 这意味着量子感知器以 $1-\delta$ 的精度来模拟 XOR 函数.

(2) 无监督学习

除了能够实现上面所说的有监督学习之外, 量子感知器的学习规则还能够实现一些特别的无监督学习. 假设给定一个未标记的特征向量集合并且也不知道类别数量, 要求找到这个集合的可能结构, 即我们需要回答这个集合中有哪些类别. 下面的方法允许我们在某些条件下解决这样一个无监督的学习任务.

首先给出一个该集合中的态 $|x_1\rangle$, 然后定义两个算符:

$$\hat{P}_{-1}^{(0)} = |x_1\rangle\langle x_1|$$
$$\hat{P}_{+1}^{(0)} = \hat{I} - \hat{P}_{-1}^{(0)}$$

这里, $\hat{I}$ 是单位算符, $d=+1$ 类自然地被定义为 "非 $d=-1$" 的类. 下一个特征矢量 $|x_2\rangle$ 要检验是否属于其中的一个类, 如果 $\langle x_2|\hat{P}_{-1}^{(0)}|x_2\rangle > \langle x_2|\hat{P}^{(0)}|x_2\rangle$, 那么这说明 $|x_2\rangle$ 与 $|x_1\rangle$ 足够接近, 因此属于 $d=-1$ 类. 在这种情况下, 算符将被更新为

$$\hat{P}_{-1}^{(0)} = |x_1\rangle\langle x_1| + |x_2\rangle\langle x_2|$$
$$\hat{P}_{+1}^{(0)} = \hat{I} - \hat{P}_{-1}^{(0)}$$

相反, 若 $\langle x_2|\hat{P}_{-1}^{(0)}|x_2\rangle < \langle x_2|\hat{P}^{(0)}|x_2\rangle$, $|x_2\rangle$ 与 $|x_1\rangle$ 足够远, 那么属于新类 $d=+1$. 类 $d=+1$ 的第一个表示, 我们将由一个新的算符来做更新:

$$\hat{P}_{-1}^{(0)} = |x_1\rangle\langle x_1|$$
$$\hat{P}_{+1}^{(0)} = |x_2\rangle\langle x_2|$$

迭代这个过程直到所有的输入矢量都被分类.

如果给定的特征集合中只有两个特征向量 $|x\rangle$ 和 $|y\rangle$, 定义 $\hat{P} = |y\rangle\langle y|$, 如 $\langle x|(I-2\hat{P})|x\rangle \leqslant 0$, 则上述协议将起作用. 在相反的情况下, 这种方法不能实现无监督学习. 此外, 分类强烈依赖于样本出现的顺序, 因为首先看到的特征定义了类. 然而, 这种情况对于无监督学习模型是典型的, 经典的聚类方法也不能回避. 为了减少分类对特征矢量出现顺序的依赖性, 可以将特征矢量以不同的顺序输入多次重复学习, 然后比较分类结果. 尽管存在上述问题, 但是无监督无类别的分类原则上可以由量子感知器来执行, 而这个任务对于经典感知器来说是不可能完成的.

7.3 前向量子神经网络的训练方法

在神经网络训练中,最广泛使用的是基于梯度下降法的反向传播算法. 梯度下降从猜测的初始值开始,通过迭代沿着目标函数的负梯度来寻找最优解. 由于只考虑了目标函数 $f(\boldsymbol{x})$ 的一阶导数,因此有些时候梯度下降需要很长时间. 对于这个问题,二阶方法即考虑局部曲率并对步长做出调整,通常会具有更好的表现. 牛顿方法将逆 Hessian 矩阵乘以函数的梯度,以这种方式考虑了曲率信息,使得寻求最小值所需的步骤通常以计算对于所有输入函数的二阶导数矩阵及其逆为代价而迅速降低.

本节将介绍 Rebentrost 和 Schuld 等人提出的梯度下降法和牛顿法的量子算法. 其主要思想是在每一步迭代中,通过考虑目标函数的梯度矢量和 Hessian 矩阵来获取量子态 $|x^{(t)}\rangle$ 的多个副本以产生另一个量子态 $|x^{(t+1)}\rangle$ 的多个副本. 我们将使用量子主成分分析 (QPCA) 等量子技术明确地获得目标函数和 Hessian 矩阵的梯度. 由于在每个步骤中我们要消耗多个副本来准备下一步需要的单个副本,因此算法需要的副本数量和操作数会呈指数级增长. 虽然这种指数级的增长使得这个算法不能有效率地执行,需要多次迭代的优化,但在仅需要少量步骤就可以得到合理解的情况下,牛顿法仍然有效.

7.3.1 量子梯度下降

1. 经典梯度下降

梯度下降的数学描述如下:令 $f: \mathbb{R}^N \to \mathbb{R}$,是需要最小化的目标函数. 给定一个初始点 $\boldsymbol{x}^{(0)} \in \mathbb{R}^n$,每次迭代更新都要根据目标函数最陡的梯度信息在当前点附近移动

$$\boldsymbol{x}^{(t+1)} = \boldsymbol{x}^{(t)} - \eta \nabla f(\boldsymbol{x}^{(t)}) \tag{7.17}$$

其中,学习率 $\eta > 0$,需要注意它不一定是固定的,在某些实际应用中会随迭代次数衰减. 牛顿法通过在每一步中考虑函数曲率相关的信息,即目标函数的二阶导数,来优化该策略. 因此迭代更新包含目标函数的 Hessian 矩阵 $\boldsymbol{H}$,则有

$$\boldsymbol{x}^{(t+1)} = \boldsymbol{x}^{(t)} - \eta \boldsymbol{H}^{-1} \nabla f(\boldsymbol{x}^{(t)}) \tag{7.18}$$

这里，$H_{ij} = \left.\dfrac{\partial^2 f}{\partial x_i \partial x_j}\right|_{\boldsymbol{x}^{(t)}}$.

在机器学习领域中，如神经网络、支持向量机和回归问题，要最小化的目标函数很多时候是最小二乘损失函数或误差函数，它将矢量输入映射到标量输出. 对于凸函数，存在唯一的全局最小值，并且在等式约束的二次规划的情况下，优化问题的解可以简化为矩阵求逆问题. 在机器学习中，经常处理二次规划以外的凸目标函数或者具有多个极小值的非凸目标函数. 在这些情况下，只能通过在目标函数定义的范围中进行迭代搜索来找到解. 原则上，上述迭代方法适用于任何足够平滑的函数，但这里仅考虑优化具有归一化约束的多项式的特例. Rebentrost 和 Schuld 等人的方法能够有效地优化多项式类别，包含具有相对较少数量的单项式的高维空间上的均匀和不均匀多项式.

首先是均匀多项式的目标函数. 所求最小化的齐次目标函数是一个在 $\boldsymbol{x} \in \mathbb{R}^N$ 上定义的 $2p$ 阶多项式

$$f(\boldsymbol{x}) = \frac{1}{2} \sum_{i_1,\cdots,i_{2p}=1} a_{i_1 \cdots i_{2p}} x_{i_1} \cdots x_{i_{2p}} \tag{7.19}$$

这里的 N^{2p} 个系数 $a_{i_1 \cdots i_{2p}} \in \mathbb{R}$，并记 $\boldsymbol{x} = (x_1, \cdots, x_N)^{\mathrm{T}}$. 通过将输入映射到由每个向量的 p 个张量积构成的更高维空间，我们可以将这个函数写成二次形式

$$f(\boldsymbol{x}) = \frac{1}{2} \boldsymbol{x}^{\mathrm{T}} \otimes \cdots \otimes \boldsymbol{x}^{\mathrm{T}} \boldsymbol{A} \boldsymbol{x} \otimes \cdots \otimes \boldsymbol{x} \tag{7.20}$$

系数构成的张量 $\boldsymbol{A} \in \mathbb{R}^{N \times N} \otimes \cdots \otimes \mathbb{R}^{N \times N}$，是一个 $N^p \times N^p$ 维的矩阵. 例如，当 $p = 2$ 时，二维输入 $\boldsymbol{x} = (x_1, x_2)^{\mathrm{T}}$ 被投影到最高二阶的 $\boldsymbol{x} \otimes \boldsymbol{x} = (x_1^2, x_1 x_2, x_2 x_1, x_2^2)^{\mathrm{T}}$ 的多项式项的向量，而 $\boldsymbol{A}$ 为 4×4 矩阵. 方程 (7.19) 的这种重写对于量子算法将是很重要的. 又注意到，$\boldsymbol{A}$ 总是可以写成如下形式：

$$\boldsymbol{A} = \sum_{\alpha=1}^{K} \boldsymbol{A}_1^{\alpha} \otimes \cdots \otimes \boldsymbol{A}_p^{\alpha} \tag{7.21}$$

其中，$\boldsymbol{A}_i^{\alpha}$ ($i = 1, \cdots, p$) 是一个 $N \times N$ 的矩阵，K 是构成 $\boldsymbol{A}$ 所需的求和数量. 由于变换 $\boldsymbol{x}^{\mathrm{T}} \boldsymbol{A}_i^{\alpha} \boldsymbol{x} = \boldsymbol{x}^{\mathrm{T}} (\boldsymbol{A}_i^{\alpha} + (\boldsymbol{A}_i^{\alpha})^{\mathrm{T}}) \boldsymbol{x}/2$ 保持二次形式不变，因此我们可以假设 $\boldsymbol{A}_i^{\alpha}$ 是对称的. 式 (7.21) 简化了 $f(\boldsymbol{x})$ 的梯度和 Hessian 矩阵的计算. 后面假设这个系数张量的分解是已知的.

式 (7.19) 和式 (7.20) 描述了一个偶数阶的齐次多项式，它通过选择适当的系数也可以表示任意低阶的多项式. 对于最简单的 $p = 1$ 的情况，目标函数简化为 $f(\boldsymbol{x}) = \boldsymbol{x}^{\mathrm{T}} \boldsymbol{A} \boldsymbol{x}$ 和一个常见的二次优化问题. 如果 $\boldsymbol{A}$ 是正定的，则问题变成凸问题，并且目标函数具有单个全局最小值. 由于这种方法所要使用的量子模拟法的要求，将仅考虑一般的稀疏矩阵 $\boldsymbol{A}$.

在梯度下降法和牛顿法中，需要计算目标函数的梯度和 Hessian 矩阵. 在张量公式 (7.21) 中, 点 $\boldsymbol{x}$ 处的目标函数的梯度可以写成

$$\nabla f(\boldsymbol{x}) = \sum_{\alpha=1}^{K} \sum_{j=1}^{p} \left(\prod_{i=1, i \neq j}^{p} \boldsymbol{x}^{\mathrm{T}} \boldsymbol{A}_i^\alpha \boldsymbol{x} \right) \boldsymbol{A}_j^\alpha \boldsymbol{x} \equiv \boldsymbol{D} \boldsymbol{x} \tag{7.22}$$

类似地, 可以将在同一点的 Hessian 矩阵写为

$$\boldsymbol{H}(f(\boldsymbol{x})) = \sum_{\alpha=1}^{K} \sum_{j,k=1; j \neq k}^{p} \prod_{i=1; i \neq j,k} (\boldsymbol{x}^{\mathrm{T}} \boldsymbol{A}_i^\alpha \boldsymbol{x}) \boldsymbol{A}_k^\alpha \boldsymbol{x} \boldsymbol{x}^{\mathrm{T}} \boldsymbol{A}_j^\alpha + \boldsymbol{D} \equiv \boldsymbol{H}_A \tag{7.23}$$

用于梯度下降和牛顿法的量子算法的核心是将这些矩阵实现为作用于当前状态的量子算符.

由于需要将向量 $\boldsymbol{x}$ 表示为量子态, 因此量子算法自然产生 $\boldsymbol{x}^{\mathrm{T}} \boldsymbol{x} = 1$ 的归一化矢量, 因而实现被球面约束. 这种优化问题的应用出现在图像和信号处理、生物医学工程、语音识别和量子力学中. 优化问题将变为有约束的优化问题:

$$\min_{\boldsymbol{x}} f(\boldsymbol{x}), \quad \text{满足} \ \boldsymbol{x}^{\mathrm{T}} \boldsymbol{x} = 1$$

对于这样的约束问题, 梯度下降其实是投影梯度下降, 即在每次迭代之后, 都会将当前解投影到约束下, 这里对应于归一化 $\boldsymbol{x}^{\mathrm{T}} \boldsymbol{x} = 1$. 显然, 量子算法天然地遵循这个约束, 并且在量子态的每次更新中自动地实现了归一化.

虽然这里所选择的目标函数允许通过量子方法来优化, 但在某些情况下不适用于牛顿方法. 例如, 如果 $p = K = 1$, 则目标函数可简化为二次形式 $\boldsymbol{H}^{-1} \nabla f(\boldsymbol{x}) = \boldsymbol{D}^{-1} \boldsymbol{D} \boldsymbol{x} = \boldsymbol{x}$. 此时搜索的方向与单位球体垂直, 因而牛顿方法不会更新初值 (图 7.5).

对于非均匀的多项式优化函数可以通过增加一个简单的线性不均匀项实现, 如 $f(\boldsymbol{x}) + \boldsymbol{c}^{\mathrm{T}} \boldsymbol{x}$, 其中 $f(\boldsymbol{x})$ 是以前的均匀部分, $\boldsymbol{c}$ 是表示不均匀部分的向量. 如图 7.6 所示, 牛顿法适用于这样的一般多项式.

2. 量子梯度下降

为了实现梯度下降算法的量子版本, 且不失一般性, 设矢量 $\boldsymbol{x}$ 的维数是 $N = 2^n$, 其中 n 是整数. 和前面一样, 考虑归一化约束 $\boldsymbol{x}^{\mathrm{T}} \boldsymbol{x} = 1$ 的情况. 我们将 $\boldsymbol{x} = (x_1, \cdots, x_N)^{\mathrm{T}}$ 编码在 n 比特的量子态 $|x\rangle = \sum_{j=1}^{N} x_j |j\rangle$ 的幅度上. 我们将量子梯度下降的整个方法分为

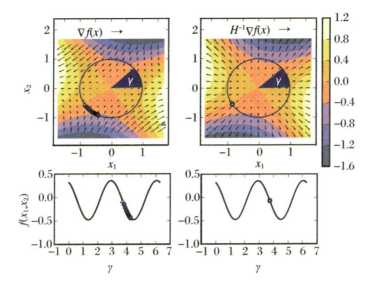

图7.5 投影梯度下降和投影牛顿法在单位球面约束下的二次优化

γ是从点$(1, 0)^T$开始的角度. 参数选择为 $K=1$, $p=1$, $N=2$, 目标函数$f(\boldsymbol{x}) = \boldsymbol{x}^T \boldsymbol{A} \boldsymbol{x}$, 系数$a_{11} = 0.6363$, $a_{12} = -0.7031$, $a_{21} = 0.0$, $a_{22} = -0.8796$; 初始点, 即图中的三角形, 选为$\boldsymbol{x}^{(0)} = (-0.83, -0.55)^T$. 对于这样的二次形式, 由于$\boldsymbol{H}^{(-1)} \nabla f \boldsymbol{x}$的方向与单位圆垂直, 故牛顿方法无法在约束下对目标函数进行优化. (引自文献[9])

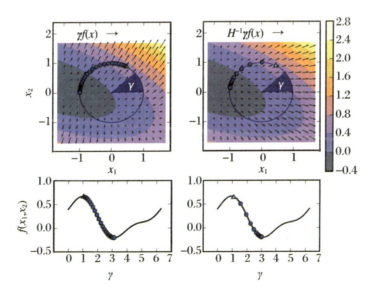

图7.6 在扩展的情况下, 量子算法可以处理不均匀情况, 牛顿法在考虑二次形式的情况下相当有效 (引自文献[9])

两部分实现,先描述梯度 $|\nabla f(x^{(t)})\rangle$ 的实现,然后描述如何更新坐标,即通过表示当前步骤梯度 $\nabla f(x^{(t)})$ 的量子态 $|\nabla f(x^{(t)})\rangle \equiv \boldsymbol{D}|x^{(t)}\rangle$ 来量化当前候选 $|x^{(t)}\rangle$ 在梯度下降方法的第 t 步更新.

在振幅编码方法中,作为式 (7.22) 和 (7.23) 中的加权因子出现的经典标量系数 $\boldsymbol{x}^{\mathrm{T}} \boldsymbol{A}_i^{\alpha} \boldsymbol{x}$ 可以写为算符 $\boldsymbol{A}_i^{\alpha}$ 和量子状态 $|x\rangle$ 或 $\langle x|\boldsymbol{A}_i^{\alpha}|x\rangle = \mathrm{Tr}(\boldsymbol{A}_i^{\alpha} \boldsymbol{\rho})$ 的期望值,其中 $\hat{\rho} = |x\rangle\langle x|$ 是相应的密度矩阵. 有了这个形式的关系,完整的算子

$$\boldsymbol{D} = \sum_{\alpha} \sum_{j} \left(\prod_{i \neq j} \boldsymbol{x}^{\mathrm{T}} \boldsymbol{A}_i^{\alpha} \boldsymbol{x} \right) \boldsymbol{A}_j^{\alpha}$$

可以用算符表示为

$$\boldsymbol{D} = \mathrm{Tr}_{1 \cdots p-1} \{ \hat{\rho}^{\otimes (p-1)} \boldsymbol{M}_D \} \tag{7.24}$$

其中, $\hat{\rho}^{\otimes(p-1)} = \hat{\rho} \otimes \cdots \otimes \hat{\rho}$ 是 $\hat{\rho}$ 的 $p-1$ 个拷贝的联合量子态. 算符 $\boldsymbol{D}$ 作用在 $\hat{\rho}$ 的另一个拷贝上. 上式中的算符 $\boldsymbol{M}_D$ 由下式给出:

$$\boldsymbol{M}_D = \sum_{\alpha=1}^{K} \sum_{j=1}^{p} \left(\bigotimes_{i=1, i \neq j}^{P} \boldsymbol{A}_i^{\alpha} \right) \otimes \boldsymbol{A}_j^{\alpha} \tag{7.25}$$

用式 (7.21) 的 $\boldsymbol{A}_j^{\alpha}(j=1,\cdots,p)$ 构造算符 $\boldsymbol{M}_D$,使得对于总和中的每一项,第一个 $p-1$ 子系统的期望值对应于期望的加权因子,最后的子系统作为作用在 $\hat{\rho}$ 上的算符. 对于 $\boldsymbol{M}_D$ 的稀疏度,如果每个 $\boldsymbol{A}_j^{\alpha}(j=1,\cdots,p, \alpha=1,\cdots,K)$ 至多有 d 列 / 行是稀疏的,则每个项 $\boldsymbol{A}_1^{\alpha} \otimes \cdots \otimes \boldsymbol{A}_p^{\alpha}$ 至多有 d^p 列 / 行稀疏. 整个矩阵 $\boldsymbol{M}_D$ 具有至多 $s_D = Kpd^p$ 的稀疏性. 如果 d 和 K 只与 N 一起以多对数方式增长,并且 p 是一个常数,则稀疏度为 $O(\mathrm{poly} \log N)$.

3. 量子梯度的实现

量子梯度下降步骤的算符 $\boldsymbol{D}|\boldsymbol{x}\rangle = |\nabla f(\boldsymbol{x})\rangle$,是通过量子主成分分析 (QPCA) 求矩阵幂 $\mathrm{e}^{\mathrm{i}\boldsymbol{D}\Delta t}|\boldsymbol{x}\rangle$ 以及一个相位估计来实现的. 这里为了叙述方便,我们省略了指示当前步骤的指标 t. 由于 $\boldsymbol{D}$ 取决于当前的状态 $|\boldsymbol{x}\rangle$,故我们要使用式 (7.24). 矩阵 $\boldsymbol{M}_D$ 由问题给定,并假定具有稀疏度 s_D. 在短时间 Δt 内,使用以精度 $\epsilon_0 > 0$ 制备的 $\hat{\rho} = |\boldsymbol{x}\rangle\langle\boldsymbol{x}|$ 的多分拷贝并执行 $\boldsymbol{M}_D$ 的矩阵求幂. 在最后一个副本的约化空间中,执行操作

$$\mathrm{Tr}_{p-1}\{\mathrm{e}^{-\mathrm{i}\boldsymbol{M}_D \Delta t} \rho^{\otimes p} \mathrm{e}^{\mathrm{i}\boldsymbol{M}_D \Delta t}\} = \mathrm{e}^{-\mathrm{i}\boldsymbol{D}\Delta t} \rho \, \mathrm{e}^{\mathrm{i}\boldsymbol{D}\Delta t} + O(\Delta t^2) \tag{7.26}$$

由于当前的解 $|\boldsymbol{x}\rangle$ 制备的错误率为 ϵ_0,因此我们需要额外的副本来进行纠错.

为了进行相位估计和提取 $\boldsymbol{D}$ 的特征值,我们需要用式 (7.26) 中的指标或时间寄存器叠加来实现指数的一系列幂. $\boldsymbol{M}_D$ 算符的无穷小应用可以修改为 $|0\rangle\langle 0| \otimes \boldsymbol{I} + |1\rangle\langle 1| \otimes$

$e^{-i\boldsymbol{M}_D \Delta t}$, 并应用于状态 $|q\rangle\langle q|\otimes\rho$, 其中 $|q\rangle$ 是任意单个控制量子位态. 为了在相位估计中使用, 需要使用 $O(\lceil\log(2+1/2\epsilon_D)\rceil)$ 个控制量子位的多量子位寄存器来形成特征值寄存器. 以这种方式, 可以应用 $\sum_{l=1}^{S_{\rm ph}}|l\Delta t\rangle\langle l\Delta t|(e^{-i\boldsymbol{D}\Delta t})^l$ 来进行相位估计. 通过相位估计, 矩阵指数的这种条件应用允许特征值在总时间 $S_{\rm ph}\Delta t = O(1/\epsilon_D)$ 得到精度 ϵ_0 的解.

相位估计算法的结果是与

$$\sum_j \beta_j |u_j(\boldsymbol{D})\rangle |\lambda_j(\boldsymbol{D})\rangle \tag{7.27}$$

成比例的量子态. 其中, $|x\rangle = \sum_j \beta_j|u_j(\boldsymbol{D})\rangle$ 是把原来的 $|x\rangle$ 用 $\boldsymbol{D}$ 的本征态 $\{|u_j(\boldsymbol{D})_j\rangle\}$ 重写的, $|\lambda_j(\boldsymbol{D})\rangle$ 是用于编码相应本征值的二进制表示的额外的寄存器. 接着, 施加一个受控旋转并且对辅助比特进行测量, 可得

$$\sum_l \lambda_j(\boldsymbol{D})\beta_j|u_j(\boldsymbol{D})\rangle \tag{7.28}$$

这样就实现了梯度算符 $\boldsymbol{D}$.

4. 坐标更新的一次迭代

设 $\boldsymbol{x}^{(0)} = (x_1^{(0)},\cdots,x_N^{(0)})$ 是所选择的初始点, 相应的量子态为 $|x^{(0)}\rangle = \sum_{j=1}^N x_j^{(0)}|j\rangle$. 假设通过某个振幅编码过程可以有效地制备量子态 $|x^{(0)}\rangle$, 或者初始态是某个量子算法的输出, 或者是通过量子随机存取存储器制备的态. 总之, 我们需要有高效制备初始态的方法.

(1) 态制备. 在 t 步, 以精度 $\epsilon^{(t)}>0$ 制备了当前态 $|x^{(t)}\rangle$ 的多份拷贝来实现 $\boldsymbol{D}$. 并且单独制备了一个 $|x^{(t)}\rangle$ 用来产生 $|x^{(t+1)}\rangle$, 这个态的精度 $\epsilon^{(t+1)}>\epsilon^{(t)}$.

(2) 添加辅助位并旋转. 利用单独制备的 $|x^{(t)}\rangle$ 制备态

$$(\cos\theta|0\rangle - i\sin\theta|1\rangle)|x^{(t)}\rangle$$

这里, θ 是一个额外的参数, 第一个寄存器包含一个单个辅助量子位, 第二个寄存器包含 $|x^{(t)}\rangle$.

(3) 受控 $\boldsymbol{D}$. 在 $|x^{(t)}\rangle$ 上通过辅助量子位的 $|1\rangle$ 态施加一个条件的 $\boldsymbol{D}$ 操作, 得到

$$|\psi\rangle \frac{1}{\sqrt{P_D}}\left(\cos\theta|0\rangle|x^{(t)}\rangle - iC_D\sin\theta|1\rangle\boldsymbol{D}|x^{(t)}\rangle\right) \tag{7.29}$$

其中, $C_D = O(1/\kappa_D)$ 是适当选择的因子, 而 κ_D 是 $\boldsymbol{D}$ 的条件数. 成功概率 $P_D = \cos^2\theta + C_D^2\sin^2\theta\langle x^{(t)}|\boldsymbol{D}^2|x^{(t)}\rangle$. 如果制备 $\boldsymbol{D}|x^{(t)}\rangle$ 的错误率是 ϵ_D, 那么态 $|\psi\rangle$ 的制备精度为 $O(\epsilon_D + \epsilon^{(t)})$.

(4) yes 基矢测量. 这一步执行当前解和一阶导数有关态的矢量和. 我们以基矢 $|\text{yes}\rangle = \frac{1}{\sqrt{2}}(|0\rangle + \mathrm{i}|1\rangle)$ 和 $|\text{no}\rangle = \frac{1}{\sqrt{2}}(\mathrm{i}|0\rangle + |1\rangle)$ 对式 (7.29) 进行测量. 测量 yes 基矢态, 得到

$$|x^{(t+1)}\rangle = \frac{1}{\sqrt{2P_D P_{\text{yes}}^{\text{grad}}}} \left(\cos\theta |x^{(t)}\rangle - C_D \sin\theta \boldsymbol{D}|x^{(t)}\rangle\right) \tag{7.30}$$

令 θ 满足

$$\cos\theta = \frac{1}{\sqrt{1+\eta^2/C_D^2}}, \quad \sin\theta = \frac{\eta}{C_D\sqrt{1+\eta^2/C_D^2}} \tag{7.31}$$

可得

$$|x^{(t+1)}\rangle = \frac{1}{C_{\text{grad}}^{(t+1)}}\left(|x^{(t)}\rangle - \eta|\nabla f(\boldsymbol{x}^{(t)})\rangle\right) \tag{7.32}$$

归一化系数 $(C_{\text{grad}}^{(t+1)})^2 = 1 - 2\eta\langle x^{(t)}|\boldsymbol{D}|x^{(t)}\rangle + \eta^2\langle x^{(t)}|\boldsymbol{D}^2|x^{(t)}\rangle$.

5. 复杂度分析

首先通过测量 yes 基矢获得这个态的成功概率为

$$P_{\text{yes}}^{\text{grad}} \equiv \frac{1}{2} - \frac{2\eta\langle x^{(t)}|\boldsymbol{D}|x^{(t)}\rangle}{1+\eta^2\langle x^{(t)}|\boldsymbol{D}^2|x^{(t)}\rangle} \tag{7.33}$$

这里, $\langle x^{(t)}|\boldsymbol{D}|x^{(t)}\rangle$ 简单地指当前解 $\boldsymbol{x}^{(t)}$ 与此时的梯度的内积, ∇f 和 $\langle x^{(t)}|\boldsymbol{D}^2|x^{(t)}\rangle$ 是梯度的长度. 注意到 $P_{\text{yes}}^{\text{grad}} = 1/2 - 2\eta\langle x^{(t)}|\boldsymbol{D}|x^{(t)}\rangle + O(\eta^2)$, 对于小的 η 是足够大的. 为了成功制备 $|x^{(t+1)}\rangle$, 我们必须重复 $O\left(\frac{1}{\sqrt{P_{\text{yes}}^{\text{grad}}}}\right)$ 次.

我们需要当前状态的 $O\left(n_{\text{ph}}^{\text{grad}}/\sqrt{P_D}\right)$ 个副本执行矩阵乘法来达到错误率 ϵ_D, 其中, P_D 是条件旋转的成功概率. 相位估计的花费是 $n_{\text{ph}}^{\text{grad}} = (1+\xi)/\epsilon_D^3$, 其中, ξ 是由错误的哈密顿量模拟引起的附加因子. 因子 $O(1/\sqrt{P_D})$ 是通过振幅放大成功所需的重复次数. 如前所述, 设 s_D 为梯度矩阵 $\boldsymbol{M}_D$ 中的稀疏度的上界, 由式 (7.25) 给出. 该矩阵在当前状态的 p 个副本的 N^p 维空间上操作. 对于稀疏哈密顿量模拟所需的步骤, 需要 $\tilde{O}(s_D p \log N)$ 的操作总数.

如前所述, 之前的状态 $|x^{(t)}\rangle$ 产生的错误, 由 $\epsilon^{(t)}$ 表示; 准备 $\boldsymbol{D}|x^{(t)}\rangle$ 产生的错误, 由 ϵ_D 表示. 因此, 制备 $|x^{(t+1)}\rangle$ 的误差是 $\epsilon^{(t+1)} = O(\eta\epsilon_D + \epsilon^{(t)})$.

综上, 在步长为 η 的梯度下降方法中, 从当前精度为 ϵ_0 的解得到正确率为 $O(\eta\epsilon_D + \epsilon_0)$ 的计算复杂度为

$$O\left(\frac{1}{\sqrt{P_{\text{yes}}^{\text{grad}}}}\right) \times O\left(\frac{n_{\text{ph}}^{\text{grad}}}{\sqrt{P_D}}\right) \times \tilde{O}(s_D p \log N)$$

对于多次迭代，态副本的数量需要按步数指数增加. 显然, 空间和运行时间资源的指数增长与步骤的数量关系是糟糕的. 因此, 我们需要对梯度下降法做些优化, 以保证在少量迭代中快速收敛到最小值. 一个选择就是牛顿法, 它需要在点 $\boldsymbol{x}$ 处求 $f(\boldsymbol{x})$ 的 Hessian 矩阵的逆, 这个操作在经典的计算机上可能要消耗巨大资源, 但在量子计算机上是可行的.

7.3.2 量子牛顿法

牛顿法的量子算法遵循量子梯度下降方案, 但除了实现 $\boldsymbol{D}|x\rangle = |\nabla f(\boldsymbol{x})\rangle$ 之外, 还必须应用逆 Hessian 矩阵算符实现 $\boldsymbol{H}^{-1}$ 到 $|\nabla f(\boldsymbol{x})\rangle$. Hessian 矩阵由式 (7.23) 定义

$$\boldsymbol{H} = \boldsymbol{H}_A + \boldsymbol{D} \tag{7.34}$$

为了通过相位估计来获得 $\boldsymbol{H}$ 的特征值, 使用标准 Lie 积公式对矩阵 $\boldsymbol{H}_A$ 和 $\boldsymbol{D}$ 进行幂运算.

$$\mathrm{e}^{\mathrm{i}\boldsymbol{H}\delta t} \approx \mathrm{e}^{\mathrm{i}\boldsymbol{H}_A \Delta t}\mathrm{e}^{\mathrm{i}\boldsymbol{D}\Delta t} + O(\Delta t^2) \tag{7.35}$$

为了实现这个指数运算, 需要使用与前面一样的方法. 如前所述, 我们将可模拟的矩阵 $\boldsymbol{M}_{H_A}$ 与 $\boldsymbol{H}_A$ 以及矩阵 $\boldsymbol{M}_D$ 与 $\boldsymbol{D}$ 相关联. 如果构成 $\boldsymbol{M}_{H_A}$ 的 $\boldsymbol{A}_j^\alpha$ 是稀疏的, 那么它就是稀疏的, 其稀疏度定义为 s_{H_A}. 假设 σ 是矩阵指数可以应用在其上的任意态. 我们可以使用当前态 $\hat{\rho} = |x\rangle\langle x|$ 的多个拷贝来实现

$$\mathrm{Tr}_{1\cdots p-1}\{\mathrm{e}^{-\mathrm{i}\boldsymbol{M}_{H_A}\Delta t}(\hat{\rho}\otimes\cdots\otimes\hat{\rho})\otimes\sigma\mathrm{e}^{\mathrm{i}\boldsymbol{M}_{H_A}}\} \approx \mathrm{e}^{-\mathrm{i}\boldsymbol{H}_A\Delta t}\sigma\mathrm{e}^{\mathrm{i}\boldsymbol{H}_A\Delta t} \tag{7.36}$$

1. 单步复杂度

这个模拟方法短时步长的错误大小为 $O(\Delta t^2)$, 它由 Lie 积带来, 错误率 $O(\epsilon_0)$ 来自当前解 $|\boldsymbol{x}\rangle$ 的制备. 和前面一样, 我们需要 $n_{\mathrm{ph}}^{\mathrm{nwt}} = O((1+\xi_H)/\epsilon_H^3)$ 个当前态的拷贝来执行精度为 ϵ_H 的相位估计算法. 令 $s_{H_A} = p \cdot s_D = p^2 \cdot K \cdot d^p$. 根据条件旋转后的辅助测量的成功概率 P_H, 我们需要 $O(1/\sqrt{P_H})$ 次重复以通过幅度放大来实现矩阵求逆的成功. 因此, 对于牛顿法来说, 计算复杂度由计算梯度、求 Hessian 的逆和随后的矢量加法来确定. 因此, 步长 η 的牛顿法单步的整体复杂度为

$$O\left(\frac{1}{\sqrt{P_{\mathrm{yes}}^{\mathrm{nwt}}}}\right) \times O\left(\frac{n_{\mathrm{ph}}^{\mathrm{nwt}}}{\sqrt{P_H}}\right) \times O\left(\frac{n_{\mathrm{ph}}^{\mathrm{grad}}}{\sqrt{P_D}}\right) \times \tilde{O}(s_{\boldsymbol{H}_A} p \log N)$$

2. 多步复杂度

当执行多个步骤时，即 $t = 0, \cdots, T$，诸如条件数量和成功概率的一些量将和迭代次数相关，例如 $P_D \to P_D^{(t)}$。步长参数 η 通常随着接近目标而减小，$\eta \to \eta^{(t)}$。为了在几次迭代中获得最坏情况的表现，定义相关量的最大和最小表示，如 $\check{P}_D \equiv \min_t P_D^{(t)}$ 和 $\hat{\eta} \equiv \max_t \eta^{(t)}$。为了 T 步之后的最终期望精度 $\epsilon > 0$，如前所述，对于单次梯度下降，相位估计需要当前解的

$$n_{\text{ph}}^{\text{grad}} = O\left((1+\xi^{(t)})\frac{1}{(\epsilon_D^{(t)})^3}\right) \tag{7.37}$$

个副本来制备满足精度

$$\epsilon^{(t+1)} = O(\eta^{(t)}\epsilon_D^{(t)} + \epsilon^{(t)}) \tag{7.38}$$

的下一个副本。如果取 $\epsilon^{(t)} = O(\epsilon)$ 和 $\epsilon_D^{(t)} = O(\epsilon)$，则需要

$$n_{\text{ph}}^{\text{grad}} = O\left((1+\xi)\frac{1}{\epsilon^3}\right) \tag{7.39}$$

个当前态的拷贝。对于梯度下降方法的 T 次迭代，我们需要至多

$$O\left(\left[\frac{1}{\sqrt{\check{P}_{\text{yes}}\check{P}_D}}\right]^T [\hat{n}_{\text{ph}}^{\text{grad}}]^T\right) \tag{7.40}$$

个初始态的拷贝。类似地，对于牛顿法的 T 次迭代，我们需要至多

$$O\left(\left[\frac{1}{\sqrt{\check{P}_{\text{yes}}^{\text{nwt}}\check{P}_D\check{P}_H}}\right]^T [\hat{n}_{\text{ph}}^{\text{grad}}]^T [\hat{n}_{\text{ph}}^{\text{nwt}}]^T\right) \tag{7.41}$$

个初始态的拷贝。对于这两种方法，每次拷贝都需要 $\tilde{O}(\hat{s}p\kappa_A \log N)$ 次操作，这里 $\hat{s} \equiv \max_t(s_{H_A}^{(t)})$。这意味着初始态需要的拷贝数量随着步数 T 呈指数增加。然而，在最优解 $\boldsymbol{x}^*$ 附近的牛顿法中，估计的准确度 $\delta \equiv |\boldsymbol{x}^* - \boldsymbol{x}^{(T)}|$ 通常随着迭代次数以平方级提高，$\delta \propto O(\text{e}^{-T^2})$，例如用于无约束凸问题。也就是说，即使在量子算法中，初始副本的数量在所需的迭代次数上也呈指数增长，但在某些情况下由算法产生的近似解的准确度在迭代次数上也可以更快地提高。

7.3.3 非均匀多项式的改进

前两节的量子梯度下降法和牛顿法可用于非均匀的多项式上. 令目标函数的非均匀部分可以用一个矢量 c_j 和一个对称矩阵 B_{ji} 来定义, 这个多项式为

$$f_{\text{inh}}(\boldsymbol{x}) = \sum_{j=1}^{p-1} (\boldsymbol{c}_j^{\text{T}} \boldsymbol{x}) \prod_{i=1}^{j-1} \left(\boldsymbol{x}^{\text{T}} \hat{\boldsymbol{B}}_{ji} \boldsymbol{x} \right) \tag{7.42}$$

这个形式原则上可以表示所有不均匀度小于 $2p-1$ 的单项式. 因此, 添加非均匀部分的完整的目标函数 $f(\boldsymbol{x})$ 可以重新表示为

$$F(\boldsymbol{x}) = f(\boldsymbol{x}) + f_{\text{inh}}(\boldsymbol{x}) \tag{7.43}$$

实际中, 有效的稀疏哈密顿量模拟方法会对可以有效优化的非均匀项的数量加以限制. 而矩阵 $\boldsymbol{B}$ 的稀疏性要求意味着目标函数只能包含相对少量的不均匀单项.

包含非均匀项 f_{inh} 的目标函数的优化可以通过额外进行的子过程模拟实现. 为了执行非均匀部分的迭代计算, 则需要按照如下几点对上面的算法做出调整:

(1) 函数 $f_{\text{inh}}(\boldsymbol{x})$ 相应的梯度和 Hessian 计算中使用类似 QPCA 的方法来模拟时间演化. 因此, 需要两个额外的子程序来计算这两个梯度. 这些子过程可以用来模拟包含 $\langle \boldsymbol{x} | c_j \rangle$ 形式的内积和 $|x\rangle\langle c_j| + |c_j\rangle\langle x|$ 的外积. 之所以要通过子过程, 而不是测量方法, 是由于改善哈密顿量模拟中对误差的依赖的需求.

(2) 添加与状态 $\boldsymbol{c}_j$ 有关的额外的矢量和的计算. 例如函数 $f(\boldsymbol{x}) + \boldsymbol{c}^{\text{T}} \boldsymbol{x}$ 需要一个额外的矢量加法. 在求矢量和之前, 必须受控地将梯度算符和 Hessian 算符分别应用于 $\boldsymbol{x}$ 和 $\boldsymbol{c}_j$. 这要求在每次迭代中需要 $\boldsymbol{c}_j$ 和 $\boldsymbol{x}$ 的多个副本. 由于这个计算过程可以以并行的方式添加到主算法中, 因此这个过程并不会影响整个算法的时间复杂度.

(3) 通过对本征值寄存器的条件旋转和后期选择执行类似于均匀多项式中的矩阵–矢量乘法和矩阵求逆的操作, 而这将导致梯度算符和 Hessian 算符的成功概率与上面的不同.

(4) 最后, 像以前一样在 yes/no 基矢上进行测量, 并执行当前解和步骤更新的矢量的和.

下面给出在非齐次多项式项所产生的步骤和各自的概率. 设 P_{add} 是所有步骤中求和的成功概率的下界, P_G^{inh} 是将非均匀多项式的梯度应用到当前状态的成功概率的下界. 如果 d_B 是每个 B_{ji} 稀疏度的上界, 则与非均匀多项式的梯度和 Hessian 相关的矩阵的稀疏度至多为 $s^{\text{inh}} = p^2 d_B^p$. 设 s 是均匀和非均匀部分的矩阵的最大稀疏度, 则非均

匀多项式的量子梯度法的单步时间复杂度为

$$\tilde{O}\left(\frac{1}{\sqrt{P_G^{\text{inh}} P_{\text{add}} P_{\text{yes}}^{\text{inh}}}} \times n_{\text{ph}}^{\text{grad}} \times s \log N \right) \tag{7.44}$$

而单步非均匀多项式的牛顿法的单步复杂度进一步取决于因子

$$O\left(p \frac{n_{\text{ph}}^{\text{nwt}}}{\sqrt{P_H}}\right)$$

与均匀情况类似，计算的复杂度随迭代次数呈指数级增长．内积所需的额外拷贝数作为一个额外的附加因子包含在 $\tilde{O}(\cdot)$ 中．

参考文献

[1] Martinez T, Ventura D. Quantum associative memory[J]. Inf. Sci., 2000, 124(1): 273-296.

[2] Trugenberger A C. Probabilistic quantum memories[J]. Phys. Rev. Lett., 2001, 87: 067901.

[3] Sun Y, Long G L. Efficient scheme for initializing a quantum register with an arbitrary superposed state[J]. Phys. Rev. A, 2001, 64(1): 014303.

[4] Brassard G, Hoyer P, Tapp A, Boyer M. Tight bounds on quantum searching[J]. Fortschr. Phys., 1998, 46: 493-506.

[5] Altaisky M V. Quantum neural network[J/OL]. arXiv:quant-ph/0107012v2, 2001.

[6] Rosenblatt F. The perceptron: a probabilistic model for information storage and organization in the brain[J]. Psychol. Rev, 1958, 65(6): 386-408.

[7] Schuld M, Sinayskiy I, Petruccione F. Simulating a perceptron on a quantum computer[J]. Physics Letters A, 2015, 379(7): 660-663.

[8] Siomau M. A quantum model for autonomous learning automata[J]. Quantum Inf. Process, 2014, 13: 1211-1221.

[9] Rebentrost P, Schuld M, Wossning L, Petruccione F, and Lloyd S. Quantum gradient descent and newton's method for constrained polynomial optimization[J/OL]. arXiv: 2017, 162.01789.

第 8 章

无监督的量子机器学习

　　无监督学习是机器学习领域中一个较难的部分,对于量子机器学习而言同样如此.有监督学习和无监督学习的主要区别在于输入的数据有无标签,前者有,后者无.两者最为典型的学习任务,一是分类,一是聚类.分类的目的是学会一个分类函数或分类模型(也常常称作分类器),该模型能把数据库中的数据项映射到给定类别中的某一个类中.聚类(clustering)的目的是弄清楚标签是什么,以及如何将这些标签分配给数据点,使得本身没有类别的样本聚集成不同的数据对象的集合——簇,并对每一个这样的簇进行描述.虽然没有关于数据点是否属于某个类别或它们在结构中如何聚类的任何先验信息,但无监督学习仍然尝试在数据中查找结构.另一类无监督学习是生成的,找出数据点的分布并使用它来生成新的数据点.

　　本章我们主要介绍没有标签数据的量子无监督学习,重点关注具有无监督学习的聚类及其相关算法.其中量子随机存取机(QRAM)在无监督量子机器学习中相当重要.例如,我们能把未聚类的原始数据存储在量子存储器中,即以量子态的形式表达未聚类的量子数据.此外,在第 5 章中介绍的交换测试、干涉线路、矩阵的逆和密度矩阵求幂等几个重要的算法子程序也是学习本章需要掌握的知识.

量子聚类问题的关键是找到一个适当的哈密顿量,利用该哈密顿量演化初始的量子态到一个聚类成功的量子态. 再利用一个附加纠缠量子位,通过测量该附加的量子位则可以准确地区分出各个类. 我们先介绍一般意义上的无监督算法. 然后基于密度矩阵取幂和改进的相位估计算法,讲述量子主成分分析的技术,并讨论该算法在数据分析、量子态层析以及量子态区分中许多前瞻性的重要应用.

8.1 量子聚类

在本节中,我们展示了将 N 维向量分配到 M 个聚类的问题,与已知最好的经典算法耗费的时间 $O(\text{poly}(MN))$ 相比,在量子计算机上花费时间 $(\log(MN))$ 较少. 也就是说,量子机器学习可以为高维矢量 (大数据) 的问题提供指数级的加速. 另外我们介绍 Lloyd 的 K 均值聚类量子算法: 使用新颖的量子绝热算法,可以在 $O(K \log KMN)$ 的时间中将 M 个高维矢量分配到 K 个类.

8.1.1 有监督情形

监督聚类是利用特定目标和任何监督学习技术对未标记对象进行分组的过程. 在传统的聚类算法中,相似性度量是基于一定的距离寻找公式. 在监督聚类中,利用监督学习方法对相似度度量进行训练.

在经典的学习算法中,考虑一个将后处理矢量 $\boldsymbol{u} \in \mathbb{R}^N$ 分类给两个集合 V, W 之一的任务. 假定给出 M 个代表样本 $\boldsymbol{v_i} \in V$ 和 M 个样本 $\boldsymbol{w_k} \in W$. 那么,一个常用的方法是估计 $\boldsymbol{u}$ 和 V 中矢量平均值之间的距离:

$$\left| \boldsymbol{u} - \frac{1}{M} \sum_j \boldsymbol{v}_j \right| \tag{8.1}$$

如果该距离小于 $\boldsymbol{u}$ 与 W 中矢量均值之间的距离,则判定 $\boldsymbol{u}$ 属于 V 类别.

让我们来看看一个量子算法是如何来完成该问题的. 假设这些矢量已经被编码为量子态 $|u\rangle, \{|v_j\rangle\}, \{|w_k\rangle\}$. 如果矢量未被归一化,则分开给出 $|v_j|, |w_k|$ 的归一化.

为了求从 $\boldsymbol{u}$ 到 V 的平均值的距离,增加附属量子位形成 $M+1$ 维的态. 首先,通过

QRAM 构造量子态

$$|\psi\rangle = \frac{1}{\sqrt{2}}\left(|0\rangle|u\rangle + \frac{1}{\sqrt{M}}\sum_{j=1}^{M}|j\rangle|v_j\rangle\right) \tag{8.2}$$

其次, 使用交换测试对附属量子比特单独进行投影测量, 看是否处于态

$$|\phi\rangle = \frac{1}{\sqrt{Z}}\left(|\bm{u}||0\rangle - \frac{1}{\sqrt{M}}\sum_{j=1}^{M}|\bm{v}_j||j\rangle\right) \tag{8.3}$$

其中, $Z = |\bm{u}|^2 + \frac{1}{M}\sum_{j=1}^{M}|\bm{v}_j|^2$. 从期望的距离(8.1)的平方已经很明显可以看出, 它等于 Z 次测量成功的概率. 对于其中的量子态 $|\phi\rangle$, 则可以通过量子模拟生成, 其方法如下: 将幺正操作 $\mathrm{e}^{-\mathrm{i}\hat{H}t}$ 作用到态

$$\frac{1}{\sqrt{2}}\left(|0\rangle - \frac{1}{\sqrt{M}}\sum_j |j\rangle\right) \otimes |0\rangle \tag{8.4}$$

其中, $\hat{H}$ 为

$$\left(|\bm{u}||0\rangle\langle 0| + \sum_j |\bm{v}_j||j\rangle\langle j|\right) \otimes \sigma_x \tag{8.5}$$

结果为

$$\frac{1}{\sqrt{2}}\left(\cos(|\bm{u}|t)|0\rangle - \frac{1}{\sqrt{M}}\sum_j \cos(|\bm{v}_j|t)|j\rangle\right) \otimes |0\rangle \\ -\frac{i}{\sqrt{2}}\left(\sin(|\bm{u}|t)|0\rangle - \frac{1}{\sqrt{M}}\sum_j \sin(|\bm{v}_j|t)|j\rangle\right) \otimes |1\rangle \tag{8.6}$$

选择 t 使得 $|\bm{u}|t, |\bm{v}|t \ll 1$, 测量辅助量子比特, 然后以概率

$$\frac{1}{\sqrt{2}}\left(|\bm{u}|^2 + \frac{1}{M}\sum_{j=1}^{M}|\bm{v}_j|^2\right)t^2 = Z^2 t^2$$

生成态 $|\phi\rangle$. 这个过程制备了所需的态, 并且在重复时也允许估计数量 Z. 另一个制备量子态并估计 Z 到精度 ϵ 的更有效的方式是使用 Grover 算法 / 量子计数. 量子计数需要时间 $O(\epsilon^{-1}\log M)$, 并且在制备量子态时保持量子相干性.

8.1.2 无监督情形

上面的指数量子加速适用于监督学习, 同样这种加速也适用于无监督学习. 考虑将 M 个向量分配给 K 个群集的 K 均值问题, 其方式是最小化群集的平均距离. 解决 K 均值的标准方法是 Lloyd 算法:

(1) 随机地或通过诸如 K 均值 ++ 的方法选择初始质心;

(2) 将每个向量分配给最接近质心的聚类;

(3) 重新计算聚类的质心, 重复步骤 (1)~(2), 直到获得固定的分配.

在 N 维空间中估计到质心的距离的经典算法需要时间 $O(N)$, 经典算法的每一步需要时间 $O(M^2N)$, 而量子 Lloyd 算法需要时间 $O(M\log(MN))$. 经典和量子算法中的附加因子 M 的出现, 是因为每个矢量都是单独测试的, 在每一步需要重新分配.

由于 K 均值问题可以改写为二次规划问题, 基于这一点人们能够改进量子 Lloyd 算法, 可通过绝热算法具体解决. 下面我们将展示这种无监督的量子机器学习最多花费时间 $O(K\log(MN))$, 甚至只需要花费时间 $O(\log(KMN))$. 为了减少从 $O(M\log M)$ 到 $O(\log(M))$ 矢量数量的依赖, 计算的输出不能再是 M 个向量的排列及其聚类结果. 相反, 输出是一个量子态

$$|\chi\rangle = \frac{1}{\sqrt{M}}\sum_j |c_j\rangle|j\rangle = \frac{1}{\sqrt{M}}\sum_{c,j\in c}|c\rangle|j\rangle \tag{8.7}$$

其中包含与它们的聚类分配 c_j 和相关向量的标签 j: 我们可以从该量子态抽样统计以获得聚类的统计图像. 通过量子绝热算法可以构建聚类量子态 $|\chi\rangle$. 该算法需要时间不大于 $O(\epsilon^{-1}K\log KMN))$, 其中 ϵ 是量子态制备的精度. 如果这些聚类相对较好地分离开, 那么花费时间只需要 $O(\epsilon^{-1}\log KMN))$, 所以绝热算法的间隔是 $O(1)$.

任何实现 M 个向量的分类的算法都需要花费时间 $O(M)$. 关于 K 均值聚类的许多问题都可以用较小的输出来回答. 正如我们现在所讲的, 绝热算法为解决聚类问题提供了强有力的方法. 首先, 我们关注初始集群, K 均值 ++ 的效率算法表明, Lloyd(经典或量子) 算法的性能强烈依赖于初始聚类的选择, 初始聚类的向量之间应该尽可能远地分开. 在开始时, 聚类的初态为

$$|\Psi\rangle = |\psi\rangle_1 \otimes \cdots \otimes |\psi\rangle_K \tag{8.8}$$

其中, $|\psi\rangle = \frac{1}{\sqrt{M}}\sum_{j=1}^M |j\rangle$ 是矢量标签的均匀叠加, 相应的初始哈密顿量 $\hat{H}_0 = 1 - |\Psi\rangle\langle\Psi|$. 上面给出的距离算法允许我们应用哈密顿算子的形式

$$\hat{H}_s = \sum_{j_1,\cdots,j_K} f(\{|\boldsymbol{v}_{j_l} - \boldsymbol{v}_{j_{l'}}|^2\})|j_1\rangle\langle j_1| \otimes \cdots \otimes |j_K\rangle\langle j_K| \tag{8.9}$$

为了给 K 均值找到初始情况, 绝热算法最终的哈密顿函数形式为

$$f = -\sum_{l,l'=1}^K |\boldsymbol{v}_{j_l} - \boldsymbol{v}_{j_{l'}}|^2 \tag{8.10}$$

最终的哈密顿量的基态是使初态之间的平方根平均距离最大化.

我们也可以使用绝热算法来找到一组位于同一个群集中的向量. 这里, 最后的哈密顿量形式为

$$H_c = \sum_{j_1,\cdots,j_r} f(\{|\boldsymbol{v}_{j_l} - \boldsymbol{v}_{j_{l'}}|^2\})|j_1\rangle\langle j_1| \otimes \cdots \otimes |j_r\rangle\langle j_r| \tag{8.11}$$

其中, $f = \sum_{l,l'=1}^{r} |\boldsymbol{v}_{j_l} - \boldsymbol{v}_{j_{l'}}|^2 + \kappa\delta_{j_l,j_{l'}}$ ($\kappa > 0$). 由于正号的存在, 距离项在此奖励紧密聚类的向量集合, 而 $\kappa\delta_{j_l,j_{l'}}$ 确保 l 和 l' 位置的向量不同 (我们已经知道一个向量是自身的聚类). 找到这样的位于相同群集中的向量可能花费时间 $O(r\log MN)$, 这取决于量子绝热算法的成功概率 (见下一段). 结合这个"吸引"和"排斥"的哈密顿量允许我们从 K 个聚类中找到 Kr 个具有代表性的向量组.

量子绝热算法成功地找到了最终哈密顿量的基态, 这依赖于最初和最终哈密顿量之间量子相变最小间隙点的充分缓慢运动. 找到 K 的最优种子集合的复杂度是 K 的多项式组合, 找到 r 个向量的最优聚类组合的复杂度是 r 的多项式. 相应地, 找到基态最小间隙和时间可以按 K, r 进行指数规模缩放. 事实上, 最优 K 均值是一个 NP 完全问题, 无论是经典或是量子的解决方案, 我们都不期望能在多项式时间内解决. 然而, 这些 NP 困难问题的近似解决方案用量子绝热算法可以圆满实现. K 均值 ++ 不需要最优的种子集, 而只需要一个具有良好分离向量的种子集. 另外, 在 K 均值中, 我们感兴趣的是找到各种高度聚类的向量集合, 而不仅仅是最优集合. 即使运行算法的复杂度为 $O(K\log MN)$, 也可能足以构建相当好的种子集和聚类. 我们有理由期望, 在有限温度 T 下绝热量子计算机应该能够找到能量在其最小时的最大变化值范围 $\max\{O(KT), O(\hbar/\tau)\}$ 内的近似解. 而绝热算法在实验上的表现如何则是未解决的问题.

用于确定距离的量子算法可以推广到非线性度量. 给定量子态 $|u\rangle$, $|v\rangle$ 的 q 个副本, 允许 u_j, v_j 中的 q 阶多项式的距离度量, 对于任意厄米的 L, 可以使用量子相位算法来计算 $(\langle u|\langle v|)^{\otimes K} L(|u\rangle|v\rangle))^{\otimes K}$. 使用量子计数的方法测量 L 的期望值到精度 ϵ 需要时间 $O(\epsilon^{-1}q\log N)$. 再一次, 量子算法把距离估计的维数依赖关系减少到了 $O(\log N)$.

依据上述分析, 量子计算机处理大量高维矢量的能力有望使其成为执行基于矢量的机器学习任务的最优选择. 在传统的机器学习算法中 N 维向量空间中涉及向量点积、重合度、求模等的操作花费时间 $O(N)$, 而在量子版本中只花费时间 $O(\log N)$. 这些能力结合量子线性系统算法 (见下一章), 代表了一个处理大数据的强大工具. 一旦数据已经以量子形式处理, 就像用绝热量子搜索算法排序一样, 对处理后的数据进行测量可以得到我们需要的结果, 这个过程中运行时间进行了指数加速. 研究者已经提出了一个量

子算法, 用于将向量分配给 M 个向量的群集, 这需要花费时间 $O(\log MN)$, 这是 M (量子大数据) 和 N 的指数加速. 本节使用这个算法作为标准 K 均值算法的子程序, 通过绝热算法为无监督学习 (量子 Lloyd 算法) 提供指数加速.

处理大量高维矢量的量子加速的一般性质表明, 各种各样的机器学习算法有可能在量子计算机上获得指数加速. 此外, 数据库本身的大小为 $O(MN)$, 但数据库的所有者仅提供了 $O(\log(MN))$ 量子位给正在执行量子机器学习算法的用户. 因此, 除了在经典的机器学习算法上提供指数式加速之外, 用于分析大数据集的量子机器学习方法 ("大量子数据") 在数据所有者的私密性方面也提供了显著的优势.

本节表明, 量子机器学习可以为无监督机器学习算法提供超越传统计算机的指数式加速. 机器学习是关于操纵和分类大量的数据. 数据通常经过处理, 并按向量和张量积排列: 量子计算机擅长处理高维空间中的向量和张量积. 在不同的机器学习任务中, 加速效果也不尽相同. 首先, 以 N 维复数向量形式表示的经典数据可以映射到 $\log_2 N$ 个量子位上的量子态: 当数据存储在量子随机存取机 (QRAM) 中时, 该映射需要 $O(\log_2 N)$ 步. 一旦在量子位上编码完成, 数据可以对各种量子算法 (量子傅里叶变换、矩阵求逆等) 进行后处理, 这需要花费时间 $O(\text{poly}(\log N))$. 估计 N 维向量空间中矢量之间的距离和内积, 然后在量子计算机上花费时间 $O(\log N)$. 相比之下, 正如阿伦森 (Scott Aaronson) 指出的那样, 经典计算机处理向量之间的采样、距离估计和内积显然是指数级的困难. 当涉及估计较大向量之间距离和内积的问题时, 量子机器学习能为所有已知的经典算法提供指数级加速.

8.2 主成分分析

在本节中, 我们通过量子态的密度矩阵指数化分析量子态扮演的动力学的角色作用, 并利用该性质介绍量子主成分分析. 通过量子态密度矩阵 (算符) $\hat{\rho}$ 的多个副本去模拟幺正操作 $e^{-i\hat{\rho}t}$, 相当于说, 密度矩阵扮作一个哈密顿量, 生成一个变换作用在其他密度矩阵上. 因此, 可以使用密度矩阵的多个副本来揭示矩阵的特征向量和量子形式的特征值. 随着进一步的处理和测量, 密度矩阵指数化可以为量子层析成像提供显著的优势. 此外, 它允许我们执行未知低秩密度矩阵的量子主成分分析 (qPCA), 以构建相对于大本征值 (主成分) 的本征矢量, 这个过程的时间复杂度是 $O(\log(d))$, 它相对于已经存在的算法具有指数加速作用. 在本节中我们还将介绍 qPCA 提供量子态区分和聚类分配的新方法.

8.2.1 量子主成分分析

密度矩阵指数化允许我们使用量子相位估计算法来找到未知密度矩阵的特征向量和特征值. 假设我们有 $\hat{\rho}$ 的 n 个副本, 利用 $e^{-i\hat{\rho}t}$ 来执行量子相位估计算法. 特别地, 量子相位算法在变化的时间 t 内有条件地使用 $e^{-i\hat{\rho}t}$ 作用在任何初始状态 $|\psi\rangle|0\rangle$ 上, 得到结果 $\sigma_i \psi_i |\chi_i\rangle|\tilde{r}_i\rangle$, 其中, $|\chi_i\rangle$ 是 $\hat{\rho}$ 的特征向量, $|\tilde{r}_i\rangle$ 是估计的相应特征值, 并且 $\psi_i = \langle\chi_i|\psi\rangle$. 我们知道, 应用未知幺正算符的能力并不会自动转化为应用未知条件幺正算符的能力. 在这里, 相反, 条件操作可以简单地通过在上面的推导中用条件交换操作代替交换操作符来执行. 更确切地说, 采取 $t = n\Delta t$, 将幺正操作 $\sum_n |n\Delta t\rangle\langle n\Delta t| \otimes \prod_{j=1}^{n} e^{-iS_j \Delta t}$ 作用到态

$$|n\Delta t\rangle\langle n\Delta t| \otimes \hat{\sigma} \otimes \hat{\rho} \otimes \cdots \otimes \hat{\rho} \tag{8.12}$$

其中, $\hat{\sigma} = |\chi\rangle\langle\chi|$, S_j 表示 $\hat{\sigma}$ 和 $\hat{\rho}$ 的第 j 个副本交换. 对 $\hat{\rho}$ 的副本部分求迹得到需要的条件操作 $|t\rangle|\chi\rangle \to |t\rangle e^{-i\hat{\rho}t}|\chi\rangle$. 在量子相位算法中插入这个条件操作算符, 并使用线性方程组算法中的技术改进该相位估计算法, 可得精度为 ϵ 的特征值和特征向量. 应用该相位算法所需时间 $t = O(\epsilon^{-1})$, 量子态 ρ 的副本 $n = O(1/\epsilon^{-1})$. 使用 $\hat{\rho}$ 本身作为初始态, 量子相位算法生成态

$$\sum_i r_i |\chi_i\rangle\langle\chi_i| \otimes |\tilde{r}_i\rangle\langle\tilde{r}_i| \tag{8.13}$$

从这个量子态的抽样, 我们可以揭示 $\hat{\rho}$ 特征向量和特征值的特征. 在这里, 我们将使用量子态的多重拷贝来构建本征值和本征矢的方法称为 qPCA.

综上所述, 若 $\hat{\rho}$ 有小的秩 R 或 R 的近似, 则 qPCA 是有用的. 在这种情况下, 只有最大 R 的特征值才被看作非零本征值分解. 通过使用 ρ 的 mn 个副本, 我们获得 m 个分解的副本, 其中第 i 个特征值 r_i 出现 $r_i m$ 次. 执行量子测量可以获得在第 i 个本征态下 $\hat{M}$ 的期望值 $\langle\chi_i|\hat{M}|\chi_i\rangle$, 从而得到第 i 个本征态的特征. 只要其表示矩阵 M 是稀疏的或者可以通过本节的方法有效模拟, 则测量所需的时间为 $O(\log d)$. 量子主成分分析有效地揭示了未知密度矩阵 ρ 的特征向量和特征值, 并允许我们通过测量来了解它们的性质. 在凝聚态相变的多体量子系统中, 例如关联电子系统和化学系统, 当我们知道系统处于基态或确定的激发态时, 模拟该量子态下人们感兴趣的某些物理和化学性质 (关联函数、偶极矩、态之间的跃迁、隧道速率、化学反应) 具有极其重要的作用. 本节介绍的量子主成分分析可以用来估计相应特征向量上的这种可观测量.

8.2.2 几个应用

1. 数据分析

首先, 量子主成分分析可以应用在数据分析中. 假设密度矩阵对应于一组数据向量 $a_i \in \mathbb{C}^d$ 的协方差矩阵, qPCA 允许我们在时间 $O(\log d)$ 内找到并处理数据空间中具有最大方差的两个方向. 定义协方差矩阵 $\Sigma = AA^\dagger$, 其中 A 有 a_j 列, 不一定归一化为 1. 在量子力学形式中, $\hat{A} = \sum_i |a_i||a_i\rangle\langle e_i|$, 其中 $|e_i\rangle$ 是正交基, 且 $|a_i\rangle$ 归一化为 1. 假设我们有量子随机存取机存储 $\hat{A}$ 的每列 $|a_i\rangle$ 和它们的模 $|a_i|$. 也就是说, 我们有一个量子计算机可以进行演化 $|i\rangle|0\rangle|o\rangle \to |i\rangle|a_i\rangle|a_i\rangle$. 量子随机存取机需要 $O(d)$ 资源存储矢量的所有系数和 $O(d)$ 个开关使它们可访问, 但允许访问数据的操作只需要时间 $O(\log d)$. 通过量子访问数据向量和其模数, 我们可以构造 (非归一化的) 量子态 $\sum_i |a_i||e_i\rangle|a_i\rangle$: 第二个寄存器的密度矩阵正比于 Σ. 使用 $\Sigma/\mathrm{Tr}\Sigma$ 的 $n = O(t^2\epsilon^{-1})$ 个副本使我们能够在 $O(n\log d)$ 时间内实现精度为 ϵ 的 $\exp\{-it\Sigma/\mathrm{Tr}\Sigma\}$ 的操作. 只要 Σ 以 $\Sigma = AA^\dagger$ 的形式给出, 我们通过 qPCA 的方法就可以在时间 $O(\log d)$ 内对任何低秩矩阵 Σ 进行取幂, 并且我们还可以通过量子访问获得 A 的列向量. 作为比较, 现有的方法使用更高阶的 Suzuki-Trotter 展开, 则需要 $O(d\log d)$ 运算才能对非稀疏哈密顿量指数化. 密度矩阵指数化把 $e^{-i\Sigma t}$ 操作的有效实施扩展到一大类非稀疏低秩的矩阵.

2. 量子态层析

通过 Choi-Jamiolkowski 态 $(1/d)\sum_{ij} |i\rangle\langle j| \otimes \hat{S}(|i\rangle\langle j|)$ 做一个完全的正映射 $\hat{S}$ 可以把量子主成分分析拓展到量子过程层析. 对于量子信道层析, 例如, Choi-Jamiolkowski 态是通过向通道下发送一半完全纠缠的量子态而获得的. 量子主成分分析可以被用来构造对应于这个态的主要特征值的特征向量: 所得到的频谱分解反过来有助于我们了解信道的许多最重要特性.

量子主成分分析对于过程层析来说是揭示密度矩阵特征向量和特征值的新方法. 为了更清楚地了解量子主成分分析的优缺点, 我们将其与量子压缩传感进行比较, 结果表明这是一种在稀疏和低秩密度矩阵上执行层析成像的有效方法. 主要区别在于量子主成分分析构造特征向量并在时间 $O(R\log d)$ 内把它们与对应特征值相关联: 获得了量子情形下的特征矢量, 所以就可以通过测量探测它们的性质以及相关的特征值. 相比之下, 压缩传感的层析成像方法在时间 $O(Rd\log d)$ 内构建整个密度矩阵的经典描述, 并且只制备了单个量子比特, 然后测量. 量子主成分分析也可以对特征向量进行量子态层析, 在时间 $O(Rd\log d)$ 内揭示其成分. 这个特征值和特征向量的经典描述可以在时间

$O(Rd\log d)$ 内再现整个密度矩阵, 这与量子压缩传感中的时间相当, 但它依赖于多个量子比特的无限小交换操作. 相反, 如果用量子压缩感知构造特征向量和特征值, 那么必须首先重构密度矩阵, 然后对其进行对角化, 这需要时间大于 $O(d^2\log R + dR^2)$.

3. 量子态区分

量子主成分分析在量子态区分和分配任务中也具有很重要的作用. 例如, 假设可以从 m 个量子态中抽取两个样本集合, 第一个集合为 $\{|\phi_i\rangle\}$, 相应的密度矩阵为 $\hat{\rho} = (1/m)\sum_i |\phi_i\rangle\langle\phi_i|$, 第二个集合为 $\{|\psi_i\rangle\}$, 相应的密度矩阵为 $\hat{\sigma} = (1/m)\sum_i |\psi_i\rangle\langle\psi_i|$. 现在给定一个新的态 $|\chi\rangle$, 我们的任务是将量子态 $|\chi\rangle$ 分配给其中的一个集合. 密度矩阵指数化和量子相位估计算法允许我们根据 $\hat{\rho} - \hat{\sigma}$ 的特征向量和特征值来分解 $|\chi\rangle$:

$$|\chi\rangle|0\rangle \to \sum_j \chi_j |\xi_j\rangle|x_j\rangle \tag{8.14}$$

其中, $|\xi_j\rangle$ 是 $\hat{\rho} - \hat{\sigma}$ 的特征向量, x_j 是相应的特征值. 测量特征值寄存器, 如果特征值是正值, 则分配给 $\{|\phi_i\rangle\}$; 如果是负值, 则分配给 $\{|\psi_i\rangle\}$. 如果 χ 是从两个集合中选择出来的一个量子态, 那么这个过程就可以简单地看作一个最小误差的量子态判别过程, 但是在速度上有很大优势, 相比之前的方法具有指数式的加速. 除此之外, 测量的特征值大小可以认为是集合分配测量置信度的量度: 在此任务中较大的本征值相应于较高的置信度, 最大的本征值对应于确定的情况, 即在这种情况下, $|\xi\rangle$ 与其他集合中的成员正交. 如果 $|\chi\rangle$ 是其他矢量, 那么这种方法为监督学习和聚类分配提供了一种新的途径: 两个集合分别是训练集, 如果一个矢量被分配给两个集合中的一个, 那么我们把该矢量分配给与它更相似的矢量集即可.

密度矩阵取幂是分析未知密度矩阵性质的有力工具. 使用 n 个 $\hat{\rho}$ 副本产生幺正算子 $e^{-i\hat{\rho}t}$ 的能力使得我们能够在精度 $\epsilon = O(t^2/n)$ 内模拟非稀疏 d 维矩阵, 并且执行量子主成分分析在时间 $O(R\log d)$ 内构造低秩矩阵的特征向量和特征值. 像量子矩阵求逆算法一样, 量子主成分分析将一个需要系统维数多项式时间的经典过程映射到只需要系统维数对数多项式的一个量子过程. 这种指数压缩意味着量子主成分分析只能揭示描述系统所需全部信息的一小部分, 但是正如我们通过密度矩阵求幂构建本征值本征矢一样, 这一特定部分的信息可能是非常有用的.

可以看到量子主成分分析能在各种量子算法和测量应用中发挥关键作用. 正如量子聚类分配的例子所显示的那样, 量子主成分分析可以用于解决加速诸如聚类和模式识别之类的机器学习问题. 此外, 识别矩阵的最大特征值以及相应的特征向量的能力对于大量高维数据的表示和分析也是非常有用的.

8.3　量子奇异值分解

在机器学习算法和最优化算法中,矩阵计算是非常重要的一部分. 我们经常能发现, 许多这类算法的核心是对矩阵进行特征值或奇异值分解, 或者矩阵求逆. 这样的任务可以通过相位估计在通用量子计算机上高效地执行. 现在, 只要能够有效地模拟了哈密顿量作用在量子态上的过程 (矩阵指数化), 就可以完成这类任务. 到目前为止, 已经出现了几种方法:

(1) 1995, Loyld 通过引入张量积结构实现了一种有效模拟量子系统的方法 (应用于量子化学);

(2) 2003, Aharonov 和 Ta-Shma 展示了一种模拟稀疏哈密顿量子系统的方法;

(3) 2003, Childs 通过量子行走实现了模拟稀疏哈密顿量系统的方法.

在此基础上, Loyld 提出一种模拟非稀疏矩阵的方案. 在本节中, 我们将详细介绍这种方案, 并将该方案的适用情况扩展到非方矩阵, 最后讨论该方案在奇异值分解上的应用.

8.3.1　矩阵指数化

假设给定一个稠密 (非稀疏) 厄米的非正定矩阵 $A \in \mathbb{C}^{N \times N}$, A 的元素可以由有效的矩阵计算得到, 或者通过从量子存储器中得到. 我们在任意时间 t 内模拟 $e^{-i(A/N)t}$ 作用于一个任意的量子态上. A/N 的本征值以 $\pm \|A\|_{\max}$ 为边界, 其中 $\|A\|_{\max}$ 是 A 矩阵元素的最大绝对值.

这意味着存在矩阵 A, 对于该矩阵, 幺正操作 $e^{-i(A/N)t}$ 在时间 $O(\|A\|_{\max}^{-1})$ 内可以远离单位算子 (即初始态可以演化为完全可区分的量子态). 在这样的时间内, 幺正操作 $e^{-i(A/N)t}$ 可以通过一个由低秩矩阵产生的操作很好地近似. 能够很好地近似幺正操作 $e^{-i(A/N)t}$.

让我们从密度矩阵指数化方法开始, 设 ρ 和 σ 是 N 维密度矩阵. 其中量子态 σ 作为实现密度矩阵 A/N 指数化目标引入, 而 ρ 的多个副本被用作辅助的量子态. 我们将 A 的 N^2 个元素嵌入厄米稀疏矩阵 $S_A \in \mathbb{C}^{N^2 \otimes N^2}$ 中, 并定义所谓的 "修饰的交换矩阵"

S_A, 其对应的算符则记为 $\hat{S}_A$. 之所以称它为修饰的交换矩阵, 是因为它与通常的交换矩阵关系密切. 它的每一列包含 A 的单个元素. 修饰的交换矩阵作用于 ρ 的副本和 σ 的寄存器上

$$\hat{S}_A = \sum_{j,k=1}^{N} A_{jk} |k\rangle\langle j| \otimes |j\rangle\langle k| \in \mathbb{C}^{N^2 \otimes N^2} \tag{8.15}$$

它的表示矩阵 S_A 在一个更大的空间中是 1-稀疏的, 并且当 $A_{jk} = 1 (j, k = 1, \cdots, N)$ 时可以约化为一般意义上的交换矩阵. 对于给定的元素, 我们可以模拟一个 1-稀疏矩阵, 如 S_A 元素, 其为整数并具有可忽略的错误. 我们下面讨论这种情况: S_A 的矩阵取幂被应用于均匀叠加态和任意状态的张量积. 对于小的 Δt 执行 $\hat{S}_A$

$$\mathrm{Tr}_1\{\mathrm{e}^{-\mathrm{i}\hat{S}_A \Delta t} \hat{\rho} \otimes \hat{\sigma} \mathrm{e}^{\mathrm{i}\hat{S}_A \Delta t}\} = \hat{\sigma} - \mathrm{i}\mathrm{Tr}_1\{\hat{S}_A \hat{\rho} \otimes \hat{\sigma}\}\Delta t + \mathrm{i}\mathrm{Tr}_1\{\hat{\rho} \otimes \hat{\sigma} \hat{S}_A\}\Delta t + O(\Delta t^2) \tag{8.16}$$

其中, Tr_1 表示对包含 ρ 的第一寄存器的部分求迹. 第一个 $O(\Delta t)$ 项是

$$\mathrm{Tr}_1\{\hat{S}_A \hat{\rho} \otimes \hat{\sigma}\} = \sum_{j,k}^{N} A_{jk} \langle j|\hat{\rho}|k\rangle |j\rangle\langle k|\hat{\sigma} \tag{8.17}$$

选择 $\rho = |l\rangle\langle l|$, 其中, $|l\rangle := \frac{1}{\sqrt{N}} \sum_k |k\rangle$ 为均匀叠加态, 结果为

$$\mathrm{Tr}_1\{\hat{S}_A \hat{\rho} \otimes \hat{\sigma}\} = \frac{\hat{A}}{N} \hat{\sigma} \tag{8.18}$$

类似地, 第二个 $O(\Delta t)$ 项是 $\mathrm{Tr}_1\{\hat{\rho} \otimes \hat{\sigma} \hat{S}_A\} = \hat{\sigma} \frac{\hat{A}}{N}$, 因此, 在较小的时间内, 在较大系统上的修饰交换矩阵 $\hat{S}_A$ 的演化等同于在 σ 子系统上的演化 $\hat{A}/N$,

$$\mathrm{Tr}_1\{\mathrm{e}^{-\mathrm{i}\hat{S}_A \Delta t} \hat{\rho} \otimes \hat{\sigma} \mathrm{e}^{\mathrm{i}\hat{S}_A \Delta t}\} = \hat{\sigma} - \mathrm{i}\frac{\Delta t}{N}[\hat{A}, \hat{\sigma}] + O(\Delta t^2)$$

$$\mathrm{Tr}_1\{\mathrm{e}^{-\mathrm{i}\hat{S}_A \Delta t} \hat{\rho} \otimes \hat{\sigma} \mathrm{e}^{\mathrm{i}\hat{S}_A \Delta t}\} \approx \mathrm{e}^{-\mathrm{i}\frac{\hat{A}}{N}\Delta t} \hat{\sigma} \mathrm{e}^{\mathrm{i}\frac{\hat{A}}{N}\Delta t} \tag{8.19}$$

假设 ϵ_0 是误差项 $O(\Delta t^2)$ 的迹范数. 我们可以将这个误差限制在 $\epsilon_0 \leqslant 2 \parallel \hat{A} \parallel_{\max}^2 \Delta t^2$. 这里, $\parallel \hat{A} \parallel_{\max} = \max_{mn} |A_{mn}|$ 表示 $\hat{A}$ 的最大绝对元素. 注意, $\parallel \hat{A} \parallel_{\max}$ 与 $\hat{S}_A$ 的最大绝对特征值一致. 使用 $\hat{\rho}$ 的多个副本可以对上式的操作向前重复执行多次. 对于 n 步, 得到的误差是 $\epsilon = n\epsilon_0$, 模拟时间是 $t = n\Delta t$. 因此, 修正 ϵ 和 t, 可以得到模拟 $\mathrm{e}^{-\mathrm{i}(\hat{A}/N)t}$ 所需的步数为

$$n = O\left(\frac{t^2}{\epsilon} \parallel \hat{A} \parallel_{\max}^2\right) \tag{8.20}$$

该步骤总运行时间是 nT_A.

下面我们讨论算法运行效率较高的矩阵. 注意, $\hat{A}/N$ 最大特征值的上界为最大矩阵元素 $\|\hat{A}\|_{\max}$, 即 $|\lambda_j|/N \leqslant \|\hat{A}\|_{\max}$. 在模拟时间 t, 只有 $\hat{A}/N$ 的 $|\lambda_j|/N$ 的特征值是重要的. 令这些特征值的数量为 r. 因此, 有效地模拟矩阵 $\hat{A}_r/N$ 的条件为 $\mathrm{Tr}\{\hat{A}_r^2/N^2\} = \sum_{j=1}^{r} \lambda_j^2/N^2 = \Omega(r/t^2)$. 上式也满足 $\mathrm{Tr}\{\hat{A}_r^2/N^2\} \leqslant \|\hat{A}\|_{\max}^2$. 因此, 有效模拟矩阵的秩为 $r = O\left(\|\hat{A}\|_{\max}^2 t^2\right)$.

具体而言, 为了保证算法实施的有效性, 要求模拟步骤的数目 n 是 $O(\operatorname{poly} \log N)$. 令期望误差为 $\frac{1}{\epsilon} = O(\operatorname{poly} \log N)$. 假设 $\|A\|_{\max} = \Theta(1)$ 是一个与 N 无关的常数, 由式 (8.20) 知, 我们只能在时间 $O(\operatorname{poly} \log N)$ 内完成取幂. 对于这样的时间, 只有 $\hat{A}/N$ 有较大特征值 $|\lambda_j|/N$ 才有作用. 当矩阵足够密集时, 可以实现这样的特征值, 例如 $\hat{A}/N$ 每行具有大小为 $\Theta(1/N)$ 的 $\Theta(N)$ 个非零值. 在这种情况下的模拟矩阵, 我们发现秩 $r = O(\operatorname{poly} \log N)$, 因此我们说其有效地模拟了低秩矩阵. 总而言之, 我们期望该方法适用于密度较小的矩阵元素的低秩矩阵 $\boldsymbol{A}(\hat{A})$.

而现实中大部分的矩阵满足这些标准. 随机采样一个幺正操作 $\boldsymbol{U} \in \mathbb{C}^{N \otimes N}$ 和大小合适 ($|\lambda_j| = \Theta(N)$) 的特征值, 并将它们相乘得到 $\boldsymbol{U} \operatorname{diag}_r(\lambda_j) \boldsymbol{U}^\dagger$ 来构造 $\boldsymbol{A}$. 这里 $\operatorname{diag}_r(\lambda_j)$ 是有 r 个本征值在对角上、其余为零的对角矩阵. 典型的随机归一化矢量具有大小为 $O(1/\sqrt{N})$ 的绝对矩阵元素. 这种矢量与其自身的外积具有大小为 $O(1/N)$ 的绝对矩阵元素. 绝对大小 $\Theta(N)$ 的每个特征值与这样的外积相乘, 并且 r 项相加. 因此, $\boldsymbol{A}$ 的典型矩阵元素的大小为 $O(\sqrt{r})$ 和 $\|\boldsymbol{A}\|_{\max} = O(r)$.

8.3.2 相位估计

相位估计为幺正模拟以及许多有趣的应用提供了一种途径. 为了在相位估计中使用, 我们继续扩展上述方法, 使得 $\boldsymbol{A}/N$ 的矩阵取幂可以在额外的控制量子位上进行. 利用本节的方法, $\boldsymbol{A}/N$ 的特征值 λ_j/N 可以是正的, 也可以是负的. 修饰交换算符 $\hat{S}_A$ 被扩展为 $|1\rangle\langle 1| \otimes \hat{S}_A$, 扩展之后仍然是 1-稀疏厄米算符, 其中厄米矩阵 $\boldsymbol{A}$ 本征分解为 $\hat{A} = \sum_j \lambda_j |u_j\rangle\langle u_j|$. 最终的运算结果为

$$\mathrm{e}^{-\mathrm{i}|1\rangle\langle 1| \otimes \hat{S}_A \Delta t} = |0\rangle\langle 0| \otimes \mathbb{I} + |1\rangle\langle 1| \otimes \mathrm{e}^{-\mathrm{i}\hat{S}_A \Delta t} \tag{8.21}$$

该操作作用于态 $|c\rangle\langle c| \otimes \rho \otimes \sigma$, 其中, $|c\rangle$ 是任意的控制位量子位. 依次应用这种受控操作允许我们使用相位估计来制备态

$$|\phi\rangle = \frac{1}{\sum_j |\beta_j|^2} \sum_{\frac{|\lambda_j|}{N} \geq \epsilon} \beta_j |u_j\rangle \left|\frac{\lambda_j}{N}\right\rangle \tag{8.22}$$

由初始状态 $|\psi\rangle|0\cdots\rangle$ 和 $O([\log(1/\epsilon)])$ 个控制量子位形成一个特征值寄存器. 这里, $\beta_j = \langle u_j|\psi\rangle$, ϵ 是解特征值的精度. 为了达到这个精确度, 相位估计运行总时间 $t = O(1/\epsilon)$. 因此, 对于 $\boldsymbol{A}$ 来说, 为了满足低秩条件, $O(\mathrm{poly}\log N)$ 是必需的.

1. 资源需求

为了模拟修饰的交换矩阵, 首先, 我们假设访问原始矩阵 $\boldsymbol{A}$,

$$|jk\rangle|0\cdots\rangle \mapsto |jk\rangle|A_{jk}\rangle \tag{8.23}$$

这种操作可以由量子存储器给出, 使用 $O(N^2)$ 存储空间和量子交换来访问 $T_A = O(\log^2 N)$ 操作中的数据. 或者, 有元素可有效计算的矩阵, 即 $T_A = O(\mathrm{poly}\log N)$. 对于 1-稀疏矩阵 S_A, 稀疏模拟操作可以简单地通过方程 (8.23) 或者

$$|(j,k)\rangle|0\cdots\rangle \mapsto |(j,k)\rangle|(k,j),(\hat{S}_A)_{(k,j),(j,k)}\rangle \tag{8.24}$$

式给出. 在这里, 我们使用 (j,k) 作为修饰交换矩阵列 / 行索引的标签.

将该方法所需资源与稀疏矩阵、非稀疏矩阵的其他方法进行比较. 一般的 $N \times N$ 和 s-稀疏矩阵, 需要存储 $O(sN)$ 个元素. 在某些情况下, 稀疏矩阵具有更多的结构, 其元素也可以有效地计算. 对于非稀疏矩阵和请参考量子主成分分析中的方法. 只有密度矩阵的多个副本是必需的, 而等式 (8.23) 则不是必需的. 对于通过量子主成分进行机器学习的任务, 密度矩阵是从经典资源通过量子存储器制备的, 需要 $O(N^2)$ 步. 相比之下, 无论是在通过量子存储器访问的情况下还是在矩阵元素被计算而不是被存储的情况下, 该方法在原则上不高于其他稀疏和非稀疏方法对资源的需求.

2. 非方矩阵

上面的方法也使我们能够有效地确定一般非平方低阶矩阵的性质. 为了确定秩为 r 的矩阵 $\boldsymbol{A} = \boldsymbol{U\Sigma V}^\dagger \in \mathbb{C}^{M \times N}$ 的奇异值分解, 通过量子主成分分析模拟半正定矩阵 $\boldsymbol{AA}^\dagger$ 和 $\boldsymbol{A}^\dagger \boldsymbol{A}$ 得到正确的奇异值和向量. 然而, 在这个过程中, 由于基本信息缺失, 奇异向量出现模糊性. 当将对角矩阵插入改变奇异向量相对相位的奇异值分解时, 这种模糊性表现得更为明显,

$$\boldsymbol{AA}^\dagger = \boldsymbol{U\Sigma}^2 \boldsymbol{U}^\dagger = \boldsymbol{U\Sigma D}^\dagger \boldsymbol{V}^\dagger \boldsymbol{VD\Sigma U}^\dagger =: \bar{\boldsymbol{A}}\bar{\boldsymbol{A}}^\dagger \tag{8.25}$$

其中，$\boldsymbol{D} := \mathrm{diag}(\mathrm{e}^{-\mathrm{i}\theta_j})$，$\theta_j$ 是任意的相位. 如果 $\boldsymbol{A}\boldsymbol{v}_j = \sigma_j \boldsymbol{u}_j$ $(j=1,\cdots,r)$，那么

$$\bar{\boldsymbol{A}}\boldsymbol{v}_j = \boldsymbol{U}\boldsymbol{\Sigma}\boldsymbol{D}^\dagger\boldsymbol{V}^\dagger\boldsymbol{v}_j := \sigma_j \boldsymbol{u}_j \tag{8.26}$$

这意味着 $\boldsymbol{A}$ 中左和右奇异向量之间的相位关系与 $\bar{\boldsymbol{A}}$ 中的相位关系不相同. 尽管 $\boldsymbol{A}$ 和 $\bar{\boldsymbol{A}}$ 仍然具有相同的奇异值，甚至相同的奇异向量和相位因子，但是对于 $||\boldsymbol{A}-\bar{\boldsymbol{A}}||_F$ (除了半正定矩阵，其中 $\boldsymbol{U}=\boldsymbol{V}$) 不是零或甚至是小量: 矩阵 $\boldsymbol{A}$ 不能再以这种方式再现，奇异值分解不止是一组奇异值和归一化奇异向量. 这影响了需要每个左奇异向量 $\boldsymbol{u}_j$ 和相应的右奇异向量 $\boldsymbol{v}_j$ 之间的适当相位关系的各种算法. 例如，确定最佳低秩近似矩阵、信号处理算法或者确定最近的等距矩阵 (如 Procrustes 问题) 等.

为了克服这个问题，考虑 "扩展矩阵"

$$\tilde{\boldsymbol{A}} = \begin{bmatrix} 0 & \boldsymbol{A} \\ \boldsymbol{A}^\dagger & 0 \end{bmatrix} \tag{8.27}$$

在这里引入奇异值计算和最近在稀疏量子矩阵取逆. $\tilde{\boldsymbol{A}}$ 的特征值对应于 $\{\pm\sigma_j\}$，其中 $\{\sigma_j\}$ 是对于 $j=1,\cdots,r$ 的 $\boldsymbol{A}$ 的奇异值. 相应的特征向量与 $(\boldsymbol{u}_j, \pm\boldsymbol{v}_j) \in \mathbb{C}^{M+N}$ 成正比. $\boldsymbol{A}$ 的左和右奇异向量可以分别从前 M 个和后 N 个条目中提取. 因为 $\bar{\boldsymbol{A}}$ 是厄米的，所以它的特征向量为正交的: $||(\boldsymbol{u}_j,\boldsymbol{v}_j)||^2 = ||\boldsymbol{u}_j||^2 + ||\boldsymbol{v}_j||^2 = 1$，$(\boldsymbol{u}_j,\boldsymbol{v}_j)(\boldsymbol{u}_j,-\boldsymbol{v}_j)^\dagger = ||\boldsymbol{u}_j||^2 - ||\boldsymbol{v}_j||^2 = 0$，从中可以得出每个子向量 $\boldsymbol{u}_j$ 和 $\boldsymbol{v}_j$ 的范数是 $1/\sqrt{2}$，与它们各自的长度 M 和 N 无关. 重要的一点是扩展矩阵的特征向量保留了左右奇异向量之间的正确相位关系，因为 $(\mathrm{e}^{\mathrm{i}\theta_j}\boldsymbol{u}_j, \boldsymbol{v}_j)$ 对于正确的相位 $\mathrm{e}^{\mathrm{i}\theta_j}$ 只是 $\bar{\boldsymbol{A}}$ 的一个特征向量.

我们的量子算法的要求也可以满足扩展矩阵. 对于随机采样的左右奇异向量，矩阵元素的最大值为 $O\left(\sum_{j=1}^{r}\frac{\sigma_j}{\sqrt{MN}}\right)$，因此 $\sigma_j = O(\sqrt{MN})$. 另外，与之前一样，从辅助态 $\rho = |\hat{1}\rangle\langle\hat{1}|$ 的模拟扩展矩阵中出现 $1/(M+N)$ 因子，这导致了 $\sigma_j = \Theta(M+N)$. 如果矩阵 $\boldsymbol{A}$ 不是太偏斜，即 $M = \Theta(N)$，则可以满足 σ_j 的这两个条件. 总之，通过模拟相应的厄米扩展矩阵，可以有效地模拟低秩的一般复矩阵，产生正确的奇异值分解.

这里所给出的方法实现了非稀疏低秩非正厄米的 $N \times N$ 维矩阵 $\boldsymbol{A}/N$ 在时间复杂度 $O\left(\frac{t^2}{\epsilon}||\boldsymbol{A}||_{\max}^2 T_A\right)$ 中以精度 ϵ 在时间 t 内取幂，其中，$||\boldsymbol{A}||_{\max}$ 是 $\boldsymbol{A}$ 矩阵中元素的最大绝对值，T_A 为数据访问时间. 如果通过量子存储器访问矩阵元素或有效地计算矩阵元素，并且 $\boldsymbol{A}$ 的显著特征值是 $\Theta(N)$，那么对于大量的矩阵，我们介绍的方法可以实现 $O(\mathrm{poly}\log N)$ 的运行时间复杂度. 并且该方法允许通过扩展厄米矩阵为非厄米和非方矩阵实现矩阵取幂.

到此为止，我们已经展示了如何在量子计算机上直接计算非厄米非稀疏矩阵的奇异值分解，并且同时保持所有正确的相对相位信息.

8.4 量子谱聚类

聚类分析是将一些给定的数据点、对象分为聚类,使得聚类成员之间的相似性达到最大,而不同聚类间相似性最小. 机器学习和其他领域的聚类任务通过不同的方法完成. 最有名的方法之一是基于质心的聚类,也是谱聚类算法的一部分. 谱聚类算法是一种通过使用提供的数据矩阵或拉普拉斯矩阵的主要特征向量来定义聚类的解决方案. 量子相位估计是量子计算机上解决特征值相关问题的有效算法. 在前一节中,我们已经展示了如何使用量子相位估计算法对经典数据进行主成分分析. 在本节中,我们使用相同的算法,对聚类算法进行稍微的修改. 具体就是在量子计算机上引入如图 8.1 所示的偏差量子相位估计来制定谱聚类,然后分析量子电路组成部分的计算复杂性,针对数据矩阵的不同情况导出复杂性界限,讨论所发现的量子复杂性并与经典相比较.

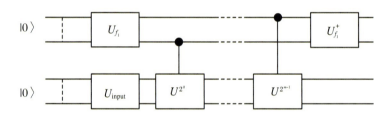

图8.1 偏差量计相位估计算法

8.4.1 K 均值聚类和谱聚类

谱聚类算法通常基于给定数据的某种形式矩阵的特征向量来获得聚类解决方案. 由于一些谱算法也涉及 K 均值聚类算法,因此我们首先回顾 K 均值算法的细节,再描述谱聚类. 给定一组 n 个数据向量 $\boldsymbol{v}_1, \boldsymbol{v}_2, \cdots, \boldsymbol{v}_n$,$K$ 均值聚类试图为假定的 K 个聚类 $S_1, S_2, \cdots, S_K$ 找到最好的 K 个质心. 定义目标函数:

$$\min \left(\sum_{c=1}^{K} \sum_{\boldsymbol{v}_i \in S_c} \|\boldsymbol{v}_i - \boldsymbol{m}_c\|^2 \right) \tag{8.28}$$

其中，m_c 代表聚类 S_c 的中心. $||v_i - m_c||^2$ 是数据点 v_i 和中心 m_c 之间的欧氏距离度量. 上述目标函数定义的优化问题是一个 NP 困难问题, 尽管如此, 通过使用 K 均值算法, 即 Lloyd's 算法 (其不一定能找到最优解) 可近似最小化. 该算法的步骤如下:

(1) 初始化群集的质心.

(2) 将每个数据点分配给距离质心最近的聚类.

(3) 分配聚类中的数据均值作为新的质心, 即 $m_c = \sum_{v_i \in S_c} v_i / |S_c|$.

(4) 重复步骤 (2) 和 (3), 直到均值不再改变.

这个算法的量子版本我们之前已经讨论过, 并且证明了量子算法确实可以用来加速经典聚类算法.

接下来我们简要总结谱聚类的概念. 数据点之间的相似性常用类似图来表示, 即如果由这些顶点表示的数据点 x_i 和 x_j 是相似的, 则顶点 v_i 和 v_j 被以无向加权图的方式连接, 并且边 w_{ij} 上的权重表示 x_i 和 x_j 之间的相似度 S_{ij}.

由给定的数据集 $\{x_1, x_2, \cdots, x_n\}$ (成对的相似性 S_{ij} 或距离 d_{ij}) 构成图 $G(V, E)$ 可以用许多不同的方式完成. 其中三个最有名的是: ① **无向 ϵ-邻域图**. 如果 x_i 和 x_j 的配对距离 d_{ij} 大于某个阈值 ϵ, 那么我们就说顶点 v_i 和 v_j 是连通的. ② **K 最近邻域图**. 如果顶点 v_i 是 v_j 的最近邻点之一, 那么就说顶点 v_i 和 v_j 是连接的, 反之, 如果顶点 v_j 是 v_i 的最近邻点之一, 那么也可以说顶点 v_i 和 v_j 是连接的 (这是构建 K 最近邻图的最常用标准无向图, 除此之外还有一些其他的定义). ③ **完全连通图**. 这描述了一个完全连通的加权图, 其中权重 w_{ij} 由相似性函数 S_{ij} 确定. 例如, 高斯相似度函数 $S_{ij} = \exp\left\{-\frac{||x_i - x_j||}{2\sigma^2}\right\}$, 其中, σ 是控制参数.

聚类问题可以被描述为找到一个图的分割, 使得从一个组到另一个组的边上的权重之和非常小. 在同一组中顶点之间的边上的权重非常高.

设 W 是矩阵元的邻接矩阵, w_{ij} 表示顶点 v_i 与顶点 v_j 之间的边上的权值. 由 W 生成的拉普拉斯 (Laplace) 矩阵的特征向量是谱聚类的主要工具. 由 W 给出的图的非标准 Laplace 定义如下:

$$L = D - W \tag{8.29}$$

其中, D 是对角矩阵 (对角元素 $d_{ii} = \sum_{j=1}^{N} w_{ij}$). 矩阵 L 是一个对称矩阵, 一般归一化为

$$\tilde{L} = D^{-\frac{1}{2}} L D^{-\frac{1}{2}} = I - D^{-\frac{1}{2}} W D^{-\frac{1}{2}} \tag{8.30}$$

上式保持了对称性. $\tilde{L}$ 和 L 是正半定矩阵, 即它们的特征值大于或等于 0. 两个矩阵的最小特征值都是 0, 相关的特征向量的元素等于 1. 对于具有非负权重的无向图, 特征值

0 的多重性 k 给出了图中连通分量的数量. 聚类通常通过与 Laplace 矩阵最小特征值相关的第一 k-特征向量来完成. 这里, k 表示从该图形构建的聚类数量. 这个数字描述了最小的特征值 $\lambda_1,\cdots,\lambda_k$, 使得 $\gamma_k = |\lambda_k - \lambda_{k+1}|$ 给出所有可能的特征值差中最大的特征值差.

使用 K 列特征向量形成的矩阵 V, 再通过将 K 均值算法应用于矩阵 V 的行向量来获得聚类. 在将 V 的行向量归一化为单位向量之后, 也可以使用相同的聚类方法.

K 均值聚类也可以在主成分为 XX^T 的子空间中完成, 其中, X 是中心数据矩阵. 此外, 对于给定的核矩阵 K 和对角权重矩阵 $W(K = WAW)$, 其中, A 是相邻 (或相似度) 矩阵, W 是对角权重矩阵; $W^{\frac{1}{2}}KW^{\frac{1}{2}}$ 的前 K 个特征向量可以通过最小化 $\|VV^T - YY^T\| = 2k - 2\text{Tr}(Y^TVV^TY)$ 或最大化 $\text{Tr}(Y^TVV^TY)$ 来图分割 (聚类). 这里, V 代表 K 个特征向量, Y 代表聚类的标准正交指标矩阵: $Y = (y_1, y_2, \cdots, y_K)$,

$$y_j = \frac{1}{\sqrt{N_j}}(0,\cdots,0,1,\cdots,1,0,\cdots,0)^T \tag{8.31}$$

因此, 聚类问题变成了下面的最大化问题:

$$\text{Tr}(Y^TVV^TY) = \sum_{j=1}^{K} y_j^T VV^T y_j \tag{8.32}$$

在找到 K 个特征向量之后, 通过在 $W^{\frac{1}{2}}V$ 的行向量上运行加权的 K 均值来完成最大化.

8.4.2 量子谱分解

在量子谱聚类中, 我们使用 $\langle y|\hat{V}\hat{V}^T|y\rangle$ 作为聚类的相似度量. 这给出了类似于经典中相似度量的方法. 这里, $\hat{V}$ 表示与 Laplace 算子 $\hat{L}$、数据矩阵 XX^T 或加权核矩阵 $W^{\frac{1}{2}}KW^{\frac{1}{2}}$ 的非零特征值相关联的特征向量; $|y\rangle$ 表示从某个任意指标矩阵中选择的基矢. 在下面的部分中, 我们首先描述如何通过相位估计算法获得 $\hat{V}\hat{V}^T|y\rangle$, 然后在 Y 的基矢 (由 $|y\rangle$ 组成) 上测量输出.

1. 通过相位估计的主成分分析算法

由相位估计算法获得幺正矩阵特征值的相位. 如果幺正矩阵取幂为 $U = e^{iH}$, 其中 $H \in \mathbb{R}^\otimes$, H 对应于 Laplace 矩阵或者数据矩阵 XX^T, 那么相位估计输出的结果表示为 H 的特征值. 此外, 当算法中的相位寄存器保持相位值时, 系统寄存器在输出中保存相关的特征向量. 当给定任意输入时, 相位估计算法输出特征值与该特征值确定概率的纠

缠态. 接下来, 我们引入主成分分析的量子形式, 并且表明可以通过应用振幅放大算法来获得特定期望区域的特征值和相关的特征向量. 在相位估计算法之后, 对于一些输入向量 $|y\rangle$, 通过使用以下放大迭代步骤产生等效于 $\hat{V}\hat{V}^{\mathrm{T}}|y\rangle$ 的输出态:

$$\hat{Q} = \hat{U}_{PEA}\hat{U}_s\hat{U}_{PEA}\hat{U}_{f_2} \tag{8.33}$$

其中, $\hat{U}_{PEA}$ 表示作用于 $\hat{H}$ 的相位估计算法, $\hat{U}_{f_2}$ 是标记和放大操作符, 记为

$$\hat{U}_{f_2} = (\boldsymbol{I}^{\otimes m} - 2|f_2\rangle\langle f_2|) \otimes I^{\otimes n} \tag{8.34}$$

其中, $\langle f_2| = \dfrac{1}{N-1}(0, 1, \cdots, 1)$, m 表示相位寄存器中的量子位数目. $\hat{U}_s$ 记为

$$\hat{U}_s = (\boldsymbol{I}^{\otimes m+n} - 2|0\rangle\langle 0|) \tag{8.35}$$

对结果进行振幅放大, 当第一个寄存器处于两个相等的叠加态时, 第二个寄存器保持量子态 $\hat{V}\hat{V}^{\mathrm{T}}|y\rangle$.

2. 有偏差的相位估计算法

在相位估计的输出中, 根据特征向量与初始向量 $\boldsymbol{y}$ 来确定不同特征对的概率值, 即特征向量和初始向量的内积. 我们把振幅放大的目标是消除零特征值对应的特征向量. 在幅度放大过程中所选量子态 (对应于非零特征值的特征向量) 的概率发生振荡, 即当多次应用迭代算子时, 概率以一定频率发生上下抖动. 为了加快幅度放大, 降低频率, 我们将使用偏置相位估计算法以产生相同的输出, 但需要更少的迭代次数: 取代第一个寄存器中产生叠加态的量子傅里叶变换, 我们使用下面的运算符:

$$\hat{U}_{f_1} = (I^{\otimes m} - 2|f_1\rangle\langle f_1|) \otimes I^{\otimes n} \tag{8.36}$$

其中, $\langle f_1| = \dfrac{1}{\mu}(\kappa, 1, \cdots, 1)$, κ 是系数, μ 是归一化常数. 可以通过设计 κ 的值来使迭代次数最小化.

使用 $\hat{U}_{f_1}$ 代替量子傅里叶变换产生了如图 8.1 所示的算法, 其在输出结果中产生了特征值的偏置叠加态, 这一算法加速了振幅放大: 放大是通过倒转关于平均幅度的标记项来完成的, 随着标记项的幅度变得更接近平均幅度, 放大过程变得更慢 (即需要更多的迭代). 事实上, 当 $\kappa = \sqrt{M}$, $\kappa/\mu \approx (\sqrt{P_{|0\rangle}} + \sqrt{1 - P_{|0\rangle}})/2$ 时, 即平均振幅. 在这种情况下, 在幅度放大中不会看到递增或递减. 因此, 设置最初的概率离平均概率越远, 就越可以加快幅度放大.

对于有偏差的或标准的相位估计算法, 在结束时我们有 $\hat{V}\hat{V}^{\mathrm{T}}|y\rangle$, 其中, 矩阵 $\boldsymbol{V}$ 的列向量代表了主特征向量 (对应于非零特征值的特征向量). $\langle y|\hat{V}\hat{V}^{\mathrm{T}}|y\rangle$ 提供了数据点 $\boldsymbol{y}$

到 $\hat{X}\hat{X}^T$ 的相似测量. $\langle y|\hat{V}\hat{V}^T|y\rangle$ 可以由在 $|y\rangle$ 的基矢上测量最终的量子态得到. 或者我们可以将 $I-2|y\rangle\langle y|$ 变换应用到终态, 然后在标准基上测量这个态. 在这种情况下, 测量 $|0\rangle$ 的概率得到相似性度量.

下面我们总结一下偏置相位估计和幅度放大算法的步骤.

如图 8.1 所示, 偏置相位估计的步骤 $\hat{U}_{BPEA}$ 如下:

(1) 首先, 假设我们有一个机制来生成用于相位估计算法的 $\hat{U}^{2^j}$, 这里, 对应的表示矩阵 U 是数据矩阵.

(2) 然后, 制备输入态 $|0\rangle|0\rangle$, 其中, $|0\rangle$ 表示标准基中的第一个向量. 相位估计使用两个寄存器: 相位和系统寄存器. 在我们的算法中, 系统寄存器的最终状态等于态 $\hat{V}\hat{V}^T|y\rangle$.

(3) 要在系统寄存器上制备 $|y\rangle$, 将 $\hat{U}_{\text{input}}$ 作用于系统寄存器.

(4) 将 $\hat{U}_{f_1} = (\hat{I} - 2|f_1\rangle\langle f_1|) \otimes \hat{I}^{\otimes n}$ 作用在相位寄存器上生成偏置叠加态.

(5) 将受控的 $\hat{U}^{2^j}$ 应用到系统寄存器.

(6) 最后, 将 $\hat{U}_{f_1}^{\dagger}$ 应用到相位寄存器.

振幅放大过程的步骤如下:

(1) 在将 $\hat{U}_{BPEA}$ 应用于初始态 $|0\rangle|0\rangle$ 之后, 使用以下迭代操作符:

$$\hat{Q} = \hat{U}_{BPEA}\hat{U}_s\hat{U}_{BPEA}\hat{U}_{f_2} \qquad (8.37)$$

(2) 测量相位寄存器中的任一个量子比特为 $|0\rangle$ 的概率:

- 如果概率为 1/2, 则停止算法.
- 如果概率不为 1/2, 则再次应用上面给出的迭代算子.
- 重复此步骤, 直到测量概率为 1/2 为止. 这时相位寄存器中的一个量子位处于相等的叠加态 (各个量子位呈现与寄存器整体状态相同的行为. 如果其中一个量子位接近相等的叠加态, 则通常表示所有量子位接近相等的叠加态).

(3) 在 $|y\rangle$ 的基矢上测量第二个寄存器.

3. 与传统计算机相比较

经典计算机上的谱聚类需要某种形式的矩阵 H 的本征分解或者至少是矩阵 X 的奇异值分解. 一般形式的经典复杂度为 $O(L^3 + LN)$, 其中, $O(L^3)$ 是矩阵本征分解的复杂度, $O(LN)$ 至少处理一次矩阵 X. 因此, 如果 H 可以写成简单项, 那么量子计算机可能会大大提高谱聚类的计算复杂度. 在其他情况下, 即使对某些应用程序进行特定的改进仍然是可能的, 但是聚类的复杂性与经典的复杂性没有太大的差别. 由于幅度放大只是运行几次, 因此不会改变复杂度的界限. 然而, 我们需要用不同的 $|y\rangle$ 指标向量将整个

过程运行几次，以找到最大的相似度，并确定正确的聚类．因此，用一个附加的系数 c 表示复杂度的试验次数，即 $O(c2^m LN)$．由于系数 c 也存在于经典复杂性中，因此它不会改变复杂性的比较．

如前所述，将变换 $\hat{I} - 2|y\rangle\langle y|$ 作用到终态，用这种方式可以近似其他测量．在这种情况下，系统寄存器测量为 $|0\rangle$ 的概率代表相似性度量．

在这里，我们已经描述了如何使用量子相位估计算法和振幅放大算法在量子计算机上进行谱聚类．我们已经展示了实施步骤，并分析了整个过程的复杂性．另外，我们已经证实，在相位估计算法中，通过使用偏置算子而不是量子傅里叶变换，使得振幅放大过程中所需的迭代次数有了显著减少．

参考文献

[1] Lloyed S, Mohseni M, Rebentrost P. Quantum algorithms for supervised and unsupervised machine learning[J]. arXiv: 2013, 1307.0411V2[quant-ph].

[2] Lloyd S, Mohseni M, Rebentrost P. Quantum principal component analysis[J]. Nature Physics, 2014, 10(9): 631-633.

[3] Rebentrost P, Steffens A, Lloyd S. Quantum singular value decomposition of non-sparse low-rank matrics[J]. Physical Review A, 2018, 97: 012327.

[4] Daskin A. Quantum spectral clustering through a biased phase estimation algorithm[J]. arXiv: 2017, 1703. 05568V2 [quant-ph].

第 9 章

量子强化学习

机器学习采用了模仿人类学习能力的动态算法,其中强化学习 (reinforcement learning,简称 RL) 与人类最为相似,它可以认为是在实践中学习. 比如学习走路,如果摔倒了,那么我们大脑会给一个负面的奖励值,说明走的姿势不好. 然后我们从摔倒状态中爬起来,如果之后正常走了一步,那么大脑会给一个正面的奖励值,我们会知道这是一个好的走路姿势.

强化学习作为机器学习的分支领域之一,也是机器学习的范式和方法论之一. 它强调如何基于环境而行动,通过采用学习策略以取得最大化的预期利益或实现特定目标. 强化学习理论受到行为主义心理学启发,侧重在线学习并试图在探索–利用 (exploration-exploitation) 间保持平衡. 强化学习算法通过使用强化信号 (奖励或惩罚) 来学习如何正确行事,即通过与环境之间的互动来不断改善行为. 20 世纪 80 年代以来,强化成为机器学习中一种重要的研究方法,并被广泛应用于人工智能,特别是在机器人应用方面. 强化学习的本质是解决决策问题,能自动进行决策,且可以连续决策.

在量子增强的强化学习中,量子 Agent[①]与经典环境相互作用会因其行为而获得奖励,这使 Agent 能够适应其行为,换句话说,就是为了获得更多奖励学习该怎么做. 在某些情况下,无论是由 Agent 的量子处理能力,还是由探测环境中的叠加可能性,人们都可以实现量子加速. 在超导电路和离子阱系统中实现这类协议的一些方法已经提出. 此外,在一项新的研究中,美国能源部阿尔贡国家实验室的科学家们开发了一种基于强化学习的新算法,以找到量子近似优化算法 (QAOA) 的最佳参数,从而使量子计算机能够解决某些特定的组合优化问题,例如在材料设计、化学和无线通信中会出现的这样一些问题. 研究表明量子效应能为新兴的量子机器学习领域 (人工智能的一个子领域) 提供优势,通过与环境的交互让更多的智能机器快速有效地进行学习.

监督学习是任务驱动的,无监督学习是数据驱动的,强化学习则是关于互动的、奖励驱动的、面向目标的学习,涉及任务环境. 强化学习最为显著的特征是学习者,通常被称为学习智能体 (learning agent),会影响环境的状态,从而改变其所感知的事物的分布. 这种区别使得强化模型特别适合于人工智能类型的应用程序 (而不是数据分析). 尽管上述同样的区别可能会在定义量子类比或增强时造成额外的技术障碍,但可以肯定的是,量子强化学习在 (量子) 人工智能发展中极为重要,我们需要用一整章来介绍. 首先我们将介绍通用的量子强化学习算法,然后介绍两个具体的量子强化学习模型: 量子电路模型和马尔可夫决策过程模型.

9.1 量子强化学习算法

在量子机器学习的三个分支[②],即量子监督学习,量子无监督学习和量子强化学习中,前两者的研究走到了前面,而关于量子强化学习相关的研究工作较少. 在本节中我们主要遵循 Vedran Dunjko, Jacob M. Taylor 和 Hans J. Briegel 的文章,介绍他们提出的一个改进方案 (DTB 方案). 这个方案能有效地解决强化学习中量子增强的问题. 其重点是更普遍的、较少探索的强化设置. 他们提出了一个考虑量子机器学习的范例,以允许我们更好地理解它的限制和功能. 通过使用这种方法,DPB 方案提供了一种模式,

---

[①] Agent,词面含义为代理,音译"艾真体",现在倾向于翻译为智能体,但常直接引用原文. 简单地说,Agent 指能自主活动的软件或者硬件实体,其基本定义为驻留在某一环境下,能持续自主地发挥作用,具备驻留性、反应性、社会性、主动性等特征的计算实体. 例如,在机器学习中 Agent 可以就是"机器"或者"算法". 它的近义词可以是学习者、学习系统等.

[②] 还有第四种类型的机器学习方法,称为半监督学习,它本质上可理解为监督学习和无监督学习的结合.

用于确认量子效应能够提供帮助的设置. 为了说明模式是如何工作的, 该方案提供了一种在许多强化学习设置中实现量子改进 (所需交互轮数的多项式改进和成功率的指数改进) 的方法.

9.1.1 强化学习的几个概念

互动中学习是几乎所有学习与智力理论的基础. 其中强化学习是比其他机器学习方法更注重从交互中进行目标导向的学习. 强化学习问题包括学习做什么, 如何将情况映射到行动, 以便最大化奖励信号. 当一个婴儿玩耍、挥舞手臂或四处张望时, 他／她没有明确的老师, 但他／她确实与环境有直接的感觉运动联系. 实践这种联系会产生大量关于因果关系的信息, 关于行为的后果, 以及为了实现目标该做些什么. 在强化学习中学习者并不被提前告知如何做, 而必须通过尝试怎样做以获得最大回报, 甚至随后可能获得的奖励等. 强化学习过程可以用图 9.1 表示. 它可以看作一个闭环. 其中的 Agent, 可以理解为机器 (更为详细的含义可以参见前面提到 Agent 时给出的脚注) 必须能够在某种程度上感知环境的状态, 并且必须能够采取影响该状态的行动. Agent 还必须有一个或多个与环境状态有关的目标. 比如, 这一目标是找到能够使得长期累积奖赏最大化的策略. 长期累积奖赏的计算有很多种方式, 常用的是 "T 步累计奖赏". 需要指出, 以最简单的形式包括感知、行动和目标这三个方面都属于强化学习整个方法体系, 而不轻视它们中的任何一个.

图9.1 强化学习过程的简单图示

强化学习的任务主要包含四个元素 (称为四元组):
- 状态空间 S: 由 Agent 感知到的环境状态构成.
- 动作空间 A: 由 Agent 所能采取的动作构成.
- 潜在转移函数 P: 使得当前环境按某种概率转移到另一状态.

- 奖赏函数 R：环境将潜在的奖赏反馈给 Agent.

强化学习的目标就是获得最多的累计奖励. 从它们的角度划分的话, 强化学习的方法主要有下面几类：

- 基于策略 (policy based)：关注点是找到最优策略.
- 基于价值 (value based)：关注点是找到最优奖励总和.
- 基于动作 (action based)：关注点是每一步的最优行动.

以旅行商 (最短路径) 问题为例, 目标是要用最小可能成本从起点 A 走到终点 F, 如图 9.2 所示.

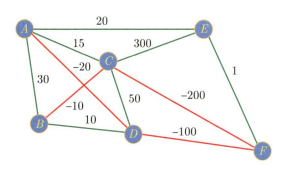

图9.2　一个最短路径例子的图示

每两点之间的线段上标记了走这条路的成本, 负值代表走这段路实际上的价值. 显然, 我们要选择路径以使得累计的总成本越低越好. 那么该问题对应的几大元素分别是：

- 状态：就是节点 $\{A,B,C,D,E,F\}$.
- 动作：就是从一点走到下一点, 如 $A \to B, C \to D$ 等.
- 奖赏函数：就是边线旁的成本.
- 策略：就是完成任务的整条路径 $\{A \to C \to F\}$.

有一种走法：在 A 时, 可以选的下一点有 (B,C,D,E), 可发现 D 点最优, 就先走到 D 点, 然后, 可以选的下一点为 (B,C,F) 之一, 能看到 F 点最优, 就走到 F 处, 此时就完成了任务. 全部的策略是 $\{A \to D \to F\}$, 价值为 -120. 这个算法就是强化学习的一种, 叫作 ϵ-贪心法 (epsilon greedy). 请注意, 这个路径并不是最优的走法 (不是最佳策略). 我们必须探索这一点, 以找到最佳策略.

在强化学习中, Agent 与环境一直在互动. 时刻 t, Agent 会接收到来自环境的状态 s, 基于这个状态 s, Agent 会做出动作 a 作用在环境上. 于是 Agent 可以接收到一个奖赏 R_{t+1}, 并且 Agent 就会到达新的状态. 所以, 其实 Agent 与环境之间的交互就是产生了一个序列：

$$s_0, a_0, r_1, s_1, a_1, r_2, \cdots$$

我们称这个为序列决策过程. 显然, 这一决策过程具有马尔可夫性, 或称为符合马尔可夫决策过程 (Markov decision process, MDP).

所谓的马尔可夫过程是人们在实际中常遇到具有下述特性的随机过程: 在已知它所处状态的条件下, 它未来的演变 ("将来") 仅依赖于 "现在" 而不依赖于 "过去". 数学上, 如果说状态 s_t 是马尔可夫的, 那么当前仅当 s_{t+1} 出现的概率满足:

$$P[s_{t+1}|s_t] = P[s_{t+1}|s_1, s_2, \cdots, s_t] \tag{9.1}$$

也就是说, 和 s_t 之前的状态没有关系. 这样的性质使得时序决策问题瞬间简单很多. 但是需要说明的是这种性质是依据问题本身的, 并不能随意简化. 例如走迷宫问题, 每一步做出的决策, 都是基于站在当前位置看到的信息而言的, 是非常符合实际的. 因此, 利用马尔可夫的假设, 解决强化学习中序列决策过程既方便又实用.

马尔可夫决策过程也需要考虑动作, 即系统下个状态不仅和当前的状态有关, 也和当前采取的动作有关. 以下棋为例, 当我们在某个局面 (状态 s_t) 走了一步 (动作 a_t) 时, 对手的选择 (导致下个状态 s_{t+1}) 我们是不能确定的, 但是他/她的选择只和 s_t 和 a_t 有关, 而不用考虑更早之前的状态和动作, 即 s_{t+1} 是根据 s_t 和 a_t 随机生成的. 当不考虑动作时, 状态完全可见的为马尔可夫链 (Markov chain, MC); 状态不完全可见时为隐马尔可夫模型 (hidden Markov model, HMM). 当考虑动作时, 状态完全可见的为马尔可夫决策过程; 状态不完全可见时, 为不完全观测马尔可夫决策过程.

9.1.2 量子强化学习框架

对于强化学习, 它由 Agent(基本等价于学习程序)A 和未知的环境 (所谓的任务环境或问题设定)E 相互交换信息来完成. Agent 传给环境信息称为动作 (action),

$$A = \{a_i\}$$

环境传给算法的信息称为感知 (percept) 或状态 (state),

$$S = \{s_i\}$$

也就是说动作 (A) 和感知 (S) 集合, 分别指定环境和主体的可能输出 (可交换的信息). Agent 和环境通过依次交换感知/动作集的元素而相互作用. 直到时间步骤 t, Agent

和环境之间的一个已实现的相互作用,即表示为一个序列

$$h_t = (s_1, a_2, s_3, s_4, \cdots, s_{t-1}, a_t)$$

交替感知与作用的 $s_i \in S, a_i \in A$ 的序列被称为相互作用 t-步历史. 在时间步骤 t, 且给定过去的历史 h_{t-1}, Agent 是一个给定映射 $M_A^{h_{t-1}}(s \in S) \in \text{distr}(A)$. 其中 $\text{distr}(\mathcal{X})$ 表示集合 $\mathcal{X}$ 上的概率分布. 给定历史 h_{t-1}, 已实现的 Agent 的作用是从分布 $M_A^{h_{t-1}}(s \in S)$ 中采样. 环境则以类似方式指定. 于是, 算法和环境的相互作用的历史是学习算法的核心概念. 如果 A 或 E 是随机的, 则 A 和 E 的相互作用由历史 (长度为 t) 的分布描述, 记为 $A \leftrightarrow_t E$.

由于强化学习的过程由两部分相互作用来完成, 因此可以用标准的量子扩展. 上一小节中感知和动作集合的信息被映射到了希尔伯特空间中的矢量, 并且它们形成一组正交基:

$$H_A = \text{span}\{|a_i\rangle\}, \quad H_S = \text{span}\{|s_j\rangle\}$$

Agent 和环境需要包含有限 (但任意大小) 的内部寄存器 R_A 和 R_E, 用于存储历史状态. 而 Agent 和环境作用在公共的通信寄存器 R_C (R_C 能够表示感知也能表示动作上). 因此, 主体 (环境) 被描述为作用在子系统寄存器 R_T 上的一系列完全正定的保迹映射 $\{M_t^A\}, \{M_t^E\}$, 每一次映射代表一个时间步长 (也作用在 R_C 上). 但也是一个私有寄存器 $R_A(R_E)$ 构成了内部的机构 (环境) 的记忆. 如图 9.3 虚线上方所示.

在量子情况下, 系统和环境作用的中心对象 (即历史) 是通过对 R_C 执行周期性测量而生成的. 量子情形的这个过程的推广是一个经过测试的交互: 我们将测试者定义为一个受控制的映射形式:

$$U_t^T(|x\rangle_{R_C} \otimes |\psi\rangle_{R_T}) = |x\rangle_{R_C} \otimes U_t^x|\psi\rangle_{R_T} \tag{9.2}$$

其中, $x \in S \cup A$, 并且对于所有的步数 t, $\{U_t^x\}_x$ 是作用于测试器寄存器 R_T 的幺正映射. 相对于给定测试器, 历史被定义为寄存器 R_T 的状态. 测试的相互作用如图 9.3 所示.

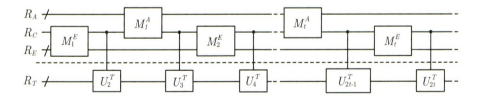

图9.3　算法与环境相互作用

9.1.3 量子框架改进的范围和限制

相对于经典基础, 测试者受控映射的限制保证了对于局部映射 U_T^x 的任何选择, 经典 A 和 E 之间的相互作用保持不变. 换句话说, A 和 E 之间的界面是经典的. 可以证明, 在后一种情况下, 对于任何量子算法或环境, 存在经典的 A 和 E, 它们在任何测试器下产生相同的历史. 换句话说, 在与任何历史相关的品质因数方面, 经典算法与量子算法等效. 因此, 唯一的改进只可以是计算复杂度.

在算法和环境的交换信息中, 经典的信息数据被量子的信息数据取代. 这就允许我们以叠加态的形式访问许多量子数据. 但是, 在更一般的设置中, 环境不适合这种量子并行方法: 通常, 环境将算法的所有操作存储在其内存中, 永远不会再次返回它们. 这有效地打破了算法寄存器 R_A 中的纠缠, 并且禁止所有干扰效应. 尽管如此, 对于许多环境设置, 仍然可以"剖析"环境映射, 并找到一种方式改善量子算法的学习.

9.1.4 量子强化学习改进

对量子强化学习改进的几点要求:

• 给定经典环境 E, 假定量子环境为 E^q, 则量子环境不应该比经典环境提供更多的信息.

• 对任何量子访问, 量子环境 E^q 不能一般地加速交换信息的所有方面, 我们可以使用 E^q 更有效地确定特定环境的属性, 并且与学习有关.

利用这两点属性, 可以构建改进的算法. 可以分为 4 步:

1. 动作

给定任何任务环境, 我们有两个映射关系:

$$f_E : H \to S$$
$$\Lambda : H \times S \to \bar{S}$$

在简单的环境中 (意味着在 M 步之后重置环境并且最多给出一个奖励), 尽管环境和算法的交互是基于回合的, 但是它可以表示为 M 个步骤映射的序列:

$$|a_1, \cdots, a_M\rangle \to |s_1, \cdots, \bar{s}_M\rangle$$

其中, $\bar{s}_M$ 表示包含奖励状态. 此外, 在确定性环境中, 映射 f_E 和 Λ 仅取决于算法的行为, 因为感知响应是固定的. 对于这样的确定性, 简单的环境大大简化了适当的算法的构建. 在 M 个步骤之后, 可以将作用返回给算法, 因为下一个步骤是独立的. 而且, 使用阶段反馈, 奖励可以修改映射, 例如仅影响返回作用状态的整体相位. 这就导致相位翻转

$$|a_1,\cdots,a_M\rangle \to (-1)^{A(a_1,\cdots,a_M)}|a_1,\cdots,a_M\rangle$$

2. 反馈

获取环境的有用属性, 并确定可证明是有用的设置. 确定一个环境, 它能让我们的算法保持最佳性能, 这就是最合适的环境, 称之为偏好环境. 更规范地说, 考虑环境 E 和算法 A, 如果 h_t 和 h'_t 是 t 长度的历史, 则若 $\mathrm{Rate}(h_t) > \mathrm{Rate}(h'_t)$, 就意味着 h_t 的历史表现优于 h'_t.

$$\mathrm{Rate}(E(h_t) \leftrightarrow_t A(h_t)) \geqslant \mathrm{Rate}(E(h'_t) \leftrightarrow_t A(h'_t))$$

我们可以说, $A(h_t)$ 优于 $A(h'_t)$.

3. 模拟

E 成为一个确定的偏好环境. 我们可以构建一个量子算法 E^q, 使得 A^q 通过与 E^q 的相互作用, 相对于所选择的测试者, 在品质因数率方面优于 A.

4. 测试

具体的 4 个步骤如图 9.4 所示.

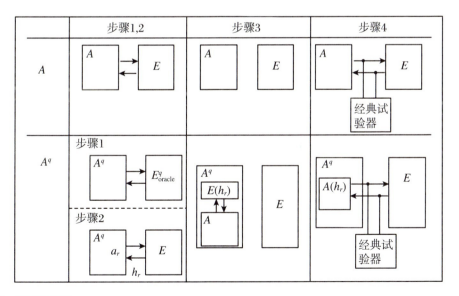

图9.4　测试的步骤

本节我们介绍了量子领域一般的算法——环境框架. 基于此, 建立了一个量子强化学习的改进模式. 利用这种模式给出了量子强化学习算法的明确结构. 结果表明, 它在学习效率上明显优于经典情况, 甚至在有限时间内可以实现指数级加速.

9.2 强化学习在量子电路中的实现

本节我们将介绍通过最先进的超导电路技术中的反馈回路控制来实现量子强化学习中的基本协议.

经典的 Agent、环境、作用、感知等概念在量子领域也是类似的, 并且可以有量子版本的算法、环境及两者之间的振荡, 以及它们之间的相互作用. 可以在量子电路中实现强化学习的功能. 在相关的算法中, Agent 和环境是由量子态构成的. 为了简洁起见, 奖励函数可采用保真度. 人们设计的量子强化学习协议如图 9.5 所示. 在单量子位的情况下, 在环境寄存器子空间上应用 CNOT 门, 并且测量寄存器以获取关于环境的信息 (动作 A). 随后, 在 Agent 寄存器子空间上应用 CNOT 门, 并测量寄存器, 其提供关于 Agent 的信息 (感知, P). 最后, 奖励标准应用先前测量的信息, 并且通过用闭合反馈回路调节的本地操作相应地更新 Agent, 目的是最大化学习保真度.

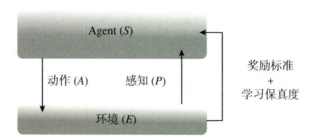

图9.5 强化学习方案

9.2.1 单量子位情况

对于 Agent, 环境和寄存器态都是单量子位的态情况 (图 9.6), 有 3 个例子:

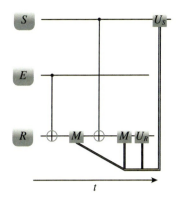

图9.6 单量子位电路

1. $\{|S\rangle_0 = |0\rangle, |E\rangle_0 = |0\rangle, |R\rangle_0 = |0\rangle\}$

这是一个最简单的例子,其中 Agent 的初始状态 $|S\rangle_0$ 已经将与环境状态 $|E\rangle_0$ 的重叠最大化了,使其成为协议的固定点并且不会发生额外的动态,除非环境随后发展,将产生 Agent 的变动.

2. $\{|S\rangle_0 = |0\rangle, |E\rangle_0 = |0+1\rangle/\sqrt{2}, |R\rangle_0 = |0\rangle\}$

对于该情况,协议的第一步是从环境中获取信息并将其传输到寄存器,以便稍后根据环境状态相应地更新 Agent 状态. 因此,第一步是环境寄存器子空间上的 CNOT 门,其中环境量子位作为控制位,寄存器量子位作为目标位,

$$U_{\text{CNOT}}|E\rangle_0|R\rangle_0 = |ER\rangle_{0\to 1} = \frac{1}{\sqrt{2}}(|00\rangle + |11\rangle) \tag{9.3}$$

随后,寄存器量子位在 $\{|0\rangle, |1\rangle\}$ 基矢上进行测量,给出输出结果 $|0\rangle$ 或者 $|1\rangle$,每次概率为 $1/2$. 接下来根据寄存器状态更新 Agent 状态,即当 $|R\rangle = |0\rangle$ 时,作用在 Agent 上的为单位变换 I;当 $|R\rangle = |1\rangle$ 时,作用在 Agent 上的为矩阵 X. 因此,第一种情况下,$|S\rangle_1 = |E\rangle_1 = |0\rangle$;第二种情况下,$|S\rangle_1 = |E\rangle_1 = |1\rangle$. 这样使得成功应用奖励标准,并且学习保真度是最大的. $F_S = |\langle E|S\rangle|^2 = 1$. 最后,更新寄存器状态以将其初始化为 $|R\rangle_0$ 态.

3. $\{|S\rangle_0 = \alpha_S|0\rangle + \beta_S|1\rangle, |E\rangle_0 = \alpha_E|0\rangle + \beta_E|1\rangle, |R\rangle_0 = |0\rangle\}$

第一步是受控操作:

$$U_{\text{CNOT}}|E\rangle_0|R\rangle_0 = |ER\rangle_{0\to 1} = \alpha_E|00\rangle + \beta_E|11\rangle \tag{9.4}$$

其中,第一个量子位表示环境,第二个量子位表示寄存器.

第二步应用 CNOT 操作在 Agent-寄存器子空间上：

$$U_{\text{CNOT}}|S\rangle_0|R\rangle_0 = |SR\rangle_{0\to 1} = \alpha_S|00\rangle + \beta_S|11\rangle \tag{9.5}$$

接着，根据测量两个寄存器的态更新 Agent 和寄存器的状态.

- 当 $|R\rangle_{M_E,M_S} = |00\rangle$ 时，作用在 Agent 和寄存器上为单位变换 $\boldsymbol{I}$，发生的相应概率为 $|\alpha_E|^2|\alpha_S|^2$;
- 当 $|R\rangle_{M_E,M_S} = |01\rangle$ 时，作用在 Agent 和寄存器上为单位变换 $\boldsymbol{X}$，发生的相应概率为 $|\alpha_E|^2|\beta_S|^2$;
- 当 $|R\rangle_{M_E,M_S} = |10\rangle$ 时，作用在 Agent 和寄存器上为单位变换 $\boldsymbol{I}$，发生的相应概率为 $|\beta_E|^2|\beta_S|^2$;
- 当 $|R\rangle_{M_E,M_S} = |11\rangle$ 时，作用在 Agent 和寄存器上为单位变换 $\boldsymbol{X}$，发生的相应概率为 $|\beta_E|^2|\alpha_S|^2$.

前两种情况下，$|S\rangle_1 = |E\rangle_1 = |0\rangle$，后两种情况下，$|S\rangle_1 = |E\rangle_1 = |1\rangle$. 这样也实现了成功应用奖励标准，并且学习保真度最大. $F_S = |_1\langle E|S\rangle_1|^2 = 1$. 最后，更新寄存器状态以将其初始化为 $|R\rangle_0$ 态.

随后，环境状态可能会发生变化，并且应该再次运行协议，以便状态适应这些变化. 对于这种简化的单量子比特 Agent 模型，单个学习迭代就足以实现给定 Agent 和环境初始状态的最大学习保真度. 在更复杂的多量子比特代理中，采用部分测量或弱测量，可能需要进一步的迭代以便保真度达到最大化. 另外，初始环境状态与测量基础状态之一具有大的重叠的情况，将增加该环境状态与学习协议之后所实现的 Agent 状态之间的保真度 $|_0\langle E|S\rangle_1|^2$. 然而，我们注意到在这个模型中，对于任何初始环境状态，Agent 确定地学习最终环境状态 $|E\rangle_1$，且具有学习保真度 1.

9.2.2 多量子位情况

对于 Agewt、环境和寄存器态都是两个 qubit 情况.

$\{|S\rangle_0 = \alpha_S^{00}|00\rangle + \alpha_S^{01}|01\rangle + \alpha_S^{10}|10\rangle + \alpha_E^{11}|11\rangle, |E\rangle_0 = \alpha_E^{00}|00\rangle + \alpha_E^{01}|01\rangle + \alpha_E^{10}|10\rangle + \alpha_E^{11}|11\rangle, |R\rangle_0 = |00\rangle\}$.

该设计思路具有以下优点：长的干涉时间，高保真度，投影测量的高保真度，快速闭环的反馈控制 (图 9.7).

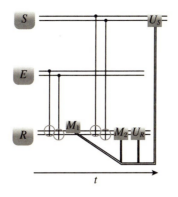

图9.7　多量子位电路

9.3　隐量子马尔可夫模型主动学习算法

马尔可夫决策过程形式上描述了强化学习所处的环境, 在这个环境中, 所有都是可观测的. 所有的强化学习都可以转化为马尔可夫决策过程. 所以这一节我们就来概要地介绍一些关于隐量子马尔可夫模型 (hidden quantum Markov models, HQMM) 的工作:

- 展示如何在量子电路上模拟经典隐马尔可夫模型 (HMM).
- 通过放宽对量子电路上 HMM 建模的约束来重构 HQMM.
- 介绍一种学习算法, 用于根据数据估计 HQMM 的参数.

9.3.1　隐量子马尔可夫模型

经典隐马尔可夫模型 (HMM) 是用于模拟表现出马尔可夫状态演化的动态过程的图形模型. 图 9.8 描绘了经典 HMM, 其中转移矩阵 $\boldsymbol{A}$ 和发射矩阵 $\boldsymbol{C}$ 是列-随机矩阵, 其分别确定马尔可夫隐藏态-演化和观察概率. 贝叶斯推断可用于跟踪隐藏变量的演变.

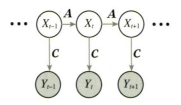

图9.8 隐量子马尔可夫模型

时间 t 处的态在任何观察之前写为

$$x'_t = Ax_{t-1} \tag{9.6}$$

在时间 t 观察每个输出的概率由 s 给出:

$$s_t = Cx'_{t-1} = CAx_{t-1} \tag{9.7}$$

在观察条件 y 后,我们可以使用贝叶斯推理来写出状态向量:

$$x_t = \frac{\mathrm{diag}(C_{y,:})Ax_{t-1}}{1^{\mathrm{T}}\mathrm{diag}(C_{y,:})Ax_{t-1}} \tag{9.8}$$

其中, $\mathrm{diag}(C_{y,:})$ 是一个对角矩阵,沿着对角线具有第 y 行 C 的条目.

令 $T_y = \mathrm{diag}(C_{y,:})A$,则 $[T_y]_{ij} = P(y; i_t | j_{t-1})$,上式可重新表达为

$$x_t = \frac{T_y x_{t-1}}{T_y x_{t-1}} \tag{9.9}$$

应用 $T_n \cdots T_1 x$ 并取结果向量的总和来找出观察序列的概率.

9.3.2 模拟隐马尔可夫模型的量子电路

可观察算子的量子模拟是一组迹不增的 Kraus 算子 $\hat{K}_i$,它们是完全正定的线性映射 (CP). Kraus 算子是迹守恒的, $\sum_i^N \hat{K}_i^\dagger \hat{K}_i = 1$,且可以将密度算子映射到另一个密度算子. 如果我只关心跟踪可能与其环境相互作用的较小子系统的演变,就可以使用 Kraus 算子. 作用在密度矩阵上最一般的量子操作为

$$\hat{\rho}' = \frac{\sum_i^M K_i^\dagger \hat{\rho} K_i}{\mathrm{Tr}(\sum_i^M K_i^\dagger \hat{\rho} K_i)} \tag{9.10}$$

我们用矩阵 A 和 C 来构造 $\hat{U}_1$ 和 $\hat{U}_2$, $\hat{U}_1$ 演化 $\hat{\rho}_{t-1} \otimes \hat{\rho}_{X_t}$ 以执行马尔可夫变换, 而 $\hat{U}_2$ 更新 $\hat{\rho}_{Y_t}$ 以包含测量每个可观测输出的概率. 在运行时, 测量 $\hat{\rho}_{Y_t}$, 它改变 $\hat{\rho}_{X_t} \otimes \hat{\rho}_{Y_t}$ 的联合分布, 以给出更新的条件状态 $\hat{\rho}_t$. 在数学上, 这相当于在联合状态上应用投影算子并对 $\hat{\rho}_{Y_t}$ 求迹. 因此, 模拟量子电路 (图 9.9) 上的隐马尔可夫模型可以写成

$$\hat{\rho}_t \propto \text{Tr}_{\hat{\rho}_{Y_t}} \left(\hat{P}_y \hat{U}_2 \left(\text{Tr}_{\hat{\rho}_{t-1}} (\hat{U}_1 (\hat{\rho}_{t-1} \otimes \hat{\rho}_{X_t}) \hat{U}_1^\dagger) \otimes \hat{\rho}_{Y_t} \right) \hat{U}_2^\dagger \hat{P}_y^\dagger \right) \tag{9.11}$$

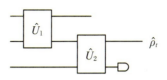

图9.9 HMM全量子电路

使用 Kraus 算子作用于 $\hat{\rho}_{X_t}$ 的低维状态空间, 可以将这个电路 (图 9.10) 简化为

$$\hat{\rho}_{X_t} \otimes \hat{\rho}_{Y_t} \to W \hat{\rho}_X W^\dagger \tag{9.12}$$

$$\text{Tr}_{\hat{\rho}_{Y_t}} \left(\hat{P}_y \hat{U}_2 W \hat{\rho}_{X_t} W^\dagger \hat{U}_2^\dagger \hat{P}_y^\dagger \right) \to V_y \hat{P}_y \hat{U}_2 W \hat{\rho}_{X_t} W^\dagger \hat{U}_2^\dagger \hat{P}_y^\dagger V_y^\dagger \tag{9.13}$$

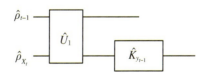

图9.10 HMM简化量子电路

通过构建 Kraus 算子 $\hat{K}_y = V_y \hat{P}_y \hat{U}_2 W$, 这个方案可以写成 (图 9.11)

$$\hat{\rho}_{X_t} = \frac{\hat{K}_{y_{t-1}} \left(\text{Tr}_{\hat{\rho}_{t-1}} \left(\hat{U}_1 (\hat{\rho}_{t-1} \otimes \hat{\rho}_{X_t}) \hat{U}_1^\dagger \right) \right) \hat{K}_{y_{t-1}}^\dagger}{\text{Tr} \left(\hat{K}_{y_{t-1}} \left(\text{Tr}_{\hat{\rho}_{t-1}} \left(\hat{U}_1 (\hat{\rho}_{t-1} \otimes \hat{\rho}_{X_t}) \hat{U}_1^\dagger \right) \right) \hat{K}_{y_{t-1}}^\dagger \right)} \tag{9.14}$$

图9.11 HQMM

再把 $\hat{U}_1$ 简化成一系列 Kraus 算子 $\{\hat{K}_{w_y,y}\}$ (图 9.12):

$$\hat{\rho}_{X_t} = \frac{\sum_{w_y} \hat{K}_{w_y,y_{t-1}} \hat{\rho}_{t-1} \hat{K}^{\dagger}_{w_y,y_{t-1}}}{\text{Tr}\left(\sum_{w_y} \hat{K}_{w_y,y_{t-1}} \hat{\rho}_{t-1} \hat{K}^{\dagger}_{w_y,y_{t-1}}\right)} \tag{9.15}$$

图9.12　HQMM一般方案

该算法从 $t=1$ 到 $t=T$ 不断执行

$$\hat{\rho}_t = \sum_{w_y} \hat{K}_{w_y,y_{t-1}} \hat{\rho}_{t-1} \hat{K}^{\dagger}_{w_y,y_{t-1}} \tag{9.16}$$

最终对 $\hat{\rho}_T$ 求迹可以得到概率, 即 $\text{Tr}(\hat{\rho}_T)$.

实际上, 上式给出了 HQMM 的前向算法. 为了找到给定状态 $\hat{\rho}_{t-1}$ 输出 y 的概率, 我们可以通过对分子求迹得到.

$$p(y_t|\hat{\rho}_{t-1}) = \text{Tr}(\sum_{w_y} \hat{K}_{w_y,y_{t-1}} \hat{\rho}_{t-1} \hat{K}^{\dagger}_{w_y,y_{t-1}}) \tag{9.17}$$

具体的过程在此不再详细介绍.

研究表明, 与足够大的 HMM 相比, HQMM 通常可以用更少的隐藏状态对相同的数据进行更好的建模. 能够推测 HQMM 在自然语言处理、金融等大数据处理领域具备潜在的应用并具有令人期待的改进空间, 因为其中的量子效应可以更好地模拟动态过程.

参考文献

[1] Dunjko V, Taylor J M, Briegel H J. Quantum-enhanced machine learning [J]. Phys. Rev. Lett., 2016, 117: 130501.

[2] Lamata L. Basic protocols in quantum reinforcement learning with superconducting circuits [J]. Scientific Reports, 2017, 7: 1609.

[3] Srinivasan S, Gordon G, Boots B. Learning Hidden Quantum Markov Models[C]// Proceedings of the Twenty-First International Conference on Artificial Intelligence and Statistics, PMLR, 2018, 84: 1979-1987.